U0223760

国防科工委“十五”规划教材.光学工程

激光原理技术及应用

李相银　姚敏玉　李卓　崔骥　编著

哈尔滨工业大学出版社

北京航空航天大学出版社　北京理工大学出版社

西北工业大学出版社　哈尔滨工程大学出版社

内容简介

本书从激光应用角度考虑,系统地介绍了激光形成的基本原理、基本的激光器件、基本的激光技术及应用。主要内容包括激光的原理及技术基础、激光工作物质及基本原理、光学谐振腔、激光器工作原理、典型的激光器件、其他激光器、激光技术、激光技术器件的设计及选用原则、激光器件及激光技术实验、激光技术在国防科技领域中的应用、激光技术在工业及其他方面的应用。书中融入了一些高新技术的基本原理及方法,启发性、研究性、实用性强。

本书可作为高等院校应用物理、光信息科学与技术、光电仪器、电子科学与技术以及机械、化工、电子类等专业本科生的专业基础课教材,也可供高等院校相关专业工程硕士以及从事教学、科研工作的人员参考。

图书在版编目(CIP)数据

激光原理技术及应用/李相银等编著.—哈尔滨:哈尔滨工业大学出版社,2004.10(2024.2 重印)

ISBN 978-7-5603-2088-5

Ⅰ.激… Ⅱ.李… Ⅲ.激光理论-高等学校-教材 Ⅳ.TN241

中国版本图书馆 CIP 数据核字(2004)第 100904 号

激光原理技术及应用

编　　著　李相银　姚敏玉　李卓　崔骥
责任编辑　杨明蕾　刘　瑶
出版发行　哈尔滨工业大学出版社
社　　址　哈尔滨市南岗区复华四道街 10 号　邮编 150006
传　　真　0451—86414749
印　　刷　哈尔滨圣铂印刷有限公司
开　　本　787×960　1/16　印张 28　字数 569 千字
版　　次　2004 年 10 月第 1 版　2024 年 2 月第 9 次印刷
书　　号　ISBN 978-7-5603-2088-5
定　　价　79.00 元

总　　序

国防科技工业是国家战略性产业，是国防现代化的重要工业和技术基础，也是国民经济发展和科学技术现代化的重要推动力量。半个多世纪以来，在党中央、国务院的正确领导和亲切关怀下，国防科技工业广大干部职工在知识的传承、科技的攀登与时代的洗礼中，取得了举世瞩目的辉煌成就。研制、生产了大量武器装备，满足了我军由单一陆军，发展成为包括空军、海军、第二炮兵和其它技术兵种在内的合成军队的需要，特别是在尖端技术方面，成功地掌握了原子弹、氢弹、洲际导弹、人造卫星和核潜艇技术，使我军拥有了一批克敌制胜的高技术武器装备，使我国成为世界上少数几个独立掌握核技术和外层空间技术的国家之一。国防科技工业沿着独立自主、自力更生的发展道路，建立了专业门类基本齐全，科研、试验、生产手段基本配套的国防科技工业体系，奠定了进行国防现代化建设最重要的物质基础；掌握了大量新技术、新工艺，研制了许多新设备、新材料，以“两弹一星”、“神舟”号载人航天为代表的国防尖端技术，大大提高了国家的科技水平和竞争力，使中国在世界高科技领域占有了一席之地。十一届三中全会以来，伴随着改革开放的伟大实践，国防科技工业适时地实行战略转移，大量军工技术转向民用，为发展国民经济作出了重要贡献。

国防科技工业是知识密集型产业，国防科技工业发展中的一切问题归根到底都是人才问题。50多年来，国防科技工业培养和造就了一支以“两弹一星”元勋为代表的优秀的科技人才队伍，他们具有强烈的爱国主义思想和艰苦奋斗、无私奉献的精神，勇挑重担，敢于攻关，为攀登国防科技高峰进行了创造性劳动，成为推动我国科技进步的重要力量。面向新世纪的机遇与挑战，高等院校在培养国防科技人才，生产和传播国防科技新知识、新思想，攻克国防基础科研和高技术研究难题当中，具有不可替

代的作用。国防科工委高度重视，积极探索，锐意改革，大力推进国防科技教育特别是高等教育事业的发展。

高等院校国防特色专业教材及专著是国防科技人才培养当中重要的知识载体和教学工具，但受种种客观因素的影响，现有的教材与专著整体上已落后于当今国防科技的发展水平，不适应国防现代化的形势要求，对国防科技高层次人才的培养造成了相当不利的影响。为尽快改变这种状况，建立起质量上乘、品种齐全、特点突出、适应当代国防科技发展的国防特色专业教材体系，国防科工委全额资助编写、出版200种国防特色专业重点教材和专著。为保证教材及专著的质量，在广泛动员全国相关专业领域的专家学者竞投编著工作的基础上，以陈懋章、王泽山、陈一坚院士为代表的100多位专家、学者，对经各单位精选的近550种教材和专著进行了严格的评审，评选出近200种教材和学术专著，覆盖航空宇航科学与技术、控制科学与工程、仪器科学与工程、信息与通信技术、电子科学与技术、力学、材料科学与工程、机械工程、电气工程、兵器科学与技术、船舶与海洋工程、动力机械及工程热物理、光学工程、化学工程与技术、核科学与技术等学科领域。一批长期从事国防特色学科教学和科研工作的两院院士、资深专家和一线教师成为编著者，他们分别来自清华大学、北京航空航天大学、北京理工大学、华北工学院、沈阳航空工业学院、哈尔滨工业大学、哈尔滨工程大学、上海交通大学、南京航空航天大学、南京理工大学、苏州大学、华东船舶工业学院、东华理工学院、电子科技大学、西南交通大学、西北工业大学、西安交通大学等，具有较为广泛的代表性。在全面振兴国防科技工业的伟大事业中，国防特色专业重点教材和专著的出版，将为国防科技创新人才的培养起到积极的促进作用。

党的十六大提出，进入二十一世纪，我国进入了全面建设小康社会、加快推进社会主义现代化的新的发展阶段。全面建设小康社会的宏伟目标，对国防科技工业发展提出了新的更高的要求。推动经济与社会发展，提升国防实力，需要造就宏大的人才队伍，而教育是奠基的柱石。全面振兴国防科技工业必须始终把发展作为第一要务，落实科教兴国和人才强国战略，推动国防科技工业走新型工业化道路，加快国防科技工业科技创新步伐。国防科技工业为有志青年展示才华，实现志向，提供了缤纷的舞台，希望广大青年学子刻苦学习科学文化知识，树立正确的世界观、人生观、价值观，努力担当起振兴国防科技工业、振兴中华的历史重任，创造出无愧于祖国和人民的业绩。祖国的未来无限美好，国防科技工业的明天将再创辉煌。

张华祝

前　言

自1960年美国梅曼先生首先研制成功红宝石激光器以来,激光作为一门新颖科学技术发展极快,迄今已渗透到几乎所有的自然科学领域,对物理学、化学、生物学、医学、工艺学、园艺学以及检测技术、通信技术、军事技术等都产生了深刻的影响。许多不同专业的科学技术工作者和理工科大学生希望获得比较完整的激光知识,以便于在自己的专业中引进激光,推动自身专业的发展。本书内容安排贯穿着培养研究型学习能力是培养创新能力的重要基础这一主线,在参阅许多资料的基础上,将激光原理、激光技术、激光器件及应用知识融为一体。在编排的内容上充分考虑到理工科有关专业特点及面向教学的需要,其内容面广、内容新、实用性强,尤其是一些高新技术内容,更具有启发性、研究性、实用性。

本教材的参考学时数为48学时(不含实验)。全书共分5个部分(共11章)。第一部分(第一至四章)激光基本原理,包括激光的原理及技术基础,激光工作物质及基本原理,光学谐振腔,激光器工作原理;第二部分(第五、六章)激光器件,包括典型的激光器件,其他激光器;第三部分(第七、八章)激光技术(光波的调制,电光调制,声光调制,磁光效应与磁光隔离器,调 Q 技术,锁模技术,选模技术,稳频技术)、光电技术器件的设计及参数选用原则(光偏转器,光隔离器,光电探测器,光纤维,光学天线,激光倍频与光参量放大,光学元件的损伤);第四部分(第九章)激光器件及激光技术实验(激光能量测量,激光发散角测量,激光波长的测量,激光谱线宽度测量,激光声光调 Q 实验,激光电光调 Q 技术实验,激光倍频技术实验,TEA－CO_2 激光器实验);第五部分(第十、十一章)激光技术在国防科技领域的应用(激光目标的反射及散射特性,激光测距与激光雷达技术,激光测距在炸高测量中的应用,激光遥感技术,激光通信技术,激光与光纤陀螺,激光制导技术,激光隐身技术)和激光技术在工业及其他方面的应用。

本书是按照国防科工委教材编写指导小组确定的编写大纲编写的专业基础课教材,凡具有大学物理、高等数学等基础知识的读者均可以顺利阅读。在教材编写中,既照顾激光原理及技术的完整性并兼顾可读性和实用性,又充分考虑到阅读和教学安排上的选择性,本书各部分的内容基本上是相互独立的。根据不同专业特点及实际需要出发,可灵活选择讲授的内容。在内容安排上,还编入了一定量的激光实验,且每章后面附有少量的习题与思考题供学习选用,以求更好地做到理论与实际相结合。本书可作为高等院校应用物理、光信息科学与技术、光电仪器类专业的教材,也可供高等院校相关专业工程硕士及从事教学、科研工作的人员参考。

本书第一、三章由南京理工大学李相银、史林兴编写,第二、四章由清华大学姚敏玉编写,第五、六、七(7.1~7.5节)章由北京理工大学李卓、杨苏辉编写,第七(7.6~7.8节)、八、十一章由李相银、张晓编写,第十章由李相银、汤文斌和南京炮兵学院刘士军、贺文彪编写,第九章由南京理工大学崔骥编写。李相银统编全稿。在编写过程中,参阅了一些编著者的著作和文章,在参考文献中未能一一列出,谨在此一并向他们表示诚挚的感谢和敬意。

由于编者水平有限,书中难免还存在缺点和不妥之处,殷切希望广大读者批评指正。

编　者

2003年9月

目　　录

第一章　激光的原理及技术基础 …… 1
1.1　激光的特点 …… 1
1.2　激光的产生 …… 4
1.3　激光器的基本组成 …… 7
1.4　光线在谐振腔内的行为和腔的稳定条件 …… 11
1.5　激光振荡模式 …… 14
1.6　光腔的损耗和激光振荡的阈值条件 …… 17
习题与思考题 …… 21
参考文献 …… 22
第二章　激光工作物质及基本原理 …… 23
2.1　黑体辐射与普朗克公式 …… 23
2.2　光和物质的三种相互作用及爱因斯坦关系式 …… 24
2.3　谱线加宽及谱线宽度 …… 27
2.4　激光器速率方程 …… 41
2.5　增益系数与增益饱和 …… 44
习题与思考题 …… 53
参考文献 …… 54
第三章　光学谐振腔 …… 55
3.1　共焦腔中的光束特性 …… 55
3.2　共焦光学谐振腔中基模的分布 …… 61
3.3　谐振腔中高阶振荡模 …… 68
3.4　高斯光束通过薄透镜时的变换及传输规律 …… 71
3.5　介稳共振腔结构与特性 …… 82
3.6　非稳腔结构及特性 …… 87
习题与思考题 …… 94
参考文献 …… 97
第四章　激光器工作原理 …… 98
4.1　激光产生的阈值条件 …… 98
4.2　连续激光器的工作特性 …… 103
4.3　连续激光器的输出功率和最佳透过率 …… 106

4.4 脉冲激光器工作特性 …… 111
4.5 激光放大器 …… 114
习题与思考题 …… 124
参考文献 …… 126
第五章 典型的激光器件 …… 127
5.1 激光器的分类及特点 …… 127
5.2 固体激光器 …… 130
5.3 气体激光器 …… 144
5.4 半导体激光器 …… 156
习题与思考题 …… 170
参考文献 …… 171
第六章 其他激光器 …… 173
6.1 孤子激光器 …… 173
6.2 自由电子激光器 …… 178
6.3 化学激光器 …… 182
习题与思考题 …… 186
参考文献 …… 186
第七章 激光技术 …… 187
7.1 光波的调制 …… 187
7.2 电光调制 …… 197
7.3 声光调制 …… 211
7.4 磁光效应与磁光隔离器 …… 218
7.5 调 Q 技术 …… 225
7.6 锁模技术 …… 248
7.7 选模技术 …… 256
7.8 稳频技术 …… 260
习题与思考题 …… 268
参考文献 …… 271
第八章 光电技术器件的设计及参数选用原则 …… 272
8.1 激光偏转器 …… 272
8.2 光隔离器 …… 278
8.3 光电探测器 …… 280
8.4 光纤维 …… 290
8.5 光学天线 …… 297
8.6 激光倍频及光参量放大 …… 299

8.7　光学元件的损伤 …… 309
习题与思考题 …… 314
参考文献 …… 315
第九章　激光器件及激光技术实验 …… 316
9.1　激光能量测量 …… 316
9.2　激光发散角测量 …… 325
9.3　激光波长的测量 …… 327
9.4　激光谱线宽度测量 …… 331
9.5　激光声光调 Q 技术实验 …… 335
9.6　激光电光调 Q 技术实验 …… 338
9.7　激光倍频技术实验 …… 343
9.8　TEA－CO_2 激光器实验 …… 345
习题与思考题 …… 350
参考文献 …… 351
第十章　激光技术在国防科技领域中的应用 …… 353
10.1　激光目标的反射及散射特性 …… 353
10.2　激光测距与激光雷达技术 …… 358
10.3　激光测距在炸高测量中的应用 …… 369
10.4　激光遥感技术 …… 370
10.5　激光通信技术 …… 373
10.6　激光与光纤陀螺 …… 379
10.7　激光制导技术 …… 384
10.8　激光隐身技术 …… 393
习题与思考题 …… 400
参考文献 …… 401
第十一章　激光技术在工业及其他方面的应用 …… 402
11.1　激光三维传感技术 …… 402
11.2　激光在线测径 …… 409
11.3　激光在线测厚 …… 411
11.4　环境对激光工业检测的影响 …… 413
11.5　激光在化学中的应用 …… 414
11.6　激光技术在生物医学中的应用 …… 422
习题与思考题 …… 430
参考文献 …… 431

第一章　激光的原理及技术基础

1.1　激光的特点

激光译自英语 laser。它是英语词组 light amplification by stimulated emission of radiation(通过受激发射的放大光)的缩写。该词确切地描述了激光的作用原理。

激光辐射具有一系列与普通光不同的特点,直观地观察,激光具有高定向性、高单色性或高相干性特点。用辐射光度学的术语描述,激光具有高亮度特点。用统计物理学的术语描述,激光则具有高光子简并度特点。从电磁波谱的角度来描述,激光是极强的紫外、可见或红外相干辐射,且具有波长可调谐(连续变频)等特点。

一、高方向性(高定向性)和空间相干性

激光方向性好是由其产生的物理过程决定的。在激光诞生前,所有各类光源发出的光都是非定向性的,向空间四面八方辐射,不能集中在确定的方向上发射到较远的地方。采用定向聚光反射镜的探照灯,其发射口径为 1 m 左右,由其会聚的光束的平面发散角约为 10 mrad,即光束传输到 1 km 外,光斑直径已扩至 10 m 左右。激光器发出光束的定向性在数量级上大为提高。输出单横模的激光器所发出的光束经过发射望远镜的光束口径同样为 1 m,由衍射极限角所决定的平面发散角只有 $10^{-2} \sim 10^{-4}$ rad,即光束传输至 10^3 km 外,光斑直径仅仅扩至几米。定向性好是激光的重要优点,表示光能集中在很小的空间传播,能在远距离获得强度很大的光束,从而可以进行远距离激光通信、测距、导航等。

在实际应用中,通常是根据激光束沿光传播路径上,光束横截面内的功率或者能量在空间二维方向上的分布曲线的宽度来确定平面发散角的大小。

在近似情况下,激光器输出的平面发散角等于光束的衍射角,则有

$$\theta = \theta_{衍} \approx 1.22\frac{\lambda}{D} \tag{1.1}$$

式中　λ——波长;

D——光束直径。

θ 取值单位一般以弧度或毫弧度表示,一般情况下,$\theta > \theta_{衍}$。

而立体发散角等于

$$\Omega = \Omega_{衍} = \left(\frac{\lambda}{D}\right)^2 \tag{1.2}$$

其取值单位为球面度。

设激光束平面发散角为 θ,在光源处的光束直径为 D,波长为 λ,则光束传输 L 距离后,光束直径 W 增加为(当 $L \gg 0$ 时)

$$W_L = L \cdot \theta \approx 1.22 \frac{L\lambda}{D} \tag{1.3}$$

研究表明,光的相干特性可区分为空间相干性和时间相干性。空间相干性又可称为横向相干性,由所谓横向相干长度 $D_{相干}$来表征,其大小由光束的平面发散角 θ 决定,即

$$D_{相干} = \frac{\lambda}{\theta} \tag{1.4}$$

$D_{相干}^2$定义为相干截面 $S_{相干}$,即

$$S_{相干} = D_{相干}^2 \tag{1.5}$$

上式的物理意义是,在光束整个截面内的任意两点间具有完全确定的相位关系的光场振动是完全相干的。

测量激光定向性的最简单方法是打靶法。该方法的具体步骤是,在激光传输的光路上,放一个长焦距透镜 L,并在其焦平面上放一个定标的靶(单位烧蚀质量上所需能量的多少是已知的),根据靶材的破坏程度,如烧蚀的质量、孔径和穿透深度,来估算激光的定向性,见图 1.1。假设当发散角为 θ(rad)时烧蚀孔直径为 D(mm),则 $\theta \approx \frac{D}{f}$,其中 f 是透镜焦距,单位是 mm。由图 1.1 知,$\tan\frac{\theta}{2} \approx \frac{D}{2f}$,当 θ 很小时,$\frac{\theta}{2} \approx \frac{D}{2f}$。打靶法较为直观,但较粗糙。

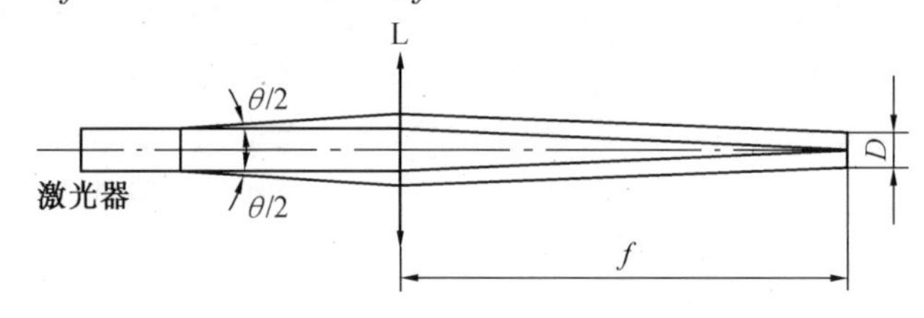

图 1.1 打靶法测量定向性示意图

测量激光定向性除了打靶法外,还有套孔法、光楔法和圆环法。它们均能获得较高的精度,并能较正确地反映激光强度随发散角分布的情况,但是,这些方法不够直观,操作复杂,实验室很少采用。

二、单色性和时间相干性

以激光辐射的谱线宽度表征辐射的单色性和激光的相干时间。设单一自发辐射谱线宽度为 $\Delta\nu$ 或 $\Delta\lambda$,中心频率和波长分别为 ν 和 λ,则单色性量度常用比值$\frac{\Delta\nu}{\nu}$或$\frac{\Delta\lambda}{\lambda}$来表征。单色性和相干时间 $\tau_{相干}$之间存在简单关系,即

$$\tau_{相干} = \frac{1}{\Delta\nu} \tag{1.6}$$

即单色性越高，相干时间越长。有时还用所谓纵向相干长度 $L_{相干}$ 来表示相干时间，则有

$$L_{相干} = \tau_{相干} \cdot c = \frac{c}{\Delta\nu} \tag{1.7}$$

式中　c——光速；

$L_{相干}$——光波在相干时间 $\tau_{相干}$ 内传播的最大光程。

上式的物理意义是在小于和等于此值的空间延时范围内，被延时的光波和后续光波应当完全相干。

在普通光源中，单色性最好的光源是氪同位素 86（Kr^{86}）灯发出的波长 $\lambda = 0.605\ 7\ \mu m$（605.7 nm）的光谱线。在低温下，其谱线半宽度 $\Delta\lambda = 0.47 \times 10^{-6}\ \mu m$，单色性程度为 $\Delta\lambda/\lambda = 10^{-6}$ 量级。这表明用这种光去进行精密干涉测长，最大量程不超过 1 m，测量误差为 1 μm 左右。这与激光的单色性相比相差甚远。例如，单模稳频的氦氖激光器发出的波长 $\lambda = 0.632\ 8\ \mu m$ 的光谱线，其谱线半宽度 $\Delta\lambda < 10^{-12}\ \mu m$，输出的激光单色性可达 $\Delta\lambda/\lambda = 10^{-10} \sim 10^{-13}$ 量级。用这种激光去进行干涉测长，量程可扩展到 1 000 km，其测量误差小于 $10^{-2} \sim 10^{-1}\ \mu m$ 量级。利用激光的高单色性，不仅能极大地提高各种光学干涉测量方法的精度和量限，而且还提供了建立以激光为标准的新的长度、时间和频率标准的稳定性。以高单色性的激光作为光频相干电磁波，可同时传送地球上所有电视台、广播电台的节目及所有电话间的对话信息。此外，还可对各种物理、化学、生物学等过程进行高选择性的光学激发，达到对有关过程进行深入研究和控制的目的。

测量波长，在毫米波段上利用微波测量技术，在红外和可见光波段上应用光谱测量技术，尤其是干涉光谱测量技术，也可用差拍和外差的射频测量技术。

三、高亮度和光子简并度

对激光辐射而言，由于发光的高定向性、高单色性等特点，决定了它具有极高的单色定向亮度值。光源的单色亮度 B_ν 定义为单位截面、单位频带宽度和单位立体角内发射的功率

$$B_\nu = \frac{\Delta P}{\Delta S \Delta\nu \Delta\Omega} \tag{1.8}$$

式中，ΔP 是光源的面元为 ΔS、频带宽度为 $\Delta\nu$ 和立体角为 $\Delta\Omega$ 时所发射的光功率；B_ν 的量纲为瓦/（厘米^2·球面度·赫兹）。

对于太阳光辐射而言，在波长 500 nm 附近 $B_\nu \approx 2.6 \times 10^{-12}$ W/（cm^2·sr·Hz），其数值低，是有限的光功率分布在空间各个方向以及极其广阔的光谱范围内的结果。对于激光辐射来讲，一般气体激光器定向亮度 $B_\nu = 10^{-2} \sim 10^2$ W/（cm^2·sr·Hz），一般固体激光器 $B_\nu = 10 \sim 10^3$ W/（cm^2·sr·Hz），调 Q 大功率激光器 $B_\nu = 10^4 \sim 10^7$ W/（cm^2·sr·Hz）。

对于激光辐射而言，尤其重要的是激光功率或能量可以集中在少数的波型(单一或少数模式)之内，因而具有极高的光子简并度，这是激光区别于普通光源的重要特点，也就是说高的光子简并度是激光的本质，它表示有多少个性质完全相同的光子(具有相同的能量、动量与偏振)共处于一个波型(或模式)之内，这种处于同一光子态的光子数称为光子简并度。从对相干性的光子描述出发，相干光强决定于相干性光子的数目或同态光子的数目。因此，光子简并度具有以下几种相同的涵义：同态光子数，同一模式内的光子数，处于相干体积内的光子数，处于同一相格内的光子数。

设激光单色辐射的光功率为 ΔP，中心波长为 λ，光源的面元为 ΔS，立体发散角为 $\Delta\Omega$，激光振荡的总频率范围为 $\Delta\nu$，则光子简并度 $\bar{n}$ 为

$$\bar{n} = \frac{\Delta P}{(2h\nu/\lambda^2)\cdot\Delta S\cdot\Delta\Omega\cdot\Delta\nu} \tag{1.9}$$

将式(1.8)代入上式，得

$$\bar{n} = \frac{B_\nu}{2h\nu/\lambda^2} \tag{1.10}$$

或

$$B_\nu = \frac{2h\nu}{\lambda^2}\bar{n} \tag{1.11}$$

从上几式相比较可看出，单色定向亮度与光子简并度是两个彼此相当的物理量，都是同时综合地表示光源辐射的定向性(Ω)、单色性($\Delta\nu$)和功率密度(P/S)的重要参量，但从激光物理过程来说，无疑光子简并度是更本质、更直接的物理量。根据式(1.10)可算出几种类型激光器在 $\lambda = 500$ nm 时的光子简并度为：一般气体激光器 $\bar{n} = 10^8 \sim 10^{12}$，一般固体激光器 $\bar{n} = 10^{11} \sim 10^{13}$，调 Q 大功率激光器 $\bar{n} = 10^{14} \sim 10^{17}$。

1.2 激光的产生

一、原子能级

原子是由一个带正电荷的原子核和一个或若干个带负电荷的电子组成，原子核所带的正电量与各个电子所带的负电量之和相等，整个原子呈电中性。不同元素的原子所具有的电子数目是不同的。氢原子只有 1 个电子，氩原子有 18 个电子。原子内部少了一个或几个电子则成正离子，反之成负离子。氩原子少了一个电子就成氩离子。离子总是带电荷的，不是带正电荷就是带负电荷。

分子是由原子组成的，为了便于讨论，暂以原子为例，所得结论适用于离子和分子。

电子总是围绕着原子核不停地运动，这就使它有了动能。原子核与电子之间由于带不同极性的电荷，因而互相吸引，使电子带有位能。电子的动能和位能之和，叫做原子的内能。

原子内部各个电子绕原子核做轨道运动的同时，还做自旋运动。原子内部的电子可以通过与外界交换能量从一种运动状态改变为另一种运动状态，对于每一种运动状态，原子具有确定的且不连续的内部能量值，称原子的每一个内部能量值为原子的一个能级。同一元素的原子，能级情况相同。

图 1.2 以原子的两个能级 E_2 和 E_1 为例，纵坐标表示原子内部能量 E 的大小，将能量大的能级称为上能级，能量小的能级称为下能级，或称为激光上能级、激光下能级。原子内部能量最小的能级称为基态，如图 1.2 中的能级 E_1。一般情况下，绝大多数的原子处于基态。能量比基态高的其他能级都称为激发态，如图 1.2 中的能级 E_2。

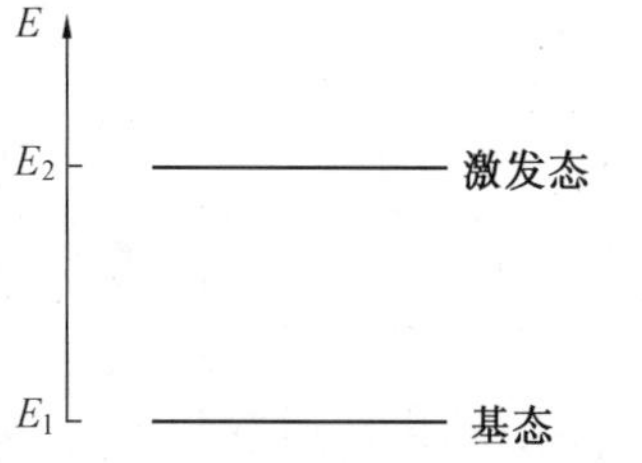

图 1.2　原子能级

产生激光的典型能级有三能级和四能级系统。

二、三能级系统

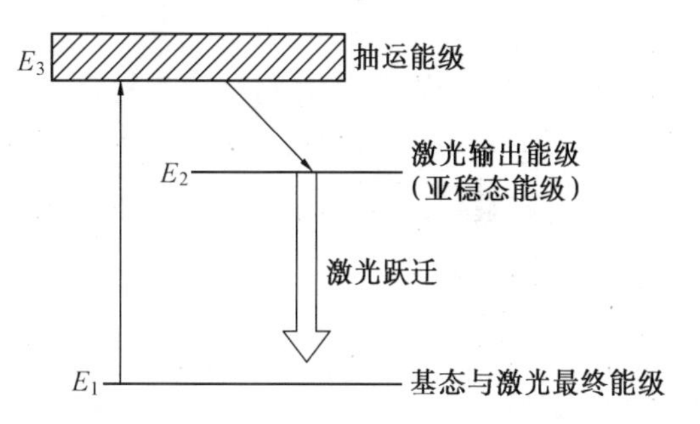

图 1.3　三能级系统简图

图 1.3 为三能级系统简图，其中 E_1 为基态能级，E_2 为激光输出能级（亚稳态能级），E_3 为抽运（泵浦）激光上能级。

由于基态能级 E_1 粒子受到外界泵浦的作用，吸收了外来能量，从 E_1 被抽运到 E_3。但是，跃迁到 E_3 上的粒子在该能级停留时间很短，很快无辐射跃迁到 E_2 能级上。粒子从 E_3 能级向 E_2 能级跃迁时，既不发射光子，也不吸收光子，多余能量是以热的形式放出的。由于 E_2 能级是亚稳态能级（粒子在该能级上停留时间长），所以激励的原子源源不断地从 E_1 到 E_3，再从 E_3 到 E_2，最后使 E_2 上粒子大于 E_1 上粒子时，在 E_2 和 E_1 能级间实现了粒子数反转，且 E_2 上粒子跃迁回 E_1 时便产生受激辐射，从而产生激光。可见，亚稳态能级在实现粒子数反转中起着重要的作用。

典型的红宝石激光器就属于三能级系统。在三能级系统中，由于激光最终能级是基态，为了达到粒子数反转，必须把半数以上的粒子抽运到上能级，因此要求很高的抽运功率。

三、四能级系统

原子的四能级系统简图见图 1.4，其中 E_4 为抽运能级，E_3 为激光输出能级，E_2 为激光最终能级（在热平稳状态下处于 E_2 上的粒子数很少，基

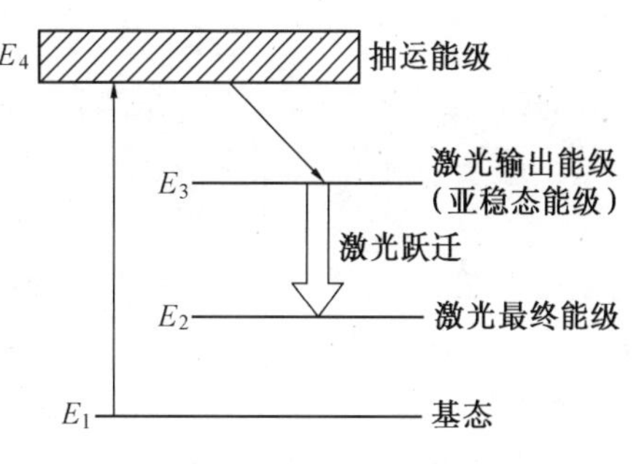

图 1.4　四能级系统简图

本上是个空能级)，E_1 为基态能级，这样在 E_3 和 E_2 之间比较容易实现粒子数反转。所以四能级系统的激光阈值一般比三能级系统小。

典型的 Nd^{3+} – YAG 激光器、钕玻璃激光器等都属于四能级系统。

四、粒子数反转条件(集居数反转)

现考察原子的一个上能级 E_2 和一个下能级 E_1。假设上能级 E_2 是由 g_2 个不同的能态重合在一起组成的，亦即原子的 g_2 个不同的运动状态都具有相同的内部能量 E_2，则称 g_2 为上能级 E_2 的统计权重(或称简并度)。同样假设 E_1 能级的统计权重为 g_1。

令单位体积中处于上能级的粒子(分子或原子)数为 n_2，称 n_2 为处于上能级 E_2 的粒子数密度，单位为 cm^{-3}。同样令处于下能级 E_1 的粒子密度为 n_1，则玻耳兹曼分布律可写成

$$\frac{n_2}{n_1}=\frac{g_2}{g_1}e^{-(E_2-E_1)/kT}=\frac{g_2}{g_1}e^{-\frac{h\nu}{kT}} \tag{1.12}$$

式中　k——玻耳兹曼常数；

　　T——热平衡时的绝对温度。

将式(1.12)改写成

$$\frac{n_2/g_2}{n_1/g_1}=e^{-(E_2-E_1)/kT} \tag{1.13}$$

式中，n_2/g_2 是处于上能级 E_2 的一个能态上的粒子数密度，n_1/g_1 是处于下能级 E_1 的一个能态上的粒子数密度。这里所谓的“一个能态”是指在某一能级上的粒子有不同的运动状态，虽然具有相同的内部能量值，但由于运动状态不同而有不同的能态。

由于 $E_2>E_1$，且 $T>0$，所以热平衡时，有

$$\frac{n_2}{g_2}<\frac{n_1}{g_1} \tag{1.14}$$

满足式(1.14)的粒子数分布，通常称为粒子数正常分布，见图 1.5(a)。

在激光器工作物质内部，由于外界能源的泵浦，破坏了热平衡，有可能使处于上能级 E_2 的粒子数密度 n_2 大大增加，达到

$$\frac{n_2}{g_2}>\frac{n_1}{g_1} \tag{1.15}$$

满足式(1.15)的粒子数分布，称为粒子数反转分布，简称为粒子数反转，见图 1.5(b)。

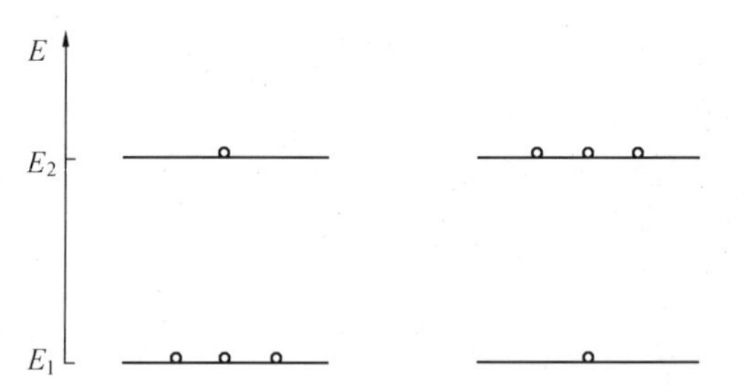

图 1.5　粒子数分布图

显然，此时激光器工作物质的内部不再处于热平衡状态。常常把式(1.15)代表的粒子数反转称为负温度分布。能在特殊

工作物质中实现粒子数反转并通过光的受激发射与放大形成光波振荡，即激光的装置称为激光器。激光的形成是光与物质相互作用的结果，有三个基本过程——光的自发发射、光的受激吸收和光的受激发射。

1.3 激光器的基本组成

一、基本结构

不同类型和特点的激光器基本结构都是由激光工作物质、泵浦源和光学谐振腔三大部分组成，见图1.6。

1. 激光工作物质

激光工作物质是组成激光器的核心部分，它是一种可以用来实现粒子数反转和产生光的受激发射作用的物质体系。它接受来自泵浦源的能量，对外发射光波并保持能够强烈发光的活跃状态，因此也称其为激活介质。

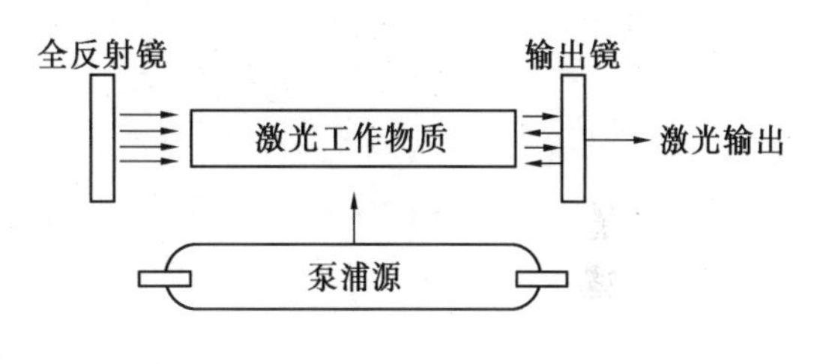

图1.6 激光器示意图

激光工作物质按物态分为固体、液体和气体三大类，近些年出现的自由电子激光器使工作物质进入更广阔的领域。

2. 泵浦源(激励源)

为使给定的激光工作物质处于粒子数反转状态，必须采用一定的泵浦方式和泵浦装置。根据工作物质特性和运转条件的不同，采用不同的方式和装置，提供的泵浦源可以是光能、电能、化学能及原子能等。

3. 光学谐振腔

光学谐振腔由两个面向工作物质的反射镜组成，其中一个是全反射镜，另一个是部分透射镜(输出镜)。在光学谐振腔内，工作物质吸收能量发射光波，沿谐振腔轴线的那一部分光波在谐振腔内来回振荡，多次通过处于激活状态的工作物质，“诱发”激活的工作物质发光，光被放大。当光达到极高的强度，就有一部分放大的光通过谐振腔有部分透过率的反射镜一端输出，这就是激光。可见光学谐振腔的作用是将被放大的光中的一部分输出，即发射激光；另一部分反射回工作物质中进行再放大，即正反馈作用。

光学谐振腔除了提供光学正反馈维持激光持续振荡以形成受激发射外，还对振荡光束的方向和频率进行限制，以保证输出激光的高单色性和高定向性。

在光线光学中，规定光线传播在反射镜前为正，在反射镜后为负。

对凹面反射镜有

$$R > 0 \qquad f = \frac{R}{2} > 0$$

对凸面反射镜有

$$R < 0 \qquad f = \frac{R}{2} < 0$$

对平面反射镜有

$$R = \infty \qquad f = \frac{R}{2} = \infty$$

式中　R——反射镜曲率半径；

　　f——反射镜焦距。

令 S 表示物距，S' 表示像距，则有成像公式

$$\frac{1}{S} + \frac{1}{S'} = \frac{1}{f} \tag{1.16}$$

这三种不同的反射镜可任选两种组成不同的光学谐振腔。

例如，平行平面腔由两块相距为 L，平行放置的平面反射镜组成，见图 1.7；由两块凹面镜相对放置，则组成凹面反射镜腔，见图 1.8；平面凹面腔则由相距为 L 的一块平面镜和一块凹面反射镜组成，见图 1.9。

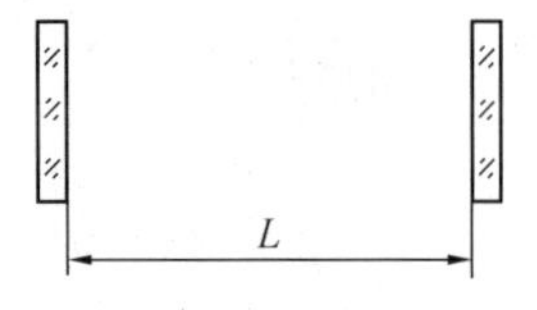

图 1.7　平行平面腔

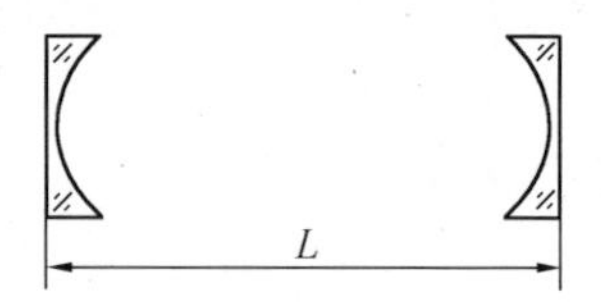

图 1.8　凹面反射镜腔

当 $L = \frac{R}{2}$ 时，平凹腔相当于半个共焦腔，称其为半共焦腔，见图 1.9(a)，其中 R 为凹面镜曲率半径。除此以外，所有的平面镜、凹面镜组成的腔都称为非共焦平凹腔，见图 1.9(b)。

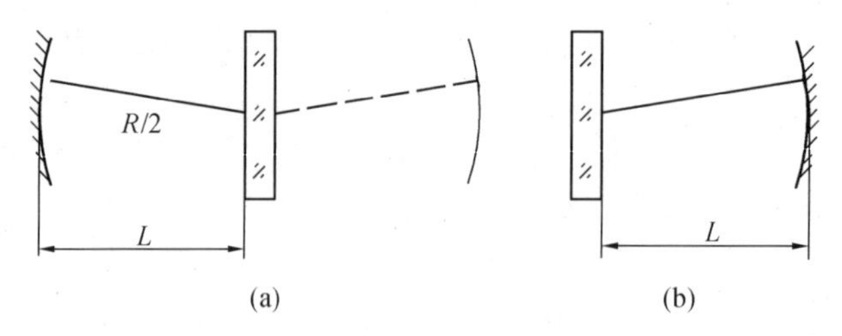

图 1.9　平面凹面腔

二、激光器种类

自1960年第一台红宝石激光器出现至今已有40余年，激光器件及激光技术已发展到相当高的水平，例如激光器输出波长覆盖了从X射线到毫米波波段，其中相当部分的激光器可连续调谐，脉冲输出功率密度超过10^{19} W/cm^2，最短的激光脉冲达6×10^{-15} s等等。大部分激光器件逐步系列化和商品化，使激光成功地渗透到近代科学技术的各个领域。激光器件的种类很多，包括固体、气体、半导体、液体、化学、自由电子等激光器，下面分别作简要介绍。

1. 固体激光器

固体激光器的工作物质是掺杂的晶体和玻璃，其种类很多，多达百余种。固体激光器件整体具有结构紧凑、牢固耐用、激光工作方式多样(可在连续、脉冲、调Q及锁模下工作)等优点，最大单脉冲输出能量达上万焦耳，峰值功率高达$10^{13}\sim10^{14}$ W/cm^2，另外能利用某些晶体实现倍频、三倍频、四倍频，其频率可达紫外区，如果采用光纤传输，增加了应用的灵活性，因此广泛应用于材料加工、激光制导、激光测距、激光生物医学、激光化学、激光核聚变等。典型固体激光器有红宝石激光器($Al_2O_3-Cr^{3+}$)，掺钕钇铝石榴石($Nd^{3+}-YAG$)激光器，钕玻璃激光器等。

红宝石激光器输出波长为0.694 3 μm，其脉冲输出能量可达上百焦耳，峰值功率达10^7 W，且优质的红宝石产生的偏振光，偏振度很低，接近于线偏振光。目前主要用于激光测距、材料加工、光谱学等。

$Nd^{3+}-YAG$激光器输出波长为1.06 μm，工作方式有脉冲和连续两种，目前最大输出功率已达4 kW，调Q器件的峰值功率已高达几百兆瓦，尤其利用某些晶体可实现倍频、三倍频、四倍频等，它是目前应用最广泛的激光器件，如激光制导、激光测距、材料加工、激光生物医学、激光核聚变等。

钕玻璃激光器输出波长为1.06 μm，其单脉冲能量上千焦耳，目前主要用于材料加工、激光核聚变等领域。

钛宝石($Ti-Al_2O_3$)激光器是一种可调谐固体激光器，其最大的特点是在很宽的波长范围内(0.660～1.18 μm)连续可调，其脉冲宽度极窄，如自锁模钛宝石激光器产生的光脉冲宽度可达fs量级，可用于激光光谱学、激光化学、集成光学、光学对抗等领域。

2. 气体激光器

气体激光器是以气体或金属蒸气为工作物质的激光器，其激光工作物质种类很多，激励方式类型多样，激光振荡谱线最丰富。典型气体激光器有以下几种。

氦氖(He－Ne)激光器输出波长以0.632 8 μm为主，一般为连续输出，输出功率从几毫瓦到1瓦之间，其输出稳定性高、发散角小(接近衍射极限)、单色性好，是目前应用最广泛的激光器之一，适用于精密测量、光信息处理、准直、照明、激光生物医学、水中照明等。

氦镉(He－Cd)激光器其工作波长为0.441 6 μm、0.325 0 μm、0.532 7 μm、0.537 3 μm，其最有前景的应用领域是通信、雷达、全息术和光谱技术等。

准分子激光器的输出波长主要在紫外区到可见光区域,因此具有输出波长短的特点,在激光化学、生物医学、微电子工业、军事应用等方面得到广泛应用。例如 KrF 准分子激光器,其输出能量达到百余焦耳,脉冲宽度为 ns 量级,输出波长为 0.248 μm。

氩离子(Ar^+)激光器的输出波长在可见光区和紫外区,在可见光区它是连续输出功率最高的一种器件,其连续输出可达 500 W,一般商品化的 Ar^+ 激光器输出功率为 30 ~ 50 W,频率稳定度为 3×10^{-11}。例如输出波长为 0.488 μm 和 0.514 5 μm 的 Ar^+ 激光器广泛用于光谱学、非线性光学、全息术、激光生物医学、计量技术等方面。

氮分子(N_2)激光器输出波长在紫外区,其中 0.337 1 μm 谱线最强,输出峰值功率可达 MW 量级,脉冲宽度为 ns 量级,主要用于光谱分析、大气环境监测、医学、光化学等方面。

二氧化碳分子(CO_2)激光器输出波长为 9 ~ 11 μm,主要输出波长为 10.6 μm,工作方式可连续,又可以脉冲方式工作。由于具有光束质量好、功率范围广(几瓦 ~ 几万瓦)等优点,它已成为最重要的、用途最广泛的激光器之一,目前广泛用于材料加工、激光生物医学、激光化学、检测、国防等领域。

3.半导体激光器

半导体二极管激光器目前已成为最实用的一类激光器,它具有体积小、寿命长、价格低廉、能直接调制、激光输出波长范围广(0.4 ~ 48 μm)等优点,它在激光通信、激光制导及目标识别、光存储、光陀螺、激光打印、激光测距等方面得到广泛应用。

4.染料激光器

染料激光器是以有机染料溶解于一定溶剂中作为激光工作物质的,它最大的优点是其输出激光波长可调谐,可获得 0.3 ~ 1.3 μm 光谱范围内连续可调谐的窄带高功率激光,例如以若丹明 6G(有机染料溶液)为激光工作物质的锁模染料激光器可产生约 30 fs 的超短激光脉冲。由于染料激光器具有可调谐和产生极窄光脉冲的优点,因而可在光谱学研究、激光化学、激光医学等方面得到应用。

5.化学激光器

化学激光器的工作物质可以是气体也可以是液体,它是利用化学反应释放出来的能量建立粒子数反转,因此其工作物质的种类很多,预测能产生的激光波长从可见光到红外波段,甚至可以延伸到微波段,它的应用前景非常广泛,尤其作为激光定向能武器其潜力很大。例如连续输出的氟化氢(HF)激光器,发射激光波长为 2.7 μm,输出功率达到 3 MW。

6.自由电子激光器

自由电子激光器工作物质是由高能电子流的能量转变为激光的能量,在光场作用下产生受激,再放射光子。也可以说自由电子激光器的工作物质就是电子,它就是将电子束动能变换成激光振荡能的激光器。近些年来,自由电子激光器发展很快,如最近报道了功率为 kW 级,波长为 2 ~ 8 μm,重复频率为 75 MHz,脉宽为 0.7 ps 的自由电子激光器。

1.4　光线在谐振腔内的行为和腔的稳定条件

一、光线在谐振腔内的行为

在谐振腔中，光在两反射镜中来回反射。假如光在腔内经过少数几次反射后便离开腔体，则不能达到光被不断放大、产生激光的目的。为此，要求谐振腔能保证光在腔内来回反射始终不离开谐振腔，满足这一要求的腔称为稳定腔。

1. 光线在双凸腔内的行为

图 1.10 是双凸腔示意图，设两反射镜间的距离为 L，L 和曲率半径 R_1、R_2 满足关系式

$$R_1 = R_2 = R < 0$$

$$L = |R|$$

$$f = \frac{R}{2} < 0$$

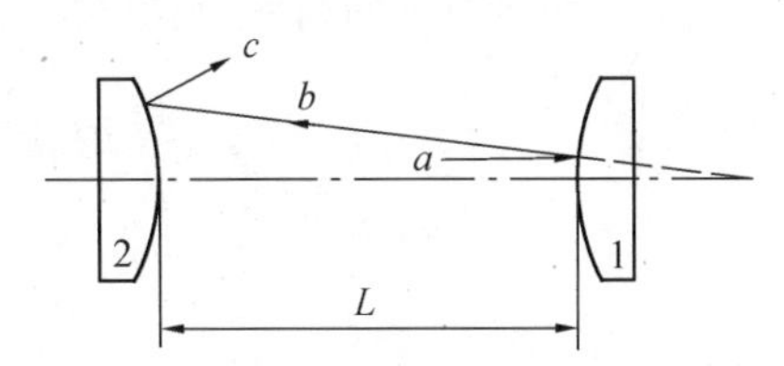

图 1.10　双凸腔示意图

当平行于光轴的光线 a 入射到镜 1 时，由式(1.16)得

$$S' = f < 0$$

反射光沿 b 方向射出。显然，光线 b 偏离了光轴，再经镜 2 反射后进一步偏离光轴，经几次反射就离开了腔体。这种谐振腔不是稳定腔，称为非稳腔。

2. 光线在共焦腔内的行为

共焦腔的条件是

$$R_1 = R_2 = R \quad L = R \quad f_1 = f_2 = f = \frac{R}{2}$$

图 1.11 是共焦腔示意图。

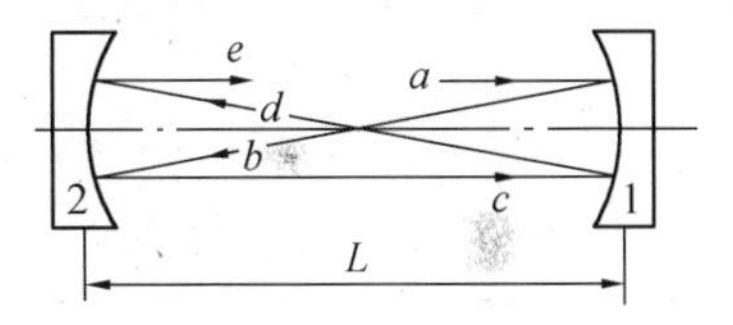

图 1.11　双凹共焦腔示意图

一平行于光轴的光线 a 入射到反射镜 1 上，由于两块反射镜的焦点 F_1 和 F_2 重合在 L 的中点，光线 a 按 b、c、d 的方向顺次来回反射后，回到 a，形成一个闭合回路。不管如何反射，光不会逸出腔外，这是稳定腔。值得注意的是，并不是所有由凹面镜组成的谐振腔都是稳定腔。例如，图 1.12 所示的就是另一种结构。

这种结构的谐振腔的条件是

$$R_1 = R_2 = R$$

$$L = 3R = s_1 + s_2 = s_2' + s_3$$

$$f = f_1 = f_2 = \frac{L}{6}$$

当平行于光轴的光线 a(物距 $s_1=\infty$)入射到镜 1 时,反射光 b 通过 F_1,像距 $s_1'=f$。b 光线入射到镜 2 时,物距 $s_2=L-s_1'=5f$,由 $\frac{1}{s_2}+\frac{1}{s_2'}=\frac{1}{f}$,得像距 $s'_2=\frac{5}{4}f$。光线 b 经镜 2 反射后为光线 c,又入射到镜 1 时,有物距 $s_3=L-s_2'=4\frac{3}{4}f$,像距 $s'_3=1\frac{4}{15}f,\cdots$,以 h_a 表示光线 a 在镜 1 上的入射点的高度,h_b、h_c 分别表示光线 b、c 在镜 2 和镜 1 上的入射点的高度,则可得

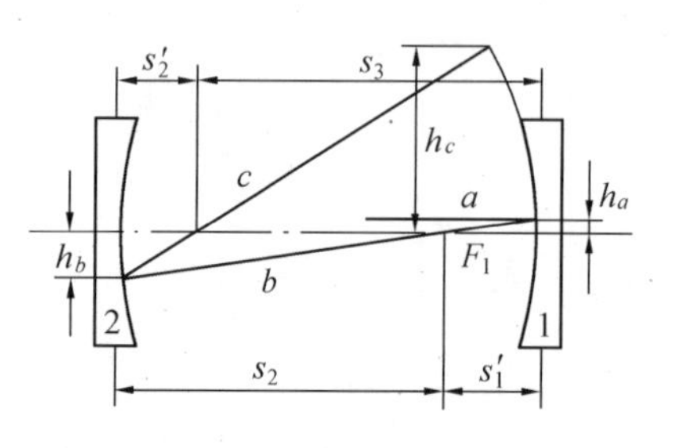

图 1.12　非稳定双凹腔示意图

$$h_b=\frac{s_2}{s_1'}h_a=5h_a$$

$$h_c=\frac{s_3}{s_2'}h_b=\frac{s_3}{s_2'}\cdot\frac{s_2}{s_1'}h_a=19h_a$$

这样不断反射的结果是 h 值不断增大,故这是非稳腔。

二、稳定条件

由几何光学方法证得,对于腔长为 L,反射镜曲率半径分别为 R_1 和 R_2 的谐振腔,当满足

$$0<\left(1-\frac{L}{R_1}\right)\left(1-\frac{L}{R_2}\right)<1 \tag{1.17}$$

时,就是稳定腔。在满足上述条件的谐振腔内,傍轴光线在其内部来回反射多次时,光线离轴高度 h 不会无限增大,即光线不会逸出腔外,称式(1.17)为谐振腔的稳定条件。

记 $J_1=1-\frac{L}{R_1}$,$J_2=1-\frac{L}{R_2}$,稳定腔条件为

$$0<J_1J_2<1 \tag{1.18}$$

1.稳定腔

凡是满足 $0<J_1J_2<1$ 条件的腔称为稳定腔。

(1)平-凹腔

平-凹腔的平面镜 $R_1=\infty$,凹面镜 $R_2>0$。当 $R_2>L$ 时,平-凹腔为稳定腔。

(2) 双凹腔

双凹腔由两面凹面镜构成,当其满足关系式 $R_1>L,R_2>L$ 或 $R_1<L,R_2<L,R_1+R_2>L$ 时,是稳定腔。

(3) 凹-凸腔

凹-凸腔由一面凹面镜和一面凸面镜构成,当凹面镜 $R_1>0$,凸面镜 $R_2<0$,且稳定工作区域为 $R_1>L,R_1+R_2<L$ 或 $R_2>R_1-L$ 时,是稳定腔。

2. 非稳腔

凡是满足 $J_1J_2>1$ 或 $J_1J_2<0$ 的条件的谐振腔称为非稳腔。其特点是，傍轴光线在腔内经有限次往返后，从侧面逸出腔外，几何损耗较高。

(1) 双凸腔

所有的双凸腔都是非稳腔。

(2) 平－凸腔

所有的平－凸腔都是非稳腔。

(3) 平－凹腔

平－凹非稳腔的条件是 $0<R<L$，即 $J_1J_2<0$，其中 R 为凹面镜的曲率半径。

(4) 双凹腔

双凹腔的非稳条件是 $R_1<L, R_2>L$，即 $J_1J_2<0$ 或 $R_1+R_2<L$，即 $J_1J_2>1$。

(5) 凹－凸腔

凹－凸非稳腔的条件是 $R_2<0, 0<R_1<L$，即 $J_1J_2<0$ 或 $R_2<0, R_1+R_2>L$，即 $J_1J_2>1$，其中，R_1 为凹面镜的曲率半径，R_2 为凸面镜的曲率半径。

3. 临界腔

凡是满足条件 $J_1J_2=0$ 或 $J_1J_2=1$ 的腔称为临界腔，它属于极限状况，在谐振腔的理论研究及应用中有着重要意义。三种典型临界腔的参数条件为：

(1) 对称共焦腔

对称共焦腔的条件是 $R_1=R_2=L$，即 $J_1=0, J_2=0$。

(2) 平行平面腔

平行平面腔的条件是 $R_1=R_2=\infty$，即 $J_1J_2=1$，位于双曲线正支上，并且 $J_1=J_2=1$。

(3) 共心腔

共心腔的条件是 $J_1=-R_2/R_1, J_2=-R_1/R_2, J_1J_2=1$，位于双曲线的负支上。

大多数临界腔的性质介于稳定腔与非稳腔之间。以平行平面腔为例，腔中沿轴线方向行进的光线能往返无限多次而不逸出腔外，且一次往返就实现简并。这与稳定腔相似，但仅仅是轴向光线有这种特点。所有沿非轴向行进的光线在有限次往返后，从侧面逸出腔外，这与非稳腔相似。

三、谐振腔稳定图

图 1.13 是谐振腔稳定图。它用于判别谐振腔的稳定性。J_2、J_1 为纵横向两个坐标轴。任何一个光学谐振腔(R_1, R_2, L)惟一对应于 J_2-J_1 平面上的一个点。J_2-J_1 平面上对应着共轴球面腔的具体尺寸，由 $J_1=0$、$J_2=0$、双曲线 $J_1J_2=1$ 所围成的区域为腔的稳定工作域，J_2-J_1 平面上其余的区域为非稳区。如果一个球面腔在图平面上的对应点落在稳定工作区域内，则该腔是稳定腔；若其对应点落在非稳区内，则该腔是非稳腔；若其对应点落在稳定区的边界

上,则该腔是临界腔。

在设计激光器时,稳定图为确定腔长和镜面的曲率半径的取值范围提供了方便。

例如,设计一个腔长为 L 的平凹腔,利用稳定图就可确定凹面镜的曲率半径 R_2 的取值范围,具体步骤如下:由平面镜的曲率半径 $R_1=\infty$,得 $J_1=1$,在横坐标轴上取 $J_1=1$ 的点 K,过 K 作平行于纵坐标轴的直线 MN,交双曲线于 $D(1,1)$,MN 段上只有 DK 直线落在稳定区内,D 点对应 $J_2=1$,$R_2=\infty$,K 点对应于 $J_2=0$,$R_2=L$,故平凹腔的稳定条件为 $L<R_2<\infty$。

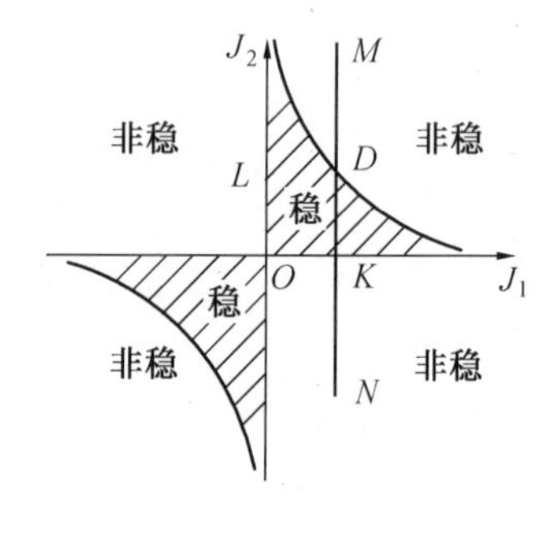

图 1.13　稳定图

1.5　激光振荡模式

对于给定的一个光学谐振腔,并不是任意频率、任意形式的电磁振荡都可以存在于腔中的。所以,必须了解能存在于给定腔中的电磁振荡参数,确定其相应的振荡频率和场强空间分布,这就是振荡模式讨论的问题。对于不同的模式,有不同的振荡频率和光场分布。通常把光波场的空间分布分解为沿传播方向(腔轴方向)的分布 $E(z)$和垂直于传播方向的横截面内的分布 $E(x,y)$。相应地,把光腔模式分解为纵模和横模,分别表示光腔模式的纵向分布和横向光场分布。

一、激光的纵模

首先分析光束在谐振腔中的传播情况。图 1.14 给出的是平行平面腔,镜 1 为全反镜,镜 2 为输出镜。再分析光波到达镜 2 时的情形。在某一时刻到达镜 2 的光有 $a,b,c,\cdots,a$ 是直接到达,b 是经过来回一次到达,c 是经过来回两次到达……这些光束在镜 2 上叠加,由光的干涉条件知道,只有当它们的相位差是 2π 的倍数时,才能产生加强干涉,从而形成激光,从镜 2 输出。$a,b,c,\cdots$,各束光波之间相位差异,在于它们在腔内所走的路程分别差一个来回。若要求它们相位相同,则必须要求光波在腔内走一个来回时相位的改变量为 2π 的整数倍,干涉才能互相加强,这就是谐振条件,也是形成激光的必要条件之一。由于相位的改变与光波的频率有关,所以,不同频率的光在腔内走一个来回后,相位改变量不一样。对于给定长度的谐振腔,只有某些特定的频率光波满足谐振条件,才可能在腔内形成激光。

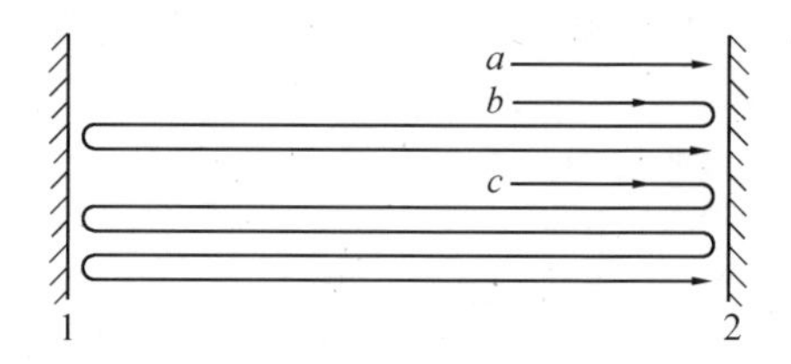

图 1.14　谐振腔光振荡示意图

例如,腔长为 30 cm 的 He - Ne 激光器,在线宽 $\Delta\nu_F=1.5\times10^9$ s 中,不是所有的频率都满足谐振条件,仅仅是 $\nu_{q-1},\nu_q,\nu_{q+1}$的三个分立的频率满足谐振条件,才有可能形成激光,见图 1.15。

设图1.15所示的平行平面腔充有折射率为 η 的介质,其腔长为 L,光波在腔内沿轴线方向来回一周所经历的光程为 $d=2\eta L$,则相应的相位改变量为

$$\Delta\Phi = 2\pi\cdot\frac{2\eta L}{\lambda} \tag{1.19}$$

由谐振条件要求

$$\Delta\Phi = \frac{4\pi\eta L}{\lambda} = 2\pi q \qquad q = 1,2,3,\cdots \tag{1.20}$$

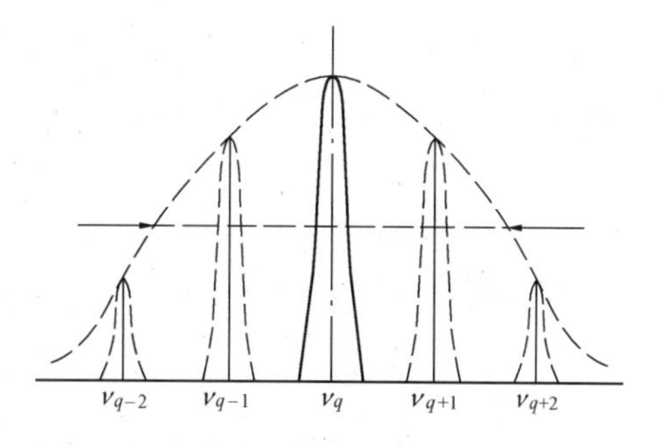

图1.15　谐振频率

即 $q=\frac{2\eta L\nu}{c}$,有满足谐振条件的频率 ν_q(称为谐振频率)为

$$\nu_q = \frac{c}{2\eta L}q \tag{1.21}$$

当 $q=1$ 时　　$\nu_1=\frac{c}{2\eta L}$

当 $q=2$ 时　　$\nu_2=\frac{c}{\eta L}$

依次类推　　$\nu_{q-1}=c\,\frac{(q-1)}{2\eta L}$

腔长 $L=10$ cm 的 He－Ne 激光器,由上式可得两个谐振频率间隔差,即

$$\Delta\nu_q/\mathrm{Hz} = \nu_q - \nu_{q-1} = \frac{c}{2\eta L} = 1.5\times10^9$$

又已知 Ne 原子发射的波长为 0.632 8 μm 红色荧光的线宽为 $\Delta\nu_F=1.5\times10^9\ \mathrm{s}^{-1}$,恰与相邻频率间隔相等。所以,在这光谱线宽内只能有一个频率满足谐振条件,也就是在腔长为 10 cm 的 He－Ne 激光器中,满足谐振条件的频率很多,但形成激光的仅仅只有一个,通常称为出现一个纵模或单纵模。

当腔长 $L=30$ cm 时,$\Delta\nu_q/\mathrm{s}=\frac{c}{2L}=5\times10^8$。可见,$L$ 越大,$\Delta\nu_q$ 越小。有三个满足谐振条件的分立频率 ν_{q-1}、ν_q、ν_{q+1} 落在 He－Ne 激光器 $\Delta\nu_F$ 内,见图1.15。因此,该激光器输出以 0.632 8 μm为中心,可能包括三个相邻的频率间隔,就是说可能出现三个纵模,这种激光器称为多纵模激光器。

不难看出激光器中出现的纵模数与两个因素有关,一是原子(分子和离子)自发发射的荧光线宽 $\Delta\nu_F$,$\Delta\nu_F$ 越大,可能出现的纵模数越多;二是谐振腔的谐振频率间隔 $\Delta\nu_q=\nu_{q+1}-\nu_q=\frac{c}{2\eta L}$,$L$ 越大,$\Delta\nu_q$ 越小,在同样 $\Delta\nu_F$ 内所容纳的纵模数越多。

例如,CO_2 激光器波长为 10.6 μm 的光谱线宽度 $\Delta\nu_F=10^8$ Hz,当腔长 $L=1$ m 时,纵模的频率间隔为 $\Delta\nu_q=1.5\times10^8$ Hz,故 1 m 长的 CO_2 激光器的激光输出仍是单纵模。

氩离子激光器波长为 0.514 5 μm 的光谱线宽度 $\Delta\nu_F = 6.0 \times 10^8$ Hz，当腔长 $L = 1$ m 时，纵模间隔 $\Delta\nu_q = 1.5 \times 10^8$ Hz，该激光器中有多个纵模。

Nd^{3+} - YAG 激光器的 1.06 μm 波长的 $\Delta\nu_F = 1.95 \times 10^{11}$ Hz，钕玻璃激光器的 1.06 μm 波长的 $\Delta\nu_F = 7.5 \times 10^{12}$ Hz，红宝石激光器的 0.694 3 μm 波长的 $\Delta\nu_F = 3.3 \times 10^{11}$ Hz。一般情况下，固体激光器输出都是多纵模。

二、激光的横模

光波在谐振腔中的振荡不仅决定激光的频率和谱线宽度，而且决定激光的强度分布，包括纵向和横向的强度分布。使用激光器时，将一块观察屏插入输出镜前，借以观察激光输出的强弱和光斑形状。有时会看到一个对称的圆斑(图 1.16(a)、(e))，有时还会看到一些形状十分复杂的光斑(图 1.16(b)、(c)、(d)、(f)、(g))，这是谐振腔中横向不同的光场分布，称为不同的横模。

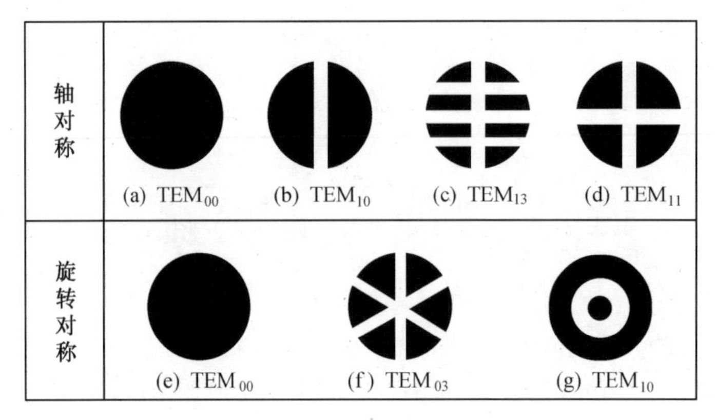

图 1.16　横模光斑图像

通常用 TEM_{mnq} 来表示不同模式的光场分布，其中 TEM 代表光波是横向电磁波，m、n 代表横模指数(亦称序数)，q 代表纵模指(序)数。m、n 取值越大，光斑图形越复杂，该横模偏离光传播轴线越远。q 取值越大，纵模数越多。若 $m = 0, n = 0$，即 TEM_{00q} 称之为基模，见图 1.16(a)、(e)。m、n 的其他取值都称为高阶模(或高次模，高序模)。

m、n 取值的规定为，对于轴对称图形，竖直方向出现一个暗区，$m = 1$；出现两个暗区，$m = 2$；其余类推。同样，水平方向出现一个暗区，$n = 1$；出现两个暗区，$n = 2$；其余类推。图 1.16 中 TEM_{mnq}(a)图为 TEM_{00q}，(b)图为 TEM_{10q}，(c)图为 TEM_{13q}。对于旋转对称图形，在图形半径方向上(不包括中心点)出现的暗环数以 m 表示，图上出现的暗直径数以 n 表示，图 1.16(f)记做 TEM_{03q}，(g)图记做 TEM_{10q}。

通常工作物质的横截面是圆的，横模图形应当是旋转对称。实际上，常出现轴对称横模。这是由工作物质的不均匀性所致或谐振腔内插入元件破坏了腔的旋转对称性的缘故。

综上所述,光腔模式是横模和纵模的组合,以符号 TEM_{mnq}表示,每一组 m、n、q 表示一种模式,代表一种光场分布,对应一个谐振频率。横模和纵模各从一个侧面反映腔内光场情形,只有两者结合起来才能全面地反映腔内光场分布。不同的纵模和横模各自对应不同的光场分布和频率。不同的光场分布都可观察到相应的横模图形,难以观察到纵模,这是光场分布视觉差异甚小的缘故。所以,只能从频率的差异来区分不同的纵模。不同的横模之间频率差异很小,易被忽视,实际上不同横模的频率也是不同的。

1.6　光腔的损耗和激光振荡的阈值条件

一、光腔损耗

光腔的损耗直接影响激光器的工作特性。它是激光光腔工程设计的一个重要参量。产生光腔损耗的因素很多,大致可分为两大类:工作物质内部损耗、谐振腔的损耗。

1.谐振腔损耗

一部分光从部分反射镜(即输出镜)透射出去,部分反射镜的透射率记为 τ。这部分光就是输出的激光,这对谐振腔来说是一种损耗,一种有用的损耗。

腔内元件造成吸收的损耗。为了各种技术要求插入腔内的光学元件,如布儒斯特窗、调制器、选模元件等都会给光腔带来损耗。

组成谐振腔的镜面造成的散射和吸收损耗与元件的加工有关,加工精度高,损耗小。

衍射损耗是谐振腔的固有损耗,与腔的几何尺寸、模式有关。横模指数越高,衍射损耗越严重。这对激光器来说,有很大的实际意义。因此,使用激光器时横模指数越低越好,基模 TEM_{00}最佳。衍射损耗 δ_D 不但与横模指数有关,还与腔型几何尺寸有关,不同的腔型,损耗不同。

图 1.17 是圆形反射镜构成的共焦腔和平行平面腔的 δ_D-N 曲线图。$N=\dfrac{a^2}{\lambda L}$为菲涅耳数,其中 L 为腔长,$2a$ 为腔的通光口径或工作物质端面的直径,λ 为光波波长。由图知,$N\approx1$ 的圆形平行平面腔对 TEM_{00}模,有 $\delta_D\approx1.8\%$;对 TEM_{10}模,有 $\delta_D\approx40\%$。显然,高阶横模的衍射损耗比基模大得多,这是由于两模的光强分布不同,TEM_{00}模的光能量比 TEM_{10}模的更集中。另外,还可看出,对于不同的腔,衍射损耗不同,从减小损耗考虑,共焦腔损耗比平行平面腔的小。

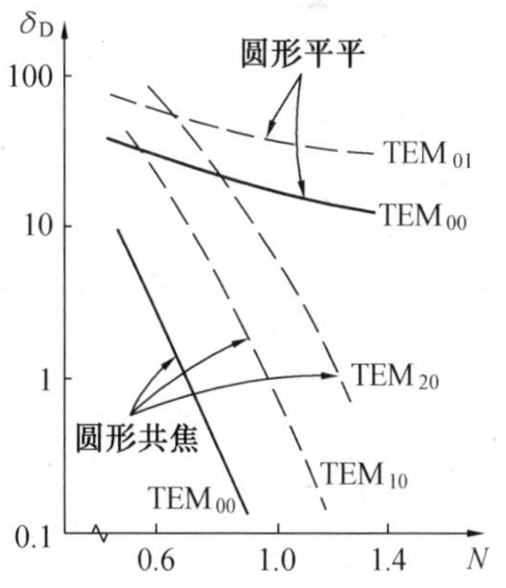

图 1.17　衍射损耗曲线

2.激光工作物质(介质)内部损耗

工作物质内部的不均匀性造成一部分光发生折射或散射,导致光偏离腔的轴线而逸出腔外。也可能存在适合的能级,使得不是处于激光下能级的粒子吸收激光频率的光子并跃迁到相应的上能级。这些都是工作物质内部损耗,取决于介质的均匀性及加工工艺。介质的不均匀性使部分光产生折射和散射。气体激光工作物质均匀性较好,内部损耗少,固体激光器较差,损耗大。

二、谐振腔内光子寿命

光学谐振腔内存在各种损耗,现不考虑其起因,引入一个平均单程损耗因子 δ 来定量地加以描述。设初始时刻 $t=0$ 时的光子密度为 w_{e0},在无源腔中往返一次后,光子密度减少为

$$w_e = w_{e0}\,e^{-2\delta L} \tag{1.22}$$

即

$$\delta = \frac{1}{2L}\ln\frac{w_{e0}}{w_e}$$

光在腔内往返 m 次后,光子密度为

$$w_e = w_{e0}e^{-2m\delta L} \tag{1.23}$$

设其所需要的时间为 t,则

$$m = \frac{tc}{\eta 2L} \tag{1.24}$$

式中 η——介质折射率(气体激光器的 $\eta\approx1$)。

将式(1.24)代入式(1.23),得

$$w_e = w_{e0}\,e^{-\frac{\delta ct}{\eta}} \tag{1.25}$$

令 $\tau_R=\dfrac{\eta}{\delta c}$,则

$$w_e = w_{e0}\,e^{-\frac{t}{\tau_R}} \tag{1.26}$$

当 $t=\tau_R$ 时,有

$$w_e = \frac{w_{e0}}{e} \tag{1.27}$$

它的物理意义是,经过 τ_R 时间的光子密度衰减为初始光子密度的 $1/e$ 倍。由式(1.26)知,δ 越大,τ_R 越小。这表明光腔损耗越大,腔内光子衰减越快,称 τ_R 为光子在腔内的平均寿命。下面论证该定义的合理性。

设在 t 到 $t+dt$ 时间内,减少的光子密度为

$$-dw_e = \frac{w_{e0}}{\tau_R}e^{-\frac{t}{\tau_R}}dt \tag{1.28}$$

这 $-\mathrm{d}w_e$ 个光子寿命平均为 t，就是说在 $0\sim t$ 时间内，$-\mathrm{d}w$ 个光子存于腔中，经过无限小的时间间隔 $\mathrm{d}t$ 后，它们就不存在腔内，由此得所有 w_{e0} 个光子的平均寿命为

$$\bar{t} = \frac{1}{w_{e0}}\int(-\mathrm{d}w_e)\cdot t = \frac{1}{w_{e0}}\int_0^\infty t\left(\frac{w_{e0}}{\tau_R}\right)e^{-\frac{t}{\tau_R}}\mathrm{d}t = \tau_R$$

考虑到工作物质已形成粒子数反转的谐振腔，除了损耗因子 δ 外，还有增益系数 G，在有增益介质条件下，腔内光子密度的变化为

$$w_e = w_{e0}e^{-2(\delta-G)L} \tag{1.29}$$

$$w_e = w_{e0}e^{-2m(\delta-G)L} \tag{1.30}$$

当 $G>\delta$ 时，腔内光子数增加。

三、激光振荡阈值条件

以平行平面腔为例，说明损耗因子与某些参数的关系。

设平行平面腔的两个反射镜的反射率分别为 r_1、r_2，由反射镜不完全反射造成的损耗系数为 δ_r。根据 δ 的定义，光在腔内往返一次后，光强 I 衰减为

$$I = I_0 r_1 r_2 = I_0 e^{-2\delta_r L} \tag{1.31}$$

式中　I_0——初始时刻光强。

则

$$\delta_r = \frac{-1}{2L}\ln r_1 r_2 \tag{1.32}$$

又设谐振腔内的损耗为 $\delta_{内}$，令 δ 为总损耗因子，则

$$\delta = \delta_{内} - \frac{1}{2L}\ln r_1 r_2 \tag{1.33}$$

考虑到内部损耗后，介质内光强随距离 z 的变化为

$$I = I_0 e^{(G-\delta)z} \tag{1.34}$$

阈值条件要求

$$G \geqslant \delta = \delta_{内} - \frac{1}{2L}\ln r_1 r_2 \tag{1.35}$$

就是光子在谐振腔内所获得增益只有大于或等于腔内总损耗系数时，激光才能形成振荡。通常称式(1.35)为激光振荡阈值条件。

四、谐振腔的品质因子与光谱线宽度关系

1.谐振腔品质因子 Q

在微波技术中，常常采用品质因子 Q 来描述一个微波谐振腔的质量，其定义为

$$Q = 2\pi\nu_0 \frac{E}{\Delta E} \tag{1.36}$$

式中　ν_0——腔内振荡的谐振频率；

E——储在腔内的能量；

ΔE——单位时间内损耗的能量。

从式(1.36)看出，ΔE 越小，Q 值就越高，腔的质量就越好。在激光原理及技术中也同样采用品质因子 Q 来描述光学谐振腔的质量，下面做具体分析。

已知

$$E = NVh\nu \tag{1.37}$$

式中　N——任意时刻的光子数密度；

V——腔内振荡光束体积。

$$\Delta E = \frac{\delta c}{\eta} NVh\nu \tag{1.38}$$

式中　δ——光通过谐振腔时单位距离的损耗率；

$h\nu$——一个光子能量。

将式(1.37)、(1.38)代入式(1.36)，得

$$Q = 2\pi\nu_0 \frac{\eta}{\delta c} \tag{1.39}$$

设腔内光子寿命为 τ_R，则

$$\tau_R = \frac{\eta}{\delta c} \tag{1.40}$$

将式(1.40)代入式(1.39)，得

$$Q = 2\pi\nu_0\tau_R \tag{1.41}$$

在光谱线的自然加宽中得证(在第二章中详细介绍)，光谱线的自然加宽 $\Delta\nu$ 和光子寿命的关系为

$$\Delta\nu = \frac{1}{2\pi\tau_R} \tag{1.42}$$

将式(1.42)代入式(1.41)，得

$$Q = \frac{\nu_0}{\Delta\nu} \tag{1.43}$$

从上式看出，Q 值越高，$\Delta\nu$ 线宽越窄，单色性越好。

2.单模激光的线宽极限

在激光器中由于介质对光有增益作用，增益可以弥补损耗，因而使激光振荡的波列很长，这就是激光器具有优异的单色性的原因。在稳定态时，从式(1.35)中看出，激光器总是满足阈值条件，即增益等于损耗，似乎激光器的净损耗等于零，光学谐振腔 Q 值应该趋于无穷大，谱

线宽度 $\Delta\nu$ 应该等于零。实际情况并非如此，原因是我们忽略了自发发射过程，自发发射过程也向谐振腔的模式提供能量。另外，我们知道纵模和横模频率与腔长和折射率有直接关系，例如纵模频率

$$\nu_q = \frac{cq}{2\eta L}$$

当折射率 η 和腔长 L 变化时，ν_q 也将随之变化，也就是激光频率发生漂移，对上式求微分得到

$$\frac{\Delta\nu}{\nu} = -\left(\frac{\Delta L}{L} + \frac{\Delta\eta}{\eta}\right) \tag{1.44}$$

从上式看出，当折射率和温度变化时(引起腔长变化)，就会导致激光频率的漂移。例如玻璃壳的 He－Ne 激光器，即使温度仅仅变化百分之一度，将引起频率漂移 10^6 Hz。在采取稳频措施以后，He－Ne 激光器可以获得的最窄的线宽为几赫兹，也就是消除了其他各种使激光线宽增加的因素后可以达到的最小线宽。

习题与思考题

1. 激光器波长 $\lambda = 1.0\ \mu$m，激光束在光源处直径为 1 cm，当激光束传输到 1 000 m 距离处时，激光束直径约为多少？激光束平面发散角约为多少？

2. He－Ne 激光器波长 $\lambda \approx 0.63\ \mu$m，设光腔输出孔径为 $2a = 3$ mm，由于衍射效应限制，则最小激光平面发散角为多少？

3. He－Ne 激光器 $\lambda \approx 0.63\ \mu$m，其谱线半宽度 $\Delta\lambda \approx 10^{-12}\ \mu$m，问 $\Delta\lambda/\lambda$ 为多少？要使其相干长度达到 1 000 m，它的单色性 $\Delta\lambda/\lambda$ 应是多少？

4. 对于太阳光辐射而言，在波长 $\lambda = 0.50\ \mu$m 附近的单色定向亮度 $B_r \approx 2.6\times10^{-12}$ W/(cm^2·sr·Hz)，而一般气体激光器在同样波长条件下，其单色定向亮度 $B_\nu \approx 10^2$ W/(cm^2·sr·Hz)，问太阳光和一般气体激光器的光子简并度 $\bar{n}$ 各为多少？并从物理意义上说明太阳光和一般气体激光器光子简并度 $\bar{n}$ 的差异。

5. He－Ne 激光器腔长 $L = 250$ mm，两个反射镜的反射率约为 98%，其折射率 $\eta = 1$，已知 Ne 原子 $\lambda = 0.632\ 8\ \mu$m 处谱线的 $\Delta\nu_F = 1\ 500$ MHz，问腔内有多少个纵模振荡？光在腔内往返一次其光子寿命约为多少？光谱线的自然加宽 $\Delta\nu$ 约为多少？

6. 一个双凹腔的两个反射镜的曲率半径为 $R_1 = 50$ cm，$R_2 = 100$ cm，问腔长 L 在什么范围内是稳定腔？在什么范围内是非稳腔？

7. 设平行平面腔的长度 $L = 1$ m，一端为全反镜，另一端反射镜的反射率 $\gamma = 0.90$，求在 1 500 MHz 频率范围内所包含的纵模数目和每个纵模的频带宽度？

8. 已知 CO_2 激光器的波长 $\lambda = 10.6\ \mu$m 处光谱线宽度 $\Delta\nu_F = 150$ MHz，问腔长 L 为多少时，腔内为单纵模振荡(其中折射率 $\eta = 1$)。

9. Nd^{3+}－YAG 激光器的 1.06 μm 波长处光谱线宽度 $\Delta\nu_F = 1.95\times10^5$ MHz，当腔长为 10 cm 时，腔中有多少个纵模？每个纵模的频带宽度为多少？比较习题 8，说明其物理意义。

(已知：Nd^{3+}－YAG 的折射率为 $\eta = 1.76$)

参考文献

1 卡拉德 T. 激光演示实验. 北京:人民教育出版社,1982

2 伽本尼 M. 光学物理.北京: 科学出版社,1976

3 赫光生,雷仕湛.激光器设计基础. 上海: 上海科学技术出版社,1979

4 周炳琨,高义智,陈倜嵘,陈家骅. 激光原理. 北京: 国防工业出版社,2000

5 克希奈尔 W. 固体激光工程. 华光译. 梅遂生校. 北京: 科学出版社,1983

6 王喜山. 激光原理. 济南:山东科学技术出版社,1979

7 孙宁,李相银,施振邦. 简明激光工程. 北京: 兵器工业出版社,1992

8 李适民等编著.激光器原理与设计. 北京:国防工业出版社,1998

第二章　激光工作物质及基本原理

2.1　黑体辐射与普朗克公式

我们在普通物理中已知道,处于某一温度下的物体能够发射和吸收电磁波。如果某一物体能完全吸收投射于它的任何频率的电磁辐射,则称该物体为绝对黑体。图 2.1 所示的空腔可视为比较理想的绝对黑体,因为从外界射入小孔的任何光线都将在腔内多次反射后很难逸出腔外。物体除吸收电磁辐射外还能发出电磁辐射,这种电磁辐射称为热辐射或温度辐射。太阳、电灯等普通光源均为这一类热辐射光源。

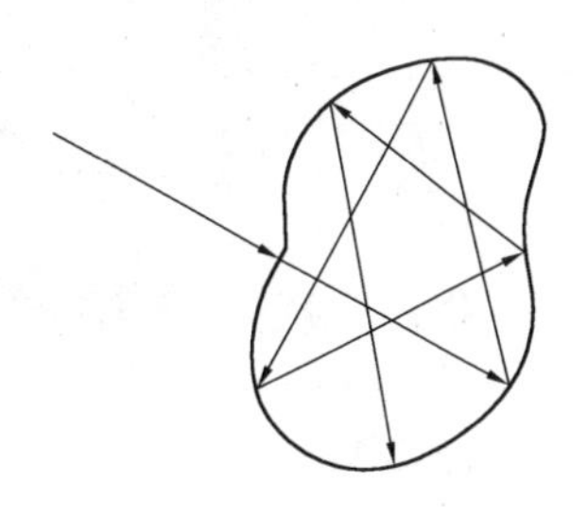

图 2.1　绝对黑体

在一定温度下,当黑体内部的辐射和吸收达到热平衡,即空腔内辐射能量等于黑体吸收能量时,可以由此推知空腔内存在完全确定的辐射场。这种辐射场称为黑体辐射或空腔辐射。黑体辐射是黑体温度 T 和辐射频率 ν 的函数,可用单色能量密度 ρ_ν 来描述。ρ_ν 定义为单位体积内频率处于 ν 附近的单位频率间隔中的电磁辐射能量,其量纲为($\mathrm{J \cdot m^{-3} \cdot s}$)。应当指出,黑体辐射与构成腔体的材料及腔体结构无关。

在实际测得黑体辐射谱后,人们试图从理论上得出其函数表达式来解释黑体辐射的规律。在此过程中,一些基于经典物理学的种种努力因不能完全解释黑体辐射现象的实验事实而归于失败。1900 年,普朗克开创性地提出了光量子的概念后,把黑体辐射看做由带电谐振子组成,并假定这些谐振子的能量取值只能为谐振子最小能量 $\varepsilon_0 = h\nu$ 的整数倍,h 为普朗克常数,ν 为谐振子振荡频率,并在此基础上成功地得到了与黑体辐射实验相符的普朗克公式。如果设想黑体辐射由无数个谐振子组成,这些谐振子各自发射一种单色平面电磁波,全部振子就形成频率连续分布的黑体辐射。振子每一种振动状态对应于辐射场内一种场分布,即一个模式。普朗克公式可表述为:在温度 T 的热平衡条件下,黑体辐射分配到空腔内每个模式上的平均能量为

$$E = \frac{h\nu}{e^{\frac{h\nu}{KT}} - 1} \tag{2.1}$$

可以证明,黑体空腔内单位体积、频率在 $\nu \to \nu + \Delta\nu$ 间隔的光波模式数 n_ν 为

$$n_\nu = \frac{P}{Vd\nu} = \frac{8\pi\nu^2}{c^3}$$

于是,黑体辐射普朗克公式为

$$\rho_\nu = E \cdot n_\nu = \frac{8\pi h\nu^3}{c^3}\frac{1}{e^{\frac{h\nu}{KT}} - 1} \tag{2.2}$$

式中　K——玻耳兹曼常数,$K = 1.380\ 62 \times 10^{-23}$ J/℃;

h——普朗克常数;

ν——谐振子振荡频率;

T——热平衡时的绝对温度;

c——光速。

2.2　光和物质的三种相互作用及爱因斯坦关系式

1917年,爱因斯坦在光量子论的基础上,从另一个角度同样导出了普朗克公式,在推导过程中首先提出了自发辐射、受激辐射和受激吸收的概念,见图2.2,建立了光与物质相互作用的崭新模型。因此,式(2.2)表示的黑体辐射实质上可以看做是辐射场与构成黑体的物质原子相互作用的结果。在此我们抽象出两个能级为 E_1 和 E_2 的原子系统($E_2 > E_1$)来讨论自发辐射、受激辐射和受激吸收这三种相互作用的特征,并设处于这两个能级的原子数密度分别为 n_1 和 n_2。

1. 自发辐射(图2.2(a))

处于高能级的一个原子在没有外来光子的情况下,自发地向 E_1 能级跃迁,并发射出一个能量为 $h\nu$ 的光子,这种过程叫做自发辐射过程。通常用 A_{21} 来描述自发辐射跃迁几率。A_{21}定义为单位时间内 n_2 个高能态上的原子发生自发跃迁的原子数$\left(\frac{dn_{21}}{dt}\right)$与 n_2 的比值,即

$$A_{21} = \left(\frac{dn_{21}}{dt}\right)_{sp}\frac{1}{n_2} \tag{2.3}$$

式中,$(dn_{21})_{sp}$为自发辐射引起的由 E_2 向 E_1 跃迁的原子数。

应该指出,处在高能级的原子何时自发地发射光子带有偶然性,其相位、偏振态及传播方向没有确定的相

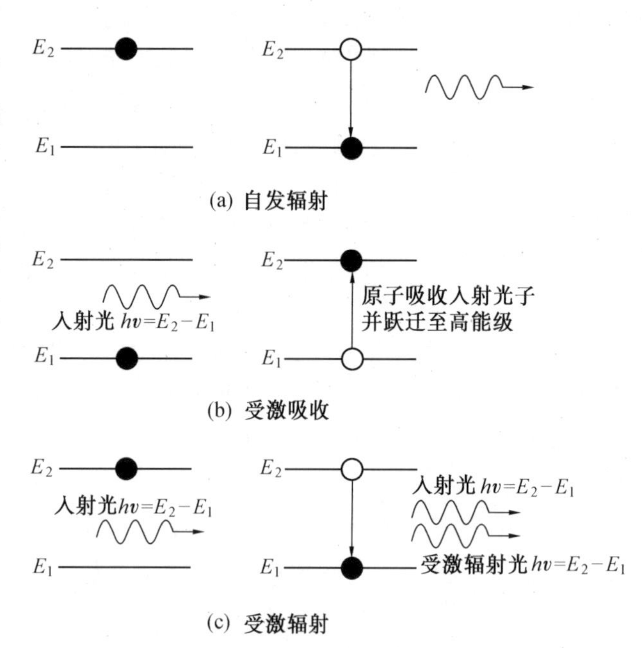

图2.2　原子的自发辐射、受激辐射、受激吸收示意图

位关系。因此,自发辐射完全是一种只与原子本身性质有关的随机过程。假设 E_2 能级上的粒子数只是由于自发辐射跃迁导致粒子数减少,因此,单位时间内 E_2 能级上减少的粒子数密度为

$$\frac{\mathrm{d}n_2}{\mathrm{d}t} = -\left(\frac{\mathrm{d}n_{21}}{\mathrm{d}t}\right)_{\mathrm{sp}}$$

其中,n 的角标中第一个数字表示跃迁的起始能级,第二个数字表示跃迁的终止能级。将式(2.3)代入上式后可得

$$\frac{\mathrm{d}n_2}{\mathrm{d}t} = -A_{21}n_2$$

解上式可得

$$n_2(t) = n_{20}\mathrm{e}^{-A_{21}t} \tag{2.4}$$

另根据 E_2 能级平均寿命的定义,有

$$\frac{\mathrm{d}n_2}{\mathrm{d}t} = -\frac{n_2}{\tau_{\mathrm{s}}}$$

可得

$$n_2(t) = n_{20}\mathrm{e}^{-\frac{t}{\tau_{\mathrm{s}}}} \tag{2.5}$$

比较式(2.4)和式(2.5),得

$$A_{21} = \frac{1}{\tau_{\mathrm{s}}} \tag{2.6}$$

由此证得 A_{21}为原子在 E_2 能级上平均寿命的倒数。A_{21}也称为自发辐射跃迁爱因斯坦系数;在此,τ_{s} 即为自发辐射寿命。

2. 受激吸收 (图 2.2(b))

处于低能级 E_1 的一个原子,在频率为 ν 的辐射场作用下,吸收一个能量为 $h\nu$ 的光子并向 E_2 能级跃迁,这种过程称为受激吸收跃迁。用受激吸收跃迁几率 W_{12}描述这一过程,即

$$W_{12} = \left(\frac{\mathrm{d}n_{12}}{\mathrm{d}t}\right)_{\mathrm{st}}\frac{1}{n_1} \tag{2.7}$$

式中　$(\mathrm{d}n_{12})_{\mathrm{st}}$——由于受激跃迁引起的由 E_1 向 E_2 跃迁的原子数。

应该强调,A_{21}只与原子本身性质有关;而 W_{12}不仅与原子本身性质(受激吸收系数)有关,还与辐射场的 ρ_ν 成正比。我们可将这种关系唯象地表示为

$$W_{12} = B_{12}\rho_\nu \tag{2.8}$$

式中　B_{12}——受激吸收跃迁爱因斯坦系数,只与原子性质有关。

3. 受激辐射 (图 2.2(c))

受激吸收的反过程是受激辐射。处于高能级的 E_2 的原子,在频率为 ν 的辐射场作用下,跃迁到低能级 E_1 并辐射一个能量为 $h\nu$ 的光子。受激辐射跃迁发出的光波称为受激辐射。

同上所述,受激辐射跃迁几率可表示为

$$W_{21}=\left(\frac{\mathrm{d}n_{21}}{\mathrm{d}t}\right)_{\mathrm{st}}\frac{1}{n_2} \tag{2.9}$$

$$W_{21}=B_{21}\rho_\nu \tag{2.10}$$

式中　B_{21}——受激辐射跃迁爱因斯坦系数。

系数 A_{21}、B_{12}、B_{21}都是原子本身的属性,与原子系统中原子数密度按能级的分布状况无关。根据空腔黑体的热平衡过程,我们可以导出 A_{21}、B_{12}、B_{21}这三个系数之间的关系。

当黑体处于某一温度 T 时,同时存在上述三种相互作用过程。在热平衡状态下,黑体吸收的辐射能量应等于发出的辐射能量,才能保持辐射的能量密度不变,即此时空腔内存在稳定的辐射场,该辐射场可由式(2.2)表示。因此,在热平衡条件下,E_2(或 E_1)能级上的粒子数密度应保持不变,故有

$$\left(\frac{\mathrm{d}n_{21}}{\mathrm{d}t}\right)_{\mathrm{sp}}+\left(\frac{\mathrm{d}n_{21}}{\mathrm{d}t}\right)_{\mathrm{st}}=\left(\frac{\mathrm{d}n_{12}}{\mathrm{d}t}\right)_{\mathrm{st}} \tag{2.11}$$

或

$$n_2A_{21}+n_2B_{21}\rho_\nu=n_1B_{12}\rho_\nu \tag{2.12}$$

由式(2.12)解得

$$\rho_\nu=\frac{A_{21}n_2}{B_{12}n_1-B_{21}n_2}=\frac{A_{21}}{B_{12}\dfrac{n_1}{n_2}-B_{21}} \tag{2.13}$$

已知热平衡状态下,物质原子数的玻耳兹曼分布规律有

$$\frac{n_1}{n_2}=\frac{g_1}{g_2}\mathrm{e}^{\frac{E_2-E_1}{KT}}$$

式中　g_2,g_1——能级 E_2 和 E_1 的统计权重。

将式(2.2)和上式代入式(2.13)后,可解得

$$\frac{c^3}{8\pi h\nu^3}\left(\mathrm{e}^{\frac{h\nu}{KT}}-1\right)=\frac{B_{21}}{A_{21}}\left(\frac{B_{12}g_1}{B_{21}g_2}\mathrm{e}^{\frac{h\nu}{KT}}-1\right) \tag{2.14}$$

要使式(2.14)两边对任何 $h\nu/KT$ 的值均成立,必须系数分别相等。当 T 趋向无穷大时,即可得到

$$B_{12}g_1=B_{21}g_2 \tag{2.15}$$

$$\frac{A_{21}}{B_{21}}=\frac{8\pi h\nu^3}{c^3}=n_\nu h\nu \tag{2.16}$$

式(2.15)和式(2.16)为三种相互作用的爱因斯坦关系式。当统计权重 $g_1=g_2$ 时,有

$$B_{12}=B_{21}$$

或

$$W_{12} = W_{21} \tag{2.17}$$

应说明以上从热平衡状态下的黑体辐射出发,唯象地推导出的三系数的爱因斯坦关系式同样适用于激光产生过程(尽管激光的产生属于非热平衡状态)。采用与时间有关的微扰理论对跃迁过程进行处理也可以推导出 A、B 系数的爱因斯坦关系式。因超出本书大纲范围,在此不做介绍。

通常,自发辐射、受激辐射和受激吸收这三种过程同时存在于介质中,只是在不同情况下有强弱的差别。自发辐射光强和受激辐射光强可分别表示为 $I_{sp} = n_2 A_{21} h\nu$ 和 $I_{ste} = n_2 B_{21} \rho_\nu h\nu$,在热平衡情况下,比较自发辐射、受激辐射两种辐射过程有

$$\frac{I_{sp}}{I_{ste}} = \frac{n_2 A_{21} h\nu}{n_2 B_{21} \rho_\nu h\nu} = \frac{A_{21}}{B_{21} \rho_\nu} = e^{\frac{h\nu}{KT}} - 1$$

所以在绝对温度 1 500 K 时,在黑体空腔内,对 500 nm 波长的光辐射,自发辐射强度远远大于受激辐射,占绝对优势,约为 2×10^9 倍。

若比较受激辐射和受激吸收这两种受激跃迁过程,因在常温条件下,总有 $n_2 < \frac{g_2}{g_1} n_1$,受激吸收占主导地位,因此,当光射入介质后因吸收而衰减。

激光的产生首先要打破热平衡状态,使受激辐射大于受激吸收,使光在介质中传输能得到放大。由上分析可知,受激辐射占优势的前提条件是 $n_2 > \frac{g_2}{g_1} n_1$,即实现粒子数的反转分布。而自发辐射在产生激光过程中的作用是作为引起初始阶段受激跃迁过程的外来辐射场。

2.3　谱线加宽及谱线宽度

在上节讨论中,我们只是抽象出原子两个能级 E_2 和 E_1,并且认为它们都是无限窄的,自发辐射发出的光也是单一频率的,辐射的全部功率 P 都集中在频率 $\nu = (E_2 - E_1)/h$ 上。因此,根据 A_{21}的定义公式,单位体积内原子发出的自发辐射功率为

$$P = \frac{\mathrm{d}n_{21}}{\mathrm{d}t} h\nu = A_{21} n_2 h\nu \tag{2.18}$$

实际上由于各种物理因素的影响,自发辐射功率并不是集中在单一频率上,而是分布在 $(E_2 - E_1)/h$附近一个很小的频率范围内,即自发辐射功率为频率的函数$P(\nu)$。这种现象称之为谱线加宽,见图 2.3。

自发辐射的中心频率为 ν_0,在 $\nu \sim \nu + \mathrm{d}\nu$ 范围内的自发辐射功率为$P(\nu)\mathrm{d}\nu$,于是自发辐射总功率 P 可表示为

$$P = \int_{-\infty}^{+\infty} P(\nu)\mathrm{d}\nu \tag{2.19}$$

在下面的讨论中我们更关心的是 $P(\nu)$ 的分布函数形式。为此,引入归一化的线型函数 $\tilde{g}(\nu,\nu_0)$ 来描述,即

$$\int_0^{\infty}\tilde{g}(\nu,\nu_0)\mathrm{d}\nu = 1 \tag{2.20}$$

线型函数 $\tilde{g}(\nu,\nu_0)$ 的定义为

$$\tilde{g}(\nu,\nu_0) = \frac{P(\nu)}{P} \tag{2.21}$$

括号中的 ν_0 表示线型函数的中心频率(即谱线的中心频率)。线型函数在 ν_0 处有极大值 $\tilde{g}(\nu_0)$,通常定义半极大值 $\tilde{g}(\nu_0)$ 处对应的频率宽度为谱线宽度 $\Delta\nu$,即有

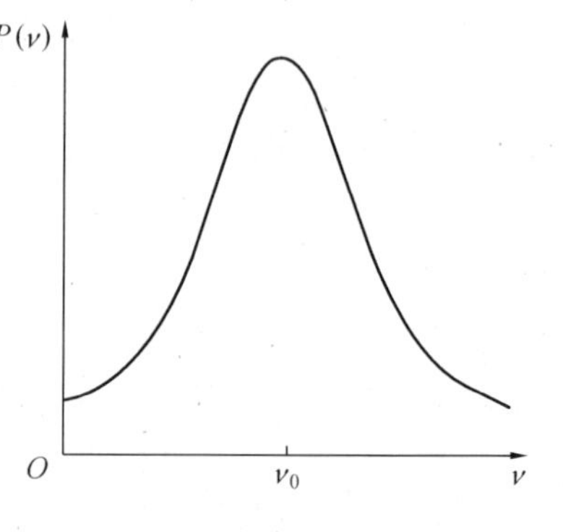

图 2.3 自发辐射的频率分布

$$\tilde{g}\left(\nu_0 \pm \frac{\Delta\nu}{2},\nu_0\right) = \frac{\tilde{g}(\nu_0,\nu_0)}{2}$$

下面的章节中,我们先介绍引起谱线加宽的各种物理原因,并可将这些物理原因造成的谱线加宽归并为均匀加宽与非均匀加宽两大类,分别求出它们的线型函数。最后简单说明均匀加宽与非均匀加宽同时存在时的线型——综合加宽线型。

一、均匀加宽

如果介质内每一发光原子对光谱线内任一频率都有贡献,也就是说引起加宽的物理因素对每个原子都是等同的,这类加宽机制称为均匀加宽。下述的自然加宽、碰撞加宽及晶格振动加宽属于均匀加宽。

1. 自然加宽

谱线的自然加宽是自发辐射跃迁引起的加宽。自然加宽的线型函数可以在经典谐振子理论模型的基础上进行讨论。根据经典模型,原子中做简谐振动的电子由于自发辐射不断地消耗能量,所以电子振动的振幅为阻尼振荡形式,用数学表达式可表示为

$$x(t) = x_0 \mathrm{e}^{-\frac{\gamma}{2}t}\mathrm{e}^{\mathrm{i}\omega_0 t} \tag{2.22}$$

式中 ω_0——无阻尼简谐振动的角频率,即原子发光的中心频率;

γ——阻尼系数。

根据傅里叶变换可知,阻尼振荡的频谱可以看做由一系列做简谐振动的频率组成。对式(2.22)作傅里叶变换后的频谱为

$$x(\nu) = \frac{x_0}{\frac{\gamma}{2} - \mathrm{i}(\nu_0 - \nu)2\pi}$$

由于辐射功率正比于电子振动振幅的平方,频率在 $\nu \sim (\nu + \mathrm{d}\nu)$ 区间内的自发辐射功率为 $P(\nu)\mathrm{d}\nu \propto |x(\nu)|^2\mathrm{d}\nu$,所以根据线型函数定义,可得自然加宽的线型函数为

$$\tilde{g}(\nu,\nu_0)=\frac{P(\nu)}{P}=\frac{|x(\nu)|^2}{\int_{-\infty}^{\infty}|x(\nu)|^2\mathrm{d}\nu}=$$

$$\frac{1}{[(\gamma/2)^2+4\pi^2(\nu-\nu_0)^2]\int_{-\infty}^{+\infty}\frac{1}{(\gamma/2)^2+4\pi^2(\nu-\nu_0)^2}\mathrm{d}\nu}$$

式中,积分值为一常数 A。由归一化条件可求得 $A=\gamma^{-1}$,则自然加宽线型函数为

$$\tilde{g}_N(\nu,\nu_0)=\frac{\gamma}{(\gamma/2)^2+4\pi^2(\nu-\nu_0)^2} \tag{2.23}$$

式(2.23)为由经典谐振子模型求得的自然加宽线型函数的表达式。从量子模型来说,激励后被激发到高能级的原子并非能永远停留在激发态,尽管不受任何外界影响,它们也会自发向低能级跃迁。若两能级之间只有自发辐射跃迁,则原子在激发态停留的平均时间即为自发辐射寿命 τ_s。下面我们进一步讨论上式中阻尼系数 γ 和原子在 E_2 能级上的自发辐射寿命 τ_s 之间的关系。设 $t=0$ 为初始时刻,E_2 能级的原子数密度 $n_2=n_{20}$,$t>0$ 时,n_2 将减少,假定 n_2 的减少仅仅是由于 $E_2\to E_1$ 的自发辐射,则

$$\mathrm{d}n_2(t)=-A_{21}n_2(t)\mathrm{d}t$$

可解得

$$n_2(t)=n_{20}\mathrm{e}^{-A_{21}t}$$

根据式(2.18),若每向下跃迁一个原子,便发射一个光子,则可求得自发辐射功率为

$$P(t)=-\frac{\mathrm{d}n_2(t)}{\mathrm{d}t}h\nu=n_{20}h\nu A_{21}\mathrm{e}^{-A_{21}t}=P_0\mathrm{e}^{-A_{21}t} \tag{2.24}$$

而按经典谐振子模型,一群谐振子辐射功率随时间的变化可写为

$$P(t)=P_0\mathrm{e}^{-\gamma t} \tag{2.25}$$

式中,P_0 为初始时刻的辐射功率。

比较式(2.24)和式(2.25)可得到

$$\gamma=A_{21}=\frac{1}{\tau_s} \tag{2.26}$$

根据谱线宽度定义,由式(2.23)得自然加宽的谱线宽度

$$\Delta\nu_N=\frac{\gamma}{2\pi}=\frac{1}{2\pi\tau_s} \tag{2.27}$$

式中　$\Delta\nu_N$——自然线宽。

由式(2.27)可知,自然线宽完全取决于原子在能级 E_2 上的自发辐射寿命。若用自然线宽 $\Delta\nu_N$ 来表示自然加宽线型函数,式(2.23)可改写为

$$\tilde{g}_N(\nu,\nu_0)=\frac{\frac{\Delta\nu_N}{2\pi}}{(\nu-\nu_0)^2+\left(\frac{\Delta\nu_N}{2}\right)^2} \tag{2.28}$$

式(2.28)表示的自然加宽线型函数为洛仑兹线型,见图2.4。当 $\nu=\nu_0$ 时。$\tilde{g}_N(\nu_0,\nu_0)=4\tau_s=2/(\pi\Delta\nu_N)$。

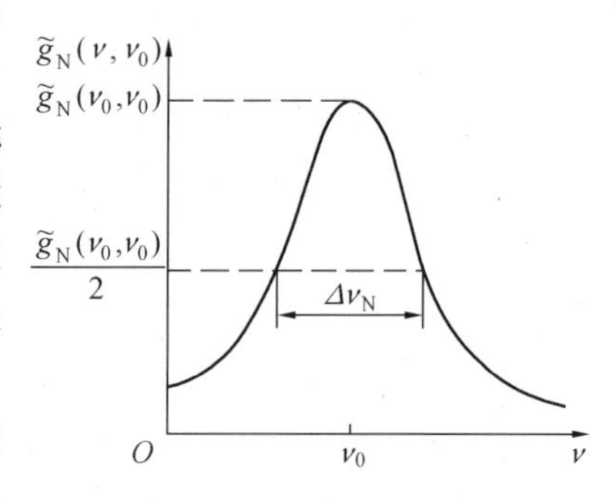

图 2.4　自然加宽的洛仑兹线型函数

若从量子力学的观点讨论自然加宽,则原子的发光对应于原子在满足玻尔条件的不同量子状态之间的能级跃迁。原子在能级上的(平均)寿命(它可以是由自发辐射、无辐射跃迁等各种因素引起的),可理解为原子处于该状态的时间有某个测不准量 τ,按照测不准关系,该状态对应的能量也必然有某个测不准量 ΔE,两者满足关系

$$\Delta E \approx \frac{\hbar}{\tau}$$

若 ΔE_2 和 ΔE_1 分别为上、下能级的宽度,根据玻尔频率关系,上、下能级之间的辐射跃迁不再对应一个确定的频率 ν_{21},而是有一定的频率范围 $\Delta\nu$。令 τ_2 和 τ_1 分别为处于原子跃迁上、下能级的寿命,则这种原子发光具有的频率不确定量或谱线宽度可表示为

$$\Delta\nu = \frac{1}{2\pi\tau_1} + \frac{1}{2\pi\tau_2} \tag{2.29}$$

由式(2.29)可知,只要知道某条谱线的上、下能级寿命就可以计算该谱线的自然宽度。寿命越短,自然加宽宽度越大。如氖原子的632.8 nm谱线对应的上、下能级寿命约为 10^{-8} s,相应的自然加宽宽度为 10^7 Hz。二氧化碳分子10.6 μm谱线的自然宽度仅为 $10^3\sim10^4$ Hz。

若跃迁的下能级为基态,由于原子在基态停留时间可以无限长,可以认为基态的能级宽度为零。于是,谱线的自然宽度只与激发态 E_2 有关,与下能级无关,故有

$$\Delta\nu = \frac{1}{2\pi\tau_2}$$

应指出式(2.27)是通过经典模型得到的自然加宽宽度的表达式,该式没有考虑跃迁下能级的宽度,只有在自发辐射跃迁的下能级为基态时成立。这是经典模型的局限性造成的结果。

2. 碰撞加宽

大量原子(分子)之间的无规碰撞是引起谱线加宽的又一重要原因。在气体工作介质中,大量原子处于无规的热运动状态,原子和原子之间,原子与气体放电管壁之间会发生频繁的碰撞。除了直接碰撞外,当两个原子(分子)之间的距离足够接近时,它们之间的相互作用足以改变原来的运动状态,都可以认为发生碰撞。无论是引起相位突变的弹性碰撞,还是有能量交换的非弹性碰撞,都会引起谱线加宽,这种加宽称为碰撞加宽。

具体分析碰撞过程是如何影响谱线加宽的。当激发态原子与同类基态原子发生碰撞时,会发生能量转移,基态原子获得激发态原子转移的能量而跃迁到激发态,而激发态原子本身则回到基态。此外,激发态原子在与其他原子或管壁发生碰撞时,也可以将自己的内能转换为其

他原子的动能或传递给管壁(导致管壁温度升高)后回到基态。在这种非弹性碰撞过程中,激发态的原子因发生碰撞回到基态,可等效为激发态原子的寿命缩短,从而导致谱线加宽。激发态原子还可能发生另一类型的碰撞(即弹性碰撞),虽然在碰撞过程中未发生能量的转移和激发态原子数目的减少,但每发生一次碰撞,都使原子发出的自发辐射光波波列的相位发生无规突变,见图 2.5。经典模型认为,这种弹性碰撞只改变谐振子振荡的相位而不改变振子的振幅,由于各次碰撞具有随机性,发生的相位变化有足够大,被打断的波列之间无关联性,因此这种弹性碰撞也会造成波列长度缩短。我们可以认为波列的平均长度由两次碰撞之间的平均时间确定。将这些波列叠加后做傅里叶变换,就可得到谱线加宽的频谱。波列的平均长度缩短,等效于原子能级寿命的缩短。因此,尽管自然加宽与碰撞加宽产生的机理全然不同,但是都可以归结为等效能级寿命问题。

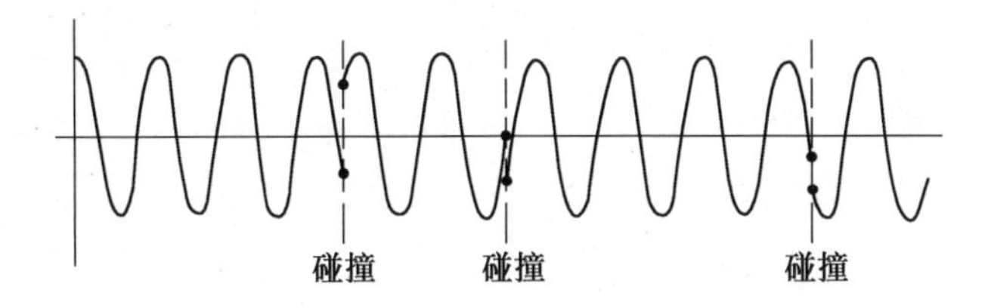

图 2.5　碰撞使波列发生无规相位突变

通常我们用平均碰撞时间 τ_L 来描述碰撞的频繁程度,可以证明平均长度为 τ_L 的波列可以等效为振幅衰减系数为 τ_L 指数变化的波列,由此可推断碰撞加宽与自然加宽都可以用同样的线型函数来表示,即

$$\left.\begin{aligned} \tilde{g}_L(\nu,\nu_0) &= \frac{\dfrac{\Delta\nu_L}{2\pi}}{(\nu-\nu_0)^2+\left(\dfrac{\Delta\nu_L}{2}\right)^2} \\ \Delta\nu_L &= \frac{1}{\pi\tau_L} \end{aligned}\right\} \tag{2.30}$$

式中,$\Delta\tau_L$ 为碰撞线宽。

当气体放电管内的充气压越高时,原子(分子)间的碰撞越频繁,谱线宽度就会变得越宽,此时碰撞加宽也叫做压力加宽。实验已证明在气压不太高时,谱线宽度 $\Delta\tau_L$ 与充气气压 P 成正比,即

$$\Delta\nu_L = \alpha P \tag{2.31}$$

式中　P——气体压强(Pa);

α——压力加宽的比例系数(MHz/Pa),与气体的种类和发射的谱线有关。

α 的具体数值可以由实验测得。例如,对 CO_2 气体的 10.6 μm 谱线测得 $\alpha\approx49$ kHz/Pa,对 He^3 和 Ne^{20}混合(7:1)的气体,Ne^{20}的 632.8 nm 谱线,$\alpha\approx720$ kHz/Pa。

在气体工作物质中,既有自然加宽,又有碰撞加宽,其线型函数均为洛仑兹线型,可以证明两个洛仑兹线型相加仍为洛仑兹函数,因此,均匀加宽谱线线型为洛仑兹函数,其线型函数 $\tilde{g}_{\mathrm{H}}(\nu,\nu_0)$ 可表示为

$$\left.\begin{aligned} \tilde{g}_{\mathrm{H}}(\nu,\nu_0) &= \frac{\dfrac{\Delta\nu_{\mathrm{H}}}{2\pi}}{(\nu-\nu_0)^2+\left(\dfrac{\Delta\nu_{\mathrm{H}}}{2}\right)^2} \\ \Delta\nu_{\mathrm{H}} &= \frac{1}{2\pi}\left(\frac{1}{\tau_{\mathrm{s}}}+\frac{2}{\tau_{\mathrm{L}}}\right) = \Delta\nu_{\mathrm{N}}+\Delta\nu_{\mathrm{L}} \end{aligned}\right\} \tag{2.32}$$

在晶体介质中,虽然处于基质晶体中的激活离子基本不动,似乎没有实际的碰撞过程发生,但通过激活离子和晶格场相互作用以及相邻激活离子的耦合相互作用也会改变激活离子的运动状态,这时我们也可称之为发生“碰撞”。晶体中激活离子与晶格振动相互作用会发生无辐射跃迁(释放的内能转换为声子能量),从而导致激发态寿命缩短,谱线加宽。若激发态自发辐射跃迁寿命为 τ_{s},无辐射跃迁寿命为 τ_{nr},则激发态能级寿命 τ 可表示为

$$\frac{1}{\tau} = \frac{1}{\tau_{\mathrm{s}}} + \frac{1}{\tau_{\mathrm{nr}}} \tag{2.33}$$

这种激发态的有限寿命导致谱线的均匀加宽也可用洛仑兹线型函数来描述。

3. 晶格热振动加宽

晶体介质中,由于晶格热振动,晶体中激活离子的能级所对应的能量在某一范围内变化,即激活离子能级有一定宽度,因而也会引起谱线加宽。温度升高,晶格热运动加剧,谱线展宽越宽。由于晶格振动对各个激活离子的影响基本相同,所以这种加宽也属于均匀加宽。

二、非均匀加宽

就非均匀加宽机制而言,介质内每个发光原子只是对光谱线内某一特定频率有贡献,也就是说非均匀加宽谱线上某一频率范围的发光与某些特定原子有对应关系,可以区分某一频率范围是由哪一部分原子发射的。气体介质中的多普勒加宽和固体介质中的晶格缺陷加宽均属非均匀加宽。

1. 多普勒加宽

多普勒(Doppler)加宽是由于做热运动的发光原子(分子)所发出的光存在多普勒频移造成的。我们首先简述多普勒效应的一些概念,推导自发辐射谱线的多普勒线型,然后将这些概念引申到受激辐射的多普勒线型,以便更好地理解气体激光器的工作原理。

如图 2.6 所示,假定接收器固定在实验室坐标系中,设一发光原子(光源)静止时的中心频率为 ν_0,当发光原子相对于接收器以 v_z 速度运动时,根据多普勒效应,接收器测得的光波频率不再是 ν_0,而是

$$\nu \approx \nu_0\left(1+\frac{v_z}{c}\right) \tag{2.34}$$

图 2.6　光学多普勒效应

式中规定:当原子朝着接收器运动(或沿光传播方向运动)时,$v_z>0$;当原子离开接收器运动(或沿光传播方向运动)时,$v_z<0$。

由于气体原子(分子)的无规热运动,各个原子(分子)具有不同方向、不同大小的热运动速度。根据分子运动论,在热平衡条件下,原子数按速率分布服从麦克斯韦分布规律。如果我们只考虑沿 z 方向的速度分量,在单位体积内,速度分量 $v_z\sim(v_z+\mathrm{d}v_z)$之间的原子数为

$$n(v_z)\mathrm{d}v_z = n\left(\frac{m}{2\pi kT}\right)^{1/2}\mathrm{e}^{-mv_z^2/2kT}\mathrm{d}v_z$$

式中　n——单位体积工作物质内的总原子数;

k——玻耳兹曼常数;

T——热平衡时的绝对温度;

m——原子(分子)的质量。

若 E_2 和 E_1 能级上的原子数分别为 n_2 和 n_1,它们在 $v_z\sim(v_z+\mathrm{d}v_z)$区间内的原子数分别为

$$\begin{aligned} n_2(v_z)\mathrm{d}v_z &= n_2\left(\frac{m}{2\pi kT}\right)^{1/2}\mathrm{e}^{-mv_z^2/2kT}\mathrm{d}v_z \\ n_1(v_z)\mathrm{d}v_z &= n_1\left(\frac{m}{2\pi kT}\right)^{1/2}\mathrm{e}^{-mv_z^2/2kT}\mathrm{d}v_z \end{aligned} \tag{2.35}$$

将式(2.34)取微分形式后有

$$\mathrm{d}v_z = \frac{c}{\nu_0}\mathrm{d}\nu$$

对式(2.35)作变量代换,以 ν 代替 v_z,令

$$n_2(v_z)\mathrm{d}v_z = n_2(\nu)\mathrm{d}\nu$$

代入上式,可求得自发辐射中心频率在 $\nu\sim(\nu+\mathrm{d}\nu)$间上能级的原子数为

$$n_2(\nu)\mathrm{d}\nu = n_2\cdot\frac{c}{\nu_0}\left(\frac{m}{2\pi kT}\right)^{1/2}\mathrm{e}^{-\left[\frac{mc^2}{2kT\nu_0^2}(\nu-\nu_0)^2\right]}\mathrm{d}\nu \tag{2.36}$$

而在 $\nu\sim\nu+\mathrm{d}\nu$ 间的自发辐射功率正比于 $n_2(\nu)\mathrm{d}\nu$,根据线型函数定义 $\tilde{g}(\nu,\nu_0)=P(\nu)/P$,于是可得自发辐射的多普勒加宽的线型函数为

$$\tilde{g}_{\mathrm{D}}(\nu,\nu_0) = \frac{c}{\nu_0}\left(\frac{m}{2\pi kT}\right)^{1/2}\mathrm{e}^{-\left[\frac{mc^2}{2kT\nu_0^2}(\nu-\nu_0)^2\right]} \tag{2.37}$$

式(2.37)为满足归一化条件的多普勒加宽的线型函数,属于高斯函数,见图 2.7。当 $\nu=\nu_0$ 时,具有最大值

$$\tilde{g}_{\mathrm{D}}(\nu_0,\nu_0) = \frac{c}{\nu_0}\left(\frac{m}{2\pi kT}\right)^{1/2} \tag{2.38}$$

其半宽度 $\Delta\nu_{\mathrm{D}}$ 为

$$\Delta\nu_{\mathrm{D}} = 2\nu_0\left(\frac{2kT}{mc^2}\ln 2\right)^{1/2} = 7.16\times 10^{-7}\nu_0\left(\frac{T}{M}\right)^{1/2} \tag{2.39}$$

式中　$\Delta\nu_{\mathrm{D}}$——多普勒宽度；

M——相对原子(分子)质量，$m/\mathrm{kg} = 1.66\times 10^{-27}M$。

若用多普勒宽度 $\Delta\nu_{\mathrm{D}}$ 来表示，多普勒加宽线型函数可改写为

$$\tilde{g}_{\mathrm{D}}(\nu,\nu_0) = \frac{2}{\Delta\nu_{\mathrm{D}}}\left(\frac{\ln 2}{\pi}\right)^{1/2} \mathrm{e}^{-\left[\frac{4\ln 2(\nu-\nu_0)^2}{\Delta\nu_{\mathrm{D}}^2}\right]} \tag{2.40}$$

以上我们就自发辐射情形得出了多普勒加宽线型函数为高斯线型。现在将这一概念引申到受激辐射，可以证明在原子与光波场相互作用时，由于多普勒效应，受激辐射谱线仍为高斯线型。

如图 2.8 所示，沿 z 轴传播，频率为 ν 的单色光入射到气体介质中，与中心频率为 ν_0 的运

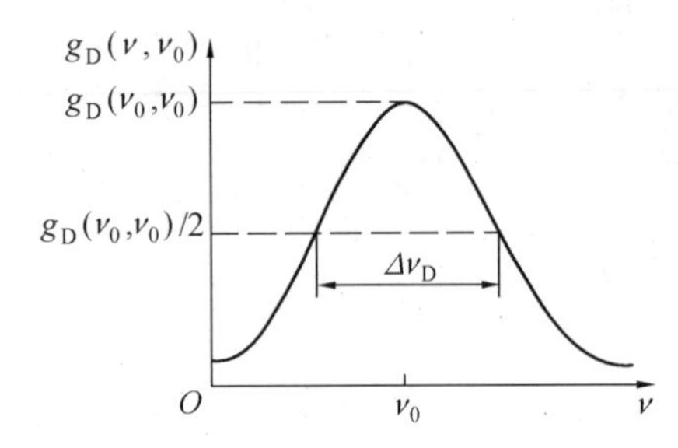

图 2.7　多普勒加宽线型函数

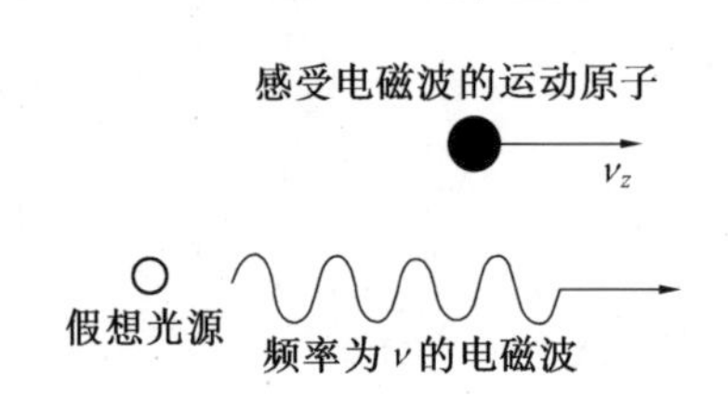

图 2.8　受激辐射光的多普勒频移示意图

动原子相互作用。我们可以把单色光波看做由某一假想光源发出的。而把原子看做是感受光波的接收器。由于多普勒效应，原子感受到的光波频率 ν' 为

$$\nu' = \nu\left(1 - \frac{v_z}{c}\right)$$

如果单纯考虑多普勒加宽，而不考虑其他能级加宽因素，则只有在 $\nu' = \nu_0$ 时才有最大的共振相互作用(即最大的受激辐射跃迁几率)，即当

$$\nu' = \nu\left(1 - \frac{v_z}{c}\right) = \nu_0$$

或

$$\nu = \frac{\nu_0}{1-\dfrac{v_z}{c}} = \frac{\nu_0\left(1+\dfrac{v_z}{c}\right)}{1-\left(\dfrac{v_z}{c}\right)^2} \approx \nu_0\left(1+\frac{v_z}{c}\right) \qquad \left(\frac{v_z}{c} \ll 1\right) \tag{2.41}$$

时,才有最大相互作用。换句话说,当运动原子与光波相互作用时,原子表现出来的中心频率变为

$$\nu_0' = \nu_0[1 + (v_z/c)] \tag{2.42}$$

由上式可知,只有当光波频率 $\nu = \nu_0'$ 时才有最大共振相互作用。运动原子沿光波传播方向时,$v_z > 0$; 反向时,$v_z < 0$。ν_0' 称为运动原子的表观中心频率。后面为叙述简单,将运动原子的表观中心频率简称为中心频率。将式(2.41)和自发辐射多普勒效应的式(2.34)比较,形式完全一样,由此推断,受激辐射谱线多普勒加宽的线型函数也是高斯线型。用与自发辐射谱线同样的处理方法就可以求出受激辐射放大的多普勒加宽,只需将 ν_0' 代入 ν,即为

$$\tilde{g}_D(\nu_0', \nu_0) = \frac{2}{\Delta\nu_D}\left(\frac{\ln 2}{\pi}\right)^{1/2} e^{-\left[\frac{4\ln 2(\nu_0' - \nu_0)^2}{\Delta\nu_D^2}\right]}$$

由以上讨论可知,气体原子是以不同速率来分类的,不同速率原子的表观中心频率不同,也就是说,原子体系中每个原子只对多普勒加宽谱线内与其表观中心频率相同的部分有贡献,或者说多普勒加宽中不同谱线对应于不同表观中心频率的原子。因此,气体工作物质中的多普勒加宽属于非均匀加宽。

2. 晶格缺陷加宽

在固体工作物质中虽不存在如上所述的光学多普勒效应,但是晶体中的缺陷(如位错、空位等晶体不均匀性)使每个激活离子在晶格场中发生能级分裂和能级移动的情况不尽相同,导致处于晶体不同部位的离子发光频率不同而产生非均匀加宽。这种加宽在均匀性差的晶体中尤为突出。对于掺杂玻璃而言,由于玻璃的网络体是无序结构,掺杂进去的激活离子在网络体中所处的位置是不等价的,激活离子受配位场的作用各不相同。因此处于不同环境中的激活离子受不等价配位场的影响,会引起不同的能级移动,这种效应与晶格缺陷导致的非均匀加宽类似,可用 $\tilde{g}_i(\nu, \nu_0)$来表示。从理论上很难求得固体工作物质非均匀加宽的线型函数,一般只能通过实验测出其谱线宽度。

三、综合加宽

实际光谱线的宽度往往有均匀加宽和非均匀加宽两种因素。当两种加宽宽度可以相比拟时,需要同时考虑这两种加宽因素来求得综合加宽线型函数。

我们仍然可以根据线型函数的定义公式,先求频率处于 $\nu \sim (\nu + d\nu)$范围内的自发辐射光功率 $P(\nu)d\nu$。在求 $P(\nu)d\nu$ 时,首先要考虑原子按(表观)中心频率来划分,如前所述,中心频率处在 $\nu_0' \sim (\nu_0' + d\nu_0')$范围内的高能级原子数为

$$n_2(\nu_0')d\nu_0' = n_2\tilde{g}_D(\nu_0', \nu_0)d\nu_0'$$

在图 2.9(a)中用斜线表示。由于均匀加宽,这部分原子的发光不仅仅限于 $\nu_0' \sim (\nu_0' + d\nu_0')$处,而是以 ν_0' 为中心,由均匀加宽决定的一个频率范围,见图 2.9(b),其谱线为洛仑兹线型。

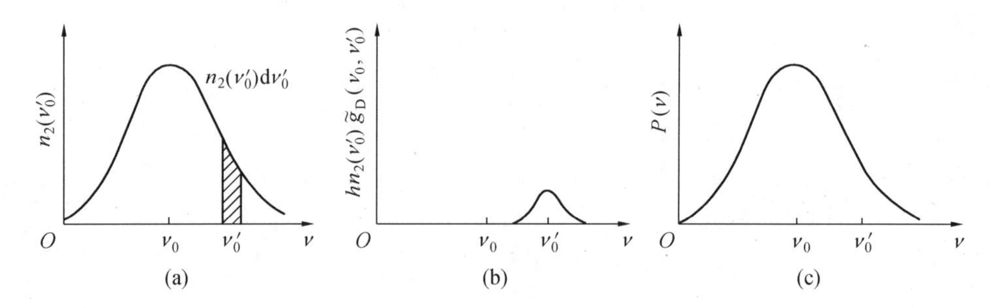

图 2.9　综合加宽线型函数推导示意用图

因此,这部分原子对 $P(\nu)d\nu$ 的贡献为

$$h\nu n_2\tilde{g}_D(\nu_0',\nu_0)d\nu_0'A_{21}\tilde{g}_H(\nu,\nu_0')d\nu$$

由于具有不同中心频率 ν_0' 的 n_2 个原子对 $P(\nu)d\nu$ 都有贡献,n_2 个原子对 $P(\nu)d\nu$ 的总贡献为

$$P(\nu)d\nu=\int_{-\infty}^{+\infty}h\nu n_2\tilde{g}_D(\nu_0',\nu_0)d\nu_0'A_{21}\tilde{g}_H(\nu,\nu_0')d\nu$$

因光的频率在 10^{14}量级,谱线加宽宽度 $\Delta\nu\ll\nu$,在整个谱线范围内,都可以认为 $\nu\approx\nu_0$,所以上式中的 $h\nu$ 可用 $h\nu_0$ 近似代替,得

$$P(\nu)=h\nu_0n_2A_{21}\int_{-\infty}^{+\infty}\tilde{g}_D(\nu_0',\nu_0)\tilde{g}_H(\nu,\nu_0')d\nu_0'$$

由上式和线型函数定义公式(2.18)求得综合加宽线型函数为

$$\tilde{g}(\nu,\nu_0)=\int_{-\infty}^{+\infty}\tilde{g}_D(\nu_0',\nu_0)\tilde{g}_H(\nu,\nu_0')d\nu_0' \tag{2.43}$$

式(2.43)表明综合加宽线型是 $\tilde{g}_D(\nu_0',\nu_0)$和 $\tilde{g}_H(\nu,\nu_0')$的卷积。高斯函数和洛仑兹函数的卷积一般比较复杂。但当 $\tilde{g}_D(\nu_0',\nu_0)$和 $\tilde{g}_H(\nu,\nu_0')$中之一的线宽相对比另一线宽窄得多时,可将其视为 δ 函数。下面讨论两种极限情况下的综合加宽线型函数。

①当 $\Delta\nu_H\ll\Delta\nu_D$ 时,上述积分只在 $\nu_0'\approx\nu$ 附近很小范围内才有非零值,而在此范围内,函数 $\tilde{g}_D(\nu_0',\nu_0)$基本不变,可用常数 $\tilde{g}_D(\nu,\nu_0)$代替,提到积分号以外,因此

$$\tilde{g}(\nu,\nu_0)=\tilde{g}_D(\nu,\nu_0)\int_{-\infty}^{+\infty}\tilde{g}_H(\nu,\nu_0')d\nu_0'=\tilde{g}_D(\nu,\nu_0)$$

上式表明当 $\Delta\nu_H\ll\Delta\nu_D$ 时,综合加宽线型可按多普勒非均匀加宽处理。从物理上可解释为只有对应于 $\nu_0'\approx\nu$ 的那部分原子才对谱线中频率为 ν 的辐射场有贡献。

②当 $\Delta\nu_D\ll\Delta\nu_H$ 时,根据同样考虑可得

$$\tilde{g}(\nu,\nu_0)=\tilde{g}_H(\nu,\nu_0)$$

即此时,综合加宽线型可按均匀加宽处理。说明所有不同速度的 n_2 个原子都对同一中心频率 ν_0 处的发光做贡献。

下面给出两种典型气体激光器谱线宽度的数据。

(1) 氦氖激光器

- 自然加宽宽度 $\Delta\nu_N$:氖原子 $3S_2-2P_4$ 的 632.8 nm 谱线,$\Delta\nu_N \approx 10^7$ Hz。
- 碰撞加宽宽度 $\Delta\nu_L$:一般氦氖激光器充气压较低,约为 133 ~ 400 Pa,实验测得 $\alpha \approx 750$ kHz/Pa,所以 $\Delta\nu_L$ 为 100 ~ 300 MHz。
- 多普勒加宽宽度 $\Delta\nu_D$:用式(2.38)估算得 $\Delta\nu_D \approx 1\,500$ MHz($M=20, T=400$ K)

由上面列出的三个数据可见,氦氖激光器中,可以认为是多普勒加宽占主要优势。

(2) 二氧化碳激光器

- 自然加宽宽度 $\Delta\nu_N$:CO_2 的 00^01-10^00 10.6 μm 谱线,$\Delta\nu_N \approx 10^3 \sim 10^4$ Hz。
- 碰撞加宽宽度 $\Delta\nu_L$:各种二氧化碳激光器的充气压不同,则 $\Delta\nu_L$ 也不同,实验测得,$\alpha \approx$ 49 kHz/Pa。
- 多普勒加宽宽度 $\Delta\nu_D$:用式(2.39)估算得 $\Delta\nu_D \approx 60$ MHz($M=40, T=400$ K)。

由上面列出的数据可见,二氧化碳激光器的气压在 1 333 Pa 左右时,可以认为是综合加宽;若气压远大于 1 333 Pa,则是以均匀加宽为主。

如前所述,固体工作物质的谱线加宽主要是晶格热振动引起的均匀加宽和晶格缺陷引起的非均匀加宽,由于形成机制复杂,很难从理论上求得线型函数的具体表达式,一般都是通过实验测量它们的谱线宽度。图 2.10 给出实验测得的红宝石 694.3 nm 和掺钕钇铝石榴石晶体的 1.06 μm 谱线与温度的关系。从图 2.10(a)看出,红宝石在 100 K 以下是晶格缺陷引起的非均匀加宽,而在常温下则是以晶格热振动引起的均匀加宽为主,其宽度随温度升高而加大。而钇铝石榴石晶体在整个温度范围内都是以均匀加宽为主(图 2.10(b))。

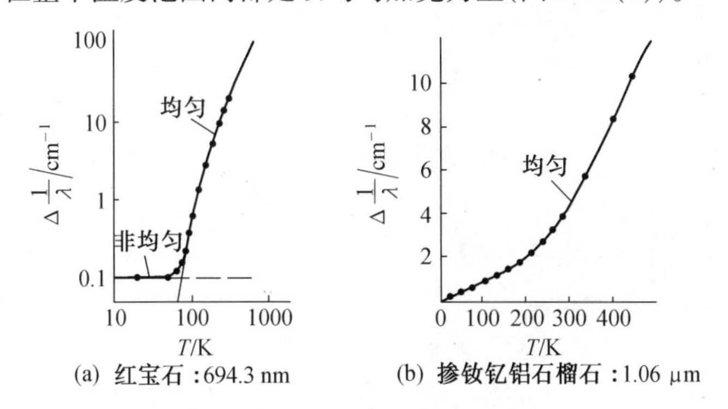

图 2.10　红宝石和掺钕钇铝石榴石的谱线宽度与温度关系曲线

应该指出,固体工作物质的谱线宽度一般比气体大得多,例如室温下红宝石的 694.3 nm 谱线,其谱线宽度约为 0.4 nm,若用频率表示,其谱线宽度 $\Delta\nu \approx 2.7\times10^5$ MHz。室温下,钕玻璃的 1.06 μm 谱线的非均匀加宽在 120 ~ 3 600 GHz 范围内变化，均匀加宽在 60 ~ 225 GHz 的范围内变化，因此，一般认为钕玻璃的谱线加宽以非均匀加宽为主。

在考虑了各种谱线加宽机制后，我们应对 2.2 节中所述的自发辐射、受激辐射和受激吸收几率的表达式做一些必要的修正。在此，我们可以把线型函数 $\tilde{g}(\nu,\nu_0)$ 理解为跃迁几率按频率的分布函数，为此将假设为单一频率的自发辐射功率的表达式(2.18)改写为

$$P(\nu) = n_2 h\nu_0 A_{21}\tilde{g}(\nu,\nu_0) = n_2 h\nu_0 A_{21}(\nu)$$

其中

$$A_{21}(\nu) = A_{21}\tilde{g}(\nu,\nu_0) \tag{2.44}$$

它表示在总自发跃迁几率 A_{21} 中，分配在频率为 ν 处单位频带内的自发跃迁几率。

根据爱因斯坦关系式，可将 B_{21} 表达式改写为

$$B_{21} = \frac{c^3}{8\pi h\nu^3}\frac{A_{21}(\nu)}{\tilde{g}(\nu,\nu_0)}$$

或

$$B_{21}(\nu) = B_{21}\tilde{g}(\nu,\nu_0) = \frac{c^3}{8\pi h\nu^3}A_{21}(\nu)$$

因此，在辐射场 ρ_ν 的作用下的总受激跃迁几率 W_{21} 中，分配在频率为 ν 处单位频带内的受激跃迁几率为

$$W_{21}(\nu) = B_{21}(\nu)\rho_\nu = B_{21}\tilde{g}(\nu,\nu_0)\rho_\nu \tag{2.45}$$

我们可以进一步推导出，由于谱线加宽，单位时间内发生自发跃迁的原子数表达式不变，即

$$\left(\frac{\mathrm{d}n_{21}}{\mathrm{d}t}\right)_{\mathrm{sp}} = n_{21}\int_{-\infty}^{+\infty}A_{21}\tilde{g}(\nu,\nu_0)\mathrm{d}\nu = n_2 A_{21} \tag{2.46}$$

而根据式(2.45)，在辐射场 ρ_ν 作用下，单位时间内发生受激跃迁的原子数表达式可改写为

$$\left(\frac{\mathrm{d}n_{21}}{\mathrm{d}t}\right)_{\mathrm{st}} = \int_{-\infty}^{+\infty}n_{21}W_{21}(\nu)\mathrm{d}\nu = n_2 B_{21}\int_{-\infty}^{+\infty}\tilde{g}(\nu,\nu_0)\rho_\nu\mathrm{d}\nu \tag{2.47}$$

积分结果与辐射场的宽度有关，以下按辐射场为连续谱和准单色谱两种情况分别进行讨论。

(1)原子与连续谱辐射场的相互作用

如图 2.11 所示，辐射场分布 ρ_ν 在很宽的频率范围内，其宽度 $\Delta\nu'$ 远远大于原子辐射谱线宽度 $\Delta\nu$，原子发光的中心频率为 ν_0，ρ_ν 为单色能量密度。式(2.47)中的被积函数只有在 ν_0 附近很小的频率范围内才有非零值，在此范围内可认为

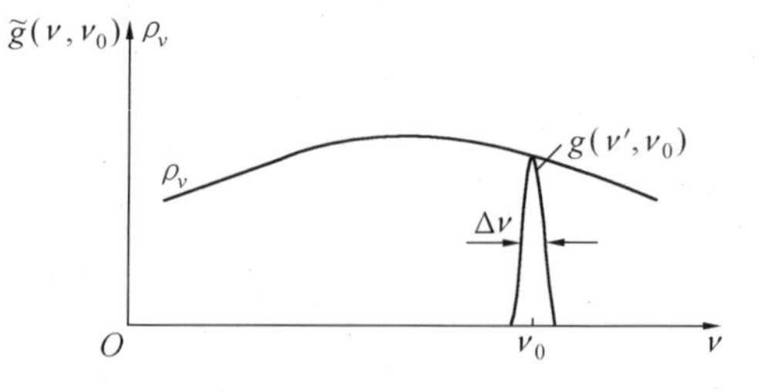

图 2.11 原子与连续谱辐射场相互作用

$\rho_{\nu'}$近似为常数ρ_{ν_0}，于是式(2.47)有

$$\left(\frac{\mathrm{d}n_{21}}{\mathrm{d}t}\right)_{\mathrm{st}} = n_2 B_{21}\int_{-\infty}^{+\infty} \tilde{g}(\nu,\nu_0)\rho_{\nu_0}\mathrm{d}\nu = n_2 B_{21}\rho_{\nu_0} \tag{2.48}$$

同理可得原子在连续谱辐射场作用下，单位时间内发生受激吸收的原子数为

$$\left(\frac{\mathrm{d}n_{12}}{\mathrm{d}t}\right)_{\mathrm{st}} = n_1 B_{12}\rho_{\nu_0} \tag{2.49}$$

或者

$$\left.\begin{aligned} W_{21} &= B_{21}\rho_{\nu_0} \\ W_{12} &= B_{12}\rho_{\nu_0} \end{aligned}\right\} \tag{2.50}$$

式中，ρ_{ν_0}为连续谱辐射场在原子中心频率ν_0处的单色能量密度。

式(2.50)和2.1节中由黑体辐射出发唯象地得出受激辐射和受激吸收的表达式(2.8)和(2.10)是一致的，说明以上讨论的原子与连续谱辐射场的相互作用就是原子和黑体辐射场相互作用，因为黑体辐射场可看做连续谱。

(2)原子和准单色光辐射场相互作用

由于激光为放大的受激辐射，具有高度单色性，所以激光振荡过程中光波场与工作物质内原子(分子、离子等粒子)相互作用都属于这种情况。若准单色光辐射场$\rho_{\nu'}$的中心频率为ν，其谱宽$\Delta\nu'$远远小于原子谱线宽度$\Delta\nu$。由图2.12可见，原子谱线的线型函数$\tilde{g}(\nu',\nu_0)$在ν附近极窄的频率范围内可近似视为常数$\tilde{g}(\nu,\nu_0)$，可提到式(2.47)积分号外，可将准单色能量密度$\rho_{\nu'}$表示为δ的函数形式，即

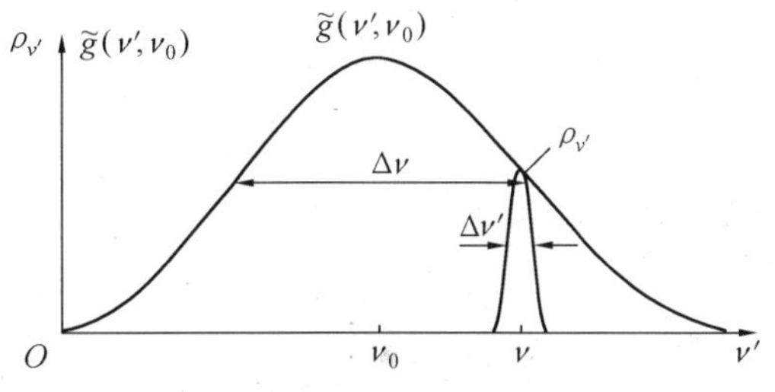

图2.12　原子与准单色场相互作用

$$\rho_{\nu'} = \rho\,\delta(\nu'-\nu) \tag{2.51}$$

式中，ρ为准单色光的总辐射能量密度。

根据δ函数性质，可求得

$$\int_{-\infty}^{+\infty}\rho_{\nu'}\mathrm{d}\nu' = \int_{-\infty}^{+\infty}\rho\,\delta(\nu'-\nu)\mathrm{d}\nu' = \rho$$

于是可得在准单色光辐射场作用下，单位时间内发生受激辐射的原子数密度为

$$\left(\frac{\mathrm{d}n_{21}}{\mathrm{d}t}\right)_{\mathrm{st}} = n_2 B_{21}\int_{-\infty}^{+\infty}\tilde{g}(\nu',\nu_0)\rho_{\nu'}\mathrm{d}\nu' = n_2 B_{21}\tilde{g}(\nu,\nu_0)\rho \tag{2.52}$$

同理可得单位时间内发生受激吸收的原子数密度为

$$\left(\frac{\mathrm{d}n_{12}}{\mathrm{d}t}\right)_{\mathrm{st}} = n_1 B_{12}\tilde{g}(\nu,\nu_0)\rho \tag{2.53}$$

由式(2.52)、(2.53)可得,受激跃迁几率为

$$\left.\begin{aligned} W_{21} &= B_{21}\tilde{g}(\nu,\nu_0)\rho \\ W_{12} &= B_{12}\tilde{g}(\nu,\nu_0)\rho \end{aligned}\right\} \tag{2.54}$$

上式的物理意义是:由于谱线加宽和原子相互作用的单色光频率 ν 并不一定要精确等于原子发光的中心频率 ν_0 才能产生受激跃迁,而是在 $\nu=\nu_0$ 附近的一个频率范围内都能产生受激跃迁,受激跃迁几率按线型函数分布。当 $\nu=\nu_0$ 时,跃迁几率最大,当 ν 偏离 ν_0 时,跃迁几率急剧下降。

若激光器内第 l 模的光子数密度为 N_l,则单色光能量密度 ρ 与 N_l 的关系为

$$\rho = N_l h\nu \tag{2.55}$$

利用爱因斯坦关系式,我们可以把式(2.54)改写为与 N_l 有关的形式,即

$$\left.\begin{aligned} W_{21} &= \frac{A_{21}}{n_\nu}\tilde{g}(\nu,\nu_0)N_l = \sigma_{21}(\nu,\nu_0)vN_l \\ W_{12} &= \frac{g_2}{g_1}\frac{A_{21}}{n_\nu}\tilde{g}(\nu,\nu_0)N_l = \sigma_{12}(\nu,\nu_0)vN_l \end{aligned}\right\} \tag{2.56}$$

式中 v——工作物质中的光速;

$\sigma_{21}(\nu,\nu_0)$,$\sigma_{12}(\nu,\nu_0)$——受激发射截面积和受激吸收截面积。

$\sigma_{21}(\nu,\nu_0)$ 和 $\sigma_{12}(\nu,\nu_0)$ 具有面积的量纲,可表示为

$$\left.\begin{aligned} \sigma_{21}(\nu,\nu_0) &= \frac{A_{21}v^2}{8\pi\nu_0^2}\tilde{g}(\nu,\nu_0) \\ \sigma_{12}(\nu,\nu_0) &= \frac{g_2}{g_1}\frac{A_{21}v^2}{8\pi\nu_0^2}\tilde{g}(\nu,\nu_0) \end{aligned}\right\} \tag{2.57}$$

中心频率处的发射截面与吸收截面最大。当 $\nu=\nu_0$ 时,均匀加宽工作物质(具有洛仑兹线型)中心频率处的发射截面积为

$$\sigma_{21} = \frac{A_{21}v^2}{4\pi^2\nu_0^2\Delta\nu_{\mathrm{H}}} \tag{2.58}$$

非均匀加宽工作物质(具有高斯线型)中心频率处的发射截面积为

$$\sigma_{21} = \frac{\sqrt{\ln 2}A_{21}v^2}{4\pi^{3/2}\nu_0^2\Delta\nu_{\mathrm{D}}} \tag{2.59}$$

2.4　激光器速率方程

速率方程是从光子(量子化辐射场)与物质原子的相互作用出发,用量子理论的简化形式来描述激光器特性的一种理论方法。这种方法最大优点是可以十分简单、明了地给出与激光强度有关的激光特性,但是,由于它忽略了光子的相位特性和光子数的起伏特性,所以不能揭示色散(频率牵引)的本质,对于激光器中的烧孔效应、兰姆凹陷、多模竞争等,只能给出粗略的近似描述。

激光器速率方程是表征激光器腔内光子数和工作物质内与产生激光有关各能级上的粒子数随时间变化的微分方程组。虽然,不同激光器工作物质的能级结构和跃迁特性很不相同且很复杂,但通常可以归纳为三能级和四能级系统。本节首先讨论三能级系统的单模激光器速率方程。其典型例子为红宝石晶体和掺铒石英光纤。

一、三能级系统单模速率方程

图 2.13 表示具有三能级系统的激光工作物质的能级简图。参与产生激光的有三个能级:抽运高能级 E_3、激光上能级 E_2(也称亚稳态能级)和激光下能级 E_1(基态能级)。粒子在这些能级间的跃迁过程简述如下。

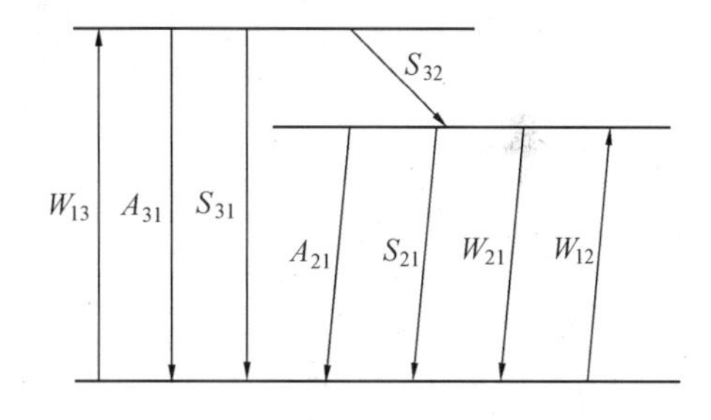

图 2.13　三能级系统工作物质

①在激励能源的作用下,基态 E_1 上的粒子被抽运到 E_3 能级,抽运几率为 W_{13},采用光激励方式,则 W_{13}即为受激吸收跃迁几率。

②抽运到 E_3 能级的粒子数 n_3 将以无辐射跃迁的形式极为迅速地转移到 E_2 能级,其几率为 S_{32}。另外也有极小部分 E_3 能级上的粒子分别以自发辐射和无辐射跃迁方式返回基态,其几率分别为 A_{31}和 S_{31},但对于一般激光工作物质来说,有 $S_{31} \ll S_{32}$, $A_{31} \ll S_{32}$。

③激光的上能级 E_2 一般为亚稳态,能级寿命较长。能级 2 上的粒子通过四个途径返回基态:自发辐射(几率 A_{21})、受激辐射(几率 W_{21})、受激吸收(几率 W_{12})和无辐射跃迁(几率 S_{21})。一般情况下 $A_{21} \gg S_{21}$,若抽运速率足够高,才有可能在 E_2 和 E_1 能级间实现粒子数反转(即 $n_2 > \frac{g_2}{g_1} n_1$),则两能级间的受激辐射和受激吸收($W_{21}$和 W_{12})占绝对优势。

在室温下红宝石跃迁几率数据为,$S_{32} \approx 0.5 \times 10^7\ \mathrm{s}^{-1}$, $A_{31} \approx 3 \times 10^5\ \mathrm{s}^{-1}$, $A_{21} \approx 0.3 \times 10^5\ \mathrm{s}^{-1}$, $S_{21}, S_{31} \approx 0$。

参照图 2.13 可以写出三能级系统各能级粒子数随时间变化的方程,即

$$\frac{\mathrm{d}n_3}{\mathrm{d}t} = n_1 W_{13} - n_3 (S_{32} + A_{31}) \tag{2.60}$$

$$\frac{\mathrm{d}n_2}{\mathrm{d}t} = n_1 W_{12} - n_2 W_{21} - n_2(A_{21} + S_{21}) + n_3 S_{32} \tag{2.61}$$

$$n_1 + n_2 + n_3 = n \tag{2.62}$$

式中,n 为单位体积工作物质内的总粒子数。

由于一般情况下 S_{31}很小,故在式(2.60)中予以忽略。

现在分析激光器光腔内光子数密度随时间的变化规律。若第 l 个模式的光子寿命为τ_{Rl},工作物质长度 l 等于腔长L,则其光子数密度的速率方程为

$$\frac{\mathrm{d}N_l}{\mathrm{d}t} = n_2 W_{21} - n_1 W_{12} - \frac{N_l}{\tau_{Rl}} \tag{2.63}$$

因光在行进方向上(或振荡过程中)受激辐射远远超过自发辐射,故上式中忽略了进入 l 模内的少量自发辐射非相干光子,即忽略 E_2 至 E_1 的自发辐射项。若用受激辐射和受激吸收截面来表示 W_{21}和 W_{12}(式(2.56)),最后可得三能级系统的速率方程组为

$$\left.\begin{aligned}
&\frac{\mathrm{d}n_3}{\mathrm{d}t} = n_1 W_{13} - n_3(S_{32} + A_{31}) \\
&\frac{\mathrm{d}n_2}{\mathrm{d}t} = -\left(n_2 - \frac{g_2}{g_1}n_1\right)\sigma_{21}(\nu,\nu_0)vN_l - n_2(A_{21} + S_{21}) + n_3 S_{32} \\
&n_1 + n_2 + n_3 = n \\
&\frac{\mathrm{d}N_1}{\mathrm{d}t} = \left(n_2 - \frac{g_2}{g_1}n_1\right)\sigma_{21}(\nu,\nu_0)vN_l - \frac{N_l}{\tau_{Rl}}
\end{aligned}\right\} \tag{2.64}$$

除红宝石晶体外,光通信系统中用于光中继的掺铒光纤放大器,其工作物质为掺铒光纤,也属于三能级系统。

二、四能级系统单模速率方程组

四能级系统的典型激光器为氦氖激光器和掺钕钇铝石榴石固体激光器。

四能级系统工作物质的能级简图见图2.14,各符号意义与三能级系统相同。与三能级系统比较,其主要特点是激光的下能级不是基态,而且,E_1 与基态 E_0 的间隔大,在热平衡条件下,只有极少量粒子处于 E_1 能级。另外,自发辐射和受激辐射跃迁到 E_1 能级上的粒子通过无辐射跃迁(几率 S_{10})回到基态,由于 S_{10}较大,故一般 E_1 能级上的粒子数可以忽略不计。

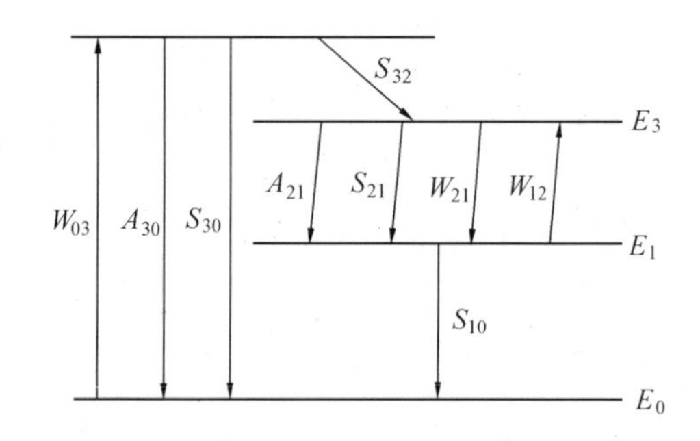

图 2.14 四能级系统工作物质

综上所述可知,在四能级系统中,由于 E_1 能级上粒子数被抽空,通过抽运,在 E_1 和 E_2 能级间很容易实现粒子数的反转分布。

参照四能级系统示意图 4.14 和三能级系统速率方程建立方法，四能级系统的速率方程组可写为

$$
\left.
\begin{aligned}
&\frac{\mathrm{d}n_3}{\mathrm{d}t} = n_0 W_{03} - n_3(S_{32} + A_{30}) \\
&\frac{\mathrm{d}n_2}{\mathrm{d}t} = -\left(n_2 - \frac{g_2}{g_1}n_1\right)\sigma_{21}(\nu,\nu_0)v N_l - n_2(A_{21} + S_{21}) + n_3 S_{32} \\
&\frac{\mathrm{d}n_0}{\mathrm{d}t} = n_1 S_{10} - n_0 W_{03} + n_3 A_{30} \\
&n_0 + n_1 + n_2 + n_3 = n \\
&\frac{\mathrm{d}N_l}{\mathrm{d}t} = \left(n_2 - \frac{g_2}{g_1}n_1\right)\sigma_{21}(\nu,\nu_0)v N_l - \frac{N_l}{\tau_{Rl}}
\end{aligned}
\right\}
\tag{2.65}
$$

上式中忽略了 $n_3 W_{30}$项，因为 n_3 很小，故 $n_3 W_{30} \ll n_0 W_{03}$。

三、多模速率方程组

对于多模激光器，若激光器中有 m 个模振荡，由于每个模式的频率、光子寿命及受激辐射截面不同，必须建立 m 个光子数密度速率方程。因此，多模速率方程组的解非常复杂。为了处理一些不涉及各模差别的问题，可做如下简化假设。

①各个模式的损耗相同。

②线型函数用一矩形谱线代替，并使矩形谱线的高度、所包含面积与原谱线轮廓中心的高度、所包含面积相等，见图 2.15。

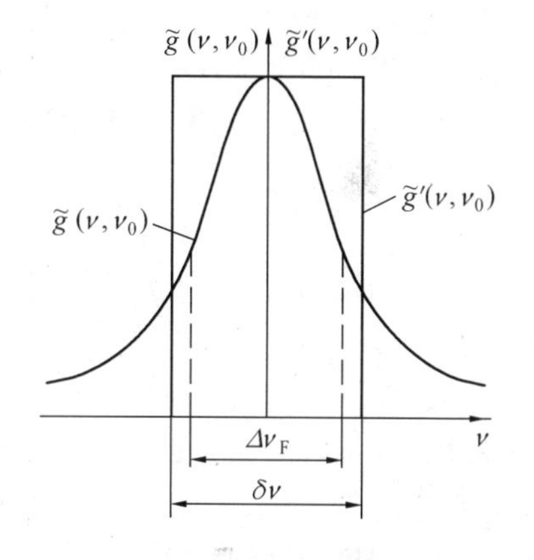

图 2.15　光谱线的线型函数及等效线型函数

用工作物质的（自发辐射）荧光线宽 $\Delta\nu_F$ 统一表示均匀加宽线宽 $\Delta\nu_H$ 和非均匀加宽线宽 $\Delta\nu_i$。按照以上所作的假设，四能级多模速率方程可写为

$$
\left.
\begin{aligned}
&\frac{\mathrm{d}N}{\mathrm{d}t} = \left(n_2 - \frac{g_2}{g_1}n_1\right)\sigma_{21} vN - \frac{N}{\tau_{Rl}} \\
&\frac{\mathrm{d}n_3}{\mathrm{d}t} = n_0 W_{03} - \frac{n_3 S_{32}}{\eta_1} \\
&\frac{\mathrm{d}n_2}{\mathrm{d}t} = -\left(n_2 - \frac{g_2}{g_1}n_1\right)\sigma_{21} vN - \frac{n_2 A_{21}}{\eta_2} + n_3 S_{32} \\
&\frac{\mathrm{d}n_0}{\mathrm{d}t} = n_1 S_{10} - n_0 W_{03} \\
&n_0 + n_1 + n_2 + n_3 = n
\end{aligned}
\right\}
\tag{2.66}
$$

式中　N——各模式光子数密度的总和；

σ_{21}——中心频率处的发射截面；

η_1——E_3 能级向 E_2 能级无辐射跃迁的量子效率，$\eta_1 = S_{32}/(S_{32} + A_{30})$；

η_2——E_2 能级向 E_1 能级跃迁的荧光效率，$\eta_2 = A_{21}/(A_{21} + S_{21})$。

$\eta_F = \eta_1\eta_2$ 为总量子效率，其意义可以理解为抽运到 E_3 能级上的粒子中只有一部分粒子通过 $E_2 \rightarrow E_1$ 跃迁发射荧光，其余的粒子或通过其他途径返回基态，或通过无辐射跃迁到 E_1 能级，对光辐射场无贡献。因此，总量子效率定义可表示为

$$\eta_F = \frac{\text{发射荧光的光子数}}{\text{工作物质从光泵吸收的光子数}}$$

2.5　增益系数与增益饱和

本节将从速率方程出发，导出激光工作物质的增益系数表达式，分析影响增益系数的各种因素，重点讨论当光强增加时的增益饱和行为。

一、增益系数定义

如有一增益介质，光强为 I_0 的准单色光自端面（$z=0$ 处）入射，由于受激辐射，在传播过程中光强将不断增加，通常可以用增益系数来描述光通过单位长度激活介质后光强增长的百分数，见图 2.16。

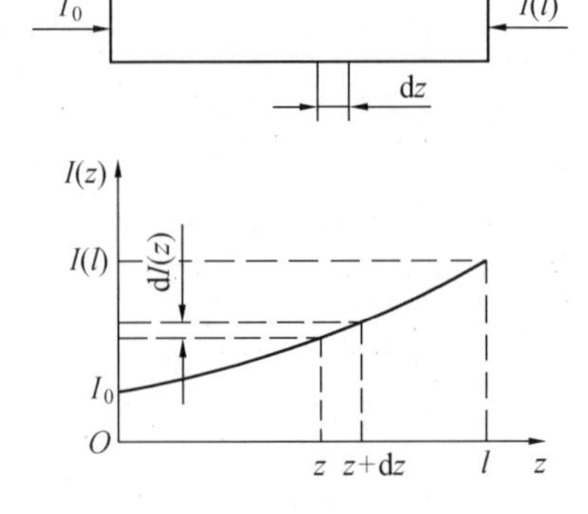

图 2.16　光在增益介质中的放大

设在 z 处光强为 $I(z)$，在 $z + dz$ 处光强为 $I(z) + dI(z)$，则根据定义，介质对光的增益系数为

$$G = \frac{dI(z)}{I(z)dz}$$

由于 $I = Nh\nu v$，我们可以通过工作物质光子数密度的速率方程得出增益系数的表达式。由上节已知，单模激光器的光子数密度速率方程为

$$\frac{dN}{dt} = \Delta n\sigma_{21}(\nu, \nu_0)vN - \frac{N}{\tau_R} \tag{2.67}$$

式中 $\Delta n = \left(n_2 - \frac{g_2}{g_1}n_1\right)$，考虑我们只是讨论介质中受激辐射对光的增益作用，可忽略由于介质和谐振腔中的损耗造成的光子数减少。故上式可改写为

$$\frac{dN}{dt} = \Delta n\sigma_{21}(\nu, \nu_0)vN \tag{2.68}$$

将 $I(z) = Nh\nu v$，$dz = v dt$ 代入上式后，可得

$$\frac{\mathrm{d}I(z)}{\nu Nh\nu\mathrm{d}z}=\frac{\mathrm{d}I(z)}{I(z)\mathrm{d}z}=\Delta n\sigma_{21}(\nu,\nu_0)$$

则增益系数的表示式为

$$G=\Delta n\sigma_{21}(\nu,\nu_0)=\Delta n\frac{\nu^2A_{21}}{8\pi\nu_0^2}\tilde{g}(\nu,\nu_0) \tag{2.69}$$

式(2.69)是对三能级、四能级系统均适用的增益系数一般表达式。显而易见,激光介质增益系数 G 正比于反转粒子数密度 Δn,其比例系数即为受激辐射截面积 $\sigma_{21}(\nu,\nu_0)$。而增益系数与频率的关系曲线(即增益曲线)由谱线的线型函数决定。

接下来我们再根据四能级系统的速率方程求出反转粒子数密度随时间变化的速率方程,进而讨论当频率为 ν_1,光强为 I_{ν_1} 的入射光射入工作物质时,反转粒子数密度、增益系数的变化及其饱和效应。虽然本节讨论仅限于连续激光器和长脉冲激光器,利用稳态速率方程得出的反转粒子数和增益系数表达式对于短脉冲激励激光器不完全适用,但从中引出的增益饱和现象以及两种不同加宽机制的工作物质中增益饱和特性的差异适用于不同激励方式(连续或短脉冲激励)的激光器。由于增益饱和是激光产生过程中十分重要的效应,并直接关系到激光的输出特性。而均匀加宽与非均匀加宽介质的饱和行为有本质不同,下面我们对这两种介质的增益系数表达式及增益饱和行为将分别予以讨论。

二、均匀加宽工作物质的增益系数和增益饱和

在连续激光器或长脉冲激光器中,我们可认为各能级上的粒子数达到了稳定工作状态,因此上节得出的四能级系统速率方程组(2.65)应有

$$\frac{\mathrm{d}n_0}{\mathrm{d}t}=\frac{\mathrm{d}n_2}{\mathrm{d}t}=\frac{\mathrm{d}n_3}{\mathrm{d}t}=0 \tag{2.70}$$

由于 $S_{32}\gg A_{30}$,抽运到 E_3 能级上的粒子绝大多数转移到 E_2 能级上,所以,在稳态情况下速率方程组式(2.55)中的第一个方程可改写为

$$n_3S_{32}\approx n_0W_{03} \tag{2.71}$$

因为一般四能级系统中 $S_{32}\gg W_{03}$,故有 $n_3\approx 0$。

由速率方程组(2.55)中第三个方程可得

$$n_1=n_0\frac{W_{03}}{S_{10}} \tag{2.72}$$

又由于四能级系统中 $S_{10}\gg W_{03}$,则 $n_1\approx 0$。在四能级系统中,受激辐射跃迁发生在能级 2 和能级 1 之间,因激光下能级的粒子数几乎为零,因此,反转粒子数由 E_2 能级上的粒子数决定($\Delta n=n_2-n_1\approx n_2$)。于是,方程组(2.65)中 E_2 能级粒子数密度变化的速率方程可改写为反转粒子数密度的速率方程,即

$$\frac{\mathrm{d}\Delta n}{\mathrm{d}t}=-\Delta n\sigma_{21}(\nu_1,\nu_0)vN-\frac{\Delta n}{\tau_2}+n_0W_{03} \tag{2.73}$$

式中　τ_2——E_2 的能级寿命，$\tau_2 = \dfrac{1}{A_{21} + S_{21}}$。

式(2.73)中第一项为受激辐射消耗的反转粒子数；第二项表示由于有限的能级寿命导致反转粒子数的减少；第三项表示抽运作用使反转粒子数增加。在稳态时，应有 $\mathrm{d}\Delta n/\mathrm{d}t = 0$，并考虑到四能级系统中大量粒子聚集在基态 $n_0 \approx n$，于是，由式(2.73)可求得

$$\Delta n = \frac{nW_{03}\tau_2}{1 + \sigma_{21}(\nu_1, \nu_0)v\tau_2 N} \tag{2.74}$$

将均匀加宽线型函数表达式(2.34)、发射截面表达式(2.57)及 $N = I/h\nu v$ 代入上式，整理后可得

$$\Delta n = \frac{(\nu_1 - \nu_0)^2 + \left(\dfrac{\Delta\nu_{\mathrm{H}}}{2}\right)^2}{(\nu_1 - \nu_0)^2 + \left(\dfrac{\Delta\nu_{\mathrm{H}}}{2}\right)^2\left(1 + \dfrac{I_{\nu_1}}{I_{\mathrm{s}}}\right)}\Delta n^0 \tag{2.75}$$

式中　Δn^0——小信号情况下的反转粒子数密度；

　　I_{s}——饱和光强，具有光强的量纲。

四能级系统的饱和光强表达式为

$$I_{\mathrm{s}} = \frac{h\nu_0}{\sigma_{21}\tau_2} \tag{2.76}$$

应说明饱和光强是激光工作物质的一个重要参数，三能级系统与四能级系统的饱和光强表达式各不相同，读者可以通过习题自行推导。

所谓小信号情况，是指当入射光强 $I_{\nu_1} \ll I_{\mathrm{s}}$，此时 $\Delta n = \Delta n^0$，工作物质内受激辐射很微弱，因此可忽略受激辐射项，于是由式(2.74)可得四能级系统小信号情况下的反转粒子数密度，即

$$\Delta n^0 = nW_{03}\tau_2 \tag{2.77}$$

由上式可见，小信号反转粒子数密度与入射光强无关，其大小取决于激发几率和受激辐射上能级寿命。

当 I_{ν_1} 足够强时式(即大信号情况)，由式(2.75)可知，将会出现 $\Delta n < \Delta n^0$。这是由于，随着 I_{ν_1} 的增大，受激辐射作用增强，导致上能级粒子数急剧减少，I_{ν_1} 越强，反转粒子数减少得越多。这种现象称为反转粒子数的饱和。

式(2.75)还表明，不同频率的入射光对反转粒子数饱和的影响是不同的。在入射光强 I_{ν_1} 相同情况下，入射光频率 ν_1 偏离中心频率越远，饱和效应越弱。当入射光频率等于中心频率时，反转粒子数饱和最强，这是由于在中心频率处受激辐射几率最大，入射光造成的反转粒子数的减少越严重。此时，式(2.75)可简化为

$$\Delta n = \frac{\Delta n^0}{1 + \frac{I_{\nu_0}}{I_s}} \tag{2.78}$$

上式表明频率为 ν_0，强度为 I_{ν_0} 的光射入介质后将会使反转粒子数密度 Δn 下降到小信号情况时的 $(1 + I_{\nu_0}/I_s)^{-1}$ 倍，当入射光强 I_{ν_0} 等于饱和光强 I_s 时，反转粒子数减少了一半。通常认为，入射光频率在

$$\nu_1 - \nu_0 = \pm\sqrt{1 + \frac{I_{\nu_1}}{I_s}}\frac{\Delta\nu_H}{2} \tag{2.79}$$

范围内才会引起显著的饱和作用。

由式(2.69)已知，增益系数 G 与反转粒子数 Δn 成正比关系，现分析频率为 ν_1，光强为 I_{ν_1} 的光入射到均匀加宽工作物质时，其增益系数为

$$G_H(\nu_1, I_{\nu_1}) = \Delta n\sigma_{21}(\nu_1, \nu_0) = \Delta n \frac{v^2}{8\pi\nu_0^2} A_{21}\tilde{g}_H(\nu_1, \nu_0) \tag{2.80}$$

将式(2.75)及均匀加宽线型函数代入上式，整理后可得

$$G_H(\nu_1, I_{\nu_1}) = G_H^0(\nu_0)\frac{\left(\frac{\Delta\nu_H}{2}\right)^2}{(\nu_1 - \nu_0)^2 + \left(\frac{\Delta\nu_H}{2}\right)^2\left(1 + \frac{I_{\nu_1}}{I_s}\right)} \tag{2.81}$$

式中，$G_H^0(\nu_0)$ 为中心频率处的小信号增益系数。

在 $I_{\nu_1} \ll I_s$ 的小信号情况下，均匀加宽工作物质的小信号增益为

$$G_H^0(\nu_1) = G_H^0(\nu_0)\frac{\left(\frac{\Delta\nu_H}{2}\right)^2}{(\nu_1 - \nu_0)^2 + \left(\frac{\Delta\nu_H}{2}\right)^2} \tag{2.82}$$

中心频率处的小信号增益系数 $G_H^0(\nu_0)$ 可表示为

$$G_H^0(\nu_0) = \Delta n^0\sigma_{21} = \Delta n^0 \frac{v^2 A_{21}}{4\pi^2\nu_0^2\Delta\nu_H} \tag{2.83}$$

由式(2.77)和(2.83)可见，当 $I_{\nu_1} \ll I_s$ 时，小信号情况下反转粒子数 Δn^0 和增益系数 G_H^0 均与入射光强无关，若激光上能级寿命越长，激励越强，Δn^0 越大，小信号增益系数 $G_H^0(\nu_0)$ 越大。而由式(2.75)和式(2.82)可知，反转粒子数和小信号增益系数都与入射光频率有关，即对不同频率的光，有不同的增益系数。对应于激光器中不同的纵模，其小信号增益系数是不同的。通常我们把小信号增益系数与入射光频率 ν_1 的关系曲线称为小信号增益曲线，其形状完全取决于线型函数 $\tilde{g}_H(\nu_1, \nu_0)$，见图 2.17。

同样,当 I_{ν_1} 足够强时,$G_H(\nu_1,I_{\nu_1})$值也将随光强 I_{ν_1} 的增强而减小,这就是增益饱和现象。从上述反转粒子数的饱和,我们不难理解产生增益饱和的物理原因:因增益系数正比于介质内的反转粒子数,由于 I_{ν_1} 光在介质中传输时,通过受激辐射获得增益的同时消耗了大量反转粒子数,反转粒子数的饱和致使增益系数也发生饱和。

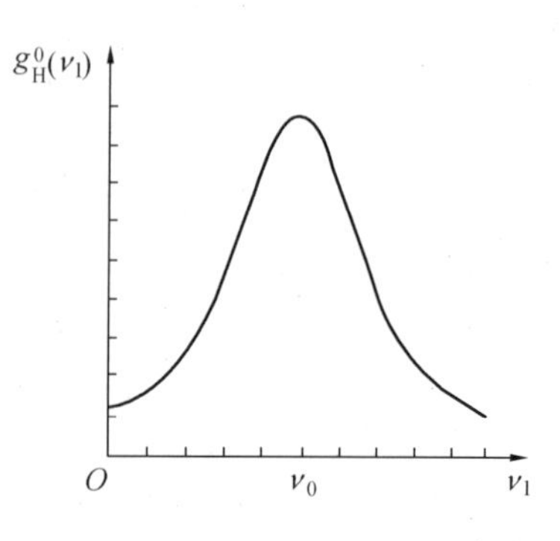

图 2.17 小信号增益曲线

当 $\nu_1=\nu_0$ 时

$$G_H(\nu_0,I_{\nu_0}) = \frac{G_H^0(\nu_0)}{1+\left(\frac{I_{\nu_0}}{I_s}\right)} \tag{2.84}$$

若 $I_{\nu_0}=I_s$,由上式可知,$G_H(\nu_0,I_s)=\frac{1}{2}G_H^0(\nu_0)$,即表示当中心频率光强等于饱和光强时,大信号增益系数只是小信号增益系数的二分之一。在相同光强情况下,由式(2.81)可知,ν_1 偏离中心频率越远,饱和效应越弱。

至此,我们认识到增益系数与振荡光频率及介质内光强有关。小信号增益系数与饱和光强对介质增益的大小有十分重大的影响。小信号增益系数的大小不仅取决于泵源对上能级的激发几率还与激光上能级的寿命有关,这就是为何实际的激光跃迁往往选择能级寿命较长的亚稳态能级作为激光上能级的主要原因。从获得大功率激光输出考虑,除了小信号增益系数毫无疑问应尽可能大,饱和光强也应尽量大,这样才能使激光腔内光强获得足够大的增益,而不至于因饱和光强过小,腔内光强稍稍变大,其增益便发生饱和,腔内光强因增益系数的下降而得不到大的输出功率。

下面我们将讨论另一个命题,是当两个不同频率、不同光强的光同时存在时,在强光使介质增益饱和的同时,对弱光增益系数会产生什么影响。讨论这一命题的意义在于在均匀加宽激光器中,开始起振时有多个纵模频率满足阈值条件,在激光腔内振荡、放大,而最靠近中心频率的纵模由于小信号增益系数大,光强增长最快(成为强光),首先达到饱和光强,引起饱和效应。现讨论该纵模饱和时对其他尚未达到饱和光强的纵模(称之为弱光)的增益系数的影响。

假设强光的频率为 ν_1,光强为 I_{ν_1};弱光的频率为 ν。根据式(2.69)和式(2.75),弱光增益系数为

$$G_H(\nu,I_{\nu_1}) = \Delta n^0 \frac{(\nu_1-\nu_0)^2+\left(\frac{\Delta\nu_H}{2}\right)^2}{(\nu_1-\nu_0)^2+\left(\frac{\Delta\nu_H}{2}\right)^2\left(1+\frac{I_{\nu_1}}{I_s}\right)}\sigma_{21}(\nu,\nu_0) =$$

$$G_{\mathrm{H}}^{0}(\nu)\frac{(\nu_1-\nu_0)^2+\left(\frac{\Delta\nu_{\mathrm{H}}}{2}\right)^2}{(\nu_1-\nu_0)^2+\left(\frac{\Delta\nu_{\mathrm{H}}}{2}\right)^2\left(1+\frac{I_{\nu_1}}{I_{\mathrm{s}}}\right)} \tag{2.85}$$

从上式可见，当强光频率 ν_1 及光强 I_{ν_1} 一定时，弱光在强光作用下的增益系数与其小信号增益系数的比值在频域上处处相等。解释其物理原因是由于强光 I_{ν_1} 通过受激辐射消耗了大量激发态上的粒子，对于均匀加宽工作物质而言，由于激发态上的每个粒子对谱线中不同频率光的增益都有贡献，激发态粒子数的减少就意味着对其他频率有贡献的粒子数也减少，即对应于其他频率光的增益系数也下降，且都以同一比值下降，即整个增益曲线均匀地下降。见图 2.18。

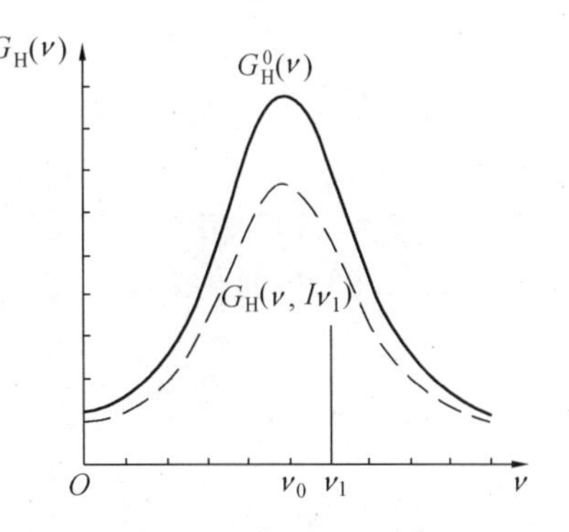

图 2.18　在强光作用下，均匀加宽工作物质增益曲线变化

因此，在均匀加宽激光器中，当靠近中心频率的模率先达到饱和时，会使其他模的增益降低，当这些模的增益系数低于阈值增益系数时，便会自动熄灭。这个问题我们在第四章还会做详细讨论。

三、非均匀加宽工作物质的增益系数和增益饱和

对于多普勒加宽的非均匀加宽工作物质而言，介质中的反转粒子数密度可按速率来分类，表观中心频率为 ν_0' 的粒子发光时，发出的谱线不仅仅是频率为 ν_0' 的单色光，而应是以 ν_0' 为中心频率，线宽为 $\Delta\nu_{\mathrm{N}}$ 的均匀加宽谱线。假设小信号情况下的反转粒子数密度为 Δn^0，则表观中心频率为 $\nu_0' \sim (\nu_0'+\mathrm{d}\nu_0')$ 范围内的反转粒子数密度为

$$\Delta n^0(\nu_0')\mathrm{d}\nu_0' = \Delta n^0\tilde{g}_{\mathrm{D}}(\nu_0',\nu_0)\mathrm{d}\nu_0'$$

若有频率为 ν_1，强度为 I_{ν_1} 的光入射，则这部分粒子对增益的贡献 $\mathrm{d}G$ 可按均匀加宽增益系数的表示式来计算，可得

$$\mathrm{d}G=\frac{v^2A_{21}[\Delta n^0\tilde{g}_{\mathrm{D}}(\nu_0',\nu_0)\mathrm{d}\nu_0']\left(\frac{\Delta\nu_{\mathrm{H}}}{2}\right)^2}{4\pi\nu_0'^2\Delta\nu_{\mathrm{H}}\left[(\nu_1-\nu_0')^2+\left(\frac{\Delta\nu_{\mathrm{H}}}{2}\right)^2\left(1+\frac{I_{\nu_1}}{I_{\mathrm{s}}}\right)\right]}\approx$$

$$\frac{v^2A_{21}[\Delta n^0\tilde{g}_{\mathrm{D}}(\nu_0',\nu_0)\mathrm{d}\nu_0']\left(\frac{\Delta\nu_{\mathrm{H}}}{2}\right)^2}{4\pi\nu_0^2\Delta\nu_{\mathrm{H}}\left[(\nu_1-\nu_0')^2+\left(\frac{\Delta\nu_{\mathrm{H}}}{2}\right)^2\left(1+\frac{I_{\nu_1}}{I_{\mathrm{s}}}\right)\right]}$$

非均匀加宽工作物质的总增益应是各种表观中心频率的粒子对增益贡献的积分。从数学

上来说，ν_0'的取值范围应为$0<\nu_0'<2\nu_0'$，因ν_0'值非常大，我们可将ν_0'的取值范围看做$0\sim\infty$，所以增益系数为

$$G_{\rm i}(\nu_1,I_{\nu_1})=\int{\rm d}g=\frac{v^2A_{21}\Delta n^0}{4\pi\nu_0'^2\Delta\nu_{\rm H}}\left(\frac{\Delta\nu_{\rm H}}{2}\right)^2\int_0^{\infty}\frac{\tilde{g}_{\rm D}(\nu_0',\nu_0){\rm d}\nu_0'}{(\nu_1-\nu_0')^2+\left(\frac{\Delta\nu_{\rm H}}{2}\right)^2\left(1+\frac{I_{\nu_1}}{I_{\rm s}}\right)}\tag{2.86}$$

因为在非均匀加宽情况下$\Delta\nu_{\rm D}\gg\Delta\nu_{\rm H}$，又由于上式的被积函数只在$|\nu_1-\nu_0'|<\Delta\nu_{\rm H}/2$的很小范围内才有显著值，在此范围外则趋于零。据此，我们可将积分限由$0\sim\infty$改为$-\infty\sim+\infty$，积分结果将不受影响。在$|\nu_1-\nu_0'|<\Delta\nu_{\rm H}/2$范围内$\tilde{g}_{\rm D}(\nu_0',\nu_0)$可近似为一常数，于是式(2.86)可简化为

$$G_{\rm i}(\nu_1,I_{\nu_1})=\frac{v^2A_{21}\Delta n^0}{4\pi\nu_0^2\Delta\nu_{\rm H}}\left(\frac{\Delta\nu_{\rm H}}{2}\right)^2\tilde{g}_{\rm D}(\nu_1,\nu_0)\int_{-\infty}^{+\infty}\frac{{\rm d}\nu_0'}{(\nu_1-\nu_0')^2+\left(\frac{\Delta\nu_{\rm H}}{2}\right)^2\left(1+\frac{I_{\nu_1}}{I_{\rm s}}\right)}=$$

$$\frac{v^2A_{21}\Delta n^0}{8\pi\nu_0^2\sqrt{1+\frac{I_{\nu_1}}{I_{\rm s}}}}\tilde{g}_{\rm D}(\nu_1,\nu_0)\tag{2.87}$$

在$I_{\nu_1}\ll I_{\rm s}$时，由上式求得小信号情况下非均匀加宽介质的增益系数可表示为

$$G_{\rm i}(\nu_1)=G_{\rm i}^0(\nu_0){\rm e}^{-(4\ln2)\left(\frac{\nu_1-\nu_0}{\Delta\nu_{\rm D}}\right)^2}\tag{2.88}$$

式中，$G_i^0(\nu_0)$为中心频率处的小信号增益系数，其表达式为

$$G_{\rm i}^0(\nu_0)=\Delta n^0\sigma_{21}=\Delta n^0\frac{v^2A_{21}}{4\pi\nu_0^2\Delta\nu_{\rm D}}\left(\frac{\ln2}{\pi}\right)^{1/2}\tag{2.89}$$

由上可知，小信号增益系数与光强无关，而小信号增益系数与频率的关系(即增益曲线)取决于非均匀加宽线型函数$\tilde{g}_{\rm D}(\nu_1,\nu_0)$。

将式(2.89)及线型函数$\tilde{g}_{\rm D}(\nu_1,\nu_0)$代入，式(2.87)可改写为

$$G_{\rm i}(\nu_1,I_{\nu_1})=\frac{G_{\rm i}^0(\nu_1)}{\sqrt{1+\frac{I_{\nu_1}}{I_{\rm s}}}}\tag{2.90}$$

在$I_{\nu_1}\ll I_{\rm s}$的小信号情况下

$$G_{\rm i}(\nu_1,I_{\nu_1})=G_{\rm i}^0(\nu_1)=G_{\rm i}^0(\nu_0){\rm e}^{-\frac{(4\ln2)(\nu_1-\nu_0)^2}{\Delta\nu_{\rm D}^2}}\tag{2.91}$$

可见非均匀加宽介质的小信号增益曲线为高斯线型。

在$I_{\nu_1}\to I_{\rm s}$时，属大信号情况，$G_{\rm i}(\nu_1,I_{\nu_1})$随$I_{\nu_1}$的增加而减少，这就是非均匀加宽情况下的增益饱和现象。当$I_{\nu_1}=I_{\rm s}$时，其大信号增益系数为小信号增益系数的$\left(1+\frac{I_{\nu_0}}{I_{\rm s}}\right)^{-1/2}$。在中心

频率处，以两种加宽机制的饱和效应比较，非均匀加宽介质较均匀加宽介质的饱和效应弱些。

以上我们讨论的是 ν_1(频率) × I_{ν_1}(强度)的光入射时，所获得的增益系数及增益饱和。由式(2.90)可以看到，非均匀加宽情况下，增益饱和的强弱只与光强 I_{ν_1} 有关，与频率无关。

下面我们再讨论在非均匀加宽情况下，当频率为 ν 的强光饱和时，对其他频率 $\nu' \neq \nu$ 的弱光增益系数的影响。我们会发现由于均匀与非均匀加宽机制不同，在强光与弱光同时存在时，其增益饱和行为也有本质不同，下面我们将引出“烧孔”效应来说明非均匀加宽情况下增益饱和对不同频率的响应。

我们知道，表观中心频率为 ν 的粒子发射一条中心频率为 ν、线宽为 $\Delta\nu_H$ 的均匀加宽谱线。这部分粒子的饱和行为可以用均匀加宽情况下得出的公式描述。当入射光频率为 ν_1，且光强 I_{ν_1} 有足够强时，该入射光造成表观中心频率 $\nu = \nu_1$ 对应的那部分粒子饱和，由于饱和效应，表观中心频率为 ν_1 的反转粒子数密度将由原来的 A 点下降到 A_1 点，见图 2.19。若此入射光频率 ν_1 相当于均匀加宽中的中心频率，此时引起的反转粒子数饱和可表示为

$$\Delta n(\nu_1) = \frac{\Delta n^0(\nu_1)}{1 + \dfrac{I_{\nu_1}}{I_s}}$$

对于表观中心频率为 ν_2 的粒子，由于入射光频率 ν_1 偏离粒子的表观中心频率 ν_2，引起的饱和效应较小，$\Delta n(\nu_2)/\Delta n^0(\nu_2) > \Delta n(\nu_1)/\Delta n^0(\nu_1)$。所以在图 2.19 中可见，反转粒子数密度由 B 点下降到 B_1 点。

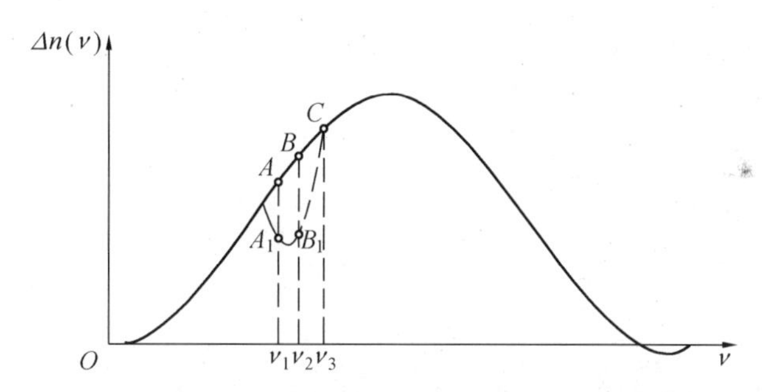

图 2.19　非均匀加宽工作物质中反转粒子数和频率的关系
(实线表示小信号情况；虚线表示强光作用下)

对于表观中心频率为 ν_3 的粒子，由于入射光频率 ν_1 与 ν_3 偏离太远，有

$$\nu_3 - \nu_1 > \sqrt{1 + \frac{I_{\nu_1}}{I_s}}\ \frac{\Delta\nu_H}{2}$$

所以饱和效应可以忽略，此时 $\Delta n(\nu_3) \approx \Delta n^0(\nu_3)$。

由以上分析可知，频率为 ν_1 的强光，只与表观中心频率 ν_1 附近，宽度约为$\Delta\nu_H\sqrt{1+(I_{\nu_1}/I_s)}$

的粒子数相互作用，引起反转粒子数饱和，形成一个孔；而对表观中心频率在 $\Delta\nu_H\sqrt{1+(I_{\nu_1}/I_s)}$ 范围以外的反转粒子数没有影响，仍然保持小信号反转粒子数。通常我们把上述现象称之为反转粒子数的“烧孔”效应。烧孔深度为

$$\Delta n^0(\nu_1)-\Delta n(\nu_1)=\frac{I_{\nu_1}}{I_{\nu_1}+I_s}\Delta n^0(\nu_1) \tag{2.92}$$

孔的宽度为

$$\delta\nu=\sqrt{1+\frac{I_{\nu_1}}{I_s}}\Delta\nu_H \tag{2.93}$$

若此时同时存在一频率为 ν 的弱光，且频率 ν 落在强光造成的烧孔范围之内，分析可知由于强光饱和造成的反转粒子数减少，导致弱光的增益系数只能小于其小信号增益系数。然而，如果弱光频率落在烧孔范围之外，弱光的增益系数将不受强光饱和的影响，仍为小信号增益系数。可以推想，在增益系数 $G_i(\nu,I_{\nu_1})\sim\nu$ 的曲线上，在(强光)频率 ν_1 附近会产生一个凹陷，见图2.20。这一现象称为增益曲线的烧孔效应，也称光谱烧孔效应。烧孔的宽度与上述反转粒子数饱和时的宽度一致，烧孔的深度决定于激光稳定振荡时的阈值增益(将在第四章提及)。

在非均匀加宽谱线的情况下，每一振荡频率各自在其频率附近小范围内“烧孔”，只要均匀加宽宽度 $\Delta\nu_H$ 小于相邻纵模的频率间隔，则它们相互之间没有什么耦合影响，即一个模式振荡，不会影响另一模式频率处的增益系数。

对于多普勒加宽的气体激光器中的烧孔效应，频率为 ν_1 的振荡模在增益曲线上会烧两个孔，这两个孔将对称地分布在中心频率的两侧，见图2.21。

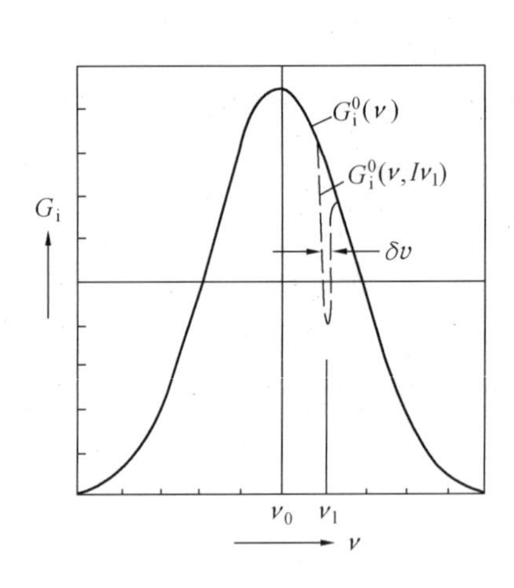

图2.20　非均匀加宽介质的光谱烧孔

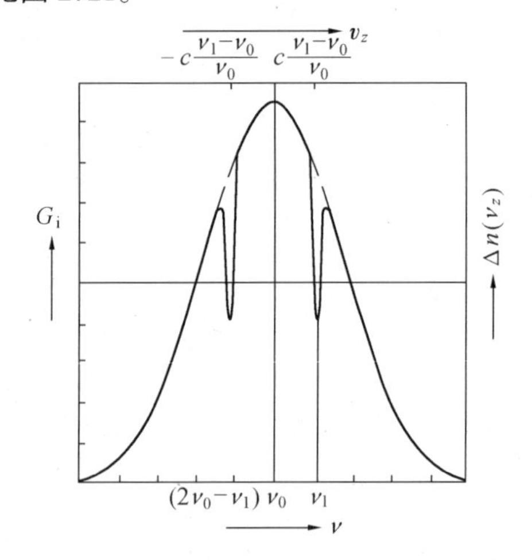

图2.21　多普勒加宽气体激光器的烧孔效应

出现两个烧孔的原因分析见图 2.22。

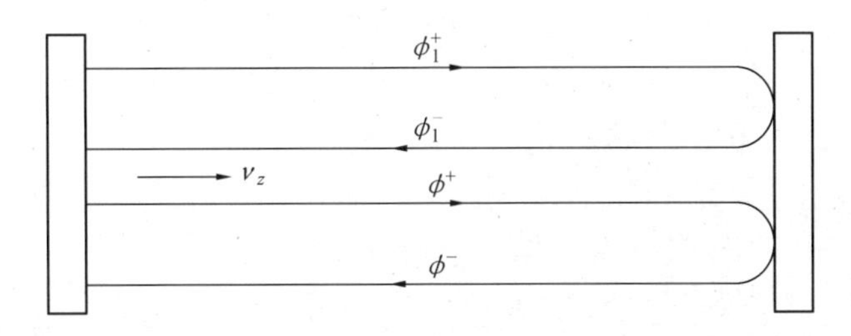

图 2.22　气体激光器中 ϕ_1、ϕ 模和运动原子相互作用说明图

图中所示的气体激光器中有一个频率为 ν_1 的纵模在驻波腔内传播振荡，ϕ_1^+、ϕ_1^- 分别表示沿 $+z$ 和 $-z$ 方向传输的光波。在 2.3 节中已经指出，沿 z 方向传输的光波与中心频率 ν_0，速度分量为 v_z 的运动原子作用时，原子的表观中心频率为

$$\nu_0' \approx \nu_0\left(1 + \frac{v_z}{c}\right)$$

如果 $\nu_1 = \nu_0'$，则只有速度为 $v_z = c(\nu_1 - \nu_0)/\nu_0$ 的粒子才能与沿 $+z$ 方向传输的光波有相互作用，当该传输光波经反射镜反射后，变成沿 $-z$ 方向传输的光波，其频率依然为 ν_1，这时，与该光波相互作用的粒子将是另一群速度为 $v_z = -c(\nu_1 - \nu_0)/\nu_0$ 的粒子。那么，如果频率为 ν_1 的纵模光强不断增强，它将使速度为 $v_z = \pm c(\nu_1 - \nu_0)/\nu_0$ 这两部分的反转粒子数减少。在 $\Delta n(\nu_z) \sim \nu_z$ 曲线上会出现两个烧孔，见图 2.21。

若腔中有另一个频率为 ν 的弱模存在，则该模沿 $+z$ 和 $-z$ 方向传输的光波 ϕ^+、ϕ^- 的受激辐射分别由 $v_z = c(\nu - \nu_0)/\nu_0$ 和 $v_z = -c(\nu - \nu_0)/\nu_0$ 的激活粒子贡献。如果弱模频率 ν 和强模频率 ν_1 与中心频率不对称，而且频率间隔有足够宽，那么，强模 ϕ_1 由于增益饱和在增益曲线上烧两个孔，并不会影响对弱模 ϕ 做贡献的反转粒子数，弱模的小信号增益系数不变。如果弱模频率 ν 与强模频率 ν_1 对称分布在中心频率两侧，为 $\nu = (2\nu_0 - \nu_1)$，于是，弱模 ϕ 的受激辐射也由 $v_z = \pm c(\nu_1 - \nu_0)/\nu_0$ 的激活粒子所贡献，这两个模在 $\Delta n(\nu_z) \sim \nu_z$ 曲线上烧孔的位置是重叠的。由于频率为 ν_1 的强模 ϕ_1 已消耗了大量的激活粒子而发生增益饱和，因此，不仅强模 ϕ_1 的增益系数变小，而且弱模 ϕ 的增益系数也受此影响而减小。所以在增益曲线上，在 ν_1 和$(2\nu_0 - \nu_1)$处会出现两个烧孔。

习题与思考题

1. 估算 CO_2 气体在室温(300 K)下的多普勒线宽和碰撞线宽，并讨论在什么气压范围内从非均匀加宽过渡到均匀加宽。

2. 考虑某二能级工作物质，E_2 能级自发辐射寿命为 τ_s，无辐射跃迁寿命为 τ。假定在 $t = 0$时刻能级 E_2 上的原子数密度为 $n_2(0)$，工作物质的体积为 V，自发辐射频率为 ν，求：

①自发辐射光功率随时间 t 的变化规律。

②能级 E_2 上的原子在其衰减过程中发出的自发辐射光子数。

③自发辐射光子数与初始时刻能级 E_2 上的粒子数之比 η_2(称为量子产额)。

3. 根据红宝石的跃迁几率数据：$S_{32}=0.5\times10^7\ \mathrm{s}^{-1}$, $A_{31}=3\times10^5\ \mathrm{s}^{-1}$, $A_{21}=0.3\times10^3\ \mathrm{s}^{-1}$, S_{21}, $S_{31}=0$。估算 W_{13}等于多少时红宝石对 694.3 nm 的光是透明的。(红宝石激光上、下能级的统计权重 $g_1=g_2=4$,计算时可不计光的各种损耗。)

4. 有光源一个,单色仪一台,光电倍增管及其电源一套,微安表一块,圆柱形端面抛光红宝石样品一块,红宝石中铬离子数密度 $n=1.9\times10^{19}\ \mathrm{cm}^3$,694.3 nm 荧光线宽为 3.3×10^{11} Hz。可通过实验测出红宝石的吸收截面、发射截面及荧光寿命,试画出实验方框图,写出实验步骤及有关计算公式。

5. 已知某均匀加宽二能级($f_1=f_2$)饱和吸收染料在其吸收谱线中心频率 694.3 nm 处的吸收截面积 $\sigma=8.1\times10^{-16}\ \mathrm{cm}^2$,其上能级寿命 $\tau_2=22\times10^{-12}$ s,试求此染料的饱和光强 I_s。

6. 推导下图所示能级系统 2→0 跃迁的中心频率大信号吸收系数及饱和光强 I_s。假设该工作物质具有均匀加宽线型,吸收截面 σ_{02}已知,$kT\ll h\nu_{10}$,$\tau_{10}\ll\tau_{21}$。

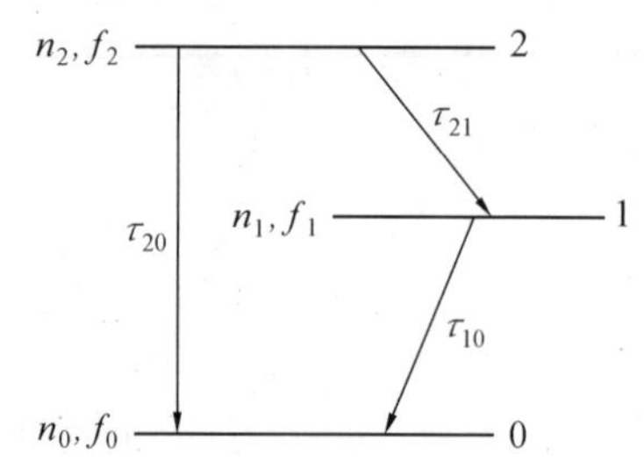

7. 设有两束频率分别为 $\nu_0+\delta\nu$ 和 $\nu_0-\delta\nu$,光强分别为 I_1 和 I_2 的强光沿相同方向或相反方向通过中心频率为 ν_0 的非均匀加宽增益介质,$I_1>I_2$,试分别画出两种情况下反转粒子数按速度分布曲线,并标出烧孔位置。

$\nu_0+\delta\nu, I_1$
$\nu_0-\delta\nu, I_2$
$\nu_0+\delta\nu, I_1$
$\nu_0-\delta\nu, I_2$

参考文献

1 Amnon Yariv. Quantum Electronics. 2nd ed. New York: John Wiley & Sons, Inc., 1975

2 周炳琨,高以智等.激光原理.北京:国防工业出版社,2000

3 Siegman A E. An Introduction to Laser and Maser. New York: Mc Graw-Hill Book Co, 1971

4 邹英华,孙驹亨.激光物理学.北京:北京大学出版社,1991

5 伍长征,王兆永等.激光物理学.上海:复旦大学出版社,1988

第三章　光学谐振腔

光学谐振腔的理论自 1960 年以来发展比较快,各种类型光学谐振腔有效地应用于激光器中,提高了光束的光学质量。本章内容根据光学谐振腔的设计原理及对谐振腔的质量评价要求,主要介绍谐振腔对波型限制能力的大小和各种类型腔的设计参数等。

在第一章中我们已介绍了稳定腔、介稳腔和非稳腔的条件,在此基础上,从激光工程技术应用角度考虑,对这三种腔的特点归纳为:

①稳定腔。这类腔的几何偏折损耗很低,调整精度要求较低,其模式理论具有最广泛、最重要的实践意义。绝大多数中小功率激光器件都采用稳定腔。但稳定腔的波型限制能力比较弱,输出光束发射角较大。

②介稳腔。这类腔的波型限制能力比较强,光束方向性极好,即光束发散角小,模体积又比较大,比较容易获得单横模振荡等。但光腔调整精度要求高,几何偏折损耗较大,因而对小增益激光器件不太适用。

③非稳腔。这类腔的波型限制能力也比较强,输出光束发散角小和有良好光束质量。但单程损耗很高,可达百分之几十,因此主要适用于高增益大口径激光器系统。

3.1　共焦腔中的光束特性

稳定光学谐振腔的激光器所发出的光,将以高斯光束的形式在空间传输。本节以共焦腔为例介绍高斯光束在空间传输规律,以及光学系统对高斯光束的变化规律。

共焦腔中产生的光束有特殊的结构,它不同于点光源所发出的球面波和平行光束的平面波,是一种特殊的高斯光束。它在共焦腔的中心处是强度为高斯分布的平面波,在其他地方是强度为高斯分布的球面波。

一、均匀平面光波

沿 z 方向传播的均匀平面光波(即均匀的平行光束),其电矢量的空间变化部分为

$$\boldsymbol{E}(x,y,z) = A_0 e^{-i\boldsymbol{K}z} \tag{3.1}$$

式中　$\boldsymbol{K}$——圆波数(波矢),$\boldsymbol{K}=\frac{2\pi n}{\lambda}$;

A_0——振幅。

由欧拉公式知,波动的式(3.1)复数表示法与余弦表示法是一样的。这种光束的特点是,振幅 A_0 与 x,y 无关,即垂直于光束传播方向的 z 轴平面上光强是均匀的;等相面是垂直于 z 轴的平面,该面上各点的振幅相等,相位相同。

由衍射原理知,由于反射镜孔径(或工作物质孔径)的衍射作用,谐振腔中形成的光束将不再是式(3.1)所表示的波型。

二、均匀球面光波

由某一点光源(位于坐标原点)向外发射球面光波,某电矢量的空间变化部分为

$$\boldsymbol{E}(x,y,z)=\frac{A_0}{R}\exp(-\mathrm{i}\boldsymbol{K}R) \tag{3.2}$$

其中 $R=\sqrt{x^2+y^2+z^2}$。从上式知,R 为常数的点集合,是一个以光源为球心的球面,有下述特点:一 波阵面是以点光源(0,0,0)为球心的球面,球面上各点的相位相同,等相面同是一个球面;二 在每个球面上的各点,振幅都是 A_0/R,即同一球面上各点的光场振幅相等。

式(3.1)、式(3.2)以及式(3.3)都是电磁波麦克斯韦解,都符合谐振腔的实际。

三、高斯光束

利用波动光学理论分析共焦腔,得到一种特殊形态的光波,其光场分布规律呈高斯曲线形式,在波阵面上振幅的分布是不均匀的。称这种在谐振腔中形成的特殊形态的激光束为高斯光束或高斯球面波,见图 3.1。

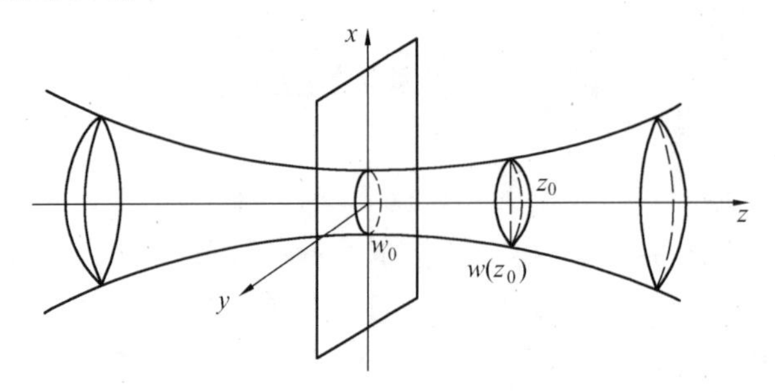

图 3.1 高斯光束

高斯光束在共焦腔中的中心处(坐标系原点)是强度为高斯分布的平面波,在其他处为高斯分布的球面波。沿 z 轴传播的高斯光束的电矢量是

$$\boldsymbol{E}(x,y,z)=\frac{A_0}{W(z)}\exp\left[\frac{-(x^2+y^2)}{W^2(z)}\right]\cdot\exp\left[-\mathrm{i}k\left(\frac{x^2+y^2}{2R(z)}+z\right)+\mathrm{i}\varphi(z)\right] \tag{3.3}$$

式中 $\boldsymbol{E}(x,y,z)$——点(x,y,z)处的电矢量;

$W(z)$——z 点处的光斑半径。

$W(z)$的表达式为

$$W(z) = W_0\left[1+\left(\frac{z\lambda}{\pi W_0^2}\right)^2\right]^{\frac{1}{2}} \tag{3.4}$$

式中　W_0——特征参数，$W_0 = W(0)$，被称为高斯光束的“腰粗”；

$\frac{A_0}{W(z)}$——z 轴上各点的电矢量振幅；

$R(z)$——在 z 处的波阵面曲率半径；

$\varphi(z)$——与 z 有关的相位因子。

$$R(z) = z\left[1+\left(\frac{\pi W_0^2}{\lambda z}\right)^2\right] \tag{3.5}$$

对于 $R(z)$、$\varphi(z)$，有

$$\varphi(z) = \arctan\frac{\lambda z}{\pi W_0^2} \tag{3.6}$$

可见，在空间传播的高斯光束是一种高斯球面波，波阵面的曲率半径为 $R(z)$，光斑半径为 $W(z)$，光束横截面上的光斑尺寸 $W(z)$也随 z 变化，呈特定的函数关系。

1.高斯光束在 $z=0$ 时的情况

(1) 用直角坐标系表示高斯光束的场分布，即

$$\boldsymbol{E}(x,y,z=0) = \frac{A_0}{W_0}\exp\left[-\frac{x^2+y^2}{W_0^2}\right]\exp\left[-\mathrm{i}k\frac{x^2+y^2}{2R(0)}+\mathrm{i}\varphi(0)\right]$$

令　$A(x,y,z=0)=\frac{A_0}{W_0}\exp\left[-\frac{x^2+y^2}{W_0}\right]$

(2) 用柱坐标系表示高斯光束的场分布，即

$$\boldsymbol{E}(r,\theta,z=0) = \frac{A_0}{W_0}\exp\left[-\frac{r^2}{W_0^2}\right]\exp\left[-\mathrm{i}k\frac{r^2}{2R(0)}+\mathrm{i}\varphi(0)\right]$$

令　$A(r,\theta,z=0)=\frac{A_0}{W_0}\exp\left[-\frac{r^2}{W_0^2}\right]$

相应的光斑定义为：$x^2+y^2=W_0^2$ 为高斯光束的光斑半径，此时光场振幅，$A(x=0, y=W_0,z=0)=A(x=w_0,y=0,z=0)=\left(\frac{A_0}{W_0}\right)\Big/\mathrm{e}$ 或定义 $r=W_0$ 为高斯光束光斑半径，此时

$$A(r=W_0,z=0) = \left(\frac{A_0}{W_0}\right)\Big/\mathrm{e}$$

将 $z=0$ 代入式(3.5)，得

$$\lim_{z\to 0}R(z) = \lim_{z\to 0}z\left(1+\frac{\pi^2W_0^4}{\lambda^2z^2}\right) = \infty$$

因而有

$$\frac{x^2 + y^2}{2R(z)} = 0$$

当 $z = 0$ 时，$W(z) = W_0$，由式(3.6)得

$$\varphi(z) = 0$$

令 $x^2 + y^2 = r^2$，将 $z = 0$ 时得到的结果代入式(3.3)，便得到在 $z = 0$ 时的电矢量表达式，即

$$\boldsymbol{E}(x, y, 0) = A(x, y, 0) = \frac{A_0}{W_0}\exp\left[-\frac{r^2}{W_0^2}\right] \tag{3.7}$$

这表明，和 x, y 坐标有关的相位部分消失了，就是说，$z = 0$ 的平面是等相面，和平面波的波阵面一样。振幅部分是高斯型指数函数，即 e^{-r^2/W_0^2}，这称为高斯函数。振幅的这种分布称为高斯分布，见图 3.2。

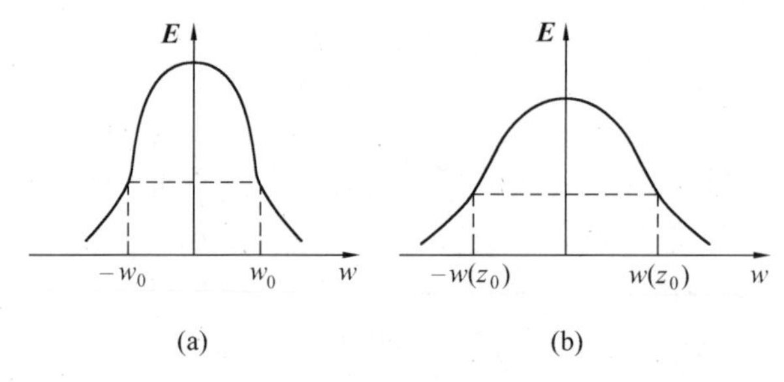

图 3.2 电矢量的高斯分布

由图 3.2(a)可见，当 $r = 0$ 时，即光斑中心处，振幅 A 的最大值为 $A(0,0,0) = A_0/W_0$；当 $r = W_0$ 时，这表明电矢量 $\boldsymbol{E}$ 的振幅下降为最大值的 1/e；当 r 值继续增大，趋向于∞时，$\boldsymbol{E}$ 的振幅继续下降并趋近于零。光斑中心最亮，向外逐渐减弱直至无法探测，无清晰的锐边。一般以 $\boldsymbol{E}$ 的振幅下降到最大值的 1/e(光强度衰减为最大值的 $1/e^2$)处的光斑半径 W_0 定义为光斑大小，称为高斯光束的光斑半径。

由此可见，高斯光束在 $z = 0$ 处的波阵面是平面，与平面波相同。但它的 $\boldsymbol{E}$ 矢量振幅分布是高斯分布，又与通常均匀平面波和均匀球面波不同。正因为如此，它在 z 方向的传播不再保持平面波的特性，而是以高斯球面波的形式传播。

2. 高斯光束在 $z = z_0 > 0$ 时的情况

以 $z = z_0$ 代入式(3.3)，电矢量为

$$\boldsymbol{E}(x, y, z_0) = \frac{A_0}{W(z_0)}\exp\left[\frac{-(x^2 + y^2)}{W^2(z_0)}\right]\cdot$$

$$\exp\left[-ik\left(\frac{x^2 + y^2}{2R(z_0)} + z_0\right) + i\varphi(z_0)\right] \tag{3.8}$$

式中虚指数部分表示相位，对于均匀球面波，若取 z 轴附近的一个极小的空间角来考虑，它所对应的小区域球面波，可看成 $z \gg x, z \gg y, z \approx R$，故

$$R = (x^2 + y^2 + z^2)^{\frac{1}{2}} = z\left(1 + \frac{x^2 + y^2}{2z^2}\right)^{\frac{1}{2}} \approx$$

$$z\left(1 + \frac{x^2 + y^2}{2z}\right) \approx z + \frac{x^2 + y^2}{2R}$$

将此结果代入式(3.2),得到 z 轴附近小空间角区域球面波的电矢量$\boldsymbol{E}$ 的表达式,即

$$\boldsymbol{E}(x, y, z) = \frac{A_0}{R}\exp\left[-\mathrm{i}k\left(z + \frac{x^2 + y^2}{2R}\right)\right] \tag{3.9}$$

将式(3.8)和式(3.9)做比较,相位除了差一个常数因子 $\varphi(z_0)$外,两者形式完全一样,而常数因子不影响波阵面的形状,所以式(3.8)所表示的高斯光束在 $z = z_0 > 0$ 处的波阵面是球面,其曲率半径为 $R(z_0)$,表达式为

$$R(z_0) = z_0\left[1 + \left(\frac{\pi W_0^2}{\lambda z_0}\right)^2\right]$$

且随 z 不断变化,表明作为波阵面的球面的曲率中心一般不在原点(0,0,0),随着 z 的取值从大到小,波面曲率中心距原点的距离由小增大。

式(3.8)中振幅和 $z = 0$ 时的相仿,仍是中心部分最强,按高斯曲线规律向外逐渐减弱,见图 3.2(b)。此时的光斑尺寸 $W(z_0)$与 z_0 的关系为

$$W(z_0) = W_0\left[1 + \frac{z_0^2\lambda^2}{\pi^2 W_0^4}\right]^{\frac{1}{2}}$$

由高斯光束的数学表达式及其结构图知,光束的发散角在 $z = 0$ 处为零,光斑半径 W_0 最小,称之为光束的腰,又称腰粗。$W(z)$随 z 值的增大而增大,这表示光束逐渐发散。用 2θ 表示高斯光束的发散角,见图 3.3,应有关系

$$2\theta = 2\frac{\mathrm{d}W(z)}{\mathrm{d}z} = \frac{2\lambda z}{\pi W_0}\left[\left(\frac{\pi^2 W_0^2}{\lambda}\right)^2 + z^2\right]^{-\frac{1}{2}} \tag{3.10}$$

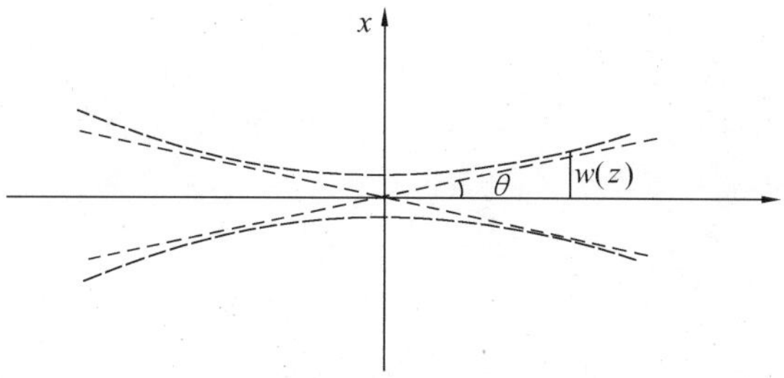

图 3.3　高斯光束发散角

当 $z = 0$ 时,$2\theta = 0$;当 $z = \pi W_0^2/\lambda$ 时,$2\theta = \sqrt{2}\lambda/\pi W_0$。当 $z \to \infty$ 时,$2\theta = 2\lambda/\pi W_0$,此时,称其为高

斯光束的远场发散角。这些表明，随 z 增大至 $z=\pi W_0^2/\lambda$ 时，发散角才达到远场发散角的1/2。通常称 $z=0$ 至 $z=\pi W_0^2/\lambda$ 这一段距离为高斯光束准直距离，在此范围内光束发散角最小。

因此，共焦腔基模远场发散角 2θ 为

$$2\theta = \lim_{z\to\infty}\frac{2W(z)}{z} \tag{3.10}$$

如果以式(3.4)中 $W(z)$ 代入式(3.10)，可得到在基模高斯光束的远场发散角(全角)为

$$2\theta/\mathrm{rad} = \lim_{z\to\infty}\frac{2\sqrt{\frac{L\lambda}{2\pi}\left(1+\frac{z^2}{f^2}\right)}}{z} = 2\sqrt{\frac{\lambda}{f\pi}} \tag{3.11}$$

式中，f 为高斯光束的共焦参数，$f=\frac{\pi W_0^2}{\lambda}$。

或者用半角表示

$$\theta/\mathrm{rad}=\sqrt{\frac{\lambda}{f\pi}}$$

$$\theta/\mathrm{rad}=0.564\sqrt{\frac{\lambda}{f}} \tag{3.12}$$

例如：共焦腔 CO_2 激光器，波长 $\lambda=10.6\ \mu\mathrm{m}$，腔长 $L=1$ m，根据式(3.12)，计算得到远场半发散角为

$$\theta = 2.59\times10^{-3}\ \mathrm{rad}$$

共焦腔 He－Ne 激光器，$\lambda=0.632\,8\ \mu\mathrm{m}$，$L=30$ cm，可计算得到

$$\theta = 1.15\times10^{-3}\ \mathrm{rad}$$

从上二例看出，共焦腔基模半发散角具有毫弧度数量级，因此具有优良的方向性。

三、高斯光束在 $z=-z_0<0$ 时的情况

与 $z=z_0>0$ 时相仿，振幅分布与 $z=z_0>0$ 完全一样，只是 $R(-z_0)=-R(z_0)$。在 z_0 处为向 z 轴正方向发散的球面波，而在 $-z_0$ 处为向 z 轴正方向会聚的球面波。两者的曲率半径的绝对值相等。事实上，$z=-z_0$ 和 $z=z_0$ 是 $z=0$ 平面的镜面对称结构。

总之，只要确定腰粗 W_0，其他参数 R、W 和 φ 随 z 的变化情况就都能完全确定。可见 W_0 是高斯光束的重要特性参量，也是光腔工程设计的一个重要参数。

四、等价共焦腔

根据上述分析，共焦腔行波场的等相位面随 z 而变化，根据式(3.4)，在共焦腔场中与腔的轴线上任意一点 z 的等相位面的曲率半径还可以写成

$$R(z) = z\left[1+\left(\frac{\pi W_0^2}{\lambda z}\right)^2\right] = \left|z+\frac{f^2}{z}\right|$$

式中，f 为共焦腔参数，$f=\frac{\pi W_0^2}{\lambda}$。

下面以双凹腔为例，见图 3.4，证明任意一个球面共焦腔与无穷多个稳定球面腔等价，而任何一个稳定球面腔惟一地等价于共焦腔。

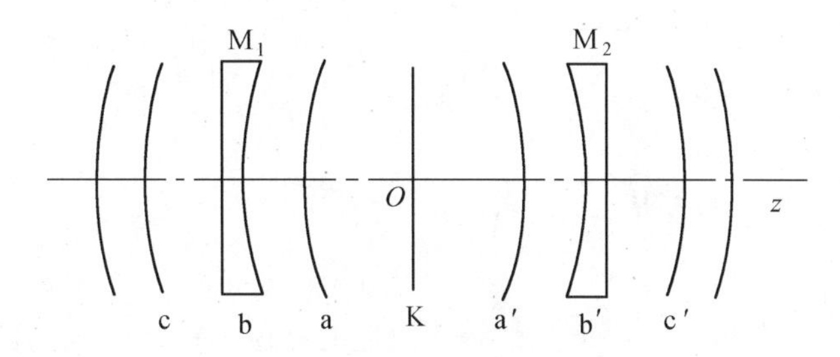

图 3.4　共焦场等位相面的分布

在图 3.4 中，在共焦腔场的任意两个等相位面放置两块具有相应曲率半径的反射镜 M_1 和 M_2，则这两个球面镜在共焦场分布中将不会受到扰动。这样就构成了一个新的谐振腔，它的振荡模与原共焦腔的振荡模相同。在图 3.4 中，b 和 b′构成对称共焦球面腔，a、b、c 和 a′、b′、c′及 k 各代表与等相位面一致镜面，在这其中，c 和 c′也可组成对称的球面镜腔，c 和 a′组成不对称的球面镜腔，k 和 c′组成平－凹面镜腔等，但它们均对应于同一高斯光束，称 b 和 b′及 c 和 a′的等价共焦腔。这些例子说明，组成新的谐振腔的行波场与原共焦腔的行波场相同，它们是等价的。但这些做成新的谐振腔都是稳定的，其谐振腔的结构参数 R_1、R_2、L 必须满足稳定条件

$$0<\left(1-\frac{L}{R_1}\right)\left(1-\frac{L}{R_2}\right)<1$$

这表示，如果一个球面腔满足稳定条件，则必定可以找到而且只能找到一个共焦腔，其腔所对应的行波场的两个等相位面与给定球面腔的两个反射镜面重合。

3.2　共焦光学谐振腔中基模的分布

本节在 3.1 节讨论基础上，分析共焦腔中基模的性质，讨论的共焦腔全是稳定腔。

一、基模高斯光束的基本性质

在上节讨论基础上，进一步分析共焦腔中基模的基本性质，不管是由何种结构的稳定腔所产生，在横模指数 $m=0$，$n=0$ 情况下，均可以表示为一般形式，即

$$E_{00}(x,y,z)=\frac{A_0}{W(z)}\exp\left[-\frac{r^2}{W^2(z)}\right]\exp\left[-\mathrm{i}k\left(\frac{r^2}{2R(z)}+z\right)-\arctan\frac{z}{f}\right]$$

其中

$$\left.\begin{aligned} r^2 &= x^2 + y^2 \\ k &= \frac{2\pi}{\lambda} \\ f &= \frac{R}{2} = \frac{\pi W_0^2}{\lambda} \\ W(z) &= W_0\left[1 + \left(\frac{z}{f}\right)^2\right]^{1/2} \\ R(z) &= z\left[1 + \left(\frac{f}{z}\right)^2\right] \end{aligned}\right\} \tag{3.13}$$

从式(3.13)中可以看出

①高斯光束的共焦参数 f 与高斯光束等相面上的光斑半径 $W(z)$ 和波阵面曲率半径 $R(z)$ 的关系。当 $|z| = f$ 时，$W(z) = \sqrt{2}W_0$，说明 f 表示光斑半径增加到腰斑的$\sqrt{2}$倍处的位置。$f = \pi W_0^2/\lambda$ 称为高斯光束的共焦参数，当 $|z| = f$ 时，$R(z) = \pm 2f$，以 $\pm R(z)$ 为镜面曲率半径，腔长 $L = 2f = R$ 构成的谐振腔称为对称共焦腔，对称共焦腔内的高斯光束腰斑为 W_0。

②当 $|z| < f$ 时，$|R(z)| > 2f$，表示等相位面的波阵面曲率中心在区间$[-f, +\infty)$变化。

当 $|z| > f$ 时，$z < |R(z)| < z + f$，表明等相位面的波阵面曲率中心在区间$[-f, 0]$变化。

③从式(3.13)中可以看出，由于 W_0 与 f 之间存在着确定关系，因此也可以用 f 和 W_0 来表征高斯光束，见图3.4。

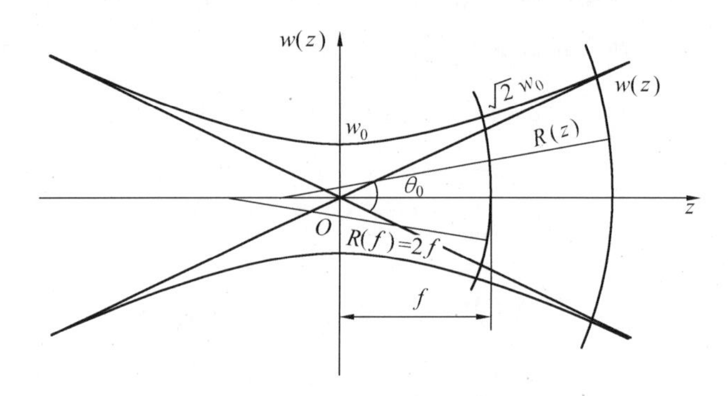

图3.4 高斯光束及其参数

根据式(3.4)和式(3.5)，如果知道了给定位置处的光斑半径 $W(z)$ 及等相位面曲率半径 $R(z)$，即可用参数 $W(z)$ 和 $R(z)$ 表征高斯光束，还可以决定高斯光束腰斑的大小和位置，则

$$\left.\begin{aligned} W_0 &= W(z)\left[1 + \left(\frac{\pi W^2(z)}{\lambda R(z)}\right)^2\right]^{-1/2} \\ z &= R(z)\left[1 + \left(\frac{\lambda R(z)}{\pi W^2(z)}\right)^2\right]^{-1} \end{aligned}\right\} \tag{3.14}$$

下面以共焦腔为例，具体分析基模的 $W(z)$ 和 $R(z)$ 等参数。

二、基模的光斑尺寸与波阵面的曲率半径

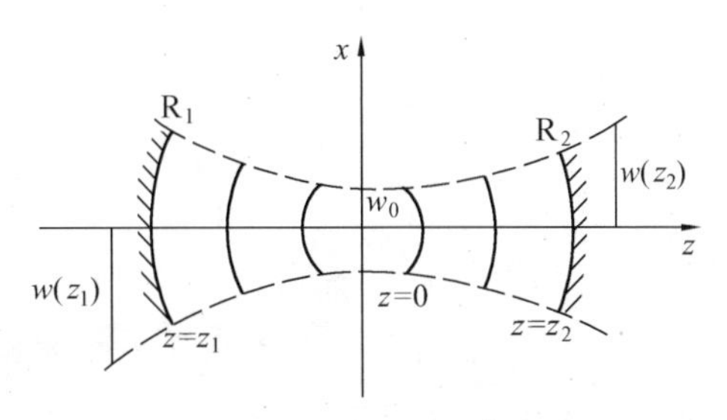

图 3.5　共焦腔中高斯光束

设在空间存在一高斯光束,腰处于 $z=0$ 的位置,腰粗为 W_0,波阵面的曲率半径分别为 R_1 和 R_2。若在 z_1 和 z_2 处分别放置两块球面镜,其曲率半径分别为 R_1 和 R_2,完全与高斯光束的波阵面相匹配,见图 3.5。光束在两镜面之间被迫做来回的反射,反射光束与入射光束除传播方向相反外,其他特征(各位置的波阵面振幅的横向分布)完全相同。选择恰当的光波频率,使得光波在两镜面之间来回一个行程的相位改变量为 2π 的整数倍。这样在两镜面之间形成一列驻波,也就是在这两镜面组成的腔中形成一个振荡模,这就是腔中的基模。当球面镜孔径足够大,分别大于 $W(z_1)$ 和 $W(z_2)$,光波的能量就局限在腔中,衍射损耗非常小,且腔中高斯光束的特征(如腰粗等)与反射镜的大小无关,仅与其曲率半径有关。

事实上,分析谐振腔中基模性质的过程与上述恰恰相反,先给定两面球面镜的曲率半径 R_1、R_2 及它们间的距离 L,然后找出能在这两面镜之间来回反射并形成合适驻波的高斯光束,包括高斯光束的"腰的位置"、腰粗 W_0、两镜面的光斑的大小 W_1 和 W_2 及振荡频率等。

设存在两腔镜之间的高斯光束 z_0 腰处于 $z=0$ 的位置,两腔镜分别置于 z_1 和 z_2 的位置,光束的腰粗为 W_0,根据式(3.13)得到

$$\left.\begin{aligned} R(z_1) &= z_1\left[1+\left(\frac{f}{z_1}\right)^2\right] \\ R(z_2) &= z_2\left[1+\left(\frac{f}{z_2}\right)^2\right] \end{aligned}\right\} \tag{3.15}$$

要使该光束能存在于腔中,必须使波阵面与反射镜面相匹配,即

$$\left.\begin{aligned} R(z_1) &= -R_1 = -z_1\left[1+\left(\frac{f}{z_1}\right)^2\right] \\ R(z_2) &= R_2 = z_2\left[1+\left(\frac{f}{z_2}\right)^2\right] \\ z_2 - z_1 &= L \end{aligned}\right\} \tag{3.16}$$

求解式(3.16)得到 z_1、z_2、f 值

$$\left.\begin{aligned} z_1 &= \frac{L(R_2-L)}{2L-R_1-R_2} \\ z_2 &= \frac{-L(R_1-L)}{2L-R_1-R_2} \\ f^2 &= \frac{L(R_1-L)(R_2-L)(R_1+R_2-L)}{[(L-R_1)+(L-R_2)]^2} \end{aligned}\right\} \tag{3.17}$$

从上式中可以看出，只要给定 R_1、R_2、L，就可确定高斯光束束腰位置、两反射镜面间距及腰粗 W_0。那么两镜面上的光斑尺寸大小由下式确定

$$\left.\begin{aligned} W(z_1) &= W_0\left[1+\left(\frac{z_1}{f}\right)^2\right]^{1/2} \\ W(z_2) &= W_0\left[1+\left(\frac{z_2}{f}\right)^2\right]^{1/2} \end{aligned}\right\} \tag{3.18}$$

将式(3.17)有关值代入式(3.18)并经运算，得到

$$\left.\begin{aligned} W_1 &= W(z_1) = \sqrt{\frac{\lambda L}{\pi}}\left[\frac{R_1^2(R_2-L)}{L(R_1-L)(R_1+R_2-L)}\right]^{1/4} \\ W_2 &= W(z_2) = \sqrt{\frac{\lambda L}{\pi}}\left[\frac{R_2^2(R_1-L)}{L(R_2-L)(R_1+R_2-L)}\right]^{1/4} \\ W_0 &= \sqrt{\frac{\lambda L}{\pi}}\left[\frac{(R_1-L)(R_2-L)(R_1+R_2-L)}{(R_1+R_2-2L)^2}\right]^{1/4} \end{aligned}\right\} \tag{3.19}$$

对于对称稳定腔有 $R_1=R_2=R$，R 为球面镜的曲率半径，根据式(3.17)，可得到

$$\left.\begin{aligned} z_1 &= \frac{L(R-L)}{2(L-R)} \\ z_2 &= -\frac{L(R-L)}{2(L-R)} \\ f &= \frac{\sqrt{L(2R-L)}}{2} \end{aligned}\right\} \tag{3.20}$$

共焦腔内基模光斑尺寸随 z 的变化规律为

$$W(z_1) = W(z_2) = W(z) = \sqrt{\frac{\lambda L}{2\pi}\left(\frac{2R-L}{L}\right)^{1/4}}\sqrt{1+\frac{4z^2}{L(2R-L)}} \tag{3.21}$$

当 $z=\pm\dfrac{L}{2}$ 时，在腔的两个反射镜面上光斑尺寸大小为

$$W_1 = W_2 = W = \sqrt{\frac{\lambda R}{\pi}}\left[\frac{L}{2R-L}\right]^{1/4} = \sqrt{\frac{\lambda L}{\pi}}\left[\frac{R^2}{L(2R-L)}\right]^{1/4} \tag{3.22}$$

根据式(3.21)，腔内中心处($z=0$)的最小光斑尺寸为

$$W_0 = \sqrt{\frac{\lambda L}{2\pi}\left(\frac{2R-L}{L}\right)^{1/4}} = \sqrt{\frac{\lambda L}{2\pi}\left(\frac{1+J}{1-J}\right)^{1/4}} \tag{3.23}$$

从式(3.22)和式(3.23)中可以看到：

①对称稳定腔($R_1=R_2=R$，$J_1=J_2=J$)腰斑和反射镜面上光斑的大小均随参数 R 及 L 而变化。容易证明，当保持腔长 L 而改变波阵面曲率半径 R 时，在共焦腔情况下，镜面上的光斑尺寸($z_1=z_2$)达到极小值，有

$$W=\sqrt{\frac{\lambda L}{\pi}} \tag{3.24}$$

②当保持 R 一定而改变 L 时，在共焦腔的情况下，腰斑 W_0 达到极大

$$W_0=\sqrt{\frac{\lambda R}{2\pi}} \tag{3.25}$$

对于由一个平面镜和一个凹面镜组成的平－凹稳定腔，其条件是 $R_1 \to \infty$，$R_2=R$，其中要求 $R>L$并代入式(3.17)，可得到

$$\left.\begin{aligned} z_1 &= 0 \\ z_2 &= L \\ f &= \sqrt{L(R-L)} \end{aligned}\right\} \tag{3.26}$$

从上式中可以看出，平－凹腔的等价共焦腔的中心就在平面镜上，当 $R=2L$ 时，其等价共焦腔的一个反射面与凹面镜重合。

将 $z_1=0$，$z_2=L$ 代入式(3.21)，可得到镜面上基模的光斑半径为

$$\left.\begin{aligned} W_{平} &= \sqrt{\frac{\lambda}{\pi}}[L(R-L)]^{1/4}=\sqrt{\frac{\lambda L}{\pi}}\left(\frac{R-L}{L}\right)^{1/4} \\ W_{凹} &= \sqrt{\frac{\lambda R}{\pi}}\left(\frac{L}{R-L}\right)^{1/4}=\sqrt{\frac{\lambda L}{\pi}}\left[\frac{R^2}{L(R-L)}\right]^{1/4} \end{aligned}\right\} \tag{3.27}$$

或者用 $J(J=1-\frac{L}{R})$参数表示

$$\left.\begin{aligned} W_{平} &= \sqrt{\frac{\lambda L}{\pi}}\left[\frac{J}{1-J}\right]^{1/4} \\ W_{凹} &= \sqrt{\frac{\lambda L}{\pi}}\left[\frac{1}{J(1-J)}\right]^{1/4} \end{aligned}\right\} \tag{3.28}$$

从式(3.27)或式(3.28)中可以看到

$$W_{凹} > W_{平}$$

因此，在实际应用中，希望激光束的光斑半径尽可能小，则应当让激光从平面镜一端输出。

三、基模远场发散角

根据式(3.11)，并将式(3.17)中 f 代入式(3.11)，可得到一般稳定球面腔的基模远场发散角

$$2\theta=2\sqrt{\frac{\lambda}{\pi}}\left[\frac{(R_1+R_2-2L)^2}{L(R_1-L)(R_2-L)(R_1+R_2-L)}\right]^{1/4}=$$

$$2\sqrt{\frac{\lambda}{\pi L}}\left[\frac{(J_1+J_2-2J_1J_2)^2}{J_1J_2(1-J_1J_2)}\right]^{1/4} \tag{3.29}$$

或者

$$\theta = \sqrt{\frac{\lambda}{\pi}}\left[\frac{(R_1 + R_2 - 2L)^2}{L(R_1 - L)(R_2 - L)(R_1 + R_2 - L)}\right]^{1/4} =$$

$$\sqrt{\frac{\lambda}{\pi L}}\left[\frac{(J_1 + J_2 - 2J_1J_2)^2}{J_1J_2(1 - J_1J_2)}\right]^{1/4} \tag{3.30}$$

在对称共焦腔情况下，$R_1 = R_2 = R$，$J_1 = J_2 = J$，根据式(3.29)和式(3.30)可以得到

$$2\theta = 2\sqrt{\frac{2\lambda}{\pi L}}$$

或者

$$\theta = \sqrt{\frac{2\lambda}{\pi L}} \tag{3.31}$$

半共焦情况下，$R_1 = 2L$，$R_2 \to \infty$，$J_1 = \frac{1}{2}$，$J_2 = 1$，可以得到

$$2\theta = 2\sqrt{\frac{\lambda}{\pi L}} \tag{3.32}$$

或者

$$\theta = \sqrt{\frac{\lambda}{\pi L}} \tag{3.33}$$

平-凹腔情况下，$R_1 = R$，$R_2 \to \infty$，$2L \neq R$，$L \leqslant R$，可以得到

$$2\theta = 2\left[\frac{\lambda^2}{\pi^2(RL - L^2)}\right]^{1/4} \tag{3.34}$$

或者

$$\theta = \sqrt{\frac{\lambda}{\pi}}\left(\frac{1}{RL - L^2}\right)^{1/4} \tag{3.35}$$

以上我们分析了基模远场发散角 θ，其大小与光学谐振腔结构参数 R 和 L 有着直接关系，一般情况下，当腔长 L 一定时，为了获得方向性好的光束，应该选用曲率半径较大的反射镜。

四、衍射损耗

在1.6节中我们已经介绍了每一个横模的单程衍射损耗与菲涅耳数之间关系，在此基础上，用菲涅耳数 N 近似计算一般稳定球面腔的衍射损耗。

设组成稳定球面腔的反射镜的半径为 a（或是反射镜通光口径或是工作物质的通光半径），腔长为 L，在共焦稳定腔情况下，菲涅耳数 N 可写成

$$N = \frac{a^2}{L\lambda} = \frac{a^2}{2f\lambda} \tag{3.36}$$

将式(3.13)中 W_0 代入式(3.36)，有

$$N = \frac{a^2}{2\pi W_0^2} \tag{3.37}$$

从上式中可看出，共焦腔的菲涅耳数 N 正比于反射镜的表面积与反射镜面上的光斑面积之

比,这个比值越大,单程衍射损耗越小。

对于一般的稳定球面腔与等价共焦腔,由于它们具有完全相同的腔内场分布,而且两腔镜表面均与场的等相面重合,它们的衍射损耗应该服从相同的规律。例如用 a_1 和 a_2 分别表示稳定球面腔及等价共焦腔的反射镜半径,W_1 和 W_2 分别表示镜面上的光斑半径,则可以假设

$$\frac{a_1^2}{\pi W_1^2} = \frac{a_2^2}{\pi W_2^2} = N_e \tag{3.38}$$

上式说明,这两个腔的单程衍射损耗应该相等,N_e 称为稳定球面腔的有效菲涅耳数。

正常情况下,稳定球面腔中每一个反射镜对应着一个有效菲涅耳数,即使两个反射镜的半径 a 完全一样,相应的有效菲涅耳数也不会相同。

根据式(3.19),可得到一般稳定球面腔两个反射镜有效菲涅耳数为

$$N_{e1} = \frac{a_1^2}{\pi W_1^2} = \frac{a_1^2}{L\lambda}\left[\frac{J_1}{J_2}(1 - J_1 J_2)\right]^{1/2} \tag{3.39}$$

$$N_{e2} = \frac{a_2^2}{\pi W_2^2} = \frac{a_2^2}{L\lambda}\left[\frac{J_2}{J_1}(1 - J_1 J_2)\right]^{1/2} \tag{3.40}$$

当两个反射镜 $a_1 = a_2 = a$ 时,则

$$N_{e1} = \frac{a^2}{L\lambda}\left[\frac{J_1}{J_2}(1 - J_1 J_2)\right]^{1/2}$$

$$N_{e2} = \frac{a^2}{L\lambda}\left[\frac{J_2}{J_1}(1 - J_1 J_2)\right]^{1/2}$$

从上两式中可以看出,只有当两个反射镜的 $a_1 = a_2 = a$, $R_1 = R_2 = R$, $J_1 = J_2 = J$ 时,有 $N_{e1} = N_{e2}$,这时两个反射镜的菲涅耳数相同,则

$$N_{e1} = N_{e2} = N_e = \frac{a^2}{L\lambda}(1 - J^2)^{1/2} \tag{3.41}$$

对于平－凹腔,$R_1 \to \infty$, $R_2 = R\left(J_1 = 1, J_2 = 1 - \frac{L}{R}\right)$,则

$$\left.\begin{aligned} N_{e1} &= \frac{a^2}{L\lambda}\sqrt{\frac{1 - J}{J}} \\ N_{e2} &= \frac{a^2}{\lambda L}\sqrt{J(1 - J)} \end{aligned}\right\} \tag{3.42}$$

在求得了有效菲涅耳数以后,可按共焦腔的单程衍射损耗曲线来查得一般稳定腔的损耗值。设 M_1 反射镜处衍射损耗为 $\delta_{mn}^{(1)}$,M_2 反射镜处衍射损耗为 $\delta_{mn}^{(2)}$,一般稳定球面腔的平均单程衍射损耗近似为 δ_{mn},则

$$\delta_{mn} = \frac{1}{2}(\delta_{mn}^{(1)} + \delta_{mn}^{(2)})$$

式中，m，n 为横模指数。

五、横模体积

横模体积表述了该模式在谐振腔所扩展的空间体积，横模体积越大，说明在该模中有贡献的受激辐射的粒子数越多，因而可以获得较大的输出功率。横模体积越小，说明该模中有贡献的受激辐射的粒子数越少，相应的输出功率越小。

按照与共焦横腔模体积相同的考虑方法，一般稳定球面腔的基横模体积可以定义为

$$V_{00} = \frac{1}{2}\pi L\left(\frac{W_1 + W_2}{2}\right)^2 \tag{3.43}$$

式中，W_1、W_2 为两个反射镜上的基模光斑尺寸。

多横模的横模体积 V_{mn}与基横模体积 V_{00}有如下关系

$$V_{mn} = \sqrt{(2m + 1)(2n + 1)}\ V_{00} \tag{3.44}$$

或者

$$\frac{V_{mn}}{V_{00}} = \sqrt{(2m + 1)(2n + 1)}$$

式中，m、n 为横模指数。

从式(3.44)中可以看出，横模指数 m 和 n 的阶次越高，横模体积越大，所以高阶模式的光束能产生较大的激光输出功率。

3.3　谐振腔中高阶振荡模

一、高阶横模振幅分布特征

如上述，存在于任意谐振腔中的基模振荡都是高斯光束，横截面上是纯粹的高斯分布。实际上，稳定谐振腔中的高阶振荡模式也是以高斯光束的形态存在。它与基模振荡不同的是，在横截面上的振幅分布是在高斯分布上叠加了另一种与横模数 m、n 有关的分布函数。

高斯光束可能有许多更复杂的电矢量的横向分布分别对应于不同的高阶横模。轴对称高阶横模 TEM_{mn}的高斯光束空间电矢量振幅分布为

$$A_{mn}(x,y,z) = A_{mn}^0 H_m(X)H_n(Y)\cdot\exp\left[-\frac{x^2 + y^2}{W^2(z)}\right] \tag{3.45}$$

其中，$X=\sqrt{2}\cdot\frac{x}{r(z)}$，$Y=\sqrt{2}\cdot\frac{y}{r(z)}$，$A_{mn}^0$为一常数，$H_m(X)$、$H_n(Y)$为埃尔米特多项式

$$H_n(X) = (-1)^n e^{x^2}\frac{d^n}{dx^n}e^{-x^2} = \sum_{K=0}^{\left[\frac{n}{2}\right]}\frac{(-1)^K n!}{K!(n-2K)!}(2x)^{n-2k}$$

由此,几个高阶横模电矢量的振幅表达式为

$$\mathrm{TEM}_{10} \quad A_{10} = 2\sqrt{2}A_{10}^{0}\frac{x}{W^2(z)}\exp\left[-\frac{x^2+y^2}{W^2(z)}\right] \tag{3.46}$$

$$\mathrm{TEM}_{20} \quad A_{20} = 2A_{20}^{0}\left[\frac{4x^2}{W^2(z)}-1\right]\exp\left[-\frac{x^2+y^2}{W^2(z)}\right] \tag{3.47}$$

$$\mathrm{TEM}_{11} \quad A_{11} = 8A_{11}^{0}\frac{xy}{W^2(z)}\exp\left[-\frac{x^2+y^2}{W^2(z)}\right] \tag{3.48}$$

图 3.6 给出了不同 m 值的函数变化示意图及光斑形状。

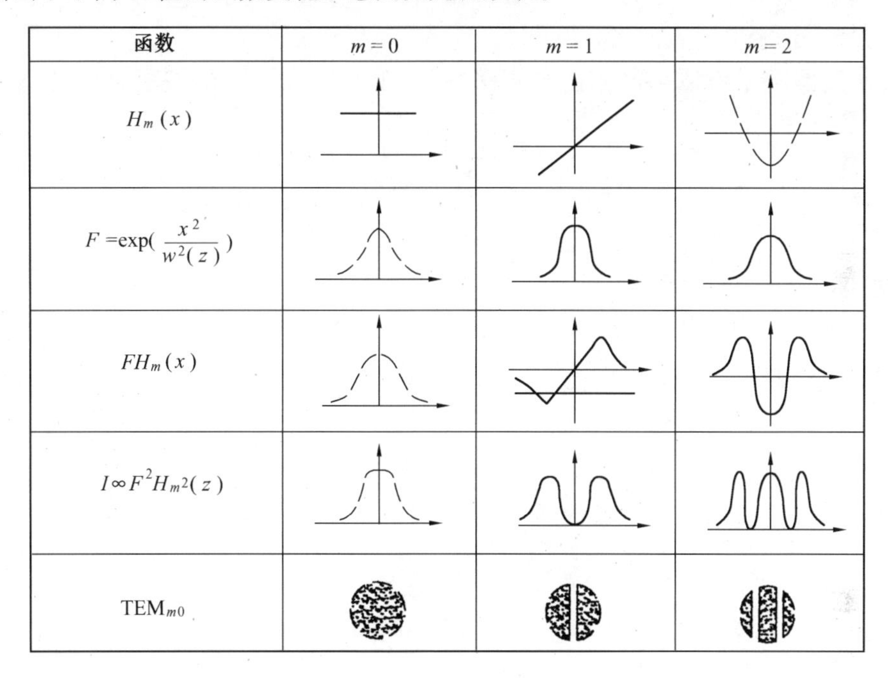

图 3.6　TEM_{m0}各函数变化示意图

以 TEM_{10}为例,$H_1(x)$为过原点的直线,F 为一钟形曲线,$FH_1(x)$在原点两边有正负两个峰值,其对应的光强分布呈两个峰值,光斑分成两瓣。其他横模可做类似分析。

利用谐振条件可确定各个高阶横模的谐振频率,即由

$$2\{\boldsymbol{K}(z_2-z_1)-(m+n+1)[\Phi(z_2)-\Phi(z_1)]\} = 2\pi q$$

得 TEM_{mnq}模的谐振腔的频率

$$\nu_{mnq} = \frac{c}{2L}\left[q+\frac{1}{\pi}(m+n+1)\arccos\sqrt{J_1J_2}\right] \tag{3.49}$$

这就是任意稳定谐振腔的谐振频率的一般计算公式。

二、几种典型谐振腔的谐振频率

1. 平行平面腔

由 $R_1 = R_2 \to \infty$, $J_1 = J_2 = J = 1$,得$\sqrt{J_1 J_2} = 1$, $\arccos\sqrt{J_1 J_2} = 0$,从而,严格的平行平面腔的谐振频率为

$$\nu_{mnq} = \frac{c}{2L}q$$

这就是已叙述过的纵模频率,这表明了在严格的平行平面腔中,同阶纵模的各阶模 m, n 有相同的振荡频率。这就是频率的简并模式。

实际使用的腔不可能是严格的平行平面腔,就是说 R_1 和 R_2 不可能达到 ∞,此时有 $L/R \ll 1$, $\arccos\sqrt{J_1 J_2} = \arccos\sqrt{\left(1-\frac{L}{R}\right)^2} \approx \sqrt{\frac{2L}{R}} \ll 1$,从而有

$$\nu_{mnq} = \frac{c}{2L}\left[q + (m + n + 1) \frac{1}{\pi}\sqrt{\frac{2L}{R}}\right] \tag{3.50}$$

2. 共焦腔

由 $R_1 = R_2$、$J_1 = J_2 = 0$,得 $\arccos\sqrt{J_1 J_2} = 1$,从而共焦腔的谐振频率为

$$\nu_{mnq} = \frac{c}{2L}\left[q + \frac{1}{\pi}(m + n + 1)\right] \tag{3.51}$$

3. 共心腔

由 $R_1 = R_2 = \frac{L}{2}$、$J_1 = J_2 = -1$,得 $\arccos\sqrt{J_1 J_2} = 0$,从而共心腔的谐振频率为

$$\nu_{mnq} = \frac{c}{2L}q \tag{3.52}$$

利用上述公式,可计算典型腔的纵模或横模的频率间隔。纵模频率间隔是在横模级次不变,纵模改变量 $\Delta q = 1$ 时的两个振荡模式频率之差,即

$$\Delta\nu_q = \nu_{mn(q+1)} - \nu_{mnq}$$

同理,横模频率间隔是指纵模不变,横模 m 或 n 的改变量为 1 时的两个振荡模式频率之差,即

$$\Delta\nu_m = \nu_{(m+1)nq} - \nu_{mnq}$$

$$\Delta\nu_n = \nu_{m(n+1)q} - \nu_{mnq}$$

例如,近平行平面腔的 $\Delta\nu_q = \frac{c}{2L}$, $\Delta\nu_m = \Delta\nu_n = \frac{c}{2L\pi}\cdot\sqrt{\frac{2L}{R}}$,纵模频率间隔比横模频率间隔大得多。

3.4　高斯光束通过薄透镜时的变换及传输规律

在前节中讨论了高斯光束基本特性及在自由空间的传输规律，给出相应的高斯光束特征参数。本节中简要讨论高斯光束通过薄透镜时的变换规律和传输基本特性。

一、高斯光束通过薄透镜时的变换

按几何光学原理，根据式(1.15)有物距、像距和薄透镜焦距间的关系

$$\frac{1}{S}+\frac{1}{S'}=\frac{1}{f}$$

当高斯光束通过焦距为 f 的薄透镜时，其曲率半径为 R_1，这就相当于由物距为 R_1 的物点发出的球面波。同样出射光束的曲率半径为 R_2，也相当于会聚到像距为 R_2 的像点的球面波，见图 3.7，则经焦距为 f 的薄透镜变换时，根据(1.15)式有

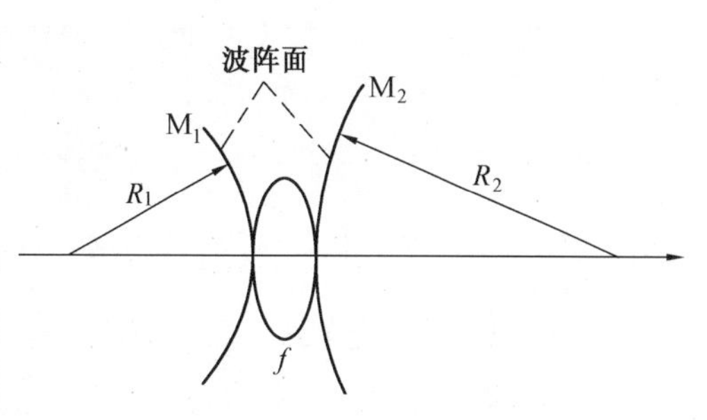

图 3.7　薄透镜成像规律

$$\frac{1}{R_1}-\frac{1}{R_2}=\frac{1}{f}\tag{3.53}$$

这里将沿传输方向发散的球面波的曲率半径 R_1 取正，会聚球面波的曲率半径 R_2 取为负。

实质上，由高斯光束到达薄透镜时，其作用为将它物方(图中左侧)曲率半径 R_1 的球面波变换成像方(右侧)曲率半径为 R_2 的球面波，且 R_1 和 R_2 满足式(3.53)。高斯光束经过薄透镜变换后仍为高斯光束，从式(3.53)看出，若以 M_1 表示高斯光束入射在透镜表面上的波面，则由高斯光束的等相位面为球面，根据薄透镜的性质，它将被转换成球面波从面 M_2 出射。M_1 与 M_2 的曲率半径 R_1 和 R_2 之间的关系由式(3.53)确定。

由于薄透镜厚度足够小，所以透镜两侧(物方和像方)光束的分布应一致，即在透镜像方光强分布仍为高斯分布，且光斑尺寸不变，则出射光束在透镜处的光斑尺寸为 W_2，见图 3.8，便有关系

$$\left.\begin{aligned}W_2&=W_1\\ \frac{1}{R_2}&=\frac{1}{R_1}-\frac{1}{f}\end{aligned}\right\}\tag{3.55}$$

图中 z_1 为物方束腰 W_{01} 与透镜间的距离，z_2 为像方束腰 W_{02} 与透镜的距离。根据式(3.4)和式(3.5)，可得到物方入射在透镜表面上的光斑尺寸

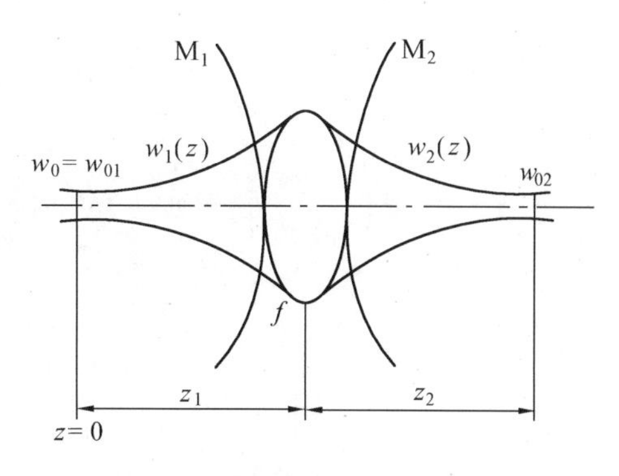

图 3.8　薄透镜对高斯光束变换

$W_1(z_1)$及波面 M_1 的曲率半径 $R_1(z_1)$，即

$$\left.\begin{aligned} W_1^2(z_1) &= W_{01}^2\left[1+\left(\frac{\lambda z_1}{\pi W_{01}^2}\right)^2\right] \\ R_1(z_1) &= z_1\left[1+\left(\frac{\pi W_{01}^2}{\lambda z_1}\right)^2\right] \end{aligned}\right\} \tag{3.56}$$

由 W_2 和 R_2 的数值，按式(3.14)即可求出像方腰斑大小 W_{02}、f 及其与透镜的距离 z_2。

$$\left.\begin{aligned} W_{02}^2 &= W_2^2\left[1+\left(\frac{\pi W_2^2}{\lambda R_2}\right)^2\right]^{-1} \\ z_2 &= R_2\left[1+\left(\frac{\lambda R_2}{\pi W_2^2}\right)^2\right]^{-1} \end{aligned}\right\} \tag{3.57}$$

利用式(3.55)、(3.56)和式(3.57)，当已知 W_{01}，z_1 和 f 时，即可求出 W_{02}及 z_2 的值。

二、薄透镜对高斯光束 q 参数的变换

在高斯光束讨论基础上，引入一个新的参数 $q(z)$，其定义为

$$\frac{1}{q(z)} = \frac{1}{R(z)} - \mathrm{i}\frac{\lambda}{\pi W^2(z)} \tag{3.58}$$

从上式看出，$q(z)$倒数的实部，可以用来确定 $R(z)$，虚部可以用来确定 $W(z)$。因此，高斯光束的特征，也可以用一个复数参数来表征。若将坐标原点放在高斯光束束腰上时（当 $z=0$ 时），有

$$R(0)\to\infty, \qquad W(0) = W_0$$

因此

$$\frac{1}{q(0)} = -\mathrm{i}\frac{\lambda}{\pi W_0^2}$$

或

$$q_0 = \frac{\mathrm{i}\pi W_0^2}{\lambda} \tag{3.59}$$

以 $R(z)=z\left[1+\left(\frac{\pi W_0^2}{\lambda z}\right)^2\right]$，　$W(z)=W_0\sqrt{1+\left(\frac{\lambda z}{\pi W_0^2}\right)^2}$

代入式(3.58)并经适当运算后，得出

$$q(z) = \mathrm{i}\frac{\pi W_0^2}{\lambda} + z = q_0 + z \tag{3.60}$$

上述描述了高斯光束 q 参数在自由空间中的传输规律。

下面以图 3.9 为例具体讨论，用 q 参数讨论高斯光束的传输过程。

已知入射高斯光束束腰半径为 $W_0=W_{01}$，束腰与透镜 L 的距离为 z_1，透镜焦距为 f，求通

过透镜 L 后在与透镜相距为 z_2 处的高斯光束参数 W_{02} 和 z_2。这类问题用 q 参数来处理比较方便，而用参数 $R(z)$、$W(z)$ 来分析比较复杂。

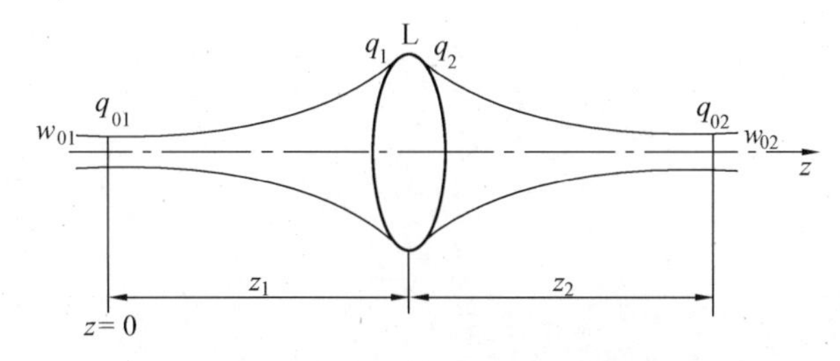

图 3.9　高斯光束经薄透镜的变换

根据式(3.55)，在透镜上的曲率半径为 R_1，经透镜后则把它变换为曲率半径为 R_2 的球面波出射，则

$$\frac{1}{R_2} = \frac{1}{R_1} - \frac{1}{f}$$

如果用 q_1 表示入射高斯光束的 q 参数，用 q_2 表示出射高斯光束的 q 参数，则

$$\frac{1}{q_2} = \frac{1}{q_1} - \frac{1}{f}$$

它们分别用于高斯光束和均匀球面波光束的透镜变换，以图 3.9 为例做具体分析

在 $z=0$ 处

$$q(0) = q_{01} = \mathrm{i}\frac{\pi W_{01}^2}{\lambda}$$

在 q_1 处(紧挨透镜 L 的左方)

$$q_1 = q_{01} + z_1$$

在 q_2 处(紧挨透镜 L 的右方)

$$\frac{1}{q_2} = \frac{1}{q_1} - \frac{1}{f}$$

已知 $R_1(z_1)$ 和 $R_2(z_2)$ 为入射光束和出射光束在透镜处的曲率半径，$W_1(z_1)$ 和 $W_2(z_2)$ 为入射光束和出射光束在透镜处的光斑半径，入射光束和出射光束在透镜处的 q 参数分别为 $q_1(z_1)$ 和 $q_2(z_2)$，根据式(3.58)可以得到

$$\frac{1}{q_1(z_1)} = \frac{1}{R_1(z_1)} - \mathrm{i}\frac{\lambda}{\pi W_1^2(z_1)} \tag{3.61}$$

$$\frac{1}{q_2(z_2)} = \frac{1}{R_2(z_2)} - \mathrm{i}\frac{\lambda}{\pi W_2^2(z_2)} \tag{3.62}$$

由于 $W_1(z_1) = W_2(z_2)$，则有

$$\frac{1}{q_1} - \frac{1}{q_2} = \frac{1}{f} \quad 和 \quad \frac{1}{R_1} - \frac{1}{R_2} = \frac{1}{f} \tag{3.63}$$

根据式(3.60),可以得到关系,有

$$\left.\begin{aligned} q &= q_1 - z_1 \\ q' &= q_2 + z_2 \end{aligned}\right\} \tag{3.64}$$

或者

$$\left.\begin{aligned} q_1 &= q + z_1 \\ q_2 &= q' - z_2 \end{aligned}\right\} \tag{3.65}$$

将上式代入式(3.63),有

$$\frac{1}{q' - z_2} = \frac{1}{q + z_1} - \frac{1}{f} \tag{3.66}$$

求解上式中的 q',有

$$q' = \frac{\left(1 - \dfrac{z_2}{f}\right)q + \left(z_1 + z_2 - \dfrac{z_1 z_2}{f}\right)}{-\left(\dfrac{q}{f}\right) + \left(1 - \dfrac{z_1}{f}\right)} \tag{3.67}$$

由上式可知,若已知入射光束距透镜 z_1 处的复参数 q,即可求得出射光束距透镜 z_2 处的复参数 q'。

根据题意,确定出射光束束腰的位置 z_2 和腰粗 W_{02}。在束腰处,有

$$q = q_{01} = \mathrm{i}\frac{\pi W_{01}^2}{\lambda} \tag{3.68}$$

$$q' = q_{02} = \mathrm{i}\frac{\pi W_{02}^2}{\lambda} \tag{3.69}$$

将式(3.68)、(3.69)代入式(3.67)并求解得到

$$q_{02} = \frac{\left(1 - \dfrac{z_2}{f}\right)q_{01} + \left(z_1 + z_2 - \dfrac{z_1 z_2}{f}\right)}{-\left(\dfrac{q_{01}}{f}\right) + \left(1 - \dfrac{z_1}{f}\right)}$$

$$-\left(\frac{q_{02} q_{01}}{f}\right) + \left(1 - \frac{z_1}{f}\right)q_{02} = \left(1 - \frac{z_2}{f}\right)q_{01} + \left(z_1 + z_2 - \frac{z_1 z_2}{f}\right) \tag{3.70}$$

由于 q_{02}和 q_{01}都是纯虚数,所以上式左右两端都是复数。两复数相等,其实部和虚部必对应相等,则

$$\left(1 - \frac{z_1}{f}\right)q_{02} = \left(1 - \frac{z_2}{f}\right)q_{01} \tag{3.71}$$

将式(3.68)和式(3.69)代入式(3.71),有

$$\frac{\left(1 - \dfrac{z_1}{f}\right)}{\left(1 - \dfrac{z_2}{f}\right)} = \frac{W_{01}^2}{W_{02}^2}$$

$$\frac{f - z_1}{f - z_2} = \frac{W_{01}^2}{W_{02}^2} \tag{3.72}$$

从上式中求解 z_2,有

$$-z_2 = (f - z_1)\frac{W_{02}^2}{W_{01}^2} - f \tag{3.73}$$

在式(3.70)中两端实部相等有

$$-\frac{q_{01}q_{02}}{f} = z_1 + z_2 - \frac{z_1 z_2}{f} \tag{3.74}$$

将式(3.68)和式(3.69)代入式(3.74),有

$$\frac{\pi^2 W_{01}^2 W_{02}^2}{\lambda^2 f} = z_1 + z_2 - \frac{z_1 z_2}{f} = z_1 + z_2\left(1 - \frac{z_1}{f}\right) \tag{3.75}$$

将式(3.73)代入式(3.75)可以得到

$$\frac{\pi^2 W_{01}^2 W_{02}^2}{\lambda^2 f} = z_1\left[\frac{(f - z_1)^2}{f}\frac{W_{02}^2}{W_{01}^2} - (f - z_1)\right] \tag{3.76}$$

对上式求解 W_{02}^2并经数学计算得到

$$W_{02}^2 = \frac{W_{01}^2}{\left(1 - \frac{z_1}{f}\right)^2 + \left(\frac{\pi W_{01}^2}{\lambda f}\right)^2} \tag{3.77}$$

将式(3.77)代入式(3.73)得到

$$-z_2 = \frac{f - z_1}{\left(1 - \frac{z_1}{f}\right)^2 + \left(\frac{\pi W_{01}^2}{\lambda f}\right)^2} - f$$

$$z_2 = f\left[1 - \frac{\left(1 - \frac{z_1}{f}\right)}{\left(1 - \frac{z_1}{f}\right)^2 + \left(\frac{\pi W_{01}^2}{\lambda f}\right)^2}\right] \tag{3.78}$$

或者

$$1 - \frac{z_2}{f} = \frac{1 - \frac{z_1}{f}}{\left(1 - \frac{z_1}{f}\right)^2 + \left(\frac{\pi W_{01}^2}{\lambda f}\right)^2} \tag{3.79}$$

以上式(3.77)、式(3.78)和式(3.79)就是计算 W_{02}和 z_2 的表达式,下面分析几种特殊情况。

①当 $z_1 \to \infty$时,则 $z_2 = f$,式(3.79)左端 $1 - \frac{z_2}{f} = 0$,这就是说,当入射高斯光束的束腰在无穷远时,出射高斯光束的束腰在薄透镜的像方焦面上,这种情况与点光源的成像情况是一致的。

②如 z_1 满足

$$\left(\frac{\pi W_{01}^2}{\lambda f}\right)^2 \ll \left(1-\frac{z_1}{f}\right)^2 \tag{3.80}$$

则式(3.79)可近似写成

$$1-\frac{z_2}{f}=\frac{1}{1-\frac{z_1}{f}} \tag{3.81}$$

或者

$$\frac{1}{z_1}+\frac{1}{z_2}=\frac{1}{f} \tag{3.82}$$

这与几何光学中的高斯公式相一致。也就是说,当 z_1 满足式(3.80)条件,可以用(3.82)式来求解高斯光束通过薄透镜的变换问题,这样使问题大为简化。

③当 $z_1 \approx f$ 时,即入射光束束腰在焦点附近时,式(3.80)不满足条件,高斯光束的行为与通常几何光学中傍轴光线的行为完全不一样,要特别引起我们的注意。

特别当 $z_1=f$ 时,由式(3.79)得到

$$z_2=f$$

即当入射光束束腰在薄透镜的物方焦平面上时,出射光束束腰在透镜的像方焦面上,这与几何光学中,焦点处的物点所发的光经透镜后变为平行光束(像点在无穷远)的概念截然不同。在上述情况下,还可以把式(3.77)改写成如下形式

$$W_{02}=\frac{\lambda f}{\pi W_{\rm F1}} \tag{3.83}$$

式中,$W_{\rm F1}$为入射光束在透镜前焦面上的光斑尺寸。

根据光线可逆性原理,在透镜后焦面上的光斑尺寸 $W_{\rm F2}$与入射光束束腰 W_{01}关系为

$$W_{01}=\frac{\lambda f}{\pi W_{\rm F2}} \tag{3.84}$$

根据式(3.56),$W_{\rm F1}$和 $W_{\rm F2}$还可写成

$$W_{\rm F1}^2=W_{01}^2\left\{1+\left[\frac{\lambda(f-z_1)}{\pi W_{01}^2}\right]^2\right\} \tag{3.85}$$

$$W_{\rm F2}^2=W_{02}^2\left\{1+\left[\frac{\lambda(z_2-f)}{\pi W_{02}^2}\right]^2\right\} \tag{3.86}$$

从上几式表明,光束经透镜变换后,W_{02}的大小只与透镜前焦面上光斑尺寸 $W_{\rm F1}$的大小有关,而与入射光束具体形式无关。另外,从式(3.84)可看出,只要测得透镜后焦面上的光斑半径 $W_{\rm F2}$,就能根据下式求出入射光束的远场发散角(半角),则

$$\theta=\frac{\lambda}{\pi W_{01}}=\frac{W_{\rm F2}}{f} \tag{3.87}$$

这是测量光束发散角最常用的方法。

三、高斯光束的聚焦

在上述讨论基础上，如何用适当的光学系统将高斯光束聚焦，这是实际应用中的一个重要问题。

对于出射光束像方高斯光束束腰的大小，由式(3.77)给出，即

$$W_{02}^2 = \frac{W_{01}^2}{\left(1 - \frac{z_1}{f}\right)^2 + \left(\frac{\pi W_{01}^2}{\lambda f}\right)^2}$$

根据上式，讨论几种特殊情况。

1. 当 f 一定时，W_{02}随 z_1 变化的情况

①当 $z_1 < f$ 时，W_{02}^2随 z_1 的减小而减小。

②当 $z_1 = 0$ 时，W_{02}达到最小值，则

$$W_{02} = \frac{W_{01}}{\sqrt{1 + \left(\frac{\pi W_{01}^2}{\lambda f}\right)^2}} \tag{3.88}$$

根据式(3.78)，有

$$z_2 = f\left[1 - \frac{\left(1 - \frac{z_1}{f}\right)}{\left(1 - \frac{z_1}{f}\right)^2 + \left(\frac{\pi W_{01}^2}{\lambda f}\right)^2}\right]$$

当 $z_1 = 0$ 时，代入上式得到

$$z_2 = f - \frac{f}{1 + \left(\frac{\pi W_{01}^2}{\lambda f}\right)^2} < f \tag{3.89}$$

若我们定义像方束腰尺寸 W_{02}与物方束腰尺寸 W_{01}之比为束腰放大率 M，则有

$$M = \frac{W_{02}}{W_{01}} = \frac{1}{\sqrt{1 + \left(\frac{\pi W_{01}^2}{\lambda f}\right)^2}} < 1 \tag{3.90}$$

从中看出，当 $z_1 = 0$ 时，W_{02}总是比 W_{01}小，因而不论透镜的焦距 f 有多大，但只要 $f > 0$，它都有一定的聚焦作用，且像距始终小于 f，这表示像方腰斑位置在透镜后焦点以内。

在上述情况下，若进一步满足下列条件

$$f \ll \frac{\pi W_{01}^2}{\lambda} \tag{3.91}$$

则式(3.88)和式(3.89)成为

$$W_{02} \approx \frac{\lambda f}{\pi W_{01}} \tag{3.92}$$

$$z_2 \approx f \tag{3.93}$$

在这种情况下,像方束腰光斑处在透镜的后焦面上,从中看出透镜焦距 f 越小,W_{02}就越小,聚焦效果越好。

③当 $z_1 > f$,W_{02}随 z_1 的增大而单调地减小。

当 $z_1 \to \infty$ 时,$W_{02} \to 0$,$z_2 \to f$

若当 $z_1 \gg f$ 时,代入式(3.77)并经数学运算得到

$$\frac{1}{W_{02}^2} \approx \frac{1}{W_{01}^2}\left(\frac{z_1}{f}\right)^2 + \frac{1}{f^2}\left(\frac{\pi W_{01}^2}{\lambda}\right)^2 = \frac{1}{f^2}\left(\frac{\pi W_{01}^2}{\lambda}\right)^2\left[1 + \left(\frac{\lambda z_1}{\pi W_{01}^2}\right)^2\right] \tag{3.94}$$

根据式(3.56),有

$$W_1^2(z_1) = W_{01}^2\left[1 + \left(\frac{\lambda z_1}{\pi W_{01}^2}\right)^2\right]$$

代入式(3.94),则

$$\frac{1}{W_{02}^2} = \frac{\pi^2}{f^2\lambda^2}W_1^2(z_1) \tag{3.95}$$

或者

$$W_{02} \approx \frac{\lambda f}{\pi W_1(z_1)} \tag{3.96}$$

$W_1(z_1)$为入射在透镜表面上的高斯光束光斑半径,且有

$$z_2 \approx f$$

在上述情况下,若同时还满足条件 $z_1 \gg \frac{\pi W_{01}^2}{\lambda}$时,则有

$$W_{02} \approx \frac{f}{z_1}W_{01} \tag{3.97}$$

从上式中可看出,在物方高斯光束束腰离透镜较远情况下($z_1 \gg f$),z_1 越大,f 越小,聚焦效果好。但上述讨论是在透镜孔径足够大的假设下进行的,实际情况必须考虑衍射效应,即高斯光束束腰的实际尺寸由衍射极限限制。若设物镜的口径为 d,则由圆孔衍射形成的光斑半径 r 为

$$r = 1.22\frac{\lambda f}{d} \tag{3.98}$$

将式(3.96)与式(3.98)相比较,可以知道,当

$$\pi W_1(z_1) > \frac{d}{1.22} \tag{3.99}$$

时，高斯光束束腰半径由式(3.98)确定。若当

$$\pi W_1(z_1) < \frac{d}{1.22} \tag{3.100}$$

时，高斯光束束腰半径由式(3.96)确定。

④当 $z_1 = f$ 时，并代入式(3.77)，则有

$$W_{02} = \frac{\lambda f}{\pi W_{01}} \tag{3.101}$$

从上式可看出，这时 W_{02}达到最大值，而且 $z_2 = f$。不论 z_1 的值有多大，只要满足$\frac{\pi W_{01}^2}{\lambda} > f$，就能实现一定的聚焦作用。

2. 当 z_1 和 W_{01}一定时，W_{02}与 f 关系

根据式(3.77)，有

$$W_{02}^2 = \frac{W_{01}^2}{\left(1 - \frac{z_1}{f}\right)^2 + \left(\frac{\pi W_{01}^2}{\lambda f}\right)^2}$$

当 W_{01}和 z_1 一定时，W_{02}随 f 变化的情况见图 3.10。

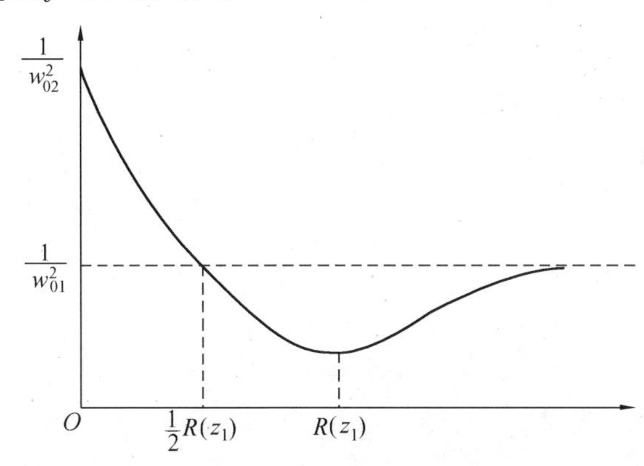

图 3.10　z_1 和 W_{01}一定时，W_{02}与 f 关系曲线

图中 $R(z_1)$表示高斯光束到达透镜表面上的波面的曲率半径，根据式(3.56)，有

$$R(z_1) = z_1\left[1 + \left(\frac{\pi W_{01}^2}{\lambda z_1}\right)^2\right]$$

从图 3.10 中看出，当 $f = R(z_1)$时，W_{02}取极大值，则

$$W_{02} = W(z_1)$$

$W(z_1)$为高斯光束入射在透镜表面处的光斑半径。

当$f=\frac{1}{2}R(z_1)$时，有

$$W_{02} = W_{01}$$

从图中可以看出，对于一定 z_1 和 W_{01}值，只有当$f<\frac{1}{2}R(z_1)$时，透镜才能对高斯光束起聚焦作用，且 f 越小，聚焦效果越好。

综上所述，为使高斯光束获得良好聚焦作用，一般采用短焦距透镜，使高斯光束束腰远离透镜焦点，从而满足条件 $z_1 \gg f$，总会使高斯光束聚焦。

四、高斯光束准直

所谓准直，就是把具有一定发散角的光束变换成平行光束或准平行光束的问题。

1. 单透镜对高斯光束发散角的影响

设高斯光束束腰光斑半径为 W_{01}，在未加单透镜之前，高斯光束发散角 θ_1 定义为

$$\theta_1 = \frac{\lambda}{\pi W_{01}} \tag{3.102}$$

加单透镜之后，则有

$$\theta_2 = \frac{\lambda}{\pi W_{02}} \tag{3.103}$$

利用式(3.77)代入上式，可得

$$\theta_2 = \frac{\lambda}{\pi}\sqrt{\frac{1}{W_{01}^2}\left[\left(1-\frac{z_1}{f}\right)^2+\left(\frac{\pi W_{01}}{\lambda f}\right)^2\right]} \tag{3.104}$$

从上式中可以分析，对 W_{01}为有限大小的高斯光束，无论 f 和 z_1 取什么数值，都不可能使 $W_{02}\to\infty$，亦即不可能得到 $\theta_2\to 0$。这个例子说明，要想用单透镜将高斯光束变换成平面波是不可能的。

现在讨论在什么条件下利用单透镜来改善高斯光束的方向性，提高准直性。从(3.102)和式(3.103)可以分析知道，当 $W_{02}>W_{01}$时，将有 $\theta_2<\theta_1$，在一定的条件下，当 W_{02}达到极大值时，θ_2 将达到极小值。

设高斯光束束腰为 W_{01}，光束入射在单透镜焦距为 f 的透镜上，根据式(3.77)，由条件 $\frac{\partial \frac{1}{W_{02}^2}}{\partial z_1}=0$ 可得到，当 $z_1=f$ 时，W_{02}达到极大值，即

$$W_{02} = \frac{\lambda f}{\pi W_{01}} \tag{3.105}$$

此时

$$\theta_2 = \frac{\lambda}{\pi W_{02}} = \frac{W_{01}}{f} \tag{3.106}$$

若定义 $M_u = \dfrac{\theta_2}{\theta_1}$,则

$$M_u = \frac{\theta_2}{\theta_1} = \frac{\pi W_{01}^2}{f\lambda} = \frac{z_R}{f} \tag{3.107}$$

式中,z_R 为入射光束的瑞利距离。

所以当透镜焦距 f 一定时,若入射高斯光束束腰在透镜的前焦面上($z_1 = f$),则 θ_2 达到极小值,此时 f 越大,M_u 值越小,θ_2 越小。当 $M_u = \dfrac{z_R}{f} \ll 1$ 时,有较好的准直效果。

2.用望远镜将高斯光束准直

在实际应用中,常用倒装望远镜系统用来对高斯光束准直,见图 3.11。在图中,L_1 是短焦距透镜(相当于望远镜中的目镜),焦距为 f_1;L_2 是长焦距透镜(相当于望远镜中的物镜),焦距为 f_2。

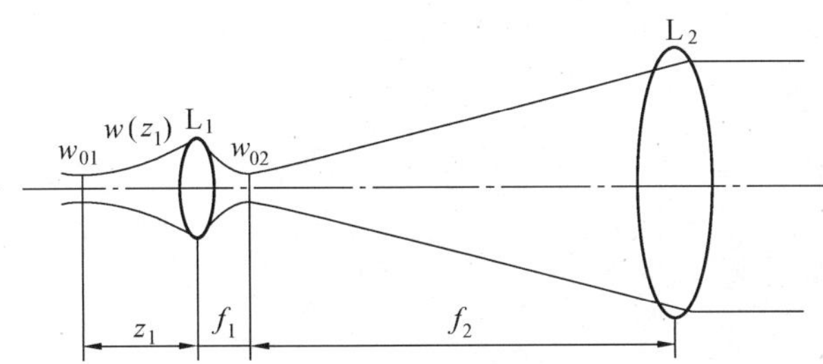

图 3.11 高斯光束通过望远镜准直

设入射高斯光束束腰光斑尺寸为 W_{01},当 $z_1 \gg f_1$ 时,自 L_1 透镜出射的高斯光束束腰在 L_2 透镜 f_2 焦距的前焦面上,其光斑尺寸为 W_{02},则

$$W_{02} = \frac{\lambda f_1}{\pi W(z_1)} \tag{3.108}$$

以 θ_1 表示入射高斯光束的发散角,θ_2 表示经过短焦距透镜 L_1 后的高斯光束的发散角,θ_3 表示经过长焦距透镜 L_2 后出射的高斯光束发散角,则望远镜对高斯光束的准直倍率 M_L 定义为

$$M_L = \frac{\theta_1}{\theta_3} \tag{3.109}$$

按式(3.102)、式(3.103)和式(3.107),得到如下关系

$$\frac{\theta_2}{\theta_1} = \frac{W_{01}}{W_{02}} \tag{3.110}$$

$$\frac{\theta_3}{\theta_2}=\frac{\pi W_{02}^2}{\lambda f_2} \tag{3.111}$$

根据上二式,不难求得

$$\frac{\theta_3}{\theta_1}=\frac{\pi W_{01}W_{02}}{\lambda f_2} \tag{3.112}$$

利用式(3.108),上式还可改写成

$$\frac{\theta_3}{\theta_1}=\frac{f_1}{f_2}\frac{W_{01}}{W(z_1)} \tag{3.113}$$

将上式结果代入式(3.109),可求得望远镜对高斯光束准直倍率,有

$$M_{\mathrm{L}}=\frac{\theta_1}{\theta_3}=\frac{f_2W(z_1)}{f_1W_{01}}=M\frac{W(z_1)}{W_{01}} \tag{3.114}$$

式中,M 为望远镜系统的放大倍率(或称为几何压缩比),$M=f_2/f_1$。

从上式看出,望远镜的 M 值越大,M_{L} 值越大,另外由于 $W(z_1)$总是大于 W_{01},因而望远镜对高斯光束的准直倍率 M_{L} 总是比它对普通近轴光线的几何压缩比高。如果将入射在 L_1 透镜表面上的光斑半径 $W(z_1)=W_{01}\sqrt{1+\left(\frac{\lambda z_1}{\pi W_{01}^2}\right)^2}$ 代入式(3.114),可得到

$$M_{\mathrm{L}}=M\sqrt{1+\left(\frac{\lambda z_1}{\pi W_{01}^2}\right)^2} \tag{3.115}$$

从上式进一步看出,对于一个给定望远镜,对高斯光束的准直倍率 M_{L} 不仅与 M 有关,而且还与高斯光束束腰 W_{01}和 z_1 有关。

3.5 介稳共振腔结构与特性

在1.4节中我们已经讨论过,当满足条件 $J_1J_2=1$ 或 $J_1J_2=0$ 的介稳腔的性质介于稳定腔与非稳腔之间。与稳定腔相比较,介稳腔内只有一种波形的横向偏折损耗为零,而其他波形的横向偏折损耗均不为零。介稳腔主要的优点是对波型限制能力比稳定腔要强,有利于压缩输出光束发散角。但光腔调整精度比稳定腔要求高,光腔的损耗也比稳定腔大,因而对小增益器件不大适用。

根据光学谐振腔稳定条件,介稳腔大致可以分为平行平面腔($J_1J_2=1$)、虚共心腔(凹凸腔,$J_1J_2=1$,$L=R_1-R_2$)、实共心腔(双凹腔,$J_1J_2=1$,$L=R_1+R_2$)、半共心腔(平凹腔,$J_1J_2=0$,$L=R$)等。本节主要讨论平行平面腔的结构和特性。

一、平行平面腔自再现模形成

平行平面腔可看做大曲率半径腔的特例,只有沿轴向往返行进的平面波型的偏折损耗为

零时，对于一个理想的平行平面腔，波型限制能力与腔的几何参数 L/a 成正比（L 为腔长，a 为通光口径）。但在激光器实际工作时，由于对激光工作物质折射率动态畸变等因素的影响比较敏感，因此输出的发散角和场图均匀性受到限制，例如对于工作物质均匀性比较好的气体激光器，可获得接近衍射极限角的定向输出，对于固体激光器系统，由于工作物质热畸变等效应的影响，输出光束发散角一般限制在几个毫弧度量级。由于平行平面腔具有输出光束方向性好、模体积较大、比较容易获得单横模振荡等优点，目前在固体激光器、气体激光器中常采用平行平面腔。

对于平行平面腔中振荡模形成的理论，在本节中不做详细介绍，只给出一些基本方法和结论，需深入了解，可参阅有关文献。

由于平行平面腔振荡模所满足的自再现方程，即

$$u(x,y) = r\iint k(x,y,x',y')u(x',y')\mathrm{d}s' \tag{3.116}$$

至今尚未得到精确的解析解，因此常用迭代法对自再现积分方程，即

$$u_{q+1} = \iint k u_q \mathrm{d}s' \tag{3.117}$$

直接进行计算。式中 k 为积分方程的核，并有

$$k(x,y,x',y') = \frac{\mathrm{i}}{\lambda L}\mathrm{e}^{-\mathrm{i}k\rho(x,y,x',y')} \tag{3.118}$$

假设在某一平面镜上存在一个初始场分布 u_1，将它代入式(3.117)，计算在腔内经第一次渡越而在第二个镜面上生成的场 u_2，然后再将所得到的 u_2 代入式(3.117)，计算第二次在腔内渡越而在第一个镜面上生成的场 u_3。如此反复运算并经足够多次以后，看看在镜面上能否形成一种稳态场分布；在对称开腔的情况下，当 q 足够大时，由数值计算出的 u_q, u_{q+1}, u_{q+2}能否满足下述关系式

$$\left.\begin{aligned} u_{q+1} &= \frac{1}{r}u_q \\ u_{q+2} &= \frac{1}{r}u_{q+1} \end{aligned}\right\} \tag{3.119}$$

式中　r——复常数。

如果直接数值计算得出了这种稳定不变的场分布，则表明已找到了腔的一个自再现模或横模。

Fox A.G 和 Tingye Li 首先用计算机完成了上述计算，求出了各种几何形状的平行平面腔等的一系列自再现模。

迭代法具有重要意义，归纳为以下几点

①用逐次近似法直接计算了一系列自再现模，从而证明了开腔模式的存在性，并从数学上

论证自再现积分方程式(3.116)解的存在性。

②能加深求解自再现模形成的物理过程,因为数学运算过程与波在腔中往返传播而形成自再现模的物理过程相对应。

③利用迭代法,原则上可以用来计算各种形状的开腔中的自再现模,具有普遍的适用性。

二、平行平面腔基模的基本特征

从理论及实验上可以说明,平行平面腔中稳态场分布的特点是在镜面中心处振幅最大,从中心到边缘振幅逐渐降落,整个镜面上的场分布具有偶对称性,我们将具有这种特征的横模称为基模或最低阶偶对称模。

在 1.6 节中已介绍过光学谐振腔衍射损耗与腔的菲涅耳数 $N=\frac{a^2}{L\lambda}$之间的关系,镜面上振幅分布的规律由菲涅耳数决定。Fox A.G 和 Tingye Li 借助于计算机,对条状的平行平面腔进行了计算,其具体腔的参数为 $a=25\lambda$, $L=100\lambda$, $N=\frac{a^2}{L\lambda}=6.25$。由初始场分布出发,经过 1 次和 300 次传播后所得到的条状形平行平面腔的振幅和相位分布见图 3.12。图中 u_1 为第一个平面镜上存在的初始场,u_2 为第二个平面镜上的生存场。

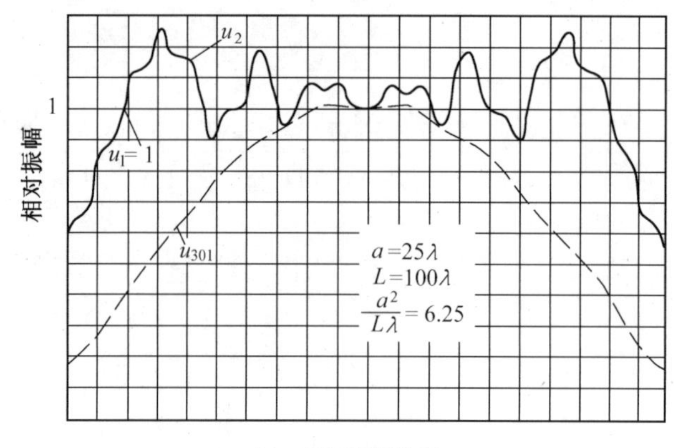

(a) 相位振幅分布

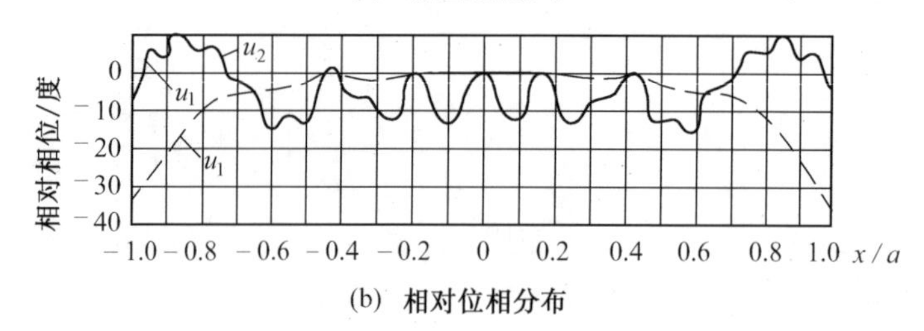

(b) 相对位相分布

图 3.12 条状平行平面腔中模的形成

从图中看出，均匀平面波经过第一次传播（渡越）后发生很大变化，场 u_2 的振幅与位相分布曲线变化急剧起伏。对随后的传播，情况也是这样，每一次传播都将对场的分布有明显的影响。但随着传播次数的增加，振幅与相位分布曲线的起伏越来越小，在经过300次传播后，场的振幅和位相分布逐渐趋向一个稳定而平滑的分布，这样归一化的振幅曲线和相位曲线实际上不再发生变化，这样我们就得到了一个自再现模。

从上看出，为了形成稳定场分布，对菲涅耳数 $N=6.25$ 情况下，300次左右的传播是必要的。对于给出的参数，可以计算出自再现模形成的时间概念。其中 $L=100\lambda$，$a=25\lambda$，$N=\frac{a^2}{L\lambda}$，$\lambda=1\ \mu\text{m}$，那么完成300次传播所需要的时间为

$$\Delta t/\text{s}=\frac{300L}{c}=10^{-10}$$

从上看出，由一列初始均匀平面波所激发出来的基模稳态场已不是均匀平面波了，从镜中心到边缘，振幅并不是平滑地降落，而是有若干个小的起伏，起伏的数目等于菲涅耳数 N，N 越大，镜边缘处的相对振幅就越小。由于镜边缘的振幅比镜中心部分小得多，因而这种模的衍射损耗也将比平面波小，而且 N 越大，衍射损耗将越小。不同的横模有不同的损耗。

镜面上的基模相位分布与振幅分布的特点类似，整个镜面已不再是严格的等相位面。在菲涅耳数 N 比较大的情况下，基模可近似为平面波，特别是在镜面中心附近。只是在镜的边缘处，波前才发生微小弯曲。对于其他各阶横模，情况与基模相似，被节线分开的各个区域内，仍可近似看做平面波。

三、单程相移

在进行数值计算中，若达到稳定状态后，自再现模从一个镜面传播到另一个镜面时，只需对腔内计算单程相移和损耗就可以了。计算的方法是，在镜面上取定一点，然后计算经过一次往返后某一模式在该点上场的振幅和相位的大小的变化，就可确定该模式的平均单程功率损耗和平均单程相移。对单程总相移 Φ 为

$$\Phi=-kL+\Delta\Phi_{mn}=-\frac{2\pi L}{\lambda}+\Delta\Phi_{mn} \tag{3.120}$$

式中　kL——几何相移；

　　$\Delta\Phi$——模的单程附加相移。

从图3.12中看出，其相位变化并不恰好等于几何相移，而是相对几何相移有一个附加的相位超前。$\Delta\Phi_{mn}$ 与腔的菲涅耳数有关，而且对不同的横模各不相同，见图3.13，从图中看出，当 N 较大时，$\Delta\Phi_{mn}$ 与 N 近似成线性关系。当菲涅耳数 N 相同时，不同横模指数 (m,n) 所对应的单程相移各不相同。例如当 $m=0$，$n=0$ 时基横模的单程相移最小，当 m 和 n 均不为零时的高阶横模的相移较大，而且模的 m 和 n 的阶次越高，相移越大。

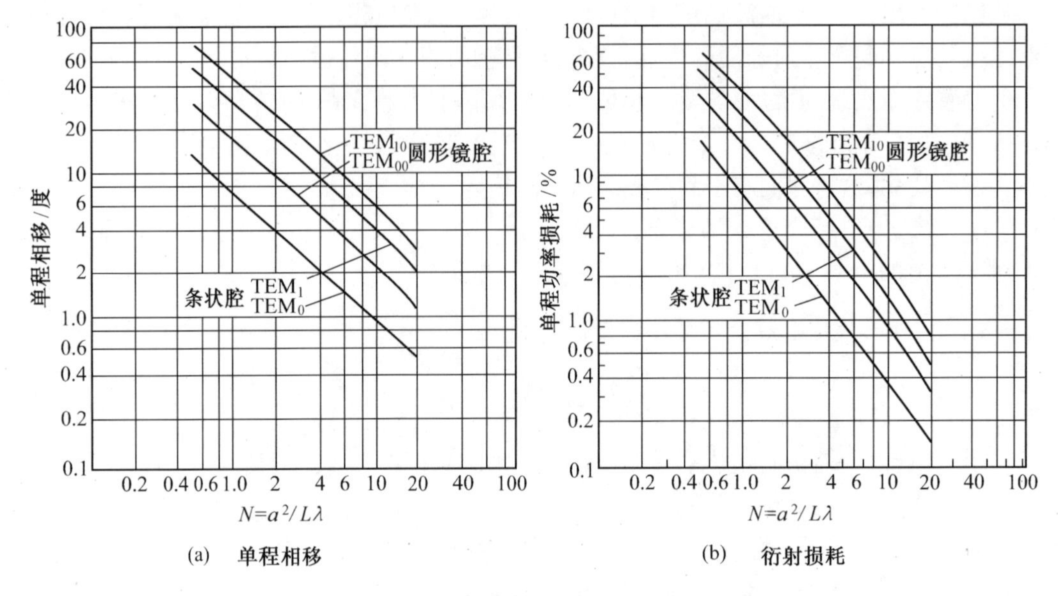

(a)　单程相移　　　　(b)　衍射损耗

图 3.13　平行平面腔模的单程相移和衍射损耗

四、谐振频率

从初始均匀平面波到基模形成,要经过大约 300 次左右的传播,每次传播都有一部分衍射损耗和能量损失。在激活腔中,若一自再现模达到了振荡阈值条件,振荡光束在腔内往返传播时能够满足多光束相长干涉条件,就可在腔内形成稳定振荡。根据 1.5 节谐振条件要求,式(3.116)可写成

$$\Phi_{mn} = -2(kL - \Delta\Phi_{mn}) = -q2\pi \tag{3.121}$$

式中　m,n——横模指数;

　　q——纵模指数。

将 $k = \frac{2\pi}{\lambda} = \frac{2\pi\eta}{c}\nu_{mnq}$ 代入式(3.121),并求解 ν_{mnq},得到

$$\nu_{mnq} = \frac{c}{2\eta L}\left(q + \frac{\Delta\Phi_{mn}}{\pi}\right) \tag{3.122}$$

将式(3.121)与式(1.18)比较可以看出,平行平面腔中自再现模的谐振条件与平面波理论中的驻波条件已有所差别。谐振频率 ν_{mnq} 与平面波理论中的式(1.19)相比,多了一项(相应的频率间隔)

$$\Delta\nu_{mn} = \frac{c}{2\pi\eta L}\Delta\Phi_{mn} \tag{3.123}$$

它是由横模的附加相移所引起的。若在 $m=0$, $n=0$ 情况下,以 $N=6.25$, $\Delta\Phi_{00}=1.59°$, $L=100$ cm,折射率 $\eta=1$ 为例进行计算,有

$$\nu_{00} \approx 1.3 \times 10^6 \text{ Hz}$$

从上例可看出，对于基模，式(3.122)与平面波理论中的驻波条件差别甚小。所以，一般情况下当 m、n 不太大，而非涅耳数 N 又不太小时，$\Delta\Phi_{mn}$ 通常仅具有几度到几十度的数量级，因而采用公式

$$\nu_q \approx \nu_{mnq} = \frac{cq}{2\eta L} \tag{3.124}$$

来决定模的谐振频率是足够准确的。

五、单程损耗

由图3.13和计算结果表明，无论是条状还是圆形的平行平面腔单程功率损耗大小均由非涅耳数 N 确定，与腔的具体几何尺寸无关，所有模式的损耗都随着 N 的增加而迅速下降。

由 Fox A.G 和 Tingye Li 计算给出的圆形平行平面腔基模损耗近似公式，有

$$\delta_{00} = 0.207\left(\frac{1}{N}\right)^{1.4} = 0.207\left(\frac{L\lambda}{\eta a^2}\right)^{1.4} \tag{3.125}$$

下面举例说明 N 与单程损耗关系。

例1　某 He－Ne 激光器采用圆形平行平面腔型，其波长 $\lambda = 0.6328\ \mu\text{m}$，放电管半径 $a = 0.1$ cm，腔长为 $L = 30$ cm，折射率 $\eta = 1$。计算 N 和 δ_{00} 值。

利用上述参数计算得　　　　$N = 5.267$

将 N 代入式(3.125)，得到

$$\delta_{00} = 0.207\left(\frac{1}{5.267}\right)^{1.4} \approx 0.0202$$

例2　某红宝石固体激光器采用圆形平行平面腔，其波长 $\lambda = 0.6943\ \mu\text{m}$，红宝石棒的半径 $a = 3.5$ mm，折射率 $\eta = 1.76$，腔长 $L = 7$ cm，经计算 $N \approx 443$ 并代入式(3.125)得到

$$\delta_{00} = 3.2 \times 10^{-4}$$

从上两例比较看出，由于固体激光器 N 一般很大，因而衍射损耗极低，因此衍射损耗可以忽略不计。

3.6　非稳腔结构及特性

满足条件 $J_1J_2 > 1$ 或 $J_1J_2 < 0$ 的一般球面腔称为非稳腔。非稳腔主要特点是对腔内任意一条光线或任何一种波型而言，均存在固有的横向偏折损耗，与稳定腔比较损耗很大，但非稳腔能得到大的模体积和具有好的横模鉴别能力，可获得接近于衍射极限的输出，以实现高功率基模运转，因此在高功率激光器中常采用非稳定腔。另外，由于高功率激光器激活介质的横向尺寸比较大，腔的非涅耳数 $N \gg 1$，故衍射损耗往往可以忽略，因此常用几何光学分析方法。

一、非稳腔的种类和一般特点

根据光学谐振腔稳定条件,在实际应用中,非稳腔的种类主要有双凸型非稳腔、平凸型非稳腔、望远镜型非稳腔等。

1. 双凸型非稳腔

双凸型非稳腔由两个凸面反射镜组成,所有的双凸腔都满足非稳腔条件:$J_1J_2<0$ 或 $J_1J_2>1$。

2. 平凸型非稳腔

平凸型非稳腔由一个平面反射镜($R_1\to\infty$)和一个凸面反射镜($R_2<0$)组成,满足非稳腔的条件是:$J_1=1$,$J_2>1$,$J_1J_2>1$,一个平凸腔等价于一个腔长为二倍的对称双凸腔。

3. 双凹腔

双凹腔由两块曲率半径不同的凹面反射镜组成,这种腔满足非稳腔的条件是

$$\frac{R_1}{2}+\frac{R_2}{2}=L \qquad R_1\neq R_2$$

并有

$$2J_1J_2=J_1+J_2\leqslant 0$$

从上条件可以看出,两块反射镜的实焦点在腔内相重合。

4. 凹凸型非稳腔

凹凸型非稳腔由一个凹面反射镜($R_1>0$)和一个凸面反射镜($R_2<0$)组成,满足非稳腔条件是

$$\frac{R_1}{2}-\frac{R_2}{2}=L, \qquad R_1\neq R_2$$

或者

$$J_1J_2>1$$

在凹凸型非稳腔中最重要的特例是所谓虚共焦型非稳腔,这种腔满足下述关系式

$$\frac{R_1}{2}-\frac{|R_2|}{2}=L$$

$$J_1=\frac{J_2}{2J_2-1}$$

从上述关系可以看出,凹面镜的实焦点与凸面镜的虚焦点相重合,公共焦点在腔外。在高功率激光器中常采用虚共焦腔。

非稳腔的特点与稳定腔相比较,它对腔内光束产生固有的发散作用。用几何光学分析表明,腔内任何一条光线(光轴除外)在往返有限的次数后,必然横向偏折出腔外,这意味着腔内任何一种光束波型的横向偏折损耗均不为零,因此是一种损耗较高的腔。但可利用非稳腔这种固有的发散特性,使组成腔的两个反射镜均为全反射,两个反射镜面尺寸为一大一小,从而使小尺寸的反射镜面偏折逸出的光能变为有用的激光输出。对于非稳腔系统,在几何光学的

条件下,腔内只存在着一对特定的轴向球面波型或球面－平面波型,而其他非轴向波型的损耗率则在不同程度上有所增大,因此腔的波型限制能力比较强,从而可提高输出光束的定向性和亮度。

二、双凸型非稳腔的特性

1. 双凸型非稳腔的共轭像点和轴向球面波型

双凸型非稳腔在非稳腔中具有很典型的特性,并且是实际常用的非稳腔之一。所有的双凸腔都是非稳腔,由于 $R_1<0, R_2<0$,因而有 $J_1>1, J_2>1, J_1J_2>1$,见图3.14,双凸腔对腔内光束具有固有的发散作用,但对双凸腔成像性质做深入分析表明,如果把双凸腔看成是一种光学多次成像系统,则系统中总存在一对轴上共轭像点 P_1 和 P_2,腔内存在一对发散球面自再现波形就好像是从虚像点 P_1 和 P_2 发出的球面波一样,见图 3.15。

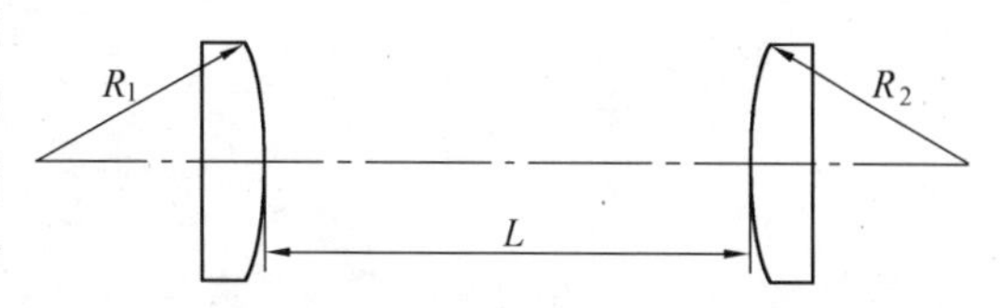

图 3.14　双凸腔的构成

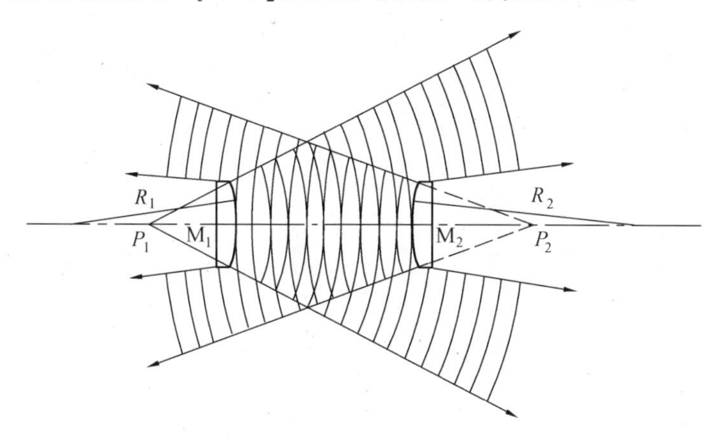

图 3.15　双凸腔的共轭像点及几何再现波形

由这一对像点发出的球面波满足在腔内往返一次成像的自再现条件,也就是说,从每一个像点发出的球面波在腔内往返一次后,其波面形状将实现自再现。但不同类型的非稳腔共轭像点的位置各不相同,有的在腔内,有的在腔外,有的在无穷远,也就是说共轭像点发出的几何再现波形可能是球面波或者是平面波。

下面,我们从球面镜的成像规律证明双凸型非稳腔轴上一对共轭像点的存在性和惟一性,见图 3.16。图中 L 为双凸腔的腔长,两个凸面反射镜的曲率半径为 R_1 和 R_2,共轭像点 P_1 和 P_2 至 M_1 和 M_2 反射镜的距离分别为 L_1 和 L_2。由 P_1 点发出的腔内球面波经 M_2 反射镜反射后应成像于点 P_2,共轭像点 P_1 和 P_2 的轴上位置坐标满足球面镜成像公式,即

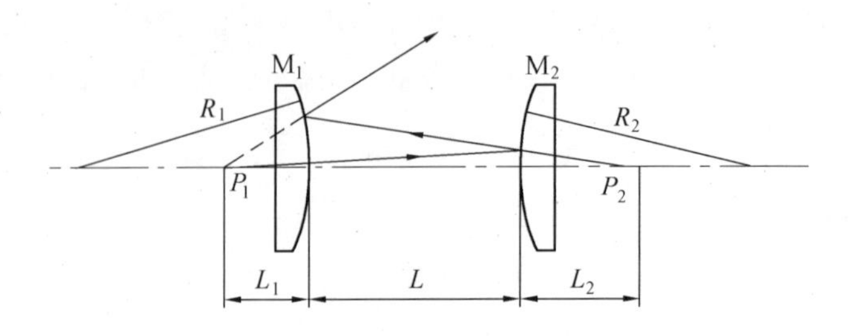

图 3.16　双凸腔的共轭像点

$$\frac{1}{L_1 + L} - \frac{1}{L_2} = \frac{2}{R_2} \tag{3.126}$$

那么在同样情况下，由 P_2 点发出的腔内球面波由反射镜 M_1 反射后应成像于 P_1 点，因而 P_1 和 P_2 点的位置应同样满足在球面镜 M_1 上成像的共轭关系，即

$$\frac{1}{L_2 + L} - \frac{1}{L_1} = \frac{2}{R_1} \tag{3.127}$$

在 R_1、R_2、L 给定情况下，如果从方程(3.126)和(3.127)中得到合理的实解 L_1 和 L_2 值，则证明共轭像点存在，如果从方程(3.126)和(3.127)中解不出实根 L_1 和 L_2，则表明共轭像点实际上是不存在的，因此方程(3.126)和(3.127)中有实根 L_1 和 L_2 的条件也正是共轭像点存在的条件。下面我们就具体求解方程式(3.126)和(3.127)。

将式(3.126)和式(3.127)变成只含变量 L_1(或 L_2)的一元二次方程式，则

$$\left.\begin{aligned} & L_1^2 + BL_1 + C = 0 \\ & B = \frac{2L(L - R_2)}{2L - R_1 - R_2} \\ & C = \frac{LR_1(L - R_2)}{2L - R_1 - R_2} \end{aligned}\right\} \tag{3.128}$$

方程式(3.128)有实根的条件是

$$B^2 - 4C \geqslant 0 \tag{3.129}$$

容易证明，对于双凸型非稳腔，式(3.129)必然满足。由式(3.128)可求得

$$L_1 = \frac{\sqrt{L(L - R_1)(L - R_2)(L - R_1 - R_2)} - L(L - R_2)}{2L - R_1 - R_2} \tag{3.130}$$

$$L_2 = \frac{\sqrt{L(L - R_1)(L - R_2)(L - R_1 - R_2)} - L(L - R_1)}{2L - R_1 - R_2} \tag{3.131}$$

在上二式中，以 $J_1 = 1 - \dfrac{L}{R_1}$，$J_2 = 1 - \dfrac{L}{R_2}$表示 L_1 和 L_2，有

$$\left.\begin{aligned}L_1 &= L\frac{\sqrt{J_1J_2(J_1J_2-1)}-J_1J_2+J_2}{2g_1g_2-g_1-g_2}\\ L_2 &= L\frac{\sqrt{J_1J_2(J_1J_2-1)}-J_1J_2+J_1}{2g_1g_2-g_1-g_2}\end{aligned}\right\} \tag{3.132}$$

从式(3.132)中可以看出：

①当 $L_1>0, L_2>0$ 时，根据式3.128，双凸腔的一对共轭像点均在腔外，因而都是虚的。

当 $L_1<|R_1|, L_2<|R_2|$ 时，表明两个像点各自处在凸面镜的曲率中心与镜面之间。

②在 $R_1=R_2$ 或 $J=J_1=J_2$ 的对称双凸腔情况下

$$L_1 = L_2 = \frac{L}{2}\left[\sqrt{1-\frac{2R}{L}}-1\right]$$

或者

$$L_1 = L_2 = \frac{L}{2}\left(\sqrt{\frac{J+1}{J-1}}-1\right) \tag{3.133}$$

③对于平凸型非稳腔，其 $R_1\to\infty$，R_2 仍保持有限值，因而 $J_1=1, J_2=1-L/R_2, J_1J_2>1$，根据平面镜成像原理，一个平凸型腔等价于腔长为其二倍的双凸非稳腔，则得出平凸型腔共轭像点的位置，即

$$L_1 = L\sqrt{1-\frac{R_2}{L}} = L\sqrt{\frac{g_2}{g_1-1}} \tag{3.134}$$

$$L_2 = L\left(\sqrt{1-\frac{R_2}{L}}-1\right) = L\left(\sqrt{\frac{g_2}{g_2-1}}-1\right) \tag{3.135}$$

平凸腔与双凸腔的情况一样，其共轭像点都在腔外，因而也都是虚的，相应的几何自再现波形是一对发散的球面波。

至此，我们已证明了双凸型非稳腔共轭像点的存在性，一旦腔的结构确定了(R_1,R_2,L)，其共轭像点的位置也就惟一确定了。另外我们还可以把这样一对轴上的共轭点，想像成为两个几何发光点，则由它们发出的光线的集合构成一对球面波，这一对球面波在腔内往返一次后，能实现波面自再现。因此，可把这样一对轴上球面波形定义为非稳腔的基本波形，其特点是在多次往返过程中，球面波的波面可不断扩大，但球面波中心始终位于轴上的 P_1 和 P_2 点。

2. 双凸腔的几何放大率

如图3.17所示，设双凸非稳腔小镜面 M_1 的横向尺寸为 a_1，相当于由共轭像点 P_1 发出的球面波充满 M_1 镜面并且具有均匀的光强分布，该球面波单程行进到反射镜 M_2 时波面尺寸扩展为 a_1'，显然 M_1 镜单程放大率 m_1 为

$$m_1 = \frac{a'_1}{a_1} \tag{3.136}$$

上式描述了在腔内单程行进时对几何自再现波形波面尺寸的放大率。同理，可定义反射

镜 M_2 对几何再现波形的单程放大率(经过反射再回到反射镜 M_1 波面尺寸扩大为 a'_2)m_2 为

$$m_2 = \frac{a'_2}{a_2} \tag{3.137}$$

而双凸非稳腔对几何再现波形在腔内往返一周的放大率 M 为

$$M = m_1 m_2 \tag{3.138}$$

根据共轭像点的性质可知,从 P_2 点发出的球面波被镜 M_1 反射后就好像从像点 P_1 发出的球面波一样。因此不难求得

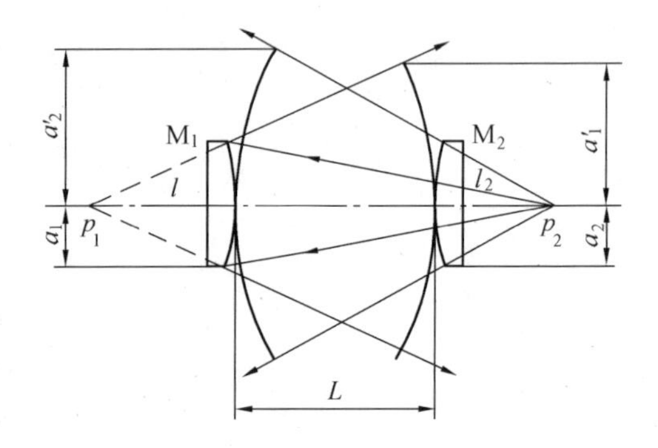

图 3.17 双凸非稳腔几何放大率

$$m_1 = \frac{a'_1}{a_1} = \frac{L_1 + L}{L_1} \tag{3.139}$$

$$m_2 = \frac{a'_2}{a_2} = \frac{L_2 + L}{L_2} \tag{3.140}$$

将式(3.130)、(3.131)分别代入式(3.135)、(3.136)并经求解得到

$$m_1 = \frac{\sqrt{L(L - R_1)(L - R_2)(L - R_1 - R_2)} + L(L - R_1)}{\sqrt{L(L - R_1)(L - R_2)(L - R_1 - R_2)} - L(L - R_2)} \tag{3.141}$$

$$m_2 = \frac{\sqrt{L(L - R_1)(L - R_2)(L - R_1 - R_2)} + L(L - R_2)}{\sqrt{L(L - R_1)(L - R_2)(L - R_1 - R_2)} - L(L - R_1)} \tag{3.142}$$

$$M = m_1 m_2 = \frac{1 + \sqrt{\dfrac{L(L - R_1 - R_2)}{(L - R_1)(L - R_2)}}}{1 - \sqrt{\dfrac{L(L - R_1 - R_2)}{(L - R_1)(L - R_2)}}} \tag{3.143}$$

在上式中,用 $J_1 = 1 - \frac{L}{R_1}$,$J_2 = 1 - \frac{L}{R_2}$代入可改写成

$$M = m_1 m_2 = 2J_1 J_2 + 2\sqrt{J_1 J_2 (J_1 J_2 - 1)} - 1 \tag{3.144}$$

对 $R_1 = R_2$ 的对称双凸非稳腔,有

$$m = m_1 = m_2 \qquad J_1 = J_2 = J$$

$$M = m^2 = 2J^2 + 2J\sqrt{J^2 - 1} - 1 \tag{3.145}$$

从几何放大率 M 公式表明,非稳腔的几何放大率只与腔长 L 和反射镜曲率半径 R_1、R_2 有关,而与反射镜的横向尺寸 a_1 和 a_2 无关。

3. 双凸腔的能量损耗

非稳腔的能量损耗与几何放大率有密切关系,从图 3.17 中可知,M_1 反射镜上光束反射的

半径等于镜面的横向尺寸 a_1，当光束单程行进到反射镜 M_2 时，光束的半径增加$\frac{L_1+L}{L}$倍（$m_1=(L_1+L)/L_1$），其波面的尺寸已超出了反射镜 M_2 的范围。超出镜 M_2 范围的那一部分波面将逸出腔外，造成能量损耗。同理，对相当于从像点 P_2 发出的球面波情形也是一样，也要造成能量损耗。

根据式(3.138)可知，光线在非稳腔内往返一周的放大率为 M，那么从任何一个共轭像点发出的球面波在腔内往返一次，经两个反射镜面反射时能量损耗的份额，即非稳腔的输出耦合率 $\delta_{往返}$为

$$\delta_{往返} = 1 - \frac{1}{M^2} \tag{3.146}$$

由式(3.138)、(3.146)可以看出，当非稳腔的几何参量 R_1、R_2 和 L 给定之后，放大率 M 和损耗率 $\delta_{往返}$也相应得到确定。上面求得的这两个公式（M 和 $\delta_{往返}$）对任何形式的非稳腔均适用。例如，对称双凸腔有 $m=m_1=m_2$，$J_1=J_2=J$，当 $|R_1|=|R_1|=10\text{ m}$，$\text{L}=1\text{ m}$ 时，计算 M 和 $\delta_{往返}$值。

根据式(3.145)，有

$$M = m^2 = 2J^2 + 2J\sqrt{J^2-1} - 1 = 2.428$$

由式(3.146)，有

$$\delta_{往返} = 1 - \frac{1}{M^2} \approx 0.83 = 83\%$$

由此可见，即使凸面镜的曲率半径 R 很大，由它组成的对称双凸腔的损耗也是很大的。

三、望远镜型非稳腔

望远镜型非稳腔是由两块曲率半径不同的球面镜按虚共焦方式组合而成的一种谐振腔（实际上是一种凹凸型非稳腔），见图 3.18，其中凹面镜 M_1 具有较大曲率半径 R_1，凸面镜 M_2 具有较小的曲率半径 R_2，反射镜 M_1 的焦点与反射镜 M_2 的虚焦点重合（虚共焦）。由于 $R_1>0$，$R_2<0$，根据式(3.130)、(3.131)基本原理，凹凸型非稳腔的共轭像点位置由下式决定

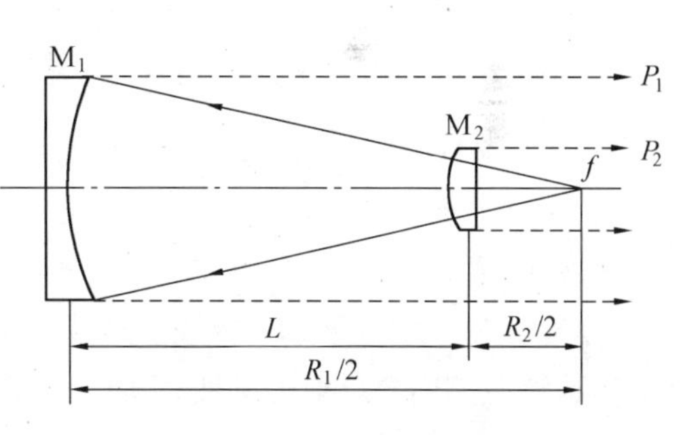

图 3.18　望远镜型非稳腔

$$L_1 = \frac{L(L-R_2) \mp \sqrt{L(L-R_1)(L-R_2)(L-R_1-R_2)}}{2L-R_1-R_2} \tag{3.147}$$

$$L_2 = \frac{-L(L-R_1) \pm \sqrt{L(L-R_1)(L-R_2)(L-R_1-R_2)}}{2L-R_1-R_2} \tag{3.148}$$

上二式中，若 $L_1>0$，表示像点在凹面镜的前方，$L_2>0$ 表示像点 P_2 在凸面镜后方，另外公式中根号前取正号或负号应由像点稳定性的要求来确定。对于典型虚共焦望远镜非稳腔，如图3.18所示，有 $R_1/2+R_2/2=L$，由式(3.147)、(3.148)算得 $L_1\to\infty$，$L_2=|R_2|/2$，从中看出它的主要特点是：一对轴上共轭像点中的一个即为公共焦点，而另一个则处于无限远处，因此腔内对应的自再现波形一个是平面波，另一个是以公共焦点虚中心的发散球面波，两个像点都在腔外，且能获得一个平面波输出，这是虚共焦腔的突出优点，通常采用平面波输出的方式。

虚共焦望远镜型非稳腔，由焦点 F 发出的一个轴球面波经 M_1 反射镜反射后，成为平行于光轴的平面波，该平面波行进到 M_2 反射镜反射后，又成为相当于由 F 点发出的球面波。对于虚共焦望远镜非稳腔的腔长，满足

$$L=\frac{R_1}{2}-\frac{|R_2|}{2} \tag{3.149}$$

每往返一次，波面的放大率 M 为

$$M=m_1m_2=\left|\frac{R_1}{R_2}\right| \tag{3.150}$$

考虑到能量在波面上的二维分布后，那么球面波在腔内往返一周经过两个反射镜面反射时总的能量损耗份额，即非稳腔的输出耦合率为

$$\delta_{往返}=1-\frac{1}{M^2}=1-\left|\frac{R_1}{R_2}\right|^2 \tag{3.151}$$

综上所述，非稳腔内几何再现波形往返一周的能量损耗份额与腔镜的横向尺寸无关，而仅由 J_1、J_2、R_1、R_2、L 所决定，这与稳定腔和平行平面腔等情况是不同的，我们可以通过调整 R_1、R_2、L 来控制非稳腔的能量损耗。

习题与思考题

1. 某激光器波长 $\lambda=0.7\ \mu m$，其高斯光束束腰光斑半径 $W_0=0.5$ mm。

①求距束腰 10 cm、20 cm、100 cm 时，光斑半径 $W(z)$ 和波阵面曲率半径 $R(z)$ 各为多少？

②根据题意，画出高斯光束参数分布图。

2. 横向激励大气压 CO_2 激光器（简称 $TEACO_2$ 激光器）$\lambda=10.6\ \mu m$，采用平凹腔，腔长 $L=1$ m，镀金凹面全反射镜的曲率半径 $R=10$ m。

①计算高斯光束的 W_0 和它的位置。

②该高斯光束的共焦参数 f 和远场发散半角 θ 为多少？

3. He－Ne 激光器波长 $\lambda=0.632\ 8\ \mu m$，采用平凹腔，其中凹面反射镜 $R=100$ cm 时：

①分别计算当腔长为 10 cm、30 cm、50 cm、70 cm、100 cm 时两个反射镜上光斑尺寸 $W_{平}$ 和 $W_{凹}$。

②根据题意，画出光斑尺寸 $W_{平}$ 和 $W_{凹}$ 随腔长 L 变化曲线。

4. CO_2 激光器波长 $\lambda = 10.6\ \mu m$，采用平凹谐振腔，当腔长 $L = 50\ cm, 100\ cm, R_1 \to \infty$，$R_2 = 500\ cm$时：

①计算高斯光束远场发散半角 θ。

②当腔长 L 一定（$L = 100\ cm$）时，改变反射镜曲率半径 R，画出 θ 随 R 的变化曲线。

③当 R 一定时（$R = 100\ cm$），改变腔长 L，画出 θ 随 L 的变化曲线。

5. 有一稳定光学谐振腔，腔长 $L = 100\ cm$，两反射镜曲率半径分别为 $R_1 = 150\ cm$，$R_2 = 200\ cm$。

①计算在基模振荡时，它的横模体积为多少？

②若在多模振荡时，当横模指数分别为 $m = 1, n = 1$ 时，$\frac{V_{mn}}{V_{00}}$的值为多少？

③计算有效菲涅耳数 N_{e_1} 和 N_{e_2} 各为多少？

6. He – Ne 激光器采用平凹腔，其波长 $\lambda = 0.632\,8\ \mu m$，两个反射镜半径均为 $a = 0.1\ cm$，$R_1 \to \infty$，$R_2 = 100\ cm$

①当腔长 $L = 10\ cm, 30\ cm, 50\ cm, 70\ cm, 100\ cm$ 时，计算有效菲涅耳数 N_{e1}和 N_{e2}为多少？

②当腔长 L 一定（$L = 100\ cm$），改变反射镜曲率半径 R，画出 N_{e1}和 N_{e2}随 R 变化曲线。

③当 R 一定（$R = 100\ cm$）时，改变腔长 L，画出 N_{e1}和 N_{e2}随 L 变化的曲线。

7. 共焦腔结构的 He – Ne 激光器，$\lambda = 0.632\,8\ \mu m$，若镜面上基模的光斑尺寸 $W_0 = 1\ mm$

①试求共焦腔的腔长 L。

②若腔长 L 保持不变，而波长 $\lambda = 10.6\ \mu m, 1.06\ \mu m, 0.514\,5\ \mu m$ 时，试分别求镜面上光斑尺寸为多大？

8. 氩离子激光器波长 $\lambda = 0.514\,5\ \mu m$，采用对称稳定球面腔，已知腔长 $L = 100\ cm$，$R = 500\ cm$。

①试计算基模光斑尺寸和镜面上的光斑尺寸。

②根据题意，试画出高斯光束结构示意图。

9. 有一双凹稳定球面腔，其腔长 $L = 50\ cm$，两个反射镜曲率半径分别为：$R_1 = 20\ cm$，$R_2 = 30\ cm$ 时

①试计算 $\lambda = 0.5\ \mu m, 1.0\ \mu m$ 时，光斑最小尺寸 W_0 和最小光斑位置为多少？

②在同样条件下，试计算两个反射镜上光斑尺寸各为多少？

③根据题意，试画出高斯光束结构示意图。

10. 有一凹凸球面腔，其中凹面反射镜 $R_1 = 150\ cm$，凸面反射镜 $R_2 = -100\ cm$，腔长 $L = 80\ cm$。

①试证明该腔为稳定腔。

②求出它的等价共焦腔参数。

③在图上画出等价共焦腔的具体位置。

11. 试证明,在腔长 L 相同的对称稳定光学谐振腔中,以共焦腔的基模体积为最小。在同样条件下,在什么情况下可以获得较大的模体积?

12. 某高斯光束的 $W_{01}=1$ mm,$\lambda=1.06$ μm,用 $f=2$ cm 的凸透镜来聚焦时

①求当高斯光光束束腰与透镜的距离 $z_1=100$ cm、1 000 cm、0 cm 时,出射高斯光束束腰 W_{02}和 z_2 为多少?

②分析所得结果。

13. 有一高斯光束,其束腰 $W_{01}=1$ mm,$\lambda=10.6$ μm,用 $f=1$ cm 的透镜聚焦时

①当 $z_1=1$ cm,2 cm 时求出射高斯光束 W_{02}为多少?

②试分析,当 f 一定时($f=1$ cm 和 2 cm),W_{02}随 z_1 变化情况。

③当 z_1 和 W_{01}一定时,W_{02}与 f 变化情况。

14. 当高斯光束通过薄透镜时,在什么条件下,$W_{02}>W_{01}$,在什么情况下 $W_{02}<W_{01}$。

15. 某一高斯光束,其束腰光斑尺寸 $W_{01}=1$ mm,波长 $\lambda=10.6$ μm,若用一望远镜系统准直,其中主镜用镀金凹面全反射镜,反射镜半径尺寸为 5 cm,曲率半径 $R=100$ cm,副镜为锗凸透镜,反射镜半径尺寸为 0.75 cm,$f_1=2.5$ cm,高斯光束的束腰与副锗凸透镜相距 $L=100$ cm。

①根据题意,画出利用望远镜对高斯光束准直示意图。

②求两透镜的焦点重合时的望远镜系统对高斯光束的准直倍率。

16. He-Ne 激光器采用平行平面腔,波长 $\lambda=0.632\ 8$ μm,反射镜的半径 $a=2$ mm,腔长 $L=100$ cm时

①试计算当横模指数 $m=0$,$n=0$ 时模的衍射损耗。

②如果当菲涅耳数 N 分别为 1,6.25,50 时,试分别计算基横模的衍射损耗为多少?分析计算结果。

17. 某气体激光器和固体激光器腔的结构参数如下:

气体激光器 $\lambda=10.6$ μm,反射镜半径 $a=1$ cm,腔长 $L=100$ cm;折射率 $\eta=1$。

固体激光器 $\lambda=1.06$ μm,反射镜半径 $a=0.3$ cm,腔长 $L=10$ cm,折射率 $\eta=1.76$。

①在平行平面腔条件下,试分别计算在基横模时的气体激光器和固体激光器的衍射损耗。

②试分析计算结果。

18. 有一对称的双凸非稳腔,其腔长 $L=1$ m,两个反射镜曲率半径为 $|R_1|=|R_2|=|R|=5$ m,试计算光在腔内往返一周的放大率和损耗率为多少?

19. 虚共焦腔由凹面镜 $R_1=150$ cm,凸面镜 $|R_2|=100$ cm,腔长 $L=25$ cm 构成。

①计算往返放大率 M 和往返损耗率 $\delta_{往返}$ 为多少?

②根据题意,试画出虚共焦非稳腔结构示意图。

20. 试证明虚共焦非稳腔关系式

$$\frac{R_1}{2}-\frac{|R_2|}{2}=L$$

$$g_1=\frac{g_2}{2g_2-1}$$

参考文献

1 周炳琨,高以智,陈倜嵘,陈家骅编著.激光原理.北京:国防工业出版社,2000

2 赫夫生,雷仁湛编著.激光器设计基础.上海:上海科学技术出版社,1979

3 孙宁,李相银,施振邦编著.简明激光工程.北京:兵器工业出版社,1992

4 陈钰清,王静环编著.激光原理.杭州:浙江大学出版社,2002

第四章　激光器工作原理

激光器按其工作(泵浦)方式来划分,可分为连续激光器与脉冲激光器两大类。对于连续激光器而言,激光工作物质在连续泵浦时间内,各能级粒子数密度及腔内的光子数密度都达到了稳定状态,即有 $\mathrm{d}n_i/\mathrm{d}t=0, \mathrm{d}N/\mathrm{d}t=0$。在这种情况下,各能级粒子数密度及光子数密度速率方程组由微分方程简化为代数方程来求得稳态解。在脉冲激光器中,由于泵浦时间比较短,在泵浦持续时间内,各能级粒子数密度及光子数密度均处于剧烈的变化之中,在尚未达到平衡状态前,泵浦作用就终止了,整个激光器系统处于非稳态情况。因此用速率方程讨论脉冲激光器的特性就变得比较复杂,但可以在适当的近似条件下得到速率方程的瞬态解,对脉冲激光与介质的相互作用及脉冲激光器的输出特性做定性的解释。应指出,如果脉冲泵浦持续时间远大于受激辐射跃迁上能级的寿命,我们称之为长脉冲激光器。在这种激光器系统中,由于脉冲泵浦持续时间足够长,脉冲激光器也能达到稳态振荡,也可视为连续激光器进行理论处理。因此,脉冲激光器与连续激光器没有严格的界限,从激光振荡特性来说,它们之间既有差别又有联系。

本章将在第二章建立的三能级、四能级激光工作物质速率方程组及由此得出的均匀加宽和非均匀加宽工作物质增益饱和效应的基础上,讨论激光器振荡的阈值条件、激光形成过程中的模竞争、激光输出功率或能量、弛豫振荡特性及激光放大器等基本特性。由于速率方程是在前面所说的近似和简化条件下建立的,它忽略了粒子和光子之间的相关性,所以不能处理与相干性有关的问题。

4.1　激光产生的阈值条件

在第一章中我们已了解到,当位于谐振腔内的激光工作物质的某对能级之间发生粒子数反转分布时,频率处于这对能级自发辐射谱线宽度内的微弱光信号,在该介质中传输时,获得增益而被放大。由于激光谐振腔内存在各种损耗,又会使光信号不断衰减。是否能在谐振腔内产生激光振荡,取决于增益和损耗的大小,即激光产生的阈值条件。激光振荡阈值是腔内辐射由自发辐射(荧光)向受激辐射(激光)转变的转折点。这个转折点可以通过光在谐振腔内往返一周后的光强变化求得,也可以通过速率方程推导出来。本节我们从速率方程出发来推导激光产生的阈值条件。

第二章中建立的光子数密度速率方程是在假定工作物质充满谐振腔内,即谐振腔长度 L

等于工作物质长度 l 条件下建立的。考虑到一般激光器中,谐振腔长度 L 往往大于激光工作物质长度 l,若激光器工作物质的折射率为 η,腔内其余部分折射率为 η',在这种情况下,就应对式(2.63)所表示的光子数密度的速率方程做一定的修正。假设光束截面 A 在腔内处处相等,则工作物质中的光束体积 $V_a = Al$,谐振腔中其余部分的光束体积为 $V_R = A(L-l)$,则谐振腔中第 l 个模的光子数变化的速率方程可表示为

$$\frac{d[N_l Al + N_l' A(L-l)]}{dt} = \left(n_2 - \frac{g_2}{g_1}n_1\right)\sigma_{21}(\nu,\nu_0)\frac{c}{\eta}N_l Al - \frac{N_l Al + N_l' A(L-l)}{\tau_{Rl}} \tag{4.1}$$

式中　N_l——第 l 模在工作物质中的光子数密度;

N_l'——腔内除工作物质外其余部分的光子数密度。

光子寿命为

$$\tau_{Rl} = \frac{L'}{\delta c} = \frac{\eta l + (L-l)\eta'}{\delta c}$$

式中谐振腔光学长度 $L' = \eta l + (L-l)\eta'$。在不同折射率界面处,流进界面的光子流强度应等于流出的光子流强度。于是,激光工作物质长度 l 小于谐振腔长度 L,腔内有两种不同折射率介质时,光子数密度速率方程可改写为

$$\frac{dN_l}{dt} = \left(n_2 - \frac{g_2}{g_1}n_1\right)\sigma_{21}(\nu,\nu_0)cN_l\frac{l}{L'} - N_l\frac{\delta c}{L'} \tag{4.2}$$

式中第一项为某一特定模式受激辐射产生的光子数,后一项表示该模在谐振腔中振荡时损耗的光子数。当$(dN_l/dt)>0$时,腔内光辐射场由微弱的自发辐射场不断增大成为足够强的受激辐射场。我们把 $dN_l/dt=0$ 时所需的反转粒子数密度称为阈值反转粒子数密度 Δn_t。考虑到在阈值附近的情况下,腔内受激辐射还很弱,属于小信号情况。从式(4.2)很容易求得一个模式的振荡阈值反转粒子数密度,即

$$\Delta n_t = \frac{\delta}{\sigma_{21}(\nu,\nu_0)l} \tag{4.3}$$

由于不同的频率具有不同的受激辐射截面,因此,不同纵模的阈值反转粒子数也不相同。显然,在中心频率处的阈值反转粒子数密度最低,可表示为

$$\Delta n_t = \frac{\delta}{\sigma_{21}l} \tag{4.4}$$

通常我们把中心频率处的阈值反转粒子数密度称为激光器的阈值反转粒子数密度。由上分析可见,无论折射率均匀或不均匀,工作物质长度小于或等于腔长,在对光子数密度速率方程做了一定修正后,激光器的阈值反转粒子数密度表达式是一致的。

对于均匀加宽介质,有

$$\Delta n_t = \frac{\delta}{\sigma_{21}l} = \left(\frac{v^2 A_{21}}{4\pi^2\nu_0^2\Delta\nu_H}\right)^{-1}\cdot\frac{\delta}{l} \tag{4.5}$$

对于非均匀加宽介质,有

$$\Delta n_{\mathrm{t}} = \frac{\delta}{\sigma_{21} l} = \left(\frac{\sqrt{\ln 2}\, v^2 A_{21}}{4\pi^{3/2} \nu_0^2 \Delta \nu_{\mathrm{D}}} \right)^{-1} \cdot \frac{\delta}{l} \tag{4.6}$$

由前已知

$$G = \Delta n \sigma_{21}(\nu, \nu_0)$$

从式(4.3)可求得激光自激振荡时的阈值增益系数表达式如下

$$G_{\mathrm{t}} = \frac{\delta}{l} \tag{4.7}$$

所以激光的阈值条件可表示为

$$G^0(\nu) \geqslant G_{\mathrm{t}}$$

式(4.7)告诉我们,对某一激光器而言,阈值增益系数是个常数,即一旦激光器中的损耗系数确定,则该激光器的阈值增益系数也随之确定。不同的纵模虽具有不同的频率,但因它们的 δ 并不随频率而变,因而不同纵模的阈值增益系数 G_{t} 相同,在增益曲线上我们可以用一直线来表示不同纵模的 G_{t}。然而,因不同的横模具有不同的衍射损耗,据式(4.7)可知,不同的横模具有不同的阈值增益系数,显然高阶横模的阈值增益将大于基模的阈值增益。

图4.1(a)为某一激光器的小信号增益曲线。图中分别给出了 TEM_{00}模和 TEM_{01}模的阈值增益系数 G_{t}^{00} 和 G_{t}^{01},并有 $G_{\mathrm{t}}^{00} < G_{\mathrm{t}}^{01}$。图4.1(b)中给出了对应于 TEM_{00}模和 TEM_{01}模的两组谐振腔模谱,它们分别为 TEM_{00q-1},TEM_{00q},TEM_{00q+1},TEM_{00q+2}和 TEM_{01q-1},TEM_{01q},TEM_{01q+1},TEM_{01q+2}。结合图4.1(a)和(b)可以看到,其中 TEM_{00q},TEM_{01q},TEM_{00q+1}这三个模的小信号增益系数大于相应的阈值增益系数,在腔内均可以起振。

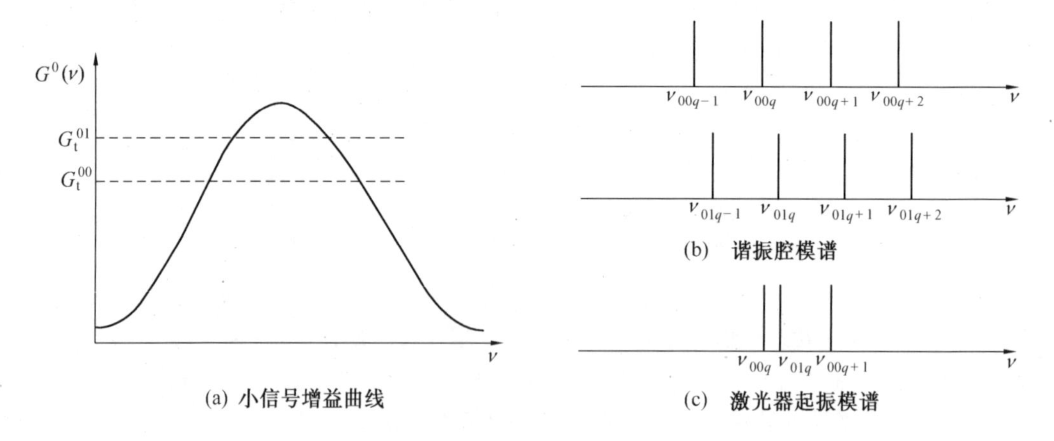

图4.1 激光起振模谱的形成

对于四能级系统激光器来说,激光上能级属亚稳态,下能级是激发态,其无辐射跃迁几率 S_{10}很大,E_1 能级上几乎没有什么粒子停留,因而可认为

$$n_1 \approx 0$$

$$\Delta n = \left(n_2 - \frac{g_2}{g_1}n_1\right) \approx n_2$$

于是,四能级系统激光器的阈值反转粒子数密度即可由 E_2 能级粒子数密度的阈值表示为

$$n_{2t} \approx \Delta n_t = \frac{\delta}{\sigma_{21} l}$$

当 E_2 能级上粒子数密度 n_2 稳定在 n_{2t}时,单位时间内在单位体积中有 $n_{2t}/\eta_2\tau_s$ 个粒子自 E_2 能级跃迁到 E_1 能级。为使 n_2 稳定在 n_{2t},单位时间内在单位体积中同样必须有 $n_{2t}/\eta_2\tau_s$ 个粒子自 E_3 能级跃迁到 E_2 能级,而 E_3 能级上粒子数密度要靠外界泵浦来提供,由于存在泵浦效率 η_1,所以为使 E_2 能级上粒子数密度 n_2 稳定在 n_{2t}上,在单位时间内单位体积中必须有 $n_{2t}/\eta_2\eta_1\tau_s$ 个粒子从 E_0 能级抽运到 E_3 能级上。于是,四能级系统激光器的阈值泵浦功率 P_{pt} 可表示为

$$P_{pt} = \frac{h\nu_P \Delta n_t V}{\eta_1\eta_2\tau_s} = \frac{h\nu_P \delta V}{\eta_F \tau_s \sigma_{21} l} \tag{4.8}$$

式中　V——工作物质体积;

ν_P——泵浦光频率。

对于三能级系统激光器,分析方法与四能级类似。由于三能级系统中,激光下能级是基态。因

$$\Delta n = n_2 - \frac{g_2}{g_1}n_1$$

$$n = n_2 + \frac{g_2}{g_1}n_1$$

故三能级系统激光器 E_2 能级的阈值粒子数密度为

$$n_{2t} = \frac{n + \Delta n_t}{2}$$

由于在典型三能级系统的红宝石激光器中有 $\Delta n_t \ll n$,所以有

$$n_{2t} \approx \frac{n}{2}$$

因此,须吸收的泵浦功率阈值为

$$P_{pt} = \frac{h\nu_P n V}{2\eta_F \tau_s} \tag{4.9}$$

比较式(4.8)和式(4.9)可见,四能级系统激光器的阈值泵浦功率与单程损耗 δ 成正比,而三能级激光器的阈值泵浦功率公式中未出现损耗因子,这是由于在四能级系统中只要将 Δn_t 个粒子激发到高能级,而三能级系统中,必须将$(n + \Delta n_t)/2$ 个粒子激发到高能级上才能获得

激光，而 Δn_t 与 n 相比小得多，可忽略不计，说明了三能级激光器至少要将一半基态粒子抽运上去，才能达到阈值反转粒子数，且对光腔损耗的大小不太敏感。

当脉冲宽度 t_0 远远小于 E_2 能级寿命的短脉冲激光器的泵浦能量时，由于激励时间短，在光泵抽运时间内，可忽略 E_2 能级上的自发辐射和无辐射跃迁的影响，即可认为抽运到 E_2 能级上的粒子数密度完全取决于泵浦效率。已知泵浦效率为 η_1，则要使 E_2 能级增加一个粒子，须吸收的泵浦光子为 $1/\eta_1$。根据阈值条件，当单位体积中吸收的泵浦光子数大于 $\Delta n_t/\eta_1$ 时，就能产生激光。于是，可得四能级系统短脉冲激光器的阈值泵浦能量为

$$E_{pt} = \frac{h\nu_P \Delta n_t V}{\eta_1} = \frac{h\nu_P \delta V}{\eta_1 \sigma_{21} l} \tag{4.10}$$

三能级系统短脉冲激光器的阈值泵浦能量为

$$E_{pt} = \frac{h\nu_P n V}{2\eta_1} \tag{4.11}$$

需要说明的是，当脉冲宽度 t_0 与 E_2 能级寿命可比拟时，泵浦能量的阈值不能用一个简单的解析式表示，只能用数值计算方法来求。表 4.1 中列出了红宝石、钕玻璃、掺钕钇铝石榴石（Nd－YAG）三种激光器根据本节公式计算得到的有关振荡条件的各种参数数值，其中假设这三种激光器的工作物质及谐振腔的结构参数相同。这些参数分别是：工作物质长度为 10 cm，输出反射镜透过率为 50%，工作物质内部损耗为零，单程损耗因子 $\delta = -\frac{1}{2}\ln(1-T) \approx 0.35$，$\eta_1 = \eta_E$，红宝石中总的粒子数密度 $n = 1.9 \times 10^{19}\ \text{cm}^{-3}$。从表 4.1 所列数据可以看出三能级系统所需的阈值能量比四能级大得多，这是因为三能级系统激光器中，至少要把一半的粒子数激励到 E_2 能级上去才能形成粒子数反转。而四能级系统的激光下能级为激发态，由于 $n_1 \approx 0$，只需把 Δn_t 个粒子激励到 E_2 能级上去，就可使介质中的增益克服腔中的损耗而产生激光振荡。由于三能级系统激光器连续工作时所需的阈值泵浦功率太大，所以一般情况下红宝石激光器都以脉冲方式工作。

表 4.1　三种激光器振荡条件的计算值

激光器种类	红宝石	钕玻璃	掺钕钇铝石榴石
$\lambda_0/\mu m$	0.694 3	1.06	1.06
ν_0/Hz	4.32×10^{14}	2.83×10^{14}	2.83×10^{14}
η	1.76	1.52	1.82
$\Delta\nu_F$/Hz	3.3×10^{11}	7×10^{12}	1.95×10^{11}
τ_s/s	3×10^{-3}	7×10^{-4}	2.3×10^{-4}
$\Delta n_t/\text{cm}^{-3}$	8.7×10^{17}	1.4×10^{18}	1.8×10^{16}
n_{2t}/cm^{-3}	9.8×10^{18}	1.4×10^{18}	1.8×10^{16}
η_F	0.7	0.4	1
$E_{pt}/[V\cdot(J\cdot cm^{-3})^{-1}]$	5	0.95	4.9×10^{-3}
$P_{pt}/[V\cdot(W\cdot cm^{-3})^{-1}]$	1 600	1 400	21

此外,同属于四能级系统的掺钕钇铝石榴石和钕玻璃相比较,前者的阈值泵浦能量(功率)比后者小得多,从式(4.9)和式(4.10)可见,这是由于四能级系统的阈值泵浦能量(功率)与受激辐射截面 σ_{21}成反比,而 σ_{21}又与荧光线宽 $\Delta\nu_F$ 成反比。从表 4.1 可以看到掺钕钇铝石榴石的 $\Delta\nu_F$ 较钕玻璃小一个量级,其量子效率也比钕玻璃高,所以钇铝石榴石激光器的阈值泵浦能量(功率)低得多,可以连续工作,而钕玻璃激光器一般只能脉冲工作。

表 4.1 中所列三种固体激光器产生激光所需要的阈值反转粒子数密度、阈值泵浦功率或阈值泵浦能量数据均为计算值。实际固体激光器的阈值往往是指要达到产生激光所需要的阈值反转粒子数密度,外界需提供的功率或能量。在脉冲固体激光器中,由电容器将储存的电能通过闪光灯转换为光能,闪光灯发出的光经聚光器会聚到介质棒上,因闪光灯为广谱光源,介质棒只吸收其中对抽运有用的某些波长的光,将粒子从基态激励到高能级,再转移到激光上能级。由此可见,在阈值泵浦能量(或功率)和外界提供能量之间存在许多能量转换环节,这些环节都将造成部分能量的损失,而且这些环节的效率与元件质量和光学调整精度的高低有直接的联系。同一规格的固体激光器的阈值可以有比较大的差别,因此,阈值是衡量固体激光器性能的重要指标之一。

4.2　连续激光器的工作特性

本节我们将在第二章分析的增益饱和现象的基础上,进一步讨论均匀加宽、非均匀加宽激光器输出模式、功率的工作特性。

一、均匀加宽激光器的输出模式

由前面讨论可知,如果有多个模式的谐振频率落在均匀加宽增益线宽范围内,且这些模式的小信号增益系数均大于阈值增益系数,则这些模式频率可以起振。但是,这几个起振的模式最终是否都能达到稳态振荡输出呢? 要回答这个问题,我们需要考察一下这几个起振模式在谐振腔内的增益和损耗平衡的结果。

为了便于理解,我们通过图 4.2 来说明均匀加宽激光器在稳态振荡过程中的模式竞争。在此,假设有 ν_{q-1},ν_q,ν_{q+1}三个模式满足起振条件,它们在激光谐振腔中被振荡放大,其光强 I_{q-1},I_q,I_{q+1}逐渐上升,当最靠近中心频率的 ν_q 的光强 I_q 达到饱和光强 I_s 时,因饱和效应而导致增益曲线下降,随着 I_q 的上升,增益曲线下降到如图 4.2 所示的曲线 1 时,由于此时 $G(\nu_{q+1})=G_t$,频率为 ν_{q+1}的光强将不再增加。但另两个模式 ν_{q-1}和 ν_q 的增益系数仍大于 G_t,I_{q-1}、I_q 的继续增大将使饱和加深,增益曲线也继续下降使 $G(\nu_{q+1})<G_t$,I_{q+1}在振荡过程中不断减小直至为零,即 ν_{q+1}模熄灭。当增益曲线下降到如图 4.2 所示的曲线 2 时,出现 $G(\nu_{q-1})=G_t$ 的时刻,频率为 ν_{q-1}的光强将不再增加。但模式 ν_q 的增益仍大于 G_t,I_q 的继续增大使上述现象继续发生,即频率为 ν_{q-1}的光强也不断减小导致 ν_{q+1}模也很快熄灭。最后,

当增益曲线下降至曲线 3, $G(\nu_q)=G_t$ 时, I_q 达到稳态值,说明激光器达到稳定振荡。由上所述可知,均匀加宽激光器在稳态建立过程中, ν_{q-1}、ν_{q+1}模相继很快熄灭,最终只有最靠近中心频率的 ν_q 能维持稳定振荡,这就是均匀加宽激光器中的模竞争,竞争的结果使腔中只有一个模式存在,形成稳定振荡,其他模式都被抑制而熄灭。不同横模之间的模竞争也可按上述思路来分析,但由于不同横模具有不同的 G_t 值,在竞争过程中情况就更为复杂些。

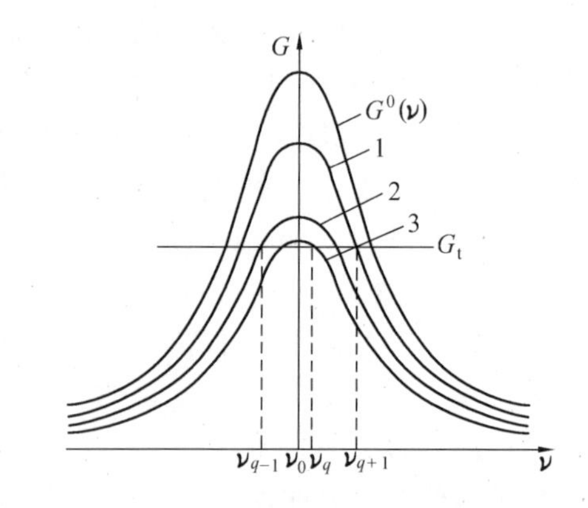

图 4.2 均匀加宽激光器中模竞争示意图

至此,我们可得到的一个结论是,在理想情况下,均匀加宽连续激光器的输出模式应为单纵模,单纵模的频率总是位于谱线中心频率附近。

但实际上,并非所有均匀加宽激光器的输出模式均为单模。尤其在激发较强时,往往会出现多纵模振荡,这是由于空间烧孔效应的存在所致。激发越强,振荡模式将越多。下面我们讨论空间烧孔效应产生的原因及对输出模式的影响。

当一个频率为 ν_q 的纵模在腔内形成稳定振荡时,腔内的光场分布为驻波场分布,见图 4.3(a)。进一步分析可知,由于驻波场的存在,实际上沿腔轴方向上各点因增益饱和效应造成的反转粒子数和增益系数的变化是不同的。对应于驻波场波腹处光强最大,消耗的反转粒子数多,增益系数就小;波节处光强最小,消耗的反转粒子数少,增益系数就大。因此,沿腔轴方向上反转粒子数的分布如同驻波场的分布,见图 4.3(b),烧孔的间距在振荡光波长的量级。我们把增益系数(反转粒子数)在腔轴方向上周期性变化的现象称做增益(反转粒子数)的空间烧孔效应。增益在空间方向上的这种分布会导致均匀加宽激光器的多模振荡。定性解释产生这一现象的原因如下:若另一个频率为 ν_q' 的模,其在腔内的光场分布见图 4.3(c)。由于空间烧孔效应的存在,从图中我们可以看到这个模可以在虚线所示的位置(即 ν_q 模的波节处)附近获得较高的增益,满足振荡条件,形成较弱的振荡,由此说明腔内有些纵模可以使用不同空间的激活粒子而同时形成振荡。因此,由于空间烧孔效应,有些均匀加宽激光器的输出模式会出现多纵模。

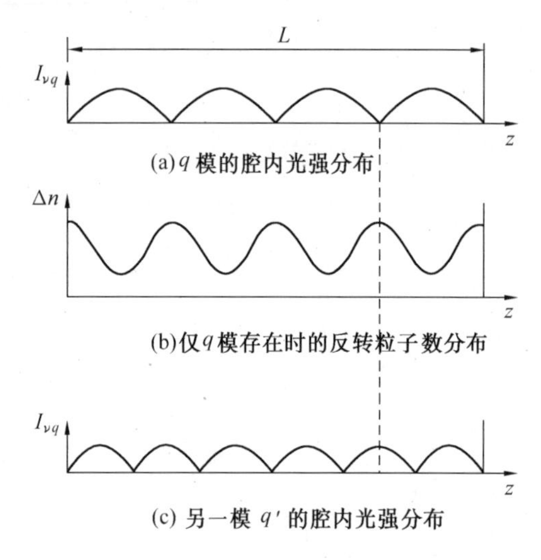

图 4.3 空间烧孔效应导致多模振荡示意图

下面接着讨论的问题是空间烧孔形成的条件。

空间烧孔是否能在工作物质中形成取决于两个条件：①激光谐振腔为驻波腔；②激活粒子在空间的转移速度。在气体工作物质中，粒子处于无规热运动，通过扩散可实现激活粒子的迅速转移，消除空间分布的不均匀性，难以形成空间烧孔，所以均匀加宽为主的高气压气体激光器输出为单纵模，如二氧化碳激光器。在固体激光器中，激活粒子被束缚在晶格上，激发态粒子的空间转移是借助于粒子和晶格的能量交换实现的，如红宝石工作物质中的铬离子在空间转移半个波长约需要 10^{-4} s，半导体材料中的转移时间约为 10^{-7} s，若转移半个波长需要的时间大于激光形成时间，则空间烧孔不会消除。在含有光隔离器的单向传输的行波腔内，可以认为光强沿轴向分布均匀，不存在空间烧孔，因而可以获得单纵模振荡。

以上讨论的仅为激光器中的轴向空间烧孔，由于各种横模在横截面上的光场分布也是不均匀的，因此在横向也存在空间烧孔效应。不同的横模在横截面上有不同的光强分布（图 4.4 实线所示），导致横向的反转粒子数分布也不是均匀的（图 4.4 虚线所示）。由于横向烧孔的尺度一般在毫米量级，横模分布造成的激活粒子数空间分布的不均匀性不能依靠粒子的空间迁移来消除。因此，当激励作用足够强时，不同横模同样可以使用不同空间的激活粒子，形成多个横模同时振荡输出。

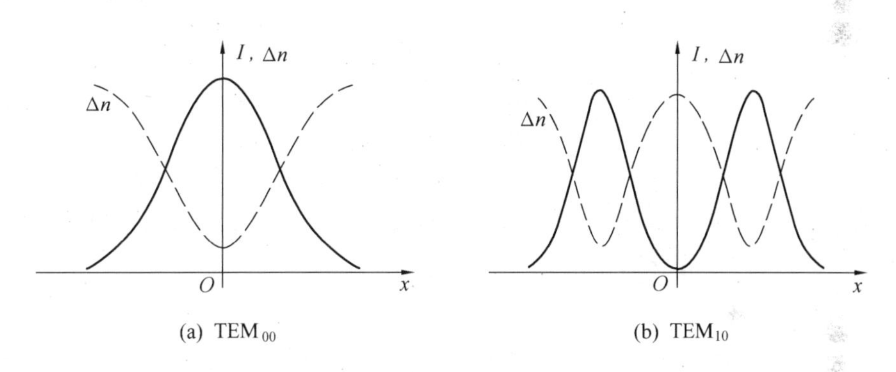

图 4.4　横向烧孔效应的形成

（实线为模的光场分布；虚线为反转粒子数分布）

二、非均匀加宽激光器输出模式

在第二章第 5 节中我们已讨论了非均匀加宽工作物质中的烧孔效应。当某一个频率模的光强足够大时，在驻波腔激光器增益曲线上烧出两个孔，这两个孔对称分布在中心频率两侧。只要纵模间隔足够大（远大于烧孔宽度），各个纵模的振荡是独立的，并且互不相关，则某一个纵模的振荡不会影响另一个纵模的增益系数。因此，在非均匀加宽激光器中，所有满足 $G^0 > G_t$ 振荡条件的纵模都能起振并实现稳定振荡，一般情况下，输出模式为多纵模。

图 4.5 表示非均匀加宽激光器输出模式个数与外界激励强度的关系。从图上所示可以看到，当外界激励未能使小信号增益曲线（曲线 A）超过阈值增益时，与均匀加宽激光器情况相

同,任何一个纵模都不能起振,没有激光输出;当激励增强导致小信号增益曲线 B 达到阈值增益时,输出一个纵模。激励继续增强,多个纵模的小信号增益系数大于阈值增益,这些模的光强在腔内振荡放大,最终通过烧孔效应和增益饱和,将其增益钳制在 $G = G_t$ 上(如曲线 C 所示,图中虚线表示小信号增益曲线)。因此,非均匀加宽激光器的输出模式随着外界激励加大,激光器输出模式个数将增多。

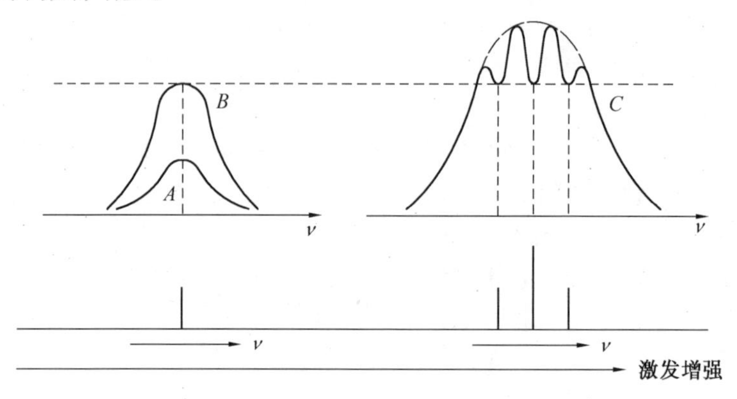

图 4.5 非均匀加宽激光器振荡模式与激励强度

需要说明的是,在非均匀加宽激光器中也同样存在模竞争现象。表现在中心频率对称位置上的两个纵模 ν_{q-1}和 ν_{q+1},它们在增益曲线上的烧孔位置是重合的。这就意味着这两个模是共用同一部分的反转粒子数,由此会产生模竞争。ν_{q-1}模和 ν_{q+1}模的输出功率不可避免地会出现无规的起伏。此外,当纵模间隔较小,致使相邻纵模形成的烧孔有部分重叠,共用的这部分反转粒子将导致相邻纵模之间的竞争。

4.3 连续激光器的输出功率和最佳透过率

输出功率是表征激光器输出性能的一个重要技术指标,连续激光器的输出功率是指达到稳态后通过部分反射镜透射的腔内最大光强与激光束平均截面面积的乘积。从自激振荡的概念可知,腔内微弱的光强 I_0 起初经过激光工作物质时,光强 I_0 按小信号放大规律 $I(z) = I_0 e^{(G^0 - \alpha)z}$增长,但随着 $I(z)$的增加,增益系数将由于饱和效应而减小,使 $I(z)$的增长率减慢。但只要大信号增益系数 $G(I)$仍大于阈值增益 G_t,光强增大的过程将继续下去,直到

$$G(I) = G_t = \frac{\delta}{l} \tag{4.12}$$

时,腔内的光强不再增加,达到最大值。此时,激光器达到了稳定工作状态。我们可以根据式(4.12)求出腔内的最大光强,即连续激光器稳态工作时的腔内光强。若均匀加宽激光器输出的单模频率为 ν_0,由式(4.12)可得

$$G_{\mathrm{H}}(\nu_0, I_{\nu_q}) = \frac{G_{\mathrm{H}}^0(\nu_0)}{1 + \dfrac{I_{\nu_0}}{I_s}} = \frac{\delta}{l}$$

由上式可求出此时腔内

$$I_{\nu_0} = I_s\left(\frac{G_m l}{\delta} - 1\right) \tag{4.13}$$

式中　G_m——中心频率处的小信号增益系数。

一、均匀加宽单模激光器

对于一个驻波腔激光器而言，腔内存在沿腔轴正方向和反方向传输的两束光，分别用 I^+ 和 I^- 来表示。若谐振腔由一块全反射镜和一块透射率为 T 的输出反射镜组成，腔内光强变化见图 4.6。当增益不大并做粗略估算时，可近似认为 $I^+ \approx I^-$，因此，腔内光强 $I_{\nu_0} = I^+ + I^- \approx 2I^+$。在均匀加宽激光器中 I^+ 和 I^- 同时参与饱和。

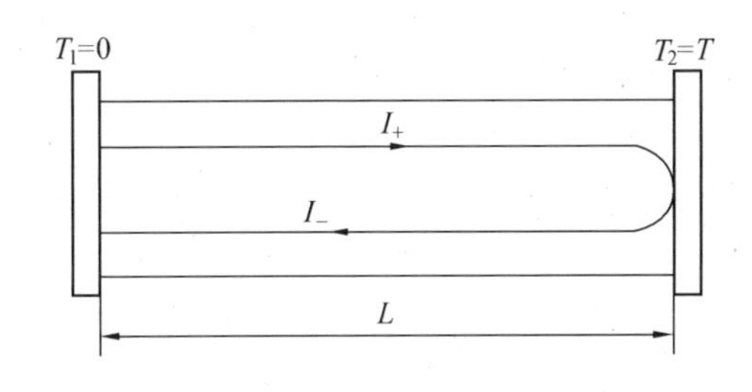

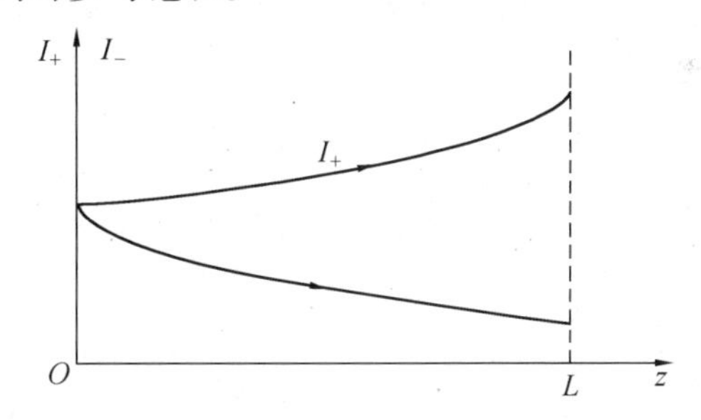

图 4.6　驻波腔激光器腔内光强变化

若设激光束在腔内的平均截面面积为 A，则均匀加宽连续激光器的输出功率应为

$$P_{\mathrm{out}} = ATI^+ = \frac{1}{2}ATI_s\left(\frac{G_m l}{\delta} - 1\right) \tag{4.14}$$

式中　δ——激光器中总的单程损耗，其中包括有反射镜的透射，反射镜面及膜层材料的吸收、散射，衍射损耗及增益介质内部的吸收、散射损耗等。

从激光输出角度看，输出反射镜的透射损耗是“有益损耗”，在讨论激光输出功率时，我们将它从总的单程损耗因子中提出来。假定另一反射镜为全反镜，激光器往返一周的总损耗可表示为 $2\delta = -\ln(1-T) + a$，其中 a 为除透射损耗外的往返指数其他损耗因子。如果 $T \ll 1$，将 $\ln(1-T)$ 用级数展开后取一级近似，则有 $2\delta \approx T + a$。于是式(4.14)可改写为

$$P_{\mathrm{out}} = \frac{1}{2}ATI_s\left(\frac{2G_m l}{a+T} - 1\right) \tag{4.15}$$

将工作物质的饱和光强和中心频率小信号增益系数表达式代入式(4.14)，可得四能级激光器的输出功率表达式，即

$$P = \frac{1}{2}ATh\nu_0\left(nW_{03}\frac{l}{\delta} - \frac{1}{\sigma_{21}\tau_2}\right)$$

从上式我们可以得出如下结论:①选择受激辐射截面大、激光上能级寿命长的工作物质有利于获得大功率输出;②抽运几率越大,输出功率越大;③增加工作物质长度、降低损耗也有助于增大输出功率。

应说明上述从增益饱和出发求稳态工作时腔内平均光强的方法只是粗略的估算,而实际腔内的光强是不均匀的,且 $I^+ \neq I^-$,要精确计算腔内各点光强是十分复杂的,但上述近似估算所得的结论还是能反映激光器输出功率的规律的。

对于光泵的固体激光器,应有

$$\frac{P_P}{P_{Pt}} = \frac{\Delta n^0}{\Delta n_t} = \frac{G_m}{G_t} = \frac{G_m l}{\delta} \tag{4.16}$$

式中 P_p——工作物质吸收的泵浦功率;

P_{pt}——阈值泵浦功率。

于是,式(4.14)可改写为

$$P_{out} = \frac{1}{2}ATI_s\left(\frac{P_p}{P_{pt}} - 1\right)$$

将 $I_s = h\nu_0/\sigma_{21}\tau_2$ 和式(4.8)代入上式,可得到光泵固体激光器输出功率的另一种表达形式,即

$$P_{out} = \frac{\nu_0}{\nu_p}\frac{A}{S}\eta_0\eta_1 P_{pt}\left(\frac{P_p}{P_{pt}} - 1\right) \tag{4.17}$$

式中 S——工作物质横截面面积;

η_0——输出功率"有益损耗"与总损耗的比值,$\eta_0 = T/2\delta$;

P_p/P_{pt}——激发参数。

激发参数越大,小信号增益系数超出阈值增益系数越多。由式(4.17)可见,光泵固体激光器输出功率是由超出 P_{pt}部分的泵浦功率转换得来的,当 $P_p > P_{pt}$,输出功率随泵浦功率线性增大。

对于放电激励的气体激光器,需要指出的是,无论均匀加宽还是下面将讨论的非均匀加宽工作物质,其 G_m 值并不正比于激励功率 P_p。如氦氖激光器在最佳放电条件下,中心频率小信号增益系数为

$$G_m = 1.4 \times 10^{-2}\frac{l}{\mathrm{d}}$$

式中 l——放电管长度;

d——放电管直径。

在最佳放电电流下,气体激光器输出功率最大。

从上面讨论已知,输出功率与输出镜透射率 T 有关,当 T 增大,腔内光强的透射比例增

大,有利于提高激光器的输出功率,但由于透射损耗的增大,阈值增益系数同时升高,从而导致激发参数变小,腔内光强下降。显然,存在一个使输出功率达到最大的最佳透射率 T_m。图4.7给出了往返指数损耗因子 a 为不同值时,最佳透射率与往返增益因子 $2G_m l$ 的关系曲线。由图 4.8 可见,G_m 越大,工作物质越长,a 越大,则最佳透过率越大。在实际工作中,我们往往采

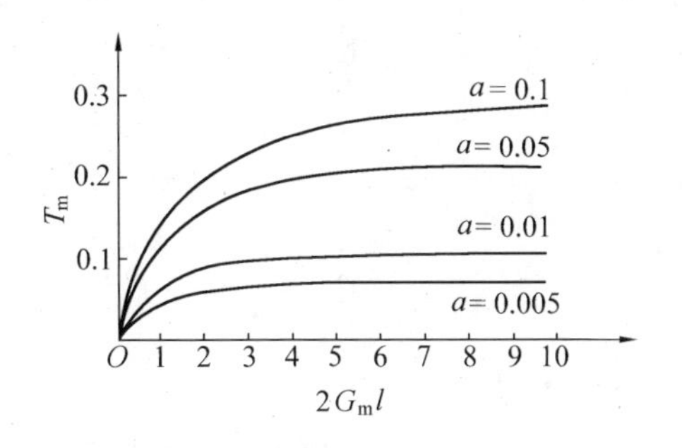

图 4.7　最佳透射率和 2gml

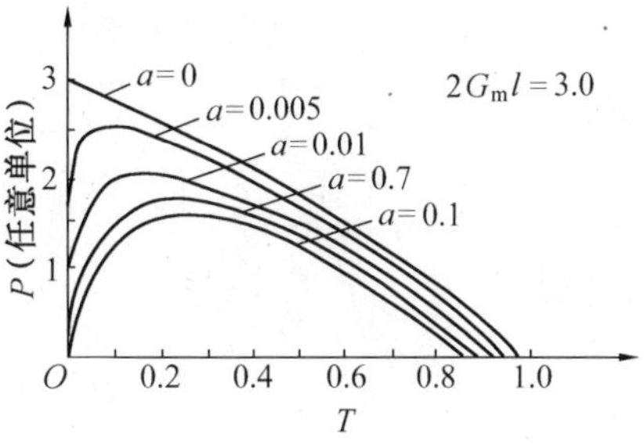

图 4.8　输出功率和透射率

用实验测定 T_m 值。具体方法是保持泵浦功率不变,改变输出反射镜透射率,测量输出功率,从而确定该激光器的 T_m 值。在 $T \ll 1$ 时,可以通过式(4.9)对 T 微分,当 $\mathrm{d}P/\mathrm{d}T=0$ 时可求得理论上的最佳透过率为

$$T_m = \sqrt{2G_m la} - a \tag{4.18}$$

将上式代入式(4.15),可得输出镜有最佳透过率时的输出功率,即

$$P_m = \frac{1}{2}AI_s\left(\sqrt{2G_m la} - \sqrt{a}\right)^2 \tag{4.19}$$

二、非均匀加宽单模激光器

讨论非均匀加宽单模激光器输出功率的基本思路与均匀加宽介质激光器相同,但应注意的是,当振荡频率 $\nu_q \neq \nu_0$ 时,腔内 I^+ 和 I^- 传输光分别与不同速率的反转粒子数作用,当它们达到饱和时,又分别在增益曲线上烧两个孔。换句话说,对每个孔的饱和作用分别与 I^+ 或 I^- 相对应,而不是两者之和。因此,振荡模的腔内光强 $I_{\nu_q} = I^+$,其增益系数为

$$G_i(\nu_q, I_{\nu_q}) = \frac{G_m}{\sqrt{1+\dfrac{I^+}{I_s}}}e^{-4\ln 2\frac{(\nu_q-\nu_0)^2}{\Delta\nu_D^2}}$$

可解得达到稳态工作时的 I^+ 为

$$I^+ = I_s\left\{\left[\frac{G_m l}{\delta}e^{-4\ln 2\frac{(\nu_q-\nu_0)^2}{\Delta\nu_D^2}}\right]^2 - 1\right\} \tag{4.20}$$

所以,非均匀加宽单模($\nu_q \neq \nu_0$)激光器的输出功率表达式为

$$P = AI^+ T = AI_s T\left\{\left[\frac{G_m l}{\delta} e^{-4\ln 2\frac{(\nu_q-\nu_0)^2}{\Delta\nu_D^2}}\right]^2 - 1\right\} \tag{4.21}$$

当振荡频率 $\nu_q = \nu_0$ 时,I^+ 和 I^- 两束光都与 $\nu_z = 0$ 的反转粒子数相互作用,在增益曲线中心频率处烧一个孔,此时,腔内平均光强 $I_{\nu_0} = I^+ + I^- \approx 2I^+$。根据稳定振荡条件,求得的腔内平均光强为

$$I_{\nu_0} = I_s\left[\left(\frac{G_m l}{\delta}\right)^2 - 1\right] \tag{4.22}$$

输出功率为

$$P = AI^+ T = \frac{1}{2}AI_s T\left[\left(\frac{G_m l}{\delta}\right)^2 - 1\right] \tag{4.23}$$

比较式(4.21)和式(4.23)可发现,非均匀加宽单模激光器中心频率处的输出功率表达式中出现一个1/2因子,说明振荡模式频率 $\nu_q = \nu_0$ 时的输出功率比 $\nu_q \neq \nu_0$ 时小。当我们改变腔长,调谐激光频率可以测得图4.9所示的单模输出功率 P 和振荡频率 ν_q 的关系曲线,由图可见在曲线的 $\nu_q = \nu_0$ 附近出现一凹陷,这一凹陷称之为兰姆凹陷,是由兰姆(Lamb)最先在理论上指出,并用半经典理论圆满地解释了这一现象。这一特性在稳频技术中有重要的应用。

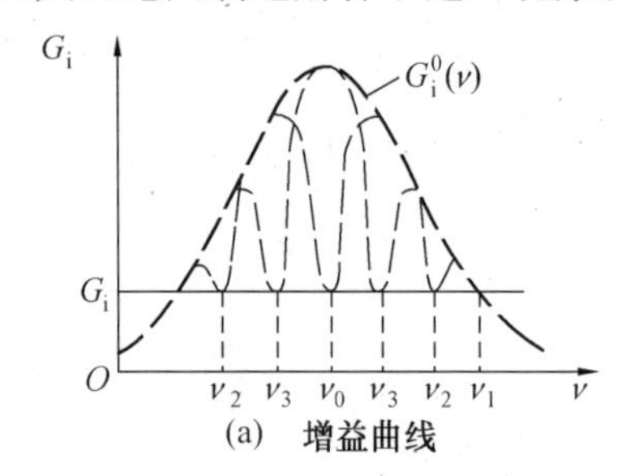

(a) 增益曲线

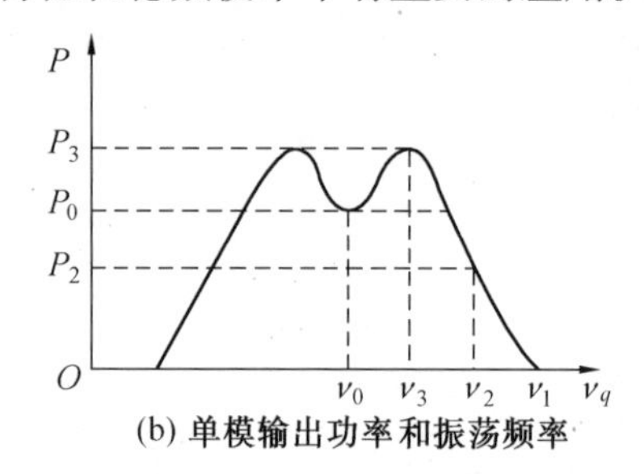

(b) 单模输出功率和振荡频率

图4.9 兰姆凹陷的形成

下面我们利用图4.9定性解释兰姆凹陷形成的原因。由图4.9(a)可见,在 $\nu_q = \nu_1$ 时,其小信号增益正好等于阈值增益,输出功率 $P = 0$。当 $\nu_q = \nu_2$ 时,由于驻波腔烧孔效应,在增益曲线的 ν_2 和 ν_2' 处烧两个孔,这就表明这两个烧孔所对应的速度 $v_z = \pm c(\nu_2 - \nu_0)/\nu_0$ 的两部分粒子对频率 ν_2 的激光有贡献。激光功率 P_2 正比于这两个烧孔面积之和。当 $\nu_q = \nu_3$ 时,由于其小信号增益系数大,烧孔面积增大,频率 ν_3 的输出功率 $P_3 > P_2$。所以,从频率 ν_1 到 ν_3,随着烧孔面积的增大,单模输出功率不断上升。

当频率 ν_q 接近 ν_0,且其频率间隔 $|\nu_q - \nu_0| < (\Delta\nu_H/2)\cdot\sqrt{1 + (I_{\nu_q}/I_s)}$ 时会发生烧孔重叠,此时烧孔面积之和有可能小于 $\nu_q = \nu_3$ 时的两个烧孔面积的和,输出功率会小于 P_3。当 $\nu_q = \nu_0$ 时,振荡频率光只与 $\nu_z = 0$ 的粒子相互作用,两个镜像的烧孔完全重合。在中心频率 ν_0 振荡时,虽然它对应有最大小信号增益,但对 ν_0 输出有贡献的粒子数少了,因此,输出功率 P_0 下降

到某一极小值。在输出功率 P 和振荡频率 ν_q 的关系曲线上出现兰姆凹陷。凹陷的宽度 $\delta\nu$ 与烧孔宽度相当，为

$$\delta\nu = \Delta\nu_{H}\sqrt{1+\frac{I_{\nu_q}}{I_s}}$$

气体激光器充气压增高时，碰撞加宽，兰姆凹陷变宽、变浅。当气压增大到一定程度，增益介质的谱线加宽类型由非均匀加宽变为以均匀加宽为主，兰姆凹陷消失。图 4.10 为在不同气压下输出功率 P 和振荡频率 ν_q 的变化曲线，图中所示三条曲线中 $P_3>P_2>P_1$。

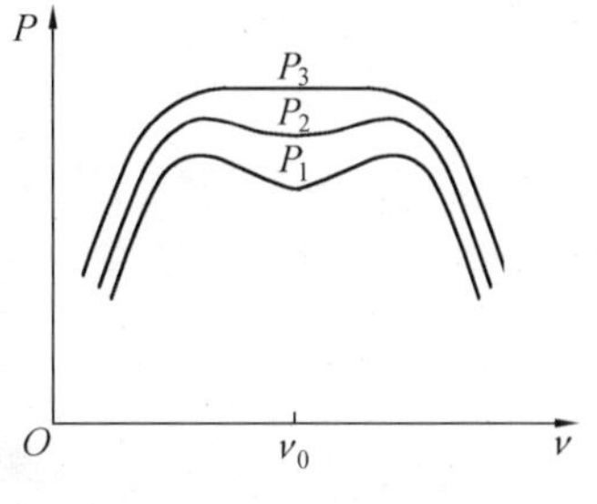

图 4.10　不同气压下的兰姆凹陷

三、多模激光器

在非均匀加宽激光器中，每个模式分别消耗与其频率相应的那部分反转粒子数，在模间隔足够大时，各个模式相互独立，互不影响，因此，多模振荡的非均匀加宽激光器的总输出功率为各个模式输出功率之和，每个模式的输出功率可按式(4.21)和式(4.23)计算。

在均匀加宽激光器中，由于各个模式之间相互影响很大，可以通过假设谱线加宽线型为矩形，各模损耗相同的前提条件下，求解多模速率方程求出输出功率。结果表明其输出功率可由式(4.17)表示。

4.4　脉冲激光器工作特性

如本章引言中所述，由于脉冲泵浦时间的短暂，腔内反转粒子数和光子数密度来不及建立稳定工作状态，所以脉冲激光器的工作过程是一种瞬态过程。定量地讨论这一过程的变化是比较困难的。本节先就尖峰脉冲形成过程的特征现象做一些定性讨论，然后用小信号微扰的方法对非稳态速率方程求解，从而对尖峰脉冲的特性给出一种近似的数学描述。

一、弛豫振荡

通常，我们通过光电管转换在示波器上观测到的固体脉冲激光器来输出波形，见图 4.11。当泵浦能量低于阈值泵浦能量时，在示波器上观察到的是平滑的荧光波形，见图 4.11(a)，当泵浦能量高于阈值泵浦能量时，我们就会观察到如图 4.11(b)所示的现象：在荧光波形上叠加了一簇宽度、间隔为微秒量级的尖峰脉冲，激励越强，则尖峰脉冲之间的时间间隔越小。人们把这种现象称做弛豫振荡效应，可以看做是从非稳态回到平衡态的一种过渡过程。实验观测结果已表明，在不同情况下，尖峰脉冲序列的形式很不相同，有的比较规则，有的是十分紊乱的。下面我们将时间轴放大，利用图 4.12，分几个时间段来分析尖峰脉冲形成过程中反转粒

子数和光子数密度变化。

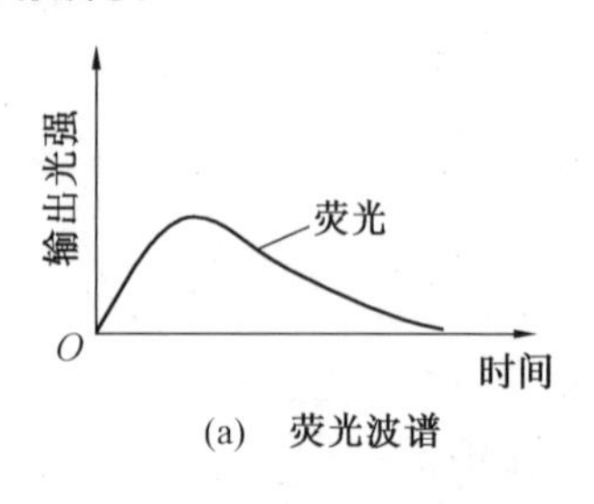

(a) 荧光波谱

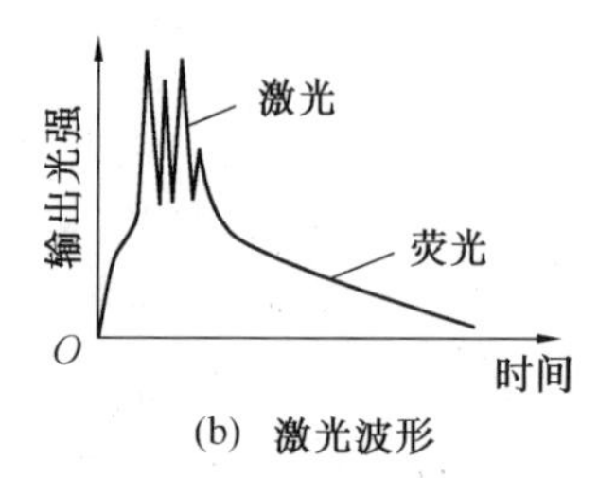

(b) 激光波形

图 4.11 脉冲激光器输出的荧光和激光波形

第一阶段($t_1 \sim t_2$):由于泵浦源的抽运作用使 Δn 增加,在 t_1 时刻,达到 $\Delta n = \Delta n_t$,开始产生激光。在 $t_1 \sim t_2$ 时间内,由于 $\Delta n > \Delta n_t$,一方面光子数密度 N 因受激辐射大大增加;但同时又使反转粒子数密度减少。此时由于泵浦激励作用使 Δn 增加的速率大于受激辐射导致 Δn 减少的速率,Δn 继续上升。

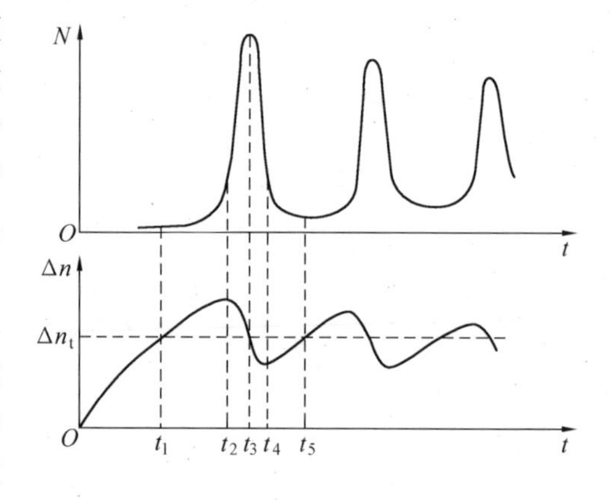

图 4.12 尖峰脉冲形成过程中反转粒子数与光子数密度随时间变化

第二阶段($t_2 \sim t_3$):随着 N 的急剧增加,受激辐射使 Δn 减少的速率加快,在 $t = t_3$ 时,Δn 下降到 Δn_t,此时,Δn 增加的速率等于受激辐射导致 Δn 减少的速率,光子数密度达到最大值。

第三阶段($t_3 \sim t_4$):$t > t_3$ 时,受激辐射使 Δn 继续下降,因 $0 < \Delta n < \Delta n_t$,增益小于损耗,使光子数密度急剧减小。

第四阶段($t_4 \sim t_5$):随着光子数密度的减小,形成一个尖峰脉冲。此时,受激辐射使 Δn 减少的速率变小,当 $t = t_4$ 时,泵浦激励使 Δn 增加的速率等于受激辐射使 Δn 减少的速率。此后,由于泵浦激励时间远大于一个尖峰脉冲形成时间,泵浦激励作用的继续存在使 Δn 重新增加,在 $t = t_5$ 时刻又达到 $\Delta n = \Delta n_t$,于是又重复上述过程产生第二个尖峰脉冲,并在泵浦激励时间内将多次反复出现,但随着光泵强度的减弱,尖峰幅度会减小直到最后完全消失。一般情况下,尖峰持续时间约为 $0.1 \sim 1\ \mu s$,尖峰间隔时间为 $5 \sim 10\ \mu s$。泵浦功率越大,尖峰形成越快,时间间隔越小。

综上所述,尖峰脉冲的形成是腔内光子数密度(光强)与反转粒子数相互制约的结果。腔内光强增大,受激辐射消耗的反转粒子数增加,反转粒子数下降,增益减小,从而又导致光强减弱。反过来,腔内光强减小,又会使增益恢复增大,又导致光强增大,在整个激励过程中,这种上升和下降交替变化过程构成了弛豫振荡。

下面我们利用在稳态基础上的一级微扰近似的方法从数学上来描述弛豫振荡过程。

首先假设激光器为单模运行，振荡频率为 ν_0。为便于讨论，假定总量子效率 $\eta_F = \eta_1 = \eta_2 = 1$，工作物质长度 l 等于谐振腔长度 L，于是四能级系统光子数密度和反转粒子数密度速率方程可写为

$$\frac{dN(t)}{dt} = \Delta n(t)\sigma_{21}vN(t) - \frac{N(t)}{\tau_R} \tag{4.24}$$

$$\frac{d\Delta n(t)}{dt} = -\Delta n(t)\sigma_{21}vN(t) - \Delta n(t)A_{21} + [n - \Delta n(t)]W_{03} \tag{4.25}$$

上述方程的稳态解为

$$(\Delta n)_0 = \Delta n_t \tag{4.26}$$

$$N_0 = \tau_R[W_{03}(n - \Delta n_t) - A_{21}\Delta n_t] \tag{4.27}$$

我们把弛豫振荡看做是在稳态附近的一种微扰，用一级微扰近似方法解瞬态速率方程(4.24)和(4.25)，现令

$$N(t) = N_0 + N'(t) \tag{4.28}$$

$$\Delta n(t) = (\Delta n)_0 + \Delta n'(t) \tag{4.29}$$

式中 $N'(t)$及 $\Delta n'(t)$均为小量，且 $N'(t) \ll N_0$，$\Delta n'(t) \ll (\Delta n)_0$。这表示，$N(t)$及 $\Delta n(t)$的值只在稳态值附近有微小变化。将式(4.28)、(4.29)、(4.26)、(4.27)代入方程(4.24)和(4.25)，得

$$\frac{d\Delta n'}{dt} = -(\sigma_{21}vN_0 - A_{21} + W_{03})\Delta n' - \frac{N'}{\tau_R} \tag{4.30}$$

$$\frac{dN'}{dt} = \sigma_{21}vN_0\Delta n' \tag{4.31}$$

在推导上式时忽略了二阶小量。将式(4.30)和(4.31)取微分后再代入式(4.30)和(4.31)，得二阶微分方程

$$\frac{d^2\Delta n'}{dt^2} + \alpha\frac{d\Delta n'}{dt} + \beta\gamma\Delta n' = 0$$

$$\frac{d^2N'}{dt^2} + \alpha\frac{d\Delta n'}{dt} + \beta\gamma N' = 0$$

其中令

$$\alpha = \sigma_{21}vN_0 + A_{21} + W_{03}$$

$$\beta = \frac{1}{\tau_R}$$

$$\gamma = \sigma_{21}vN_0$$

以上这一对具有相同系数的二阶常系数微分方程的解为

$$\Delta n'(t) = \Delta n'(0)e^{-\varphi t}\sin\omega t \tag{4.32}$$

$$N'(t) = N'(0)e^{-\varphi t}\sin\left(\omega t - \frac{\pi}{2}\right) \quad (t > 0) \tag{4.33}$$

其中设 $t=0$ 时刻为泵浦开始后，反转粒子数上升达到 $\Delta n=\Delta n_t$ 的时刻。$\Delta n'$ 的相位比 N' 的相位超前 $\pi/2$，从物理上来说，表示先有反转粒子数增长的前提才会有光子数密度的增长。式(4.32)和(4.33)说明 $\Delta n'(t)$ 和 $N'(t)$ 随时间呈阻尼振荡，式中阻尼振荡的衰减系数 φ 和振荡频率 ω 分别为

$$\varphi=\frac{\alpha}{2}=\frac{1}{2}(W_{03}+A_{21}+\sigma_{21}vN_0) \tag{4.34}$$

$$\omega=\frac{1}{2}\sqrt{4\beta\gamma-\alpha^2}=\sqrt{\beta\gamma-\varphi^2} \tag{4.35}$$

当 $t\gg 1/\varphi$ 时，$\Delta n'(t)$ 和 $N'(t)$ 将趋近于 0，此时，$\Delta n(t)$ 和 $N(t)$ 趋向稳态值。这说明弛豫振荡也可看做为稳定工作状态建立之前的过渡过程。将式(4.27)代入式(4.34)，可得

$$\varphi=\frac{1}{2}\sigma_{21}v\tau_R W_{03}n \tag{4.36}$$

考虑到 $n\gg\Delta n_t$，一般情况下 $1/\tau_R\gg W_{03}$ 及稳态时有 $A_{21}\Delta n_2\approx(W_{03})_t n$，于是由式(4.35)、(4.36)及(4.27)可得

$$\omega\approx\sqrt{\frac{A_{21}}{\tau_R}\left[\frac{W_{03}}{(W_{03})_t}\right]-1} \tag{4.37}$$

式中，$(W_{03})_t$ 为 W_{03} 的阈值。

由式(4.36)和(4.37)可以清楚地看到，外界的激发(W_{03}越大)越强，衰减越迅速，阻尼振荡频率越高。上述理论可粗略解释脉冲激光器输出的阻尼尖峰脉冲的特征，一般多模脉冲激光器的输出往往是无规的尖峰序列。因实际激光器中弛豫振荡的幅值较大，$\Delta n(t)$ 和 $N(t)$ 并非只是在平衡值附近有微小起伏，故用小信号微扰近似的方法定量描述弛豫振荡特性与实验结果有较大的偏差，但这种近似方法可以定性解释单模脉冲激光器的阻尼尖峰序列现象，是激光理论中分析激光瞬态特性常用的一种理论处理方法。

4.5 激光放大器

在许多激光应用中，需要优质、大功率(能量)的激光光束。通常，在一个激光器中既要保证激光光束具有良好的光学性能(单色性好，发散角小，窄脉宽等)，又要有很高的功率(能量)输出是十分困难的。不仅因为采用大孔径、大尺寸的固体激光材料制备困难，当强光在谐振腔往返振荡时激光工作物质容易遭受损伤，而且输出的光束质量也难以得到保证。因此将小功率(能量)、光束性能好的激光输出通过一级或多级放大可以满足应用的需要。

在光通信中，用掺铒光纤放大器及半导体光放大器代替传统的光－电－光中继器来补偿光纤传输链路的损耗，为光纤通信技术的发展带来了重大的历史性变革。

激光放大器与激光振荡器都是基于受激辐射使光信号得到放大，当光信号通过处于粒子数反转的介质时，由于受激辐射会得到放大，因此具有粒子数反转分布的工作物质就可以构成

一个激光放大器。当输入光信号被放大时,介质内的自发辐射光也同时被放大,对于光放大器来说,这种放大的自发辐射(ASE)是一种噪声。而从另一方面来看,人们也发现可以利用 ASE 造就一些无谐振腔的双原子分子激光器(如氮分子、氢分子激光器)和 X 射线激光器。

本章将分别讨论横向均匀激励的固体激光放大器、纵向激励的掺铒光纤放大器和脉冲激光放大器的输出特性、理论处理方法。

激光放大器按输入光信号的时间特性来分类,可以分成连续激光放大器、脉冲激光放大器和超短脉冲激光放大器。当输入光放大器的信号是连续波或脉冲宽度大于纵向弛豫时间(能级寿命),在光放大过程中,由于受激辐射而消耗的反转粒子数可以有足够的时间通过泵浦抽运得到补充,使反转粒子数和腔内光子数密度可以保持在稳态数值。这类放大器称为连续激光放大器,因此,这类放大器可以用 4.2 节所述的稳态方法来处理光的放大过程。当输入光放大器的信号脉宽小于能级寿命,由于受激辐射而消耗的反转粒子数来不及得到泵浦抽运的补充,使反转粒子数和腔内光子数密度在光信号与物质相互作用的很短时间内来不及达到稳定状态,必须用非稳态方法来研究,故称为脉冲激光放大器。当输入信号为几十纳秒的调 Q 脉冲时,属于脉冲激光放大器。当输入信号为飞秒量级的超短光脉冲时,称为超短脉冲激光放大器,必须用半经典理论处理,此内容已超出本书要求,在此不予讨论。

应说明,在光纤通信中所用的掺铒光纤放大器中,铒离子的上能级寿命为 10 ms,作为掺铒光纤放大器入射信号的周期在 0.1 ~ 1 nm,脉冲序列周期远远小于能级寿命,放大光通信脉冲序列引起的反转粒子数的变化在总的反转粒子数中所占比例很小,可以看做只是在稳态值附近有微小的波动。因此,我们在分析掺铒光纤放大器的增益特性时,可按连续激光放大器处理。

若按光放大器的工作方式来划分,我们把工作物质两端面无反射的激光放大器称为行波放大器;而通常两端面有一定反射且光传输方向垂直于端面的放大器称为再生放大器,即法布里 - 珀罗(F - P)放大器,其结构见图 4.13。当入射光强为 I_0(光功率为 P_0)的信号入射,由于端面有一定反射,光进入工作物质内的光强为 I_1^+,于是光在两反射面内多次往返,获得较大增益并形成多光束干涉。对于一个以半导体材料解理面作为谐振腔的半导体激光器,当它工作在阈值以下时,就是一个典型的再生放大器,如果在其两端面上镀消反膜,将其反射率降低到 $10^{-5} \sim 10^{-4}$以下,便可转换为半导体行波光放大器(英文缩写为 SOA)。

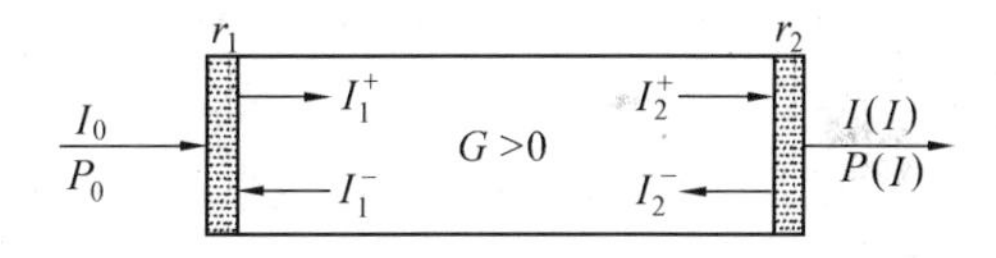

图 4.13　再生放大器示意图

对于再生放大器,通常可用物理光学中的多光束干涉方法来处理。由物理光学知识可知,根据标准具的间隔及端面反射率的大小,F - P 标准具的输出为梳状滤波器。若设两端面反射率相等 $r_1 = r_2 = r$,ν_c 为本征腔谐振频率,当入射光频率 $\nu \neq \nu_c$ 时,可求得光在放大器中传输一次所获得的增益,即

$$G = \frac{(1 - r)^2 G_s}{(1 - rG_s)^2 + 4rG_s \sin^2\left[\frac{2\pi l}{\nu}(\nu - \nu_c)\right]} \tag{4.38}$$

式中　G_s——光在增益介质中传输一次所获得的光强增益，$G_s = I_2^+ / I_1^+$ 或 $G_s = I_1^- / I_2^-$。

由式(4.38)可见，当 $\nu = \nu_c$ 时，放大器增益最大；ν 偏离 ν_c 时，增益下降。因此，再生放大器要求入射光频率必须与谐振腔本征频率匹配。根据 F－P 标准具的输出特性，端面反射率越高，有效放大的频率范围越小。然而，行波放大器对入射光的频率要求较为宽松，只要求入射光频率处于增益介质的荧光谱线范围内即可有放大作用。对于理想的行波放大器，因 $r = 0$，由式(4.38)可知，行波放大器增益为

$$G = G_s \tag{4.39}$$

综上所述，再生放大器虽有较大的增益，但频率匹配技术较为复杂，而行波光放大器工作条件简单易行，因而有十分广泛的应用。本节以下讨论的激光放大器均为行波光放大器。

一、横向均匀激励连续激光放大器

对于横向均匀激励的连续激光放大器，其小信号增益系数、小信号反转粒子数密度及饱和光强为均匀分布，通常可视为常数。增益、输出功率及增益谱宽是表征放大器性能的主要参数，下面我们将分别对这三个性能参数进行讨论。

放大器增益的定义公式可表示为

$$G = \frac{I(l)}{I_0}$$

式中　$I(l)$——光放大器输出端的光强；

　　I_0——入射端信号光强。

对于均匀加宽工作物质，若平均损耗系数为 α，信号光通过介质后，获得的净增益系数(即放大器的功率增益)为

$$\frac{\mathrm{d}I(z)}{I(z)\mathrm{d}z} = G_m\left[1 + \frac{I(z)}{I_s}\right]^{-1} - \alpha \tag{4.40}$$

式中　$I(z)$——信号光在放大器中传输了 z 后的光强。

如果输入信号十分微弱，放大器工作物质长度较短，信号光在放大器各点位置的光强 $I(z)$ 均远远小于饱和光强 I_s，此时，该放大器属于小信号放大状态，由式(4.40)可求出其小信号增益，即

$$G^0 = \frac{I_0 \mathrm{e}^{(G_m - \alpha)l}}{I_0} = \mathrm{e}^{(G_m - \alpha)l} \tag{4.41}$$

式中，l 为放大器的长度。

如果输入信号较强或放大器工作物质较长，入射光信号强度在放大器中得到充分放大使 $I(z)$ 达到与 I_s 可比拟的状况，即大信号增益饱和情况。要求放大器达到饱和增益，可将式

(4.40)改写为

$$G_{\mathrm{m}}\mathrm{d}z = \frac{[1 + I(z)/I_{\mathrm{s}}]\mathrm{d}I(z)}{I(z)\{1 - [1 + I(z)/I_{\mathrm{s}}]\alpha/G_{\mathrm{m}}\}} \tag{4.42}$$

对上式在放大器全长上积分,放大器输出端光强可由下式求得

$$\ln\left[\frac{I(l)}{I_0}\right] = (G_{\mathrm{m}} - \alpha)l + \frac{G_{\mathrm{m}}}{\alpha}\ln\frac{G_{\mathrm{m}} - \alpha[1 + I(l)/I_{\mathrm{s}}]}{G_{\mathrm{m}} - \alpha[1 + I_0/I_{\mathrm{s}}]} \tag{4.43}$$

利用 $G^0 = \mathrm{e}^{(G_{\mathrm{m}} - \alpha)l}$,式(4.43)可改写为

$$\ln\left[\frac{G}{G^0}\right] = \frac{G_{\mathrm{m}}}{\alpha}\ln\frac{G_{\mathrm{m}} - \alpha[1 + I(l)/I_{\mathrm{s}}]}{G_{\mathrm{m}} - \alpha[1 + I_0/I_{\mathrm{s}}]} \tag{4.44}$$

式中入射光强 I_0 及放大器的长度 l、中心频率小信号增益 G_{m}、饱和光强 I_{s} 及平均损耗系数 α 均为已知量。由式(4.44)可求得放大器的饱和增益 G。

由上可知,增大输入信号光强 I_0 及放大器的长度 l 只是在小信号增益范围内有助于提高输出光强 $I(l)$,随着信号光强的增大,工作物质的增益系数却不断下降。当净增益系数为零时,光强便不再放大,即

$$\frac{\mathrm{d}I(z)}{I(z)\mathrm{d}z} = G_{\mathrm{m}}\left[1 + \frac{I(z)}{I_{\mathrm{s}}}\right]^{-1} - \alpha = 0 \tag{4.45}$$

根据这一条件,可求得放大器的最大输出光强,即

$$I_{\mathrm{m}} = I_{\mathrm{s}}\left(\frac{G_{\mathrm{m}}}{\alpha} - 1\right) \tag{4.46}$$

该式与激光输出的极值光强的表达式是一致的。

如前所述,对于行波光放大器而言,只要入射光信号频率在工作物质增益线宽范围内均可获得放大,因工作物质的增益系数是频率的函数,因此,对于不同频率的入射光信号,放大器的增益响应 $G(\nu)$是不相同的。中心频率处,放大器增益最大。通常我们定义中心频率处半极大值处所对应的频率宽度为放大器增益谱宽。若工作物质具有均匀加宽线型,对于无损小信号运行的放大器,其小信号增益为

$$G^0(\nu) = \exp[G^0(\nu)l] \tag{4.47}$$

由上式和均匀加宽小信号增益系数表达式(2.82)可得放大器小信号增益谱宽,即

$$\delta\nu = \Delta\nu_{\mathrm{H}}\sqrt{\frac{\ln 2}{G_{\mathrm{m}}l - \ln 2}} = \Delta\nu_{\mathrm{H}}\sqrt{\frac{\ln 2}{\ln G^0(\nu_0) - \ln 2}} \tag{4.48}$$

由上式可知,当放大器的中心频率小信号增益达到一定值($G^0(\nu_0) > 4$)后,放大器小信号增益谱宽将小于工作物质小信号增益线宽,即有 $\delta\nu < \Delta\nu_{\mathrm{H}}$,$G^0(\nu_0)$越大,则 $\delta\nu$ 越小。

在大信号情况下,中心频率附近饱和效应较强,偏离中心频率越大,饱和效应越弱,导致放大器谱线形状顶部变平塌,当 $I(l)$足够大时,由于严重的饱和效应,可能出现 $\delta\nu > \Delta\nu_{\mathrm{H}}$。

对于非均匀加宽工作物质构成的放大器的增益特性,可采用类似的理论方法。

二、纵向光激励的连续激光放大器

在纵向激励的连续激光放大器中，由于信号光与泵浦光一起在工作物质中同向或反向传输，泵浦光在传输过程中不断将粒子激励到高能级上去，导致其本身光强随传输距离而减弱。因此，在这类激光器中，其小信号增益系数、小信号反转粒子数密度及饱和光强都将随传输距离而改变，不再为常数。因此，在理论处理上要引入信号光和泵浦光的输运方程来讨论光放大器的增益特性。此类激光放大器的典型例子是掺铒光纤放大器。图 4.14 为掺铒光纤放大器示意图，参与受激辐射的铒离子属三能级系统，受激辐射波长为 1 530 ~ 1 570 nm，增益带宽约 40 nm，最佳泵浦光波长为 980 nm 或 1 480 nm。下面以掺铒光纤放大器为例讨论纵向激励连续激光放大器的增益特性。

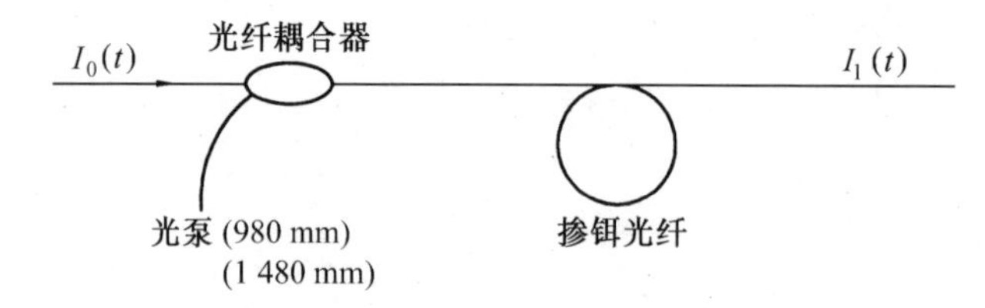

图 4.14　掺铒光纤放大器

为便于讨论，设掺铒光纤中激活离子及光场在横向的分布是均匀的，其总量子效率为 1，忽略光纤内的各种损耗且只考虑泵浦光与信号光同向传输的工作方式。引入描述信号光强和泵浦光强变化的输运方程，分别为

$$\frac{\mathrm{d}I(z)}{\mathrm{d}z}=\Delta n(z)\sigma_{21}(\nu)I(z) \tag{4.49}$$

$$\frac{\mathrm{d}I_p(z)}{\mathrm{d}z}=-\left[n_1(z)\sigma_{13}(\nu_\mathrm{P})-n_3(z)\sigma_{31}(\nu_\mathrm{P})\right]I_\mathrm{P}(z) \tag{4.50}$$

式中　ν——信号光；

ν_P——泵浦光频率。

沿光传输方向上的反转粒子数分布为

$$\Delta n(z)=n_2(z)-n_1(z)$$

在稳态情况下，铒离子速率方程为

$$\frac{\mathrm{d}n_3(z)}{\mathrm{d}t}=\left[n_1(z)\sigma_{13}(\nu_\mathrm{P})-n_3(z)\sigma_{31}(\nu_\mathrm{P})\right]-n_3S_{32}=0 \tag{4.51}$$

$$\frac{\mathrm{d}n_2(z)}{\mathrm{d}t}=n_3(z)S_{32}-\Delta n(z)\sigma_{21}(\nu)\frac{I(z)}{h\nu}-\frac{n_2(z)}{\tau_\mathrm{s}}=0 \tag{4.52}$$

$$n_1(z)+n_2(z)+n_3(z)=n \tag{4.53}$$

式中　n——总的铒离子数密度。

在三能级系统中，由于 S_{32}很大，$n_3\approx 0$。由式(4.51)、(4.52)和(4.53)可得

$$\Delta n(z)=\frac{I'_{\mathrm{P}}(z)-1}{I'_{\mathrm{P}}(z)+2I'(z)+1}n \tag{4.54}$$

$$n_1(z)=\frac{I'_{\mathrm{P}}(z)+1}{I'_{\mathrm{P}}(z)+2I'(z)+1}n \tag{4.55}$$

式中　$I'(z)$——归一化信号光强；

$I'_{\mathrm{P}}(z)$——归一化泵浦光强。

它们的定义公式如下

$$I'(z)=\frac{I(z)\sigma_{21}(\nu)\tau_{\mathrm{s}}}{h\nu} \tag{4.56}$$

$$I'_{\mathrm{P}}(z)=\frac{I_{\mathrm{P}}(z)\sigma_{13}(\nu_{\mathrm{P}})\tau_{\mathrm{s}}}{h\nu_{\mathrm{P}}} \tag{4.57}$$

将式(4.49)和式(4.50)改为归一化信号光强和归一化泵浦光强的输运方程，即

$$\frac{\mathrm{d}I'(z)}{\mathrm{d}z}=\frac{I'_{\mathrm{P}}(z)-1}{I'_{\mathrm{P}}(z)+2I'(z)+1}\beta I'(z) \tag{4.58}$$

$$\frac{\mathrm{d}I'_{\mathrm{P}}(z)}{\mathrm{d}z}=-\frac{I'(z)+1}{I'_{\mathrm{P}}(z)+2I'(z)+1}\beta_{\mathrm{P}}I'_{\mathrm{P}}(z) \tag{4.59}$$

式中　β——掺杂光纤中信号光的小信号增益系数，$\beta=n\sigma_{12}(\nu)$；

β_{P}——掺杂光纤中泵浦光的小信号增益系数，$\beta_{\mathrm{P}}=n\sigma_{13}(\nu_{\mathrm{P}})$。

β 和 β_{P} 可通过实验测得。上述这两个方程决定信号光与泵浦光在掺杂光纤中的大小。由式(4.59)可知，泵浦光在光纤中逐渐衰减。反转粒子数沿光纤的分布也将随泵浦光强的减弱而减少，在此我们定义阈值泵浦光强 $I_{\mathrm{pth}}=h\nu_{\mathrm{P}}/\sigma_{13}(\nu_{\mathrm{P}})\tau_{\mathrm{s}}$，它是一个衡量信号光在掺杂光纤中传输时增长或衰减的参量。由式(4.58)可见，当 $I'_{\mathrm{P}}(z)>1$，即 $I_{\mathrm{P}}(z)>I_{\mathrm{pth}}$时，信号光增长率大于0，若泵浦光在掺杂光纤中因吸收而被衰减到 $I'_{\mathrm{P}}(z)<1$，即 $I_{\mathrm{P}}(z)<I_{\mathrm{pth}}$时，信号光增长率为负值。

应说明上述模型的缺陷是将受激吸收截面与受激辐射截面看做是相等的，而实际掺铒光纤中，受激吸收截面与受激辐射截面存在差别，但是这种差别并不会影响定性分析的结果。

从式(4.58)和式(4.59)出发，我们可得到光纤放大器的增益特性，包括小信号增益、饱和增益及饱和输出功率。

1. 小信号增益

若光纤放大器中信号光很弱，$I(z)\ll h\nu/[\sigma_{21}(\nu)\tau_{\mathrm{s}}]$，$I'(z)\ll 1$，则由式(4.58)和(4.59)求得小信号增益的表达式

$$\ln\left[\frac{I_{\mathrm{p0}}}{I_{\mathrm{pth}}}-\frac{1}{2}\beta_{\mathrm{p}}l-\frac{1}{2}\ \frac{\beta_{\mathrm{P}}}{\beta}\ln G^0\right]+\frac{1}{2}\beta_{\mathrm{P}}l-\frac{1}{2}\ \frac{\beta_{\mathrm{P}}}{\beta}\ln G^0=\ln\left(\frac{I_{\mathrm{po}}}{I_{\mathrm{pth}}}\right) \tag{4.60}$$

式中，I_{pth}为一个由掺杂光纤本身特性决定的参数。

I_{pth}的具体数值可以通过实验测出 $G^0=1$ 所需的输入泵浦光强 I_{P_0}(或功率 P_{P_0})，然后即可由上式求出阈值泵浦光强 I_{pth}(或阈值泵浦功率 P_{pth})。

图4.15为光纤放大器(归一化)小信号增益和(归一化)光纤长度的关系曲线。由图可知，在泵浦光功率一定时，掺杂光纤存在一最佳值 l_m。当 $l=l_m$ 时，放大器具有最大增益 G_m^0。光纤过长，反而会导致增益下降。这是因为当 $l>l_m$ 时，泵浦光功率已下降至阈值泵浦功率以下，信号光在此段光纤中传输时不能获得增益而衰减。图4.16为光纤长度一定时(归一化)小信号增益系数与(归一化)输入泵浦光功率的关系曲线。由图可见，小信号增益 G^0 随输入泵浦光功率 I_{P_0}的增加而增大。如果掺杂光纤长度较短，致使多余的泵浦光功率未被完全利用而从输出端逸出，这部分泵浦光对放大器的增益提高无贡献，图中曲线的平坦区说明这一现象的存在。

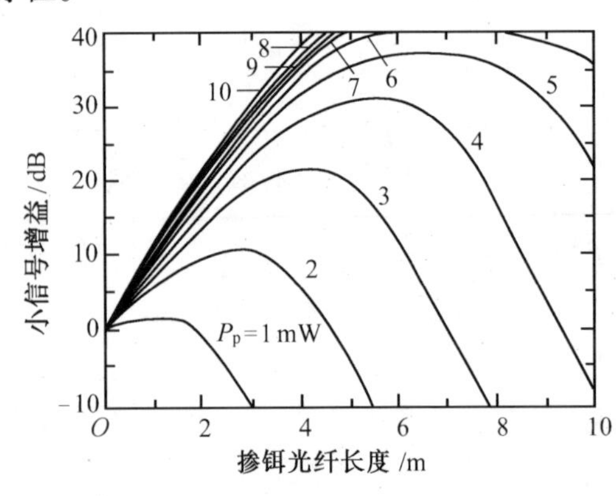

图4.15　小信号增益和光纤长度的关系曲线

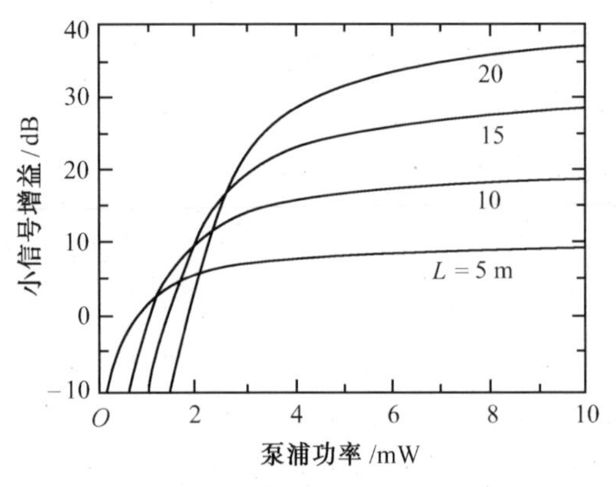

图4.16　小信号增益与泵浦光功率的关系曲线

2. 大信号增益及饱和输出功率

小信号运行的掺铒光纤放大器虽能获得较高的增益，但输出功率仅为10 dBm左右，为了获得大功率输出，则放大器应工作在大信号增益饱和状态。这时，光放大器的增益 G 将随输出功率的增加而减小，见图4.17。图中曲线的平坦部分对应于小信号放大区，通常我们将增益比小信号增益下降3 dB所对应的信号输出功率称为放大器的饱和输出功率，它表征光放大器的高功率输出能力。

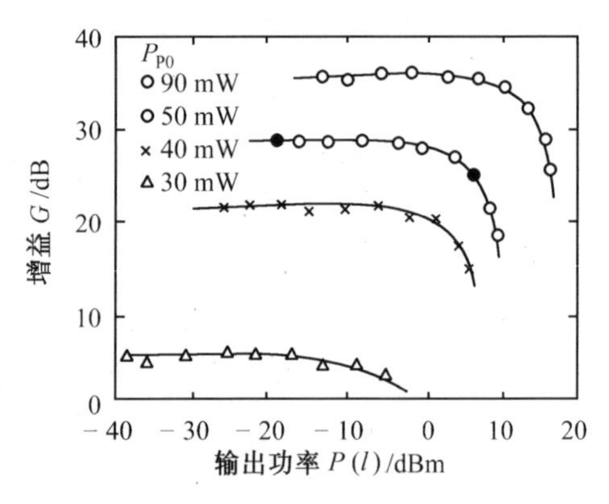

图4.17　掺铒光纤放大器的增益饱和特性

三、脉冲激光放大器

对于脉冲放大器而言，反转粒子数密度和光子数密度是时间和空间坐标的函数。为了使问题简化，先做如下假设：①因输入光信号脉宽远小于放大器上能级寿命，在脉冲作用的短时间内可忽略光泵和自发辐射对反转粒子数的影响；②反转粒子数在横截面内分布均匀，于是，只需考虑放大过程中沿输入信号传输方向（z 向）上对反转粒子数的影响；③工作物质谱线为均匀加宽类型，输入光信号波长为谱线中心波长，总量子效率为 1，且能级简并度相等。

在脉冲行波放大器中，在 $z\sim(z+\mathrm{d}z)$ 这一薄层中，在 $\mathrm{d}t$ 时间内光子数的变化可表示为

$$\frac{\partial N(z,t)}{\partial t}S\mathrm{d}z\mathrm{d}t = [N(z,t) - N(z+\mathrm{d}z,t)]Sv\mathrm{d}t + \sigma_{21}v\Delta n(z,t)N(z,t)S\mathrm{d}z\mathrm{d}t - \alpha vN(z,t)S\mathrm{d}z\mathrm{d}t \tag{4.61}$$

式中　S——工作物质的横截面积；

α——工作物质的损耗系数。

等号右边三项分别为在 $\mathrm{d}t$ 时间内净流入 $\mathrm{d}z$ 薄层的光子数、受激辐射增加的光子数和因介质内部损耗减少的光子数。

若以三能级系统为例，利用式（4.61）和速率方程（2.64），可得到三能级系统脉冲行波放大器的输运方程

$$\frac{\partial\Delta n(z,t)}{\partial t} = -2\sigma_{21}\Delta n(z,t)J(z,t) \tag{4.62}$$

$$\frac{\partial J(z,t)}{\partial t} + v\frac{\partial J(z,t)}{\partial z} = v\sigma_{21}\Delta n(z,t)J(z,t) - \alpha vJ(z,t) \tag{4.63}$$

式中　$J(z,t)$——光子流强度，定义为单位时间内流过工作物质单位横截面的光子数，$J(z,t)=N(z,t)v$。

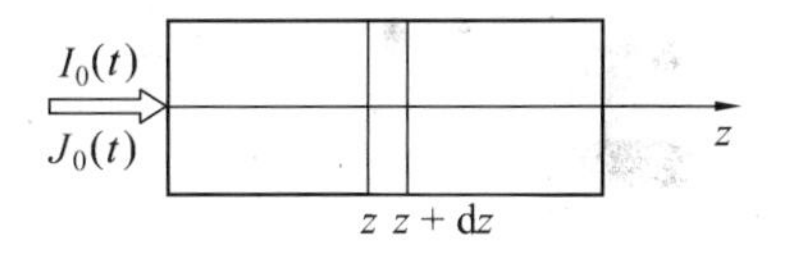

图 4.18　脉冲行波激光放大器

设入射信号的光子流强度为 $J_0(t)$，在 $t=0$ 时刻进入工作物质（图 4.18），信号输入前工作物质中初始反转粒子数密度为 Δn^0，则输运方程的边界条件为

$$\Delta n(z,t<0) = \Delta n^0 (0\leqslant z\leqslant l) \tag{4.64}$$

$$J(0,t) = J_0(t) \tag{4.65}$$

根据上述边界条件可以解输运方程（4.62）和（4.63），从而求出通过放大器后的输出脉冲能量以及放大器增益。

1. 脉冲激光放大器的能量增益

放大器的能量增益 G_E 定义为输出光脉冲能量与输入光脉冲能量之比或单位面积输出光总光子数与输入总光子数之比，即

$$G_{\mathrm{E}} = \frac{E_l}{E_0} = \frac{J(l)}{J(0)} \tag{4.66}$$

式中输入、输出信号的能量为

$$E_0 = h\nu S\int_0^{\tau'} J_0(t)\mathrm{d}t = h\nu SJ(0)$$

$$E_l = h\nu S\int_0^{\tau'} J_0(l,t)\mathrm{d}t = h\nu SJ(l) \tag{4.67}$$

式中，τ' 为虚拟变量，其值远大于脉冲宽度。

$J(0)$为单位面积上输入总光子数，其表达式为

$$J(0) = \int_0^{\tau'} J_0(t)\mathrm{d}t$$

为了求出能量增益，关键问题是求出 $J(l)$。将式(4.62)代入(4.63)并对等式两边积分，得

$$\int_0^{\tau'} \frac{\partial J(z,t)}{\partial t}\mathrm{d}t + v\int_0^{\tau'} \frac{\partial J(z,t)}{\partial z}\mathrm{d}t = -\frac{v}{2}\int_0^{\tau'} \frac{\partial \Delta n(z,t)}{\partial t}\mathrm{d}t - \alpha v\int_0^{\tau'} J(z,t)\mathrm{d}t \tag{4.68}$$

根据输入信号能量公式(4.67)得知，在 z 处单位面积上流过的总光子数为

$$J(z) = \int_0^{\tau'} J(z,t)\mathrm{d}t \tag{4.69}$$

由于 τ' 远大于脉冲宽度，利用上式有 $J(z,\tau') = J(z,0) = 0$，则积分式(4.69)中第一项为 0，故式(4.69)可化简为

$$\frac{\mathrm{d}J(z)}{\mathrm{d}z} = \frac{1}{2}[\Delta n^0 - \Delta n(z,\tau')] - \alpha J(z) \tag{4.70}$$

对式(4.62)积分可得

$$\int_{\Delta n_0}^{\Delta n(z,\tau')} \frac{\mathrm{d}\Delta n(z,t)}{\Delta n(z,t)} = -2\sigma_{21}\int_0^{\tau'} J(z,t)\mathrm{d}t \tag{4.71}$$

解上式可得

$$\Delta n(z,\tau') = \Delta n^0 \mathrm{e}^{-2\sigma_{21}J(z)} \tag{4.72}$$

将上述结果代入式(4.70)，可得

$$\frac{\mathrm{d}J(z)}{\mathrm{d}z} = \frac{1}{2}[1 - \mathrm{e}^{-2\sigma_{21}J(z)}]\Delta n^0 - \alpha J(z) \tag{4.73}$$

上式是个非线性微分方程，一般情况下只能数值求解。在某些特殊情况下可求出 $J(z)$的解析表达式。下面我们讨论几种特殊情况下的脉冲激光放大器的能量增益。

① 小信号情况下，有 $\sigma_{21}J(z) \ll 1$，将 $\exp(-2\sigma_{21}J(z))$展开取前两项，可得

$$\frac{\mathrm{d}J(z)}{\mathrm{d}z} \approx (\sigma_{21}\Delta n_0 - \alpha)J(z) \tag{4.74}$$

解此微分方程，可得输出脉冲能量

$$J(l) = J(0)\mathrm{e}^{(\sigma_{21}\Delta n^0 - \alpha)l} \tag{4.75}$$

能量增益

$$G_E = \frac{J(l)}{J(0)} = \mathrm{e}^{(\sigma_{21}\Delta n^0 - \alpha)l} \tag{4.76}$$

上两式表明在小信号情况下,输出脉冲能量和能量增益均与入射信号光强无关,随放大器长度 l 的增加而指数增加。

② 强信号入射,有 $\sigma_{21}J(z) \gg 1$,由式(4.73)可得

$$\frac{\mathrm{d}J(z)}{\mathrm{d}z} \approx \frac{1}{2}\Delta n^0 - \alpha J(z) \tag{4.77}$$

对上式积分,解得单位面积输出总光子数为

$$J(l) = \frac{\Delta n^0}{2\alpha} + J(0)\mathrm{e}^{-\alpha l} - \frac{\Delta n^0}{2\alpha}\mathrm{e}^{-\alpha l} \tag{4.78}$$

能量增益为

$$G_\mathrm{E} = \frac{\Delta n^0}{2\alpha J(0)}(1 - \mathrm{e}^{-\alpha l}) + \mathrm{e}^{-\alpha l} \tag{4.79}$$

由式(4.78)可见,当放大器长度 l 达到一定长度后,输出能量趋向饱和,光信号能量趋向一稳定值。初始反转粒子数越大,损耗越小,则放大器可能输出的能量越大。由于增益饱和,能量增益随输入能量的增加而下降;当 l 较小时,G_E 随放大器长度 l 的增加而增加;当 l 很长时,$G_\mathrm{E} = \Delta n^0/2\alpha J(0)$,表明此时能量增益与长度无关。

2. 功率增益

为了分析脉冲放大器输出脉冲的功率和波形,需根据输运方程及边界条件用分离变量方法求出非稳态解 $J(z,t)$,在此略去推导过程,直接给出三能级无损放大器的非稳态解,即

$$J(z,t) = \frac{J_0\left(t - \frac{z}{v}\right)}{1 + [\exp(-\sigma_{21}\Delta n^0 z) - 1]\exp\left[-2\sigma_{21}\int_{-\infty}^{t-\frac{z}{v}} J_0(t)\mathrm{d}t\right]} \tag{4.80}$$

设输入脉冲是宽度为 τ_0 的矩形脉冲(图 4.19),则由上式可求出

$$G_\mathrm{P}(t) = \frac{J\left(l, t + \frac{l}{v}\right)}{J_0} = \frac{1}{1 - (\mathrm{e}^{-\sigma_{21}\Delta n^0 l} - 1)\mathrm{e}^{-2\sigma_{21}J_0 t}} \tag{4.81}$$

当 $t = 0$ 时

$$G_\mathrm{P}(0) = \mathrm{e}^{\sigma_{21}\Delta n^0 l}$$

当 $t \neq 0$ 时,分成输入光脉冲强度很弱或较强两种情况来分析。当输入光脉冲很弱时,有 $2\sigma_{21} J_0 t \ll 1$,此时

$$G_P(t) \approx e^{\sigma_{21}\Delta n^0 l}$$

表示脉冲上各点的功率增益是相等的,放大后输出脉冲波形没有畸变。功率增益随 Δn^0 和 l 的增加而按指数增加。当输入光脉冲较强时,随着 t 变大,$G_P(t)$变小。其物理原因,是由于矩形光脉冲的前沿和顶部脉冲通过工作物质时获得不同的增益,前沿获得指数增益,并因受激辐射光放大使工作物质内的反转粒子数急剧降低,而矩形光脉冲顶部只能得到较小的增益,且增益随 t 的增加而减少。结果导致脉冲波形发生畸变,前沿附近产生尖峰,脉冲宽度变窄(图4.20)。计算表明由于增益饱和引起的脉冲压缩与 J_0、Δn^0 和 l 有关,入射光脉冲 J_0 越强,初始反转粒子数密度 Δn^0 越大以及放大器长度越长,脉冲压缩效应越显著。

实际的入射光脉冲并非矩形,其他波形的光脉冲可由式(4.81)具体计算输出光脉冲波形。脉宽的压缩与脉冲的前沿有直接关系。脉冲前沿越陡,脉冲压缩越大,谱宽越宽。

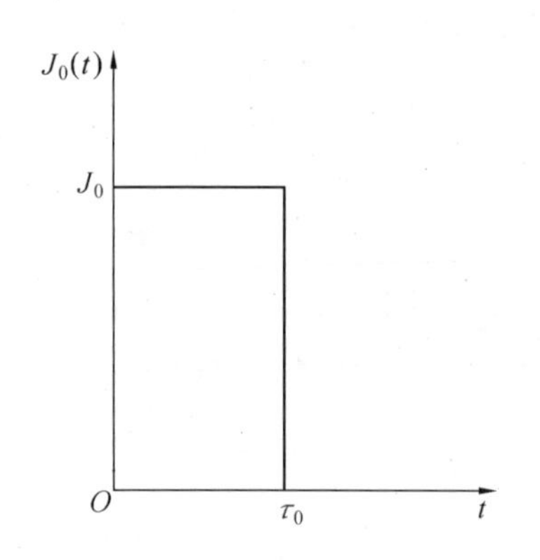

图 4.19　输入矩形光脉冲

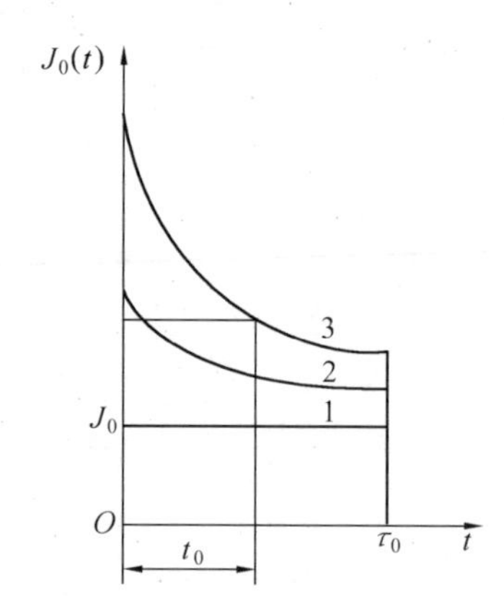

图 4.20　输入矩形光脉冲时输出光脉冲形状的变化
1—入射矩形脉冲;2—输出脉冲;3—输出脉冲

习题与思考题

1. 长度为 10 cm 的红宝石棒置于长度为 20 cm 的光谐振腔中,红宝石 694.3 nm 谱线的自发辐射寿命 $\tau_s \approx 4\times10^{-3}$ s,均匀加宽线宽为 2×10^5 MHz,光腔单程损耗 $\delta=0.2$。求

(1) 阈值反转粒子数 Δn_t。

(2) 当光泵激励产生反转粒子数 $\Delta n = 1.2\Delta n_t$ 时,有多少纵模可以振荡?(红宝石折射率为 1.76)

2. 脉冲掺钕钇铝石榴石激光器的两个反射镜透射率 T_1、T_2 分别为 0 和 0.5。工作物质直径 $d=0.8$ cm,折射率 $\eta=1.836$,总量子效率为 1,荧光线宽 $\Delta\nu_F=1.95\times10^{11}$ Hz,自发辐射寿命 $\tau_s=2.3\times10^{-4}$ s。假设光泵吸收带的平均波长 $\lambda_P=0.8$ μm。试估算此激光器所需吸收的阈值泵浦能量 E_{pt}。

3. 某激光器工作物质的谱线线宽为 50 MHz,激励速率是阈值激励速率的二倍,欲使该激光器单纵模振荡,腔长 L 应为多少?

4. 腔内均匀加宽增益介质具有最佳增益系数 G_m 及饱和光强 I_{SG},同时腔内存在一均匀加宽吸收介质,其最大吸收系数为 α_m,饱和光强为 $I_{s\alpha}$,假设二介质中心频率均为 ν_0,$\alpha_m > G_m$,$I_{S\alpha} < I_{SG}$,试问:

(1) 此激光器能否起振?

(2) 如果瞬时输入一足够强的频率为 ν_0 的光信号,此激光器能否起振?写出起振条件;讨论在何种情况下能获得稳定振荡,并写出稳定振荡时的腔内光强。

5. 某单模 632.8 nm 氦氖激光器,腔长为 10 cm,二反射镜的反射率分别为 100%及 98%,腔内损耗可忽略不计,稳态功率输出是 0.5 mw,输出光束直径为 0.5 mm(粗略地将输出光束看成是横向均匀分布的)。试求腔内光子数,并假设反转原子数在 t_0 时刻突然从 0 增加到阈值的 1.1 倍,试粗略估算腔内光子数自 1 噪声光子/腔模增至计算所得之稳态腔内光子数需经多长时间(假设在光子数变化过程中,反转粒子数保持恒定)。

6. 有一氪灯激励的连续工作掺钕钇铝石榴石激光器(习题 6 图)。由实验测出氪灯输入电功率的阈值为 2.2 kW,斜效率 $\eta_s = dP/dP_p = 0.024$(P 为激光器输出功率,P_p 为氪灯输入电功率)。掺钕钇铝石榴石棒内损耗系数 $\alpha_i = 0.005\ \text{cm}^{-1}$。试求:

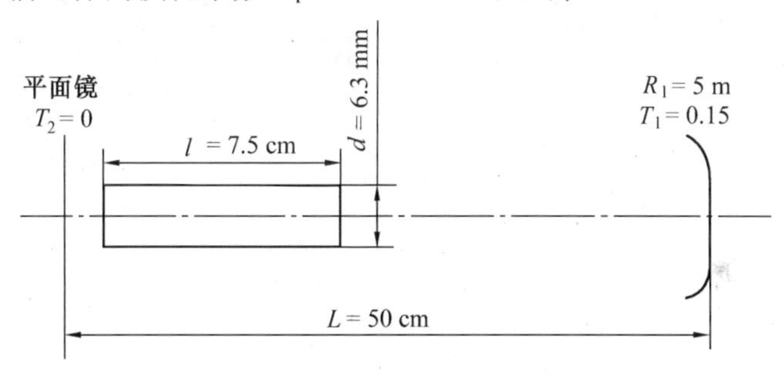

习题 6 图

(1) P_p 为 10 kW 时激光器的输出功率。

(2) 反射镜 1 换成平面镜时的斜效率(更换反射镜引起的衍射损耗变化忽略不计;假设激光器振荡于 TEM00 模)。

(3) 习题 6 图所示激光器中 T_1 改成 0.1 时的斜效率和 $P_p = 10$ kW 时的输出功率。

7. 有一均匀激励的均匀加宽增益盒被可变光强的激光照射,当入射光频率为中心频率 $\nu = \nu_0$ 时,盒的小信号增益是 10 dB,增益物质谱线线宽 $\Delta\nu_H = 1$ GHz,饱和光强 $I_s = 10\ \text{W/cm}^{-2}$,假设增益盒的损耗为 0。

(1) 入射光频率 $\nu = \nu_0$,求增益(以 dB 表示)和入射光强 I_0 的关系式。

(2) $|\nu - \nu_0| = 0.5$ GHz,求增益和 I_0 的关系式。

(3) $\nu=\nu_0$ 时,求增益较最大增益下降 3 dB 时的输出光强 I_l。

8. 证明在无损脉冲放大器中,

(1) 若入射光脉冲极其微弱,则能量增益

$$G_E = \exp[\Delta n^0 \sigma_{21} l]$$

(2) 若入射光极强,则能量增益

$$G_E = 1 + \frac{\Delta n^0 l}{2J(0)}$$

9. 用一脉宽为 2 ns 的矩形光脉冲照射增益盒,光脉冲的波长恰好等于增益物质中心波长(1 μm),增益物质的发射截面 $\sigma = 10^{14}\ \mathrm{cm}^2$,增益盒的小信号增益为 30 dB,其损耗为零,单位截面光脉冲能量为 W_0,当(1) $W_0 = 2\ \mu\mathrm{J/cm}^2$;(2) $W_0 = 20\ \mu\mathrm{J/cm}^2$;(3) $W_0 = 200\ \mu\mathrm{J/cm}^2$ 时,试求增益盒输出脉冲在起始和终了时的光强 I_1 和 I_2 及功率增益 $G_p(L/c)$和 $G_p(L/c+\tau)$。

参考文献

1 Amnon Yariv. Introduction to Optical electronics. 2nd ed. New York: Holt, Rinehart and Winston, 1976

2 周炳琨,高以智等.激光原理.北京:国防工业出版社,2000

3 Siegman A E. An Introduction to Laser and Maser. New York: Mc Graw-Hill Book Co, 1971

4 Desurvire E. Erbium Doped Fiber amplifiers. New York: John Wiley & Sons, Inc., 1994

5 激光物理学编写组.激光物理学.上海:上海人民出版社,1975

第五章　典型的激光器件

1960 年,美国人梅曼(Maiman)首次在实验室用红宝石晶体获得了激光输出,开创了激光发展的先河。此后,激光器件和技术获得了突飞猛进的发展,相继出现了种类繁多的激光器。

5.1　激光器的分类及特点

激光按其产生的工作物质的不同可分为气体激光器、固体激光器、半导体激光器、液体激光器、化学激光器、自由电子激光器等。

一、气体激光器

气体激光器可分为原子、分子、离子气体激光器三大类。

(1)原子气体激光器

原子气体激光器中,产生激光作用的是没有电离的气体原子,其典型代表是氦氖激光器。

(2)分子激光器

分子激光器中,产生激光作用的是没有电离的气体分子,分子激光器的典型代表是 CO_2 激光器、氮分子(N_2)激光器和准分子激光器。

(3)离子激光器

离子激光器的典型代表是氩离子(Ar+)和氦镉(He-Cd)离子激光器。

(4)气体激光器特点

①发射的谱线分布在一个很宽的波长范围内,已经观测到的激光谱线不下万余条,波长几乎遍布了从紫外到远红外整个光谱区。

②气体工作物质均匀性较好,使得输出光束的质量较高。

③气体激光器很容易实现大功率连续输出,如二氧化碳激光器目前可达万瓦级。

④气体激光器还具有转换效率高、工作物质丰富、结构简单和器件成本低等特点。由于气体原子(分子)的浓度低,一般不利于做成小尺寸大能量的脉冲激光器。

由于气体激光器具有以上优点,已经被广泛应用于准直、导向、计量、材料加工、全息照相以及医学、育种等领域。

二、固体激光器

固体激光器是将产生激光的粒子掺于固体基质中。工作物质的物理、化学性能主要取决于基质材料,而它的光谱特性则主要由发光粒子的能级结构决定,但发光粒子受基质材料的影响,其光谱特性将有所变化。固体工作物质中,发光粒子(激活离子)都是金属离子。可作为激活离子的元素有四大类:①过渡族金属离子,如铬(Cr^{3+})、镍(Ni^{2+})、钴(Co^{2+})等。②三价稀土金属离子,如钕(Nd^{3+})、镨(Pr^{3+})、钐(Sm^{3+})、铕(Eu^{3+})、镝(Dy^{3+})、钬(Ho^{3+})、铒(Er^{3+})、镱(Yb^{3+})等。③二价稀土金属离子,如钐(Sm^{2+})、铒(Er^{2+})、铥(Tm^{2+})、镝(Dy^{2+})等。④锕系离子,这类离子大部分为人工放射元素,不易制备,其中只有铀(U^{3+})曾有所应用。工作物质的基质材料应能为激活离子提供合适的配位场,并应具有优良的机械性能、热性能和光学质量。基质材料分为玻璃和晶体两大类。最常用的基质玻璃有:硅酸盐、硼酸盐和磷酸盐玻璃等。用作基质的主要晶体有:①金属氧化物晶体,如白宝石(Al_2O_3)、氧化钇(Y_2O_3)、钇铝石榴石[$Y_3Al_5O_{12}$(YAG)]、钇镓石榴石[$Y_3Ga_5O_{12}$(YGaG)]、钆镓石榴石[$Gd_3Ga_5O_{12}$(GdGaG)]和钆钪铝石榴石(GdScAG)等。②铝酸盐、磷酸盐、硅酸盐、钨酸盐等晶体,如铝酸钇[$YAlO_3$(YAP)]、氟磷酸钙[$Ca(PO_4)_3F$]、五磷酸钕(NdP_5O_{14})、硅酸氧磷灰石(CaLaSOAP)、钨酸钙($CaWO_4$)等。③氟化物晶体,如氟化钙(CaF_2)、氟化钡(BaF)、氟化镁(MgF_2)等。能实现激光振荡的固体工作物质多达百余种,激光谱线多达数千条。其中典型的代表是Nb^{3+} - YAG、红宝石、钕玻璃激光器。固体激光器的突出特点是:产生激光的粒子掺于固体物质中,浓度比气体大,因而可获得大的激光能量输出,单个脉冲输出能量可达上万焦耳,脉冲峰值功率可达$10^{13}\sim10^{14}$瓦/厘米^2。

因固体热效应严重,连续输出功率不如气体高。但是固体激光器具有能量大、峰值功率高、结构紧凑、牢固耐用等优点,已广泛应用于工业、国防、医疗、科研等方面。

三、半导体激光器

半导体激光器是以半导体为工作物质的激光器。常用的半导体激光器材料是GaAs(砷化镓)、CdS(硫化镉)、PbSnTe(碲锡铅)等。半导体激光器有超小型、高效率、结构简单、价格便宜等一系列特点。在光纤通信、激光唱片、光盘、数显、准直、引信等领域有广泛应用。

四、液体激光器

液体激光器可分为两类:有机化合物液体(染料)激光器(简称染料激光器)和无机化合物液体激光器(简称无机液体激光器)。虽然都是液体,但它们的受激发光机理和应用场合却有着很大的差别。染料激光器已获得了广泛的应用,已发现的有实用价值的染料约有上百种。最常用的有若丹明6G、隐花青、豆花素等,染料激光器的特点是:

①激光波长可调谐且调谐范围宽广,它的辐射波长已覆盖了从紫外321 nm至近红外1.3 μm谱区,一些染料激光波长连续可调范围达上百纳米。

②可产生极短的超短脉冲,脉冲宽度可压缩到 3×10^{-15} s。

③可获得窄的谱线宽度,线宽可达 6×10^{-5} nm,连续染料激光可达 10^{-6} nm。

五、化学激光器

化学激光器是基于化学反应来建立粒子反转的,例如氟化氢(HF)、氟化氘(DF)等化学激光器。化学激光器的主要优点是能把化学能直接转换成激光能,不需要外加电源或光源作为泵浦源,在缺乏电源的地方能发挥其特长。在某些化学反应中可获得很大的能量,因此可得到高功率的激光输出。这种激光器可以作为激光武器用于军事领域。

六、自由电子激光器

自由电子激光器不是利用原子或分子受激辐射,而是利用电子运动的动能转换为激光辐射的,因此它的辐射波长可以在很宽的范围内(从毫米波直到 X 光)连续调谐,而且转换效率高(可达 50%)。

图 5.1 表示出了各类激光器的波长覆盖范围。

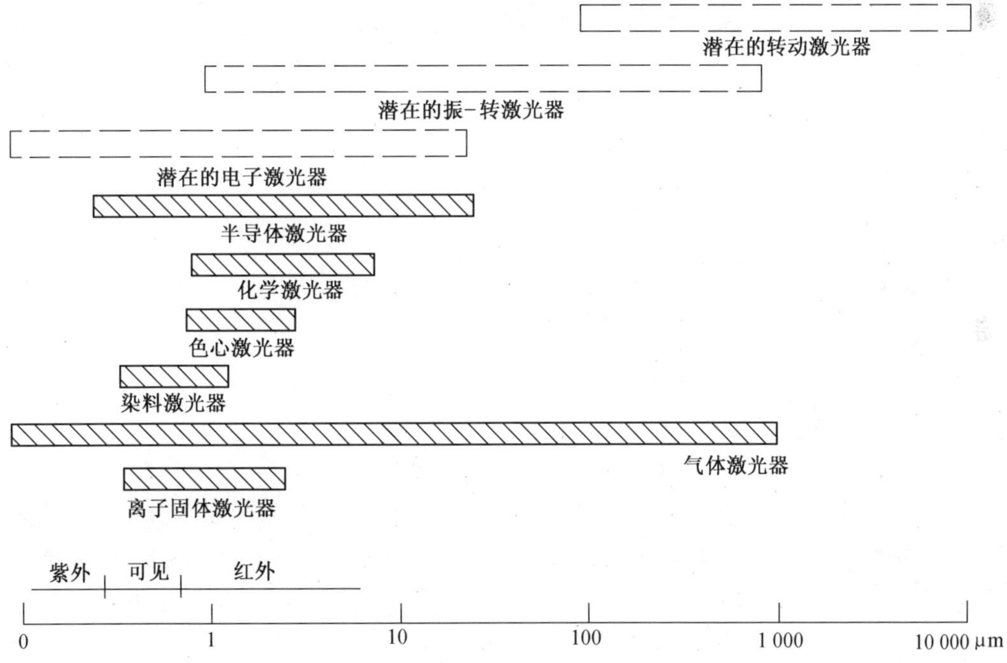

图 5.1 激光波长覆盖范围

5.2 固体激光器

固体激光器是研究最早的一类激光器,它以掺有激活离子的晶体或玻璃作为工作物质,波长范围从紫外到红外(0.275~3.3 μm)。实现激光振荡的不同基质同一掺杂体系的工作物质已有200多种,使用较多的主要是红宝石、掺钕钇铝石榴石和钕玻璃三种。

固体激光器通常包括工作物质、谐振腔、聚光器、泵浦光源、电源和冷却系统等几个部分。工作方式分为脉冲和连续(CW)两种。

一、一般固体激光器

1.红宝石激光器

红宝石激光器的工作物质是红宝石晶体 $Cr^{3+}-Al_2O_3$,其中 Al_2O_3 是基质晶体,晶体内掺有质量分数为0.05%的 Cr_2O_3,Cr^{3+} 取代基质晶体中的 Al^{3+} 均匀分布于晶体中,其每立方厘米约有 1.58×10^{19} 个离子。红宝石晶体是负单轴晶体,对红光的折射率分别为 $n_o=1.764$,$n_e=1.765$。

红宝石晶体中,发光的激活粒子是三价铬离子 Cr^{3+},其能级结构见图5.2。

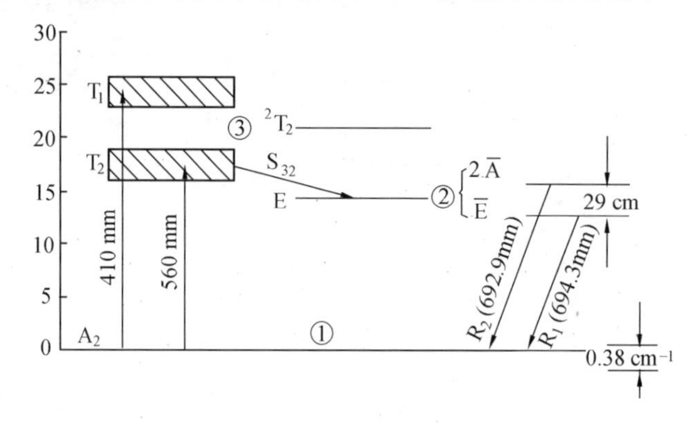

图5.2 红宝石晶体 Cr^{3+} 能级图

Cr^{3+} 的吸收带有两个,即 $^4T_1$ 和 $^4T_2$,中心波长分别为410 nm和560 nm,吸收带宽度约为100 nm,吸收系数约为几个 cm^{-1},随电矢量的偏振略有不同。能级 ^2E 分裂为 $\bar{A}$ 和 $\bar{E}$ 两个能级,它们相差 $\Delta E=29\ cm^{-1}$(相当于 3.6×10^{-3} eV)。两条荧光线 R_1 和 R_2 分别对应于 $\bar{E}\to{}^4A_2$ 和 $2\bar{A}\to{}^4A_2$ 跃迁。在室温下,R_1 线和 R_2 线的波长分别为694.3 nm和692.9 nm,荧光线宽均为 $\Delta\nu=11.2\ cm^{-1}$。荧光谱具有偏振特性,见图5.3。R_1 线中,$E\perp c$ 与 $E/\!/c$ 成分的荧光强度比约为10:1,在 $E\perp c$ 的分量中,R_1 线与 R_2 线的荧光强度比为7:5。荧光线宽与温度有关,随着温度升高,线宽增大,图5.4画出了红宝石 R_1 线的荧光线宽与温度的关系。同时,波长和荧光效率也与温度有关,温度升高,波长向长波方向移动,荧光效率下降。

红宝石属于三能级系统,吸收能级$^4T_1$、$^4T_2$(能级 E_3)通过非辐射跃迁到达能级^2E(能级 E_2),其跃迁几率 $S_{32}=2\times10^7\ s^{-1}$,$^2E$ 能级是一个亚稳态,寿命为 3×10^{-3} s。由于^2E 分裂为 $2\bar{A}$ 和 $\bar{E}$ 两个能级,且它们很靠近($\Delta E=29\ cm^{-1}\ll k_bT$),所以,在激励和激光振荡过程中,这两个能级上的粒子数分布由玻尔兹曼分布确定,在 $T=300$ K 时,有

$$N_2(2\bar{A})/N_2(\bar{E}) = 0.87 \tag{5.1}$$

即 $N_2(\bar{E})>N_2(2\bar{A})$,其荧光强度比

$$I(R_1)/I(R_2) = 7.5R_0 \tag{5.2}$$

因而,在泵浦时,R_1 线的增益首先达到阈值并开始产生激光振荡。此时,$\bar{E}$ 能级上的粒子被大量消耗,$2\bar{A}$ 能级上的粒子便迅速补充到 $\bar{E}$ 能级上,所以,R_2 线的增益始终不能达到阈值。故在红宝石激光器中,通常只有 R_1 线才能形成激光。

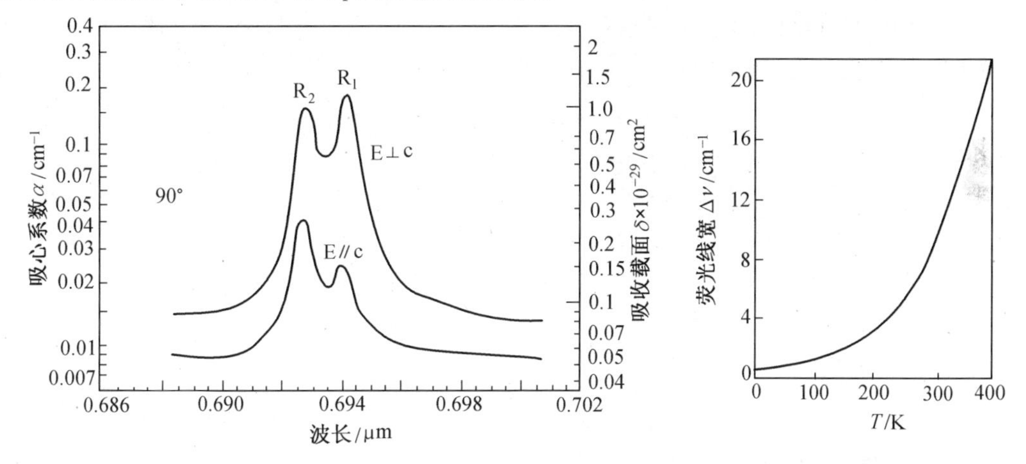

图 5.3　红宝石荧光谱线的偏振特性

图 5.4　红宝石 R_1 线荧光线宽与温度的关系

红宝石激光器的激光发射波长(694.3 nm)在荧光的峰值附近,且随温度变化,晶体的温度变化 10 ℃,波长变化 0.07 nm。激光线宽为 0.01～0.1 nm。红宝石激光器一般以多模方式工作,激光脉冲为典型的尖峰结构。一般以连续和脉冲方式工作的激光器,只有将泵浦功率限制在比阈值高 10%～20%的范围之内时才可能实现单模运转。当棒轴方向平行于光轴方向时,输出的激光无偏振特性;当棒轴方向与光轴成 60°或 90°角时,输出激光的电矢量垂直于棒轴和光轴所构成的平面,即输出的线偏振光为 o 光。红宝石激光的发散角为毫弧度量级,远大于衍射角。由直径很细的红宝石棒发出的单模激光束的发散角可接近于衍射极限角。

2. YAG 激光器

YAG 是钇铝石榴石的英文缩写,化学式为 $Y_3Al_5O_{12}$,是一种光学、力学和热学性能优良的固体激光基质。其中,Nd－YAG 是迄今使用最为广泛的激光晶体。八十年代以来,人们对

YAG 基质进行了 Er、Ho、Tm、Cr 等的单独或组合掺杂，获得了数种波长的激光振荡。

(1) Nd－YAG 激光器

Nd－YAG 称为掺钕钇铝石榴石，它是在基质晶体 YAG 中掺入 Nd_2O_3(Nd^{3+}作激活离子)形成的。一般掺入 Nd^{3+} 的体积分数为 1%，相当于 $N=1.38\times10^{20}$个 Nd^{3+}/cm^3。YAG 属立方晶系，无双折射现象。在室温下，Nd－YAG 的荧光发射波长以 1.064 1 μm 最强。

YAG 中 Nd^{3+} 的主要能级结构见图 5.5。它共有 5 个吸收带，中心波长分别为 525 nm、584 nm、750 nm、805 nm 和 870 nm，宽度均为 30 nm 左右。激光上能级是 $^4F_{3/2}$，寿命较长，$\tau_s\approx5.5\times10^{-4}$ s，激光下能级 $^4I_{11/2}$ 距离基能级 $^4I_{9/2}$ 达 2 111 cm^{-1}，所以，在室温下该能级上的粒子浓度为基能级的 10^{-10} 倍，通常可认为是空的。因此，Nd－YAG 是理想的四能级激光系统。$^4F_{3/2}\rightarrow{}^4I_{11/2}$ 跃迁的分支比最大(激光跃迁 $^4F_{3/2}\rightarrow{}^4I_{11/2}$、$^4F_{3/2}\rightarrow{}^4I_{13/1}$、$^4F_{3/2}\rightarrow{}^4I_{9/2}$ 的总分支比分别为 0.62、0.12 和 0.24)激光发射波长通常在 1.06 μm($\sigma=8.8\times10^{-19}$ cm^2，分支比为 0.185)闪光灯泵浦的激光器效率为 1%～3%。

Nd－YAG 的荧光线宽与温度有关，随温度增高，线宽增大，见图 5.6。在室温下，线宽 $\Delta\nu_F=6.5$ cm^{-1}，相当于 0.73 nm。荧光谱线的波长也与温度有关，随着温度升高，波长向长波方向移动。1.06 μm 的跃迁截面 $\sigma=8.8\times10^{-19}cm^2$，为红宝石 694.3 nm 跃迁截面的 35 倍，所以，Nd－YAG的振荡阈值低，较容易实现连续运转。

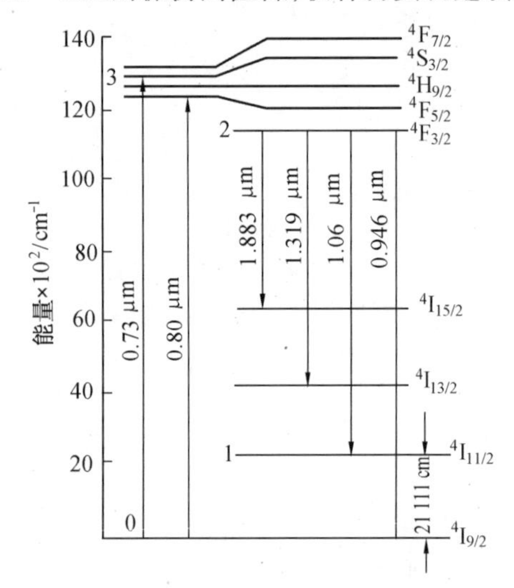

图 5.5　Nd^{3+}－YAG 能级图

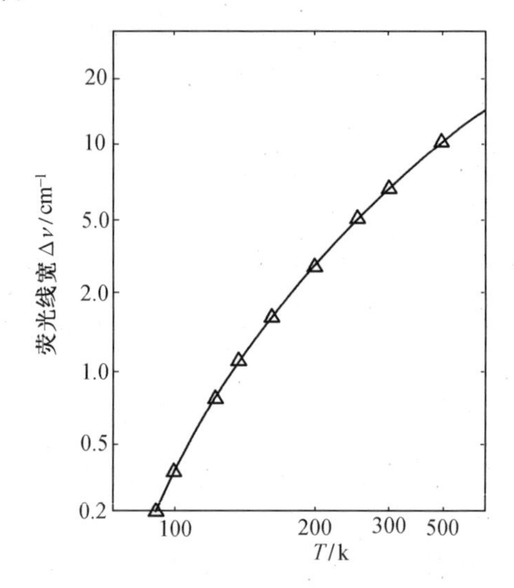

图 5.6　Nd^{3+}－YAG 1.064 μm 荧光线宽与温度的关系

Nd^{3+}－YAG 激光器的 1.064 μm 线的温度频移系数约为 -0.064 cm^{-1}/℃，激光线宽约为零点几埃到埃的量级。Nd^{3+}－YAG 激光器输出的激光无偏振特性，但在连续工作时，热效应将引起热光畸变：一是引起热透镜效应，使水平方向(灯和棒所构成的平面)和垂直方向上的焦

距不相等,两者相差可达10%;二是引起热应力双折射。

(2) Er^{3+} – YAG 激光器

在YAG基质中掺入铒离子(Er^{3+})形成的 Er^{3+} – YAG 晶体中,由于晶场作用引起 Er^{3+} 的能级简并消除,产生了很多晶场分裂能级。Er^{3+} – YAG 有6个激光亚稳能级,11个跃迁通道,波长范围宽,且多数位于红外区,是很好的长波长固体激光工作物质。

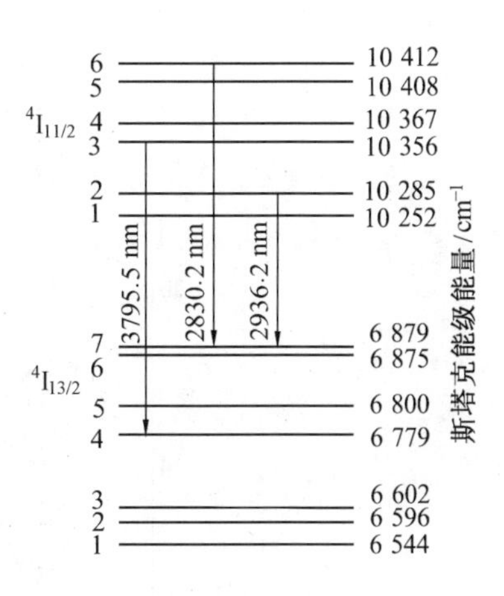

图5.7 Er^{3+} – YAG 的激光跃迁能级图

Er^{3+} – YAG 的能级结构见图5.7。它共有5个吸收带,中心波长分别是:0.38 μm、0.52 μm、0.65 μm、0.79 μm、1.5 μm。其中,紫外和可见光的吸收带对激励起作用。Er^{3+} – YAG 在这个波段范围的吸收比 Nd^{3+} – YAG 强,所以,聚光器反射镜的材料多使用对紫外有高反射率的 Al 和 Ag 等材料。

Er^{3+} – YAG 的激光跃迁与 Er^{3+} 的质量分数有关。当掺杂体积分数为30%~50%时,$^4I_{11/2}$,和$^4I_{13/2}$的能级寿命比其他能级的寿命长得多,$^4I_{11/2}$为0.1 ms,$^4I_{13/2}$为2 ms。由于下能级$^4I_{13/2}$上粒子数的累积,难于在这些长寿命能级之间实现连续振荡,一般都是脉冲工作。但在强激励下,由于离子之间的相互作用而产生显著的交叉弛豫,这可以抑制激光下能级的粒子数积累,从而可实现$^4I_{11/2}$ ~ $^4I_{13/2}$跃迁的准连续振荡。

$^4I_{11/2}$ ~ $^4I_{13/2}$跃迁在室温下的激光发射波长是2.94 μm。目前,Er^{3+} – YAG 激光器的最大平均功率已达到3 W,最大脉冲输出已达到5 J,是迄今输出功率最大、效率最高的长波固体激光器,加之激光波长为2.94 μm,正是人体组织的吸收波长(人体组织对2.94 μm波长光的吸收比对 CO_2 激光器10.6 μm波长光的吸收约大10倍),这在激光外科和血管外科方面有很大的应用潜力,因而受到人们的重视。

(3) Tm – YAG 激光器

掺铥离子(Tm^{3+})的 Tm – YAG 激光器的吸收光波长为785 nm,因而,既可用闪光灯泵浦,也可用激光二极管泵浦。它在室温下工作,激光波长为2.01 μm。

(4) (Cr + Tm + Ho) – YAG 激光器

掺钬(Ho^{3+})的 Ho^{3+} – YAG 激光器发生在$^5I_7$ ~ $^5I_6$ 跃迁的激光波长是2.1 μm。尽管它的效率也比较高,但要在液氮温度下工作,实用起来则会有一定的困难。但是,当掺入一些敏化离子后,它不但能在室温下工作,而且还提高了总体效率。掺敏化离子的钬激光器有:(Tm + Ho) – YAG,(Cr + Tm + Ho) – YAG 和(Er + Tm + Ho) – YAG 等。其中以(Cr + Tm + Ho) – YAG 性能最好,它的有关能级图见图5.8。由于 Cr^{3+} 的存在,该激光器可用闪光灯泵浦或氩离子激光器(476.2 ~ 647.1 nm)泵浦,能量由 Cr^{3+} 转移给 Tm^{3+},然后在 Tm^{3+} 之间发生能量转移,最后被

Ho^{3+}捕获。这个过程可描述如下：

①Cr^{3+}被激发到$^4T_2$能级。

②能量共振转移：$Cr(^4T_2 \rightarrow ^4A_2) \rightarrow Tm(^3H_8 \rightarrow ^3H_4)$。

③Tm^{3+}激发态之间的能量转移：$(^8F_4 \rightarrow ^3H_4)$。

④能量共振转移：$Tm(^3F_4 \rightarrow ^3H_6) \rightarrow Ho(^5I_8 \rightarrow ^5I_7)$。

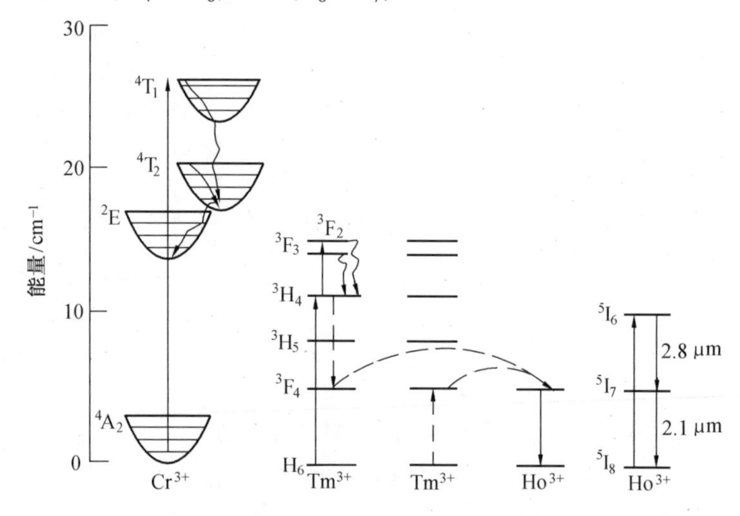

图 5.8　YAG－(Cr＋Tm＋Ho)激光的能量转移过程

3.钕玻璃激光器

钕玻璃是把 Nd_2O_3 掺入到硅酸盐玻璃中形成的。图 5.9 中画出了掺钕的硅酸铷钾钡玻璃中 Nd^{3+} 的能级图。在不同种类的硅酸盐玻璃中，Nd^{3+} 的能级结构大同小异。

钕玻璃中 Nd^{3+} 的吸收带与 YAG 相似，只是每个吸收带都比 YAG 的稍宽一些。不同玻璃的发射中心波长不同。由$^4F_{3/2} \rightarrow ^4I_{11/2}$跃迁发射的 1.059 μm 的荧光谱宽约为 250 cm^{-1}，相当于 28 nm，为 Nd－YAG 荧光谱宽的 38 倍。这是由于玻璃的非晶态结构使 Nd^{3+} 周围的环境稍微不同，因而 Nd^{3+} 能级的能量也存在差异，结果不同离子以不同的频率发射，从而导致自发发射光谱的加宽。

激光上能级的荧光寿命为 500～900 μm，且与 Nd^{3+} 浓度有关。Nd^{3+} 浓度高，有利于能量贮存，但浓度增高到一定程度后，钕离子之间的相互作用会引起荧光猝灭，Nd^{3+} 的质量分数一般为 3%左右。激光下能级的寿命很短(约为 50 ns)，因而易于实现反转分布。

钕玻璃属于四能级系统，激光中心波长为 1.059 μm，激光谱宽 5～10 nm，可见单色性极差。激光谱宽还与激励水平有关，见图 5.10。由于玻璃各向同性，所以，输出激光无偏振特性。

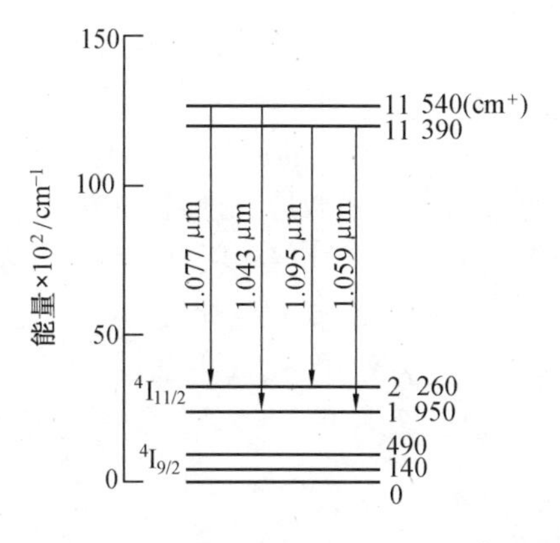

图 5.9　掺钕的硅酸铷、钾、钡玻璃的能级

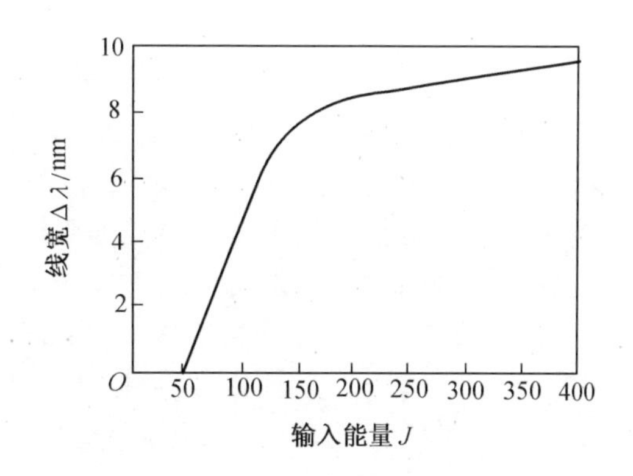

图 5.10　钕玻璃的激光线宽与输入能量的关系

二、板条激光器

传统的固体激光器所使用的激光工作物质呈棒状。所谓板条激光器(Slab Laser),只是工作物质的几何形状为板状,并没有改变工作物质本身的激光跃迁特性。因此,板条激光器的全称是“板条状几何结构激光器”(Slab Geometry Laser,缩写为SGL)。它是特殊结构的固体激光器中的一种。

传统的棒状固体激光器在热负荷条件下运转时,激光介质具有严重的热光畸变,从而使光束质量降低,并限制了激光器的输出水平和高重复频率运转。1972 年 Jones 提出板状结构的固体激光器,美国通用电气公司的 Martin 和 Chernoch 公布了板条激光器的专利,展示了大幅度地减小热感生的光学畸变,改进激光性能所具有的潜力。但由于工艺技术上的困难和板状介质加工成本高,在相当长时间内研究工作进展缓慢,直到八十年代初,SGL 才获得了迅速的发展。

1.板条工作原理

如图 5.11 所示,激光介质是一块具有矩形截面的板,板的长、宽、厚分别为 l、w 和 t,在板的厚度方向(y 方向)的两个平面平行并被抛光,这两个面是泵浦面,泵浦光对这两个面进行均匀照射。在宽度方向(x 方向)的两个侧面磨毛或热绝缘,以阻止侧向热流,结果在板内形成沿厚度方向一维对称的热分布。当光在板状介质中传播时,在两个全反射的泵浦面上发生全内反射,遵循着锯齿形光路在两个泵浦面之间

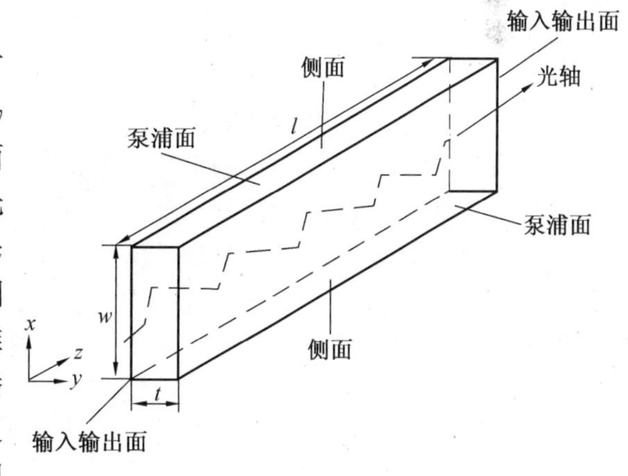

图 5.11　SGL 激光器工作物质形状

传输，因而板状激光器亦称为全内反射面泵浦激光器（简写为 TIR - FPL）。由于在板的中心区域，应力大小对称于中心面（$y=0$），因此板状介质的折射率的大小也是随厚度方向一维对称分布的，折射率主轴与 $x-y$ 轴重合。当一束平行光线从板的一个泵浦面传输到另一个泵浦面时，光在板条的中间经历正透镜效应，在两反射面附近经受负透镜效应，故能被补偿，因此光束以锯齿形光路通过板后，其波面各点的相位变化相同，波面不发生畸变，从而补偿了热透镜效应，消除了双折射效应。当 x 或 y 方向偏振的光通过板时，也不会受到退偏振的影响。

但是，在板的端面部分和边缘区域，由于折射率椭球在应力作用下，其主轴偏离了 $x-y$ 轴，由此产生双折射效应。因而，线偏振光通过时，将发生退偏振现象，由线偏振光变为椭圆偏振光。这就是板条的端面效应和边缘效应。

2.板条结构

板条的基本结构见图 5.12。Slab 中的光路是从一个通光面垂直入射进入板中，在板的两个全反射面间以锯齿形光路分别做三次全内反射后，再垂直射到另一通光面上后出射。

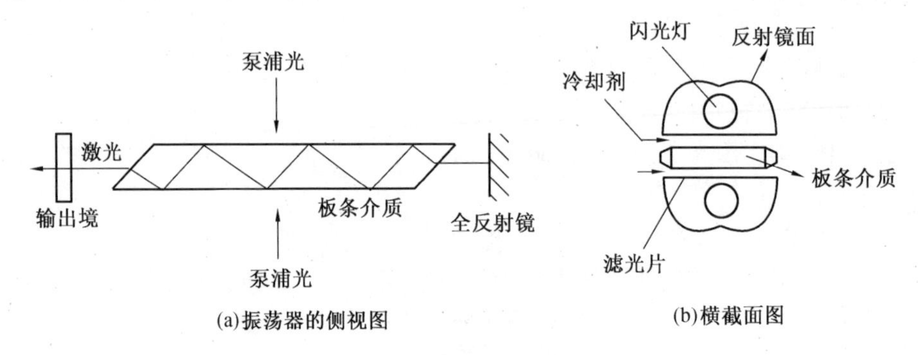

图 5.12　板条的基本结构

板条的主要技术问题中的第一个是板状介质的光学质量和加工精度。要求板状激光工作物质的尺寸要大，激活粒子分布均匀，光学均匀性好。在加工中，应保证两个全内反射面和通光面有足够的精度。一般要求平面度为 $\lambda/5 \sim \lambda/10$，不平行度小于 10′，角度公差 ±2′。第二个是实现均匀的面泵浦。图 5.12(b)中所示是采用双灯双向泵浦方式，在每个泵浦面外侧各配置一支泵浦灯，聚光腔为双椭圆结构。由于工作物质呈宽度很大的矩形，因而 SGL 的聚光腔比棒状激光器的聚光腔更难加工。也可以采用双灯单向泵浦方式，把两支灯配置在同一个方向，在此方向用单椭圆聚光腔聚光；板的另一面用平面反射镜作为剩余光的反射器。这种装置简易一些。图 5.12(b)所示的滤光片有双重作用：一是滤去泵浦光中对激光工作物质有害的紫外光；二是提高泵浦面的冷却效果。第三个是冷却方式。可采用流水 - 流水、流水 - 流动气体和流水 - 静态气体等冷却方式。从结构上讲，以流水 - 流动气体冷却方式较为简单并且更有效。其中，泵浦灯用水冷却。板状介质用流动空气或氦气冷却。图 5.13 是流水 - 流水冷却方式的 SGL 的激光头的剖面图。

3.现状与发展方向

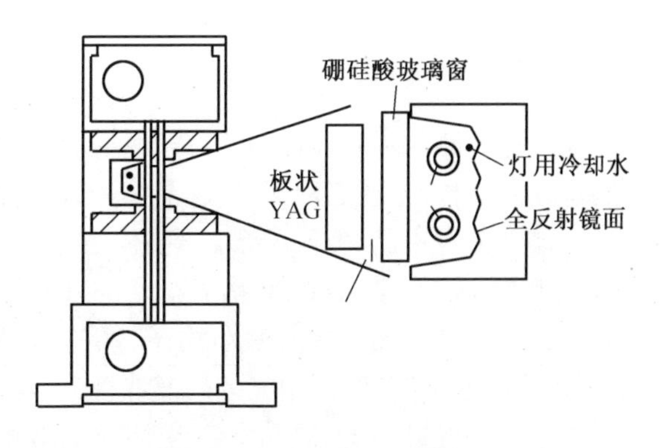

图 5.13　SGL 激光头侧面图

在 SGL 中,把 YAG、GGG 和钕玻璃作为发展对象,前两者用于发展高重复频率和高平均功率器件,后者则用于高峰值功率器件。将掺 Nd^{3+} 体积分数为 1.01%的 YAG 制成长×宽×厚 = $153.9\times18.4\times5.6\ mm^3$ 的平板,光在板内进行 6 次重复全反射;用两支氪灯双向泵浦,聚光腔为双椭圆结构,而泵浦的均匀度在 ±10%以内,谐振腔长 450 mm,全反射镜曲率半径为 10 m,输出镜反射率为 50%,曲率半径为 12 m;冷却采用流水 - 流水方式,流量为 65 L/min,用这样的系统得到的最大平均功率为 500 W (效率 2%)。其光束发散角在厚度方向约为 10^{-2} rad,在宽度方向约为 25 rad。

用掺 Nd^{3+} 体积分数为 2%的 GGG,制成 $177\times35\times9\ mm^3$ 的平板,得到的最大平均功率为 230 W(效率 2%)。GGG 容易生成大尺寸的晶体,并可掺入较高浓度的 Nd^{3+},用板条状 GGG 激光器已获得 830 W 的功率输出,可望获得 1 kW 的输出。

钕玻璃最适合做高峰值功率的板状器件。钕玻璃可以做成大尺寸的平板,$230\times65\times5\ mm^3$ 的钕玻璃 Slab 脉冲输出 22 J,脉宽 34 ns,峰值功率达到 650 MW。由于钕玻璃的热导率比 YAG 低一个量级,这对高重复频率运转是不利的,要提高平均输出功率很困难。

SGL 发展的另一个方向是结构的改进。例如移动型 SGL、旋转型 SGL 和横向半导体激光二极管(LD)阵列泵浦的 SGL,分别见图 5.14、图 5.15 和图 5.16。其中尤以 LD 阵列泵浦的 SGL 最引人注目,它将板条和大功率 LD 阵列两者的优点结合起来,可向高效率小型化方向发展。已获得数十瓦的连续功率输出。

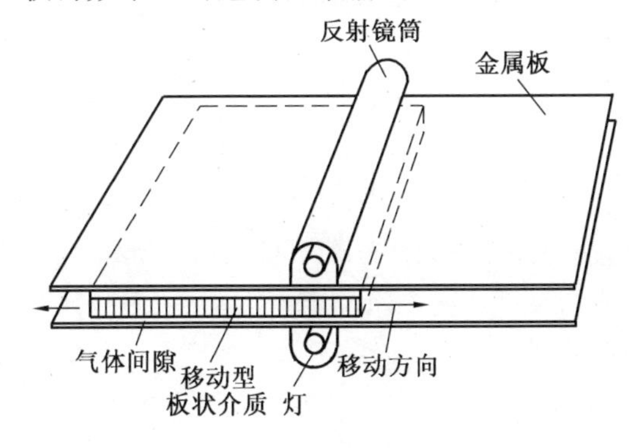

图 5.14　移动型 SGL

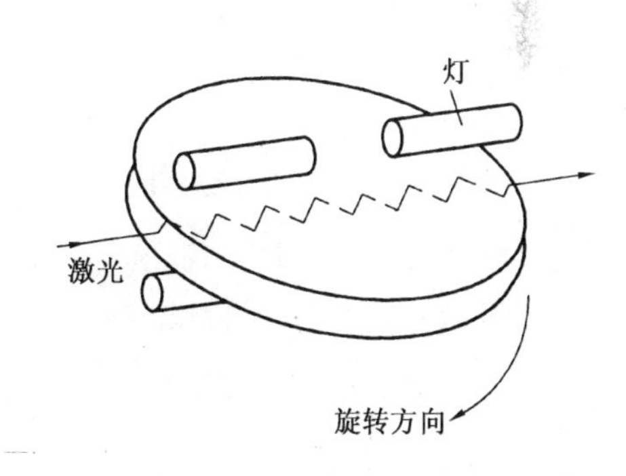

图 5.15　旋转型 SGL

SGL 的又一个发展方向是向实用化方向推进。目前重点放在数百瓦至千瓦级的材料加工机上,在军事上的应用也很有希望。

三、掺杂光纤激光器

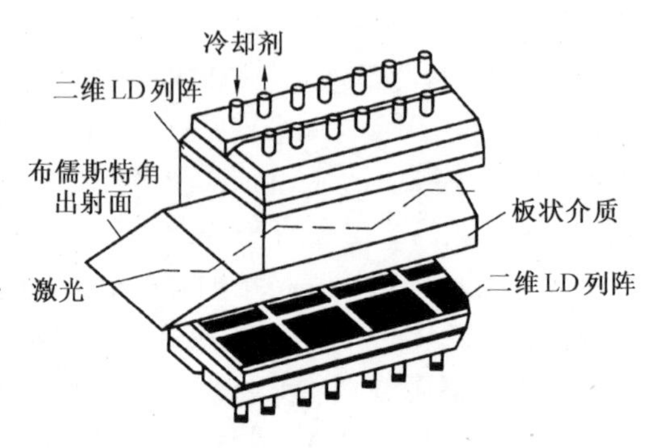

图 5.16　横向 LD 阵列泵浦的 SGL

光纤激光器(Fiber Laser,简称 FL)是一种新颖的有源光纤器件,包括三种类型:①晶体光纤激光器。例如红宝石单晶光纤激光器,YAG - Nd 单晶光纤激光器等。②掺杂光纤激光器(Doped Fiber Laser,DFL)。在光纤中掺入激活离子,用这种掺杂光纤制成激光器。③利用光纤的非线性光学效应产生激光的光纤激光器。例如,受激拉曼散射(SRS)和受激布里渊散射(SBS)光纤激光器。在这三类光纤激光器中,掺杂光纤激光器的发展最为迅速。

光纤激光器的主要特点是:①光纤的纤心很小(单模光纤的心径只有 10 μm),纤内易形成高功率密度;并且激光与泵光可充分耦合,因此转换效率高,激光阈值低;激光模式好。②输出的激光谱线多,同时荧光谱线的线宽很宽,易于调谐。③光纤的柔挠性很好,易散热,热特性优于块状固体激光器。

本节主要介绍掺杂光纤激光器。它与一般激光器的基本结构相同,也是由激光介质、光学谐振腔和激励源组成的。激光介质是掺杂光纤。谐振腔是由直接镀在光纤的两个端面上的介质镜构成或由光纤光栅耦合器构成,其结构见图 5.17 和图 5.18。泵浦光必须在吸收带对应的波长上提供足够的能量,当泵浦光通过掺杂光纤时,能够造成粒子数反转分布;同时还要靠光学谐振腔在与荧光带对应的波长上提供必须的正反馈,以保证形成激光振荡。

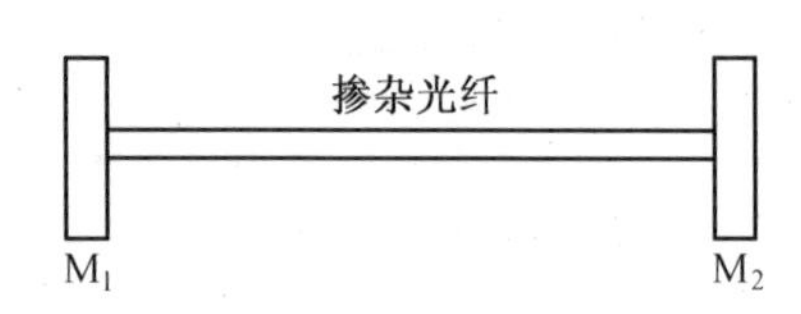

图 5.17　光纤 F - P 谐振腔

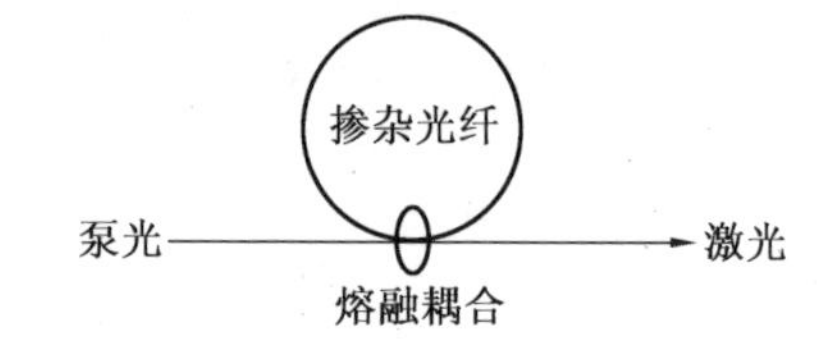

图 5.18　光纤环形腔

最有实际意义的掺杂是掺稀土元素。掺稀土离子的光纤激光器最早是由 Snitzer 等人于 1963 年提出来的,由于技术条件的限制,一直未得到发展。随着光纤技术和半导体激光技术的进步、工艺的成熟,掺稀土元素的光纤激光器发展很快。

最有价值的掺稀土元素光纤激光介质是在玻璃中掺入钕或铒。图 5.19 和图 5.20 分别给出了在玻璃(摩尔分数分别为 94.5 SiO_2、5.0GeO_2、0.5P_2O_5)中钕和铒离子的吸收光谱、荧光光谱和能级图。从这些图中,我们看到:①对于掺钕的光纤介质,可在 0.90 μm、1.06 μm 和 1.35 μm 三个波长上获得激光。其中,0.9 μm 处的荧光带与吸收带交叠,该波长上的激光是三能级系统,而 1.06 μm 和 1.35 μm 激光是四能级系统。在不考虑光纤损耗的情况下,四能级系统的

激光阈值与掺杂光纤的长度成反比，而三能级系统则不是。由于光纤对激光的再吸收，因而存在一个最佳长度，在这个长度上激光阈值最低；②对于掺铒的光纤介质，可在 1.55 μm 处获得激光；③由于两种掺杂光纤介质均在 0.8 μm 处有吸收带，因而它们都可以用 LD 泵浦。

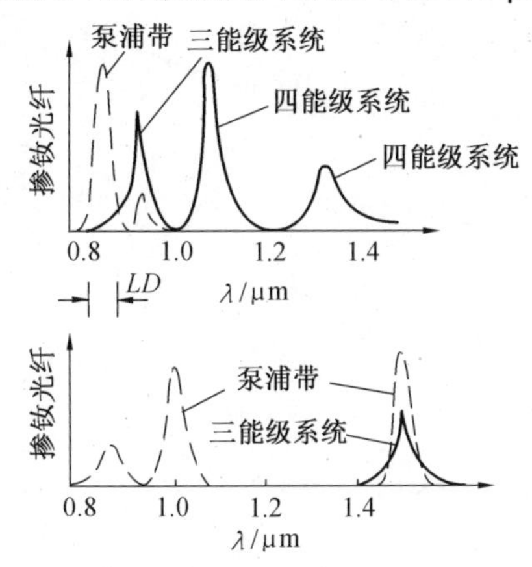

图 5.19　掺钕、掺铒硅玻璃中 Nd^{3+} 和 E^{3+} 的吸收光谱和荧光光谱

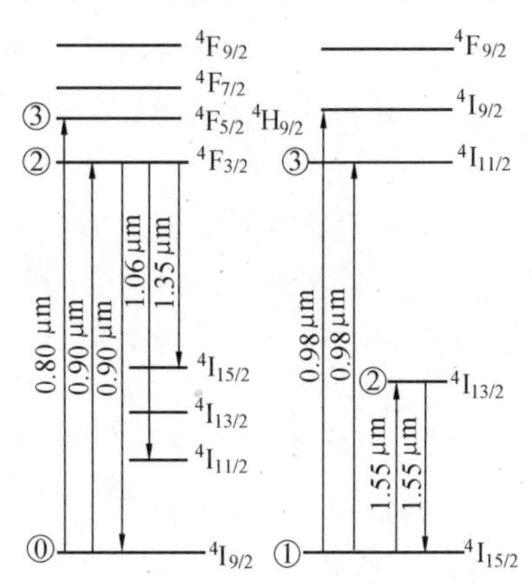

图 5.20　掺钕、掺铒硅玻璃中 Nd^{3+} 和 Er^{3+} 的能级图

由于 1.35 μm 和 1.55 μm 恰好是光纤通信窗口，同时又可以用 LD 泵浦，因此研究工作主要集中在掺钕和掺铒硅玻璃光纤激光器上。此外，人们对掺钕、掺铒、掺钬、和掺铥的氟化锆玻璃光纤激光器也进行了研究。以硅玻璃作为掺杂光纤的基质材料，其最佳掺杂质量分数的量级仅为 10^{-4}，因为高掺杂将导致玻璃基体出现再结晶，这对激光的形成很不利。使用氟化物做基质材料，不但可提高掺杂稀土离子的浓度，而且可使激光发射移到红外波中段(2 ~ 3 μm)。

对 DFL 也可以实施调谐、调 Q、放大和锁模，其原理与一般激光器相同。

四、掺钛蓝宝石激光器

掺钛蓝宝石激光器属于过渡金属离子激光器，是一种固体可调谐激光器。目前有十几种能在室温下工作的有实用价值的掺过渡金属离子的激光材料，主要的激光离子有 Cr^{3+}、Cr^{4+}、Ti^{3+} 和 Co^{2+} 等，它们的可调谐范围已覆盖了由 660 ~ 2 500 nm 波长范围，成为当前激光技术的主要发展方向之一。

20 世纪 80 年代中发现的掺钛蓝宝石激光器，不仅调谐范围宽，而且其光学性能、激光性能和热性能都十分优越，它的调谐范围为 660 ~ 1 100 nm。

1. 掺钛蓝宝石激光晶体的特性

(1) $Ti^{3+} - Al_2O_3$ 的结构与能级图

自由 Ti^{3+} 离子具有电子层结构 $1s^22s^22p^63s^23p^64s^23d$，即一闭壳结构带一个 3d 电子。当把 Ti^{3+} 掺杂到 $A1_2O_3$ 基质晶体中时，Ti^{3+} 取代 Al^{3+}。形成以 Ti^{3+} 为中心的八面体对称的晶格结

构，见图5.21。由于Ti^{3+}离子半径大于被取代的Al^{3+}的离子半径，晶体的畸变产生Jahn－Teller作用，使晶格场中3d电子能级分裂为基态能级$^2T_2$和受激态能级$^2E_0^2T_2$与^2E的能级差约为19 000 cm^{-1}。3d电子吸收泵浦光子$h\nu_p$后，由$^2T_2$跃迁到^2E态的较高能级，并迅速无辐射弛豫到^2E受激态最低能级上。室温时^2E态的荧光寿命约3.2 μs，$^2E \to {}^2T_2$跃迁而发光后又很快弛豫到基态$^2T_2$的最低能级。显然这是一个四能级系统，其吸收谱和辐射谱由于分裂能级间声子耦合的电子跃迁而形成宽带光谱，与染料的宽带二能级相似，这是实现可调谐激光运转的基础。

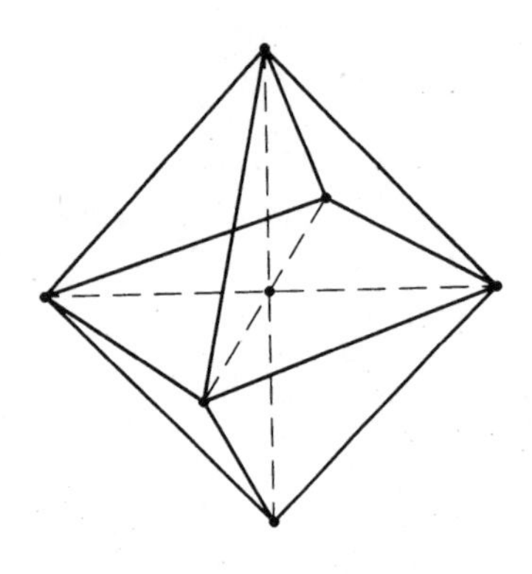

图5.21　理想的八面体晶格结构

(2) $Ti^{3+}-Al_2O_3$的吸收光谱和发射光谱

掺钛(Ti^{3+})蓝宝石晶体呈粉红色，这是由490 nm和560 nm双吸收峰形成的400～650 nm蓝绿宽吸收带所引起，峰值吸收波长在490 nm处，图5.22(a)为其室温时$^2T_2 \to {}^2E$跃迁的吸收光谱，晶体Ti掺杂的质量分数为0.1%，吸收谱具有很强的偏振性。图中π分量是指平行于晶体c轴的偏振光，σ分量则指垂直于c轴的偏振光。显然，π分量的吸收远大于σ分量，其在峰值波长490 nm处的比值约为2.3倍。

$^2E \to {}^2T_2$跃迁产生的发射光谱具有相同的偏振性，发射谱的范围为600～1 100 nm，其最大增益波长约在800 nm附近，见图5.22(b)。

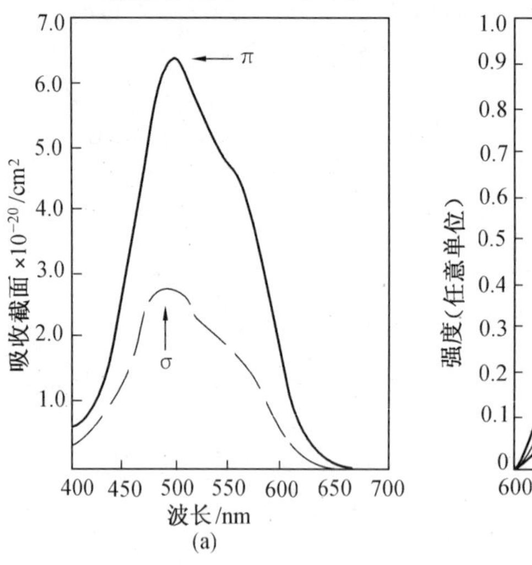

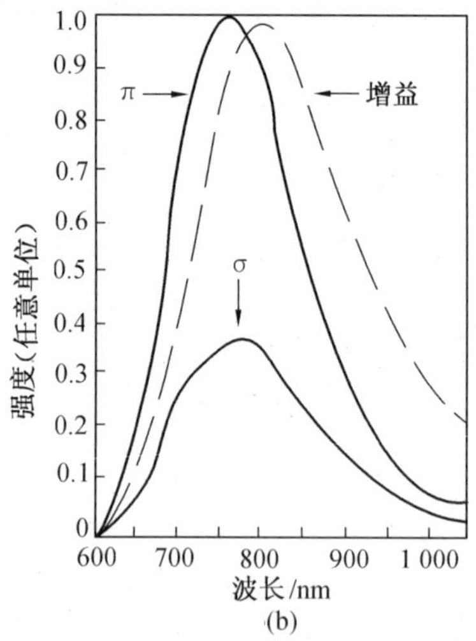

图5.22　(a) $Ti^{3+}-Al_2O_3$的吸收光谱　(b) $Ti^{3+}-Al_2O_3$的偏振发射光谱

晶体在0.75～2.0 μm的极宽红外谱区存在一宽带吸收，图5.23为其室温时的红外吸收光谱，且在800～850 nm附近有一个峰，与发射谱相重叠，这对激光振荡是一种损耗，是由于在

晶体中尚存在少量的 Ti^{4+} 所引起，也称为残余红外吸收。且具有偏振性，但 π 分量却小于 σ 分量。把晶体置于还原气体环境中进行退火处理，把部分 Ti^{4+} 还原成 Ti^{3+}，有利于降低这种残余红外吸收。

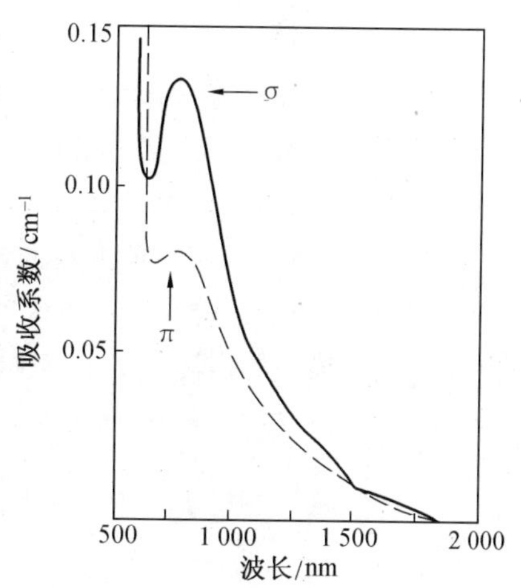

图 5.23　$Ti^{3+}-Al_2O_3$ 的残余红外吸收光谱

(3) $Ti^{3+}-Al_2O_3$ 晶体的主要性能参数

表 5.1 给出了 $Ti^{3+}-Al_2O_3$ 晶体的主要性能参数。掺钛蓝宝石激光晶体具有很宽的调谐范围，它的热性能比 YAG 还要好，其增益比 YAG 小两倍左右，这主要是因为受激辐射截面和掺杂浓度都比 YAG 要小的缘故。主要缺点是自发辐射寿命短，室温时仅有 3.2 μs，比 YAG 小两个数量级，因此贮能调 Q 运转难，用脉冲闪光灯泵浦时，要求放电回路无感放电，并且脉冲放电上升时间要快。

表 5.1　$Ti^{3+}-Al_2O_3$ 晶体的主要性能参数

参　数	单　位	数　值
调谐范围	μm	0.66 ~ 1.1
峰值波长 λ_m	μm	0.795
光子能量 $h\nu$	J	$2.34\times10^{-10}(\lambda_m)$
受激辐射截面 σ_e	cm^2	3.8×10^{-19}
吸收光谱范围	μm	0.4 ~ 0.65
吸收截面 σ_a	cm^2	9.3×10^{-20}
自发辐射寿命 τ_f	μs	3.2
热导率(300 K)	$W\cdot cm^{-1}\cdot K^{-1}$	0.33 ~ 0.35
折射率 η		1.76
熔　点	℃	2 050
$G_0=0.1\ cm^{-1}$的反转粒子数	cm^{-3}	2.6×10^{17}
$G_0=0.1\ cm^{-1}$的储能	J/cm^3	0.06
1 J 储能时的增益系数	cm^{-1}	1.64
掺杂浓度	%(质量分数)	0.03 ~ 0.15
	个/cm^{-3}	$(1\sim5)\times10^{19}$

2.掺钛蓝宝石激光器的结构

$Ti^{3+}-Al_2O_3$ 激光器作为可调谐激光器，泵浦方式、选频和调谐技术都与染料激光器类似。

这里介绍两种掺钛蓝宝石激光器的腔型结构及其性能。

(1) 脉冲激光泵浦的掺钛蓝宝石激光器

泵浦采用脉冲倍频 YAG 激光器(0.53 μm)或铜蒸气激光器(0.51 和 0.58 μm)。其脉冲宽度约为 10 ~ 30 ns。

TS - 60 型脉冲掺钛蓝宝石激光器的原理图见图 5.24,采用双晶体,双向泵浦方式。激光两端面按布儒斯特角切割,晶轴在入射面内并垂直于腔的光轴。这样,当用 p 分量偏振的激光泵浦时,晶体两端面有最小的损耗。采用布儒斯特角方向对置的双晶体是为了补偿晶体引起的色散。

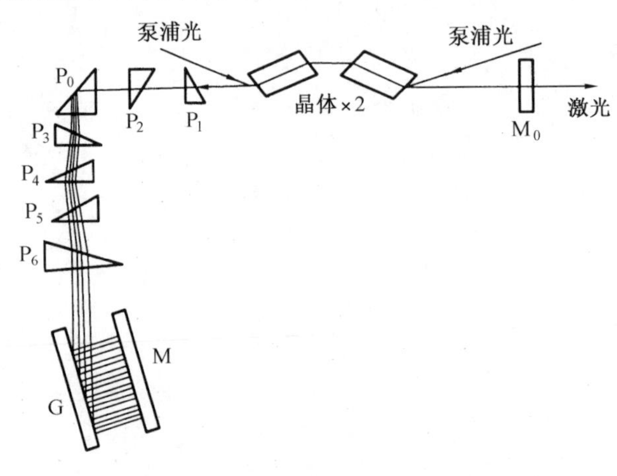

图 5.24　脉冲掺钛蓝宝石激光器

选频腔采用扩束棱镜系统加掠入射光栅和反射镜组合的结构。这里应用了六块棱镜组成的扩束系统(其中 P_0 为转向棱镜)。

色散系统由光栅与反射镜组成,不仅是为了实现激光的调谐,而且在掠入射条件下,也有很好的扩束作用。

TS - 60 型激光器在 $\lambda = 800$ nm, $\Delta\lambda = 6.5 \times 10^{-3}$ nm 条件下,输出激光线宽为小于 0.1 cm^{-1}。激光器的调谐范围为 695 ~ 905 nm,脉冲宽度小于 10 ns。激光经放大后的输出能量超过 120 mJ。

(2) 连续波掺钛蓝宝石激光器

图 5.25 是 Titan - CW 型行波环形腔掺钛蓝宝石激光器,它与连续染料激光器腔形相同,采用 5 W 或 10 W 氩离子激光器泵浦,激光器有四组反射镜,可分别实现 700 ~ 820 nm、780 ~ 900 nm、890 ~ 1 010 nm 和 970 ~ 1 130 nm 范围的调谐,激光线宽可达 3.5×10^{-4} cm^{-1}。

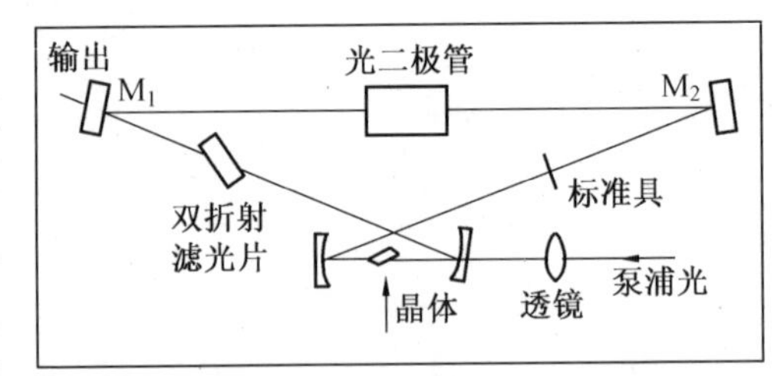

图 5.25　行波环形腔掺钛蓝宝石激光器

五、LD 泵浦的固体激光器

用半导体激光二极管(LD)或二极管阵列泵浦的固体激光器(DPSSL)是目前激光发展的主要方向之一,半导体激光器泵浦固体激光器最突出的优点是泵浦效率高。目前 LD 已成功地泵浦了 Nd－YAG、Nd－YLF、Nd－YVO (Nd－YVO_4)、Nd－$YAlO_3$(Nd－$YAlO_3$)和钕玻璃。

LD 泵浦的方式可分为两类,即同轴入射的端面泵浦(纵向)和垂直入射的侧面泵浦(横向),其结构分别见图 5.26 和图 5.27。

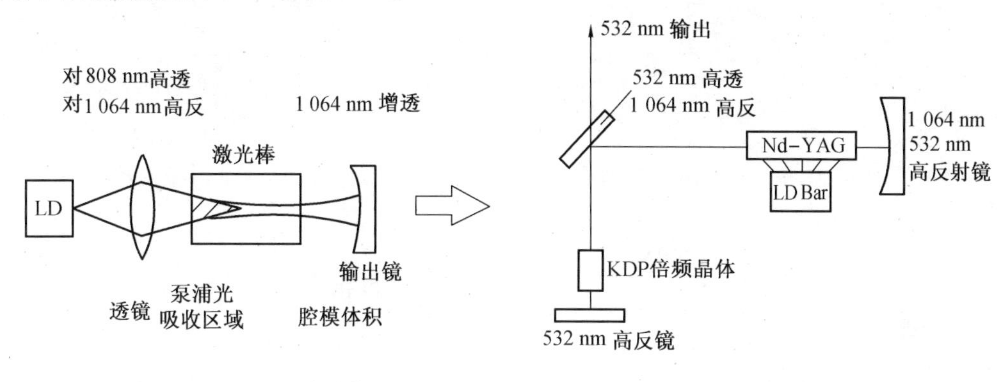

图 5.26　端面泵浦结构　　　　图 5.27　侧面泵浦结构

端面泵浦时,激光棒的两个端面都经过光学抛光。在泵浦光入射的端面上,双波长介质膜对泵浦波长(YAG－Nd 在 0.809 μm)增透,对激光振荡波长(YAG－Nd 在 1 064 fm)高反。在激光出射的端面上,对振荡波长镀减反膜,对泵浦光全反。这样在泵浦光入射的棒端面和输出镜之间就构成激光谐振腔。LD 与激光腔之间的模匹配用透镜来实现。这样可使 LD 泵浦光以尽可能高的效率耦合到激光棒中。端面泵浦的耦合方式,除了直接耦合方式外,还有光纤耦合方式,见图 5.28,它是用光纤把 LD 泵浦光导入激光棒的输入端面,其间仍用一个模式匹配透镜。直接端面泵浦的总体效率最高,光纤耦合结构使 LD 远离谐振腔,激光头尺寸最小。还有一种称为 NAPRO 型的激光腔型,即端面泵浦的单块单向环形激光器,见图 5.29。虽然也是直接耦合,但激光工作物质是一个由特殊形状的四面体加工而成的。激光晶体本身作为谐振腔,泵浦光从 *A* 面入射,在 *B*、*C* 和 *D* 面上全反射,光束按非平面路径行进,将晶体置于磁场中,输出面上镀选偏膜可以得到行波振荡,从而克服固体工作物质中的增益空间烧孔,得到高质量的单频输出,见图 5.30。MISER 型激光器的一个突出的优点,就是激光束的质量特别高。

对于端泵方式,由于泵浦光与振荡光束的模匹配性好,在工作物质中的有效吸收大,所以泵浦效率高(30%～50%),容易获得基模振荡,缺点是发光截面积受到限制,提高输出功率较难。为了提高泵浦功率,可采用 LD 阵列,用光纤束导引泵浦光进行端面泵浦。

侧泵方式与一般闪光灯横向泵浦相似,对谐振腔反射镜和棒端面的研磨质量的要求低一些。一般泵浦效率低(10% ~ 20%),容易形成多模振荡。但可获得较高的输出功率。当激光棒较长时,可用二极管阵列侧面泵浦。其结构示意图见图 5.31。二极管阵列也可以用来泵浦板条激光器。

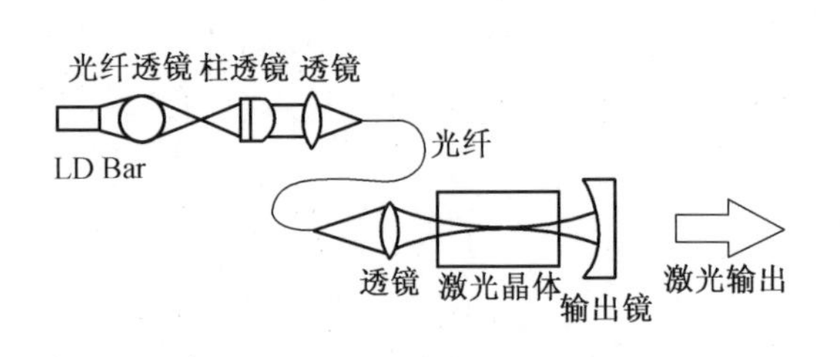

图 5.28　光纤耦合端面泵浦结构

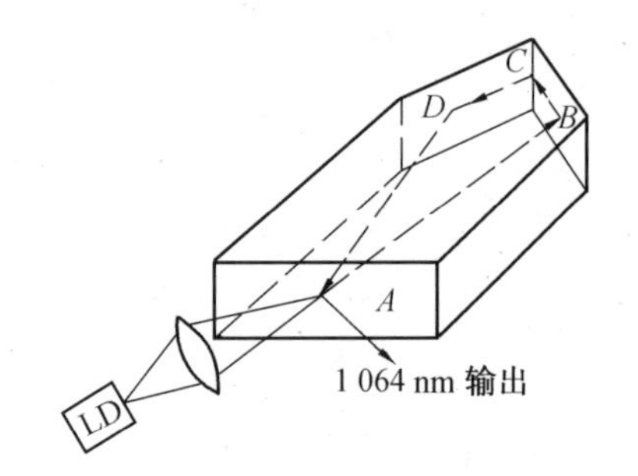

图 5.29　NAPRO 激光器结构

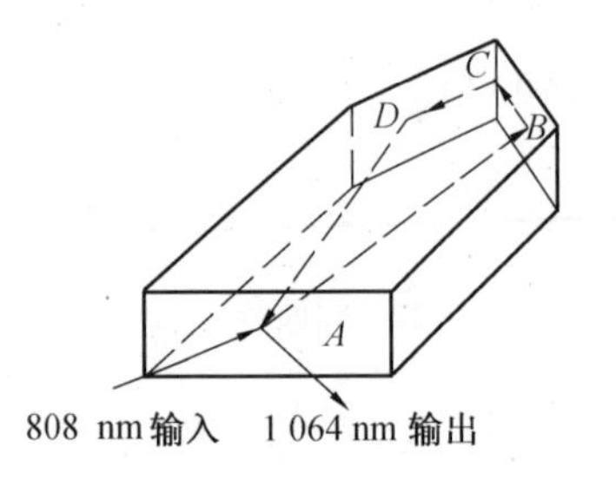

图 5.30　NAPRO 激光器晶体

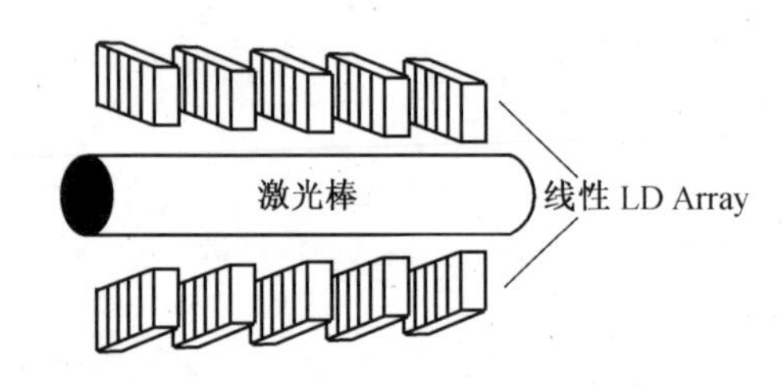

图 5.31　二极管阵列侧面泵浦示意图

LD 的温度调谐率为 0.2 nm/℃,温度降低,波长向短波方向移动;温度升高,波长向长波方向移动。以保持泵光 LD 的波长与激光工作物质的吸收波长相匹配,对泵光 LD 需实行温控。

DPSL 有很多优点,首先是寿命长,LD 的平均寿命在 10 000 h 以上;第二是泵浦光波长与激光介质吸收谱严格匹配,泵浦效率高,热光畸变大为减小,输出光束质量高;第三效率高,频率稳定性好;第四可通过调制泵光 LD 的激励电源调制激光输出。

5.3　气体激光器

气体激光器是以气体作为工作物质的激光器,通常包括原子、离子和分子气体激光器三类。气体激光器是利用气体原子、离子或分子的能级跃迁。气态物质的光学均匀性一般都比较好,使得它在单色性和光束稳定性方面都比固体激光器、半导体激光器和液体(染料)激光器优越。气体激光器产生的激光谱线极为丰富,达数千种,分布在从真空紫外到远红外波段范围内,是应用最广泛的一类激光器。

一般情况下，工作气体的气压较低，单位体积中粒子数少，大约只有固体激光器中激活粒子密度的千分之一或更少，因而多数气体激光器都有瞬时功率不高的弱点。但横向放电二氧化碳激光器的瞬时功率可以很高。

在气体激光器中，采用气体放电或电子束激励的方法实现泵浦。在激光器的工作气体中，除能产生激光发射的气体之外，一般还含有一些辅助气体，如各种惰性气体及氮、氧、氦等。它们在激光器中有的作为缓冲气体改善工作气体的传热特性，有的则作为能量转移气体。

分子气体激光器和准分子激光器可以作为可调谐激光器。下面介绍几种典型的气体激光器。

一、氦－氖激光器

氦－氖(He－Ne)激光器属原子激光器类，它是于1961年首先实现激光输出的气体激光器，能产生许多可见光与红外光的激光谱线，多采用连续工作方式。其输出功率与放电毛细管长度有关，长度为10 cm左右的管子，0.632 8 μm单纵模输出约0.5 mW；20～30 cm的管子，输出约2～6 mW；50 cm左右的管子，输出约8～10 mW；150～200 cm左右的管子，输出约50 mW。由于它输出的激光方向性好(发散角10^{-3} rad以下)、单色性好(线宽可小于20 Hz)、输出功率和波长可控制得很稳定，又因为它具有结构简单、寿命长、体积小、质量轻、成本低、使用方便等优点，因此广泛用于精密计量、检测、准直、导向、全息照相、信息处理，以及医疗、光学实验等各个方面。He－Ne激光器还有黄光、绿光、调制光、磁起偏等类型。

1. He－Ne激光器的结构

He－Ne激光器的结构形式很多，但都是由激光管和激光电源组成。激光管由放电管、电极和光学谐振腔组成，见图5.32。

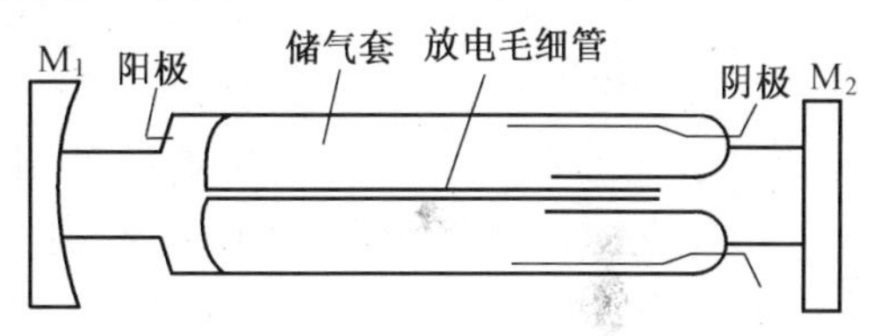

图5.32　内腔式He－Ne激光器的结构

放电管通常由毛细管和贮气室构成，是产生激光的地方。放电管中充入一定比例的氦(He)、氖(Ne)气体，当电极加上高电压后，毛细管中的气体开始放电，使氖原子受激发产生粒子数反转。贮气室与毛细管相连，并不发生气体放电，其作用是补偿因慢漏气及管内元件放气或吸附气体造成He、Ne气体比例及总气压发生的变化，延长器件的寿命。He－Ne激光管的阳极一般用钨棒制成，阴极多用电子发射率高和溅射率小的铝及其合金制成。为了增加电子发射面积和减小阴极溅射，一般都把阴极做成圆筒状，然后用钨棒引到管外。

He－Ne激光器由于增益低，谐振腔一般采用平凹腔，平面镜为输出镜，透过率约1%～2%，凹面镜为全反射镜。

He－Ne激光管的结构按谐振腔与放电管的放置方式不同可分内腔式、外腔式和半内腔式。按阴极及贮气室位置的不同又可分为同轴式、旁轴式和单细管式。

2.He－Ne激光器工作原理

He－Ne激光器是利用原子中的电子－电子能级之间的跃迁。它可以在0.632 8 μm,3.39 μm和1.15 μm三个中的任何一个波长上实现激光振荡。

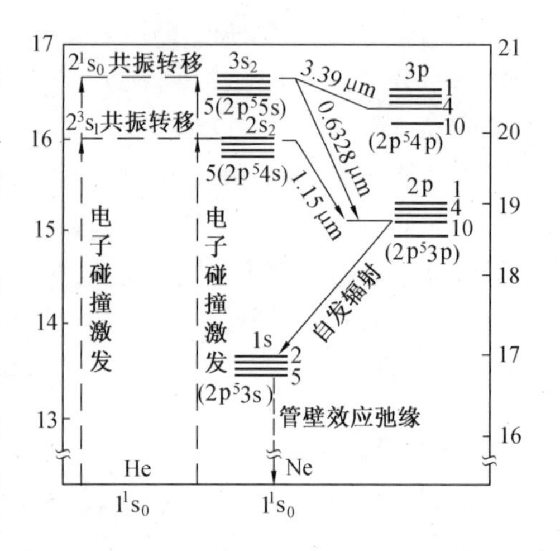

图5.33　He－Ne原子的部分能级图

He－Ne激光器的能级结构见图5.33,是典型的四能级系统。He的2^3s_1,和2^1s_0能级的能量分别为19.73 eV和20.73 eV,其寿命分别为10^{-4}和5×10^{-5} s。两个都是亚稳能级。He的这两个能级几乎与Ne的2s和3s两个能级分别重合。He的2^1s_0能级比Ne的$3s_2$能级仅低0.048 eV,He的2^3s_1能级比Ne的$2s_2$能级仅高0.039 eV。在He－Ne混合气体中进行直流放电时,高能电子把氦原子由基态激发到各种激发态中,在它们衰变到基态的过程中,大部分被长寿命的2^3s_1和2^1s_0能级收集。通过近共振能量转移,使氖原子被激发到$2s_2$和$3s_2$能级上。过程$2^1s_0\rightarrow3s_2$的碰撞截面为$з=4.1\times10^{-16}$ cm²,比过程$2^3s_1\rightarrow2s_2$的碰撞截面大一个量级,因而对$3s_2$的激发几率大于对$2s_2$的激发几率。这就是He－Ne激光器中的主要泵浦激发机制。

① 0.632 8 μm振荡是由$3s_2\rightarrow2p_4$跃迁形成的。上能级$3s_2$寿命为10^{-7} s。下能级$2p_4$寿命为1.8×10^{-8} s,比$3s_2$寿命短得多,因而满足反转分布条件。

由于$2p_4$到基态的跃迁是禁戒的,因此,主要通过自发发射衰减到1s上。1s态是一个亚稳态。1s上的氖原子与电子碰撞后又会跃迁到激光下能级$2p_4$上,同时还存在自发发射辐射的共振俘获,这两个过程都不利于$2p_4$能级的排空。1s上的氖原子主要通过与放电管内壁的碰撞而回到基态,这就是所谓“管壁效应”。为了增加氖原子与管壁的碰撞几率以加强“管壁效应”,尽快使激光下能级抽空以提高反转数,所以,He－Ne激光器的放电管都使用毛细管。实验测得,0.632 8 μm的增益与毛细管直径成反比,即

$$G=\frac{2.5\times10^{-4}}{d}\tag{5.2}$$

② 1.15 μm振荡是由$2s_2\rightarrow2p_4$跃迁形成的。对激光上能级$2s_2$的泵浦是通过与氖的2^3s_2的近共振能量转移来实现的。$2s_2$的寿命为10^{-7} s。它的下能级与0.632 8 μm跃迁过程所使用的相同,所以,也有赖于管壁效应抽空1s能级,从而抽空$2p_4$能级上的氖原子。

③ 3.39 μm振荡是由$3s_2\rightarrow3p_4$跃迁形成的。其上能级与0.632 8 μm振荡时的相同;下能级$3p_4$的寿命为10^{-8} s,下能级与基态间的跃迁是禁戒的,通过自发辐射衰变到1s能级上,因而也是靠管壁效应抽空激光下能级。

0.632 8 μm 和 3.39 μm 两种振荡具有同一个上能级，因此它们之间存在着较强的谱线竞争。$3p_4$ 的寿命比 $2p_4$ 的短，允许建立起相应于 3.39 μm 振荡的大的反转分布；同时由于增益 G 正比于 $\lambda^2 g(\nu,\nu_0)$，使得 3.39 μm 振荡的增益大于 0.632 8 μm 振荡的增益，所以，3.39 μm 首先达到阈值，正常的振荡发生在 3.39 μm 而不是 0.632 8 μm。一旦 3.39 μm 振荡发生，$3s_2$ 上的反转数被消耗，0.632 8 μm 的增益受到抑制，阻碍了 $3s_2$ 上原子数的进一步增加，因此限制了 0.632 8 μm 振荡的发生。为了保证 0.632 8 μm 振荡，必须抑制 3.39 μm 振荡。为此，在中小功率 He－Ne 激光器中，使用玻璃材料的布儒斯特窗，会强烈地吸收 3.39 μm 的光而不吸收 0.632 8 μm的光；或者在给腔镜镀多层介质膜时，使其对 0.632 8 μm 有最大的反射率，使 3.39 μm 振荡的阈值泵浦水平高于 0.632 8 μm 的水平；对于较长的激光器，可在腔内加色散棱镜或放置甲烷吸收盒，甲烷在 3.39 μm 处有一强吸收峰，这样可大大抑制 3.39 μm 的振荡。

0.632 8 μm 与 1.15 μm 振荡共同使用一个下能级，因而也将发生谱线竞争。这两条谱线间的竞争较 0.632 8 μm 和 3.39 μm 两条谱线间的竞争弱一些。在采取上述抑制 3.39 μm 振荡的措施后，1.15 μm 振荡也将被抑制。

二、Ar^+ 离子激光器

如果激光跃迁发生在气体原子或分子的离子能级之间，这种激光器就称为离子激光器。一般分为气体离子激光器(它包括惰性气体离子激光器和分子气体离子激光器)和金属蒸气离子激光器。离子气体激光器输出的波长范围很宽，从紫外 235.8 nm 一直到近红外 1.355 μm，已观察到 400 多条谱线，大多数落在可见光范围。它是目前可见光区最强的相干光源。

氩离子激光器是一种惰性气体离子激光器。它输出的激光波长主要是 0.488 0 μm 和 0.514 5 μm的蓝绿光。连续输出功率一般为几瓦到几十瓦，高者可达一百多瓦，是目前在可见区连续输出功率最高的激光器。

氩离子激光器的阈值电流密度较高，在 100 A/ cm^2 以上。氩离子激光器的能量转换效率较低，一般在 10^{-4} ~ 10^{-5}范围。效率低的原因是在气体放电过程中电离度不高，形成激发态的离子密度小，而且它的工作能级离基态较高，量子效率比较低。

1.氩离子激光器的激发机理

氩(Ar)的原子序数为 18，电子组态为 $1s^2 2s^2 2p^6 3s^2 3p^6$，最外层 $3p^6$ 失去一个电子形成基态氩离子 $Ar^+(3p^5)$，$3p^5$ 上的一个电子被激发到更高的电子层上，形成不同的电子组态，如 $3p^4 3d$、$3p^4 4s$、$3p^4 4p$、$3p^4 4d$、$3p^4 5s$ 等。图 5.34 是与产生激光有关的能级与跃迁图。其荧光谱线可达几百条，其中 $3p^4 4s \to 3p^5$ 辐射 0.07 μm 左右的真空紫外光，$3p^4 4p \to 3p^4 4s$ 辐射可见光。电子组态 $3p^4 4p$ 和 $3p^4 4s$ 都由很多能级组成。$3p^4 4p$ 中与主要激光谱线有关的能级有 $^2S_{1/2}$、$^2P_{1/2}$、$^2P_{3/2}$、$^2D_{3/2}$、$^2D_{5/2}$、$^4D_{3/2}$、$^4D_{5/2}$。$3p^4 4s$ 中与主要激光谱线有关的能级有：$^2P_{1/2}$、$^2P_{3/2}$。它们之间跃迁产生九条谱线，见图 5.35。

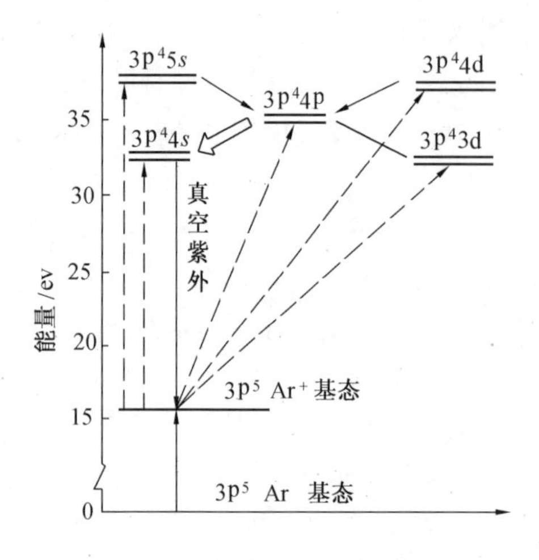

图 5.34　氩离子能级和跃迁

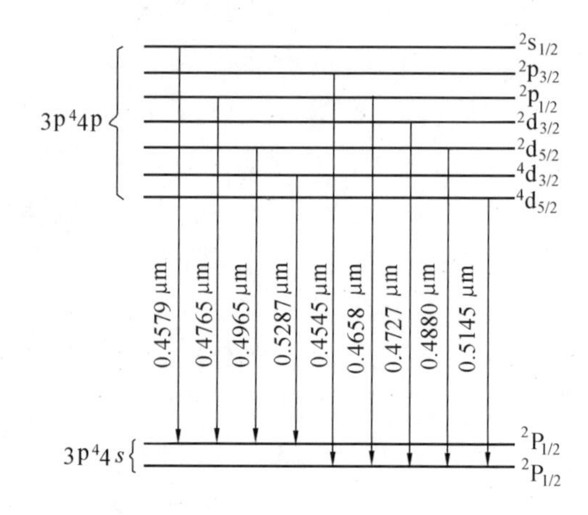

图 5.35　氩离子主要激光谱线

其中以 0.488 0 μm 和 0.514 5 μm 两条最强。实验测定，$3p^4 4p$ 的平均寿命（$\tau = 8\times10^{-9}$ s）比 $3p^4 4s$ 的寿命（$\tau \approx 10^{-9}$ s）长约一个数量级，即使上、下能级的激发速率相同，也能建立粒子数反转。

Ar^+ 的粒子数反转主要靠电子碰撞激发，其激发过程包括三种形式：

第一种形式是电子与 Ar 原子碰撞，使 Ar 原子电离成 Ar^+，Ar^+ 再与电子碰撞而被激发到高能态。此激发形式称为“二步过程”，可表示为

$$Ar(3p^6) + e \rightarrow Ar^+ (3p^5) + 2e'$$

$$Ar^+ (3p^5) + e \rightarrow \begin{cases} Ar^+ (3p^4\, ns) + e' & n = 4.5 \\ Ar^+ (3p^4 nd) + e' & n = 3.4 \\ Ar^+ (3p^4 np) + e' & \end{cases}$$

在此激发过程中，单位体积单位时间内产生的激发态的离子数 N 与电流密度的平方成正比。

第二种形式是电子与氩原子碰撞后直接把氩原子电离并激发到激发态，称这种激发过程为“一步过程”，其反应式为

$$Ar(3p^6) + e \rightarrow Ar^+ (3p^4 4p) + 2e'$$

上面两种激发形式在氩离子激光器中都存在，至于哪种占优势则取决于工作条件与工作方式。因为“一步过程”中要把氩原子激发到能量高达 35.5 eV 的 $3p^4 4p$，需要电子的能量较大，只有在低气压脉冲器件中才能达到。而“二步过程”中，需要的激发能量较低（16～20 eV），激发速率又与电流密度的平方成正比，所以在连续工作的器件中，“二步过程”占主导地位。

第三种形式是通过电子碰撞先把 Ar^+ 激发到 $3p^4 s$ 和 $3p^4 4d$ 等高能态上，然后通过辐射跃迁到激光上能级 $3p^4 4p$ 上。称这种激发过程为串激跃迁。这一过程是激发 $4p^4 4p$ 能级组的主要过程之一。

这三种激发过程,要求电子的能量都是比较高的,要满足这一要求必须使放电管内的气压降到 133 Pa 以下。因为气压低,电子自由程就长,能量损耗小。其次为了增加电离和激发过程,就要提高电子数密度,这就需要大电流放电。因此,氩离子激光器一般采用低气压大电流放电激发。放电电流密度都在 100 A/ cm^2 以上,甚至超过 1 000 A/ cm^2,属于弧光放电。由于放电电流密度大,所以氩离子激光器的结构比其他气体激光器要复杂得多。

2. 氩离子激光器的一般结构

氩离子激光器的结构示意图见图 5.36,它包括放电管、电极、回气管、谐振腔、轴向磁场等部分。

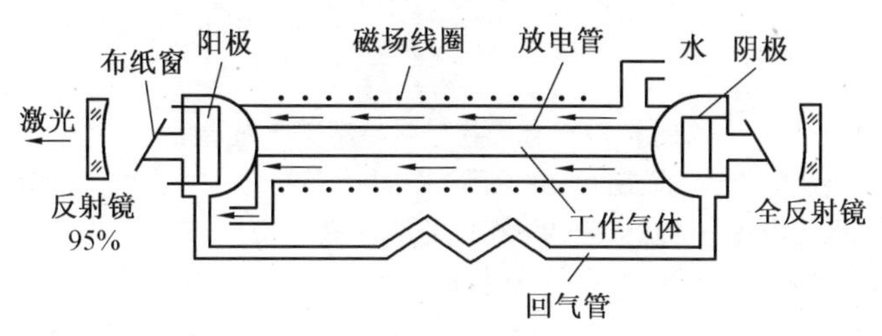

图 5.36　氩离子激光器的结构

放电管是氩离子激光器的核心。由于工作电流大,放电毛细管的管壁温度可达 1 000 ℃以上,所以要求放电管的材料要耐高温、散热性好。此外,还要求放电管材料的气密性好、吸气率低、机械强度高。常用的材料有石英、氧化铍陶瓷、石墨等。石英虽然耐热性能好,但导热性差,容易局部过热、溅射和腐蚀。氧化铍陶瓷具有良好的导热性能,并且耐高温、耐热冲击、抗溅射性能好、气体清除速率也低,是一种很理想的材料。但因有剧毒,对材料加工工艺要求比较高,成本也高。由于制作密封性好的长管子有困难,一般多采用多孔分段氧化铍结构。石墨的导热性好,气体清除率低、抗热冲击好、加工方便、价格便宜、溅射阈值高,是目前广泛使用的一种材料。其缺点是机械强度小,在离子轰击下容易产生粉末而污染放电管和窗片。气体清除率虽小,工作 100 h 后也要重新充气。由于石墨是良导体,为了维持放电,石墨放电管必须采用分段结构,见图 5.37。把石墨切成厚 3 ~ 4 mm 的片,片中间钻孔,以做充气放电管用。石墨片用两根氧化铝陶瓷杆串起来,片间用小石英环隔开,彼此绝缘。整个组件置于有水冷套的石英管内,两端分别为提供电子发射的阴极和收集电子的石墨阳极。过去,一般氩离子激光器放电管的直径多在 6 ~ 8 mm 以内,1967 年后 Boersch 等人研究用 15 mm 的放电管,经实验证明,大直径的管子在最佳工作条件下比小直径的管子输出提高很多,且不必加磁场,但电流强度随直径的平方增加,输出多为横模。

Ar^+ 激光器的阴极要求有较高的电子发射率,能耐离子轰击、耐高温。一般采用热阴极,最常用的是钡钨阴极。阳极一般也采用耐高温、导热、导电性能好的材料。

Ar^+ 激光器还必须有回气管,因为在大电流密度和低气压放电中,存在严重的气体泵浦效应,即放电管内的气体会被从一端抽运到另一端,造成两端气压不均匀,严重时还会造成激光

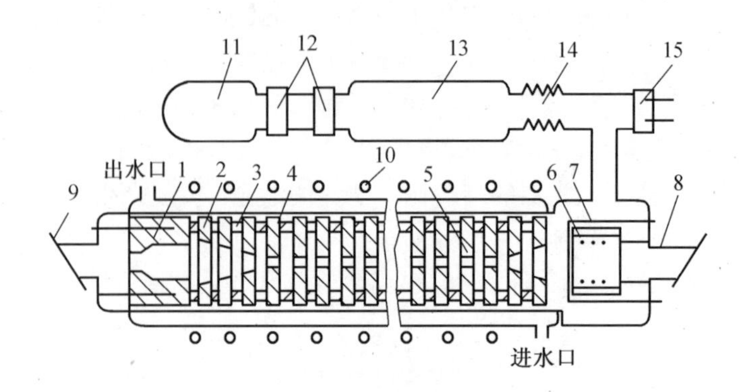

图 5.37 分段石墨结构氩离子激光器

1—石墨阳极;2—石墨片;3—石英环;4—水冷套;5—放电管;6—阴极

7—保热屏;8—加热灯丝;9—布氏窗;10—磁场;11—储气瓶;

12—电磁真空充气阀;13—镇气瓶;14—波纹管;15—气压检测器

猝灭现象。在放电管外设置一回气管路,使管内气体形成闭合回路,依靠气体的扩散作用,可以减小管内气压差。为了使放电不沿回路管进行,要求回气管的长径比要大于放电管的长径比。在图 5.37 中,回路是通过石墨片边缘缺口构成的通道而实现的。为了防止放电管内气压的变化而影响使用寿命,放电管上常备有贮气和充气装置。

为了提高氩离子激光器的输出功率及寿命,一般要加上几十到 100 mT 左右的轴向磁场。磁场通常由套在放电管外面的螺线管产生。

Ar^+ 激光器的谐振腔反射镜与 He - Ne 激光器一样,也是由玻璃片基镀多层介质膜构成。全反端的反射率在 99.8% 以上,一般小型器件输出镜的透过率为 3% ~ 4%,大型器件为 10% ~ 15%。

三、CO_2 激光器

分子气体激光器利用分子的振动 - 转动能级之间的跃迁。第一类分子激光器是振动 - 转动激光器。它利用同一电子态(基态)的不同振动态的转动能级之间的跃迁,振荡波长在中红外或远红外波段(5 ~ 300 μm)。第二类分子激光器是电子 - 振动激光器。

CO_2 激光器是振动 - 转动分子激光器的代表。它的工作气体是 CO_2、N_2 和 He 的混合物。原子里的电子保留在基态,激光跃迁发生在 CO_2 的不同振动态的两个转动能级之间。CO_2 激光器效率高、输出能量大、功率高。

1.能级结构

CO_2 激光器中与激光跃迁有关的能级是由 CO_2 分子和 N_2 分子的电子基态的低振动能级构成的。N_2 分子是同核双原子分子,分子振动与两个原子的相对运动有关。这种振动发生在频率 $\nu_0 = 2\,331.3\ \mathrm{cm}^{-1}$处,能级图由间距等于 $h\nu_0$ 的一组能级组成。CO_2 分子是线性三原子分

子,分子振动的情况比 N_2 要复杂一些。

它有 9 个自由度;其中振动自由度有 4 个;但振动方式只有三种(图 5.38):对称振动、弯曲振动和反对称振动。所以,CO_2 分子的振动状态可用独立的三个振动量子数 υ_1、υ_2 和 υ_3 表

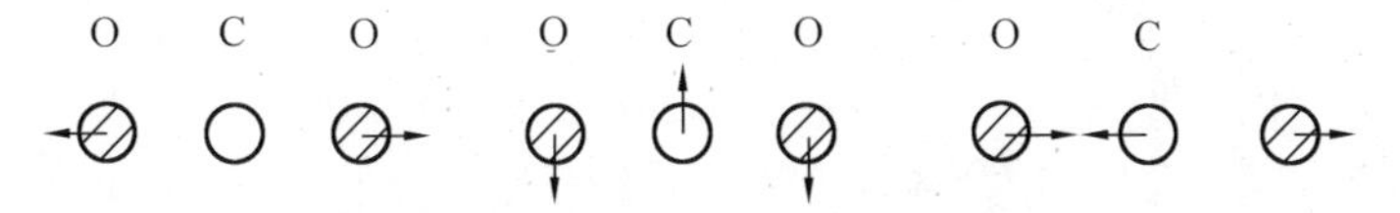

图 5.38　CO_2 分子的三种基本振动方式

示,用 ν_1、ν_2 和 ν_3 分别表示对称振动、弯曲振动和反对称振动的基频。由于弯曲振动可以在 xz 和 yz 平面内发生,所以,弯曲振动是二重简并的。这两种弯曲振动可分别简化为一个谐振子沿 x 方向和 y 方向的简谐振动。这两个简谐振动的合成是一个圆周运动。相应于这种振动绕分子轴的角动量 $P_\upsilon = \pm lh$ 称为振动角动量。其中,l 表示弯曲振动的振动量子数,它的取值为:$l = \upsilon_1, \upsilon_2, \upsilon_2 - 2, \cdots 1$ 或 0。因此,CO_2 的振动态可按 l 的取值 0,1,2,…,而取名为 $\Sigma, \pi, \Delta, \cdots$ 态。CO_2 分子的能级用符号($\upsilon_2 \upsilon_2^l \upsilon_3$)标志。例如,$02^00$ 表示弯曲振动有两个振动量子,两个简并振动组合给出 $lh = 0$ 在三种振动模中,弯曲振动具有最小的力常数。因此,01^10 能级具有最低的振动能量。CO_2 的一些低振动能级见图 5.39。

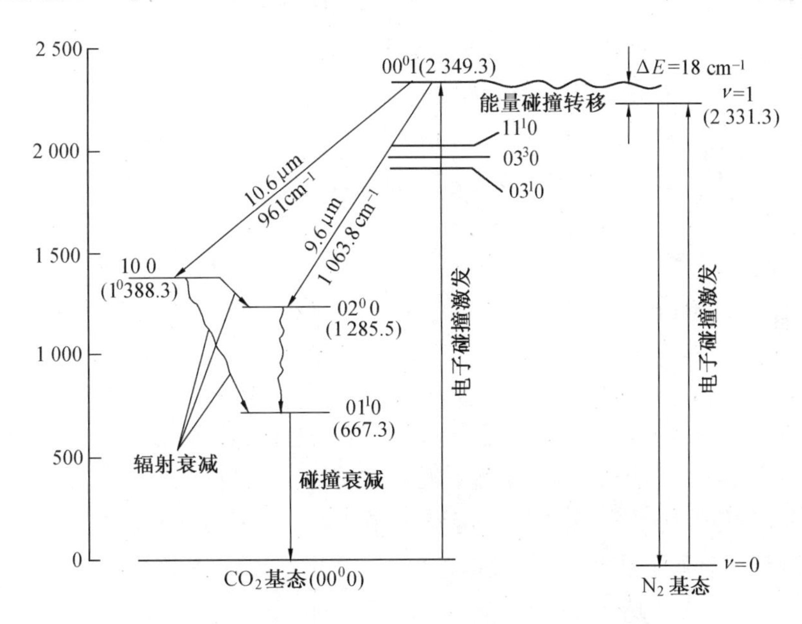

图 5.39　N_2 分子和 CO_2 分子的电子基态的低振动能级

根据波函数对称性的要求,在电子基态上的振动和转动波函数应具有相同的对称性:对称振动的波函数是对称的,弯曲振动和反对称振动的波函数是反对称的。J 为偶数的转动态的波函数是对称的,J 为奇数的转动态的波函数是反对称的。因此,在 00^01 能级上,J 为偶数的

转动能级是空的,在 10^00 能级上,J 为奇数的转动能级是空的。可见,对于 CO_2 分子,在每一个振动能级上,不是所有 J 值的转动能级都存在。在 CO_2 分子中,Q 支是禁戒的,只有 P 支和 R 支是非禁戒的。P(20)指的是从上能级 $J=19$ 到下能级 $J=20$ 的跃迁;R(20)指的是从上能级 $J=21$ 到下能级 $J=20$ 的跃迁。

2. 激光器的工作原理

激光跃迁可发生在 $00^01 \to 10^00(\lambda \approx 10.6\ \mu m)$ 和 $00^01 \to 02^00(\lambda \approx 9.6\ \mu m)$ 两个过程中。但输出激光主要发生在 $00^01 \to 10^00$ 过程中。第一个问题是如何将粒子泵浦到激光上能级 00^01。泵浦主要通过下面两个过程:

(1) 电子碰撞激发

电子碰撞激发过程表示为

$$e^* + CO_2(00^00) \to CO_2(00^01) + e \tag{5.3}$$

与这类过程相对应的电子碰撞截面非常大。当电子能量为 0.3 eV 时,峰值截面为 5×10^{-10} cm^2。受到电子碰撞后被激发到高振动激发态的 CO_2 分子中很大一部分将通过振动模与振动模之间的能量交换(V-V 迟豫),从激发态沿着能量阶梯跃落下来,很容易被长寿命的 00^01 能级收集。

(2) N_2 分子的共振能量转移

电子碰撞激发 N_2 的振动能级的总截面很大。电子能量为2.5 eV时,$\sigma = 3 \times 10^{-16}\ cm^2$。这些被激发的很大一部分分子将被 $\upsilon = 1$ 的能级所收集。N_2 的 $\upsilon = 1$ 能级与 CO_2 的 00^01 能级仅相差 18 cm^{-1}($\approx 2.5 \times 10^{-3}$ eV),因此,N_2 与 CO_2 的基态分子发生碰撞时,N_2 将激发能量转移给 CO_2 分子,使之激发到 00^01 能级;少许不足的能量由分子的总动能的减少来补偿。这个过程可表示为

$$N_2(\upsilon = 1) + CO_2(00^00) \to N_2(\upsilon = 0) + CO_2(00^01) - 2.5 \times 10^{-3} eV \tag{5.4}$$

此外,N_2 的较高振动能级也与 CO_2 相应的能级近于共振,而 $00^04 \cdots\cdots 00^02$ 通过 V-V 弛豫可迅速跃迁到 00^01,因此,通过 N_2 分子的近共振能量转移来泵浦 00^01 能级是很有效的过程。可见,在 CO_2 激光器中,N_2 的作用类似于 He-Ne 激光器中 He 的作用,N_2 是 CO_2 激光器中的能量转移气体。当 $E/N = 2.6 \times 10^{-16}\ V \cdot cm^2$ 时(E 是电场,N 是 CO_2 分子密度),输入电功率的大部分被用于激发 00^01 能级。所以说 CO_2 激光器的效率是相当高的。

还有就是激光上下能级的寿命和下能级的排空问题。因为自发辐射寿命 $\tau_s \sim 1/\nu^3$,所以 CO_2 各能级的自然寿命都很长。00^01 能级的 $\tau_s = 2 \times 10^{-3}$ s,10^00 能级的 $\tau_s = 1.1$ s。这是因为 $00^01 \to 00^00$ 是允许的光学跃迁,而 $10^00 \to 00^00$ 是禁戒的。这种情况对产生激光振荡十分不利。由于在 CO_2 激光器中有多种气体成分存在,使不同能级的衰变主要取决于碰撞。与此相应,能级的有效寿命可表示为

$$\tau = (\Sigma a_i p_i)^{-1} \tag{5.5}$$

式中 p_i——气体的分压;

a_i——气体的特征常数。

例如,在上能级 00^01 上的 CO_2 分子与 He、N_2 和 CO 等分子碰撞而发生 V－V 过程,它将衰变到 11^10 和 030(03^30 和 03^10)能级上,接着因产生振动能量与分子热运动能量的交换(V－T 过程)而回到基态。00^01 能级的有效寿命 $\tau \approx 0.4$ ms。碰撞弛豫过程对下能级 10^00 的寿命影响更大。$10^00 \sim 02^00$,$10^00 \to 01^10$ 和 $02^00 \to 01^10$ 等跃迁都非常快($< 1\ \mu m$),因为,这些能级之间的间距比 k_BT 小得多。10^00、02^00 和 01^10 三个能级可在非常短的时间内达到热平衡。因此,最后的问题归结为 CO_2 分子的 01^10 能级能否被尽快排空。实际情况是,01^10 能级使分子到基态能级的衰变慢,它的作用表现为一种瓶颈现象。由于 He 的 a_i 很大,He 的存在将对 01^10 能级的寿命产生很大影响。He 与 01^10 能级上的 CO_2 分子碰撞的结果使 01^10 能级的寿命达到 $\tau = 2 \times 10^{-5}$ s。可见,He 的存在有助于抽空 CO_2 分子的激光下能级,满足实现激光连续振荡的条件。最后,由于 He 的热导率高(0.515 J/(m·h·℃)),有助于让放电区的剩余热量传走,从而避免由于热效应造成的激光下能级上的粒子数积累,保证了激光器的稳定运行和具有高的转换效率(总体效率可达到 15%～20%)。

(3) 转动能级竞争

由于分子的振动能级之间的间隔比分子热运动的能量 k_BT 大得多;而转动能级之间的间隔比 k_BT 小得多,约为 2 cm^{-1}。因而,在不同的振动能级之间的热平衡速率较小,约为 $10^3\ s^{-1}$;而在同一振动态上的不同转动能级之间的热平衡速率很大,约为 $10^7\ s^{-1}$。于是,处在同一振动态的所有转动能级上的全部粒子都对具有最高增益的那个转动能级的激光跃迁有贡献。

CO_2 分子可以看做是一个"哑铃"形的刚性转子。转动量子数为 J 的转动能级上的平衡粒子数为

$$N_J \propto (2J+1)e^{-BJ(J+1)/k_BT} \tag{5.6}$$

可见,粒子数最多的能级并不是基态能级($J=0$),而是转动量子数为 J 的某个能级。在 CO_2 分子的 00^01 能级中,$J=21$ 的转动能级上的粒子数最多。因此,通常是 $00^01 \to 10^00$ 跃迁中的 P(22)支起振,在 $J=21$ 的转动能级上的粒子数被迅速消耗,于是,其他转动能级上的 CO_2 分子将迅速跃迁到这一转动能级上来。就是说,P(22)支振荡将吃掉其他转动能级上的粒子数,这就是转动竞争效应。由于这种竞争效应的存在,通常只有 P(22)支的单模振荡。

CO_2 的振转能级非常密集,使 CO_2 激光器输出的波长十分丰富。因此,用光栅选频可得到不同的振转谱线。例如,$00^01 \to 10^00$ 跃迁的波长范围是 10.06～11.02 μm;其中,P 支从 $P_4 \sim P_{56}$ 共有 27 条谱线,最强的是 P_{18}、P_{20}、P_{22}、和 P_{24}。R 从 $R_4 \sim R_{54}$ 共有 26 条谱线,最强的是 R_{18}、R_{20}、R_{22} 和 R_{24};对应于 $00^01 \to 02^00$ 跃迁,在 9.13～9.95 μm 波长范围内,有 40 多条谱线。

(4) CO_2 激光器的结构

CO_2 激光器的种类多,应用广泛,见图 5.40。从激光器的结构来看,CO_2 激光器可分为 (a) 纵向封离型激光器;(b)纵向流动激光器;(c)横向流动激光器;(d)横向激励高气压激光器

(TEA);(e)波导 CO_2 激光器;(f)射频激励激光器等。

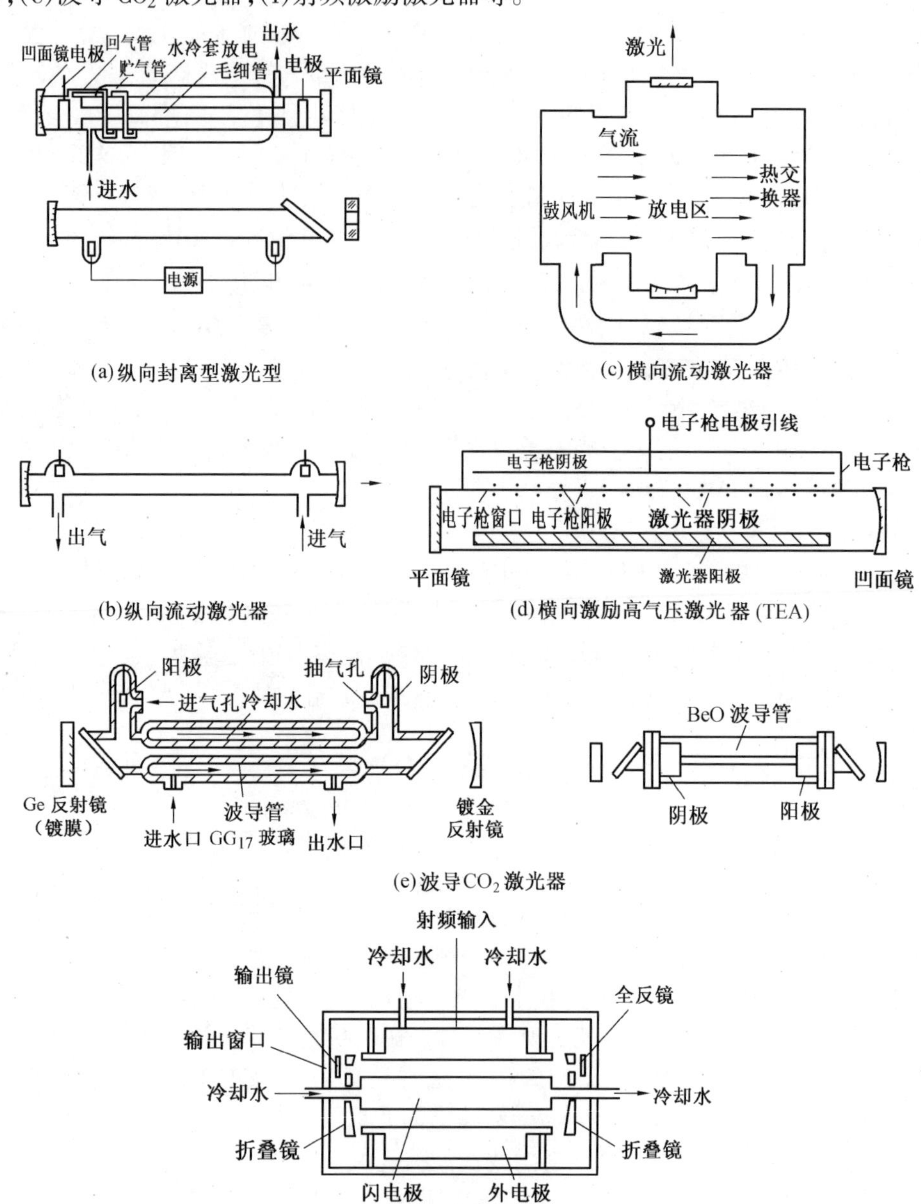

图 5.40　CO_2 激光器的结构和种类

四、准分子激光器

准分子(Excimer)是束缚在电子激发态的分子，是一种处于激发态的复合分子，无稳定的基态。很快自动地离解成原子或其他分子团，从它产生到消失的时间只有几十毫微秒。准分子分两类；一类是同核二聚物(Dimer)如 Xe_2^*、Hg_2^* 等，另一类是异核型准分子(Exciplex)，如惰性气体的氧化物和卤化物 XeO^*、XeF^* 等，以及金属卤化物 $HgCl^*$ 等。

准分子激光器有两个特点：①准分子寿命很短，只有 10^{-8} s，激光跃迁的下能级是排斥态或寿命非常短(只有 10^{-13} s)的弱束缚态，这就是说激光下能级总是空的。②与其他分子激光器属于束缚－束缚辐射跃迁的情形不同，准分子激光器属于束缚－自由辐射跃迁。由于不存在明确的振动－转动跃迁，所以跃迁是宽带的。这就导致准分子激光器具有很高的阈值泵浦功率，当然，宽带辐射容易实现可调谐激光发射。

图 5.41 是 XeF^* 准分子的势能曲线。基态 $X^2\Sigma_{1/2}^+$ 是一个弱束缚态，激发态 $B^2\Sigma_{1/2}^+$、$C^2\Pi_{3/2}$ 和 $D^2\Pi_{1/2}$ 是强束缚态。激光跃迁发生在 $B^2\Sigma_{1/2}^+ \to X^2\Sigma_{1/2}^+$，共有 10 条谱线，强线是 353.1 nm。

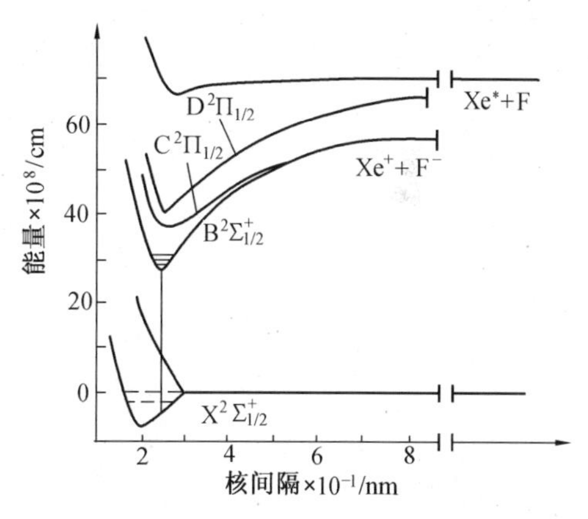

图 5.41　XeF^* 势能曲线

XeF^* 准分子激光器的激发方式有快速放电激发、电子束激发、电子束控制放电激发和 X 射线预电离放电激发 4 种。其中快速放电激发简便，激光器的结构与 N_2 分子相同。激发方法不同，形成 XeF^* 的过程亦稍有不同。下面以快速放电激发为例来说明 XeF^* 准分子的形成过程。图 5.42 是快速放电泵浦的 XeF^* 激光器结构横截面示意图。

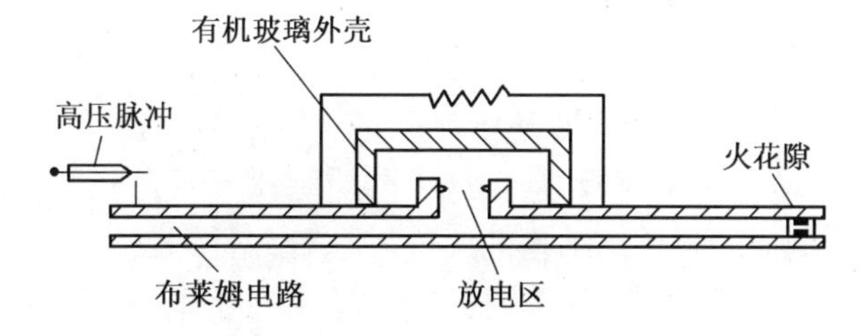

图 5.42　快速放电泵浦的 XeF^* 激光器

工作气体包括 He、Xe 和 F_2。XeF^* 主要是靠激发态 Xe^* 原子与氟气反应形成的，其过程是

$$e^* + Xe \to Xe^* + e \tag{5.7}$$

$$e^* + Xe \to Xe^+ + 2e \tag{5.8}$$

$$Xe^{*} + F_2 \rightarrow XeF^{*} + F \tag{5.9}$$

电子和 F_2 间发生离解附着反应,形成 F^-,即

$$e^{*} + F_2 \rightarrow F^- + F \tag{5.10}$$

Xe^+ 和 F^- 在反应中以一定速率形成 XeF^*,即

$$Xe^{*} + F^- + M \rightarrow XeF^{*} + M \tag{5.11}$$

反应过程(5.9)的速率系数比过程(5.11)的大 10^{15}倍。

表 5.2 列出了几种准分子激光器的输出波长。

表 5.2　准分子激光器及其输出波长　　μm

Xe_2^*	Kr_2^*	Ar_2^*	XeO^*	ArO^*	KrO^*	XeF^*	$XeCl^*$	$XeBr^*$	KrF^*	$KrCl^*$	ArF^*	$HgCl^*$
0.172	0.145 7	0.126 1	0.55	0.557 6	0.557 8	0.351 1	0.308	0.281 8	0.248 4	0.223	0.193 3	0.558 4

5.4　半导体激光器

一、半导体激光器的工作原理

半导体激光器是指以半导体材料为工作物质的激光器,又称半导体激光二极管(LD),是20世纪60年代初发展起来的一种激光器。1962年,有人在砷化镓(GaAs)的PN结二极管上加正向偏压,得到了效率很高的电致发光。不久,Nathan、Hall和Qnist等人,通过在GaAs二极管中注入大脉冲电流,成功地实现了激光振荡。

LD的发射波长在0.33~34 μm范围。激励方式有PN结注入电流激励、电子束激励、光激励和碰撞电离激励等4种,最成熟的是PN结注入式。使用的工作物质有二元化合物(GaAs),三元化合物(GaAlAs)和四元化合物(GaInAsP)等。最典型的是PN结注入式GaAs激光二极管。这种激光二极管的优点是体积小、质量轻、功率转换效率高,输出光的波形随注入电流的波形而变化,调制方便,而且可实行温度调谐和电流调谐。缺点是输出功率小、发散角大、相干性差、输出特性易受温度影响。为了克服GaAs这类同质结激光管存在的缺点,后来又发展了用两种以上的半导体材料制成的异质结结构的元件。这种元件即使不冷却,也能连续运转。由于单个LD的功率有限,继而发展了LD阵列器件。随着半导体制备工艺的进步,又研制出量子阱半导体激光器,进而还提出了量子细线和量子箱半导体激光器的新设想。

半导体激光器的主要应用领域是在信息存储和光纤通信两大方面,近些年来,还越来越多地用于泵浦固体激光器。

1. 半导体的能带结构

理想半导体的能谱是由在周期性场中运动的电子的状态能量聚集成的一系列能带组成

的。下面的能带称为价带 V,上面的能带称为导带 C,它们之间不存在电子状态的区域称为禁带。禁带宽度 E_g 为

$$E_g = E_c - E_v \tag{5.12}$$

式中 E_c——导带底的能量;

E_v——价带顶的能量。

每个能带实际上由大量极其密集的能级所组成,半导体的特征强烈地依赖于电子态的占据方式。电子在能级上的分布遵从费米－狄拉克分布,能级 E 被电子占据的几率为

$$f(E) = \frac{1}{1 + e^{(E-E_f)/k_B T}} \tag{5.13}$$

其中 E_f 是费米能级的能量。当 $T \to 0$ 时,有

$$f(E) = \begin{cases} 0 & (E > E_f) \\ 1 & (E < E_f) \end{cases} \tag{5.14}$$

所以 E_f 代表 $T=0$ 时完全填满的能级和完全空态的能级的边界。对于本征半导体,费米能级处于禁带的中心。因此,在 $T=0$ 时,价带是完全填满的,而导带是完全空的,见图 5.43(a)。在这种情况下半导体是不导电的。在 $T>0$ 时,有

$$\begin{aligned} f(E) > 1/2 \qquad E > E_f \\ f(E) < 1/2 \qquad E < E_f \end{aligned} \tag{5.15}$$

上式表明,导带中的能级在费米能级以上,所以导带中填充的电子数少,而且绝大多数电子处在导带底部附近。价带的能级比费米能级低,所以在价带中填充的电子数多。由于某种原因(如温度升高),电子从价带提升至导带,在价带中因失去电子而造成空态,这种带正电的空态称为"空穴"。能级被空穴占据的几率为

$$f(E) = \frac{1}{1 + e^{(E_f-E)/k_B T}} \tag{5.16}$$

因 $E < E_f$,所以价带中的空穴绝大多数都在价带顶部附近。$T>0$ 时的情况见图 5.43(b)。

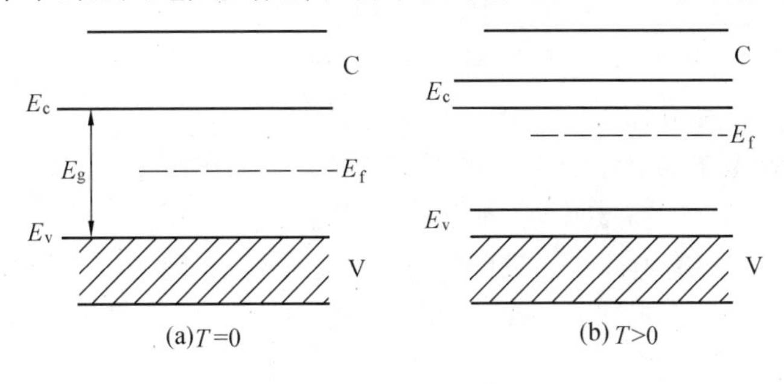

图 5.43 电子在本征半导体能带中的分布

当在半导体中掺入杂质时,如果杂质原子造成一个正电中心,正电中心的束缚能级在导带底的下面,以电子占据这一能级来描述电子被束缚时的状态。这种正电中心称为施主,造成施主的杂质称为施主杂质。掺施主杂质的半导体称为N型半导体,它主要依靠电子导电。如果杂质原子造成一个负电中心,负电中心的束缚能级在价带顶的上面,以空穴占据这一能级来描述空穴被束缚时的状态。这种负电中心称为受主,造成受主的杂质称为受主杂质。掺受主杂质的半导体称为P型半导体,它主要依靠空穴导电。电子和空穴都称为载流子。对于N型半导体,费米能级处于导带底和施主杂质能级之间,对于P型半导体,费米能级处于价带顶和受主杂质能级之间。在重掺杂的情况下,施主或受主杂质浓度很高,因而也组成能带,称为杂质能带。杂质浓度越高,能带越宽,甚至与原来的能带连成一片而无法分开,这种半导体称为简并半导体。对N型简并半导体,费米能级进入导带,$E_f = E_{fc} > E_c$,能级 $E_{fc} \geqslant E_2 \geqslant E_c$ 上被电子占有的几率应由式(5.13)给出,为

$$f_c = \frac{1}{1 + e^{(E_2 - E_{fc})/k_B T}} \tag{5.17}$$

因而全部价带能级以及往上直到 E_{fc}的导带能态几乎充满了电子,特别在 $T \to 0$ 时,E_{fc}以下的电子态全被占满:高于 E_{fc}的能态全是空的,见图5.13(a)。对P型简并半导体,费米能级降至价带中,$E_f = E_{f\nu} < E_\nu$,能级 $E_{f\nu} \leqslant E_1 < E_\nu$ 上被电子占有的几率为

$$f_\nu = \frac{1}{1 + e^{(E_1 - E_{f\nu})/k_B T}} \tag{5.18}$$

因而,$E_{f\nu}$以下的能态几乎为电子占据,特别在 $T \to 0$ 时,$E_{f\nu}$以下的电子态全被占满,高于 $E_{f\nu}$的能态全空着,见图5.13(b)。如果在导带中的情形像图中5.13(a)所示的N型简并半导体那样,在价带中的情形像图中(b)所示的P型简并半导体那样,就成为图5.44(c)所示的情形,将具有两个费米能级 E_{fc}和 $E_{f\nu}$,这种情况称为双简并半导体,它只能在非热平衡条件下存在。例如,一个本征半导体受到频率为 $\nu > E_g/h$ 的光照射,电子吸收光后从价带上升到导带,在价带中留下空位。由于能带之内的弛豫过程(在 10^{-13} s内)比能带之间的弛豫过程快得多,在同一能带内的电子会去占据能量最低的能级,结果,造成如图5.44(c)所示的分布。如果停止光照射,所有的电子都会跌落到价带。所以,用这种方法造成的双简并半导体是不稳定的。

2.半导体受激光发射的条件

如果频率为 ν 的光在半导体内传播时,在光场作用下,电子只能向空态跃迁。在图5.44(a)和(b)中,空态位于满态之上,所以只能从光吸收能量。如果造成了如图5.44(c)所示的双简并半导体,那么,情况将有所不同。这时导带中的电子倾向于向价带跃迁,与空穴复合,造成一个导带电子和一个价带空穴同时湮没,发射出一个能量为 $h\nu$ 的光子。由于受激发射几率正比于上能级的占有几率与下能级的未占有几率的乘积,吸收几率正比于下能级的占有几率与上能级的未占有几率的乘积,因而,产生受激发射光并得到放大的条件是

$$B_0 \phi [f_c(1 - f_\nu) - f_\nu(1 - f_c)] > 0 \tag{5.19}$$

式中　B_0——一个光子引起的受激跃迁几率；

ϕ——引起受激跃迁的光子数。

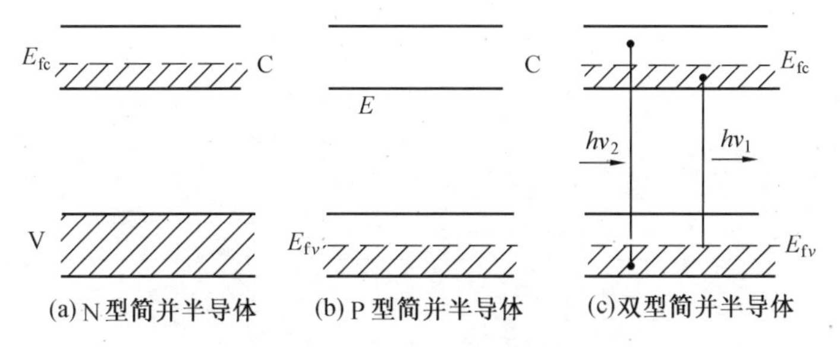

图 5.44　简并半导体能带示意图

f_c 和 f_ν 分别由式(5.17)和(5.18)决定。式(5.19)亦可简化为

$$f_c(E_2) > f_\nu(E_1) \tag{5.20}$$

该式的物理意义是：半导体产生受激光发射作用的条件是，导带能级上被电子占据的几率应大于与辐射相关的价带能级上被电子占据的几率。从整个导带和价带来讲，满足式(5.20)是不可能的。因此，与其他激光器的主要不同点是：不能直接用处在导带和价带中粒子数的多少来比较，只是在紧靠导带底与紧靠价带顶的能量范围内实现粒子数反转分布，激光跃迁不是发生在十分确定的两个能级之间，而是发生在能量分布较宽的许多能级之间。利用式(5.12)、(5.17)和(5.18)，将式(5.20)化为

$$E_{fc} - E_{f\nu} > h\nu > E_g \tag{5.21}$$

式中 $h\nu = E_2 - E_1$。式(5.21)表明，导带中费米能级与价带中费米能级之差要大于禁带宽度。即半导体的费米能级一定要分别进入导带和价带。

实现半导体中的粒子数反转分布的一个很简单的方法是利用 PN 结的特征。让一块 N 型半导体和一块 P 型半导体相结合，则在 N 型和 P 型的结合处形成 PN 结。未加外电压时，PN 结的能带位置见图 5.14(a)。由于半导体处于平衡态，P 区和 N 区的费米能级应相等。在 P 区和 N 区都是重掺杂的情况下，费米能级分别进入 P 区的价带和 N 区的导带，费米能级以下的能级的大部分为电子占据，而费米能级以上的能级的大部分为空穴占据。如果在 PN 结上加正向电压 $V \approx E_g/e$($V < V_D$，V_D 是 PN 结的势垒电场)，势垒高度将由 eV_D 降低到 $e(V_D - V)$。加上正向电压后，半导体的平衡态被破坏，这使多数载流子分别流入对方；电子从 N 区的导带被注入到 P 区，空穴从 P 区的价带被注入到 N 区。其结果是 P 区和 N 区的少数载流子比原来平衡态时增加了，这些增多的少数载流子称为“非平衡载流子”。非平衡载流子在能级上的分布仍可表示为式(5.13)的形式，但费米能级与平衡时的费米能级不同，称为“准费米能级”。对 P 区来说，空穴是多数载流子，所以 $E_{f\nu}$的变化很小，但增多的少数载流子——电子，是非平衡载流子，它处在向 P 区的扩散运动中，它在 PN 结内部不是均匀分布的，描述 P 区中电子分布的准费米能级 E_{fc}是倾斜的；对 N 区来说，情况正相反，增多的少数载流子是空穴，它不断向 N

区扩散，它的费米能级 E_{fc}变化不大，而 E_{fv}的变化却很显著。结果N区中的费米能级相对于P区中的费米能级被抬高了 eV，在图5.54(b)中展示了这时PN结的能带图。

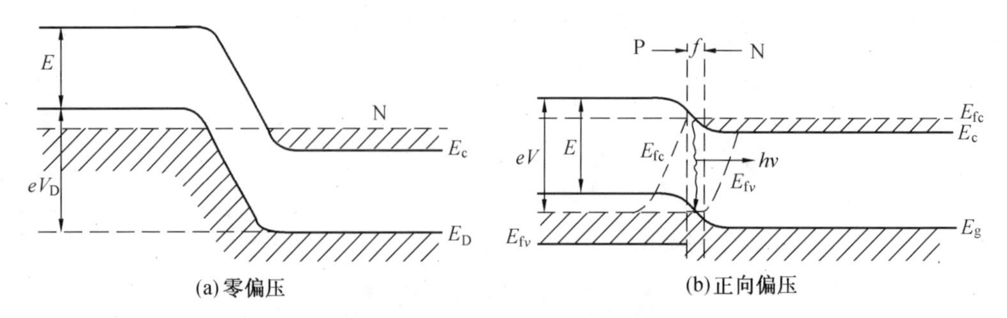

图5.45　双简并半导体PN结注入式激光器能带结构

从能带图可看出，注入的电子的位能比空穴的位能高出 E_g，电子从导带跃迁到价带而复合时，这部分能量将以光的形式释放出来。

由此可见，在PN结的空间电荷区附近存在着一个粒子数反转分布的区域，称为“有源区”或“激活区”。有源区的宽度与非平衡载流子的扩散长度有关。“扩散长度”是指电子(或空穴)向P区(或N区)扩散发生辐射复合之前的平均移动距离，它与载流子的扩散能力和载流子的寿命 τ 有关。用 l_N 和 l_P 分别表示电子和空穴的扩散长度，有

$$\begin{aligned} l_N &= \sqrt{D_N \tau} \\ l_P &= \sqrt{D_P \tau} \end{aligned} \tag{5.22}$$

式中　D_N——电子的扩散系数；

D_P——空穴的扩散系数。

在GaAs中，电子的扩散长度远大于空穴的扩散长度，所以非平衡载流子在PN结两侧的分布不是对称的，有源区偏向P区一侧。有源区的宽度 t 与电子的扩散长度具有相同数量级。在GaAs中，$\tau \approx 10^{-9}$ s，$D_N = 10$ cm^2/s，$t \sim l_N \approx 1$ μm。

考虑到有源区中光的放大问题。虽然电子数的反转只局部地存在于宽度为 t 的有源区内，但光波模式却存在于较大的距离之内。由于有源区自由载流子的浓度低于邻近区域，使有源区的折射率略高于邻近区域，因而存在“光波导效应”。在此情况下，激光模式的横向距离 d 将受到限制，这个距离称为激光模的限制距离。在GaAs中，$d \approx 2 \sim 5$ μm，稍大于有源区的宽度，见图5.46。

GaAs激光器是同质结激光器，其结构见图5.47。它发射的激光波长为0.84 μm，带宽约30 nm，随着温度升高，中心波长向长波方向移动。在室温范围内，每升高1 ℃，波长约移动2～3 nm。

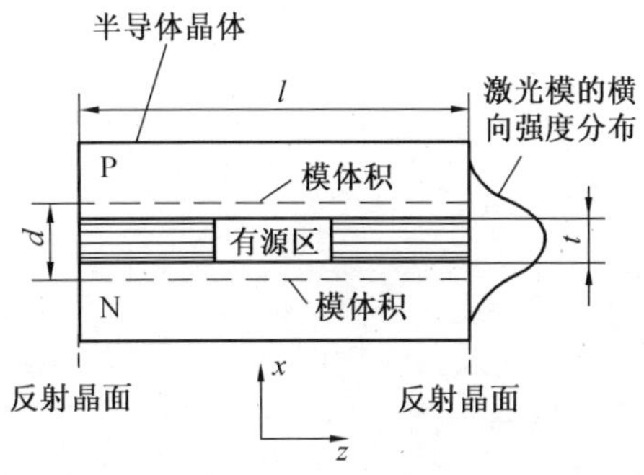

图 5.46　有源区激光模的横向强度分布

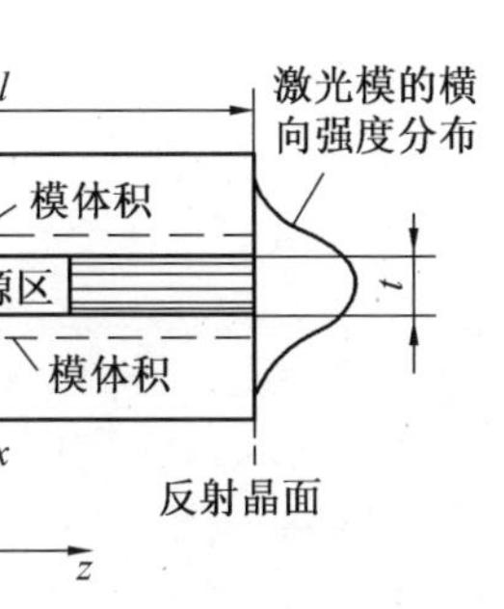

图 5.47　GaAs 注入式激光器结构

3. 阈值电流和输出功率

考虑如图 5.46 所示的一片晶体，其长度为 l，在 y 方向的宽度为 w，$A = lw$ 为 PN 结的面积，假设处于反转状态的电子均匀分布在体积 $V = At$ 之内。假设 $d = t$，激光器的增益为

$$G(\nu,\nu_0) = \frac{\Delta N}{At}\frac{\lambda^2}{8\pi\eta^2\tau}g(\nu,\nu_0) \tag{5.23}$$

式中　ΔN——反转电子的总数；

τ——复合寿命；

η——半导体材料的折射率；

$g(\nu,\nu_0)$——PN 结自发辐射的线形函数；

λ——光在真空中的波长。

如果光波模式的限制距离 $d > t$，那么实际作用于有源区的光强减小，造成每个电子的受激跃迁几率下降，因而电子－空穴复合所发射的总功率也会减小。于是，当 $d > t$ 时，结型激光器的增益系数与 d 成反比，式(5.23)应改为

$$G(\nu,\nu_0) = \frac{\Delta N}{Ad}\frac{\lambda^2}{8\pi\eta^2\tau}g(\nu,\nu_0) \tag{5.24}$$

对于注入式激光器来说，反转数的大小 ΔN 是很难确定的，但可将它与注入的电流联系起来。假设温度足够低，以至于 $N_t = 0$，因而在一定的时间间隔内注入二极管的电子总数，应等于在同样的时间内发生自发复合的电子数，即

$$\frac{N_2}{\tau} = \frac{I\eta_i}{e} \tag{5.25}$$

式中　e——电子电荷；

I——注入的电流强度；

η_i——注入载流子在有源区中发生辐射复合的几率，称为材料的内量子效率。

η_i 定义为

$$\eta_i = \frac{\text{有源区每秒发射的光子数}}{\text{有源区每秒注入的电子 - 空穴对数}} \tag{5.26}$$

将式(5.25)代入式(5.26),可得

$$G(\nu,\nu_0) = \frac{\lambda^2 \eta_i}{8\pi \eta^2 ed} g(\nu,\nu_0) J \tag{5.27}$$

式中,J 为电流密度,$J = I/A$ (A/cm^2)。

半导体激光器中光的损耗包括两部分:其一,光通过P区和N区时会产生衰减,只有一部分光能在有源区中传播和放大,这一部分损耗用分布损耗 δ_i 表示;其二,光通过谐振腔两端反射面透射出去的透射损耗,用 δ_r。设两端反射面的反射率分别为 γ_1 和 γ_2,则激光器的总损耗 δ 为

$$\delta = \delta_i + \delta_\gamma = \delta_i - \frac{1}{l}\ln\gamma \tag{5.28}$$

式中,γ 为两端反射面的平均反射率,$\gamma = \sqrt{\gamma_1 \gamma_2}$。

由 $G_t = \delta$ 和式(5.27)可得注入式激光器形成激光振荡的阈值电流密度为

$$J_i = \frac{I_i}{A} = \frac{8\pi\eta^2 d\Delta\nu\alpha}{\eta_i \lambda^2} \tag{5.29}$$

其中 $\Delta\nu = 1/g(\nu,\nu_0)$。式(5.29)表明,阈值电流密度与模的限制距离 d 成正比。

与一般激光器的振荡情形类似,当工作电流 I 高于阈值 I_t 时,激光振荡增强,形成的受激发射使反转载流子分布的大小钳制于阈值。因而,高于阈值时,有源区内受激发射产生的光功率为

$$P_i = \eta_i \frac{I - I_t}{e} h\nu \tag{5.30}$$

P_i 中有一部分损失在腔内,其余的部分从腔的端面输出。这两部分功率分别正比于 δ_i 和 δ_r,因此,输出功率为

$$P_o = P_i \frac{\delta_r}{\delta} = \frac{\eta_i (I - I_t) h\nu}{e} \frac{\ln\frac{1}{\gamma}}{\delta_i l + \ln\frac{1}{\gamma}} \tag{5.31}$$

实际上,最常用的是外微分量子效率 η_d,其定义是

$$\eta_d = \frac{(P_o - P_t)/h\nu}{(I - I_t)/e} \tag{5.32}$$

式中,P_t 为阈值时激光器发射的光功率。

将式(5.31)代入式(5.32)中,可得

$$\eta_d^{-1} = \eta_i^{-1}\left[1 + \frac{\delta_i l}{\ln(1/\gamma)}\right] \tag{5.33}$$

可见,η_d^{-1} 与腔长 l 成正比。改变 l、I 和 I_t,用式(5.32)求出 η_d,再由 η_d 与 l 关系,可求出 η_i

和 δ_i。其中 η_i^{-1} 是 η_d^{-1} 与 l 直线在纵坐标轴 η_d^{-1} 上的截距，δ_i 是该直线的斜率。

半导体激光器的效率可以用量子效率（η_i 或 η_d）和功率效率表示，功率效率 η_P 的定义为

$$\eta_P = \frac{P_o}{IV} \tag{5.34}$$

式中　I——工作电流；

　　V——加在 PN 结上的正向偏压。

将式(5.31)代入上式，可得

$$\eta_P = \eta_i \frac{I - I_t}{I}\left(\frac{h\nu}{eV}\right) \frac{\ln(1/\gamma)}{\delta_i l + \ln(1/\gamma)} \tag{5.35}$$

因为 $eV \approx E_g \approx h\nu$，当 $I \gg I_t$ 时，$\delta_r \gg \delta_i$，于是 η_P 趋近于 η_i。

二、半导体激光器的基本结构

半导体激光器的光学谐振腔是由半导体晶体本身的自然解理面所构成的平行平面腔，腔面的反射率由材料的折射率决定。迄今已开发出许多适合于不同应用所需波长的半导体激光器材料体系，见图 5.48。

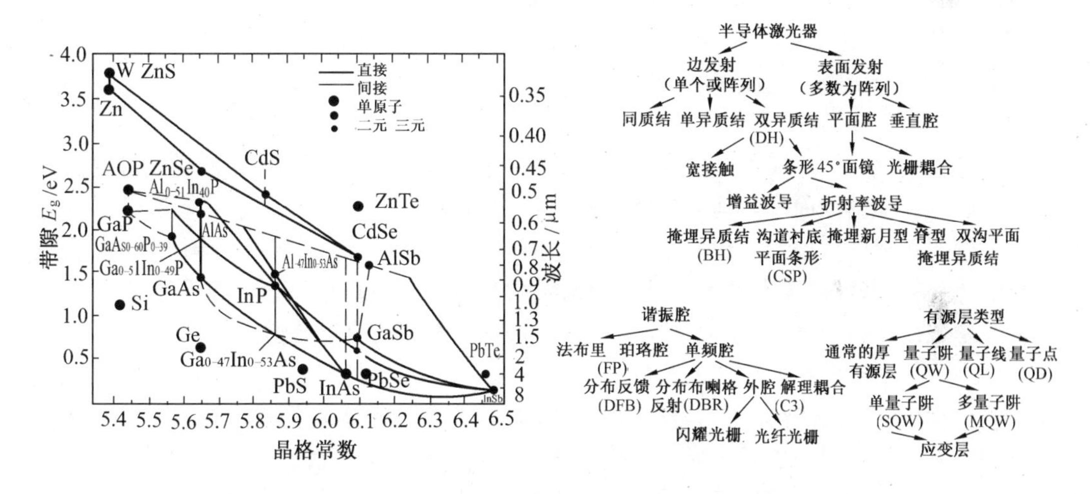

图 5.48　(a) Ⅱ－Ⅳ化合物半导体的带隙与晶格常数的关系

(b) 半导体激光器的分类

围绕着不断提高半导体激光器的性能以满足日益增长的应用需要，需要已发展了许多半导体激光器的结构。图 5.48 基本上概括了各种半导体激光器的结构特点或分类。在上述结构中最主要的考虑是基于将电子与光子如何有效地限制在有源区内，如何改变光的反馈机构实现动态单纵模等。在诸多的结构形式中只有几种是最基本的，如双异质结激光器、条形激光器、量子阱激光器和分布反馈激光器，某些高性能的激光器是这些基本结构形式的优化组合。

1.异质结半导体激光器

(1) 双异质结激光器(DH)

DH基本结构是将有源层夹在同时具有宽带隙和低折射率的两种半导体材料之间,以便在垂直于结平面的方向(横向)上有效地限制载流子与光子。用此结构于1970年实现了GaAlAs、GaAs激射波长为0.89 μm的半导体激光器在室温下的连续工作。图5.49表示出双异质结激光器的结构示意图,其相应的能带图已示于图5.48中,并分别以英文的小写和大写字母表示窄带隙和宽带隙半导体,其中设有源区为窄带隙P型半导体。在正向偏压下,电子和空穴分别从宽带隙的N区和P区注进有源区。它们在该区的扩散又分别受到PP异质结和PN异质结的限制,从而可以在有源区内积累起产生粒子数反转所需的非平衡载流子浓度。同时,窄带隙有源区有高折射率与两边低折射率的宽带隙层构成了一个限制光子在有源区内的介质光波导。

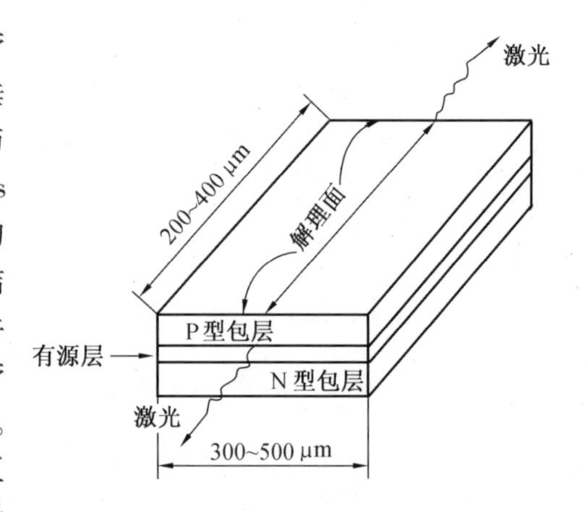

图5.49　双异质结半导体激光器

(2) 条形激光器

双异质结构成功地解决了在垂直于结平面方向对载流子和光子的限制问题。针对有源区的载流子和光子在结平面方向(侧向)的限制问题而采用的条形结构,是半导体激光器发展史上的一个重要里程碑。条形结构使激光器的阈值电流大幅度降低,改善了近场与远场、纵模与横模特性,提高了器件的可靠性等。最早的条形激光器是采取电极条形或质子轰击条形。在侧向的光学限制为所谓“增益波导”。实质上,它只是限制电流流经的通道,这种限制不可避免地存在注入电流的侧向扩展和注入载流子的侧向扩散。增益波导对光场的侧向渗透实际上没有限制作用,其所谓光波导作用只是相对于损耗而出现光的净增益区域。依照在横向利用有源层与两边限制层折射率之差所形成的强的光波导效应,在侧向也设计了类似的折射率波导。折射率波导激光器充分体现了条形结构的优越性,已成为半导体激光器的基本结构形式。这种激光器已广泛用于CD唱机、激光打印和光纤通信系统中。迄今已开发出10多种折射率波导结构。例如:

① 沟道衬底平面(CSP)条形激光器。如图5.50(a)所示,低折射率包层填平有沟道的高折射率衬底,有源层生长在低折射率包层上,由电流通道所限制的有源区两侧,其有效折射率低于有源区而产生侧向光波导效应。这种结构有好的侧模稳定性和连续工作的单纵模工作。

② 隐埋新月形(BC)条形激光器。此种激光器类似于CSP结构,在N型衬底上生长P型电流阻挡层后刻蚀V形槽进入衬底。有源层在沟道表面生长而在有源层内形成一个新月形。

这种结构同样对有源层内的光有波导限制作用,同时源区两侧的"NPNP"结构,能使注入电流限制在有源区内,可用这种结构获得低阈值和高输出功率,见图 5.50(b)。

③ 脊形波导(RW)条形激光器。如图 5.50(c)所示,脊形波导条形激光器在条形有源区上方通过腐蚀出一个脊,在其两边的光反射进有源层而形成波导,脊周围的绝缘层有助于使电流限制在从脊到有源层的电流通道内。

④ 双沟平面隐埋异质结条形激光器(DC-PBH)。如图 5.50(d)所示,双沟平面隐埋异质条形激光器通过腐蚀并行的两个沟道而在它们之间形成有源条,通过材料生长在有源条两侧形成异质结。这种结构的优点是量子效率高(微分量子效率高达 50%~60%),由于在隐埋区有反向偏置的 PN 结而减少了泄漏电流,致使激光器有好的温度稳定性,工作温度可达 130 ℃。

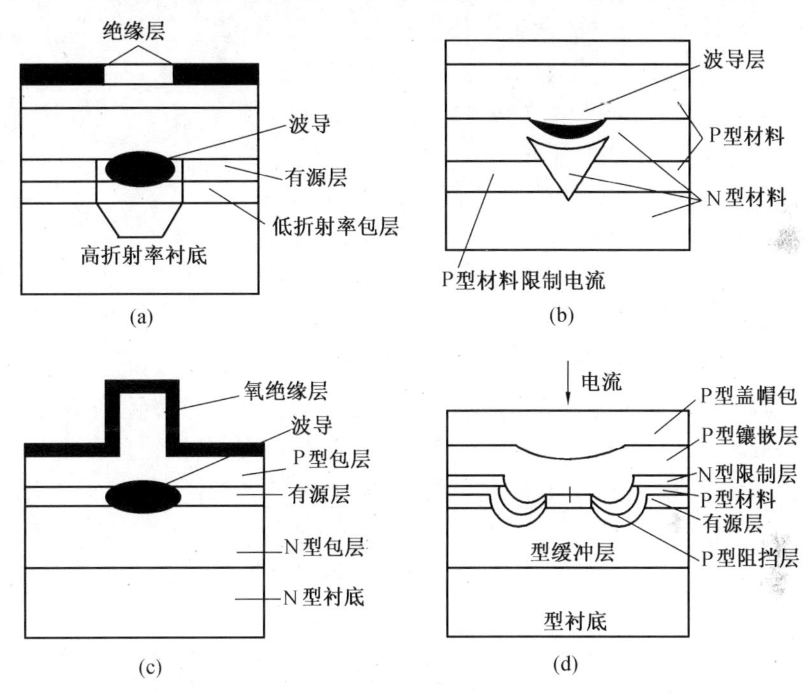

图 5.50　典型的条形激光器

2.量子阱半导体激光器

一般的双异质结半导体激光器的阈值电流密度 J_{th}与有源层厚度的关系见图 5.51。最佳的有源层厚度在 0.15 μm 左右。超过此值后,J_{th}随有源层厚度的增大而线性增加,这是因为随着有源层厚度的增加,载流子的扩散减少了在同样注入电流下注入有源区的载流子浓度或注入电流密度,这也等效于减弱了异质结势垒对载流子的限制能力。而过薄的有源层厚度会因为光场渗透逸散致使异质结光波导能力削弱,使较多的光子损耗于有源层之外,使阈值电流密度增加。尽管在最佳的有源层厚度下,异质结势垒和光波导效应对有源层中的电子和光子有

较好的限制能力,但它们仍处在厚有源区中,即电子仍具有三个自由度,也就是图 5.51 所反映出来的只是同一性质下的量变过程。

20 世纪 60 年代末期,贝尔实验室的江崎(Esaki)和朱肇祥首先提出,当所生长的晶体厚度薄到半导体中电子的德布罗意波长(约为 10 nm)或电子平均自由程量级(约为 50 nm)时,这种超薄层晶体中的电子与块状晶体中的电子有完全不同的性质,即出现量子尺寸效应,并认为利用这种量子尺寸效应能营造人工一维晶体。要想产生量子尺寸效应需超薄层的薄膜生长设备,如分子束外延(MBE)、金属有机化合物化学气相淀积(MOCVD)、化学束外延(CBE)和原子束外延等。1972 年美国 IBM 公司的张立刚用 MBE 生长出有 100 多个周期的 GaAlAs/GaAs 超晶格。这种由组分不同的超薄层交替生长的超晶格称组分超晶格,也可以是掺杂类型不同的两种超薄层半导体材料交替生长而构成所谓掺杂超晶格。

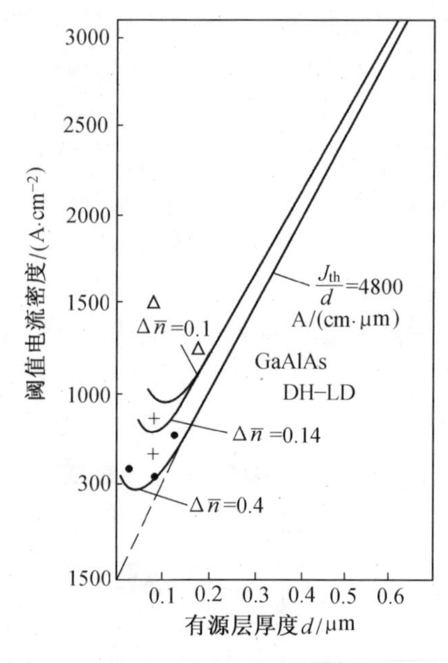

图 5.51 双异质结半导体激光器的阈值电流密度 J_{th}与有源层厚度的关系

量子尺寸效应最实际的应用是量子阱(QW)以及用量子阱所得到的各种半导体器件,量子阱是指窄带隙超薄层被夹在两个宽带隙势垒薄层之间的状态。如果窄带隙与宽带隙超薄层交替生长就能构成多量子阱(MQW),见图 5.52。在 MQW 中如果各阱之间的电子波函数发生一定程度的交叠或耦合,则这样的 MQW 也就是超晶格,和在晶体中微观粒子作周期有序排列一样。

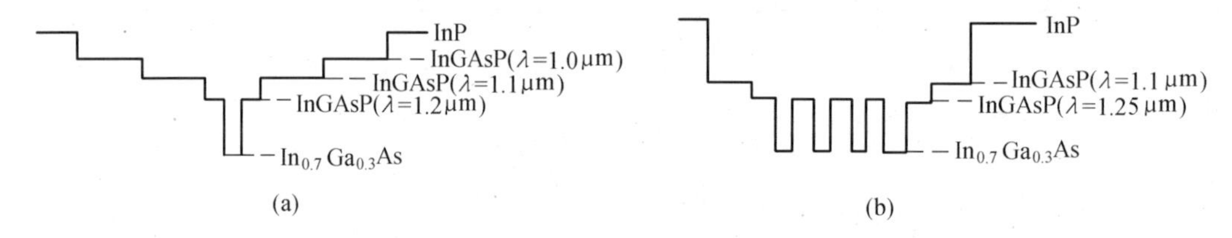

图 5.52 (a)单量子阱
(b)多量子阱

由量子尺寸效应所产生的量子阱结构由于其阱层(有源层)厚度仅在电子平均自由程范围内,所以量子阱壁能起到有效的限制作用。其结果是量子阱中的载流子只在平行于阱壁的平面内有两个自由度,故常称该量子系统为二维电子气,与块状有源层相比,失去了垂直于阱壁方向的自由度。在这方向上的量子限制作用,使导带与价带的能级分裂为子带。与块状有源层的抛物线能带不同,态密度呈阶梯状分布,子带带边陡直,同一子带内态密度为常数。也正

是由于这种量子力学限制作用,使重空穴带与轻空穴带分裂(或简并解除),这反而加剧了TE模与TM模的非对称性,见图5.53(a)。

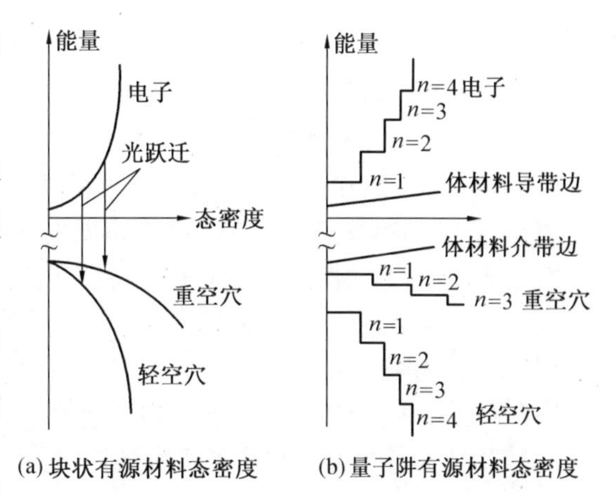

(a) 块状有源材料态密度　(b) 量子阱有源材料态密度

图5.53　体材料与量子阱材料中电子能量与态密度的关系

由于量子阱中的电子在平行于异质结子面内是自由的,只是在垂直于异质结方向受限而使其能量量子化,故电子的总能量可表示为

$$\varepsilon_{cn} = \frac{\hbar^2 k_{c//}^2}{2m_{c//}} + E_{cn} \tag{5.36}$$

式中　$k_{c//}$, $m_{c//}$——在平行于结平面方向的波数与有效质量。

故式(5.36)右边第一项为电子抛物线能量分布,第二项为量子化能量,它在阱底为零。辐射复合发生在导带与价带具有同样量子数($n=0,1,2,\cdots$)的子带之间(跃迁选择定则),相应的光跃迁波长与块状材料单纯由 E_g 决定不同,而为

$$\lambda = \frac{1.24}{E_g + E_{cn} + E_{\nu n}} \tag{5.37}$$

式中　E_{cn}——导带的量子化子带能级;

$E_{\nu n}$——价带的量子化子带能级。

$$E_{cn} = \frac{h^2 n^2}{8L_z^2 m_{cn}} \tag{5.38}$$

式中,L_z 为量子阱宽。

对 $E_{\nu n}$亦有类似的表示式。不像块状晶体抛物线能带中载流子必须从接近带底处开始填充,量子阱的阶梯状能带允许注入的载流子依子带逐级填充。因此注入载流子能量的量子化,提高了注入有源层内载流子的利用率,这就明显地增加了微分增益 dG/dN。高的微分增益带来的好处是:

① 降低了激光器的阈值电流。

② 使有源层中电子与光子的耦合时间常数变小,因而使激光器的张弛振荡频率与相同发射功率的块状有源材料激光器相比提高了4~5倍,这就相应地提高了激光器的调制带宽(可接近30 GHz)。

③ 有源层内部载流子损耗的减少,提高了激光器的斜率效率。

④ 减少了频率啁啾。与块状有源层半导体激光器相比,频率啁啾可减少1.6倍以上。

3.垂直腔表面发射激光器(VCSEL)

所谓垂直腔是指激光腔的方向(光子振荡方向)垂直于半导体芯片的衬底,有源层的厚度

即为谐振腔长度。由于有源层很薄,要在如此短的腔长下实现低阈值的激光振荡,除要求有高增益系数的有源介质外,还需有高的腔面反射率,这只有到80年代用能精确控制膜厚的外延膜生长技术(如MBE和MOCVD)制成的量子阱材料和分布布喇格反射器DBR才有可能。Iga等自1979年报道了VCSEL在77 K温度下工作后,对VCSEL做出了一系列积极的贡献。先后于1984年和1988年实现了VCSEI在室温下的脉冲及连续工作。随着超薄层薄膜生长技术的不断完善,VCSEL的性能正在迅速提高,与边发射激光二极管相比具有很明显的特点:

① 它的谐振腔不是依靠解理面而是通过单片生长多层介质膜形成,从而避免了边发射中解理腔由于解理本身的机械损伤、表面氧化和沾污等引起激光器性能退化。因为谐振腔是由多层介质膜组成,可望有较高的光损伤阈值。

② 由于激光器是由单片外延生长形成的,因而可高密度地形成二维列阵激光器,同时便于对生长材料的质量检查与筛选。

③ 由于能大面积、高密度地形成激光单元,故芯片的成本低。

④ 容易模块化和封装。

⑤ 由于在VCSEL中谐振腔长很短,因而纵模间隔很大,易实现动态单纵模工作。

⑥ 可实现极低阈值电流(亚毫安量级)工作。

⑦ 与边发射LD的像散光束、远场呈椭圆状相比,VCSEL发射圆对称且无像散的高斯光束,因而无需对光束进行整形就能方便地与普通圆透镜或经类透镜处理的光纤高效率耦合;同时可用于与VCSEI对应的二维光纤(或透镜)耦合系统和适当的定位装置实现列阵激光器的耦合。

⑧ 可实现与其他光电子器件(如调制器、开关等)的三维堆积集成。与大规模集成电路在工艺上的兼容性,对光子集成和光电子集成均有利。

相对于一般的端面发射半导体激光器而言,光从垂直于结平面的表面发射已构成半导体激光器的另一种基本结构。从70年代末期发展起来的这种激光器越来越显示出它的优越性。最早考虑表面发射是基于这种发射方式便于制成二维列阵,容易得到有利于与光纤高效率耦合的圆对称的远场特性。见图5.54。

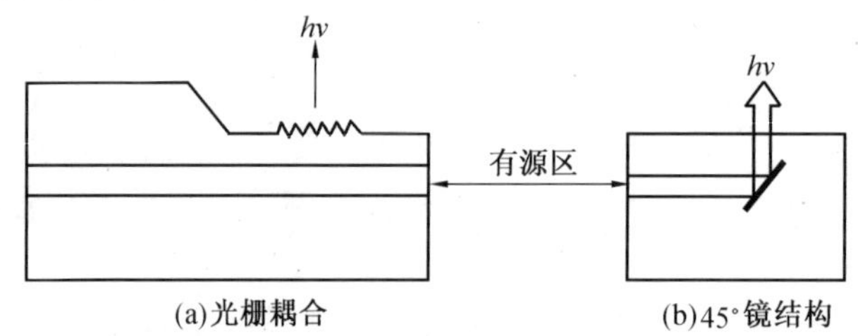

图5.54　平面腔表面发射激光器

VCSEL的结构示意图见图5.55。它是在由高与低折射率介质材料交替生长成的分布布喇格反射器(DBR)之间连续生长单个或多个量子阱有源区所构成。在顶部还镀有金属反射层

以加强上部 DBR 的光反馈作用，激光束可从透明的衬底输出，也可从带有环形电极的顶部表面输出。

4.大功率激光二极管阵列

为提高输出功率发展了二极管阵列激光器。这些阵列中的半导体二极管在电学上并联耦合，发射一致，形成了部分相干光束。近年来由于采用了先进的制作工艺和冷却技术，高功率二极管阵列激光器的发展速度极快，已成为激光器发展中最为活跃的领域。

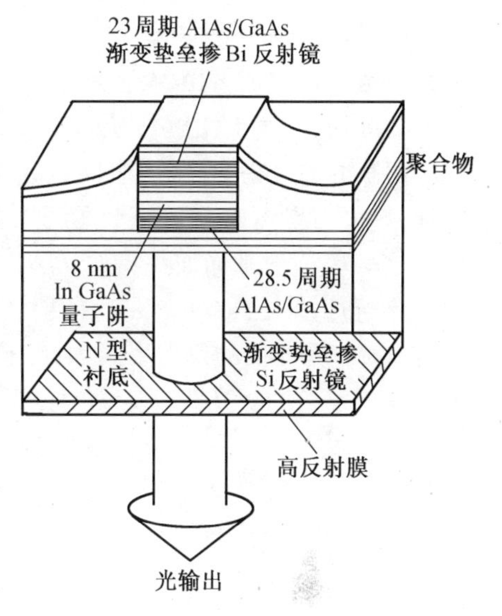

图 5.55　VCSEL 结构

阻碍激光二极管大功率化的原因，一是随注入电流产生的结温升，二是端面激射区的高光功率密度引起的突发性光学损伤。解决第一个问题的办法是降低阈值，提高量子效率。实现的途径是采用特殊工艺把有源区厚度控制在几十纳米以内。解决第二个问题的办法是扩大器件的发光区面积，另一个就是采用阵列技术。

常见的线阵激光二极管是由许多平行排列的激光二极管组成。图 5.56 为线阵激光二极管的结构。其中的每一个二极管的发光面有大于微米的宽度，二极管之间的中心距为 10 μm，每一线阵由几十至几百个二极管组成。它可工作在连续或在低重频长脉冲(如 100 Hz，200 μs 脉宽)的准连续工作状态。

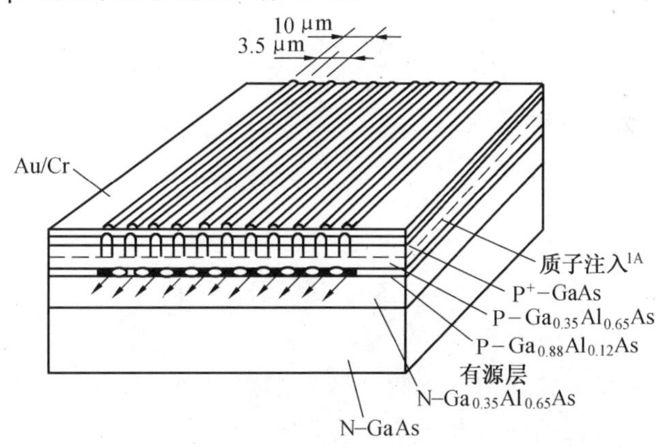

图 5.56　线阵激光二极管

一个 1 cm 长的线阵二极管激光器在连续工作时，阈值电流为 2.5 A，微分效率为 1 W/A，输出可超过 12 W；在准连续工作状态下，若重频 40 Hz，脉宽 150 μs 时，最大的输出功率为 100 W。若把多个二极管线阵重叠可组成二维面阵激光器，它取得的输出功率更大，但二极管面阵的发热问题比线阵更严重，一般工作在较低的重复频率和较低的发射功率下。

5.分布反馈式(DFB)半导体激光器

把调制器、开关、波导和光源共同制作在单片上(集成光路)的需要,导致了对不用解理面来做反射端面的半导体激光器的需要,DFB半导体激光器用同时集线在同一芯片上的分布反馈布拉格反射镜代替由解理面构成的全反镜,提高了激光器性能,分布反馈式激光器就是这种需求的产物,除了不用解理端面的优点外,它还能限制纵模,使发射的光谱变窄。

DFB的原理为:在介质表面做成周期性的波纹形状,设波纹的周期为 Λ。根据布拉格衍射原理,一束与界面成 θ 角的平面波入射时,它将被波纹所衍射。如图5.57所示,由布拉格衍射可知 $\theta=\theta'$,入射平面波在界面 B、C 点反射后,光程差 $\Delta l = BC - AC = 2\Lambda\sin\theta'$,若 Δl 是波长的整数倍时,即 $2T\sin\theta' = m\lambda$,反射波加强。在介质内前后传播的光波 $\theta=\theta'=90°$,因而有 $2T = m\lambda/\eta$,η 为介质的折射率。因此,这种光栅式的结构完全可以起到一个谐振腔反射镜的作用。它所发射的激光频率完全由光栅的周期 T 决定。

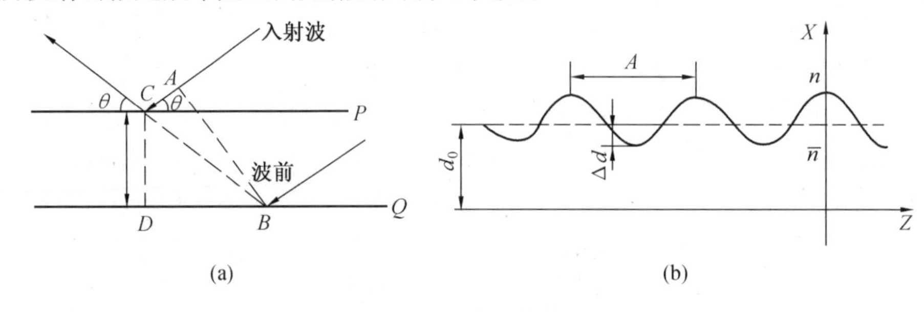

图5.57 分布反馈原理

习题与思考题

1. 试说明红宝石激光器的谱线竞争。

2. 画出 Nd^{3+} – YAG 的能级图。

3. 已知 Nd – YAG 棒半径为5 mm,若其激励效率 $\eta_{excit} = \frac{P_{UL}}{P_{electr}} = 4\%$,其中 P_{UL} 是由于泵浦而导致上能级反转粒子数的储能,P_{electr} 是泵浦电功率,已知 Nd – YAG 的 $I_s = 2\,000\ W/cm^2$,

(1) 计算每千瓦输入电功率的小信号增益系数。

(2) 若 $\gamma_1=1$,$\gamma_2=0.9$,其他总的吸收和散射损耗为5%,计算其达到阈值时的小信号增益,所需的泵浦电功率、输出功率以及激光器的总效率。

4. 试从能级结构上分析钛宝石激光器的可调谐性。

5. 列举激光输出波长在可见光范围内的激光器,并指出各个波长所对应的颜色。

6. 列举输出波长在红外波段的激光器。

7. 分析 He – Ne 激光器的谱线竞争。

8. He – Ne 激光器的632.8 nm的激光谱线相应的跃迁上能级自发寿命 $\tau_s = 7.2\times10^{-7}$ s,

谱线为非均匀加宽，$\Delta\nu_D = 1.3\times10^9$ Hz，单模振荡，$l = 10$ cm，忽略介质损耗，试对 $\gamma_1 = 1, \gamma_2 = 0.98$和 $\gamma_1 = \gamma_2 = 0.98$ 两种情况计算阈值反转粒子数 ΔN_{nt}。

9．对于 CO_2 激光器估算两个最低转动能级（$J = 0, J = 1$）的能量差和转动跃迁频率的数量级。

10 分析 CO_2 激光器效率高的原因。

11．已知 CO_2 激光器的吸收截面积 $\sigma = 1\,000\times10^{-19}$ cm^2，上能级寿命 $\tau = 10\ \mu$s，饱和光强 $I_s = 20$ W/ cm^2，$\eta_{excit} = 25\%$，求：

(1) 位泵浦功率的小信号增益。

(2) 激光阈值泵浦功率（$\gamma_1 = 1, \gamma_2 = 0.5, V_s = 0.98$）。

(3) 5 kW 泵浦时的输出功率。

12．分析说明 CO_2 激光器的谱线宽度。

13．GaAs 半导体激光器的工作波长 $\lambda = 0.84\ \mu$m，跃迁谱线线宽 $\Delta\nu = 200$ cm^{-1}，模限制距离 $d = 2\ \mu$m，折射率 $\eta = 3.35$，内量子效率 $\eta_i = 1$，总损耗 $\delta = 20$ cm^{-1}，试计算激光器的输入阈值电流。

14．导体激光器发射光子的能量近似等于材料的禁带宽度，已知 GaAs 材料的 $E_g = 1.43$ eV 某一 InGaAs 材料的 $E_g = 0.96$ eV，求它们的发射波长。

15．半导体激光器，热时间常数 $\tau_t = 2\times10^{-7}$ s，特征温度 $K_0 = 50$ K，环境温度 $K = 300$ K，$I_{th} = 100$ mA，节电压 $V_j = 1.2$ V，串联电阻 $R_s = 3\ \Omega$，$R_{tm} = 35$ K/W，求：

(1) 结温升至 320 K 时，激光器的阈值电流是多少？

(2) 若注入 140 mA 的直流电流，初始时发射功率为 1 mW，达到稳定状态（热平衡状态）的输出功率是多少？

16．上题所述的激光器进行脉冲调制，$I_0 = 95$ mA，$I_m = 45$ mA，脉冲持续时间 $\tau = 10^{-7}$ s，在时间 $t = 0$ 和 $t = 1$ 时，阈值电流各为多少？在脉冲持续阶段输出光功率如何变化？画出光脉冲波形。

参考文献

1　沈柯．激光原理．北京：北京工业出版社，1986

2　董孝义．光波电子学．天津：南开大学出版社，1987

3　徐介平．声光器件的原理、设计和应用．北京：科学出版社，1982

4　黄德修．半导体激光器及其应用．北京：国防工业出版社，1999

5　蓝信钜．激光技术．北京：科学出版社，2000

6　蔡伯荣等．激光器件．长沙：湖南科学技术出版社，1981

7　范安辅，徐天华．激光技术物理．成都：四川大学出版社，1992

8　徐荣甫．激光器件与技术教程．北京：北京工业学院出版社，1986

9 徐荣甫．激光器件与技术教程．北京:北京理工大学出版社,1995

10 周炳琨.激光原理．北京:国防工业出版社,1980

11 吕百达．激光光学．成都:四川大学出版社,1981

12 杨臣华等．激光与红外技术手册．北京:国防工业出版社,1990

13 王竹溪．特殊函数概论．北京:科学出版社,1979

14 A Yariv. Introduction to Optical Electronics. 2nd ed.,New York: Holt, Rinehart and Winston, 1976

15 方洪烈．光学谐振腔理论．北京:科学出版社,1981

16 刘颂豪．光纤激光器新进展．光电子技术与信息,2003,1(16):1

17 Russell D.,An Introduction to the Development of Semiconductor Laser. IEEE J.Quantum Electron.,1987,23(6):651 ~ 657

18 黄德修．半导体光电子学．成都:成都电子科技大学出版社,1994

19 Y Suematsu., A R Adams. Handbook of Semiconductor Laser and Photonic Integrated Circuits. Kluwer Academic Pub., 1994

20 黄德修.前景美好的半导体激光器．激光与红外,1992,22(6):6 ~ 8

21 刘德明．光纤技术及其应用．成都:成都电子科技大学出版社,1994

22 I C Chang. Acousto-optic Devices and Applications. IEEE Trans,1976.2 ~ 22

第六章 其他激光器

6.1 孤子激光器

一、孤子和光学孤子

孤子(Soliton)概念是美国数学家 Zabusky 和 Kruskal 在 1965 年提出来的,而孤立波(Solitary wave)的发现要追溯到一个半世纪以前。1834 年 8 月 25 日,英国科学家 J·S·罗素(Russell)某日在河边看到了一个十分壮观的景象,他看到水流中一个圆形的、光滑的巨大水峰以很快的速度在水面上移动,在行进中,水峰的外形和速度都不改变。这是人类第一次观察到的孤立波——即在其传播过程中保持自身形态不变的定域化的波。1895 年 Korteweg 和 De - Viccs 导出了水的表面波所服从的方程,它可表示为

$$\frac{\partial h}{\partial \tau} + h\frac{\partial h}{\partial \xi} + \frac{\partial^2 h}{\partial \xi^2} = 0$$

式中 h——波的幅度;

ξ——以波速运动的参照系中的坐标,$\xi = x - vt$;

τ——时间,$\tau = t$。

这是个非线性方程,式中的第二项为非线性项,第三项为色散项,方程的解为

$$h(\tau,\xi) = 2\eta \mathrm{sech}^2\left[\frac{\sqrt{\eta}}{2}(\xi - \eta\tau)\right]$$

这就是 J·S·罗素观察到的水面孤立波,亦称为 KDV 主程。后来人们还发现强磁场中等离子体方程与浅水波方程之间的相似性,证明了孤立波也能在等离子体中传播。1965 年 Zabusky 和 Kruskal 通过计算机的数值计算,发现 KDV 方程所产生的孤立波具有稳定性,两个孤立波发生碰撞时,它们仍具有稳定性,彼此的波形和速度都不改变,于是他们首次提出了“孤子”的概念。

孤子也以波包的形式出现。关于孤子的严格定义,至今尚未统一。一般是指非线性波动方程具有某种“安全系数”的脉冲行波解,因而,可定义孤子为非线性波动方程的能量有限解。这里能量集中在空间的一个定域内,在传输过程中不会随时间扩散。

在理论上,孤子最早是与粒子物理中的一些问题有关的,后来渗入到其他一些学科领域。光学孤子是 1973 年提出来的。A. Hasegawa 等人指出,非线性折射系数可用来补偿低损耗光纤

中由于色散引起的脉冲加宽。他们预言,在波长 $\lambda > 1.3\ \mu m$ 的低损耗光纤中,有光学孤子存在。这引起了人们的兴趣,在1980年,美国贝尔实验室的 L.F.Mollenauer 等人成功地演示了光学孤子在光纤中的传播。他们发现,光纤对传输脉冲有压缩作用,在某一临界能量时,传输脉冲具有高阶孤子的特征。这是首次用人工产生的孤子。此后,对孤子在光纤中的形成机制进行了深入研究,并在此基础上提出了孤子激光器(简写为SL)的概念,而且建成了孤子激光器的实验装置。

二、光纤中孤子的形成

光纤对光脉冲的压缩与成形作用,是综合利用了光纤中的群速色散和非线性光学效应。

由于光纤波导的约束作用,激光能量被集中在很小的光纤心上,使得光纤中的光能密度很高,达到 MW/cm^2 量级。因而,光纤中的非线性效应很强,光纤介质的折射率可写成

$$\eta = \eta_0 + \eta_2 E^2 \tag{6.1}$$

式中 η_0——通常的介质折射率;

η_2——非线性折射率,与光强有关。

通常,将光纤模的波矢表示为 $k = \mu\eta_{eff}/c$,η_{eff}为光纤有效折射率,它也可表示为与频率有关的线性部分 η_{0eff}和非线性部分之和

$$\eta_{eff} = \eta_{0eff} + \eta_2 P/A_{eff} \tag{6.2}$$

式中 P——光纤中传输的功率;

A_{eff}——光纤的有效截面。

$$P = \int I\mathrm{d}A \tag{6.3}$$

$$A_{eff} = \frac{P^2}{\int I^2\mathrm{d}A} \tag{6.4}$$

一般情况下,A_{eff}与光纤心几何截面积之比在1~2之间。

定量描述光纤中孤子传输的行为是非线性薛定谔方程,在无损耗光纤中传输的调制波为线性极化形式,其场表达式为

$$E(r,z,t) = \psi(r,z,t)\exp t[\mathrm{i}(k_0 z - W_0 t)]$$

其中

$$\psi(r,z,t) = R(r)u(z,t)$$

式中 $R(r)$——径向本征函数;

$u(z,t)$——脉冲的调制包络函数;

ω_0——光载波频率;

k_0——$\omega = \omega_0$ 时的波数。

假定已调波 $E(r,z,t)$ 的频谱在 ω_0 处有峰值，且频谱较窄，则可近似为单色平面波。根据式(6.1)，由于非线性克尔效应，波数 k 既是 ω 的函数，也是 E^2 的函数(或 E^2 也可用光纤的有效纤心面积 A_{eff} 和光纤内的传输功率 P 来表示)。将 k 在 k_0 和 $E^2=0$ 附近级数展开，并取到二级近似，则有

$$k(\omega,P) = k_0 + \frac{\partial k}{\partial \omega}(\omega-\omega_0) + \frac{1}{2}\frac{\partial^2 k}{\partial \omega^2}(\omega-\omega_0)^2 + K_2 P \tag{6.5}$$

其中，略去了高次项。由式(6.2)，可得到

$$K_2 = \frac{\omega_0 n_2}{cA_{\text{eff}}} \tag{6.6}$$

式(6.5)中的最后两项分别是线性扩展效应和非线性扩展效应(即光强相关折射率效应)产生的影响。如果只考虑线性效应，则式(6.5)简化为

$$k(\omega,P) = k_0 + \frac{\partial k}{\partial \omega}(\omega-\omega_0) + \frac{1}{2}\frac{\partial^2 k}{\partial \omega^2}(\omega-\omega_0)^2 \tag{6.7}$$

由此，可得到群速度的倒数为

$$\nu_{\text{g}}^{-1} = \frac{\partial k}{\partial \omega} + \frac{\partial^2 k}{\partial \omega^2}(\omega-\omega_0) \tag{6.8}$$

式中　$\frac{\partial k}{\partial \omega}$——频率为 ω_0 的群速度的倒数；

$\frac{\partial^2 k}{\partial \omega^2}$——频率色散常数。

光纤的色散参数 D 定义为

$$D = \frac{\partial(\nu_{\text{g}}^{-1})}{\partial \lambda} = -\frac{2\pi c}{\lambda^2}\frac{\partial^2 k}{\partial \omega^2} \tag{6.9}$$

可见，群速色散是线性系统中脉冲加宽的原因。对于常用的光纤，$K_2>0$。因此，要实现脉冲在光纤中的无扩展传输，必须要求 $\frac{\partial^2 k}{\partial \omega^2}<0$，即负群速色散。

光强为 $I(t)$ 的光通过长度为 L 的光纤传输后，产生的附加相移为

$$\Delta\varphi(t) = \frac{2\pi}{\lambda}\eta_2 LI(t) \tag{6.10}$$

脉冲的不同部位将产生不同的相移，这称之为自相位调制。调制的脉冲形状见图 6.1(a)。对于自相位调制引起的附加的相移，相应地有频移 $\Delta\omega=\omega-\omega_0=\Delta\varphi/t$。此频移值随脉冲的时间变化构成的一种不均匀的分布状态，称为啁啾(Chirp)。啁啾使脉冲前部的频率减小，使后部的频率增加，见图 6.1(b)，由于群速色散为负时，群速随频率的增加而增加。因此，由于非线性效应产生的啁啾脉冲，前部的频率低、群速小，后部的频率高、群速大。这样，脉冲后部加速向前赶，而前部又产生延迟，使得脉冲向中区压缩。如果超前量和延迟量正好使得脉冲前部与后部互相重叠，就能得到带宽限制的最短脉冲。当这种压缩作用与群速色散引起的脉冲扩

展相平衡时,就形成孤子,或称为一阶孤子。若非线性压缩大于色散扩展,则可能出现高阶孤子,使脉冲进一步变窄,见图 6.1(d),但也出现次峰,形成脉冲座。所以,光纤对光脉冲的压缩

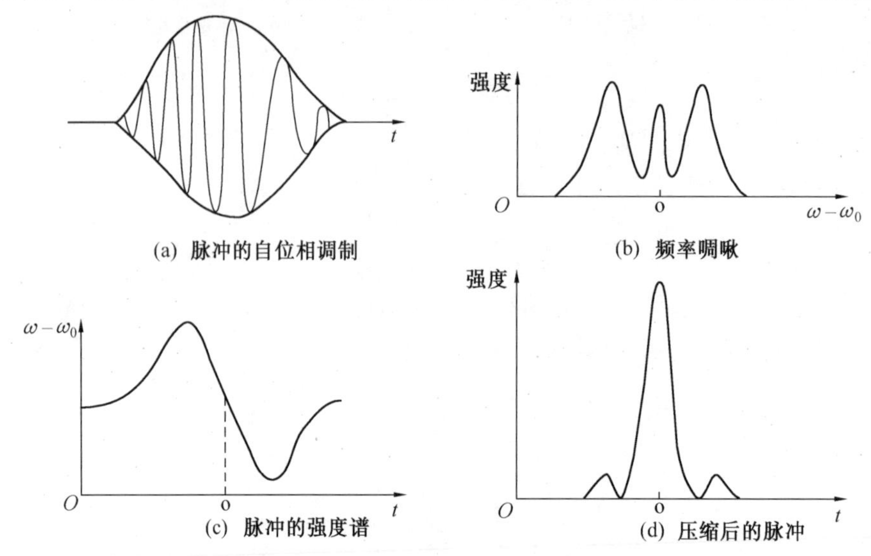

图 6.1 光纤中压缩脉冲形成示意图

和成形作用,是非线性效应和群速色散这两种相反过程的综合,而啁啾是光强的函数。因此,对于给定光纤,存在着一个阈值功率 P,只有高于 P_1 时才能产生脉冲压缩和形成孤子。P_1 值为

$$P_1 = \frac{A_{\text{eff}}}{2\pi n_2} \frac{\lambda}{Z_c} \tag{6.11}$$

其中

$$Z_c = 0.322 \frac{2\pi c}{\lambda^3} \frac{\tau^2}{|D|} \tag{6.12}$$

式中,τ 为孤子的脉宽。

由上两式,可将脉宽与产生脉冲压缩的阈值功率联系起来,即

$$\tau = \left(0.0786 \frac{\lambda^3 |D| A_{\text{eff}}}{c n_2 P_1}\right)^{1/2} \tag{6.13}$$

脉宽与孤子周期无关,这种孤子称为一阶孤子。式(6.13)表明,只要调节耦合到光纤中的功率就可调节这种孤子的脉宽。

在光纤中传播的孤子的阶数 N 为

$$N = \sqrt{P_N / P_1} \tag{6.14}$$

理论计算表明,高阶孤子的脉冲峰值是周期性出现的。设孤子周期为 Z_0,对于 $N=2$ 的二阶孤子,有

$$Z_0 = \frac{\pi}{2} Z_c = 0.322 \frac{2\pi c}{\lambda^3} \frac{\tau^2}{|D|} \tag{6.15}$$

在稳态时,脉冲在光纤内往返一次回到原处时,应与原来状态相同。因而对于高阶孤子,应有

$$2L = MZ_0 \tag{6.16}$$

式中　L——光纤长度;

　　M——正整数,实验中得到 $M = 1$。

由式(6.15)和式(6.16),得到二阶孤子的脉宽为

$$\tau = \left(0.629 \frac{\lambda^2 |D| L}{c}\right)^{1/2} \tag{6.17}$$

即光脉冲宽度完全由光纤性质和长度以及在光纤中传播的激光波长决定。改变形成孤子的光纤的长度,就可以改变光脉冲的宽度。L. F. Mo11enaur 等人首先进行了用光纤压缩脉冲、形成孤子的实验。他们用锁模 Nd - YAG 激光器同步泵浦锁模色心激光器,对在波长 1.5 μm 工作的光纤,用减短光纤长度的办法,得到 50 fs 的超短光脉冲,再经过光纤压缩,得到 19 fs 的超短光脉冲。

三、孤子激光器

一个高质量的超短脉冲,除脉冲宽窄以外,还要求脉冲波形好(无脉座、次峰和拖尾等不规则形状)且能被控制。孤子激光器是产生脉宽可控、形状确定的超短光脉冲的一种较为简单的方法,且稳定可靠。

孤子激光器的结构见图 6.2,实验装置包括主腔和附腔两个部分。主腔是锁模色心激光器($\lambda = 1.4 \sim 1.6$ μm),附腔是一定长度的单模保偏光纤。图中 M_2 和 M_3 为全反射镜,反射镜 M_0 用做耦合及输出。通过选择光纤的长度和调整 M_0 的位置,使光在光纤中的往返光程为色心激光腔的往返光程的整数倍,使得光纤返回的脉冲与主腔振荡脉冲重合。M_3 的作用是使对

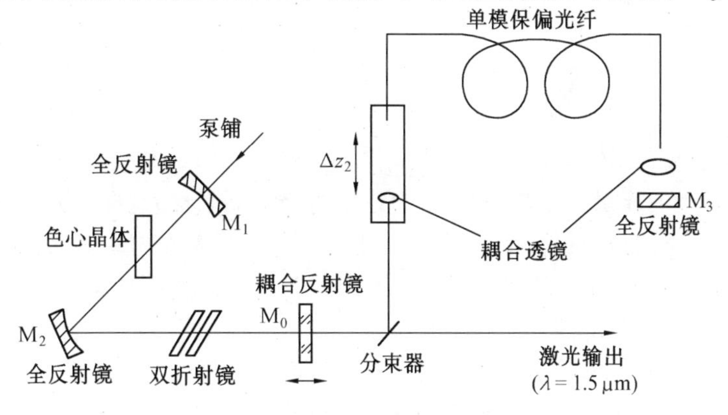

图 6.2　孤子激光器的实验装置

色心激光器工作无关的光纤变为激光器反馈回路的一部分,从而控制、确定激光器的输出波形。所以反馈回路中的光纤又叫控制光纤。主腔内所加的双折射板,用作调谐元件及带通滤波器,以抑制增益带宽内与主峰振荡无关的次结构。在主腔内产生的激光脉冲,经光纤压缩后反馈回激光腔产生受激放大,放大后的光脉冲再经过光纤压缩又再一次反馈回主腔,直至形成孤子。这是一个自洽过程。达到稳态时,脉冲在腔内往返一周回到原处时,应与原来的状态完全相同,因而与式(6.16)和(6.17)相符。即孤子激光器输出的光脉冲完全由控制光纤的性质和长度决定。改变控制光纤的长度就可以改变光脉冲的宽度,这是相当方便的,其他类型的激光器难以做到这一点。式(6.17)表述的是二阶孤子的脉宽。迄今,在孤子激光器的实验中,只观察到二阶孤子。

光纤长度确定后,二阶孤子的脉宽可由式(6.17)算出,并由式(6.15)、(6.11)和(6.14)算出一阶孤子和二阶孤子在光纤中的峰值功率 P_1 和 P_2。为了满足功率条件,可调整耦合系数 η,使输入脉冲在光纤中的峰值功率为下式就可以得到二阶孤子的稳定运转,即

$$\hat{P} = 0.88\bar{P}T/\tau = P_2$$

式中,T 为脉冲周期。

孤子激光器的调整精度,对主腔要求高($\pm 1\ \mu m$),对光纤臂的要求低(毫米量级)。对激光波长的微小漂移,激光器有一种自校准的作用。通过附腔 Δz_2 的变化也能微调波长。脉宽 τ 也会有小的变化,但仍比较稳定,说明峰值功率 $\hat{P}$ 可以有一个取值范围(约为 ±10%)。

孤子激光器输出的脉冲形状是相当精确的 sech^2 形,而且能有控制地产生皮秒,甚至飞秒量级的光脉冲。因而,它在光通讯、光计算、超快速现象的研究,原子及分子光谱的研究等方面的应用前景相当广阔。

6.2 自由电子激光器

自由电子受激辐射是实现大功率及波长连续可调激光器的一种新技术途径。

一、自由电子激光器的特点

① 自由电子激光器的激光介质不是固体、液体或气体,而是自由电子本身。自由电子激光器将高能电子束的能量转变为激光,没有固定能级的局限性,这样激光辐射的波长调谐范围就很宽,原则上输出波长可以覆盖从厘米波到真空紫外波,甚至可以到 X 光波段。

② 自由电子激光器可以获得极高的输出功率。因为它没有作为基质的工作物质,所以就没有工作物质内部热损耗的限制;也不会出现普通激光器工作物质的自聚焦、气体自击穿等非线性现象,致使工作物质遭受损伤;因此,原则上自由电子激光器可以获得很高功率的输出。

③ 自由电子激光器是将自由电子的动能直接转换为电磁辐射,而没有普通激光器的中间能量转换环节,理论效率可达 50% 以上。

④ 自由电子激光器工作物质没有衰变问题，原则上，它的工作寿命不受限制。

自由电子受激辐射的原理早在1951年被莫茨(Motz)提出过，即相对论电子通过周期变化的磁场或电场时会产生相干辐射，辐射的频率取决于电子的速度。但是直到1974年才首次在毫米波段实现受激辐射，1976年在红外波段(10 μm)实现受激辐射之后，大大推动了对自由电子受激辐射的进一步研究。这种高功率、宽调谐激光器将在激光分离同位素、激光核聚变、光化学、激光光谱和激光武器等方面有着重大的应用前景。

二、自由电子激光器的组成

自由电子激光器主要由三部分组成：相对论电子束源——高能电子加速器；空间周期磁场——摆动器；谐振腔。

1.加速器

相对论电子束在自由电子激光器中起着工作物质的作用，它是由电子加速器提供的。加速器是一种用人工的方法对带电粒子(如电子、质子和离子等)进行加速以提高其能量的装置，例如自然的 α 粒子的能量很少超过10 MeV，但通过人工加速之后可以达到300 MeV的能量。加速器种类较多，如静电加速器，它是一种利用很高的电压加速粒子的装置；直线加速器，它是一种利用一个不太高的电压对粒子多次加速而使粒子获得能量的装置(图6.3)；回旋加速器(图6.4)，在这种加速器的真空室中有两个D型加速电极置于垂直于恒定均匀磁场的平面上，D型电极接到高频电极上，粒子到达两电极的空隙时，获得加速。粒子运动轨道半径与粒子的速度 v 成正比，所以粒子在D型电极中的运动轨道呈螺旋形，粒子到达D型电极边缘时能量达到最大值；同步加速器，是一种粒子在半径不变的轨道上进行共振加速的装置。

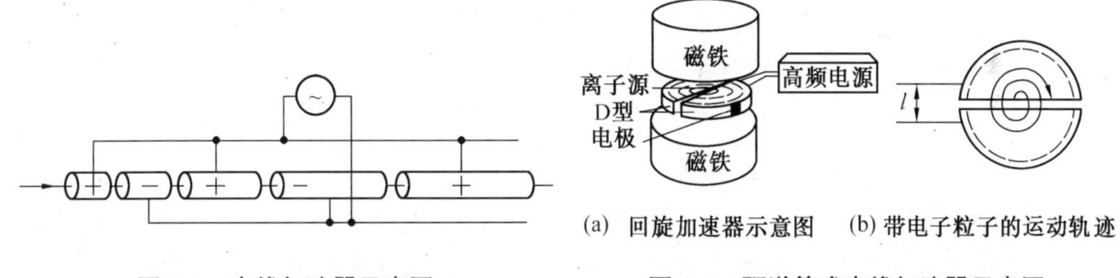

图6.3　直线加速器示意图

图6.4　驱送管式直线加速器示意图

2.摆动器

它的作用相当于一般激光器中的泵浦源，其结构是在一个抽真空的铜管上用超导材料绕成的双螺旋线圈，形成一个横向周期变化的静磁场，即轴线上的磁场大小是恒定的，磁场矢量在垂直于轴线的平面上以线圈周期旋转。当高能电子通过周期磁场时，将受到洛仑兹力的作用，发生周期性的聚合和离散，这相当于一个电偶极子，于是就在前进的方向上辐射出电磁波，这称为磁韧致辐射。电子在磁场的作用下，遵守Larmor定律，即磁场 B 的效应会改变电子的

角速度而不改变它的轨道半径，使电子在垂直于磁场的平面内做圆周旋转运动，角速度 ω 为

$$\omega = -\frac{1}{K}\frac{z_e}{2m}B \tag{6.18}$$

式中 z_e——粒子的电荷量；

B——磁场强度；

m——粒子的质量；

K——与单位有关的系数。

在高斯制(C.G.S)中，$K = c$(光速)，在国际单位制(M.K.S)中，$K = 1$。如果磁场交替地变换方向，那么电子通过磁场时就会一方面前进，一方面左右摆动，因此，把周期磁场称为“摆动器”。假设摆动器的周期是 λ_0，那么电子每走过长度 λ_0，就发射一个同样的辐射信号，也就是辐射频率 ν，为

$$\nu = \frac{v}{\lambda_0} \tag{6.19}$$

式中，v 为粒子运动的速度。

3. 谐振腔

谐振腔的作用是对螺旋磁场内的相互作用区提供反馈，并设法把高能电子束引进作用区的光轴上，螺线圈是绕在真空的铜管上的，通过此铜管传播光辐射，由于导电壁而被迫呈现为一种波导模形式，故谐振腔的设计要以使 EH_{11}基模的损耗最小为原则。

3. 自由电子激光器的激射波长

产生自由电子激光发射的方法有好几种，其中已被采用且最有发展希望的方法是将一束相对论电子束通过一个周期变化的静磁场摆动器，高速电子在磁场作用下产生同步加速器轨道辐射，如果磁场交替变向，电子就会被迫做正弦波型的运动，见图 6.5(a)，即这些电子一边左右摆动，一边在前进的方向上产生韧致辐射，如果波数很大，它的光谱就接近于单色光。设磁场的重复间隔为 λ_0，电子每隔 λ_0 就发出一个同样的辐射信号，在电子经过 λ_0 的时间内，这个信号前进 $c\lambda_0/v_z$(v_z 是电子沿 z 方向运动的平均速度)，由图 6.5(b)可见，如果在与前进方向(z 轴)成 θ 角的方向上观察，则不连续的信号间隔为

$$\lambda = \frac{c\,\lambda_0}{v_z} = -\lambda_0\cos\theta \tag{6.20}$$

这就是辐射电磁波的波长。

由于 v_x 和 v_y 不为零，$v_z < v$，要求出 v_z 和 v 的关系，就需要了解电子在磁场中的运动情况。若双螺旋线圈中的电流反向流过时，中心轴线上磁场的轴向分量为零，横向分量作螺旋形旋转运动方程为

$$\left.\begin{aligned} B_x &= -B_0\sin(2\pi z/\lambda_0) \\ B_y &= B_0\cos(2\pi z/\lambda_0) \\ B_z &= 0 \end{aligned}\right\} \qquad (6.21)$$

其中 B_0 与流过线圈的电流成正比,与线圈的半径和螺距有关。若使高速电子沿线圈的轴线

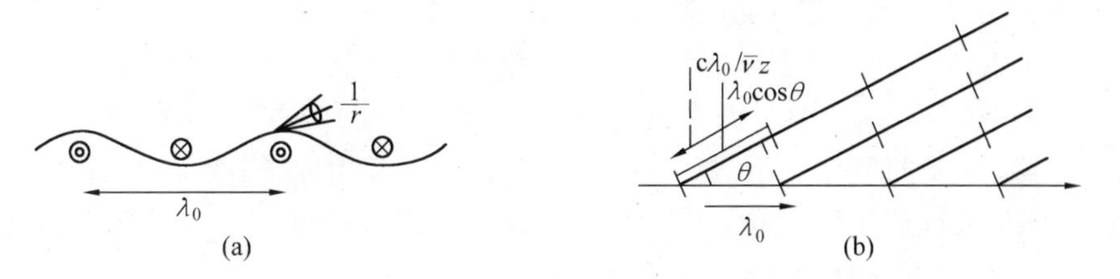

图 6.5 (a) 高速电子通过交变磁场的辐射　(b) 高速电子辐射的波前

运动,则洛仑兹力就会使电子也做螺距为 λ_0 的螺旋运动。电子的运动方程为

$$\left.\begin{aligned} x &= r_0\cos(2\pi v_z t/\lambda_0) \\ y &= r_0\sin(2\pi v_z t/\lambda_0) \\ z &= v_z t \end{aligned}\right\} \qquad (6.22)$$

其中

$$r_0 = eB_0\lambda_0^2(4\pi^2 rmc^2)$$

$$r = [(1 - v/c)^2]^{-1/2}$$

由此可得 v_z 和 v 的关系为

$$v_z/v = [1 - (K/r)^2]^{1/2} \qquad (6.23)$$

式中 $K = 0.093\ 37\ B_0\lambda_0$,是一个螺旋摆动器的主要参数。

若设 $r \gg 1, K/r \ll 1$,则可得

$$\lambda = \lambda_0(1 + k^2 + r^2\theta)/2r^2$$

或用频率表示为

$$\omega = 2r^2\omega_0/(1 + K^2 + r^2\theta^2) \qquad (6.24)$$

式中 $\omega_0 = 2\pi v/\lambda_0$,是在静止系中电子运动辐射的频率。当电子运动时,由于多普勒效应,在沿电子运动的方向上接收到的辐射波频率将变化,即

$$\omega_{10} = \frac{\omega_0(1 - v_z^2/c^2)^{1/2}}{1 - (v_z/c)\cos\theta} \qquad (6.25)$$

由此可见,电子在磁场作用下所产生的同步加速器轨道辐射是一种强的连续波辐射源;而将磁场交变的摆动器代之以一般磁场,则可使辐射集中于特定的频率区域内。

由以上分析可见,改变与能量有关的电子束参数 r、摆动器的周期长度 λ_0 或磁场强度 B_0,都可改变辐射波长。

6.3 化学激光器

基于化学反应来建立粒子数反转从而产生受激辐射的器件称为化学激光器。化学激光器的工作物质可以是气体也可以是液体，但目前大多数用气体。

与固体、气体、半导体及液体等激光器相比，化学激光器具有如下三方面的特点：

① 激光波长丰富。对于化学激光器来说，产生激光的工作物质可能是原来参加化学反应的成分，也可能是反应过程中新形成的原子、分子，活泼的自由原子、离子或不稳定的多原子自由基等；通过化学反应能发射激光的化学物质也是多种多样的，因此，化学激光器激射的波长相当丰富，从紫外到红外，直至微米波段。

② 化学激光器。原则上它不需要电源或光源作为泵浦源，而是可以利用工作物质本身化学反应中释放出来的能量作为它的激发能源。因此在某些特殊条件下，例如在高山或野外缺乏电源的地方，化学激光器就可发挥其特长。现有的大部分化学激光器工作时，虽然也要用闪光灯或放电方式等供给一部分能量，但这些能量仅仅是为了引发化学反应。

③ 在某些化学反应中可获得很大的能量，可望得到高功率激光输出。实质上，某些化学激光器的工作物质本身，就是一个蕴藏着巨大能量的激发源。例如氟－氢化学激光器，每千克氢和氟作用就能产生 1.3×10^7 J 的能量。

根据以上特点，化学激光器有着广泛的应用前景，特别是在要求大功率的场合，如同位素分离及激光武器等方面。例如已有氟化氘(DF)化学激光器击落靶机的报道。

目前已发展了多种化学激光器，研究得最深入且性能较优良的典型激光器有两种：氟化氢激光器和碘原子激光器。

一、氟化氢(HF)化学激光器

1. HF 建立粒子数反转和受激发光原理

根据化学原理，氟和氢相互作用时，存在着连锁反应，即

$$F + H_2 \rightarrow HF^*(\nu \leqslant 3) + H - 1.32\times10^5\ \text{J/克分子} \tag{6.26}$$

$$H + F_2 \rightarrow HF^*(\nu \leqslant 10) + F - 4.10\times10^5\ \text{J/克分子} \tag{6.27}$$

式中 HF^* 表示处于振－转激发态的 HF 分子，这两个反应都是放热反应，-1.32×10^5 J/克分子和 -4.10×10^5 J/克分子表示反应过程中释放出来的能量。而化学反应获得的 60% 以上能量是以 HF^* 分子振动能形式释放出来的。由于 HF^* 分子振动的方式较多，根据振动能的大小可将振动能划分为 $\nu=0,1,2,3,\cdots10$ 等许多等级，在式(6.26)中 $\nu\leqslant3$ 表示该放热反应所激发的 HF^* 振动能均不大于 3，而式(6.27)中 $\nu\leqslant10$ 则表示激发的振动能级 ν 最高可达 10。图 6.6 表示了 $F+H_2$ 的反应结果。图中 $n(\nu)$ 表示振动能级 ν 所具有的相对粒子数，由于弛豫速度不同，各振动能级所占的粒子数是不同的，$\nu=2$ 占据有最多的粒子数，因此 $\nu=2\rightarrow\nu=1$ 的跃迁

有最大的增益。化学反应之所以能使 HF 分子处于振动激发态。在原理上可做这样的简单说明：当间隔距离较大的 F—H_2 相互作用时，由于 F 的高电子亲和力以及电子的质量很轻，便能迅速形成 H—F 键；而质子较重，在化学反应形成 HF 键时，F 和 H 两元素的质子之间的间距尚来不及达到平衡位置（HF 的基态），而是大于平衡位置。偏离平衡位置越远，其相应的振动能级就越高。

$H + F_2$ 反应时所获得的反应能量高于 $F + H_2$ 的两倍。化学上称 $H + F_2$ 的反应为热反应（hot reaction），相应地把 $F + H_2$ 的反应称为冷反应（cold reaction）。热反应可使 HF^* 激发到更高的振动能级（$\nu = 10$），各振动能级的相对粒子数分布示于图 6.7。

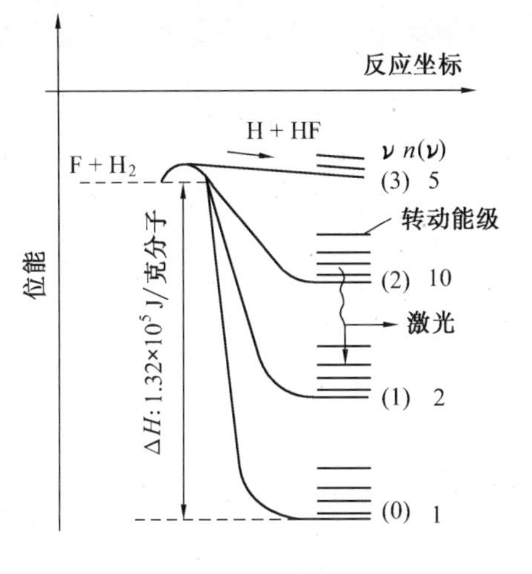

图 6.6　$F + H_2$ 的反应结果

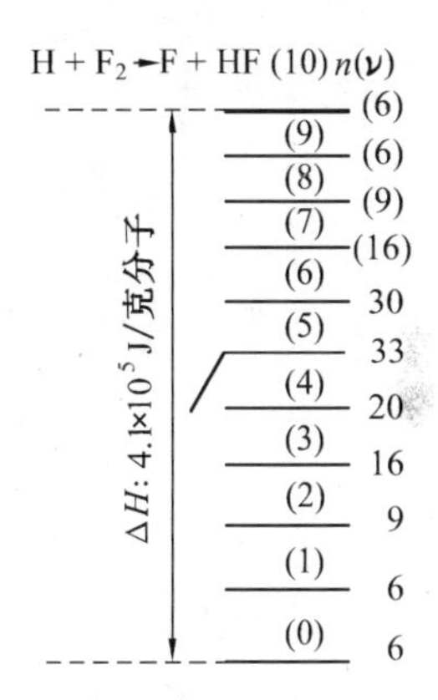

图 6.7　热反应

HF 激光器在许多波长上都可产生受激辐射，从 $\nu = 1 \rightarrow 0$ 直至 $6 \rightarrow 5$ 的跃迁得到的激光波长为 $\lambda = 2.7 \sim 3.3\ \mu m$。其辐射波长所以如此丰富，主要原因是：(a) 级联现象（The Phenomenon of Cascading），设 $2 \rightarrow 1$ 产生受激跃迁，则能级 2 的粒子数将被抽空和造成能级 1 上粒子数积聚，结果在 $3 \rightarrow 2$ 和 $1 \rightarrow 0$ 能级间就可产生受激跃迁。(b) 由于每个振动能级又包含有许多转动子能级，因此即使两振动能级间没有形成粒子数反转，在某些转动能级间仍可产生部分反转现象。

2. 引发方式

(1) 化学引发

化学引发的 HF 激光器中，F 和 NO 混合，然后再与 H_2 混合，产生激发态 HF^*，反应过程为

$$F_2 + NO \rightarrow NOF + F \tag{6.28}$$

$$H_2 + F \rightarrow HF^* + H - 1.32 \times 10^5\ \text{J/克分子}$$

在这之后，F_2 和 H_2 本身便会连续地发生式(6.26)及式(6.27)的连锁反应。最后由 HF^* 产

生激光,而化学反应的第一步,即氟气和一氧化氮发生化学作用形成氟原子的化学反应只起到引发(点火)作用,故称之为“引发化学反应”。

(2) 热引发

利用高温去引发化学反应的引发方法称为热引发。热引发的 HF 激光器中,得到氟原子的第一步反应是使 SF_6 在 2 000 ℃高温下发生分解反应,即

$$SF_6 \rightarrow S + F_6$$

然后,F 与 H_2 发生连锁化学反应。

(3) 放电引发和电子束引发

这是一种利用尖脉冲放电或注入电子束去引发化学反应的方法。在脉冲放电或注入电子束作用下,导致电子碰撞,即

$$SF_6 + e \rightarrow SF_5 + F + e$$

$$F_2 + e \rightarrow 2F + e$$

由此获得氟原子后,便能实现式(6.26)及式(6.27)的连锁反应。

二、HF 激光器

HF 化学激光器的工作方式也有两种:连续输出和脉冲输出。

(1) 连续工作的 HF 激光器

如图 6.8(a)所示,高温 N_2(He)在向前流动的过程中引入 SF_6,SF_6 在 2 000 ℃的高温氮气中发生化学分解反应,即

$$SF_6 \rightarrow 6F + S$$

在 N_2 和 SF_6 的混合室中气体的总气压高达 1.20×10^5 Pa 左右,当高温高压的混合气流通过喷管时,产生膨胀。由于喷嘴(图 6.8(b))的喉头极窄,流出喉头气流的速度将被加速到数倍音速(约四个马赫),而气压则迅速降至几个托(1 托 = 133.322 4 Pa),气体的温度也随之降低。在这种低温高速流动的环境条件下,注入氢气,并使之与含有氟原子的气体(图 6.8(c))混合,产生 F—H 的连锁化学反应,形成 HF 的 $\nu = 2$ 和 $\nu = 1$ 间粒子数反转,在气流下游的横向适当位置设置光学谐振腔,便能产生受激振荡。由于这是一种高功率输出激光器,因此常采用非稳光学谐振腔。

大功率氟化氘(DF)化学激光器、溴化氢(HBr)激光器、大功率一氧化碳(CO)化学激光器以及超声氯化氢(HCl)化学激光器等工作原理及器件的结构形式均与 HF 激光器类似。

(2) 脉冲工作的 HF 激光器

脉冲工作的 HF 激光器通常采用脉冲放电或注入电子束的方法引发氟和氢发生化学反应,脉冲放电方式类似于 TEA – CO_2 激光器。

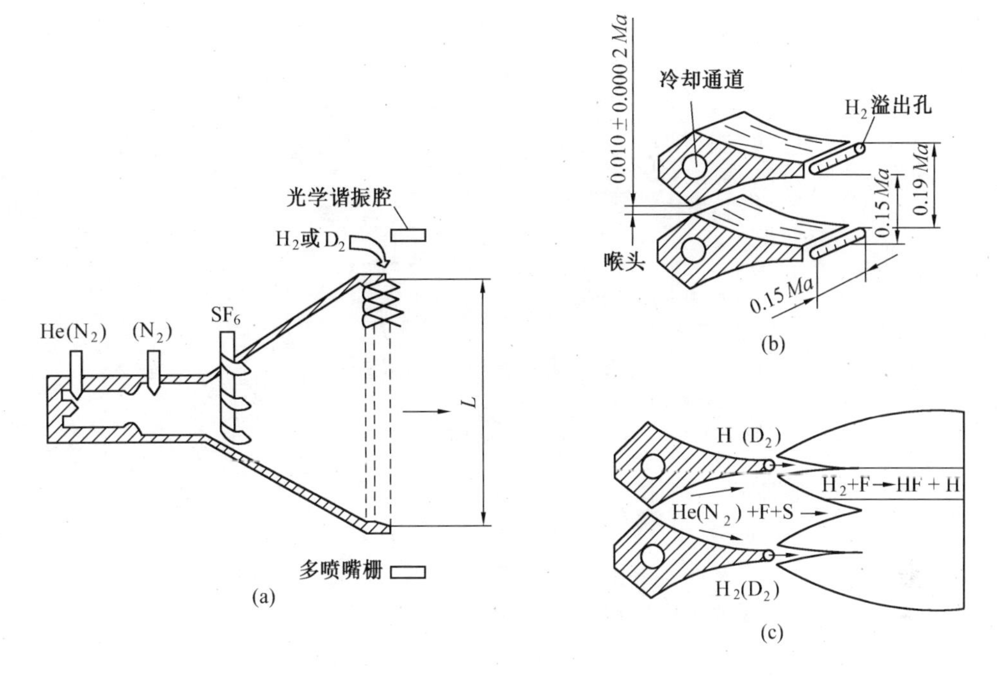

图 6.8　连续 HF 激光器原理图

三、碘原子激光器

一些气体或气体的混合物，在光的作用下能发生分解反应并产生激光，称此种器件为光分解激光器。由于光分解激光器的激发能不是化学能，而是强脉冲光能，因此严格地讲它不属于化学激光器，但一般都将其归入化学激光器类来介绍。碘原子激光器就是这种光分解激光器的典型器件。

CH_3I、CF_3I 或 C_3F_7I 等在强紫外光(250 ~ 290 nm)的光子激发下发生的反应为

$$CF_3I \rightarrow CF_3 + I^*(5^2P_{1/2})$$

$$I^*(5^2P_{1/2}) \rightarrow I(5^2P_{3/2}) + h\nu$$

其释放出来的光子 $h\nu$ 所对应的波长 $\lambda = 1.315\ \mu m$。上式的跃迁是磁偶极子跃迁，其特点是激发态 $I^*(5^2P_{1/2})$ 的寿命非常长，约为 130 ms。基态 $I(5^2P_{3/2})$ 的寿命约为 100 μs，因此这种激光器的放大系数特别高，CF_3I 的气压在 90 mm Hg 高时，放大系数高达 106 dB/m。甚至不用反射镜，1 m 长的激光管也能得到 500 W 的输出。所以它与 YAG 一样很适宜作激光放大用，所不同的只是用 CF_3I 等碘化物气体代之以 YAG 晶体，见图 6.9。泵浦源用闪光灯、气体碘激光管和闪光灯分别位于椭圆柱聚光器的两条焦线上。由于碘原子激光器的工作物质是气体，因此它有光学均匀性好、损伤阈值高、价格便宜及易于选择最佳工作参数等优点。

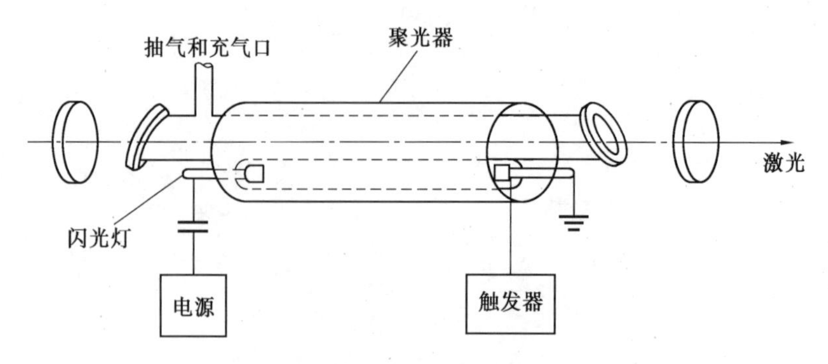

图6.9　碘原子激光器示意图

习题与思考题

1.孤子激光器的基本概念是什么？何为一阶孤子和二阶孤子？

2.孤子激光器由哪几部分组成？试简要说明其工作原理。

3.在孤子激光器中,光脉冲宽度由光纤的哪些参数决定,试定量举例说明。

4.化学激光器中,实现粒子数反转的基本途径是什么？试举例说明。

5.化学激光器实验装置由哪几部分组成？试简要说明其工作原理。

6.自由电子激光器的工作物质是什么？试简要说明自由电子激光产生的基本原理。

7.自由电子激光器由哪三大组成部分？试举例说明这三大组成部分的工作原理。

参考文献

1　徐荣甫.激光器件与技术教程.北京:北京理工大学出版社,1995

2　刘颂豪.光纤激光器最新进展.光电子技术与信息,2003.16(1)

3　I G Chang. Acousto-opic Devices and Applications. IEEE Trans,1976.2

4　李适民等编著.激光器件原理与设计.北京:国防工业出版社,1998

5　冯浩,庄琦.连续波扩散型氧碘化学激光器的实验研究.强激光与粒子束,1993(5)

6　雷仕湛,周忠益.自由电子激光器的工作条件.激光,1982,9(2)

第七章 激光技术

7.1 光波的调制

所谓光调制,是指改变载波(光波)的振幅、强度、频率、相位、偏振等参数使之携带信息的过程。光频载波调制和无线电载波调制在本质上是一样的,但在调制与解调方式上常有不同。在光频区域多用于强度调制和解调,而在无线电频段则很少使用这种调制和解调方式。此外,在光频段还常使用偏振调制,并且很容易实现,而在无线电频段,这种调制几乎不可能实现。因此,光频调制有其特殊性。它在光通信、光信息处理、光学测量以及光脉冲发生与控制等许多方面有越来越多的应用。

实现光调制的方法很多,按其调制机理的不同可划分为激励功率调制、吸收调制、声光调制和电光调制等,见表 7.1。

表 7.1 光调制分类

调制方式	调制方法	调制机理
内腔调制	电光调制	电光效应(普科尔、克尔效应)
外腔调制	声光调制 磁光调制 其他调制	声光效应 (拉曼、布拉格衍射效应) 磁光效应 (法拉第、电磁场移位效应) 自由载流子吸收效应,共振吸收效应,以及机械振子、运动(调制盘)等
直接调制	电源调制	用激励功率改变激光输出功率

由于在光电子学中多采用电光调制、声光调制和磁光调制,故以下重点讨论这类光调制的物理效应及其应用。

一、等幅光频信号的频谱

对于沿一定方向传播的单色光频信号,可以用数学表达式表示,即

$$E(z,t) = E(z)\sin(\omega_0 t + kz + \varphi_0) \tag{7.1}$$

如果对信号的分析是定域的,可认为 $E(z) = E_0 =$ 常数,$kz + \varphi_0 = \phi_0$,于是有

$$E(t) = E\sin(\omega_0 t + \phi_0) \tag{7.2}$$

不难看出,对这样一个光频信号,其时域和频域应有图 7.1 所示的形式。注意,对于光频信号

来说，E 代表振幅而不是强度，但实际测量到的则是强度，因此在这里没有相位信号的信息。

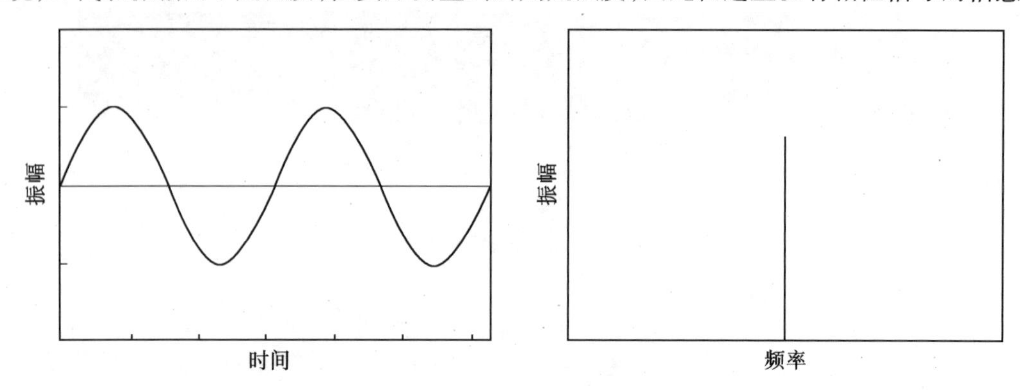

图 7.1　单个频率的光频信号及其频谱

如果光频信号是由很多正弦信号组成的，则数学表达式为

$$E(t) = \sum_{n} E_n \sin(\omega_{0n} t + \phi_{0n})$$

对这种由多个光频信号组成的信号群，可用图 7.2 所示的频谱图表示。此时合成的时域信号，其频率、幅度等都发生变化。

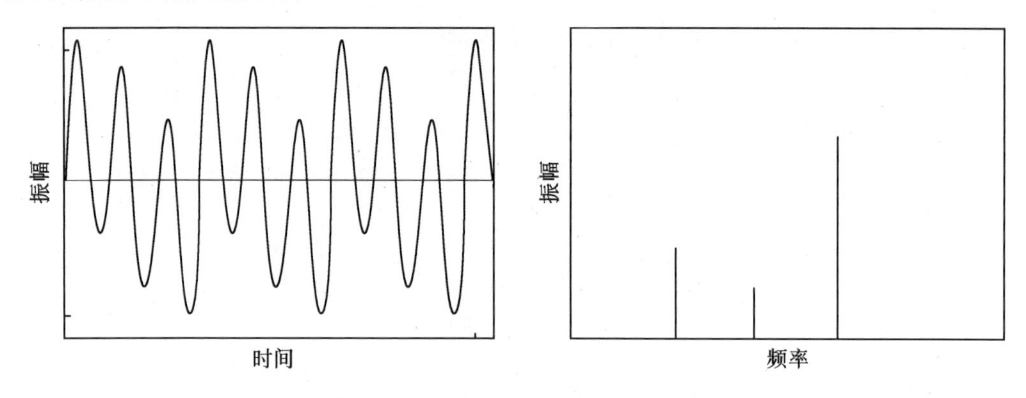

图 7.2　多个频率的光频信号及其频谱

二、光频信号的幅度调制（AM）

如果将光频信号（式（7.1））中的幅度 E 用随时间变化的量代替，也即光频信号的幅度按调制信号形式发生变化，则这时的光频信号称之为被调幅的光频信号，光波的这种变化称之为幅度调制（AM）。最简单的调幅是信息为一单频信号所对应的情况，即

$$E(t) = E_0(1 + M_A \cos\omega_s t)\sin\omega_0 t \tag{7.3}$$

式中　ω_s——调制波角频率；

ω_0——光频载波角频率；

M_A——调幅系数，其值在 0～1 之间。

一般情况下有 $\omega_s \ll \omega_0$，这意味着调制信号的变化与光载频的频率相比是非常缓慢的，或者说调幅光频信号的包络轨迹，即光载波的峰值轨迹是一慢变曲线。现在来分析这种调幅光频信号的频谱分布情况。将式(7.3)展开，即得

$$E(t) = E_0 \sin\omega_0 t + \frac{M_A}{2} E_0 \sin(\omega_0 + \omega_s)t + \frac{M_A}{2} E_0 \sin(\omega_0 - \omega_s)t \tag{7.4}$$

由此可见，它的频谱由三个频率成分组成，其中 $E_0 \sin\omega_0 t$ 是光载频分量，$\frac{M_A}{2} E_0 \sin(\omega_0 + \omega_s)t$ 是含有调制信号的分量，从频域看，由于它的位置处在光载波之上距离为 ω_s 的部位，因此可称之为上边带分量。以此类推，可称$\frac{M_A}{2} E_0 \sin(\omega_0 - \omega_s)t$ 为下边带分量。这两个分量具有相等的幅度，且对称地分布在光载频的两边，见图 7.3。

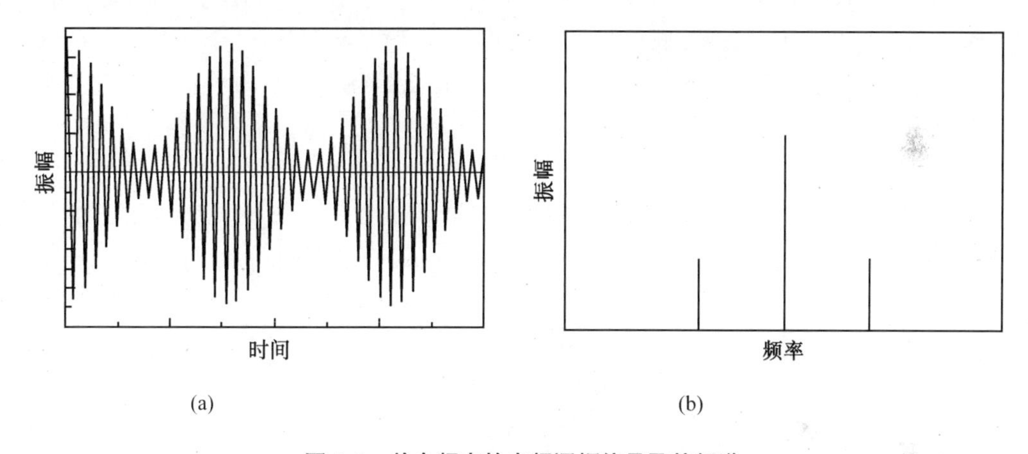

图 7.3　单个频率的光频调幅信号及其频谱

幅度调制中一个重要参量是幅度调制系数 M_A。从图 7.3 中不难得出，M_A 的定义为

$$M_A = \frac{E_{max} - E_0}{E_0} = \frac{E_0 - E_{min}}{E_0}$$

因为有 $E_0 = \frac{1}{2}(E_{max} + E_{min})$，所以有

$$M_A = \frac{E_{max} - E_{min}}{E_{max} + E_{min}} \tag{7.5}$$

当 $M_A = 1$，即百分之百调幅时，从图 7.3(b)中可以看出，两个边频的幅度皆为光载频幅度的一半，即每个边频的功率(或强度)是光载频的 1/4。

如果是多频调幅光频信号，即几个不同频率的信号同时调制光载频时，根据以上分析可以写出以下形式

$$E(t)=E_0\left[1+\sum_n M_{An}\cos\omega_{sn}t\right]\sin\omega_0 t=$$
$$E_0\sin\omega_0 t+\frac{1}{2}E_0\sum_n\left[M_{An}\sin(\omega_0+\omega_s)t+M_{An}\sin(\omega_0-\omega_s)t\right] \tag{7.6}$$

式中 ω_{sn}——第 n 个调制波的角频率；

M_{An}——第 n 个调制波的调制系数。

如果 ω_s 的取值是分立的，则在载频 ω_0 两边对称分布着上、下边频谱（离散谱），如果 ω_s 为连续取值的频率，则在载频 ω_0 两边形成上、下边频带（连续谱）。

三、光频信号的频率和相位调制（FM）

在光频信号的表达式（7.2）中角度量实际上是由频率项和相位项组成的，因此对频率或对相位进行的调制，实际上都起着调角的作用，故可统称为角度调制，如果角度调制是由相位变化引起的，称相位调制（PM），即光频信号的初始相位 ϕ_0 随时间变化，并令其变化与调制信号成正比；则初始相位 ϕ_0 便变为 $\phi_0+k_\phi f(t)$，其中 $f(t)$ 代表调制信号，k_ϕ 为比例系数。于是相位调制的光频信号可写成

$$E(t)=E_0\cos[\omega_0 t+\phi_0+k_\phi f(t)] \tag{7.7}$$

如果角度调制是因频率变化引起的，称频率调制（FM），即光频信号的频率随时间变化，令其变化与调制信号成正比，则频率便变为 $\omega_0+k_f f(t)$，$f(t)$ 仍代表调制信号，k_f 为比例系数。于是，频率调制的光频信号应写成

$$E(t)=E_0\cos\{[\omega_0+k_f f(t)]t+\phi_0\} \tag{7.8}$$

但由于相位对时间变化等于瞬间频率，即

$$\omega=\frac{\mathrm{d}\phi(t)}{\mathrm{d}t}$$

或

$$\phi(t)=\int_0^t \omega t\,\mathrm{d}t$$

由式（7.8）可知

$$\phi(t)=\int_0^t[\omega_0+k_f f(t)]\mathrm{d}t=\omega_0 t+\phi_0+k_f\int_0^t f(t)\mathrm{d}t \tag{7.9}$$

因此式（7.8）可写成

$$E(t)=E_0\cos\left[\omega_0 t+\phi_0+k_f\int_0^t f(t)\mathrm{d}t\right] \tag{7.10}$$

为了简化分析，我们令 $f(t)$ 为一单频信号，即

$$f(t)=a\cos\omega_s t$$

对于相位调制，式（7.7）写成

$$E(t) = E_0\cos[\omega_0 t + \phi_0 + k_\phi a\cos\omega_s t] = E_0\cos[\omega_0 t + \phi_0 + \Delta\phi_P\cos\omega_s t] \quad (7.11)$$

式中，$k_\phi a$ 为调相系数，$k_\phi a = \Delta\phi_P$。

对于频率调制，式(7.10)写成

$$\begin{aligned} E(t) &= E_0\cos\left[\omega_0 t + \phi_0 + k_f a\int_0^t \cos\omega_s t\mathrm{d}t\right] = \\ &E_0\cos[\omega_0 t + \phi_0 + \Delta\omega/\omega_s\sin\omega_s t] = \\ &E_0\cos[\omega_0 t + \phi_0 + M_f\sin\omega_s t] \end{aligned} \quad (7.12)$$

式中，M_f 为调频系数，代表最大相位偏移，$M_f/\mathrm{rad} = \dfrac{\Delta\omega}{\omega_s} = \Delta\varphi$。

显然，在相位调制时 $\Delta\phi_P$ 和这里的 $\Delta\phi$ 具有类似的意义。$\Delta\omega = k_f a$ 代表最大频偏，单位是Hz。将上述两种情况进行比较可以得出以下几点结论：

①在 FM 时峰值频偏与调制信号幅度成正比，峰值频偏与调制频率之比为调频系数，调频系数等于峰值相移，而在 PM 时，峰值相移与调制信号幅度成正比，峰值相移就是调相系数，所以它也等于峰值频偏与调制信号幅度之比，即在这种定义下，调频系数与调相系数是相同的。

②在 FM 时，光频信号的相位随调制信号的变化而变化。在 PM 时，光频信号的相位则随调制信号的积分变化而变化，由此不难看出，二者没有本质的差别。

③无论是 FM 还是 PM，光载频信号的幅度是一定值，它不随调制信号的变化而变化，正因为这样，调制信号的功率没有叠加在光载频上去。

④如用固定频率和幅度的单色正弦调制波进行 FM 和 PM 时，其频谱强度分布是相同的，这点可从图 7.4 中直接看出。如果说有差别，则只是在相位上差 π/2 而已，因频谱强度分布不表示相位关系，所以这种差别在实际测量时是看不到的。

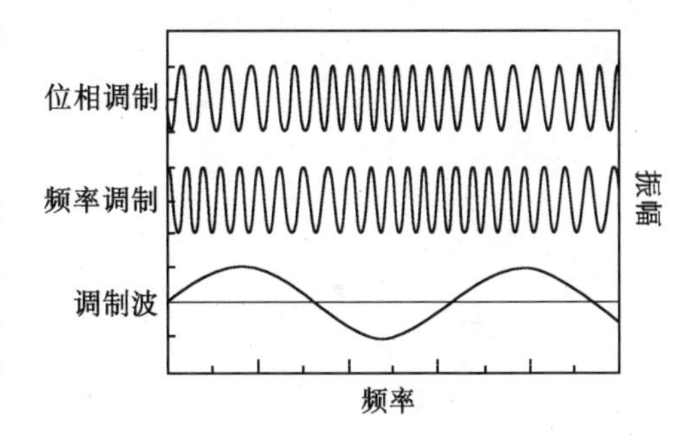

图 7.4　光频调频和调相信号

现在进一步分析 FM 光频信号的谱，为了简化，我们选择适当的相位参考面，使之满足初始相位 $\phi_0 = 0$，于是上述 FM 光频信号式(7.11)可写成

$$E(t) = E_0\cos[\omega_0 t + M_f\sin\omega_s t] = E_0[\cos\omega_0 t\cos(M_f\sin\omega_s t) - \sin\omega_0 t\sin(M_f\sin\omega_s t)]$$

如将其中两项分别按第一类贝塞耳函数展开，整理后则得

$$\begin{aligned} E(t) = &E_0[J_0(M_f)\cos\omega_0 t] - M_f J_1(M_f) \times [\cos(\omega_0 - \omega_s)t - \cos(\omega_0 + \omega_s)t] + \\ &E_0 J_2(M_f)[\cos(\omega_0 - 2\omega_s)t + \cos(\omega_0 + 2\omega_s)t] - \cdots = \\ &E_0 J_0(M_f)\cos\omega_0 t + E_0\sum_{n=1}^{\infty} J_n(M_f)[\cos(\omega_0 + n\omega_s)t + (-1)^n\cos(\omega_0 - n\omega_s)t] \end{aligned} \quad (7.13)$$

由此可见,调频光频信号谱由光载频(ω_0)与在其两边对称分布着的无穷多对边频所组成。各边频之间的间隔是 ω_s,图 7.5 画出了式(7.13)所对应的频谱图。

显然,如果调制波不是简单的单频正弦波,则其频谱将更为复杂。此外,还可从该图中看出,下边频中的奇次级频谱,其相位恰好与载频差 π,也即相位相反。不过,在实际测量时,由于观察到的是强度分布,故这种相位关系就不能复现出来。

如果调制系数 M_f 较小,也即调制较浅时,则可令 $M_f \ll \pi/2$,于是有 $\cos(M_f \sin\omega_s t) \approx 1$,$\sin(M_f \sin\omega_s t) \approx M_f \sin\omega_s t$,式(7.13)可简化为 $E(t) = E_0\cos\omega_0 t - \dfrac{M_f}{2}E_0\cos(\omega_0 - \omega_s t) + \dfrac{M_f}{2}E_0 \cdot \cos(\omega_0 + \omega_s)t$。

由此可见,其频谱分布与调幅光频信号的频谱大体上相似,仅有的一点差别是,它的下边带相位倒相。由此也可以做出如下推断:当 FM 伴有 AM 或 AM 伴有 FM 时,由于两种调制的相位关系不同,所以当其边带分量几何相加时,合成的两个边带在幅度上将出现差异,一个边带的幅度比另一个边带的大,见图 7.6。显然,可根据这种频谱图来推断频率调制的质量。

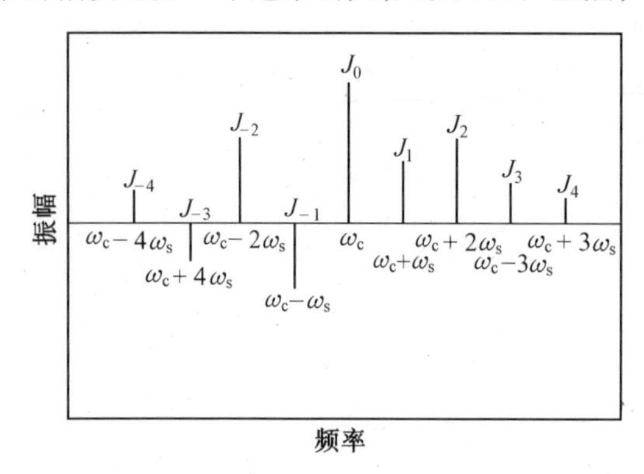

图 7.5　光频调频和调相信号的频谱

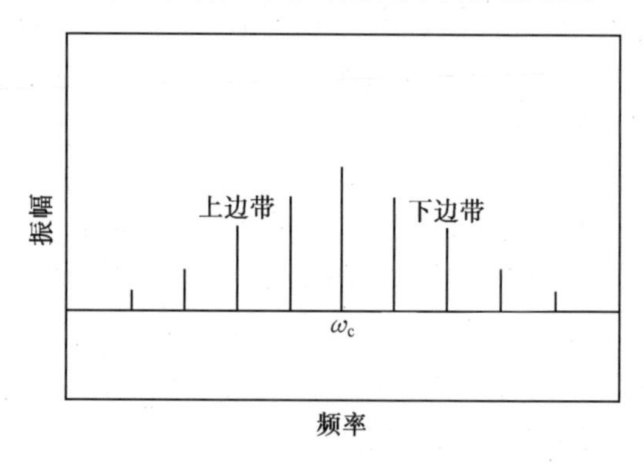

图 7.6　FM 伴有 AM 或 AM 伴有 FM 时信号频谱

虽然 FM 光频信号的频谱具有无限的带宽,但其大多数能量集中在有限的主带中,主带的中心频率是 ω_0,边频对数的多少由 M_f 的大小决定,当 $M_f \ll 1$ 时,一般可取一对到两对边频,于是主带宽度 ΔB 可表示为

$$\Delta B = 2\Delta\omega(M_f + 1) \tag{7.14}$$

当调制波包含一个以上的单频信号时,FM 光频信号的频谱变得极为复杂,例如当调制频率为 ω_{s1}、ω_{s2},所对应的频偏为 $\Delta\omega_1$ 和 $\Delta\omega_2$ 时,FM 光频信号谱的主带宽度则为 $\Delta\omega_1 = M_f\omega_{s1}$ 和 $\Delta\omega_2 = M_f\omega_{s2}$。图 7.7 画出了相应的双频调制 FM 光频谱。显然多色 FM 光频信号的频谱要比单色 FM 情况复杂得多,它除了有载频 ω_0 和边频 $\omega_0 \pm \omega_{s1}$、$\omega_0 \pm \omega_{s2}$ 以外,还有边频为 $\omega_0 \pm m\omega_{s1} \pm \omega_{s2}$ 等各种组合频率成分。

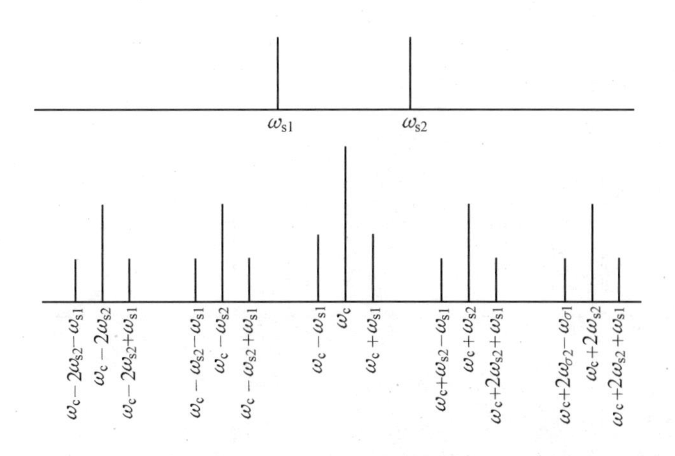

图 7.7　调制波包含一个以上的单频信号时的 FM 光频信号的频谱

四、光频信号的强度调制

所谓强度调制是指光频载波的振幅平方受到调制。令调制波(信号)为 $a(t)$,光频载波振幅为 E,则有 $E^2\propto a(t)$。这样,光频信号的强度将按调制波形式变化。所以强度调制和幅度调制是不同的,在实际应用中强度调制较为普遍,这主要是由于一般光探测器件都和光强有直接关系的缘故。由式(7.2)可知

$$E^2(t) = E_0^2\sin^2(\omega_0 t + \phi_0) \propto I(t)$$

于是,强度调制的光频信号可以写成如下形式

$$I(t) = \frac{E_0^2}{2}(1 + M_I\cos\omega_s t)\sin^2(\omega_0 t + \phi_0) \tag{7.15}$$

式中　M_I——强度调制系数。

显然它也是一个小于 1 的量,如果是多色强度调制的光频信号,显然可以写成

$$I(t) = \frac{E_0^2}{2}\left[1 + \sum_n M_{In}\cos\omega_{sn}t\right]\sin^2(\omega_0 t + \phi_0) \tag{7.16}$$

在小信号运用时,即 $M_I\ll1$,此式是较理想的光强调制公式。图 7.8 给出了强度调制的光频信号示意图。

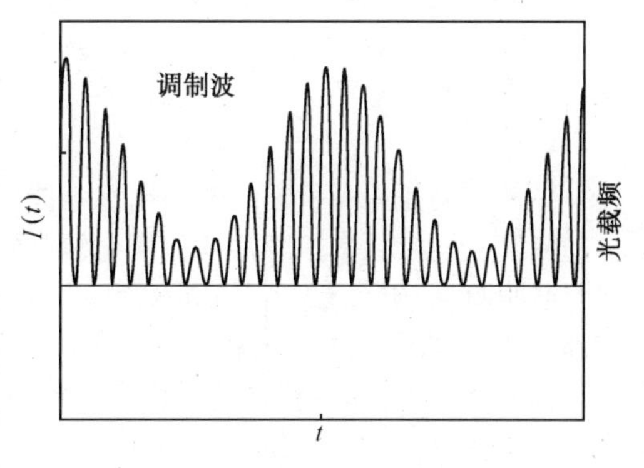

图 7.8　强度调制的光频信号

可以看出,该信号的频谱显然不同于一般调幅信号的频谱,它具有直流分量。在最简单的情况下,如式(7.15),可将其中 $\sin^2(\omega_0 t + \phi_0)$一项变换为倍角关系,即 $\sin^2(\omega_0 t + \phi_0) = \frac{1}{2}[1 - \cos^2(\omega_0 t + \phi_0)]$代入式(7.15),经简单运算整理后,即可发

现,此时除载频 $2\omega_0$ 及其上下边频$(2\omega_0+\omega_s)$和$(2\omega_0-\omega_s)$外,还有 ω_s 和直流分量。图 7.9 是由这些分量构成的频谱示意图。

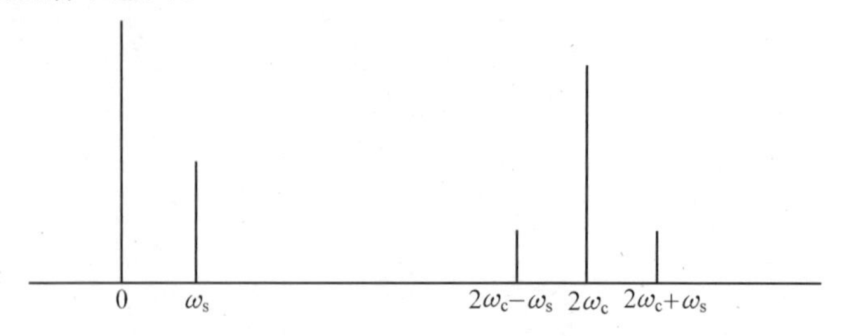

图 7.9　强度调制的光频信号频谱

在实际应用中为了得到较好的抗干扰效果,往往利用所谓二次调制方式。即先将待要传递的低频信号(信息)对一个高频副载波进行频率调制,然后再用这个已调频的高频信号对光载波做强度调制,使其强度按副载波信号发生变化。经这样二次调制的光载波具有很强的抗干扰能力,因为在其传输过程中,即便受到较强的干扰使强度发生抖动,但在解调时信息包含在调频副载波中,所以信息不会受到破坏,见图 7.10。

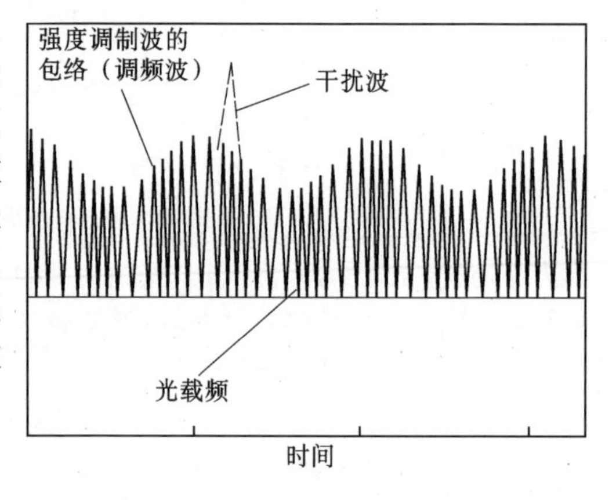

图 7.10　二次调制信号

五、光频信号的脉冲调制与脉冲编码调制

上述几种调制形式所得到的已调波都是一种连续振荡。另外,还有一种工作在不连续状态的脉冲调制和脉码调制形式,用电脉冲信号将连续的光载波变成间歇的载波,即所谓的光脉冲,这种调制方式叫做脉冲调制。其中光脉冲的持续时间(脉宽)、脉冲的间隔以及在脉冲持续时间内的其他载波参数均有携带信息的能力。此外还可对光脉冲的“有”、“无”两种状态作二进制编码,这样的调制方式叫做脉冲编码调制,也称为数字调制。

1. 脉冲调制

脉冲调制是用一种断续的周期性脉冲序列作为载波,这种载波受到调制信号的控制,使脉冲的幅度、位置、频率等随之发生变化(调制)而传递信息。

脉冲调制的形式主要有下列几种:脉冲调幅(PAM)、脉冲强度调制(PIM)、脉冲调频(PFM)、脉冲调位(PPM)及脉冲调宽(PWM)等,见图 7.11。

脉冲调幅是以调制信号控制脉冲序列的幅度,使其发生周期性的变化,而持续时间和位置均保持不变,见图 7.11(b),脉冲调幅波的表达式为

$$E(t)=\frac{E_0}{2}[1+M(t_n)]\cos\omega_0 t\qquad(t_n\leqslant t\leqslant t_n+\tau)\tag{7.17}$$

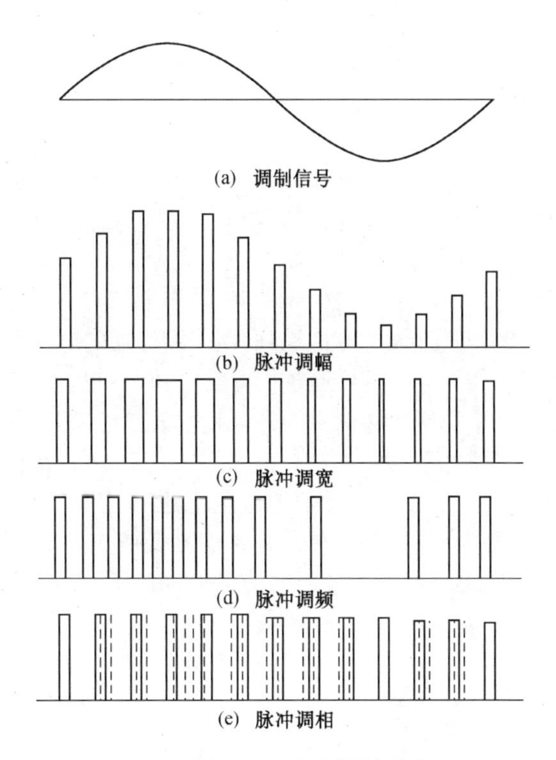

图 7.11　脉冲调制形式

式中　t_n——信息取样时间；

τ——脉冲宽度；

$M(t_n)$——信息的振幅，它可以是连续的也可以是量化的。

脉冲强度调制是使脉冲载波的强度比例于调制信号的振幅而变化。其表示式为

$$I(t) = \frac{E_0^2}{2}[1 + M(t_n)]\cos 2\omega_0 t \qquad (t_n \leqslant t \leqslant t_n + \tau) \tag{7.18}$$

如果用调制信号只改变其脉冲列中每个脉冲产生的时间，不变其形状和幅度，而且每个脉冲产生时间的变化量仅比例于调制信号电压的幅度，与调制信号的频率无关，这种调制称为脉位调制，见图 7.11(e)。脉位调制波的表示式为

$$E(t) = E_0\cos\omega_0 t \qquad (t_n + \tau_d \leqslant t \leqslant t_n + \tau + \tau_d) \tag{7.19}$$

脉冲前沿相对于取样时间 t_n 的延迟时间为 $\tau_d = \tau_p[1 + M(t_n)]/2$。为了防止脉冲重叠到相邻的采样周期，脉冲的最大延迟必须小于样品周期 τ_p。

若调制信号使脉冲的重复频率发生变化，频移的幅度与信号电压的幅值成比例而与调制频率无关，这种调制称为脉冲调频，见图 7.11(d)。脉冲调频波的表示式可写为

$$E(t) = E_0\cos[\omega_0 t + \omega_d\int M(t_n)\mathrm{d}t] \qquad (t_n \leqslant t \leqslant t_n + \tau) \tag{7.20}$$

脉冲调相与脉冲调频都可以采用宽度很窄的光脉冲，光脉冲的形状不变，只是脉冲位置或脉冲

重复频率随调制信号变化。这两种调制形式具有较强的抗噪声能力,故目前在光通信中得到了较广泛的应用。

2. 脉冲编码调制(PCM)

这种调制用“有”脉冲和“无”脉冲的不同排列形式(即编码信号)来表示各个时刻的模拟信号(如语音、电视等信号)的瞬时值;也就是先把模拟信号变换成脉冲序列,进而再变成代表信号的代码(脉冲有、无的组合)来传递信息的。

要实现脉码调制必须经过三个过程:抽样、量化和编码,见图 7.12(a)。

抽样:把连续的信号波分割成不连续的脉冲系列,用一定周期的脉冲列来表示,脉冲列(称为样值)的幅度是与信号波的幅度相对应。这样通过抽样之后,原来的模拟信号变为一脉幅调制信号。按照抽样定理,只要取样频率比所传递信号的最高频率大二倍以上,就能恢复原信号波形。

量化:把抽样之后的脉幅调制信号做分级取“整”处理,用有限个数的代表值来取代抽样值的大小,这个过程就叫量化。所以抽出来的样值通过量化这一过程才能变成数字信号。

编码:通过量化变成用数字表示的信号,再把这种信号变换成相应的二进制代码的过程叫做编码。也就是用一组等幅度、等宽度的脉冲,用“有”脉冲和“无”脉冲分别表示二进制的数码“1”和“0”,见图 7.12(b)。

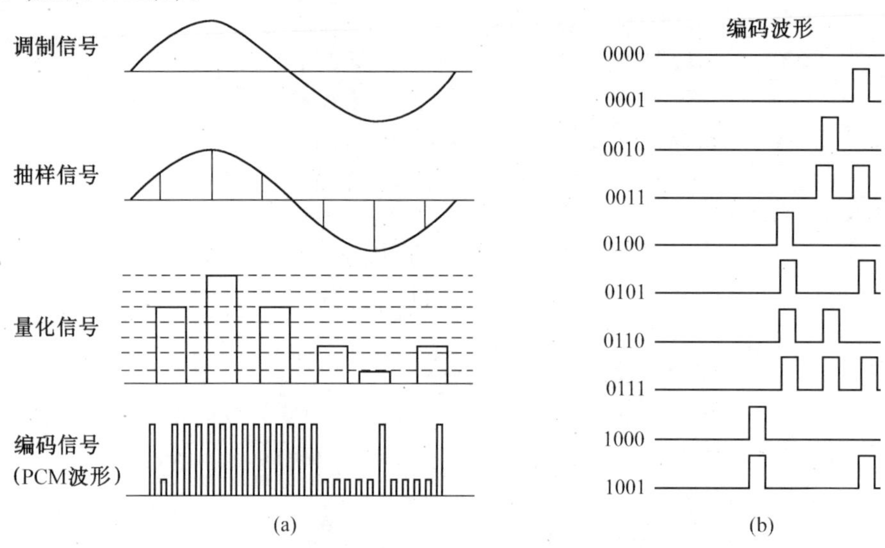

图 7.12　脉码编码调制

脉冲编码调制是先将连续的模拟信号通过抽样、量化和编码,转换成一组二进制脉冲代码,用幅度和宽度相等的矩形脉冲的有和无来表示。再将这一系列反映数字信号规律的电脉冲加在一个调制器上以控制激光的输出,由激光载波的极大值代表信息样品振幅二进制编码的“1”比特,而用激光载波的零值代表“0”比特。这样用不同组合就可以表示欲传递的信息信号。这种调制形式也称为数字强度调制(PCM/IM)。

7.2　电光调制

电光调制的物理基础是电光效应。电光效应是指物质的折射率因外加电场而发生变化的一种效应,常用的电光效应有线性电光效应和二次电光效应两种。线性电光效应又称普克尔(Pockel)效应,它表现为折射率随外加电场呈线性变化;二次电光效应又称科尔(Kerr)效应,它表现为:折射率随外加电场平方成比例变化。

一、电光效应

电场作用引起的折射率变化可以表示为

$$\Delta\eta = aE + bE^2 \tag{7.21}$$

上式等号右端第一项为线性电光效应对折射率变化的贡献,第二项则为二次电光效应对折射率变化的贡献。由于晶体的各向异性,因此系数 a,b 实际上皆为张量形式,对于线性电光效应应写成

$$\Delta\left(\frac{1}{\eta^2}\right)_{ij} = \sum_k^n r_{ijk}E_k \tag{7.22}$$

考虑到晶体的对称性,可令角标 i,j 按以下取值,即(11,1)、(22,2)、(33,3)、(23,4)、(31,5)、(12,6),这样三阶张量 r_{ijk}($3^3=27$ 元素)就简化成 r_{ij},成为 $3\times6=18$ 元素矩阵,式(7.22)可以写成

$$\Delta\left(\frac{1}{\eta^2}\right)_{ij} = \sum_j^3 r_{ij}E_j = r_{ij}E_j \tag{7.23}$$

其中 ij 取值为(1,6),r_{ij}为线性电光张量。如果写成矩阵形式,则有

$$\begin{vmatrix} \Delta\left(\frac{1}{\eta^2}\right)_1 \\ \Delta\left(\frac{1}{\eta^2}\right)_2 \\ \Delta\left(\frac{1}{\eta^2}\right)_3 \\ \Delta\left(\frac{1}{\eta^2}\right)_4 \\ \Delta\left(\frac{1}{\eta^2}\right)_5 \\ \Delta\left(\frac{1}{\eta^2}\right)_6 \end{vmatrix} = \begin{vmatrix} r_{11} & r_{12} & r_{13} \\ r_{21} & r_{22} & r_{23} \\ r_{31} & r_{32} & r_{33} \\ r_{41} & r_{42} & r_{43} \\ r_{51} & r_{52} & r_{53} \\ r_{61} & r_{62} & r_{63} \end{vmatrix} \times \begin{vmatrix} E_1 \\ E_2 \\ E_3 \end{vmatrix} \tag{7.24}$$

虽然 r_{ij}有 18 个元素，但由于晶体的对称性，实际上不为零的元素大大减少。表 7.2、7.3 分别给出六个晶系的电光张量形式以及他们的电光系数值，r_{ij}的单位是 m/W。

表 7.2 全部对称晶系的电光张量形式

晶系	电光张量 r_{ij}的矩阵形式
三斜	$\begin{vmatrix} r_{11} & r_{12} & r_{13} \\ r_{21} & r_{22} & r_{23} \\ r_{31} & r_{32} & r_{33} \\ r_{41} & r_{42} & r_{43} \\ r_{51} & r_{52} & r_{53} \\ r_{61} & r_{62} & r_{63} \end{vmatrix}$
单斜	$2(2/\!/x_2)$ $\begin{vmatrix} 0 & r_{12} & 0 \\ 0 & r_{22} & 0 \\ 0 & r_{32} & 0 \\ r_{41} & 0 & r_{43} \\ 0 & r_{52} & 0 \\ r_{61} & 0 & r_{63} \end{vmatrix}$ $2(2/\!/x_3)$ $\begin{vmatrix} 0 & 0 & r_{13} \\ 0 & 0 & r_{23} \\ 0 & 0 & r_{33} \\ r_{41} & r_{42} & 0 \\ r_{51} & r_{52} & 0 \\ 0 & 0 & r_{63} \end{vmatrix}$ $m(m\perp x_2)$ $\begin{vmatrix} r_{11} & 0 & r_{13} \\ r_{21} & 0 & r_{23} \\ r_{31} & 0 & r_{33} \\ 0 & r_{42} & 0 \\ r_{51} & 0 & r_{53} \\ 0 & r_{62} & 0 \end{vmatrix}$ $m(m\perp x_3)$ $\begin{vmatrix} r_{11} & r_{12} & 0 \\ r_{21} & r_{22} & 0 \\ r_{31} & r_{32} & 0 \\ 0 & 0 & r_{43} \\ 0 & 0 & r_{53} \\ r_{61} & r_{62} & 0 \end{vmatrix}$
正交（斜方）	222 $\begin{vmatrix} 0 & 0 & 0 \\ 0 & 0 & 0 \\ 0 & 0 & 0 \\ r_{41} & 0 & 0 \\ 0 & r_{52} & 0 \\ 0 & 0 & r_{63} \end{vmatrix}$ $2mm$ $\begin{vmatrix} 0 & 0 & r_{13} \\ 0 & 0 & r_{23} \\ 0 & 0 & r_{33} \\ 0 & r_{42} & 0 \\ r_{51} & 0 & 0 \\ 0 & 0 & 0 \end{vmatrix}$
正方（四角）	4 $\begin{vmatrix} 0 & 0 & r_{13} \\ 0 & 0 & r_{13} \\ 0 & 0 & r_{33} \\ r_{41} & r_{51} & 0 \\ r_{51} & -r_{41} & 0 \\ 0 & 0 & 0 \end{vmatrix}$ $\bar{4}$ $\begin{vmatrix} 0 & 0 & r_{13} \\ 0 & 0 & r_{23} \\ 0 & 0 & 0 \\ r_{41} & r_{51} & 0 \\ r_{51} & r_{41} & 0 \\ 0 & 0 & r_{63} \end{vmatrix}$ 422 $\begin{vmatrix} 0 & 0 & 0 \\ 0 & 0 & 0 \\ 0 & 0 & 0 \\ r_{41} & 0 & 0 \\ 0 & -r_{41} & 0 \\ 0 & 0 & 0 \end{vmatrix}$ $4mm$ $\begin{vmatrix} 0 & 0 & r_{13} \\ 0 & 0 & r_{13} \\ 0 & 0 & r_{33} \\ 0 & r_{51} & 0 \\ r_{51} & 0 & 0 \\ 0 & 0 & 0 \end{vmatrix}$ $\bar{4}2m(2/\!/x_1)$ $\begin{vmatrix} 0 & 0 & 0 \\ 0 & 0 & 0 \\ 0 & 0 & 0 \\ r_{41} & 0 & 0 \\ 0 & r_{41} & 0 \\ 0 & 0 & r_{63} \end{vmatrix}$

续表 7.2

晶系	电光张量 r_{ij} 的矩阵形式
三角	3 $\begin{vmatrix} r_{11} & -r_{22} & r_{13} \\ -r_{11} & r_{22} & r_{13} \\ 0 & 0 & r_{33} \\ r_{41} & r_{51} & 0 \\ r_{51} & -r_{41} & 0 \\ -r_{22} & -r_{11} & 0 \end{vmatrix}$ 32 $\begin{vmatrix} r_{11} & 0 & 0 \\ -r_{11} & 0 & 0 \\ 0 & 0 & 0 \\ r_{41} & 0 & 0 \\ 0 & -r_{41} & 0 \\ 0 & -r_{11} & 0 \end{vmatrix}$ $3m(m\perp x_1)$ $\begin{vmatrix} 0 & -r_{22} & r_{13} \\ 0 & r_{22} & r_{13} \\ 0 & 0 & r_{33} \\ 0 & r_{51} & 0 \\ r_{51} & 0 & 0 \\ -r_{22} & 0 & 0 \end{vmatrix}$ $3m(m\perp x_2)$ $\begin{vmatrix} r_{11} & 0 & r_{13} \\ -r_{11} & 0 & r_{13} \\ 0 & 0 & r_{33} \\ 0 & r_{51} & 0 \\ r_{51} & 0 & 0 \\ 0 & -r_{11} & 0 \end{vmatrix}$
六角	6 $\begin{vmatrix} 0 & 0 & r_{13} \\ 0 & 0 & r_{13} \\ 0 & 0 & r_{33} \\ r_{41} & r_{51} & 0 \\ r_{51} & -r_{41} & 0 \\ 0 & 0 & 0 \end{vmatrix}$ $6mm$ $\begin{vmatrix} 0 & 0 & r_{13} \\ 0 & 0 & r_{13} \\ 0 & 0 & r_{33} \\ 0 & r_{51} & 0 \\ r_{51} & 0 & 0 \\ 0 & 0 & 0 \end{vmatrix}$ 622 $\begin{vmatrix} 0 & 0 & 0 \\ 0 & 0 & 0 \\ 0 & 0 & 0 \\ r_{41} & 0 & 0 \\ 0 & -r_{41} & 0 \\ 0 & 0 & 0 \end{vmatrix}$ $\bar{6}$ $\begin{vmatrix} r_{11} & -r_{22} & 0 \\ -r_{11} & r_{22} & 0 \\ 0 & 0 & 0 \\ 0 & 0 & 0 \\ 0 & 0 & 0 \\ -r_{22} & -r_{11} & 0 \end{vmatrix}$ $\bar{6}m2(m\perp x_1)$ $\begin{vmatrix} 0 & -r_{22} & 0 \\ 0 & r_{22} & 0 \\ 0 & 0 & 0 \\ 0 & 0 & 0 \\ 0 & 0 & 0 \\ -r_{22} & 0 & 0 \end{vmatrix}$ $\bar{6}m2(m\perp x_2)$ $\begin{vmatrix} r_{11} & 0 & 0 \\ -r_{11} & 0 & 0 \\ 0 & 0 & 0 \\ 0 & 0 & 0 \\ 0 & 0 & 0 \\ 0 & -r_{11} & 0 \end{vmatrix}$
立方	$\bar{4}3m$,23 $\begin{vmatrix} 0 & 0 & 0 \\ 0 & 0 & 0 \\ 0 & 0 & 0 \\ r_{41} & 0 & 0 \\ 0 & r_{41} & 0 \\ 0 & 0 & r_{41} \end{vmatrix}$ 4 3 2 $\begin{vmatrix} 0 & 0 & 0 \\ 0 & 0 & 0 \\ 0 & 0 & 0 \\ 0 & 0 & 0 \\ 0 & 0 & 0 \\ 0 & 0 & 0 \end{vmatrix}$

表 7.3　电光材料及其特性

材　料	室温电光系数×10^{-2}/($m\cdot V^{-1}$)	折射率	$\eta^3 r\times10^{-12}$/($m\cdot V^{-1}$)	$\varepsilon/\varepsilon_0$(室温)	点群对称
KDP (KH_2PO_4)	$r_{41}=8.6$ $r_{63}=10.6$	$\eta_o=1.51$ $\eta_e=1.47$	29 34	$\varepsilon // c=20$ $\varepsilon\perp c=45$	$\bar{4}2m$
KD_2PO_4	$r_{63}=23.6$	$\eta_e\approx1.5$	80	$\varepsilon // c\approx50$ at24℃	$\bar{4}2m$
ADP($NH_4H_2PO_4$)	$r_{41}=28$ $r_{63}=8.5$	$\eta_o=1.52$ $\eta_e=1.48$	95 27	$\varepsilon // c=12$	$\bar{4}2m$
石英	$r_{41}=0.2$ $r_{63}=0.96$	$\eta_o=1.54$ $\eta_e=1.55$	0.7 3.4	$\varepsilon // c\approx4.3$ $\varepsilon\perp c\approx4.3$	32
CuCl	$r_{41}=6.1$	$\eta_o=1.97$	47	7.5	$\bar{4}3m$
ZnS	$r_{41}=2.0$	$\eta_o=2.37$	27	~10	$\bar{4}3m$
GaAs (10.6 μm)	$r_{41}=1.6$	$\eta_o=3.34$	59	11.5	$\bar{4}3m$
ZnTe (10.6 μm) (CdTe 10.6 μm)	$r_{41}=3.9$ $r_{41}=6.8$	$\eta_o=2.79$ $\eta_o=2.6$	85 120	7.3	$\bar{4}3m$ $\bar{4}3m$
$LiNbO_3$	$r_{33}=30.8$ $r_{13}=8.6$ $r_{22}=3.4$ $r_{42}=28$	$\eta_o=2.29$ $\eta_e=2.20$	$\eta_e^3 r_{33}=328$ $\eta_o^3 r_{23}=37$ $1/2(\eta_e^3 r_{33}-\eta_o^3 r_{13})$ $=112$	$\varepsilon\perp c=98$ $\varepsilon // c=50$	$3m$
GaP	$r_{41}=0.97$	$\eta_o=3.31$	$\eta_o^3 r_{41}=29$		$\bar{4}3m$
$LiTaO_3$ (30 ℃)	$r_{33}=30.3$ $r_{13}=5.7$	$\eta_o=2.175$ $\eta_e=2.180$	$\eta_e^2 r_{33}=314$	$\varepsilon // c=43$	$3m$
$BaTiO_3$ (30 ℃)	$r_{33}=23$ $r_{13}=8.0$ $r_{42}=820$	$\eta_o=2.437$ $\eta_e=2.365$	$\eta_e^3 r_{33}=334$	$\varepsilon\perp c=4\ 300$ $\varepsilon // c=106$	$4mm$

对于二次电光效应可以写为

$$\Delta\left(\frac{1}{\eta^2}\right)_{ij} = \sum_k \sum_l R_{ijkl} E_k E_l \tag{7.25}$$

其中 R_{ijkl}为二次光电系数,单位是 m^2/V^2。

二、电光效应的分析方法

对电光效应的计算和分析一般有两种方法,其一是电磁理论方法,其二是几何方法,或称折射率椭球方法。后者直观、简捷,下面就对这一方法做以介绍。

晶体中任何一个传播方向的光存在两种可能的线偏振模式,每个模式都有相应的折射率,即传播速度,这种物理过程可以用折射率椭球方法描述。如令晶体的三个主轴折射率分别为 η_x, η_y, η_z,(x, y, z 分别为晶体的三个主轴,即沿这个方向上光场的 E 与 D 平行),则存在以下折射率椭球方程

$$\frac{x^2}{\eta_x^2} + \frac{y^2}{\eta_y^2} + \frac{z^2}{\eta_z^2} = 1 \tag{7.26}$$

利用该方程便可以描述光场在晶体中的传播特性。由此还可以进一步推论,外电场对光场的传播的影响,也可以通过对折射率 η_x, η_y, η_z 的改变,进而借助它的椭球方程来分析。因为电光效应表现为外加电场改变了介质的折射率,因此在施加了外电场后,折射率椭球方程应该写成

$$\sum\left[\left(\frac{1}{\eta^2}\right)_{ij} + \Delta\left(\frac{1}{\eta^2}\right)_{ij}\right] x_i x_j = 1 \tag{7.27}$$

它描述了一个受到外电场扰动而畸变了的折射率椭球,其中第二项为扰动项,由式(7.22)给出。为了弄清“畸变”的折射率椭球特性,可以借助坐标变换使其主轴化,进而求出新的主轴折射率,这样在电场作用下的光的传播规律也就可以得知了。可见,这种折射率椭球的方法实际上是一种坐标变换的方法。令原始坐标与变换后的坐标分别为

$$X = \begin{pmatrix} x_1 \\ x_2 \\ x_3 \end{pmatrix}$$

$$X' = \begin{pmatrix} x'_1 \\ x'_2 \\ x'_3 \end{pmatrix}$$

并使之满足

$$X' = AX$$

这里 A 为坐标变换系数矩阵,其一般形式为

$$A = \begin{vmatrix} a_{11} & a_{12} & a_{13} \\ a_{21} & a_{22} & a_{23} \\ a_{31} & a_{32} & a_{33} \end{vmatrix}$$

其中 a_{ij}是 $i\ j$ 在原始坐标系中的方向余弦。根据这一坐标变换方法,可将式(7.27)写成

$$\sum_{i',j'}\left(\frac{1}{\eta^2}\right)_{i',j'} x_{i'}x_{j'} = 1 \tag{7.28}$$

进一步使之主轴化,即将式(7.28)写成

$$\sum_{i',i'}\left(\frac{1}{\eta^2}\right)_{i',i'} x_{i'}x_{i'} = 1 \tag{7.29}$$

这样,即可在新坐标系 X' 中得到主轴折射率 $\eta_{x'}$、$\eta_{y'}$ 和 $\eta_{z'}$。

现在作为具体例子,分析 KDP 晶体的情况。KDP 晶体属于负单轴晶体,因此有 $\eta_x = \eta_y = \eta_o$,$\eta_z = \eta_e$ 以及 $\eta_o > \eta_e$。假设在原坐标系中折射率椭球已主轴化,则施加电场后,折射率椭球将发生变化,其方程根据式(7.26)和(7.29)写出,即

$$\frac{x^2}{\eta_o^2} + \frac{y^2}{\eta_o^2} + \frac{z^2}{\eta_e^2} + 2r_{41}E_x yz + 2r_{41}E_y xz + 2r_{63}E_z xy = 1 \tag{7.30}$$

方程中后三项是施加电场引起的“混合项”,即含 xy、xz、yz 的项。这说明,在电场作用下折射率椭球的三个主轴不再分别与晶体的 x, y, z 轴平行。现在需要找到一个新的坐标系,使椭球方程主轴化。

为简单起见,令所加电场平行 z 轴,即 $E_z \neq 0, E_x = E_y = 0$,于是式(7.30)简化为

$$\frac{x^2}{\eta_o^2} + \frac{y^2}{\eta_o^2} + \frac{z^2}{\eta_e^2} + 2r_{63}E_z xy = 1 \tag{7.31}$$

在新坐标系(x', y', z')中,令方程(7.31)不含混合项,即折射率椭球主轴化,于是有

$$\frac{(x')^2}{\eta_x^2} + \frac{(y')^2}{\eta_y^2} + \frac{(z')^2}{\eta_z^2} = 1$$

显然,x', y', z'为加电场 E_z 后新椭球的三个主轴方向,其主轴长度分别为 $2\eta_{x'}$, $2\eta_{y'}$ 和 $2\eta_{z'}$,新坐标系 x', y', z' 与原坐标系 x, y, z 的关系,一般可用上述坐标变换的方法求出。在现在的情况下,由(7.31)不难看出,为了得到变换系数 α_{ij}的对角形式(也即主轴化),应该这样选择 x', y' 和 z'轴:使 z'平行于 z;由于 x, y 的对称性,使 x', y'相对于 x, y 转 45°,见图 7.13,因此坐标变换是

$$x = x'\cos\frac{\pi}{4} - y'\sin\frac{\pi}{4}$$

$$y = x'\sin\frac{\pi}{4} + y'\cos\frac{\pi}{4}$$

$$z = z'$$

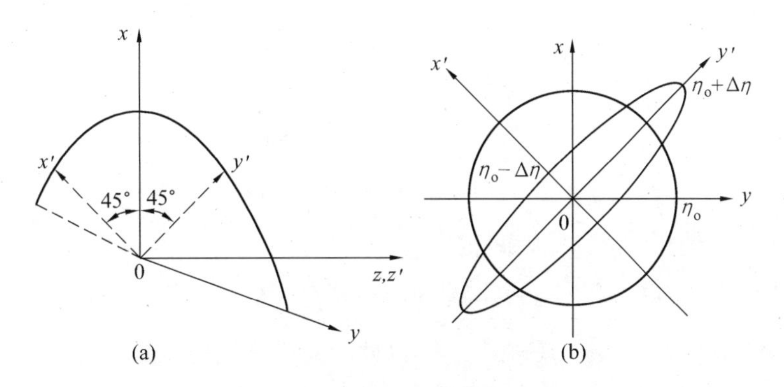

图 7.13　折射率椭球的坐标变换

代入式(7.31)得

$$\left(\frac{1}{\eta_o^2}+r_{63}E_z\right)x'^2+\left(\frac{1}{\eta_o^2}-r_{63}E_z\right)y'^2+\frac{1}{\eta_e^2}z'^2=1$$

由此可知，当施加电场 E_z 后，x'，y' 和 z'（即 z）成为新的主轴，其大小有如下关系

$$\frac{1}{\eta_{x'}^2}=\frac{1}{\eta_o^2}+r_{63}E_z$$

$$\frac{1}{\eta_{y'}^2}=\frac{1}{\eta_o^2}-r_{63}E_z$$

一般有 $r_{63}E_z \ll \eta_o^{-2}$，根据关系 $\mathrm{d}\eta=-\left(\frac{\eta^3}{2}\right)\mathrm{d}(1/\eta^2)$ 可以得到

$$\eta_{x'}=\eta_o-\frac{\eta_o^3}{2}r_{63}E_z \tag{7.32}$$

$$\eta_{y'}=\eta_o+\frac{\eta_o^3}{2}r_{63}E_z \tag{7.33}$$

以及

$$\eta_{z'}=\eta_e \tag{7.34}$$

这一结果说明，施加电场 E_z 后，原折射率椭球以 z 为轴旋转 45°角，构成新的折射率椭球，新椭球的主轴，即电感应轴分别为 x'、y'，新主轴折射率分别为 $\eta_{x'}$，$\eta_{y'}$，大小由式(7.32)，(7.33)决定。不难看出，因为有 $\eta_{x'}<\eta_o$，$\eta_{y'}>\eta_o$，所以沿 x' 方向传播速度加快，而沿 y' 方向传播速度减慢，从这个意义上讲，可称电感应轴 x' 轴为“快”轴，而电感应轴 y' 为“慢”轴。

二、电光延迟

讨论两个光波之间相位延迟的调制是具有实际意义。

令沿同一方向传播并具有同一频率的两个调相波的满足

$$E_1(t)=E_{01}\cos[\omega_0 t+\phi_1(t)] \tag{7.35(a)}$$

$$E_2(t) = E_{02}\cos[\omega_c t + \phi_2(t)] \tag{7.35(b)}$$

并且它们的瞬时相位 $\phi_1(t)$、$\phi_2(t)$均受同一调制信号 $f(t)$的调制,于是有

$$\phi_1(t) = K_{\phi_1} f(t) + \phi_{01} \tag{7.36(a)}$$

$$\phi_2(t) = K_{\phi_2} f(t) + \phi_{02} \tag{7.36(b)}$$

若 $K_{\phi_1} \neq K_{\phi_2}$,则两个调相波之间的瞬间相位差为

$$\Delta\phi(t) = \phi_2(t) - \phi_2(t) = (K_{\phi_2} - K_{\phi_1}) f(t) + \Delta\phi_0 \tag{7.37}$$

可见,它表示相位差随调制信号 $f(t)$的变化,因此称为相对相位调制。

进一步令 E_1、E_2互相垂直,即 $E_1 = E_x$,$E_2 = E_y$,代入式(7.35)并消去 t 后可得

$$\left(\frac{E_x}{E_{01}}\right)^2 + \left(\frac{E_y}{E_{02}}\right)^2 - 2\frac{E_x E_y}{E_{01}E_{02}}\cos[\Delta\phi(t)] = \sin^2[\Delta\phi(t)] \tag{7.38}$$

这是一个椭圆方程,它描述的是一个椭圆偏振光。椭圆的长轴与 x 轴的夹角 $\varphi(t)$由下式给出

$$\varphi(t) = \frac{1}{2}\arctan\left\{\frac{2E_{01}E_{02}\cos[\Delta\phi(t)]}{E_{01}^2 - E_{02}^2}\right\} \tag{7.39}$$

当有

$$\Delta\phi = m\pi, m = 0, \pm 1, \pm 2, \cdots \tag{7.40(a)}$$

$$E_y/E_x = (-1)^m E_{02}/E_{01} \tag{7.40(b)}$$

式(7.38)是一个直线方程,描述的是线偏振光。当有

$$E_{02} = E_{01} = E_0 \tag{7.41(a)}$$

$$\Delta\phi(t) = \pm\frac{\pi}{2} + 2m\pi \qquad m = 0, \pm 1, \pm 2, \cdots \tag{7.41(b)}$$

式(7.38)变为

$$E_x^2 + E_y^2 = E_0^2 \tag{7.42}$$

此为圆方程,它描述的是一个圆偏振光,其中 $\Delta\phi(t) = \frac{\pi}{2} + 2m\pi$ 为左旋圆偏振光,$\Delta\phi(t) = -\frac{\pi}{2} + 2m\pi$ 为右旋圆偏振光。

如用复数表述光场,即

$$E_x = E_{01}\exp\mathrm{i}(\omega_c t + \phi_1)$$

$$E_y = E_{02}\exp\mathrm{i}(\omega_c t + \phi_2)$$

则可将上面得到的结果写成

线偏振　　$E_y/E_x=(-1)^m E_{02}/E_{01}$

右旋圆偏振　　$E_y/E_x=\exp\left[-\mathrm{i}\frac{\pi}{2}\right]=-\mathrm{i}$

左旋圆偏振　　$E_y/E_x=\exp\left[\mathrm{i}\frac{\pi}{2}\right]=\mathrm{i}$

椭圆偏振　　$E_y/E_x=(E_{02}/E_{01})\exp[\mathrm{i}\Delta\phi(t)]$。

由此可见,随着调制信号 $f(t)$ 的变化(也即相位差 $\Delta\phi(t)$ 的变化),光场的偏振状态也做相应变化,因此这种调制又叫偏振调制,这是两个光场相对相位调制的一种特定结果。

下面以 KDP 晶体为例,来看光场在其中的传播情况。将上节所得结果重新得出图 7.14 所示形式。令入射光场垂直于 $x'y'$ 面入射,其电矢量与 x 方向平行。于是在输入面($z=0$)处可将光场分解为 x' 和 y' 方向上的偏振分量。它们可以分别写成如下形式

$$E_{x'}=E_0\exp\left\{\mathrm{i}\left[\omega t-\left(\frac{\omega}{c}\right)\eta_x\cdot z\right]\right\}=$$

$$E_0\exp\left\{\mathrm{i}\left[\omega t-\left(\frac{\omega}{c}\right)\left(\eta_o-\frac{1}{2}\eta_o^3 r_{63}E_z\right)\right]\right\} \tag{7.43(a)}$$

$$E_{y'}=E_0\exp\left\{\mathrm{i}\left[\omega t-\left(\frac{\omega}{c}\right)\eta_y\cdot z\right]\right\}=$$

$$E_0\exp\left\{\mathrm{i}\left[\omega t-\left(\frac{\omega}{c}\right)\left(\eta_o+\frac{1}{2}\eta_o^3 r_{63}E_z\right)\right]\right\} \tag{7.43(b)}$$

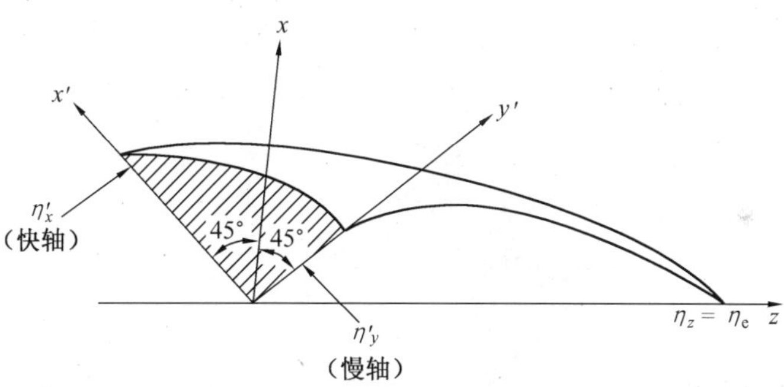

图 7.14　KDP 晶体中光的折射率

由此可见,两个分量在晶体内的传播速度不同,因此在输出平面($z=l$)处它们之间将出现相位差,即所谓相位延迟。从式(7.43)不难看出,该相位延迟量在数值上等于

$$\Gamma=\phi_{x'}-\phi_{y'}=\frac{\omega}{c}\eta_o^3 r_{63}E_z l=\frac{\omega}{c}\eta_o^3 r_{63}U \tag{7.44}$$

其中 $U=E_z l$ 是加在晶体两端的电压,$\phi_{x'}=-\left(\frac{\omega}{c}\right)\eta_{x'}l$,$\phi_{y'}=-\left(\frac{\omega}{c}\right)\eta_{y'}l$ 分别是光场有关偏振分量的相移量。图 7.15 给出了不同位置(z)上 E_x 和 E_y 的大小以及它们的合成情况。在输入面上($z=0$),延迟量 $\Gamma=0$;光场是沿 x 方向线偏振的;在 e 点,$\Gamma=\frac{\pi}{2}$,如省略掉共同因子,则

有

$$E_{x'} = E_0\cos\omega t$$

$$E_{y'} = E_0\cos(\omega t - \frac{\pi}{2}) = E_0\sin\omega t$$

因此,如图 7.15 所示,它们合成的是沿顺时针旋转的圆偏振光。以此类推,可以得到其他形式的偏振光。这里的情况和上面讲述的相对位相调制显然是相同的。$U(t)$和$\Gamma(t)$均为时间的函数,信号 $U(t)$的变化导致相位延迟 $\Gamma(t)$的变化,进而使光场的偏振状态也随之发生相应的变化,所以,这是一种偏振调制形式。

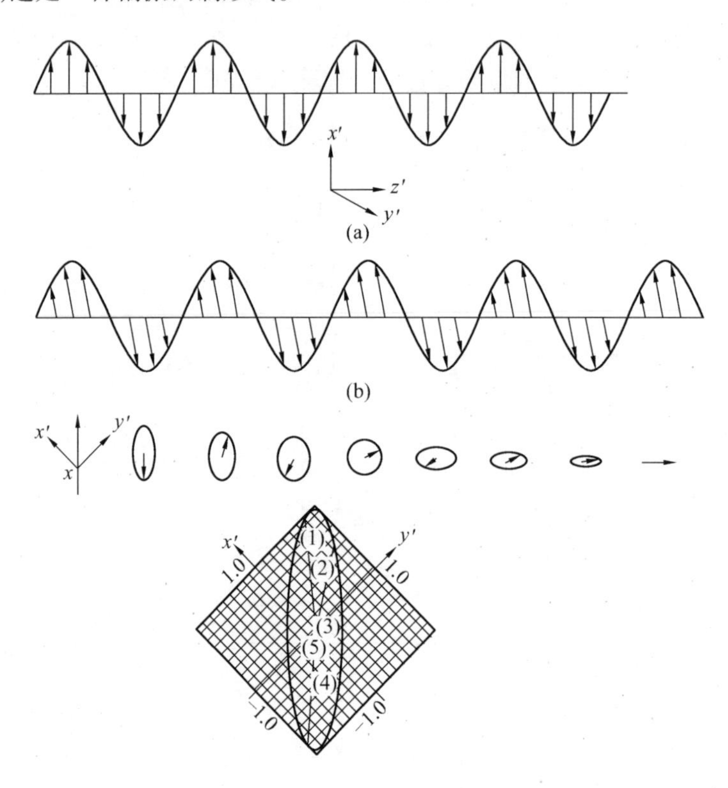

图 7.15　不同位置(z)上 E_x 和 E_y 的大小以及它们的合成情况

在实际应用中通常把式(7.44)写成如下形式

$$\Gamma = \pi\frac{U}{U_\pi}$$

式中,U_π 为半波电压,即产生相位延迟为 π 的电压。

由式(7.44)可知

$$U_\pi = \frac{c\pi}{\omega}\frac{1}{\eta_o^3 r_{63}} = \frac{\lambda}{2\eta_o^3 r_{63}} \tag{7.45}$$

这里 $\lambda = 2\pi c/\omega$ 是自由空间波长。例如对于 ADP 晶体，由表 7.2 可以查到 $r_{63} = 8.5 \times 10^{-12} m/\nu$，$\eta_o = 1.52$，如取 $\lambda = 0.5\mu$，则由式(7.45)可计算出 $U_\pi = 10^4(U)$。

以上讨论全是针对线性电光效应的。对于二次电光效应，从式(7.25)可知

$$\begin{vmatrix} \Delta\left(\frac{1}{\eta^2}\right)_1 \\ \Delta\left(\frac{1}{\eta^2}\right)_2 \\ \Delta\left(\frac{1}{\eta^2}\right)_3 \\ \Delta\left(\frac{1}{\eta^2}\right)_4 \\ \Delta\left(\frac{1}{\eta^2}\right)_5 \\ \Delta\left(\frac{1}{\eta^2}\right)_6 \end{vmatrix} = \begin{vmatrix} R_{11} & R_{12} & R_{13} & R_{14} & R_{15} & R_{16} \\ R_{21} & R_{22} & R_{23} & R_{24} & R_{25} & R_{26} \\ R_{31} & R_{32} & R_{33} & R_{34} & R_{35} & R_{36} \\ R_{41} & R_{42} & R_{43} & R_{44} & R_{45} & R_{46} \\ R_{51} & R_{52} & R_{53} & R_{54} & R_{55} & R_{56} \\ R_{61} & R_{62} & R_{63} & R_{64} & R_{65} & R_{66} \end{vmatrix} \begin{vmatrix} E_1^2 \\ E_2^2 \\ E_3^2 \\ E_4^2 \\ E_6^2 \\ E_6^2 \end{vmatrix} \tag{7.46}$$

二次电光系数 R_{ijkl} 是四阶张量，因此共有 $3^4 = 81$ 个元素。但考虑到角码的对称，可取 $ij = m$，$lk = n$，角标简化后张量元素减少到 36 个。这里仍然按 11→1，22→2，33→3，23→4，31→5，12→6 的惯例标定角码。因此式中的 E_4^2 为 $E_2 \cdot E_3$，E_5^2 为 $E_3 \cdot E_1$ 以及 E_6^2 为 $E_1 \cdot E_2$。由于晶体的对称性，实际上的张量元素还要进一步减少。

和线性电光效应一样，二次电光效应可以用来做光频调制和光开关等。这时，其主要参数半波电压 U_π 与二次电光系数和晶体的几何尺寸有关。例如当电压加在 z 轴方向上，光线沿 x 或 y 方向传播时，已经计算出半波电压为

$$U_\pi^2 = \frac{\lambda d^2}{\eta_o^3 (R_{11} - R_{12}) l} \tag{7.47}$$

式中　d——晶体的电场方向与传光方向上的厚度；

　　　l——晶体的电场方向与传光方向上的长度。

三、电光调制器

利用电光效应可以对光波的相位、幅度、强度、频率以及偏振状态进行调制。根据施加电场方向不同，电光调制可以分为纵向调制和横向调制。下面对其主要原理分别叙述。

1. 纵向电光调制

外加调制电场方向与光波的传播方向一致时，称为纵向电光调制。下面以强度调制为例加以说明。

图 7.16 是电光强度调制的典型装置。将电光晶体放置在相互垂直而且与电感应主轴都

成 45°角的两个偏振器 P_1 和 P_2 之间。这样,沿 x 方向入射的偏振光分解为沿 x' 和 y' 方向偏振的两束光,它们在偏振器 P_2 上干涉。最终转化为强度调制波。为了调节两个光束的相对位相延迟,如图 7.16 所示,插入一个 $\lambda/4$ 波片,它可以产生的最大附加相移量为$\frac{\pi}{2}$。根据这种情

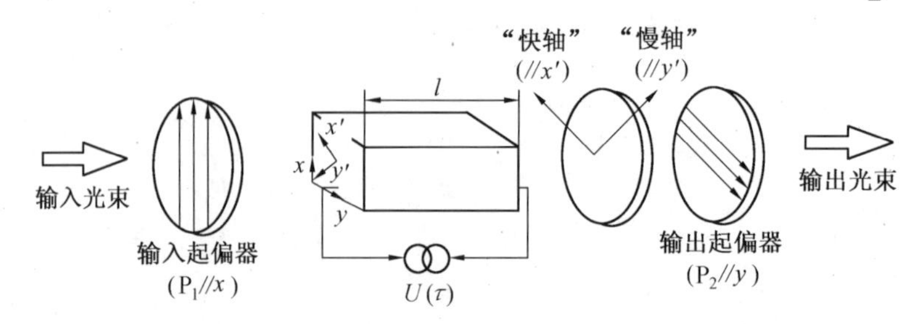

图 7.16　电光强度调制的典型装置

况,可以认为,在 $z=0$ 面入射的,偏振方向为 x' 和 y' 的线偏光具有相同的位相,两束光可以用下面的式子表示

$$E_{x'} = \cos\omega t \;,\qquad E_{y'} = \cos\omega t$$

入射光强为

$$I = |E_{x'}(0)|^2 + |E_{y'}(0)|^2 = 2E_0 \tag{7.48}$$

在输出端($z=l$),这两个分量产生相对相位延迟 Γ,为简单起见,把它们分别写成

$$E_{x'}(l) = E_0 \quad,\quad E_{y'}(l) = E_0\mathrm{e}^{-\mathrm{i}\Gamma} \tag{7.49}$$

它们在偏振片上的干涉即为 $E_{x'}(l)$和 $E_{y'}(l)$分量在 y 方向上投影之和,于是有

$$(E_y)_0 = \frac{E_0}{\sqrt{2}}(\mathrm{e}^{-\mathrm{i}l} - 1)$$

由此给出的输出光强是

$$I_\mathrm{o} \propto [(E_y)_0(E_y)_0^*] = \frac{E_0^2}{2}[(\mathrm{e}^{-\mathrm{i}l} - 1)\cdot(\mathrm{e}^{\mathrm{i}l} - 1)] = 2E_0^2\sin^2(\frac{\Gamma}{2}) = I_\mathrm{i}\sin^2(\frac{\Gamma}{2})$$

如图 7.17 所示,此式中的 Γ 还包括$\frac{\lambda}{4}$波片的附加固定延迟,即 $\Gamma=\Gamma_0+\Gamma(U)$,其中 $\Gamma(U)$是由电场引起的,即 $\Gamma(U)=\pi\frac{U}{U_\pi}$,将此带入上式即得调制器的透过率 T 为

$$T = I_\mathrm{o}/I_\mathrm{i} = \sin^2\left[\Gamma_0 + \pi\frac{U}{2U_\pi}\right] \tag{7.50}$$

可见,改变 U 可以实现强度调制的目的。如令 $\Gamma_0=\frac{\pi}{2}$,$U=U_\mathrm{m}\sin\omega_\mathrm{m}t$,即在单频调制时,式(7.50)可以写成

$$T = \frac{1}{2}\left[1 + \sin\left(\frac{\pi U}{U_\pi}\sin\omega_\mathrm{m}t\right)\right] \tag{7.51}$$

在小信号调制时，即 $\pi U/U_\pi \ll 1$，式(7.51)可以简化为

$$T = \frac{1}{2}\left[1 + \left(\frac{\pi U}{U_\pi}\sin\omega_m t\right)\right] \tag{7.52}$$

由此可见，在小信号调制信号作用下，输出的强度调制波是输入调制信号 $U_m \sin\omega_m t$ 的线性复现。当 $\pi U/U_\pi \ll 1$ 不被满足时，将产生大量谐波分量，为了定量分析各次谐波的大小比例，将式(7.50)写成更普遍的表达式，并使用贝塞耳函数展开。若偏置在奇数 $\frac{\pi}{2}$ 附近时，即

$$\Gamma = \frac{\pi}{2}(2k+1) + \Delta\varphi, \quad k = \pm 1, \pm 2\cdots \tag{7.53}$$

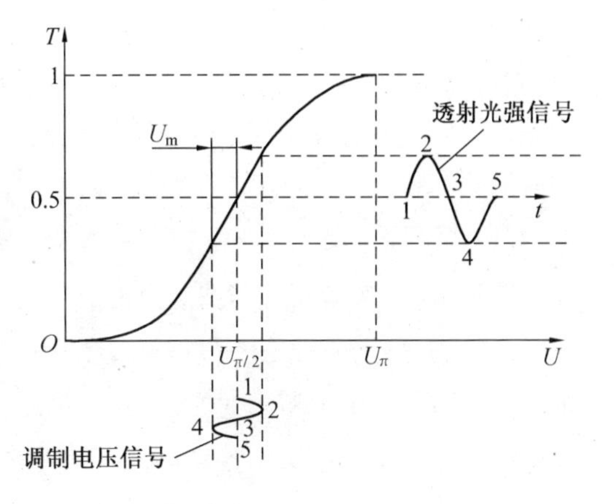

图 7.17　输出光强信号随电压变化关系

式(7.50)的展开式为

$$\begin{aligned} T &= \frac{1}{2}\left[1 + (-1)^{k+1}\sin\left(\Delta\varphi + \frac{\pi U_m}{U_\pi}\sin\omega_m t\right)\right] = \\ &\frac{1}{2} + (-1)^{k+1}\cos\Delta\varphi\left[J_1\left(\frac{\pi U_m}{U_\pi}\right)\sin\omega_m t + J_3\left(\frac{\pi U_m}{U_\pi}\right)\sin 3\omega_m t + \cdots\right] + \\ &(-1)^{k+1}\sin\Delta\varphi\left[\frac{1}{2}J_0\left(\frac{\pi U_m}{U_\pi}\right) + J_2\left(\frac{\pi U_m}{U_\pi}\right)\cos 2\omega_m t + \cdots\right] \end{aligned} \tag{7.54}$$

如果偏置调到 $\frac{\pi}{2}$ 的偶数倍(包括零)附近时，则式(7.50)展开为

$$\begin{aligned} T = &\frac{1}{2} + (-1)^{k}\sin\Delta\varphi\left[J_1\left(\frac{\pi U_m}{U_\pi}\right)\sin\omega_m t + J_3\left(\frac{\pi U_m}{U_\pi}\right)\sin 3\omega_m t + \cdots\right] + \\ &(-1)^{k+1}\sin\Delta\varphi\left[\frac{1}{2}J_0\left(\frac{\pi U_m}{U_\pi}\right) + J_2\left(\frac{\pi U_m}{U_\pi}\right)\cos 2\omega_m t + \cdots\right] \end{aligned} \tag{7.55}$$

不难看出，当 $\Delta\varphi \approx 0$ 时，式(7.55)将不含有调制频率 $\omega_m/2\pi$ 分量。图 7.18 画出了这几种情况。可见在强度调制时，偏置是十分重要的。除了光学方法外，还可以用电学方法给出偏置，例如在晶体两电极上加以直流电压 U_{DC}，当 $U_{DC} = \frac{1}{2}U_\pi$ 时，则可以起到 $\frac{\lambda}{4}$ 波片的作用。由于基频分量是 $\sin\omega_m t$，其强度为 $J_1\left(\frac{\pi U_m}{U_\pi}\right)\cos\Delta\varphi$，因此定义它与直流分量的比值为调制百分率，即

$$E_T = 2J_1\left(\frac{\pi U_m}{U_\pi}\right)\cos\Delta\varphi \tag{7.56}$$

例如在式(7.54)情况下,当 $\Delta\varphi=0$, $U_m=0.383U_\pi$ 时,则可得到 $E_T=100\%$。如果进一步增加 U_m 值,$2\omega_m$、$3\omega_m$ 等谐波分量也将增大,从而强度调制波变得失真,而且从式(7.54)、(7.55)可以看出,谐波成分的大小和偏振点有关。例如偏振点在$\frac{\pi}{2}$附近时,三次谐波与基波成分的比值为

$$I_{3\omega}/I_\omega = J_3(\pi U_m/U_\pi)/J_1(\pi U_m/U_\pi)$$

$E_T=1$,即 $U_m=0.383U_\pi$ 时,$I_{3\omega}/I_\omega\approx 6\%$。同时在该种情况下,只要使 $\Delta\varphi\approx 0$,偶次谐波即可消失。

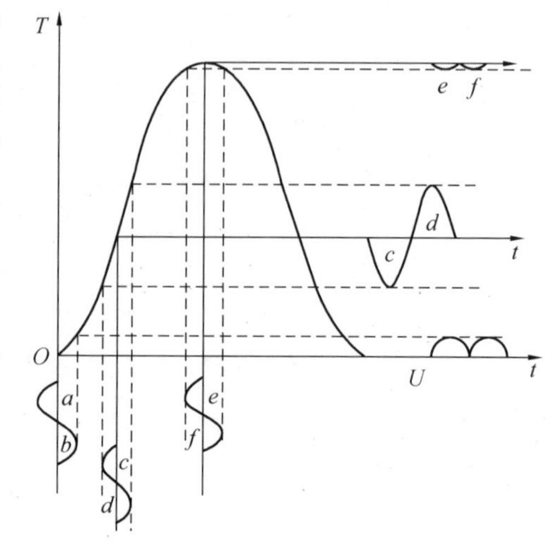

图 7.18 电光调制特性曲线

纵向调制有如下缺点:①电极需要安装在通光面上,为了不使光波传播受到阻拦,则要求电极做成特殊结构,例如透明电极或圆环状电极等。②电光效应引起的位相延迟量 $\Gamma(U)=\pi U/U_\pi$,与晶体长度无关,因此不能通过增加晶体长度来降低半波电压。

2. 横向电光调制

横向电光调制见图 7.19。当外加电场方向与光波传播方向垂直时,称横向调制。横向调制可以克服纵向调制的上述两个缺点。仍以 KDP 晶体为例,令光波沿 y' 方向传播,其偏振方向与电感应轴 x' 轴或 z 轴成 45°,当调制电场加在 z 轴方向时,它所引入的电光延迟为

$$\Gamma = \phi_z - \phi_{z'} = \frac{\omega}{c}l[(\eta_o-\eta_e)-\frac{1}{2}\eta_o^3 r_{63}(\frac{U}{d})] \tag{7.57}$$

式中,d 为在电场方向上的晶体厚度。

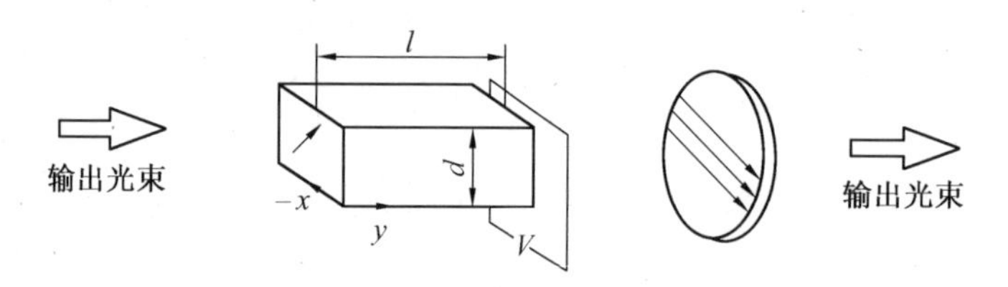

图 7.19 横向电光调制原理图

从这个表达式中可以看出:①电光延迟和晶体尺寸有关,适当加长晶体长度,降低晶体厚度,可以使延迟量增加,半波电压降低,一般来说,横向电光效应要比纵向电光效应的半波电压低。②在表达式中出现了一项和外加电压无关的量,即$\frac{\omega}{c}l(\eta_o-\eta_e)$,为自然双折射引起的位相延迟。由于这部分延迟对温度变化极为敏感,因此在实际应用中应该设法克服,这一点可以

说是运用横向电光效应的缺点。以 KDP 晶体为例,其折射率之差 $\Delta(\eta_o - \eta_e)$随温度变化率为 $\Delta(\eta_o - \eta_e)/\Delta T = 1.1 \times 10^{-5}/℃$。如果将一长度为 20 mm 的 KDP 晶体制成的调制器,通过波长为 632.8 nm 的激光,若晶体温度变化 $\Delta T = 1$ ℃,则 $\Delta(\eta_o - \eta_e) = 1.1 \times 10^{-5}$,它引起的附加相移为

$$\Delta\phi = \frac{2\pi}{\lambda}\Delta\eta \cdot l = \frac{2\pi}{6\ 328 \times 10^{-10}} \times 1.1 \times 10^{-5} \times 0.02 = 0.7\pi$$

因此,在横向调制器中,由于自然双折射引起的相移随温度的变化往往使调制波发生畸变,使调制器不能正常工作。所以,在实际工作中,除了采用散热等措施以减小晶体的温度漂移外,主要采用“组合调制器”进行补偿。

图 7.20 是一个 KDP 晶体 r_{63}组合调制器的原理图,由两块特性及尺寸完全相同的晶体 K_1 和 K_2 以及插入其中的半波片(或旋光片)组成的,K_1 和 K_2 的光轴相反,外加电场沿 z 轴(光轴)方向,通光方向垂直于 z 轴,并与 y 轴成 45°,当线偏振光沿 y'方向射入第一块晶体时,由于晶体的双折射,分解为沿 z 方向振动的 e_1 光和沿 y'方向振动的 o_1 光两个分量。o_1 光的折射率比 e_1 光的折射率大,即,前者的传播速度小于后者,当它们离开第一块晶体后,e_1 光要比 o_1 光超前一个相位角 φ_1,两束光的表达式为

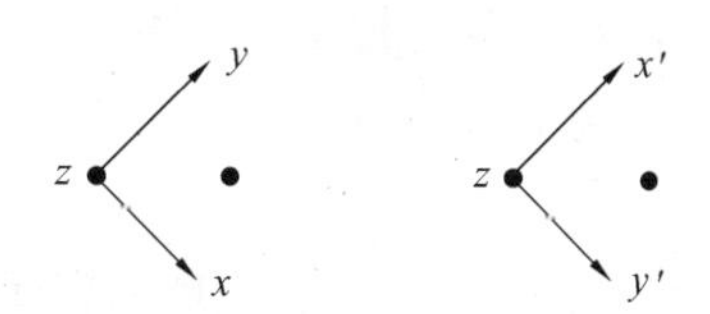

图 7.20　组合型调制器原理图

$$o_1\text{ 光}\quad x' = a\cos\omega t$$

$$e_1\text{ 光}\quad z = a\cos(\omega t + \varphi_1)$$

当 e_1 光和 o_1 光通过半波片时,其偏振面各旋转了 90°,进入第二块晶体时,原来的 o_1 光变成了 e_2 光,e_1 光变成了 o_2 光,则 e_2 光要比 o_2 光超前一个相位角 φ_2,所以从第二块晶体出来的光的振动方程为

$$e_2\text{ 光}\quad x' = a\cos(\omega t + \varphi_2)$$

$$o_2\text{ 光}\quad z = a\cos(\omega t + \varphi_1)$$

若两块晶体的尺寸、性能以及受外界影响完全相同,则 $\varphi_1 = \varphi_2$,由自然双折射所引起的相移可以得到补偿。此时,只有外加电场作用产生位相差,因为加在两个晶体上的电场是反向的,所以总相位差等于两块晶体所产生的相位差之和,即

$$\Delta\varphi = \frac{2\pi}{\lambda}\eta_o^3 r_{63} U\left(\frac{l}{\mathrm{d}}\right)$$

7.3　声光调制

超声波是一种弹性波,超声波在介质中传播时,将引起介质密度呈疏密交替地变化,其折射率也将发生相应的变化。这样对于入射光波来讲,存在超声波场的介质可以视作一个超声

光栅,光栅常数等于声波波长。入射光将被光栅衍射,衍射光的强度、频率和方向都随超声场而变化。声光调制器就是利用衍射光的这些性质来实现光的调制和偏转的。

声波在介质中传播分为行波和驻波两种形式。行波所形成的超声光栅在空间是移动的,介质折射率的增大和减小是交替变化的,并以声速向前推进。折射率的瞬时空间变化可以用下式表示

$$\Delta\eta(z,t) = \Delta\eta\sin(\omega_s t - k_s z) \tag{7.58}$$

式中 ω_s——声波的角频率;

k_s——声波的波数,$k_s = \frac{2\pi}{\lambda_s}$,$\lambda_s$ 为声波波长。

驻波形成的位相光栅是固定在空间的,可以认为是两个相向行波叠加的结果,介质折射率随时间变化的规律为

$$\Delta\eta = 2\Delta\eta\sin\omega_s t \cdot \sin k_s z \tag{7.59}$$

在一个声波周期内,介质出现两次疏密层结构。在波节处介质密度保持不变,在波腹处折射率每半个声波周期变化一次。作为超声光栅,它将以频率 $2f_s$,即声波频率的二倍交替出现。

一、声光相互作用

声光相互作用实际上是一种参量相互作用,可以用耦合波方程的一般理论加以描述。耦合波方程普遍形式的推导过程比较繁琐,这里不做介绍,而直接引用其结论。

由耦合波方程理论,声光相互作用按照各级衍射光动量失配程度的不同,可以分成喇曼-奈斯衍射和布拉格衍射两种情况,对于给定的超声频率,声光相互作用较长时,即超声波的宽度 L 较大时,只有满足动量匹配条件 $\Delta k = 0$ 的衍射光才能通过声光相互作用后得到相干相长,该级衍射光的强度随作用长度 L 不断增长。这种情况下,入射光可以全部转化为衍射光,致使衍射效率达到100%,这种情况被称为布拉格衍射。而当 L 较小时,对于各级衍射光,虽然 $\Delta k_m \neq 0$,但是由于 $\Delta k_m \cdot L$ 很小,由于动量失配而引起的位相失配并不严重,以致使各级衍射光不因失配而明显地减弱,存在多级衍射,最强的一级光衍射效率也不会超过34%,称这种衍射为喇曼-奈斯衍射。为了定量地界定两种类型的衍射,引入参量 Q,令 $Q = 2\pi L\lambda/\lambda_s$,其中 L 为超声波的宽度,亦即声光相互作用长度,λ 为光波波长,λ_s 为声波波长。理论上讲当 $Q \ll 1$ 时为喇曼-奈斯衍射;$Q \gg 1$ 时为布拉格衍射。实际上 $Q \leqslant 0.3$ 时即可观察到喇曼-奈斯多级衍射; $Q \geqslant 4\pi$ 时即可观察到布拉格衍射。在 $0.3 \leqslant Q \leqslant 4\pi$ 时衍射较为复杂,声光器件一般不工作在此范围内,我们不做讨论。

1. 喇曼-奈斯衍射

当超声频率较低,声光相互作用长度较短,光平行于声波入射时(或者说垂至于声场传播方向),光与超声波相互作用产生喇曼-奈斯衍射,此时超声光栅与普通的平面光栅类似,因此

平行光通过光栅后将产生多级衍射,各级衍射对称地分布在零级光两侧,衍射光的强度随级数增加而减小。下面推导各级衍射光强度的表达式。

设声光介质中声波的宽度为 L,波长为 λ_s,波矢方向 k_s 指向 x 轴正向。入射光波矢 k_i 方向为 y 轴正向,两者正交。超声波引起的折射率变化可以表示为

$$\Delta \frac{1}{\eta^2} = pe\sin(k_s x - \omega_s t) \tag{7.60}$$

式中　p——弹光系数;

e——弹性应变。

因为声速远远小于光速,所以在声光相互作用的时间内,可以将光栅看做是静止不动的,从而略去时间项,得

$$\eta(x) = \eta_o - \Delta\eta\sin k_s x \tag{7.61}$$

由于介质折射率发生了这样周期性的变化,所以会对入射光束进行位相调制。若在 $y = -L/2$ 面上入射的光波为 $Ae^{i\omega_c t}$,则在 $y = +L/2$ 面上出射的光波为 $Ae^{i\omega_c[t-\eta(x)L/c]}$。所以出射光波的等相面是一个由 $\eta(x)$决定的曲面,这样的一个波面在远处的一点 P 处的衍射光振幅为

$$A(\theta) = \int_{-\frac{q}{2}}^{\frac{q}{2}} \exp\{ik_i[lx + L\Delta\eta\sin(k_s x)]\}dx \tag{7.62}$$

式中　l——衍射光方向的正弦,$l = \sin\theta$;

q——入射光宽度。

令 $U = 2\pi\Delta\eta/L$,利用欧拉公式将上式展开得

$$\begin{aligned} A(\theta) = &\int_{-\frac{q}{2}}^{\frac{q}{2}} [\cos lk_i x\cos(U\sin k_s x) + \sin lk_i x\sin(U\sin k_s x)]dx + \\ &i\int_{-\frac{q}{2}}^{\frac{q}{2}} [\sin lk_i x\cos(U\sin k_s x) + \cos lk_i x\sin(U\sin k_s x)]dx \end{aligned} \tag{7.63}$$

利用如下得关系式展开

$$\cos(U\sin k_s x) = J_0(U) + 2\sum_{r=1}^{\infty} J_{2r}(U)\cos(2rk_s x) \tag{7.64}$$

$$\sin(U\sin k_s x) = 2\sum_{r=0}^{\infty} J_{2r+1}(U)\sin[(2r+1)k_s x] \tag{7.65}$$

式中　J_r——r 阶贝塞耳函数。

将上式代入 $A(\theta)$三角展开式中,并利用

$$\int \sin mx \sin nx \mathrm{d}x = \frac{\sin(m-n)x}{2(m-n)} - \frac{\sin(m+n)x}{2(m+n)}$$

$$\int \cos mx \cos nx \mathrm{d}x = \frac{\sin(m-n)x}{2(m-n)} + \frac{\sin(m+n)x}{2(m+n)}$$

对 $A(\theta)$积分结果,其虚部为零,实部为

$$\begin{aligned} A(\theta) = {} & q\sum_{r=0}^{\infty} J_{2r}(U)\left[\frac{\sin(lk_\mathrm{i}+2rk_\mathrm{s})\frac{q}{2}}{(lk_\mathrm{i}+2rk_\mathrm{s})\frac{q}{2}} + \frac{\sin(lk_\mathrm{i}-2rk_\mathrm{s})\frac{q}{2}}{(lk_\mathrm{i}-2rk_\mathrm{s})\frac{q}{2}}\right] + \\ & q\sum_{r=0}^{\infty} J_{2r+1}(U)\left[\frac{\sin[lk_\mathrm{i}+(2r+lk_\mathrm{s})]\frac{q}{2}}{[lk_\mathrm{i}+(2r+l)k_\mathrm{s}]\frac{q}{2}} + \frac{\sin[lk_\mathrm{i}-(2r+1)k_\mathrm{s}]\frac{q}{2}}{[lk_\mathrm{i}-(2r+1)k_\mathrm{s}]\frac{q}{2}}\right] \end{aligned} \tag{7.66}$$

函数 $\sin ax/ax$ 在 $a=0$ 时取极限值为 1,所以当 $lk_\mathrm{i} \pm mk_\mathrm{s}=0$ (m 为整数)时 $A(\theta)$有极值,即各级衍射极大值。由上式可知其方位角为

$$l = \sin\theta = \pm m\frac{k_\mathrm{s}}{k_\mathrm{i}} = \pm\frac{\lambda}{\lambda_\mathrm{s}} \tag{7.67}$$

第 n 级衍射光的衍射效率为

$$\eta_n = J_n^2(U_\mathrm{s}) \tag{7.68}$$

$$U_\mathrm{s} = \frac{2\pi}{\lambda}\Delta\eta L \tag{7.69}$$

这就是喇曼-奈斯衍射的贝塞耳函数表示。U_s 表示光穿过宽度为 L 的声场时所产生的附加相移。

由贝塞耳函数的性质,$J_n^2(U_\mathrm{s}) = J_{-n}^2(U_\mathrm{s})$,所以,在零级光束两边,同级衍射光强相等。对一级衍射光来说衍射效率 $\eta_1 = J_1^2(U_\mathrm{s})$,当 $U_\mathrm{s}=1.84$ rad 时,衍射效率达到极大值 $\eta_{\max}=0.339$,这是喇曼-奈斯衍射所能够达到的最大衍射效率。

2.布拉格衍射

当声波频率较高,声光作用长度 L 较大,而且光线与声波面之间的角度满足布拉格条件时,则产生布拉格衍射。布拉格衍射的效率在超声能量足够大的时候可以达到 100%,即所有入射光的能量都可以转移到衍射光上,所以布拉格声光调制器的效率较高。

光具有波粒二相性,我们可以利用光的粒子性,从声光相互作用前后总的能量和动量守恒的角度出发,推导出布拉格衍射的条件以及衍射效率表达式。

已知光子的能量为 $h\nu = \hbar\omega = \frac{h}{2\pi}\omega$,动量为$\frac{h}{2\pi}\boldsymbol{k}_\mathrm{i} = \hbar\boldsymbol{k}_\mathrm{i}$,其中 ω 和$\boldsymbol{k}_\mathrm{i}$ 为入射光的角频率和波矢量。声子的能量为$\frac{h}{2\pi}\omega_\mathrm{s}$,动量为$\frac{h}{2\pi}\boldsymbol{k}_\mathrm{s}$,其中 ω_s 和 $\boldsymbol{k}_\mathrm{s}$ 分别为声波的角频率和波矢量。声光相

互作用满足能量及动量守恒

$$\omega_d = \omega_i + \omega_s \tag{7.70}$$

$$\boldsymbol{k}_d = \boldsymbol{k}_i + \boldsymbol{k}_s \tag{7.71}$$

上述关系可以通过矢量图来表示，见图 7.21。图中 $\boldsymbol{k}_s$，$\boldsymbol{k}_i$，$\boldsymbol{k}_d$ 分别为入射光、衍射光以及声波的波矢。由于光频远大于声波的频率，所以在考虑动量守恒时，光波衍射前后的频率可以认为不变，动量三角形为等腰三角形。由图 7.21 可以直接推出布拉格条件为

$$\sin\theta_B = \sin\theta_i = \sin\theta_d = \frac{\boldsymbol{k}_s}{2\boldsymbol{k}_i} = \frac{\lambda}{2\lambda_s} \tag{7.72}$$

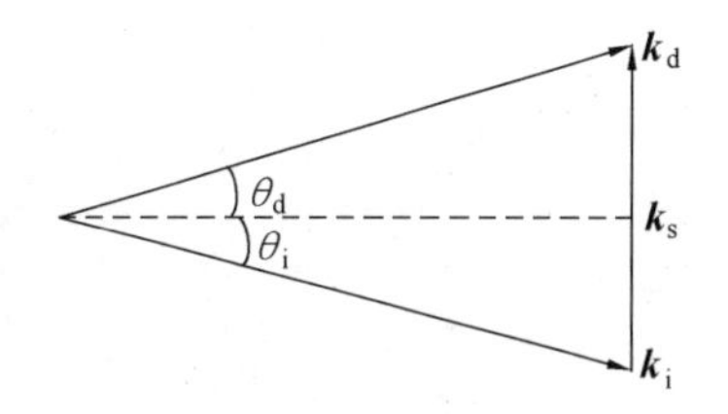

图 7.21　布拉格衍射动量三角形

布拉格衍射的零级和一级光强度分别为

$$I_0 = I_i\cos^2\left(\frac{U_s}{2}\right) \tag{7.73}$$

$$I_1 = I_i\sin^2\left(\frac{U_s}{2}\right) \tag{7.74}$$

式中　U_s——光波通过厚度为 L 的超声场所引起的相移。

则有

$$U_s = \frac{2\pi}{\lambda}\Delta\eta L \tag{7.75}$$

其中折射率变化量 $\Delta\eta$ 由介质的光弹系数 p 和声场作用下介质的弹性应变幅值 S 决定。即

$$\Delta\left(\frac{1}{\eta^2}\right) = pS \quad 或 \quad \Delta\eta = -\frac{1}{2}\eta^3 pS \tag{7.76}$$

S 与超声功率 P_s 有关，即

$$P_s = (HL)\nu_s\left(\frac{1}{2}\rho\nu_s^2S^2\right) = \frac{1}{2}\rho\nu_s^3S^2HL \tag{7.77}$$

因此

$$S = \sqrt{2P_s/HL\rho\nu_s} \tag{7.78}$$

将式(7.78)代入式(7.76)得

$$\Delta\eta = -\frac{1}{2}\eta^3P\sqrt{\frac{2P_s}{HL\rho\nu_s^3}} = -\frac{1}{2}\eta^3p\sqrt{\frac{2I_s}{\rho\nu_s^3}} \tag{7.79}$$

式中　I_s——超声强度，$I_s = P_s/HL$；

H——换能器的宽度；

L——换能器的长度；

ρ——介质的密度。

一级光衍射效率为

$$\eta_1 = \frac{I_1}{I_i} = \sin^2\left[\frac{\pi L}{\sqrt{2}\lambda}\sqrt{\left(\frac{\eta^6 p^2}{\rho \nu_s^3}\right) I_s}\right] \tag{7.80}$$

令

$$M_2 = \frac{\eta^6 p^2}{\rho \nu_s^3} \tag{7.81}$$

则

$$\eta_1 = \sin^2\left[\frac{\pi L}{\sqrt{2}\lambda}\sqrt{M_2 I_z}\right] = \sin^2\left[\frac{\pi L}{\sqrt{2}\lambda}\sqrt{\frac{L}{H}M_2 P_s}\right] \tag{7.82}$$

M_2 是一个由声光晶体本身性质决定的量，称为声光优值，是选择声光材料的一个重要的物理量。从上面的公式中不难看出，选择声光优值高的材料，有利于在超声功率较小的情况下得到较高的衍射效率，另外增大 L 减小 H 同样有助于提高衍射效率，所以实际上通常采用长而窄的换能器，但是换能器结构除了要考虑衍射效率外，还要考虑声光器件与驱动源阻抗匹配的问题，读者可参阅参考文献[1]。

当$\frac{\pi L}{\sqrt{2}\lambda}\sqrt{\frac{L}{H}M_2 P_s} = \frac{\pi}{2}$时，一级光衍射效率可以达到 100%，所以声光调制器大多工作在布拉格衍射区。

3. 声光调制器

通过前面的讨论不难看出，应用声光相互作用，可以对光波的强度、位相、传播方向和频率等进行调制。

声光调制器一般由声光晶体、压电换能器、吸声（或反射）装置、驱动源等组成，见图7.22。驱动源产生高频功率信号，由电极加到压电换能器两端，压电换能器将电功率信号转换成超声波，通过耦合层耦合到声光介质中，介质在超声波的作用下，折射率发生变化，形成位相光栅，对入射光波进行调制。

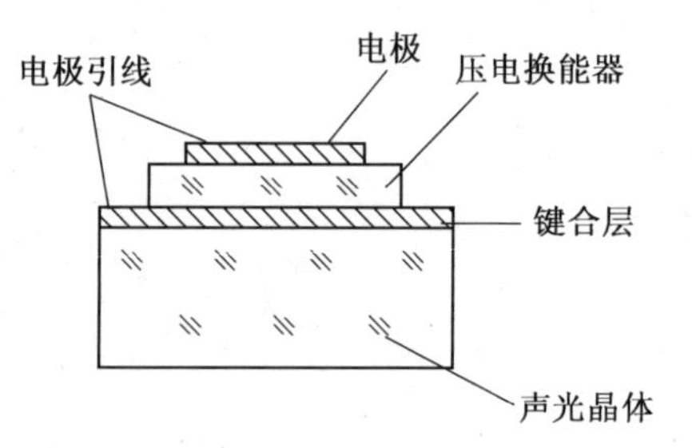

图 7.22　声光调制器的结构

声光介质是声场与光相互作用的场所，在选择声光介质时应该考虑如下因素：

① 工作波长　要使晶体对工作的光波长具有相当高的透过率。

② 声光优值　应尽量选择声光优值高的晶体。

③ 要选择理化性能稳定,易于加工的材料。

表 7.4 是部分声光材料的物理性能。

表 7.4 声光材料及其物理性质

材料名称	密度/($g\cdot cm^{-3}$)	声速 $\times10^5/(cm\cdot s^{-1})$	折射率(测量波长)(633 m)	透明区/μm	光弹系数	品质因数(相对值)		
						M_1	M_2	M_3
熔石英(SiO_2)	2.2	5.96	1.46	0.2~4.5	0.2	1.0	1.0	1.0
水	1.0	1.55	1.33	0.2~0.9	0.312	6.1	106	27
α 碘酸(α-HIO_3)	5.0	2.44	1.98	0.3~1.8	0.41	13.6	55	32
钼酸铅($PbMoO_4$)	6.95	6.66	2.39	0.4~5.5	0.28	15.3	23.7	24.9
铌酸锂($LiNbO_3$)	4.64	6.57	2.2	0.5~4.5	0.15	8.3	4.6	7.5
二氧化碲(TeO_2)	6	0.617	2.27	0.35~5	0.09	8.8	525	85
CaP	4.13	6.32	3.31	0.6~10		75	29.5	69
GaAs	5.34	5.1	3.37	1~11				
超重火石玻璃	6.3	3.1	1.92		0.25		12.71	

压电换能器是将电信号转换成光信号的部分,通常由 X 切割的石英晶片或者 36°-Y 切割的铌酸锂晶片来实现,晶体产生机械振动方向的厚度主要由声光调制器工作的频率来决定,通常的厚度在十几到几十微米的量级。频率越高,要求压电晶体越薄。忽略由于横向压缩而引起的横向振动,即认为压电晶体的横向尺寸是无穷大,则其固有频率 f_0 和厚度 d 的关系为

$$f_0 = \frac{1}{2d}\sqrt{C_{11}/\rho} \tag{7.83}$$

式中 C_{11}——晶体的弹性模量;

ρ——晶体的密度。

声光调制器存在三个效率,一是换能器上电功率与驱动源输出电功率的比值,即驱动源的电功率有多少能够耦合到换能器上;二是声光介质中的超声功率与加到换能器两端的功率之比;三是参与声光相互作用的超声能量占介质中总超声波能量的比值。声光器件总的效率是这三个效率的乘积。

我们首先考虑第一个效率。压电换能器的电学特性可以等效为一个由电感、电容和电阻组成的电路。要获得最大的电能转换效率,必须使换能器和驱动源的阻抗相匹配。压电晶体

的等效电路见图 7.23，压电晶体的等效电参数为

$$L = \frac{\rho d^3}{8HLe^2} \quad R = \frac{\pi^2}{8}\frac{\rho\delta_m d}{e^2 HL} \quad C = \frac{8e^2 HL}{\pi^2 cd} \quad C_1 = \frac{\varepsilon HL}{4\pi d} \tag{7.84}$$

式中 e——压电常数；

ε——压电晶体的介电常数；

δ_m——介质的机械损耗常数；

c——弹性模量。

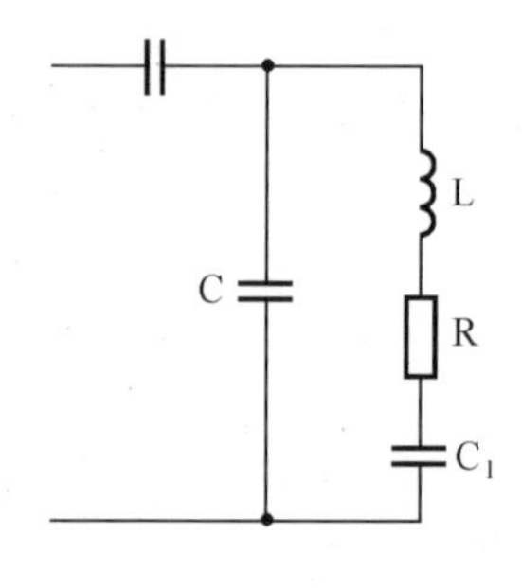

图 7.23 压电换能器的等效电路

第二个效率取决于压电晶体的机械耦合效率以及压电晶体与声光晶体之间的声阻抗匹配。当在晶体中施加电压时，晶体的电容性质使得在晶体中会储存一定的电能，压电晶体又是一个可以产生机械振动的装置，压电晶体将电能转化成机械能的效率可以由晶体的机电耦合系数来描述，它是由晶体的机电特性决定的，用 k 表示，石英晶体的 $k = 10\%$ 。

为了能够无损耗或者较小损耗地将超声能量传至声光介质当中，换能器的声阻抗应尽量接近声光晶体的声阻抗，这样可以减小反射损耗。实际上，调制器在两者之间需要加适当地耦合层，耦合层的作用一般有三个：①将声功率耦合到声光介质中；②将换能器粘在声光介质上；③可以作为换能器电极。通常工作在较低频率的调制器，采用环氧树脂做键合层，工作在较高频率时，采用将超声晶体和换能器镀铟或锡等金属然后在一定的温度下压焊。

为了提高晶体内部的超声利用率，就要考虑声束和光束匹配问题。声光调制器在工作的时候，考虑到调制速度的要求，入射光斑要小，通常采用聚焦方式工作，这样光束就有一定的发散角。高斯光束的 $1/e^2$ 发散角为 $\Delta\varphi = 4\lambda/\pi d$。$d$ 为声光介质中高斯光束的腰部直径。而超声发散角为 $\Delta\theta = \lambda_s/L$，$L$ 为换能器长度，λ_s 为超声波波长。两者之比为

$$a = \frac{\Delta\varphi}{\Delta\theta} = \frac{4}{\pi}\cdot\frac{\lambda L}{d\lambda_s} \tag{7.85}$$

试验证明，$a = 1.5$ 时，超声能量和光能的利用率最高，衍射效率最高。

7.4 磁光效应与磁光隔离器

物质的光学性质因外加磁场而发生改变的现象一般均可称为磁光效应。有实用价值的磁光材料目前还不多，而且多在近红外，例如 $Y_3Fe_5O_{12}$（YIG）、$Cd_3Fe_5O_{12}$等。法拉第旋光效应见图 7.24(a)。这种情况和电光调制（调幅或调强）极为相似。图 7.24(b)所示为磁光效应。它是从物质表面反射时引起的一种偏振面旋转效应。

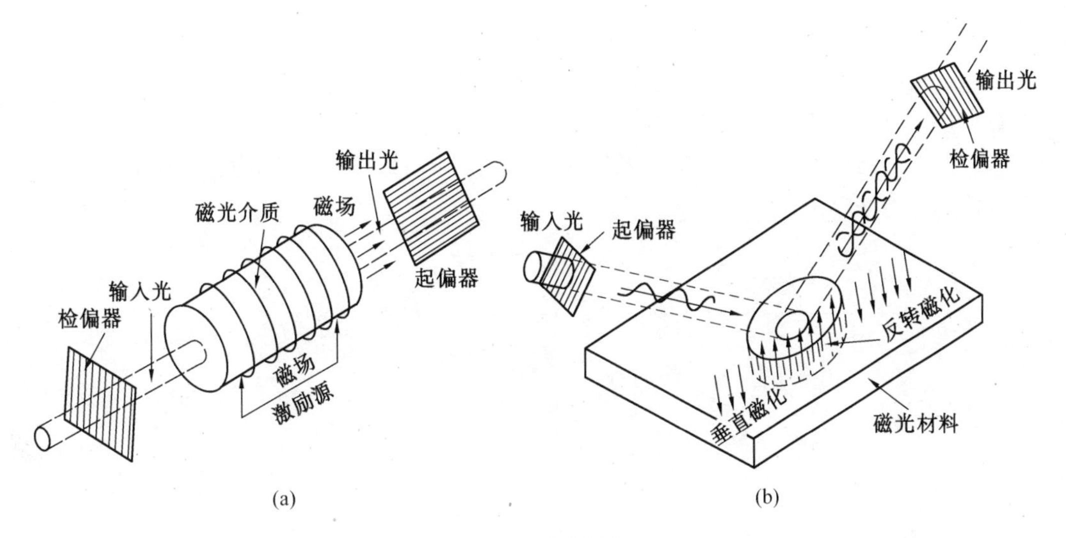

图 7.24　磁光效应

一、磁致旋光效应

1.旋光现象

1811 年,阿喇果(Arago)在研究石英晶体的双折射特性时发现:一束线偏振光沿石英晶体的光轴方向传播时,其振动平面会相对原方向转过一个角度,见图 7.25,这就是旋光现象。以后,比奥(Biot)在一些蒸汽和液态物质中也观察到了同样的旋光现象。

实验证明,一定波长的线偏振光通过旋光介质时,光振动方向转过的角度与在该介质中通过的距离 l 成正比,即

$$\theta = \alpha l \tag{7.86}$$

式中　α——比例系数,表示该介质的旋光本领,称为旋光率,它与光波长、介质的性质及温度有关。

介质的旋光本领因波长而异的现象称为旋光色散,石英晶体的旋光率 α 随光波长的变化规律见图 7.26。例如,石英晶体的 α 在光波长为 0.4 μm 时,为 49°/mm;在 0.51 μm 时,为 31°/mm;在 0.65 μm 时,为 16°/mm。对于具有旋光特性的溶液,光振动方向旋转的角度还与溶液所含溶质的质量分数成正比

$$\theta = \alpha c_0 l \tag{7.87}$$

式中　α——溶液的比旋光率;

c_0——溶液所含溶质的质量分数。

在实际应用中,可以根据光振动方向转过的角度,确定该溶液所含溶质的质量分数。

实验还发现,不同旋光介质光振动矢量的旋转方向可能不同,并因此将旋光介质分为左旋

和右旋。当对着光线观察时,使光振动矢量顺时针旋转的介质叫右旋光介质,逆时针旋转的介质叫左旋光介质。例如,葡萄糖溶液是右旋光介质,果糖是左旋光介质。自然界存在的石英晶体既有右旋的,也有左旋的,它们的旋光本领在数值上相等,但方向相反。之所以有这种左、右旋之分,是由于其结构不同造成的,右旋石英与左旋石英的分子组成相同,都是 SiO_2,但分子的排列结构是镜像对称的。

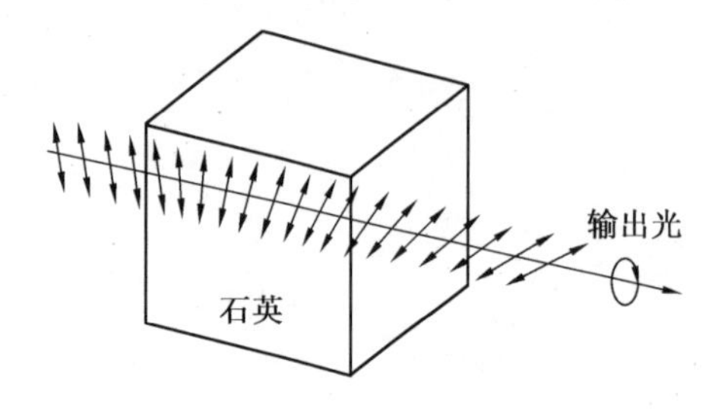

图 7.25　旋光现象

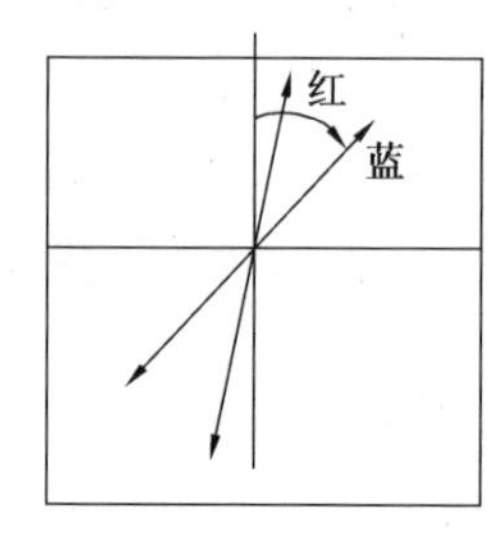

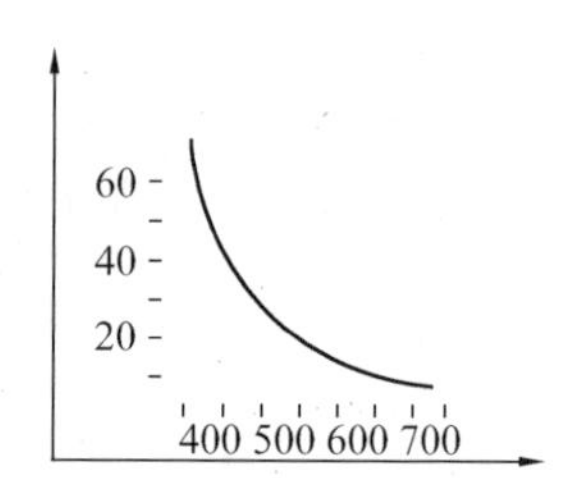

图 7.26　石英晶体的旋光色散

正是由于旋光性的存在,当将石英晶片(光轴与表面垂直)置于正交的两个偏振器之间观察其在会聚光照射下的干涉图样时,图样的中心不是暗点,而几乎总是亮的。

2. 旋光现象的解释

1825 年,菲涅耳对旋光现象提出了一种唯象的解释。按照他的假设,可以把进入旋光介质的线偏振光看做是右旋圆偏振光和左旋圆偏振光的组合。菲涅耳认为:在各向同性介质中,线偏振光的右、左旋圆偏振光分量的传播速度 v_R 和 v_L 相等,因而其相应的折射率 $\eta_R = c/v_R$ 和 $\eta_L = c/v_L$ 相等,在旋光介质中,右、左旋圆偏振光的传播速度不同,其相应的折射率也不相等。在右旋晶体中,右旋圆偏振光的传播速度较快,即 $v_R > v_L(\eta_R < \eta_L)$,左旋晶体中,左旋圆偏振光的传播速度较快,即 $v_L > v_R(\eta_L < \eta_R)$。根据这一种假设,可以解释旋光现象。

假设入射到旋光介质上的光是沿水平方向振动的线偏振光,,菲涅耳的假设可用琼斯矩阵表示为

$$\begin{bmatrix}1\\0\end{bmatrix} = \frac{1}{2}\begin{bmatrix}1\\-\mathrm{i}\end{bmatrix} + \frac{1}{2}\begin{bmatrix}1\\\mathrm{i}\end{bmatrix}$$

如果右旋和左旋圆偏振光通过厚度为 l 的旋光介质后,相位滞后分别为

$$\left.\begin{aligned}\varphi_R &= k_R l = \frac{2\pi}{\lambda}\eta_R l\\ \varphi_L &= k_L l = \frac{2\pi}{\lambda}\eta_L l\end{aligned}\right\} \tag{7.88}$$

则其合成波的琼斯矢量为

$$\boldsymbol{E} = \frac{1}{2}\begin{bmatrix}1\\-\mathrm{i}\end{bmatrix}\mathrm{e}^{\mathrm{i}\varphi_R} + \frac{1}{2}\begin{bmatrix}1\\\mathrm{i}\end{bmatrix}\mathrm{e}^{\mathrm{i}\varphi_L} = \frac{1}{2}\begin{bmatrix}1\\-\mathrm{i}\end{bmatrix}\mathrm{e}^{\mathrm{i}k_R l} + \frac{1}{2}\begin{bmatrix}1\\\mathrm{i}\end{bmatrix}\mathrm{e}^{\mathrm{i}k_L l} =$$

$$\frac{1}{2}e^{i\frac{1}{2}(k_R+k_R)l}\left(\begin{bmatrix}1\\-i\end{bmatrix}e^{i(k_R-k_L)\frac{l}{2}}+\begin{bmatrix}1\\i\end{bmatrix}e^{-i(k_R-k_L)\frac{l}{2}}\right) \tag{7.89}$$

引入

$$\left.\begin{aligned}\varphi &= (k_R + k_L)\frac{l}{2}\\ \theta &= (k_R - k_L)\frac{l}{2}\end{aligned}\right\}$$

合成波的琼斯矢量可以写成

$$\boldsymbol{E} = e^{i\varphi}\begin{bmatrix}\frac{1}{2}(e^{i\theta}+e^{-i\theta})\\ -\frac{i}{2}(e^{i\theta}-e^{-i\theta})\end{bmatrix} = e^{i\varphi}\begin{bmatrix}\cos\theta\\ \sin\theta\end{bmatrix} \tag{7.90}$$

它代表了光振动方向与水平方向成 θ 角的线偏振光。这说明,入射的线偏振光光矢量通过旋光介质后,转过了 θ 角。由式(7.88)和式(7.89)可以得到

$$\theta = \frac{\pi}{\lambda}(\eta_R - \eta_L)l \tag{7.91}$$

如果左旋圆偏振光传播得快,$\eta_L < \eta_R$,则 $\theta > 0$,即光矢量是向逆时针方向旋转的,如果右旋圆偏振光传播得快,$\eta_L > \eta_R$,则 $\theta < 0$,即光矢量是向顺时针方向旋转的,这就说明了左、右旋光介质的区别。而且式(7.91)还指出,旋转角度 θ 与 l 成正比,与波长有关(旋光色散),这些都是与实验相符的。

为了验证旋光介质中左旋圆偏振光和右旋圆偏振光的传播速度不同,菲涅耳设计、制成了图 7.27 所示的由左旋石英和右旋石英交替胶合的三棱镜组,这些棱镜的光轴均与入射面 AB 垂直。一束单色线偏振光射入 AB 面,在棱镜 1 中沿光轴方向传播,相应的左、右旋圆偏振光的速度不同,$v_R > v_L$,即 $\eta_R < \eta_L$;在棱镜 2 中 $v_L > v_R$,即 $\eta_L < \eta_R$;在棱镜 3 中,$v_R > v_L$,即 $\eta_R < \eta_L$。

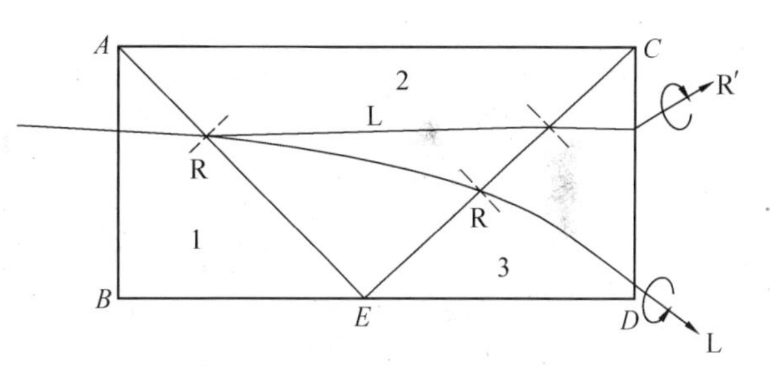

图 7.27　菲涅耳棱镜组

所以,在界面 AE 上,左旋光远离法线方向折射,右旋光靠近法线方向折射,于是左、右旋光分开了。在第二个界面 CE 上,左旋光靠近法线方向折射,右旋光远离法线方向折射,于是两束光更加分开了。在界面 CD 上,两束光经折射后进一步分开。这个实验结果证实了左、右旋圆偏振光传播速度不同的假设。

当然,菲涅耳的解释只是唯象理论,它不能说明旋光现象的根本原因,不能回答为什么在旋光介质中两圆偏振光的速度不同。这个问题用非线性光学的理论做更详细的分析。

如果我们将旋光现象与双折射现象进行对比，就可以看出它们在形式上的相似性，只不过一个是指在各向异性介质中的两个正交线偏振光的传播速度不同，一个是指在旋光介质中的两个反向旋转的圆偏振光的传播速度不同。因此，可将旋光现象视为一种特殊的双折射现象——圆双折射。

二、法拉第效应和维尔德常数

1. 法拉第(Faraday)效应

上述旋光现象是旋光介质固有的性质，因此可以叫做自然圆双折射。与感应双折射类似，也可以通过人工的方法产生旋光现象。介质在强磁场作用下产生旋光现象的效应叫磁致旋光效应或法拉第效应。

1846 年，法拉第发现，在磁场的作用下，本来不具有旋光性的介质也产生了旋光性，能够使线偏振光的振动面发生旋转，这就是法拉第效应。观察法拉第效应的装置结构见图 7.28，将一根玻璃棒的两端抛光，放进螺线管的磁场中，再加上起偏器 P_1 和检偏器 P_2，让光束通过起偏器后顺着磁场方向通过玻璃棒，光矢量的方向就会旋转，旋转的角度可以用检偏器测量。

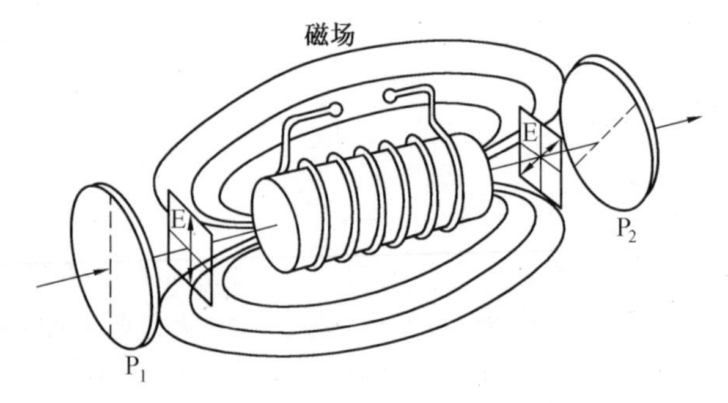

图 7.28　法拉第效应

后来，维尔德(Verdet)对法拉第效应进行了仔细的研究，发现光振动平面转过的角度与光在物质中通过的长度 l 和磁感应强度 B 成正比，即

$$\theta = VBl \tag{7.92}$$

式中，V 叫做维尔德常数，与物质性质有关。

一些常用物质的维尔德常数列于表 7.5。

表 7.5　几种物质的维尔德常数

(用 $\lambda = 0.589\ 3\ \mu m$ 的偏振光照明)

物质	温度/℃	$V/(rad\cdot T^{-1}\cdot m^{-1})$
磷冕玻璃	18	4.86
轻火石玻璃	18	9.22
水晶(垂直光轴)	20	4.83
食　　盐	16	10.44
水	20	3.81
磷	33	38.57
二硫化碳	20	12.30

实验表明,法拉第效应的旋光方向决定于外加磁场方向,与光的传播方向无关,即法拉第效应具有不可逆性,这与具有可逆性的自然旋光效应不同。例如,线偏振光通过天然右旋介质时,迎着光看去,振动面总是向右旋转,所以,当从天然右旋介质出来的透射光沿原路返回时,振动面将回到初始位置。但线偏振光通过磁光介质时,如果沿磁场方向传播,迎着光线看,振动面向右旋转角度 α,而当光束沿反方向传播时,振动面仍沿原方向旋转,即迎着光线看振动面向左旋转角度 α,所以光束沿原路返回,一来一去两次通过磁光介质,振动面与初始位置相比,转过了角度 2α 。

2.科顿－莫顿效应

当光垂直于磁场方向透过磁场中的磁性物质时,由于沿磁场方向及沿与之垂直方向振动的偏振光折射率不同而产生双折射现象,称为科顿－莫顿(Cotton－Mouton)效应或佛赫特(Voigt)效应。

三、磁光调制与磁光隔离器

利用磁光效应进行磁光调制虽不及电光、声光调制那样广但仍有一定实用意义,特别是在红外波段(1～5 μm)占有一定地位,例如在光纤通信中做光隔离器、光开关等。

1.线性磁光调制

这是利用法拉第旋光效应完成的一种磁光调制,见图 7.29,将一磁光介质(例如 YIG 棒)置于恒磁场 H_{dc}中,H_{dc}的方向与光的传播方向垂直。棒上绕有射频激励线圈,以便在磁光介质内建立一个时变调制磁场。

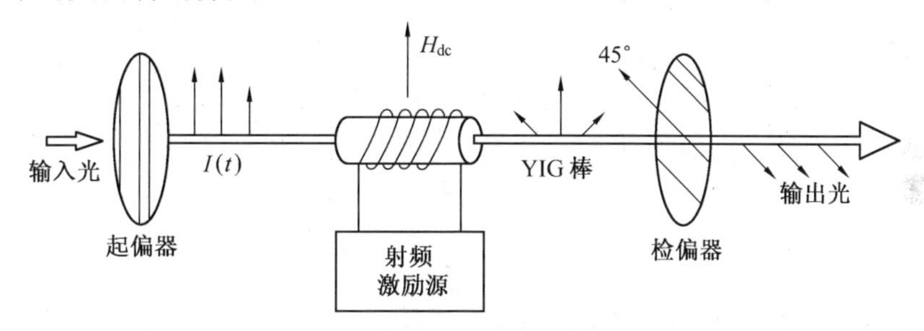

图 7.29　磁光调制

在棒的两侧,即输入端和输出端分别放置起偏器和检偏器。使输入光为线偏振光。当其通过磁光介质时,由于线圈中有射频激励电流建立起来的射频磁场作用,因而产生法拉第效应,使光的偏振方向发生旋转,旋转角度可由式(7.91)确定。但这里因加有恒定磁场 H_{dc},而且与射频磁场方向垂直,故旋转角与 H_{dc}成反比,于是可以写出

$$\theta(t) = \theta_s \frac{lH_a}{H_{dc}} \sin\omega t \tag{7.93}$$

式中　$H_a \sin\omega t$——加在磁光介质上的调制磁场;

θ_s——单位长度的饱和法拉第旋转角。

由此可知,输出光的偏振方向或旋转角受到射频信号(角频率为 ω)的调制,而且这种调制是线性的。

如果令其通过检偏器,则旋转角的调制转化为光强调制,这与电光调制的情况极为相似,所不同的是,这里的调制场由电流驱动,而电光调制时则由电压驱动。

YIG 晶体是很好的磁光材料,它的费尔德常数较大,在无线电波段直到近红外,介质损耗很小,θ_s 较大,调制带宽可达 400 MHz。

2. 锁式磁光调制

可以用磁光材料做成某种形式的结构,使得磁化强度在两个稳定位置间产生跳变,从而形成"通"、"断"两种工作状态。两种工作状态由磁化方向相对光的传播方向来确定。利用这种方法获得的开关无需由电路供给维持功率,见图 7.30,这是一种菱面体"画架"形结构。它是由 YIG 晶体切割而成,使"画架"的各边均沿单晶的[111]方向。因为在这种材料中,这些方向是易于磁化的方向,以致在无外场作用时,磁化构成了一个闭合回路,并且与[111]方向平行。因此,通过激励导线的电流就能引起"画架"内的磁化方向在顺着或逆着光传播方向之间发生转换。如果调整光传播方向上的"画架"边尺寸,使透射光恰好旋转 45°,则两个稳定态的磁化方向之间旋转角之差为 90°。于是,就可以借助放置正交的起偏器与检偏器来确定某一方向为"通"状态,而与其相反的方向则为"断"状态。图 7.30 给出的是一具体实例,"画架"的几何尺寸是:每侧边长为 1.75 mm,截面积为 $0.63\times0.43\ \mathrm{mm}^2$。在波长为 1.15 μm 时,激励导线内的电流为 1 A,得到的光开关时间为 400 ns,插入损耗为 3 dB。

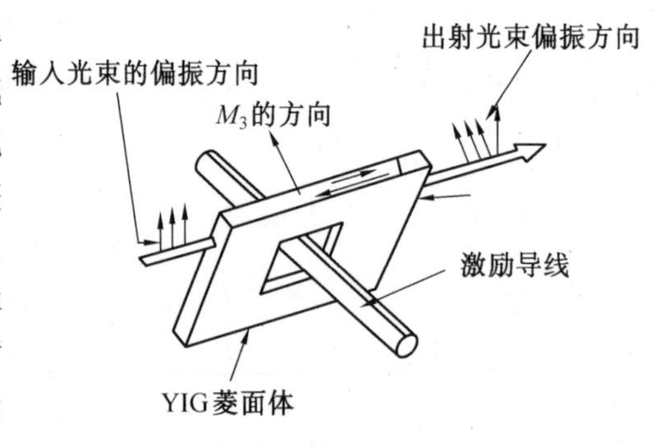

图 7.30 锁式磁光调制

3. 磁光隔离器

由于法拉第效应的不可逆性,使得它在光电子技术中有着重要的应用。例如,在激光系统中,为了避免光路中各光学界面的反射光对激光源产生干扰,可以利用法拉第效应制成光隔离器,只允许光从一个方向通过,而不允许反向通过。这种器件的结构示意图见图 7.31,让偏振

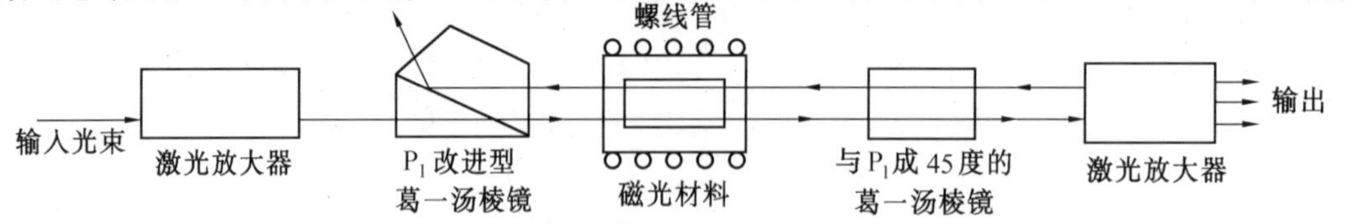

图 7.31 磁光隔离器

片 P_1 与 P_2 的透振方向成45°角，调整磁感应强度 B，使从法拉第盒出来的光振动面相对 P_1 转过45°，于是，刚好能通过 P_2；但对于从后面光学系统（例如激光放大器2等）各界面反射回来的光，经 P_2 和法拉第盒后，其光矢量与 P_1 垂直，因此被隔离而不能返回到光源。

在可见光及近红外波段最常用的磁光材料是TGG晶体（Terbium Gallium Garnet，铽镓石榴石）、掺铽玻璃等，它们都具有较高的Verdet常数和透过率以及良好的机械、物理、光学性能。从而可以制造出小体积、高性能的光旋转器。目前磁体多采用高性能永磁体NdFeB制作。永磁型的光旋转器较脉冲电磁铁式磁体具有体积小、质量轻，无需水冷系统，电磁干扰、震动及噪声小，不需同步调整等优点。

法拉第光旋转器/光隔离器广泛应用于各种激光系统中，如多级激光放大器、光参量振荡器、环形激光器、掺铒光纤放大器（用于隔离980 nm泵浦光的反馈）、种子注入型激光器等。总之，一切需要避免有害反射光的场合（如导致光学损伤、导致系统不稳定等），都可以使用法拉第光旋转器/光隔离器。

7.5　调 Q 技术

大量固体激光器的实验表明，在毫秒量级的脉冲光泵激励下，激光振荡输出不是单一的平滑光脉冲，而是由宽度为微秒量级的强度不等的小尖峰组成的脉冲序列，称之为“弛豫振荡”。输出激光的这种尖峰结构严重地限制了它的应用范围。在激光测距、激光雷达、激光制导、高速摄影、激光加工和激光核聚变等应用领域中，都要求激光器能输出高峰值功率的光脉冲。但单纯增加泵浦能量对激光峰值功率的提高影响并不大，只会使小尖峰脉冲的个数增加，相应地尖峰脉冲序列分布的时间范围更宽了。欲使输出峰值功率达兆瓦级以上，必须使分散在数百个小尖峰序列脉冲中辐射出来的能量集中在很短的一个时间间隔内释放。调 Q 技术就是为适应这种需要而发展起来的。

一、调 Q 原理

用品质因数 Q 来描述谐振腔的质量，有

$$Q = 2\pi\nu_0 \frac{\text{腔内贮存的激光能量}}{\text{每秒损耗的激光能量}} = 2\pi\nu_0 \frac{E}{c\delta E/\eta L} = \frac{2\pi\eta L}{\delta\lambda_0} \tag{7.94}$$

式中　E——腔内贮存的能量；

δ——光在腔内传播一个单程时的能量损耗率；

L——腔长；

η——腔内介质折射率；

c——光速；

λ_0——真空中的激光中心波长；

ν_0——激光中心频率；

t——光在腔内“走”一个单程所需的时间，$t = \eta L/c$；

$c\delta E/\eta L$——光在腔内每秒损耗的能量。

Q 值也可用光子在谐振腔内的寿命 τ_c 表示。设谐振腔的能量损耗速率为 $-\mathrm{d}E/\mathrm{d}t$，$\omega_0 = 2\pi\nu_0$，则

$$Q = \omega_0 \frac{E}{-\mathrm{d}E/\mathrm{d}t}$$

$$\frac{\mathrm{d}E}{E} = -\frac{\omega_0}{Q}\mathrm{d}t \tag{7.95}$$

由上式积分，得到

$$E_t = E_0 \mathrm{e}^{-\omega_0 t/Q} \tag{7.96}$$

当 $t = Q/\omega_0$ 时，$E_t = E_0 \frac{1}{\mathrm{e}}$，把能量衰减到初始值的$\frac{1}{\mathrm{e}}$所经历的时间 $t = \tau_c$ 称为光子在谐振腔中的寿命，则

$$Q = \omega_0 t \tag{7.97}$$

由式(7.94)及式(7.95)可得到 t_e 与 γ 的关系，即

$$\tau_c = \eta L/c\delta \tag{7.98}$$

如果在泵浦开始时使谐振腔的损耗增大，即提高振荡阈值，使振荡不能形成，上能级的反转粒子数密度便大量积累。当积累到最大值(饱和值)时，突然使谐振腔的损耗变小，Q 值突增，这时激光振荡迅速建立，腔内就像雪崩一样很快建立极强的振荡，在短时间内反转粒子数大量被消耗，转变为腔内的光能量，同时在输出镜端就有一个极强的激光脉冲输出。此过程中，弛豫振荡一般是不会发生的，输出脉冲一定是脉宽窄($10^{-9} \sim 10^{-8}$ s)、峰值功率高(大于 MW)。这种光脉冲称为巨脉冲。这就是调 Q 的过程。

调 Q 技术又称 Q 突变技术或 Q 开关技术。根据贮能方式不同可分为工作物质贮能方式和谐振腔贮能方式。

1. 工作物质贮能调 Q

工作物质贮能调 Q 就是使能量以激活离子的形式贮存于工作物质中，当工作物质高能态上激活离子积累到最大值时，使之快速辐射到谐振腔中，同时在腔外获得一强激光脉冲。由式(7.94)可见，单程损耗率 δ 与谐振腔 Q 值成反比，只要控制 δ 从高到低产生阶跃变化就可以实现 Q 值由低到高阶跃变化。图 7.32 表示脉冲泵浦调 Q 激光器产生激光巨脉冲的过程。图中 W_p 表示泵浦速率；N 表示粒子反转数；N_i 表示 Q 值阶跃时的粒子反转数(初始粒子反转数)；N_t 为阈值粒子反转数；N_f 为振荡终止时，工作物质残留的粒子反转数；ϕ 为激光光子数密度；可见，激光巨脉冲的峰值应该出现在工作物质的粒子反转数恰等于谐振腔的阈值粒子反转数的时刻。

图 7.33 表示了连续泵浦条件下获得高重频巨脉冲输出的调 Q 过程,如声光调 Q 过程。

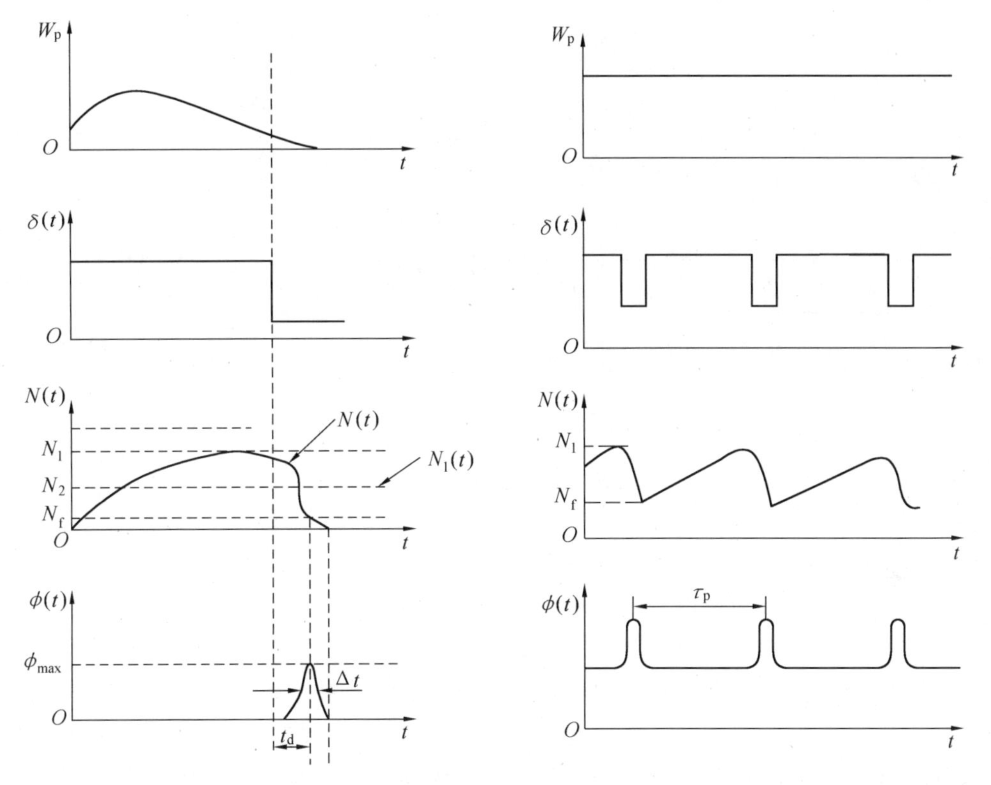

图 7.32　脉冲泵浦调 Q 激光器产生激光巨脉冲的过程

图 7.33　连续泵浦条件下获得高重频脉冲输出的调 Q 过程

谐振腔的损耗 $\delta = \delta_1 + \delta_2 + \delta_3 + \delta_4 + \delta_5$,其中 δ_1 为反射损耗,δ_2 为吸收损耗,δ_3 为衍射损耗,δ_4 为散射损耗,δ_5 为输出损耗。控制腔内的损耗就是控制谐振腔的 Q 值。图 7.34 给出几种调 Q 方法的原理示意图。

控制反射损耗 δ_1 的有转镜调 Q 和电光调 Q 技术;控制吸收损耗 δ_2 的有可饱和染料调 Q 技术;控制衍射损耗 δ_3 的有声光调 Q 技术;控制输出损耗 δ_5 的有透射式调 Q 技术和破坏全内反射调 Q 技术等。

2. 谐振腔贮能调 Q

使能量以光子的形式贮存在谐振腔中,当腔内光子积累得足够多时,使之快速释放到腔外,获得强激光脉冲。由图 7.32 可知,谐振腔的 Q 值实现阶跃变化时,腔内才开始有微弱的激光振荡,经历时间 t_d 后,激光的强度才达到峰值。对于典型的阶跃变化调 Q 激光器,形成激光脉冲需要一定的时间,巨脉冲的宽度 $\Delta\tau_p$ 一般达 10～20 ns。由于这种调 Q 激光器是一边形成激光巨脉冲,一边从部分反射镜端输出。因此,所得输出脉冲的形状与腔内光强增减变化

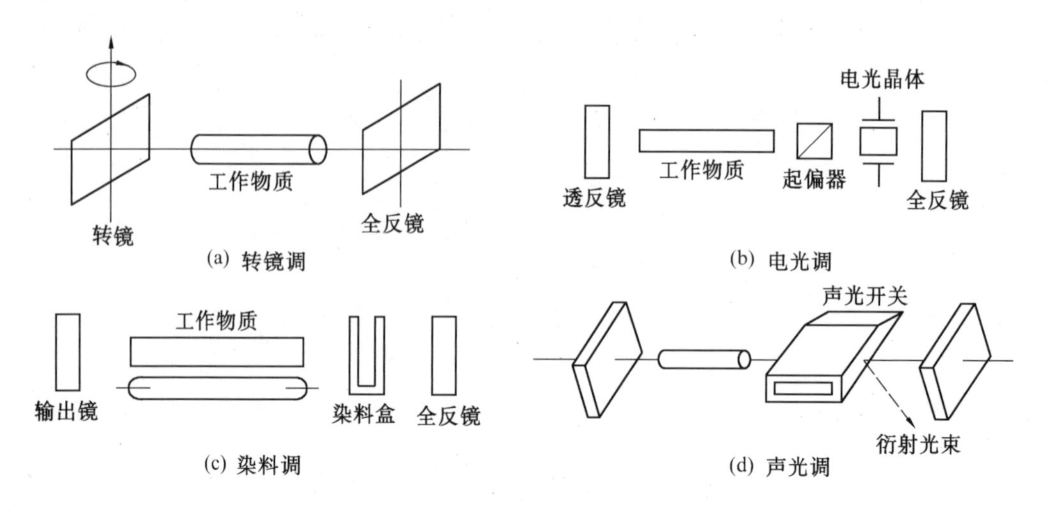

图 7.34　常用调 Q 方法

状况一样。另外,由于存在 N_f,工作物质中有一部分能量未能被取出,影响了激光器的效率。而谐振腔贮能调 Q 可以很好地解决上述弊病。如图 7.35 所示,把腔的部分反镜输出激光改为可控的全反射镜,便可达到谐振腔贮能调 Q 目的。在光泵泵浦、工作物质贮能阶段,电光晶体上不加电压,它就不改变入射光的偏振方向,工作物质的自发辐射由起偏器 P_1 起偏后,能顺利通过检偏器 P_2,此时相当于反射镜的反射率为零。谐振腔的 Q 值处于极低的状态。当工作物质储能达到最大值时,电光晶体上加上半波电压,检偏器 P_2 把入射光反射到全反射镜 R_2,由于谐振腔的两反射镜均为全反射而使腔的阈值降得极低,腔内迅速形成激光振荡。由于激光在腔内来回振荡的寿命 t_c 很长,谐振腔的 Q 值很高。待工作物质中的贮能已转化为谐振腔内的光能时,迅速撤去晶体上的电压,可控反射镜又恢复为反射率等于零的状态。若近似认为 Q 值是阶跃变化的,则光子在腔内"走"一个来回便逸出腔外,因而输出激光脉冲持续时间仅为 $\Delta\tau_p = 2\eta L/c$。若腔长 $L = 150$ cm,介质折射率 $\eta = 1$,则 $\Delta\tau_p$ 可降为 1 ns。显然,采用谐振腔贮能调 Q 更有利于压窄激光脉冲宽度,提高巨脉冲的峰值功率。这种调 Q 方式常称为腔倒空调 Q。

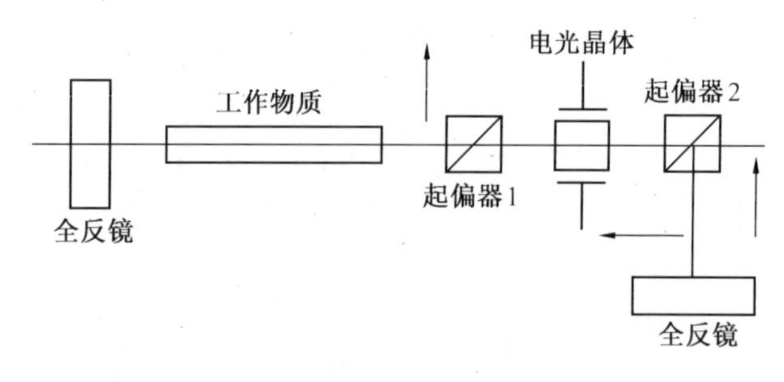

图 7.35　谐振腔储能调 Q 原理

二、调 Q 激光器的速率方程

速率方程描述了腔内振荡光子数和工作物质的反转粒子数随时间变化规律,是分析调 Q 脉冲的形成过程以及影响激光脉冲各参量的基本方程。对各种不同类型的调 Q 技术,存在着各种不同形式的谐振腔单程损耗率函数(电光、染料等调 Q 方式的损耗函数近似为阶跃)。这里仅研究损耗为阶跃变化的调 Q 速率方程。虽然能级结构随所用工作物质而异,在典型工作物质中,红宝石属三能级系统,YAG、钕玻璃等属四能级系统。从三能级和四能级系统中粒子跃迁特性可以看出:粒子在受外界激励和进行各种能级跃迁过程中,主要是集中在两个能级之间实现粒子数反转,对三能级系统是能级 2 与能级 1,对四能级系统是能级 3 与能级 2。我们把能级机构简化为只有激光上、下能级的二能级系统,并假设:① Q 开关打开前不存在自发辐射;② Q 开关打开后光泵浦立即停止;③速率方程仅用以研究 Q 值阶跃后的脉冲形成过程;认为 Q 值阶跃时工作物质已贮存好了 N_i 个粒子反转数。这种简化当然会带来一些数值上的误差,但对于调 Q 巨脉冲形成过程的研究和各参量对脉冲输出的影响方面的分析都可得到较满意的结果。

1.速率方程的建立

调 Q 激光器的速率方程是根据工作物质的增益和谐振腔的损耗之间的内在关系建立起来的。在增益介质中,由于受激过程,腔内光子数密度 ϕ 随距离 z 的增长率为

$$\frac{\mathrm{d}\phi}{\mathrm{d}z} = \phi G \tag{7.99}$$

式中,G 为工作物质的增益系数。

光子数密度 ϕ 随时间 t 的增长率为

$$\frac{\mathrm{d}\phi}{\mathrm{d}t} = \frac{\mathrm{d}\phi}{\mathrm{d}z}\frac{\mathrm{d}z}{\mathrm{d}t} = \phi G\frac{c}{\eta} \tag{7.100}$$

式中　c——真空中的光速;

　　η——工作物质折射率。

而光子数密度随时间 t 的衰减率应为

$$\frac{\mathrm{d}\phi}{\mathrm{d}t} = -\frac{\phi\delta_s}{t} = -\frac{c\delta_s}{\eta l}\phi$$

式中　δ_s——Q 值阶跃后的单程损耗率;

　　t——光在腔内"走"一个单程(腔长 L)所经历的时间,$t=\eta L/c$。

与式(7.98)相比,上式可写成

$$\frac{\mathrm{d}\phi}{\mathrm{d}t} = -\phi/t_c \tag{7.101}$$

式中　t_c——Q 值阶跃后光子在谐振腔中的寿命,对于一定的调 Q 器件,应为定值。

光子数密度的总变化率为

$$\frac{d\phi}{dt} = \phi\left(G\frac{c}{\eta} - \frac{1}{t_c}\right) \tag{7.102}$$

将上式两边同乘以谐振腔的体积 V,则腔内总光子数 Φ 的变化率为

$$\frac{d\Phi}{d\tau} = \Phi\left(G\frac{c}{\eta} - \frac{1}{t_c}\right) \tag{7.103}$$

当光在谐振腔中振荡时,若增益大于损耗,则$\frac{d\Phi}{dt} > 0$,反之则$\frac{d\Phi}{dt} < 0$。在谐振腔的损耗正好等于增益的阈值条件下,$\frac{d\Phi}{dt} = 0$。由式(7.103)解得阈值增益系数 G_t 为

$$G_t = \eta/ct_c \tag{7.104}$$

令 $\tau = t/t_c$,则由式(7.103)可得

$$\frac{d\Phi}{d\tau} = \Phi\left(\frac{t_c G_c}{\eta} - 1\right) = \Phi\left(\frac{G}{G_t} - 1\right) \tag{7.105}$$

因为增益系数和上、下能级间的粒子反转数 N 成正比,故上式改写成

$$\frac{d\Phi}{dt} = \Phi\left(\frac{N}{N_t} - 1\right) \tag{7.106}$$

另一方面,设 $d\tau$ 时间内反转粒子数的变化量为 dN。考虑到由于受激跃迁而产生的光子数变化率 $d\Phi/d\tau$,应为 $\Phi\frac{N}{N_t}$,另外对简化的二能级结构,每产生一个光子,相应地激光上能级的粒子数减少一个,而下能级将增加一个粒子数,所以粒子反转数 N 应减少两个,故

$$\frac{dN}{d\tau} = -2\Phi\frac{N}{N_t} \tag{7.107}$$

式(7.106)和(7.107)即为调 Q 脉冲激光器典型速率方程。

2.速率方程的解

(1) 谐振腔内的光子数

用式(7.107)除以式(7.106),得

$$\frac{d\Phi}{dN} = \frac{1}{2}\left(\frac{N_t}{N} - 1\right) \tag{7.108}$$

由积分$\int_{\Phi_t}^{\Phi} d\Phi = \int_{N_i}^{N} \frac{1}{2}\left(\frac{N_t}{N} - 1\right) dN$,得

$$\Phi - \Phi_i = \frac{1}{2}\left[N_t \ln\frac{N}{N_i} - (N - N_i)\right]$$

式中　Φ_i——腔内初始光子数;

N_i——初始反转数粒。

由于 Q 值阶跃,刚开始时,$\Phi_i \approx 0$,则有

$$\Phi = \frac{1}{2}\left(N_t \ln \frac{N}{N_i} + N_i - N\right) \tag{7.109}$$

即光子数 Φ 随工作物质的粒子反转数 N 而变化，当 $N = N_t$ 时，腔内光子数达最大值 Φ_{max}，其表达式为

$$\Phi_{max} = \frac{1}{2}\left(N_t \ln \frac{N_t}{N_i} + N_i - N_t\right) \tag{7.110}$$

可以证明 Φ_{max} 与 N_i/N_t 近似存在二次方关系，即

$$\Phi_{max} = \frac{N_t}{4}\left(\frac{N_i}{N_t} - 1\right)^2 \tag{7.111}$$

所以提高初始反转粒子数 N_i 与谐振腔的阈值反转粒子数 N_t 的比值有利于提高 Φ_{max}。

(2) 最大输出功率 P_{max}

当腔内光子数为 Φ_{max} 时，透过输出镜的激光脉冲功率也达到峰值，峰值功率 P_{max} 为

$$P_{max} = h\nu\Phi_{max}\delta_0 \tag{7.112}$$

式中 δ_0——输出镜单位时间内光能量的衰减率；

h——普朗克常数；

ν——激光振荡频率。

如果谐振腔的输出镜的透过率为 T，另一反射镜的透过率为零，光在谐振腔内的运动速度为 $\frac{c}{\eta}$，腔内光子数密度为 ϕ_{max}，则有

$$P_{max} = h\nu\phi_{max}\frac{c}{\eta}sT \tag{7.113}$$

式中 s——工作物质的截面积。

考虑到式(7.111)，有

$$P_{max} = h\nu\Phi_{max}\frac{c}{\eta L}T \tag{7.114}$$

$$P_{max} \approx \frac{1}{4}h\nu\frac{c}{\eta L}TN_t\left(\frac{N_i}{N_t} - 1\right)^2 \tag{7.115}$$

式中 L——谐振腔的腔长。

(3) 单脉冲的能量利用率

设脉冲终止时工作物质的反转粒子数为 N_f，此时 $\Phi = \Phi_f = 0$，由式(7.109)有

$$\Phi = \Phi_f = \frac{1}{2}\left(N_f \ln \frac{N_f}{N_t} + N_i - N_f\right) = 0$$

由上式可解得

$$\frac{N_f}{N_i} = \exp\left(\frac{N_f - N_i}{N_t}\right) = \exp\left[\frac{N_i}{N_t}\left(\frac{N_f}{N_i} - 1\right)\right] \tag{7.116}$$

令 $\eta_e=\dfrac{N_i-N_f}{N_i}$为单脉冲的能量利用率，式(7.116)可写成

$$\frac{N_f}{N_i}=\exp\left(-\frac{N_i}{N_t}\eta_e\right) \tag{7.117}$$

图7.36给出了 N_i/N_t 与 η_e 及 N_f/N_i 的关系。由图可知，若 N_i/N_t 增大，则 η_e 增大，N_f/N_i 减小。当 $N_i>3N_t$ 时，$N_f/N_i\approx0.05$，表明已有约95%的能量被一个脉冲取走。若 $N_i/N_t=1.5$，，则能量利用率 $\eta_e<60\%$，工作物质残留的粒子反转数 $N_f>0.4N_t$。因此，对于调 Q 激光器来说，应尽量使其 Q 值的阶跃变化量要大，并达到 $N_i/N_t>3$，才能确保器件有较高的工作效率。

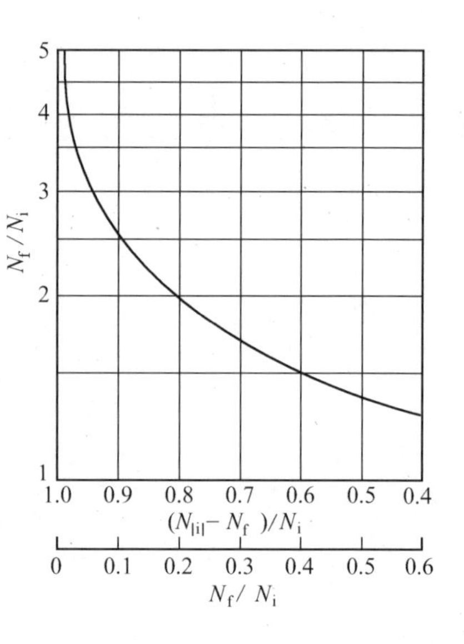

图7.36 η_e，N_f/N_i，N_i/N_t 的关系

(4) 调 Q 激光器输出的能量 E

从调 Q 激光器工作物质中取出的总反转粒子数为 $N_{iout}=N_i-N_f$，对于三能级系统，每增加一个光子，反转粒子数要减少两个，故有

$$\begin{aligned}\Phi&=\frac{1}{2}(N_i-N_f)\\E&=\frac{1}{2}(N_i-N_f)h\nu\end{aligned} \tag{7.118}$$

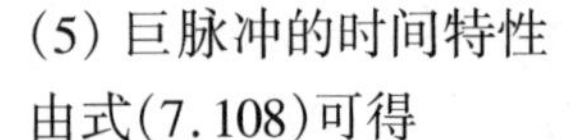

(5) 巨脉冲的时间特性

由式(7.108)可得

$$d\tau=\frac{dt}{t_c}=-\frac{N_t}{2\Phi N}dN \tag{7.119}$$

将式(7.109)代入上式，并积分，可得

$$\frac{t}{t_c}=-\int_{N_1}^{N_2}\frac{dN}{N\left(\ln\dfrac{N}{N_i}+\dfrac{N_i}{N_t}-\dfrac{N}{N_t}\right)} \tag{7.120}$$

这个积分可根据数据 N_i/N_t，利用数值积分来求得 t 的数值解。图7.37为典型调 Q 脉冲激光器的反转粒子数 $N(t)$ 及光子数密度 $\phi(t)$ 曲线。由图可以看出它们的关系。

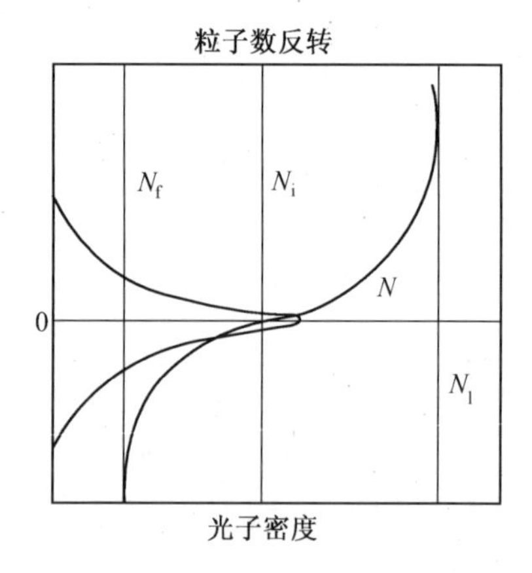

图7.37 $N(t)$和 $\phi(t)$变化曲线

当式(7.120)中取 $N_1=N_i$，$N_2=N_t$，可算出脉冲上升段的波形；当取 $N_1=N_t$，$N_2=N_f$ 可算出脉冲下降段的波形。由于激光脉冲的宽度是以脉冲半功率点间的宽度来计算的，因此在上升段，要求计算出 $\Phi_{max}/2\sim\Phi_{max}$的时间 Δt_r，在下降段要求算出 $\Phi_{max}\sim\Phi_{max}/2$ 的时间 Δt_f，脉冲

宽度 $\Delta t = \Delta t_r + \Delta t_f$。

(6) 多脉冲现象

所谓多脉冲形成就是:当 Q 开关打开时,腔内的反转粒子数密度 ϕ 并不立即变化,这是因为腔内的激光脉冲还要有一个建立时间,该时间就是腔内光子密度增长到峰值 ϕ_{max} 的 1/10 所需的时间(延迟时间 t_D)。这段时间内光子的积累很慢,对反转粒子数的变化没有产生显著影响。只有在 t_D 时刻以后,光子才急剧增加,反转粒子数急剧下降。光脉冲的峰值出现在工作物质粒子反转数等于谐振腔的阈值粒子反转数的时刻。多脉冲的出现取决于以后的过程,即第一个光脉冲过后,反转粒子数密度下降到 N' 值。但因慢开关的开关过程还没有结束,阈值 N_t 将随损耗 δ 的变化而继续下降。当 N_t 下降到低于 N' 值时,振荡又会发生,光子在腔内又一次积累,从而重复上述过程,输出第二个光脉冲。

多脉冲现象出现在:①慢开关调 Q 激光器;②光泵不均匀引起的多脉冲,这种多脉冲的效果是使输出的光脉冲加宽;③末能级弛豫多脉冲,它是在阶跃式 Q 突变等快开关和没有继续抽运的情况下,仅由于末能级上粒子数的堆积和衰减而导致单模输出的多脉冲。

总之,多脉冲的出现会使单脉冲的能量减少,脉宽增大,峰值功率下降,这是在调 Q 技术中需注意的问题。有时,人们利用多脉冲调 Q 方法实现一次抽运,多脉冲输出调 Q 激光,用于快速过程的探测。

三、电光调 Q 激光器

这是一种以普克尔(Pockels)效应为基础实现 Q 突变的方法。

1. 带偏振器的 Pockels 电光调 Q 激光器

这是一种发展早,应用广泛的电光晶体调 Q 装置。其特点是利用一个起偏棱镜兼做起偏和检偏用。图 7.38 为其装置图,YAG 为工作物质,起偏棱镜采用方解石空气隙棱镜(格兰 – 付克棱镜);用 Z 切割 KD^zP 晶体做调制晶体,利用其 γ_{63} 纵向电光效应,在电光晶体上只加 $\lambda/4$ 电压,使其相当于一个 1/4 波片。当线偏振光通过晶体后便产生 $\pi/2$ 相位差,或者说偏振面旋转了 45°,而往返经过晶体后,偏振面便会发生 90°的旋转,偏振光此时便不能再通过格兰棱镜。格兰棱镜同时起到起偏和检偏双重作用。一般多采用格兰 – 付克棱镜和多层介质膜偏振片作为偏振器。

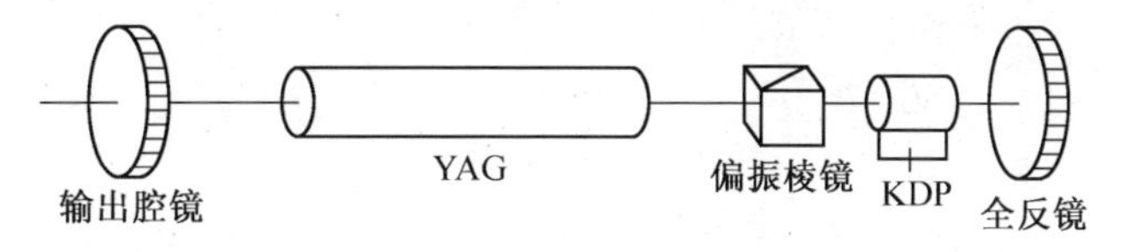

图 7.38 带起偏器的电光调 Q 激光器示意图

(1) 偏振器

图 7.39 中的两种棱镜都称为格兰 – 付克棱镜,它们都是由两块相同的方解石制成的直角

棱镜所组成,两棱镜间留有几微米厚的空气层。其中图 7.39(b)称为格兰-付克棱镜改进型。它与图 7.39(a)的区别只在于方解石棱镜的光轴取向不同,改进型的方解石晶体的光轴平行于端面,在纸面内,而一般的格兰-付克棱镜的光轴平行于端面,垂直于纸面。

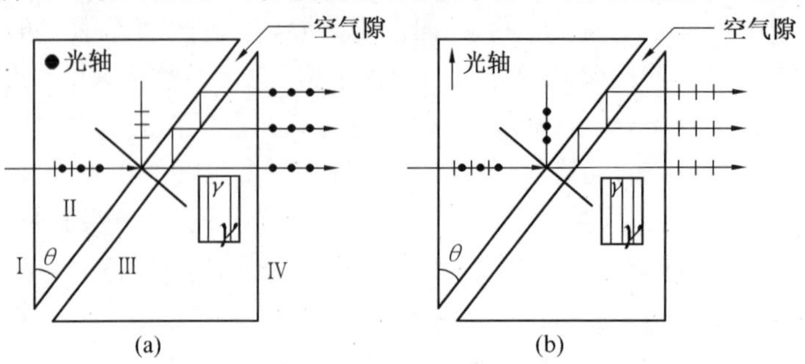

图 7.39 格兰-付克棱镜

当非偏振光垂直端面(垂直于单轴晶体的光轴)射入棱镜时,由于双折射,入射光将被分解为寻常光 o 光和非常光 e 光。o 光的偏振方向垂直于纸面,图中用“·”表示,e 光的偏振方向平行于光轴且在纸面内,图中用竖线“|”表示。棱镜的 θ 角设计成在空气隙界面处能使 o 光全反射而透过 e 光。o、e 两光的全反射临界角分别为

$$\theta_o = \arcsin\frac{1}{\eta_o} \qquad \theta_e = \arcsin\frac{1}{\eta_e}$$

因入射光束的发散角仅有几个毫弧度,为了确保 o 光在界面处被全反射,棱镜 θ 角取 $\theta = \frac{1}{2}(\theta_o + \theta_e)$。激光波长 $\lambda = 1.06\ \mu m$ 时,方解石晶体材料的双折射率分别为:$\eta_o = 1.642\ 32$;$\eta_e = 1.479\ 60$。所以 $\theta_o = 37.55°$、$\theta_e = 42.54°$、$\theta = 40.05°$。

设入射光强为 I_a,界面Ⅰ、Ⅳ的反射率为 γ_1,界面Ⅱ、Ⅲ的反射率为 γ_2,第一次透过棱镜的光强为 I_e^1,第二次透过棱镜的光强为 I_e^2,…第 n 次透过的光强为 I_e^n,则

$$\begin{aligned} I_e^1 &= I_a(1-\gamma_1)^2(1-\gamma_2)^2 \\ I_e^2 &= \frac{1}{2}(1-\gamma_1)^2(1-\gamma_2)^2\gamma_2^2 = I_e^1\gamma_2^2 \\ &\cdots\cdots\cdots\cdots \\ I_e^n &= I_e^1\gamma_2^{2n-2} \end{aligned} \tag{7.121}$$

总透过光强 I_e 为

$$I_e = I_e^1(1+\gamma_2^2+\gamma_2^4+\gamma_2^6+\cdots+\gamma_2^{2n-2})$$

当 $n\to\infty$ 时

$$I_e = \frac{I_a(1-\gamma_1)^2(1-\gamma_2)}{2(1+\gamma_2)} \tag{7.122}$$

端面未镀膜时，$\gamma_1=(\eta-1)^2/(\eta+1)^2\approx 4\%$。根据菲涅尔反射公式有

$$r_2=\frac{\tan^2(i-\gamma)}{\tan^2(i+\gamma)} \tag{7.123}$$

式中 $\gamma=\arcsin(n_e\sin\theta)$，对方解石有 $\gamma=72.1°$。代入式(7.122)和(7.123)，求得 $\gamma_2=0.065$，$I_e=0.42I_a$。一般在棱镜端面都需镀增透膜，使 γ_1 减小到 0.005 左右，则可得透过率为 44%。

介质膜偏振片是一种在平行平板玻璃上镀多层介质膜的偏振片。工作时通光方向与介质膜偏振片构成布儒斯特角 φ，见图 7.40。如果是一块普通的平面玻璃，在布儒斯特角条件下，$\tan\varphi=\eta_2/\eta_1$，振动方向平行于入射面的 p 分量全部透过玻璃，但振动方向垂直于入射面的 s 分量也有约 90% 的透过率，达不到起偏的目的。镀多层介质膜后，其 p 分量透过率达 95% 以上，s 分量的反射率则高达 98% 以上。对于入射光强为 I_a 的自然光起偏得到的 $I_e=0.5\times0.95I_a=0.475I_a$，其谐振腔内插入损耗比格兰－付克棱镜要小。另外，这种偏振片的结构简单、加工制作方便、成本低、抗破坏阈值高。在实验中发现，当将其置于谐振腔中用做起偏、检偏时，对布儒斯特角安装的精度要求也不高，调整较简单，是一种性能比较优良的偏振器。

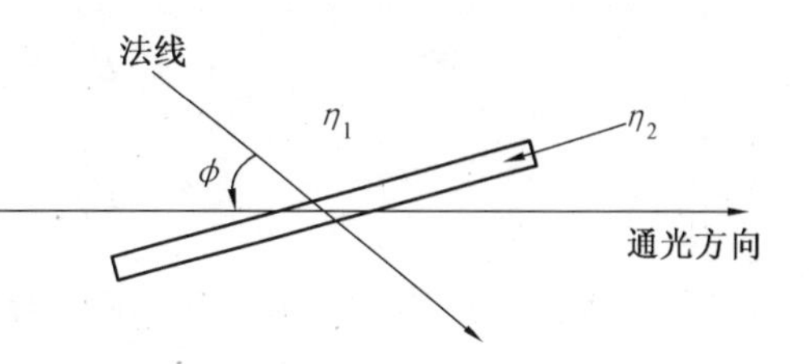

图 7.40　介质膜偏振片

以上两种偏振器适用于调 Q 巨脉冲激光器，对偏振度及损耗要求不很高的场合，也可用价格便宜的高分子塑料偏振片。

2. 电光晶体

目前广泛应用的电光调 Q 的晶体主要有：KD^zP(磷酸＝氢钾)和 LN(铌酸锂)。它们具有电光系数大、破坏阈值高及光学质量高等优点。其中 KD^zP 易潮解，使用时必须密封安装。现以 KD^zP 为例来说明调 Q 原理。

设沿长度为 l 的 KD^zP 光轴 z 加上电压 V，则晶体的 x、y 轴将绕 z 轴旋转 45°而成为 x'、y'。若入射在电光晶体表面上的偏振光振动方向沿 x(或 y)方向，其振动方程为 $E=A\cos\omega t$。

由于晶体双折射产生的两偏振光将分别沿感应主轴 x'、y' 振动，其振动方程分别为

$$\left.\begin{aligned} E_{x'} &= A\cos45°\cos\omega t=\frac{\sqrt{2}}{2}A\cos\omega t \\ E_{y'} &= A\cos45°\cos\omega t=\frac{\sqrt{2}}{2}A\cos\omega t \end{aligned}\right\} \tag{7.124}$$

沿晶体光轴方向加电场，应用其 γ_{63} 纵向电光效应，这时有 $\eta_{x'}<\eta_{y'}$，故两偏振光在晶体内的传播速度 $v_{x'}>v_{y'}$。在出射表面处，两偏振光有着不同的位相延迟，其表达式为

$$\left.\begin{aligned} E_{x'} &= \frac{\sqrt{2}}{2}A\cos(\omega t - \frac{2\pi}{\lambda}\eta_{x'}l) \\ E_{y'} &= \frac{\sqrt{2}}{2}A\cos(\omega t - \frac{2\pi}{\lambda}\eta_{y'}l) \end{aligned}\right\} \tag{7.125}$$

出射时,合振动的偏振状态将由两光的位相差决定。将式(7.125)表示为

$$\left.\begin{aligned} E_{x'} &= \frac{\sqrt{2}}{2}A\cos\omega t \\ E_{y'} &= \frac{\sqrt{2}}{2}A\cos(\omega t + \varphi) \end{aligned}\right\} \tag{7.126}$$

式中 $\varphi = \frac{2\pi}{\lambda}\eta_{x'}l - \frac{2\pi}{\lambda}\eta_{y'}l$,展开式(7.126)的第二式,得

$$E_{y'} = \frac{\sqrt{2}}{2}A(\cos\omega t\cos\varphi - \sin\omega t\sin\varphi) \tag{7.127}$$

将式 $\cos\omega t = \frac{\sqrt{2}}{A}E_{x'}$ 代入上式,得

$$\sin\omega t = \frac{\frac{\sqrt{2}}{2}AE_{x'}\cos\varphi - E_{y'}\frac{\sqrt{2}}{2}A}{(\frac{\sqrt{2}}{2}A)^2\sin\varphi} \tag{7.128}$$

整理后,得

$$\frac{E_{x'}^2}{A^2/2} + \frac{E_{y'}^2}{A^2/2} - \frac{4}{A^4}E_{x'}E_{y'}\cos\varphi = \sin^2\varphi \tag{7.129}$$

当 $\varphi = \frac{\pi}{2}$ 时,上式化为

$$\frac{E_{x'}^2}{A^2/2} + \frac{E_{y'}^2}{A^2/2} = 1 \tag{7.130}$$

合振动为圆,称此偏振光为圆偏振光。

KD^{z}P 纵向加压的位相差由下式确定

$$\varphi = \frac{2\pi}{\lambda}\eta_o^3\gamma_{63}El = 2\pi\gamma_{63}U/\lambda \tag{7.131}$$

式中 η_o——o 光折射率;

λ——光波波长;

U——电压。

上式表明外电场作用下引起的相位差正比于加在晶体上的电压 U,与晶体长度 l 无关,若相位差 $\varphi = \pi$,则所需加的半波电压由式(7.131)得

$$V_{\lambda/2} = \lambda/2\eta_o^3\gamma_{63} = 2V_{\lambda/4} \tag{7.132}$$

由式(7.132)可见,电光系数 γ_{63}越大,则外加电压 $U_{\lambda/2}$越低。

例如对波长为 $\lambda = 1.064\ \mu m$ 的激光,KD* P 晶体的 $U_{\lambda/4}$约为 4 000 V;而 KDP 晶体的 $U_{\lambda/4}$则约为 10 000 V。

由图 7.38 可见,若圆偏振光在全反射镜处折回,再次通过加有电压 $U_{\lambda/4}$的 KD*P 晶体时,又会使 $E_{x'}$和$E_{y'}$间产生新的 π/2 相位差。从晶体再次出射时,总相位差为 π,代入式(7.129)得

$$\frac{E_{x'}^2}{A^2/2} + \frac{E_{y'}^2}{A^2/2} + \frac{2}{A^2/2}E_{x'}E_{y'} = 0 \tag{7.133}$$

即

$$\left(\frac{E_{x'}}{A/\sqrt{2}} + \frac{E_{y'}}{A/\sqrt{2}}\right)^2 = 0$$

所以

$$E_{x'} = -E_{y'}$$

此时合振动仍为线偏振光,但与原起偏方向互相垂直。此时,偏振器将起检偏作用而使返回光波受阻隔。综上所述,只要给 KD*P 晶体加以 $U_{\lambda/4}$电压,谐振腔的 Q 值便很低,此时工作物质贮能。当电压撤去瞬间,由于沿 KD*P 光轴传播不会发生双折射,谐振腔 Q 值阶跃升高,工作物质贮能迅速释放,结果形成激光巨脉冲。

因电光晶体的开关电压一般都在 3 ~ 6 kV。故设计晶体 Q 开关电路时,必须考虑克服晶体光弹效应的影响。

2.单块双 45°电光晶体调 Q 激光器

这是一种利用铌酸锂(LN)类晶体的横向电光效应设计的结构,Q 开关系统仅有一块斜方棱镜,它有两个角均为 45°,起偏、调制、检偏都在一个晶体内完成。它的原理结构见图 7.41。

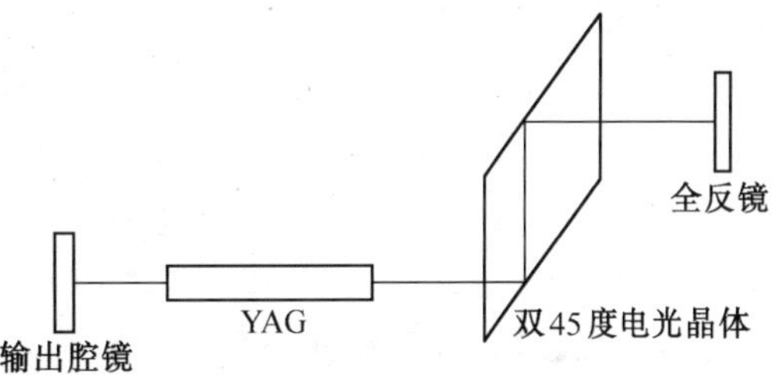

图 7.41　双 45°*LN* 晶体电光调 Q 激光器

单块双 45°电光 Q 开关的最佳工作方式是斜入射对称反射式。其他如正交入射及平行入射工作方式都是非最佳工作状态,很少应用。这种激光器调整的关键是双 45°晶体在谐振腔中的位置的确定,锥光干涉图是确定双 45°晶体工作点并进行预偏置的一种依据。光预偏置指在单块晶体调 Q 激光器中,未加电场前,使光束相对光轴预先偏斜一定角度并保证有最大调制度。在此不做详细讨论。

单块双 45°LN 电光调 Q 激光器获得重复频率达数十次,单脉冲能量达 200 mJ,脉冲宽度小于 10 ns,峰值功率 P_{max}大于 15 MW 及激光器发散角$(2 \sim 5) \times 10^{-3}$ rad 的实验结果。与带偏振器的 KD*P 电光调 Q 相比,单块双 45°LN 电光调 Q 有结构简单的优点,且 LN 晶体不会潮解,使用方便。LN 在定向加压时,晶体内电场是较均匀的。但它的损伤阈值低于 KD*P,在高重复频率及高功率下易损坏,低温时效率下降。在激光输出质量上这两种调 Q 方式差不多。

四、可饱和吸收调 Q 激光器

可饱和吸收式调 Q 是根据某些物质对入射光具有强烈的非线性效应原理而形成的一种被动式调 Q,目前应用的可饱和吸收物质有两类:可饱和吸收晶体和可饱和吸收染料。可饱和染料调 Q 是一种被动式快开关类型的,与脉冲激光器配合可获得峰值功率约为 10^3 MW 量级、脉宽 10 ns 量级的激光巨脉冲。

调 Q 染料要同时满足以下要求:

①染料对激光波长有强烈的可饱和吸收特性。

②染料吸收带宽 $\Delta\nu$ 要尽量窄,$\Delta\nu$ 太宽不仅会使吸收的选择性降低,而且会使染料不易迅速达到饱和吸收状态而影响 Q 开关效率。

③染料要有良好的光化学稳定性。

染料调 Q 在重复频率不很高的中小功率情况下,是最经济实惠的调 Q 方法。

适用于红宝石激光器的调 Q 染料有隐花青、钒钛菁及叶绿素 D 染料。而对钕玻璃和 YAG,有 BDN 和五甲川及十一甲川,后两者光化学稳定性较差。BDN 是目前工程实用的染料。

1. BDN 染料及饱和吸收原理

BDN 是有机染料双—二甲基氨二硫代二苯乙二酮 - 镍的简称,它由 4—二甲基氨基氨息香、P_4S_{10}和二氧六环等化学材料合成。

BDN 染料用做调 Q 时,在结构上有两种形式:一种是将染料溶于甲苯溶液,配成一定浓度的液体密封于玻璃器皿中,称为染料盒。另一种是将 BDN 染料掺于有机玻璃中,将其做成电影胶卷一样的薄胶片。设计染料 Q 开关时,可根据激光器的最佳工作条件选取染料片的小信号透过率 T_0(入射光强很微弱时,染料片的透过率)。BDN 对 $\lambda = 1.064\ \mu$m 的激光波长有良好的可饱和吸收特性,其消光系数约为 2.5×10^4 gM·cm。该染料的化学稳定性很好,能长久保存,能耐高功率的紫外 - 红外等各种波长的光辐照。

图 7.42 表示某一浓度下,BDN 染料的相对吸收光谱,其简化的能级机构见图 7.42(b)。设能级 1 ~ 3 间的吸收截面为 σ_{13},激发态 2 ~ 4 间的吸收截面为 σ_{24};T_{st}为吸收饱和后的染料透过率。用 I_s 表示染料的饱和光强,I 表示器件内激光光强。则染料的 T_0、T_{st}、I_s、I 之间有关系式

$$\ln T_{st} - \ln T_0 = \left(\frac{\sigma_{13}}{\sigma_{24}} - 1\right)\ln\left(\frac{\sigma_{13}/\sigma_{24} + I/I_s}{\sigma_{13}/\sigma_{24} + IT_{st}/I_s}\right) \tag{7.134}$$

式中 $I_s = h\nu/\sigma_{13}\tau_{21}$,$\tau_{21}$为能级 2 的寿命。当 $I \gg I_s$时,有

$$\ln T_{st} - \ln T_0 \approx \left(\frac{\sigma_{13}}{\sigma_{24}} - 1\right)\ln\left(\frac{1}{T_{st}}\right)$$

$$T_{st} = T_0^{\sigma_{24}/\sigma_{13}} \tag{7.135}$$

实验测得 $\sigma_{13}\approx1\times10^{-16}\text{cm}^2$、$\sigma_{13}/\sigma_{24}\approx0.24$ 、$I_s\approx1.58\ \text{mW/cm}^2$、$\tau_{21}\approx2\times10^{-9}$ s。因此若测得染料在入射光强很小时的透过率 $T_0 = 60\%$ 时,$T_{st} = 88\%$,即饱和 $T\neq100\%$ 。

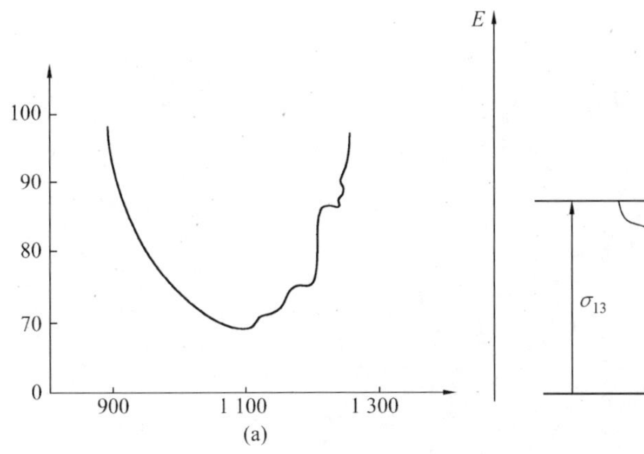

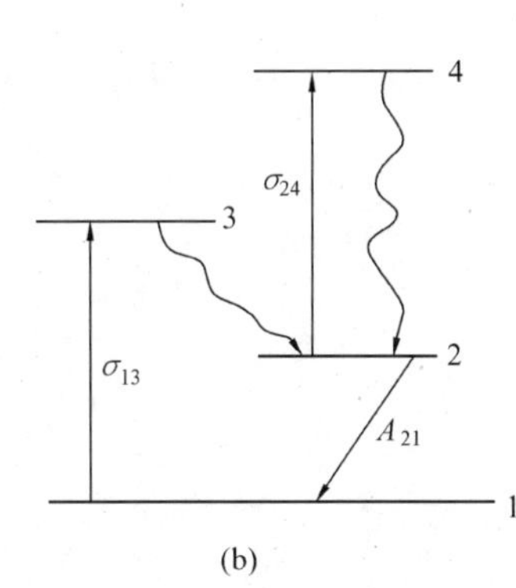

图 7.42　(a) BDN 吸收光谱
(b) 能级跃迁

2.染料调 Q 机理

腔内插入可饱和吸收染料,开始时由于只吸收工作物质发出的较弱的荧光,吸收很强,透过率很低。相当于在腔内引进很大的损耗,Q 值很低,腔内不能形成激光振荡,工作物质处于贮能状态。设此时激光振荡所对应的阈值反转粒子数密度为 N_{t1},当工作物质的反转粒子数密度超过 N_{t1} 约 10%(即达到 N_{max})时,见图 7.43,谐振腔内的激光振荡可使染料迅速达到饱和,腔内吸收损耗减为 $(1-T_{st})$。激光振荡的阈值反转粒子数密度立即降为 N_{t2},而 N_{t1}便成为这个低振荡阈值条件下的初始反转粒子数密度 N_i。形成激光巨脉冲后,若继续光泵,则有可能形成第二个激光脉冲,甚至第三个激光脉冲。要得到单脉冲激光,则泵浦光的持续时间必须很短且强度不能太高。

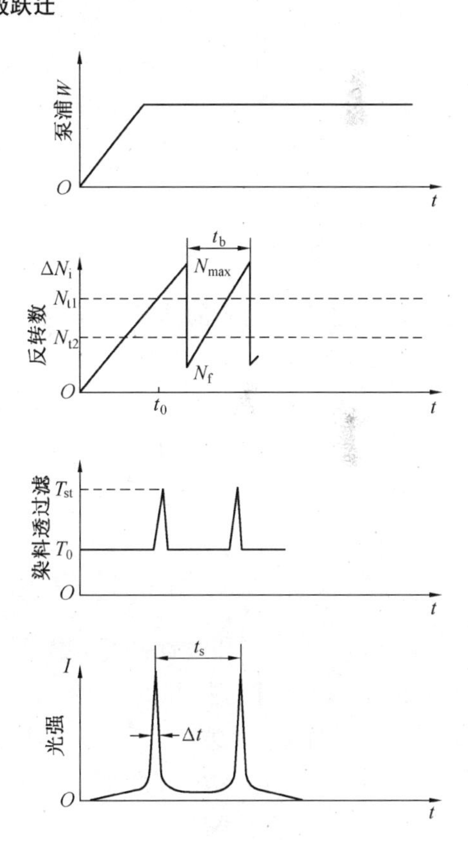

图 7.43　染料调 Q 机理

3.染料调 Q 激光器的能量输出特性

染料调 Q 激光器在高损耗条件下的振荡阈值条件为

$$\gamma T_0^2 e^{l-\delta} e^{2Gl} = 1 \tag{7.136}$$

式中　G——工作物质的增益系数;

l——工作物质的长度;

γ——输出镜的反射率；

δ——腔内除染料片吸收损耗外的其他总的光损耗率。

因增益系数 G 可表示为工作物质的受激辐射截面 σ 和反转粒子数密度 N_{t1} 的乘积，因此上式可写为

$$\gamma T_0^2 e^{2\sigma N_{t1} 1-\delta} = 1$$

所以 N_{t1} 为

$$N_{t1} = \frac{\ln\left(\frac{1}{\gamma T_0^2}\right) + \delta}{2\sigma l} = \frac{\alpha + \beta + \delta}{2\sigma l} \tag{7.137}$$

其中 $\alpha = \ln\frac{1}{\gamma}$，$\beta = \ln\frac{1}{T_0^2}$。对于 Nd^{3+} – YAG，激光上能级（跃迁波长为 1.064 μm）R_1 中的反转粒子数密度 N_{t1} 只占 $^4F_{3/2}$ 能级组中总反转粒子数密度的 40%，故 $^4F_{3/2}$ 能级中的总反转粒子数是 $N_{max}/0.4$（图 7.44）。假定系统将粒子泵浦到 $^4F_{3/2}$ 能级组中去的泵浦效率为 η_0，由此得到使染料饱和的阈值泵浦能量 E_{th} 为

$$E_{th} = \frac{1.1N_{t1}}{0.4} h\nu V \frac{1}{\eta_0} \tag{7.138}$$

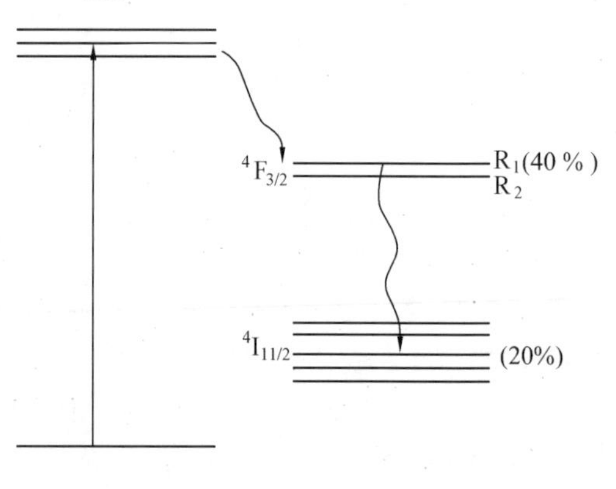

图 7.44　Nd – YAG 跃迁能级

式中 $V = sl$，是工作物质的体积。合并以上两式可得

$$E_{th} = 1.38h\nu s(\alpha + \beta + \delta)/\sigma\eta_0 \tag{7.139}$$

当激光振荡一旦在高损耗条件下形成，染料便因吸收饱和而变得透明，$T_{st} = T_o^{A}$（其中 $A_n = \sigma_{24}/\sigma_{13}$），此时，谐振腔的 Q 值阶跃增高。其对应的阈值反转粒子数密度为

$$N_{t2} = (\alpha + A_n\beta + \nu)/2\sigma\eta_0 \tag{7.140}$$

对于这个低阈值的振荡，其对应的初始反转粒子数密度 N_i 就是 N_{max} 或 $1.1N_{t1}$。令 $\frac{N_i}{N_{t2}} = \xi$，称 ξ 为器件的粒子数反转比或 Q 开关参数。

设 R_1 能级上的全部粒子 N_i 在激光脉冲期间均跃迁到激光下能级，由于下能级的寿命为 30 ns 以上，它比调 Q 光脉冲的持续时间还要长一些，因此有 N_i 个粒子在脉冲期间将停留在下能级上，$^4F_{3/2}$ 和 $^4F_{11/2}$ 能级内部的热平衡过程极为迅速（1 ps），由于快速的玻尔兹曼热平衡作用，这时 R_2 上将有 0.6 N_i 个粒子（指单位体积内）转移到 R_1 能级上，跃迁到激光下能级的 N_i 个粒子，由于热平衡作用转移到其他子能级去后，留在激光下能级的粒子数仅为 0.2 N_i 个。这说明即使 N_i 个粒子全部跃迁至激光下能级，上下激光能级间的反转数改变量仅为 0.6 N_i，

就是说反转粒子数每改变 0.6 个，就能发射一个波长为 1.064 μm 的光子。设激光脉冲终止时，残存的反转粒子数密度为 N_f，则单位体积内发射的光子数 ϕ 可表示为

$$\phi = (N_i - N_f)/0.6 = N_i u/0.6 \tag{7.141}$$

$$u = 1 - N_f/N_i \tag{7.142}$$

式中，u 为单脉冲能量利用率。

由式(7.139)可知，激光腔的总损耗与 $\alpha + A_n\beta + \delta$ 成正比，而有用输出部分仅与 α 成正比。设工作物质的体积为 V，并把光子数转化为能量，则可得有用的激光输出能量为

$$E_{out} = \frac{N_i u}{0.6} h\nu V \frac{\alpha}{\alpha + A_n\beta + \delta} = \frac{sh\nu}{1.2\sigma} u\alpha\xi \tag{7.143}$$

在连续泵浦情况下或第一个激光脉冲结束后脉冲光泵仍继续并使器件再次达到振荡阈值，则将出现多脉冲激光。但因激光上能级上的粒子数再次达到 N_{t1}所需的时间远大于下能级的弛豫时间，因此在第二个脉冲形成之前，激光下能级已倒空。因此，在第一个脉冲之后激光上能级残留的反转粒子数密度 N_{1f}必大于下能级未倒空前上下能级间的反转粒子数密度，并有

$$N_{1f} = N_i - 0.4\phi = \frac{1}{3}(N_i + 2N_f) \tag{7.144}$$

由式(7.138)可知，第二个脉冲的阈值输入能量与第一个脉冲之差为 $\Delta E_{th} = (N_i - N_{1f})Vh\nu/0.4\eta_0$，因为 $N_i - N_{1f} = 0.4\phi = \frac{2}{3}N_i u$，有

$$\Delta E_{th} = \frac{2}{3}N_i uVh\nu/0.4\eta_0 = \frac{2}{3}uE_{th}^{(1)} \tag{7.145}$$

式中　ΔE_{th}——坪宽；

$E_{th}^{(1)}$——第一个激光脉冲的输入阈值能量。

由此易得第 i 个脉冲的情况

$$E_{th}^{(2)} = E_{th}^{(1)} + \Delta E_{th} = \left(1 + \frac{2}{3}uE_{th}^{(1)}\right) \tag{7.146}$$

……………………

$$E_{th}^{(i)} = \left(1 + \frac{(2i-1)}{3}u\right)E_{th}^{(1)} \tag{7.147}$$

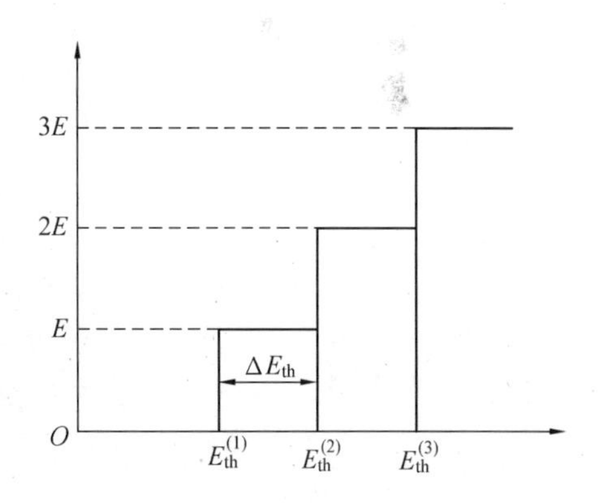

图 7.45　染料调 Q 激光器能量输出特性

图 7.45 说明了染料调 Q 激光器的这种能量输出特性。在阈泵浦条件下，比值 E_{out}/E_{th}即器件的阈值效率 η_{th}，由式(7.143)与式(7.138)可得

$$\eta_{th} = \frac{2}{3}\eta_0 u \frac{\alpha}{\alpha + A_n\beta + \delta} \tag{7.148}$$

一般中小型 YAG 染料调 Q 激光器的阈值效率 η_{th}为 0.3% ~0.5%。

4.染料调 Q 激光器的输出波形及激光峰值功率

当染料的小信号透过率 T_0 和输出镜的反射率 γ 均已选定,则由式(7.136)和式(7.137)可得

$$\xi = N_i/N_{i2} \approx 1.1N_{t1}/N_{t2}$$

例如,对于 Nd^{3+} - YAG 激光器,若 $T_0 = 0.3$、$\gamma = 0.5$、$\delta = 0.1$,则可得 $T_{st} = 0.75$、$\xi = 2.57$。由式(7.120)便可解出 $\Delta t/t_c$ 值。若已知腔长 L 及工作物质的折射率 η,便可根据式(7.98)算出 t_c 值。实验上中小型 YAG - BDN 染料调 Q 激光器的脉宽为 $\Delta t \approx 10$ ns,激光巨脉冲的峰值功率 P_{max} 为

$$P_{max} \approx E_{out}/\Delta t \tag{7.149}$$

5.染料调 Q 激光器参数选择最佳化问题

若已知损耗 δ,且输出镜的反射率 γ 也确定,则存在一个染料的最佳小信号透过率 $(T_0)_{opt}$,使激光器的效率最高。

由

$$\xi = N_i/N_{t2} \approx N_{t1}/N_{t2} = \frac{\alpha + \beta + \delta}{\alpha + A_n\beta + \delta} \tag{7.150}$$

得

$$\beta = -\frac{\xi - 1}{1 - A_n\xi}(\alpha + \delta) \tag{7.151}$$

因为 $\xi = -\ln(1-u)/u$ (7.152)

合并式(7.151)和(7.152),得

$$\beta = -\left[\frac{u + \ln(1-u)}{u + A_n\ln(1-u)}\right](\alpha + \delta) \tag{7.153}$$

将其代入式(7.148),得

$$\eta_{th} = \frac{2}{3}\eta_0\frac{\alpha}{\alpha + \delta}\frac{1}{1 - A_n}[u + A_n\ln(1-u)] \tag{7.154}$$

若把有关 γ 的量 α 看成常量,求 η_{th} 对 u 的偏导数,并令其为零,则得

$$\begin{cases} u_{out} = 1 - A_n \\ \xi_{out} = \dfrac{\ln(1/A_n)}{1 - A_n} \end{cases} \tag{7.155}$$

对 BDN 染料,若 $A_n = 0.24$,则 $U_{out} = 0.76$,$\xi_{out} = 1.88$ 。这是系统参数最佳化的一个判据,将此结果代入式(7.151),注意到 $\beta = \ln(1/T_0^2)$,则得

$$\ln T_0^2 = 1.6(\ln r - \delta)$$

故

$$T_0 = (T_0)_{opt} = \gamma^{0.8}e^{-1.6\delta} \tag{7.156}$$

取谐振腔反射镜透过率损耗之外的其他总损耗 $\delta = 0.1$,则 γ 与 T_{opt} 的关系见表 7.6。

实验所得结果与理论结果能较好地吻合。

表 7.6　γ 与 $(T_0)_{opt}$ 的关系

γ	0.2	0.3	0.4	0.5	0.6	0.7
$(T_0)_{opt}$	0.24	0.33	0.41	0.49	0.57	0.64

6. 染料浓度和染料盒

染料浓度越高，透过率越低，相当于把激光器阈值提高。对一般 1.064 μm 中小功率激光器来说，最佳透过率为 50% ~ 60%，其对应的那个溶液浓度即为最佳浓度。染料盒溶液层的厚度和容积、染料浓度一样也会影响输出特性。对一定的透过率而言，染料层越厚，浓度则越小，其溶剂分子所占的比例就越大，这使得对激光器的散射、吸收等损耗加大。在相同输入能量下，染料盒薄的输出能量大，也利于单脉冲的稳定输出。但太薄又会妨碍染料本身的扩散流动，影响使用寿命，一般取厚度 1 mm 左右为宜。染料盒的介质表面较多，为避免各通光表面的反射干扰而产生寄生振荡，最好把染料盒放置在与全反镜有一倾斜角的位置或放置成布儒斯特入射角。

五、声光调 Q

1. 声光调 Q 原理

声光调 Q 就是利用激光通过声光介质中的超声场时产生衍射，使光束偏离出谐振腔，造成谐振腔的损耗增大，Q 值下降，激光振荡不能形成。故在光泵激励下其上能级反转粒子数将不断积累并达到饱和值。若此时突然撤除超声场，则衍射效应立即消失，腔损耗减少，Q 值猛增，激光振荡迅速恢复，其能量以巨脉冲形式输出。图 7.46 是声光调 Q 激光器的原理示意图。由于声光 Q 开关所需的调制电压很低，故容易实现对连续激光器调 Q 以获得高重复率的巨脉冲。一般重复频率可达 1 ~ 20 kHz。通常声光 Q 开关都需要开断较高的连续激光功率，故多采用衍射效率较高的布拉格衍射方式。

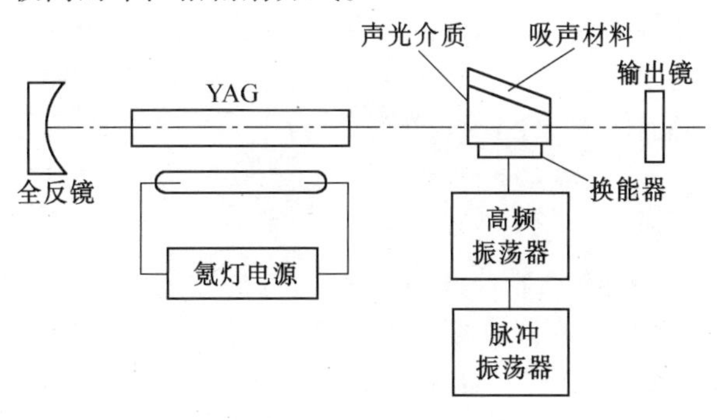

图 7.46　声光调 Q 激光器

2.动态特性与输出特性

如图7.46所示,用一个千赫兹量级的脉冲调制信号,对声光调制器电源进行调制,从而使声光介质中的超声场时有时无,谐振腔中的 Q 值相应地高低交变。由超声场消失到巨脉冲形成,有一时间间隔,这就是光脉冲的建立时间 t_D。这是由于激光器系统需要在这个时间间隔里积累起足够的光子密度以激发突发受激辐射。故一般必须使 Q 开关的开关时间 $t_s < t_D$。对声光调 Q 器件,开关时间包括高频电路的开断时间 $t_s^{(1)}$ 和渡越时间 $t_s^{(2)}$ 两部分。一般在重复频率小于10 kHz时,$t_D \approx 1 \sim 8\ \mu s$、$t_s^{(1)} \approx 1\ \mu s$、$t_s^{(2)} \approx 0.5\ \mu s$。基本上都能满足快 Q 开关的要求。但声光调 Q 的开关时间比电光调 Q(约10 ns)长。

图7.47是声光调 $Q(f=1\ kHz)$ 输出激光脉冲的峰值功率 P_{max}、脉宽 Δt 和输入功率的关系的典型实验结果。从图中可知,输入功率增加,输出峰值功率相应增大,脉宽变窄。

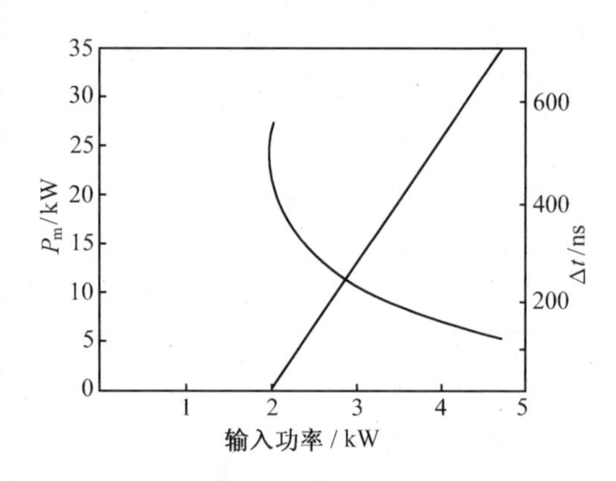

图7.47 P_{max},Δt 与输入功率的关系

下面简要分析动态特性与激光器各参量间的关系:

(1)重复率

激光器在重复 Q 开关运转时,反转粒子数被交替地抽运和消耗。谐振腔在低 Q 状态时,在泵浦激励下反转粒子数不断地在亚稳态上增加,当 $\Delta N = N_2 - N_1$ 增加到一定数值后,谐振腔突变到高 Q 状态,这时一个或 n 个光学模迅速增长,通过受激辐射跃迁引起 ΔN 值快速衰减。此过程见图7.48,不同的重复率有不同的变化曲线。当重复率小于自发辐射跃迁几率 A_{21} 时,反转粒子数密度达饱和值后才开始 Q 突变。这时的初始反转粒子数密度 ΔN_0 将有较大的数值。若重复率大于 A_{21},则反转粒子数密度尚未到达饱和值时便因进入高 Q 状态而迅速衰减。这时 ΔN_0 将比较小。重复率 Q 开关的这种特性直接影响调 Q 激光器的输出特性,当重复率较大时,因亚稳态上的反转粒子数密度未达到饱和,ΔN_0 值不大,故峰值功率较小。同时当平均功率上升缓慢时,峰值功率几乎与重复率成反比。图7.48(b)是反映了 $P_{max} = \bar{P}/\Delta t \cdot f_k$ 关系的实验曲线。利用连续氪灯泵浦的YAG器件,因为 $\tau_s \approx 230\ \mu s$,所以器件有效利用率最高的 $f_{opt} \approx 5\ 000$ Hz。

(2)参量 N_i/N_t 的选取

粒子数反转比 N_i/N_t 值越大,则峰值功率越高,脉冲宽度越窄,脉冲上升时间越短。声光调 Q 激光器输出激光脉宽比电光调 Q 要宽十几倍,主要是由于连续氪灯的泵浦速率要比脉冲氙灯的泵浦速率低2~3个数量级,因而 N_i/N_t 较低。但为了获得较好的输出性能,要尽可能提高 N_i/N_t 值。例如提高聚光腔的聚光性能,增大输出电功率,选效率高的工作物质及设计合适的谐振腔结构等都能达到此目的。

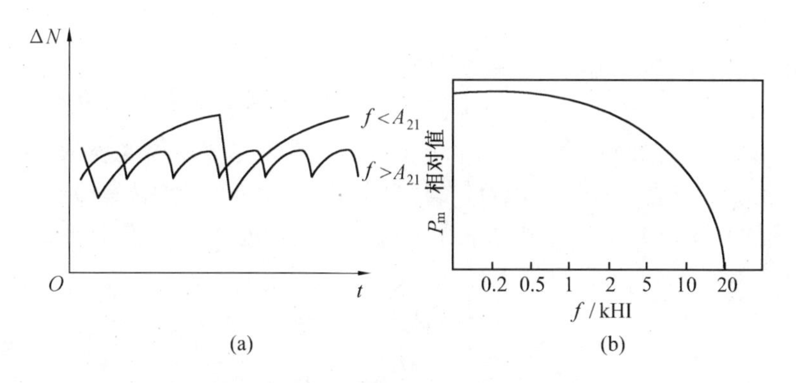

图 7.48　重复频率对 Δn 和 P_{max} 的影响

(3) 声光开关衍射效率的影响

提高泵浦功率可使峰值功率增加,但泵浦功率增加到与声光开关衍射效率相适应的值时,只有在提高衍射效率,增加衍射损耗下才能进一步增加泵浦功率以获得较高的峰值功率。

六、透射式调 Q 激光器

前面介绍的可饱和吸收、电光调 Q 激光器均属工作物质储能式调 Q,都是利用谐振腔中透反镜的部分反射而形成激光振荡,并输出激光脉冲,其强度与腔内光场强度成比例。我们称它为脉冲反射式 Q 开关类型(PRM)。另一种称为“腔倒空”(PTM)技术。下面再介绍几种 PTM 法调 Q 激光器的工作原理及设计要点。

1.受抑全内反调 Q 激光器(FTIR)原理

用这种方法调 Q 可以实现氪灯连续泵浦高重复率(80 ~ 10 000 Hz)的激光巨脉冲输出。这是一种机械式的调 Q。图 7.49 说明了它的组成及原理。它是由高质量的熔融石英制成的全内反射棱镜和受抑棱镜构成“棱镜对”,两棱镜间留有一个波长(λ)量级的空气间隙 d,在受抑棱镜上装有压电换能器,谐振腔反射镜是两块全反射平面镜。其工作过程是:脉冲发生器的

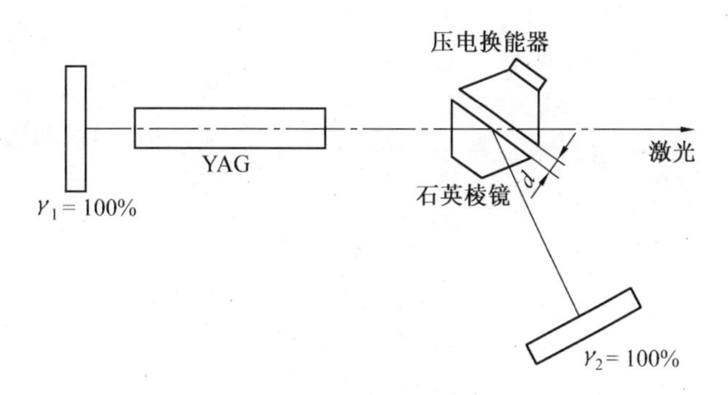

图 7.49　FTIR 激光器

电脉冲控制压电换能器,用以推动受抑棱镜,从而改变空气间隙 d,d 与透过率 T 的关系见图 7.50。可以算出空气间隙 d 在 $0\sim\lambda$ 间变化时、光波的 s 和 p 偏振分量的反射率 R 和透射率 T,并可求出 s 和 p 分量的平均透过率 $T=(T_p+T_s)/2$。改变 d 的大小显然可以控制反馈回腔内和输出腔外的光强比例。设 $T=0$ 时,$d\geqslant\lambda$,透过空气隙 d 的激光能量为零,谐振腔内形成激光振荡。腔内光子数密度逐步积累,当其积累到最大值时,受抑棱镜恰被压电换能器推进一个波长的距离,使 $d\to 0$,开关的透射率 $T=1$,激光从腔内"倒"到腔外,形成激光巨脉冲输出。

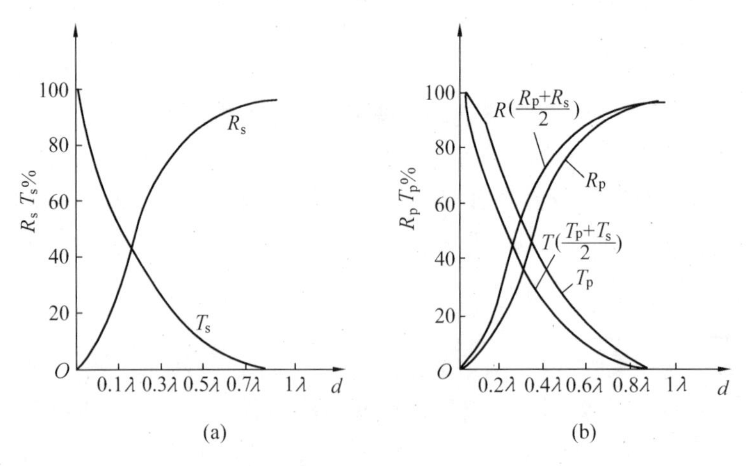

图 7.50 d 与 T 的关系

典型的实验结果是:用 $\phi 5\times 75$ mm 的 YAG 棒,两支泵浦氪灯放置在双椭圆聚光器的焦线上作为泵浦源;用脉冲电源,充电电容为 400 μf,重复频率为 5 000 Hz,脉冲持续时间约为 0.5 μs,输出能量与输入能量的关系见图 7.51。

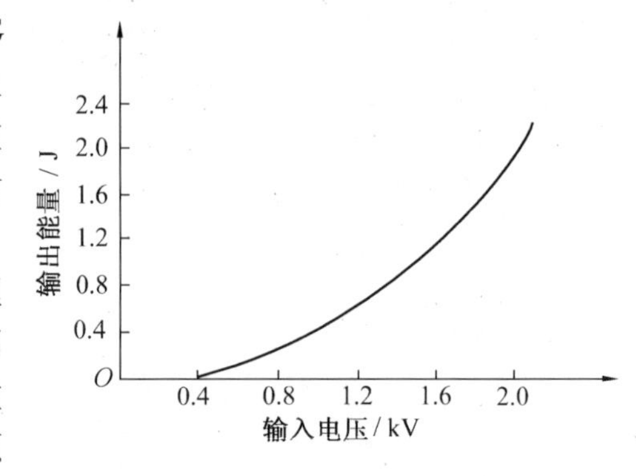

图 7.51 能量 – 电压关系曲线

2. 单块双 45°电光晶体 PTM 调 Q 激光器原理

前面介绍的双 45°电光晶体调 Q 不仅可以用做 PRM 法调 Q,也可用做 PTM 法调 Q,这只要在光路上做一些变动就可,它的 PTM 工作方式的原理见图 7.52。

设脉冲光泵开始泵浦时,已调成最佳工作状态的铌酸锂电光晶体上的电压 $U_x=0$,电光晶体处于"直通"状态。由于全反射镜已从光轴中心移至两侧,因而,在直通时损耗很大,谐振腔内不能形成激光振荡。当工作物质的粒子反转数积累至最大值时,晶体上加上 $U_{\lambda/2}$ 电压,形成"电斜面"工作状态。由于 $\gamma_1=\gamma_2=\gamma_3=100\%$,在谐振腔内迅速形成激光振荡,腔内激光振荡达到峰值时立即撤去电压。由于谐振腔

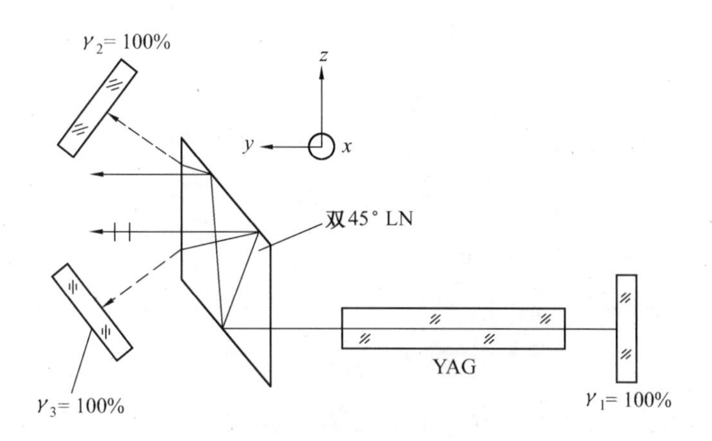

图 7.52　双 45°电光晶体 PTM 调 Q 工作方式原理

恢复到“直通”状态时，透过率 $T=100\%$，因而腔内激光被倒至腔外。若 $U_{\lambda/2}$脉冲电压的后沿是阶跃的，则所得激光脉冲宽度近似为 $\Delta t=2\eta L/c$，式中 c 为光速，η 为腔内光学元件在腔长上的平均折射率，L 为腔长。

3. 声光腔倒空技术

声光腔倒空技术使激光器谐振腔内的激光能量能在一个很短时间里全部输出。一般利用声光 Q 开关器件实现。即高 Q 状态时腔内进行无输出损耗的激光振荡，直到腔内光子数密度达到饱和值后，突然加入超声场，由于声光的偏转作用使光子全部在其他反射面上耦合输出，这时腔内 Q 值突变为最低值。显然其输出效率较高，光脉冲脉宽也很窄，相当于光子在谐振腔内来回一次所需的时间 $2L/c$（ns 级）。光脉冲的重复频率可以高达兆赫兹以上，介于声光调 Q 与锁模的重复频率之间。图 7.53 是一种声光腔倒空氩离子激光器示意图。声光器件未加高频驱动电压时，光路为图中实线所示。施加驱动电压时，发生布拉格衍射，光束从 A 到 B 后，零级衍射光沿 BC 传播，被 M_3 反射后回到 B 处时发生的一级衍射光将沿 BD 光路输出腔外。又从 B 到 E，BE 被 M_3 反射又回到 B，连同此时产生的零级衍射光一并沿 BD 光路输出腔外，输出光路如虚线所示，结果使输出的功率大大提高。用此法可使氩离子激光器的输出功率提高 75 倍。同理，在 YAG 和 He－Ne 激光器中亦可实现腔倒空输出。

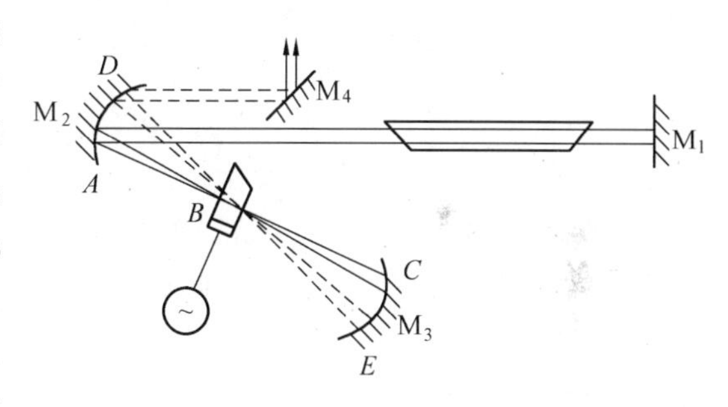

图 7.53　声光腔倒空氩离子激光器

图 7.54 是声光介质的典型形状，A、B 为两个通光面，要求不平行度小于 $\lambda/5$，不平行度小于 10″为宜。

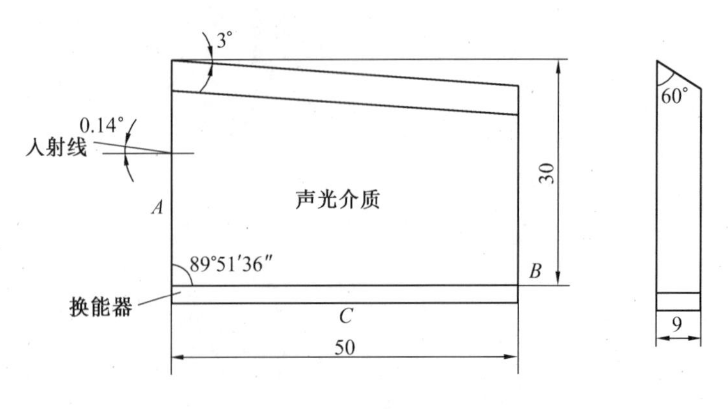

图 7.54 声光晶体几何形状

7.6 锁模技术

调 Q 技术所能获得的最窄脉宽约为 10^{-9} s 量级，而在非线性光学、受控核聚变、等离子体诊断、高精度测量等领域中，往往需要宽度更窄的脉冲（$10^{-15} \sim 10^{-12}$ s）。锁模技术就是获得超短脉冲的一种技术。本节简要介绍锁模的基本原理及方法，需要深入了解请阅读有关参考文献[24]。

一、锁模的基本原理

一般自由运转的激光器，其输出包含有若干超过阈值的纵模。这些模的振幅和相位均随机变化。激光输出随时间的变化是各纵模无规则叠加的结果，是一种时间平均的统计值。而且谐振腔的各种无规则干扰（如激光工作物质的热效应、腔体和泵浦源的无规则扰动等）将导致输出光强也做无规则起伏。因此，如果能使各纵模之间的相角有一个确定的关系，就可获得超短脉冲的激光输出。这种使各纵模的相角有一定关系的技术就称之为锁相技术，常称为锁模，其原理如下。

要获得窄脉宽、高峰值功率的激光脉冲，锁模技术是实现的一种方法。在锁模方法中，如果能够用某种方法使各纵模相邻频率间隔相等并固定为 $\Delta\nu_q = c/2\eta L$，并且具有固定的相对相位关系，那么激光器的输出将以重复频率的窄脉冲形式随时间变化，这就叫做锁模，这种锁模在单横模激光器中是能够实现的。

我们知道，一个激光器谐振腔中往往是由许多频率间隔很小的纵模式组成的，设第 q 个模式的电矢量 $E_q(t)$ 为

$$E_q(t) = A_q \cos(\omega_q t + \varphi_q) \tag{7.157}$$

式中 A_q、ω_q 和 φ_q——第 q 个模式的振幅、频率和初相位。

那么激光器内 n 个纵模输出的总辐射场为

$$E(t)=\sum_{q=-n}^{n}E_q(t)=\sum_{q=-n}^{n}A_q\cos(\omega_q t+\varphi_q) \tag{7.158}$$

从上式中可以看出,激光器的总输出是随时间变化的,变化的方式取决于所有这些模式的 A_q、ω_q 和 φ_q,通常 A_q、ω_q 和 φ_q 是不固定的。

在式(7.158)中,如果强使各个模式维持固定的频率间隔以及固定的位相关系与振幅,激光器总的输出将以预定的方式随时间变化。例如维持各个纵模的振幅相等,频率间隔相等,位相相关,就能够达到锁模目的。下面举例说明。

在激光谐振腔中,设有三个频率为 ν_1、ν_2、ν_3 的光波振荡,它们的振幅、频率满足 $A_{01}=A_{02}=A_{03}=A_0$、$\nu_2=2\nu_1$、$\nu_3=3\nu_1$,而且初相位被锁定,即 φ_1、φ_2、φ_3 有确定的关系。为简单起见,令 $\varphi_1=\varphi_2=\varphi_3=0$,则有

$$e_1=A_0\cos(2\pi\nu_1 t)$$

$$e_2=A_0\cos(4\pi\nu_1 t)$$

$$e_3=A_0\cos(6\pi\nu_1 t)$$

波形见图 7.55(a)。在任一时刻,总的光波振荡为三个频率振荡的叠加。当 $t=0$ 时,$A=A_1+A_2+A_3=3A_0$;当 $t=\frac{1}{3\nu_1}$时,$A_1=A_0\cos\frac{2\pi}{3}=-\frac{A_0}{2}$、$A_2=A_0\cos\frac{4}{3}\pi=-\frac{A_0}{2}$、$A_3=A_0\cos2\pi=A_0$、$A=A_1+A_2+A_3=0$;同理,当 $t=\frac{2}{3\nu_1}$时,$A=0$;当 $t=\frac{1}{\nu_1}$时,$A=3A_0$。而光强 $I\propto A^2$。这样,光强和时间的关系曲线见图 7.55(b)。由此可知,当三个纵模有相同的初相位,且它们的频率都是某一数值的整数倍时,叠加后可得周期性脉冲,脉冲的幅度近似为原来的 3 倍(不锁相时光强为$(2n+1)\frac{A^2}{2}=\frac{7}{2}A^2$),锁相时为 $9A^2$。对于谐振腔内存在$(2n+1)$个纵模的情况,同样有类似的结果。

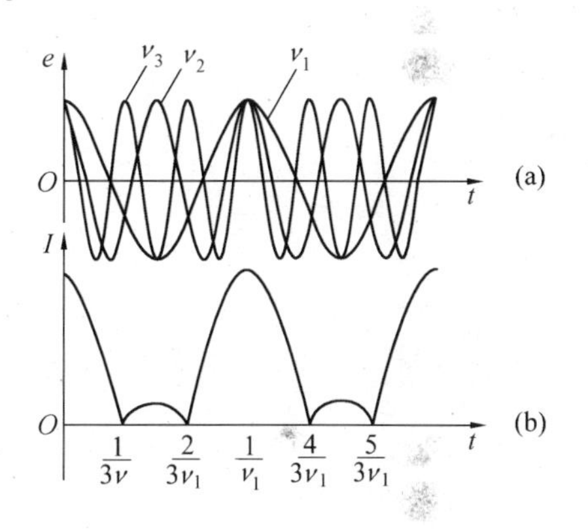

图 7.55　光波振荡波形及光强与时间的关系

锁模激光具有如下的性质:

① 腔长为 L 的激光器,其纵模的频率间隔为 $\Delta\nu_q=\nu_q-\nu_{q-1}=c/2\eta L$,对于多模激光器的锁模结果,出现了相邻脉冲值间的时间间隔为 $t=2L/C$ 的规则脉冲序列。可见锁模脉冲的周期 t 等于光在腔内来回一次所需的时间。因此我们可以把锁模激光器的工作过程形象地看做有一个脉冲在腔内往返运动,每当此脉冲行进到输出反射镜时,便有一个锁模脉冲输出,当激光器输出总光场是$(2n+1)=7$ 个振荡模时,其输出光强随时间变化的曲线见图 7.56。下面简

要讨论图 7.56 中锁模激光器输出光强与相位锁定关系。

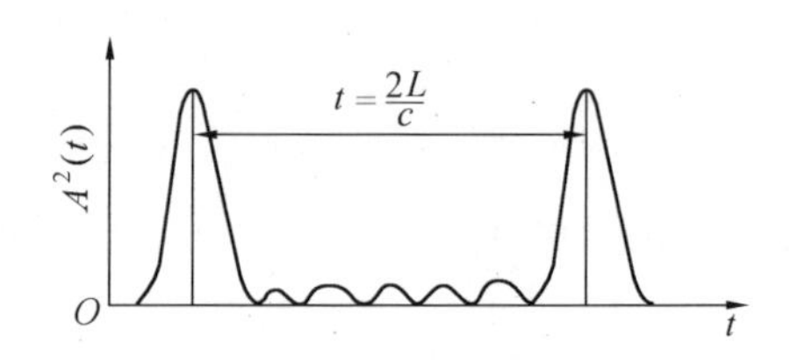

图 7.56　7 个振荡模的输出光强

若激光器输出为多纵模且所有的振荡模均具有相等的振幅 A_0，超过阈值的纵模数共有$(2n+1)$个，处于介质增益曲线中心的模(纵模序数 $q=0$)，其角频率为 ω_0，初位相为零，各相邻模的位相差为 φ，根据式(7.157)和(7.158)，这时总光场还可以写成

$$E(t)=\sum_{q=-n}^{n}A_0\cos[(\omega_0+q\Delta\omega_q)t+q\varphi]=$$
$$A_0\cos\omega_0 t\{1+2\cos(\Delta\omega_q t+\varphi)+2\cos[2(\Delta\omega_q t+\varphi)]+\cdots\cdots+2\cos[n(\Delta\omega_q t+\varphi)]$$

利用三角函数求和公式并经运算，得到

$$E(t)=A_0\cos(\omega_0 t)\frac{\sin\left[\frac{1}{2}(2n+1)(\Delta\omega_q t+\varphi)\right]}{\sin\left[\frac{1}{2}(\Delta\omega_q t+\varphi)\right]}=A(t)\cos(\omega_0 t)\tag{7.159}$$

式中

$$A(t)=A_0\frac{\sin\left[\frac{1}{2}(2n+1)(\Delta\omega_q t+\varphi)\right]}{\sin\left[\frac{1}{2}(\Delta\omega_q t+\varphi)\right]}\tag{7.160}$$

上式表明，$(2n+1)$个模式的合成总光场的频率为 ω_0、振幅 $A(t)$随时间变化。那么输出光强 $I(t)$为

$$I(t)\propto A^2(t)=\frac{A_0\sin^2\left[\frac{1}{2}(2n+1)(\Delta\omega_q t+\varphi)\right]}{\sin^2\left[\frac{1}{2}(\Delta\omega_q t+\varphi)\right]}\tag{7.161}$$

图 7.56 为$(2n+1)=7$时 $I(t)$随时间变化的示意图。

在式(7.161)中，若当$(\Delta\omega_q+\varphi)=2m\pi$时($m=0,1,2,\cdots$)光强最大。最大光强(脉冲峰值光强)$I_m$ 为

$$I_m\propto A^2(t)=A_0^2(2n+1)\tag{7.162}$$

从上式可以看出，激光谐振腔内$(2n+1)$个振荡的纵模经过锁相以后，总的光场变为频率为 ω_0 的谐幅波，输出光强 $I(t)$正比于振幅 $A^2(t)$，是随时间变化的函数，光强受到调制。另外我们可以看出，锁模后脉冲峰值功率比未锁模时提高了$(2n+1)$倍。腔长越长，荧光线宽越大，则腔内振荡的纵模数目越多，锁模脉冲的峰值功率就越大。

② 锁模激光的每个脉冲的宽度 τ 由下式确定

$$\tau = \frac{2\pi}{(2n+1)\Delta\omega_q} = \frac{2\pi}{(2n+1)2\pi\Delta\nu_q} = \frac{1}{(2n+1)}\frac{1}{\Delta\nu_q} \tag{7.163}$$

从上式中可以看出,主脉冲的宽度 τ 比例于振荡线宽的倒数,因为振荡线宽不会超过激光器的净增益线宽 $\Delta\nu_q$,因此在极限情况下,$\tau_{\min} = 1/\Delta\nu_q$,可见增益线宽越宽,越可能得到窄的锁模脉宽。另外,我们知道在脉冲调 Q 激光器中,输出脉宽最窄只有 $\tau_{\min} = 2L/C$,而锁模脉宽比调 Q 脉宽还要减小$(2n+1)$倍。

表 7.7 给出了几种典型锁模激光器的脉冲宽度[25]。

从上面的分析可知,在锁模激光器中,出现极值的时间间隔为 $2L/c$,而 $2L/c$ 恰好是一个光脉冲在腔内往返一次所需的时间,所以锁相的结果可以理解为只有一个光脉冲在腔内来回传播,一个输出脉冲到下一个输出脉冲的时间间隔为 $t = 2L/c$,且锁相脉冲的宽度 τ 反比于增益线宽。采用增益线宽大的工作物质进行锁模对压缩脉宽是有利的。钕玻璃的 $\Delta\nu_L$ 荧光线宽度较大($7.5\times10^{12}\ \mathrm{s}^{-1}$),因此锁模脉冲的宽度可压缩至 10^{-13}量级。

表 7.7　几种锁模激光器的脉冲宽度

激光器类型	工作介质荧光线宽度/Hz	脉冲宽度(计算值)/s	脉冲宽度(测量值)/s
红宝石	3.3×10^{11}	3×10^{-12}	1.2×10^{-11}
钕玻璃	7.5×10^{12}	1.33×10^{-13}	4×10^{-13}
Nd^{3+} - YAG	1.95×10^{11}	5.2×10^{-12}	7.6×10^{-11}
He - Ne	1.5×10^{9}	6.66×10^{-10}	6×10^{-10}
氩离子	10^{10}	10^{-10}	1.3×10^{-10}
若丹明 $6G$	$5\times10^{12}\sim3\times10^{13}$	$2\times10^{-13}\sim3\times10^{-14}$	3×10^{-14}
GaAlAs	10^{13}	10^{-13}	$0.5\sim30\times10^{-12}$
InGaAsP	$10^{12}\sim10^{13}$	$10^{-12}\sim10^{-13}$	$4\sim50\times10^{-12}$

二、锁模方法

从锁模的基本原理中可知,在一般激光器中,激光振荡模式中的各纵模相位没有确定的关系,相应纵模的频率间隔并不严格相等(由于频率牵引和频率推斥效应)。因此,必须采取一定的方法强制各纵模相位保持确定的关系,并使相邻纵模频率间隔相等,才能得到超短脉冲输出。锁模最早在 He - Ne 激光器中实现(采用声光调制方法),以后在氩离子激光器、CO_2 激光器、红宝石激光器、Nd^{3+} - YAG 激光器等中实现。根据不同类型激光器性能和锁模要求,纵模锁定目前采用的方法有主动锁模与被动锁模两类,下面简要介绍这两种方法,需要深入了解请阅读有关参考文献[1]。

1. 主动锁模

主动锁模也可称为内调制锁模,它采用的是周期性调制激光谐振腔参量的方法,即在激光腔内插入一个调制器进行模式锁定的技术。调制器的调制频率应精确地等于纵模间隔,这样可以得到脉冲重复频率为 $f_N = c/2L$ 的锁模脉冲序列。主动锁模又可分为振幅调制锁模和相位调制锁模。

(1) 振幅调制锁模

振幅调制锁模方法是调制激光工作物质的增益或腔内损耗,利用声光或电光调制器均可实现振幅调制锁模。例如在腔内插入损耗调制器,见图 7.57,若损耗调制的频率为 $c/2L$,则调

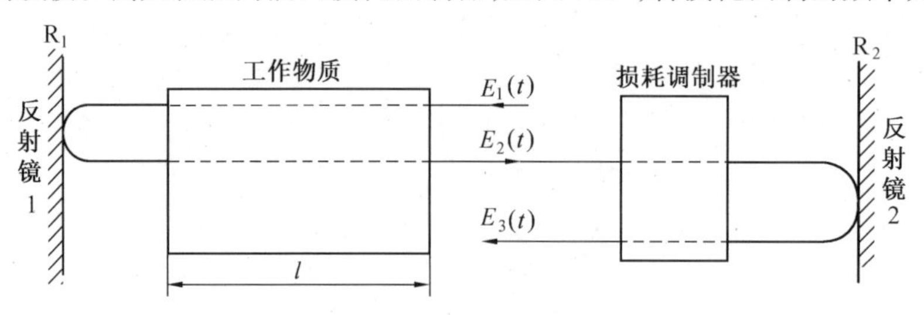

图 7.57 幅度调制锁模激光器示意图

制频率的周期正好是光脉冲在腔内往返一周所需的时间。在图 7.57 中,若将损耗调制器放在谐振腔反射镜一端,设某时刻 t_1 通过损耗调制器的光信号受到的损耗为 $\delta(t_1)$,则光脉冲在腔内往返一周时 $(t_1 + 2L/c)$,这个光脉冲信号受到同样的损耗,则

$$\delta\left(t_1 + \frac{2L}{c}\right) = \delta(t_1) \tag{7.164}$$

在上式中,如果

① $\delta(t_1) \neq 0$,那么这部分光信号在腔内每往返一个来回就受到一次损耗,若 $\delta > G$(损耗大于腔内的增益),这部分光波最后就会消失。

② $\delta(t_1) = 0$,这时通过损耗调制器的光信号,每往返一次都能无损耗地通过,并且该光波在腔内往返通过激光工作物质时就会不断得到放大,使振幅越来越大。如果激光谐振腔内的损耗及增益控制得适当,那么将形成脉宽很窄,周期为 $2L/c$ 的脉冲序列输出。

现以最简单的余弦调制为例,简要介绍振幅调制(内调制)的基本原理。由于腔内插入损耗调制器,当调制器加上适当的调制电压,使激光谐振腔的损耗以两个纵模间的角频率间隔 $\Delta\omega_q$ 做周期性变化,则

$$\Delta\omega_q = 2\pi\Delta\nu_q = 2\pi\frac{c}{2\eta L} = \frac{\pi c}{L} \tag{7.165}$$

上式中 $\eta = 1$。由于损耗的改变,每个振荡模式(纵模)的振幅也要发生周期性的变化。如果激光工作物质中增益曲线中心频率 ν_0 处的纵模首先振荡,其电矢量表达式为

$$E(t) = A(t)\cos(2\pi\nu_0 t + \varphi_0)$$

上式中

$$A(t) = E_0(1 + \cos 2\pi\nu_m t) \tag{7.166}$$

若这种调制波可视为三个频率,即 $\nu_0,\nu_0+\nu_m,\nu_0-\nu_m$ 的振荡合成,则

$$E(t) = E_0\cos(2\pi\nu_0 t + \varphi_0) + \frac{E_0}{2}\cos[(2\pi\nu_0 + 2\pi\nu_m)t + \varphi_0] + \frac{E_0}{2}\cos[(2\pi\nu_0 - 2\pi\nu_m)t + \varphi_0] \tag{7.167}$$

此三个振荡模的特点是,相邻振荡的频率间隔为 ν_m,各振荡模的相位都相同,为 φ_0。若使插入的调制器的调制频率 ν_m 满足:$\nu_m = c/2L = 1/T$,则得到锁模脉冲的输出。调幅后的纵模频谱见图 7.58。

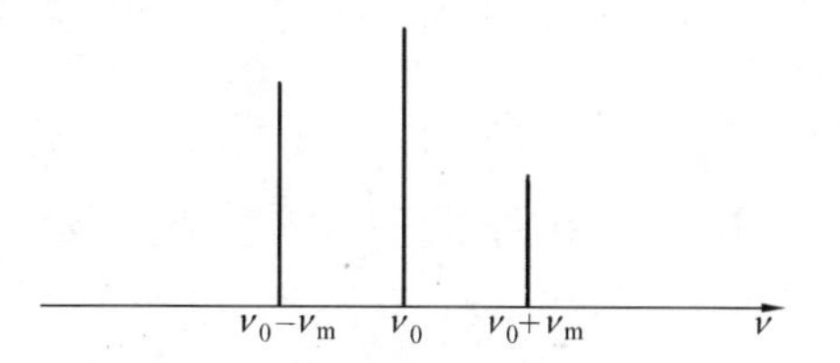

图 7.58　调幅后的纵模频谱

从式(7.167)和图 7.58 中可以看出,调幅的结果使中心振荡纵模不仅包含原有频率 ν_0 的成分,还含有边频$(\nu_0+\nu_m)$和$(\nu-\nu_m)$、其初位相不变的两个边带。边带的频率正好等于无源腔的两个纵模频率间隔。也就是说,在激光器中,一旦在增益曲线中的某个频率 ν_0 形成振荡,将同时激起两个相邻模式的振荡。并且这两个相邻模式幅度调制的结果又将产生新的边频,因而激起频率为$(\nu_0\pm2\nu_m)$模式的振荡,如此继续下去,直至线宽范围内的纵模均被耦合而产生振荡为止。

(2) 相位调制锁模

相位调制又可称为频率调制。其具体实施方案是在激光谐振腔中插入一个电光晶体(例如铌酸锂等晶体),作为相位调制器,利用电光晶体的折射率 η 随外加电压的变化,产生相位调制。相位调制器的作用可以理解为由于一种频移,使光波的频率发生向大的或小的方向移动。当激光脉冲每经过相位调制器一次,就产生一次频移,直至移到增益曲线以外,类似损耗调制器,这部分信号就从腔内消失掉。但只有那些在相位变化的极值处(极大或极小)通过调制器的光信号,才能在腔内保存下来,从而形成振荡。在 7.1 节基础上,以铌酸锂电光晶体为例,简单分析电场垂直于光轴时的铌酸锂晶体的横向电光效应。设激光束沿 x 方向传播,沿 z 方向加调制信号电压,这时晶体的折射率和沿 z 方向施加的电场分别为

$$\eta_x' = \eta_o - \frac{1}{2}\eta_o^3 r_{13} E_z$$

$$\eta_z' = \eta_e - \frac{1}{2}\eta_e^3 r_{33} E_z$$

$$E_z = \frac{U}{\mathrm{d}}\cos 2\pi\nu_m \mathrm{t}$$

式中　d——z 方向晶体的长度；

U——所加的电压；

ν_m——调制频率。

如果电光晶体在 x 方向的长度为 L，则激光通过晶体后产生的相位延迟 $\Delta\psi(t)$ 为

$$\Delta\psi(t)=\frac{2\pi}{\lambda}L\Delta\eta(t)=\frac{\pi}{\lambda}r_{33}\eta_e^3U\frac{L}{d}\cos2\pi\nu_m t \tag{7.168}$$

由于频率的变化是相位变化对时间的微分，则

$$\Delta\omega(t)=\frac{d\varphi(t)}{dt}=\frac{-\pi}{\lambda}\frac{L}{d}r_{33}\eta_e^3U\omega_m\sin(\omega_m t) \tag{7.169}$$

式中 $\omega_m=2\pi\nu_m$。上几式中的晶体折射率变化 $\Delta\eta(t)$，光波的相位延迟 $\Delta\varphi(t)$ 及频率的变化 $\Delta\omega(t)$ 示意图见图 7.59。在图中，我们可以看出，对应于调制信号的两个极值（由于每周期内存在两个相位极值，极大或极小），有两个完全无关的超短脉冲序列，在图 7.59 下方，分别以实线和虚线表示。由于这两列脉冲出现的几率相同，从而增加了锁模脉冲位置的相位不稳定性，使得器件的微小扰动都会使锁模激光器输出从一个系列跃变到另一个系列（激光器通常工作在一个系列上）。为了避免这种跃变，通常的办法是将原有调制信号及其倍频信号同时施于电光调制晶体，造成相位调制函数的不对称性，从而使一列脉冲优先运行。

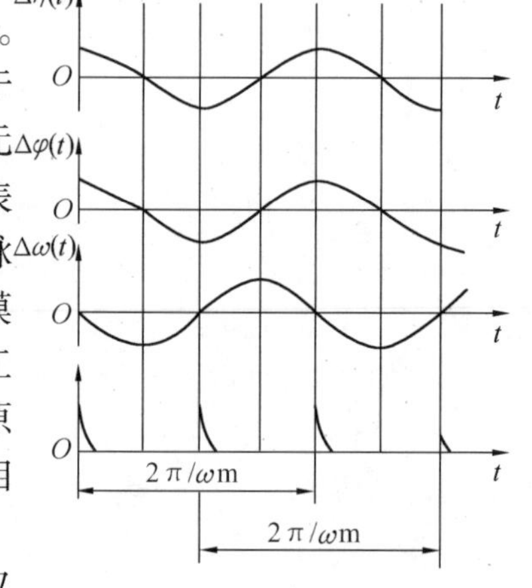

图 7.59　相位调制锁模原理图

在锁模激光器系统中，谐振腔内使用的光学元件不仅具有良好的光学均匀性，还要求各光学元件的表面应镀很好的增透膜等性能。调制器可采用声光或电光调制。通常认为声光调制的功耗低，热稳定性好，因此大多采用声光调制方法。在声光调制中采用高效率的布喇格衍射，声驻波的形式，透射光均取零级衍射光。

例如用声光调制器对 Nd^{3+} – YAG 激光器锁模的实例：工作物质尺寸为 $\phi3\times56$ mm，两端镀增透膜，采用连续氪灯泵浦，聚光器为单椭圆腔，腔型为平行平面腔，腔长为 750 mm，楔形输出反射镜对 $\lambda=1.06\ \mu m$ 的反射率为 95%，声光介质材料采用 $PbMO_4$（钼酸铅），换能驱动频率为 100 MHz，置于输出反射镜一端。当输入功率为 1.6 kW 时，获得锁模单脉冲宽度为 $\tau=200$ ps，序列脉冲的平均功率为 180 MW。

2. 被动锁模（可饱和和吸收染料锁模）

产生超短脉冲的另一种办法是被动锁模。具体实施方法是在激光谐振腔内插入一薄层的可饱和吸收体（如染料盒）可构成被动锁模激光器。可饱和吸收体是一种非线性介质，其透过率与光强有关，见图 7.60。当光场较弱时对光吸收很强，因此光透过率很低。但随着激光强

度增加(光场由弱变强),吸收减少,当激光强度增加到一特定值时吸收饱和光透过率达到 100%,使强度最大的激光脉冲经受最小的损耗,从而得到很强的锁模脉冲。

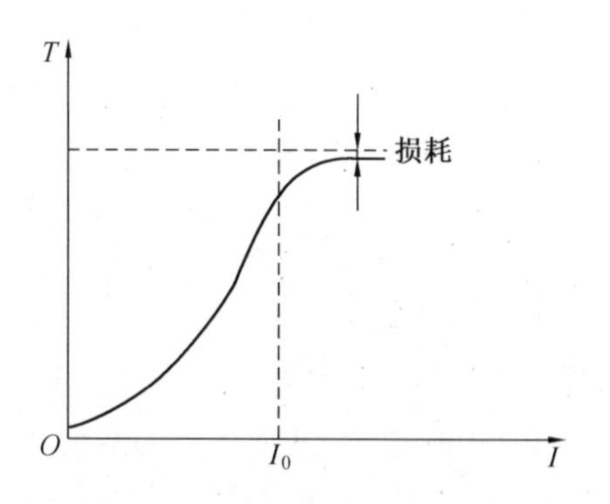

图 7.60　可饱和染料的吸收特性

(1) 被动锁模激光器基本原理

在被动锁模激光器中,激光通过可饱和吸收体时,弱信号遭受较大的损耗,而强的尖峰信号却衰减很小。但只要可饱和吸收体的激发态寿命短于光子在腔内往返一周的时间 $t=2L/c$,也就是说可饱和吸收体的吸收高能级寿命 τ_N 远小于 t,则在强尖峰激光脉冲通过后,透过率很快下降,后继通过的弱光仍经受很大的损耗。由于可饱和吸收体的染料具有饱和吸收的特性,但弱信号透过率小,衰减很多,而强信号则衰减得小,且绝对值的降低可由工作物质的放大而得到补偿,其结果是强光脉冲形成稳定振荡,而弱信号光衰减殆尽。同时,在强尖峰光脉冲多次经过可饱吸收体时,脉冲的前沿不断被削掉,所以形成一系列周期为 $1/\Delta\nu_q=2L/c$ 的超短脉冲输出序列,其过程见图 7.61[22]。在图中,当信号光多次通过产生吸收和激光工作物质的放大后,极大值与极小值之差,也就是强度的起伏,由 M_1 增加到 M_2,再吸收,再放大,又增加到 M_3,与此对应的图 7.61(b)中的相应频谱,在图中,开始时仅包含 ν_0 和两个较弱的边频信号($\nu-\Delta\nu_q$)和($\nu_0+\Delta\nu_q$),经过多次吸收和激光工作物质放大后,边频信号的强度比 ν_0 增加得快,并又激发了新的边频信号($\nu-2\Delta\nu_q$)和($\nu_0+2\Delta\nu_q$),再经过几次吸收和放大,边频信号又增大,如此继续,形成了超短脉冲序列。

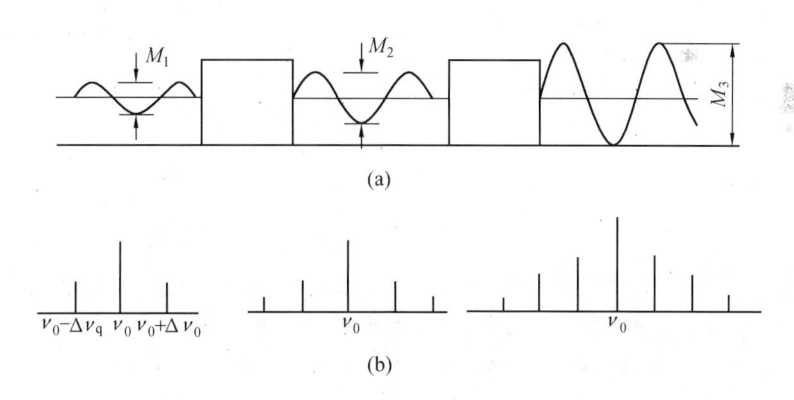

图 7.61　多次通过染料时强度起伏的变化及相应的频谱

(2) 被动锁模激光器结构设计考虑

被动锁模激光器结构虽然简单,无需外加调制信号,但对可饱和吸收体的染料浓度、泵浦强度和谐振腔的结构设计等都有严格的要求,否则激光输出不稳定,锁模发生率仅为 60% ~

70%,近些年来发展起来的碰撞被动锁模却相当稳定,它可产生飞秒量级的超短光脉冲。碰撞锁模激光器原理示意图见图 7.62[23]。在图中,激光谐振腔型为环形腔结构,在环形激光谐振腔内放置增益工作物质和可饱和吸收体,它们之间的距离严格调整到环形周长的 1/4。在环形锁模激光器中有两个反向传播的脉冲,它们精确同步地到达可饱和吸收体,相向传播的两个脉冲在可饱和的吸收体中对撞,发生相干叠加效应且产生瞬态驻波。在驻波的波腹处,光强是行波脉冲的 4 倍,它导致吸收体的深度饱和,光信号损耗很小。在波节处,光强很弱,吸收体虽未充分饱和,但实际损耗很小。由于两个脉冲在吸收体中对撞且发生相干叠加效应,使可饱和吸收体中的光波电场(或者光强)呈现周期性分布,产生光强的空间调制而形成空间光栅。在形成空间光栅的过程中,两脉冲能量的前沿被吸收,它的光强比单一脉冲使吸收体饱和快,由于吸收体的弛豫时间大于光脉冲宽度,脉冲后沿通过时,光栅的调制度仍然很大,便会受到后向散射而得到压缩。由于在吸收体内形成的空间光栅使饱和体吸收更为有效,因而锁模过程稳定,产生的超短脉冲更窄。

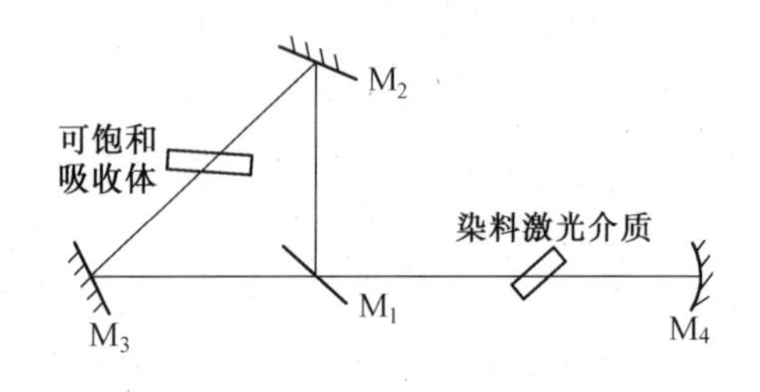

图 7.62　碰撞锁模激光器原理示意图

7.7　选 模 技 术

激光器通常是多模振荡,包括多纵模和多横模。前者按频率区分模数,后者按空间区分模数。尽管谐振腔对纵模和横模都有限制作用,但是在有些场合,例如要求提高相干长度时,仍然是不够的。这就需要进一步选模,即选择特定的模式允许振荡,按频率和空间区分的模数同时尽可能减小。极限情况下,则要求单波型,即单一频率、单一空间波型振荡。下面简要介绍横模和纵模选择的原理和方法,如需深入了解请阅读有关参考文献[22]。

一、横模选择

在第三章中,由光学谐振腔中的理论知道,激光振荡阈值的条件是 $G(v) \geqslant \delta_{总}$,总损耗 $\delta_{总}$ 包括了激光束通过增益介质产生的损耗 δ_i、激光束在谐振腔两个镜面上的误差 δ_m(包括透射、散射、吸收等损耗)、衍射损耗等。实际上,激光振荡建立的条件是增益 $G(v)$ 必须大于损耗 $\delta_{总}$,那么激光器要以基横模(TEM_{00})运转的充分条件是,基横模的单程增益 G_{00} 至少应能补偿它在腔内的单程损耗 δ_{00},则

$$G_{00}^0 \sqrt{\gamma_1 \gamma_2}(1 - \delta_{00}) \geqslant 1 \tag{7.170}$$

而损耗高于基横模的相邻的高阶横模(如 TEM_{10} 模),却应同时满足

$$G_{10}^0 \sqrt{\gamma_1 \gamma_2}(1 - \delta_{10}) < 1 \tag{7.171}$$

式中　G_{00}^0, G_{10}^0——工作物质中 TEM_{00}和 TEM_{10}模的小信号增益系数；

γ_1, γ_2——谐振腔的两个反射镜的反射系数；

δ_{00}, δ_{10}——TEM_{00}模和 TEM_{10}模式的衍射损耗。

在各个横模的增益大体相同的情况下，不同横模的衍射损耗是不一样的，不同横模间衍射损耗的差别是进行横模选择的根据。也就是说需要的基横模满足式(7.170)产生振荡，而使不需要的高阶横模不满足式(7.171)，因而不能产生振荡，这就达到了滤去高阶横模的目的。因此必须尽量增大高阶横模与基横模的衍射损耗比，δ_{10}/δ_{00}比值越大，则横模鉴别力越高。另外在通常情况下，还需要尽量减小激活介质的内部损耗 δ_i、镜面上的损耗 δ_m，而相对增大衍射损耗 δ_{mn}在总损耗 $\delta_{总}$ 中的比例。

衍射损耗大小及模式的鉴别力与谐振腔的腔型和腔的菲涅耳数 N 有关，也就是说，不同的谐振腔结构、腔参数、横模，其衍射损耗各不相同，在前几章内容中，已对衍射损耗做了论述，在这里不做介绍。例如共焦腔和半共焦腔的 TEM_{00}模及 TEM_{10}模式的 δ_{10}/δ_{00}比值最大，平行平面腔与共心腔的 δ_{10}/δ_{00}比值最小等。下面简要介绍几种基横模选择方法。

1. 光阑法选模

采用光阑法选横模最为普遍，而且结构简单，只需在光学揩振腔内插入一个适当大小的小孔光阑或限制工作物质横截面积，便能降低谐振腔的菲涅耳数，增加各阶横模的衍射损耗差别，便可抑制高阶横模而获得基横模输出。此方法实施有以下几种形式。

(1) 小孔光阑选模

小孔光阑选模基本结构见图 7.63。根据第三章介绍过的高斯光束原理，通常在谐振腔内插入小孔光阑的孔径 r_a(半径)应与基横模有效光束半径 $W(z)$大致相等，即

$$W(z) = W_0\left[1 + \frac{z^2}{(\frac{\pi}{\lambda}W_0^2)}\right]^{1/2} \approx r_a$$

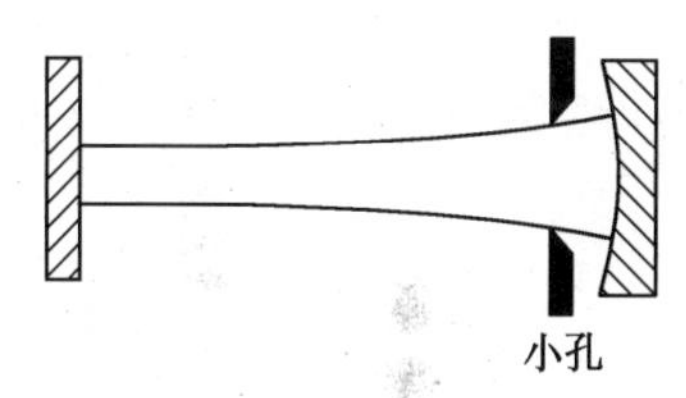

图 7.63　小孔光阑选模

从上式中可以看出，小孔光阑放在谐振腔内不同位置时，其小孔光阑的半径 r_a 的大小是不同的。

(2) 聚焦光阑法

为了扩大基横模体积，充分有效利用激光工作物质，在小孔光阑选模结构基础上，在谐振腔内安置透镜的方法，见图 7.64。在图中，小孔光阑放在透镜的焦点上，这样光束在腔内传播时可以在增益介质内具有大的模体积。当光束通过小孔光阑时，光束边缘部分的高阶横模因光阑阻挡受到损耗而被抑制掉，所以这种聚焦光阑装置既保持了小孔光阑的选模特性，又扩大了选模体积。

(3) 猫眼腔选横模方法

所谓“猫眼腔”是在聚焦光阑法结构基础上稍做改进而形成的猫眼腔选横模。平行平面腔

的“猫眼腔”选模的装置见图 7.65。在图中,在平面反射镜 M_2 前放了一个小孔光阑,另外,再在透镜处放置一个具有较大半径的光阑 2,这种结构称之为“猫眼腔”。这种选横模结构在几何光路上等价于一个共焦腔,其优点是有利于减小激光发射角,而且也增加了激光的输出功率。

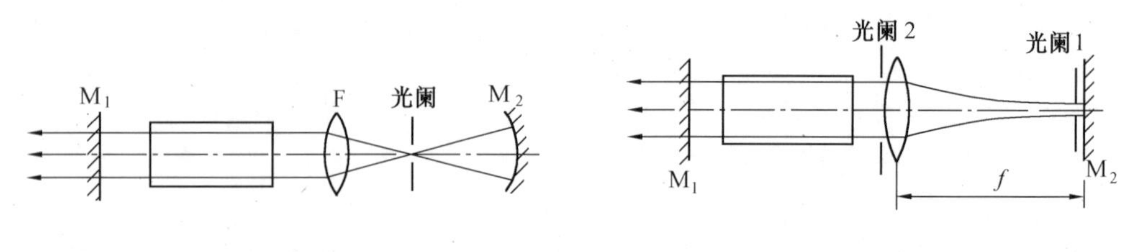

图 7.64 聚焦光阑选模　　　　图 7.65 猫眼腔选模

2. 其他方法选横模

(1) 谐振腔参数选择法

适当选择谐振腔的类型和腔参数值 $J_1(J_1 = 1 - L/R_1)$ 和 $J_2(J_2 = 1 - L/R_2)$ 和菲涅耳数 N $(N = a^2/\lambda L)$,使之满足式(7.170)和(7.171),可使激光器输出基横模激光束。例如,我们知道稳定区和非稳区之间的分界线由 $J_1J_2 = 0$ 或 $J_1J_2 = 1$ 确定,适当地选择谐振腔参数 R_1、R_2、L,使它们运转于临界工作状态,则有利于选横模,因为各阶横模中的基横模的衍射损耗最小,当改变谐振腔的参数,使它的工作点由稳定区向非稳区过渡时,各阶模的衍射损耗都会迅速增加,但基横模的衍射损耗增加得最慢。因此,当谐振腔工作点移到某个位置时,所有高阶模就可能受到高的衍射损耗而被抑制,最后只留下基横模的运转。

(2) 非隐腔选横模

由第一章可知,非稳腔的条件是 $J_1J_2 > 1$ 或 $J_1J_2 < 0$。由于非稳腔是高损耗腔,不同横模的损耗有很大差异,因此利用非稳腔选择基横模有许多益处,如具有模体积大,可充分地使横体充满激活介质,有利于大功率、大能量输出,横模选择本领高等,因此近些年来,利用非稳腔在高增益激光器中选择基横模的方法被广泛采用。

二、纵模选择

在激光器中,若不采取专门措施,一般皆为多纵模振荡或因工作物质本身的能级结构产生多波长振荡。通常可以采用色散腔、短腔法、F－P 标准具法、复合腔法、环形行波腔和利用 Q 开关等方法选单纵模。本节简要介绍色散腔法、短腔法、干涉选纵模法,对于其他方法选单纵模可阅读有关参考文献[22]。

1. 色散腔法

色散腔法是利用腔镜的反射膜的光谱特性或在腔内插入棱镜或光栅等色散元件,将工作物质发出的不同波长的光束在空间分离,然后设法只使较窄波长区域内的光束在腔内形成振

荡，其他波长的光束因不具反馈能力而被抑制掉。

图 7.66 给出了两种色散腔法选模的原理。图 7.66(a)是用棱镜作为色散元件。当三个纵模频率 ν_q、ν_{q-1}和 ν_{q+1}在腔内同时存在，则通过棱镜后它们在空间分离了。使全反射镜和其中一束 ν_q 的行进方向垂直，使它获得光学反馈能力，在腔内形成振荡。最终输出激光的频率就是 ν_q，而其他频率的光波振荡被抑制。

图 7.66(b)则是用光栅 5 代替了图 7.66(a)的棱镜。众所周知，光栅也是色散元件，色散较大，分辨率更高。当谐振腔光束发散角为 10^{-3} rad 时，用棱镜时的分辨率为几个纳米，而用光栅时的分辨率可达到零点几个纳米。

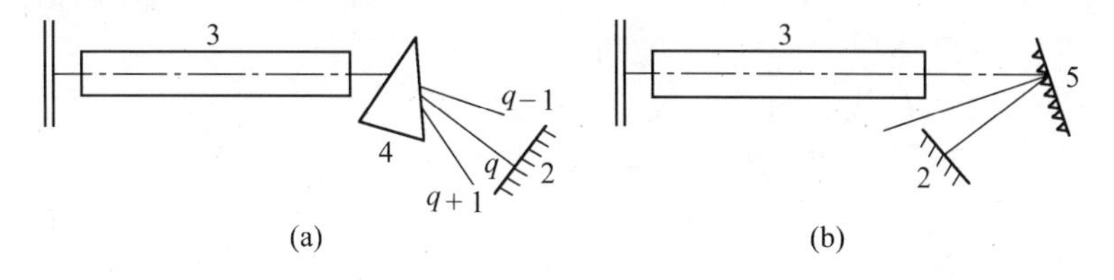

图 7.66　色散腔法选模原理

2. 干涉选模法(F－P 标准具法)

图 7.67 是干涉选模法的原理实验装置。其特点是在谐振腔靠全反射镜一端插入平行平面板，板的两面镀光学薄膜使之具有一定的反射率 γ。板的本身有平面法布里－泊罗标准具的作用。就是对入射角为 θ 的平行光来说，由多光束干涉效应所决定的平行平面板的透射率 T 是入射光波长 λ 的函数，可写成

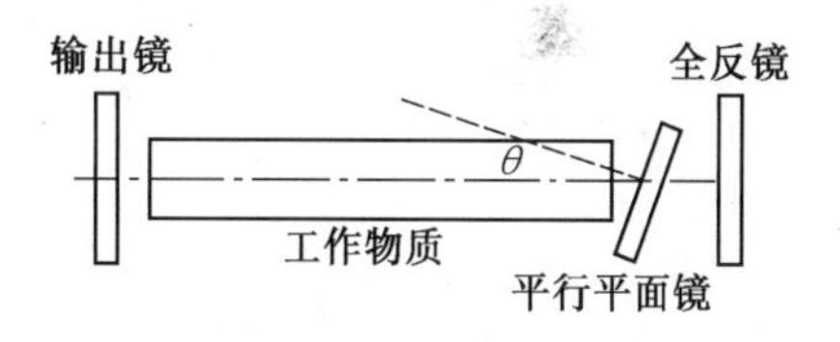

图 7.67　干涉选模法

$$T(\lambda) = \frac{1}{1 + F\sin^2\left(\dfrac{\varphi}{2}\right)} \approx \frac{1}{1 + F\sin^2\left(\dfrac{2\pi d}{\lambda}\right)} \tag{7.172}$$

式中　φ——在平行平面板内参与多光束干涉的两条相邻出射光线的相位差。

φ 由波长 λ、板厚度 d(标准具厚度)、折射率 η 和折射角 θ' 决定，表达式为

$$\varphi = \frac{2\pi}{\lambda}2\eta d\cos\theta' \tag{7.173}$$

F(标准具的精细精度)是由平行平面板表面反射率 γ 所决定的一个因子，即

$$F = \frac{\pi\sqrt{\gamma}}{1 - \gamma} \tag{7.174}$$

在式(7.173)中，当光束进入标准具后的折射角 θ，一般很小，即 $\cos\theta \approx 1$。在式(7.172)中，标准具对不同波长的光束具有不同的透射率 $T(\lambda)$，$T(\lambda)$是波长或 φ 及 γ 的函数。当标准具对光的反射率 γ 取不同值时，$T(\nu)$与 φ 的变化曲线见图 7.68。从图中可以看出，反射率 γ 越大，则透射曲线越窄，选择性就越好。透射率极大值的条件显然是 $\varphi = 2\pi K$(K 为正整数)，即

$2\eta d\cos\theta = K\lambda$。于是以 $\lambda = \frac{c}{\nu}$ 代入可得具有最大透射率的相邻两个频率间隔 $\Delta\nu_m$ 为

$$\Delta\nu_m \approx \frac{c}{2\eta d} \tag{7.175}$$

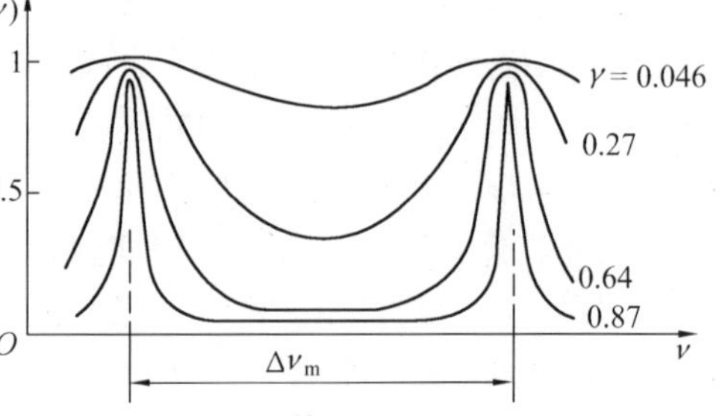

图 7.68　F－P 标准具的透过率

现在将谐振腔的增益曲线(图 7.69(a))、纵模间隔(图 7.69(b))和最大透射率(图 7.69(c)),共同表示在图 7.69 中。选择板的反射率 r,使得在一个最大透射率峰值宽度内只能容纳一个振荡频率,如图上虚线所示。再选择板的厚度 d,使得 $\Delta\nu_m$ 足够大,以致在增益曲线的线宽内只能容纳一个透射率的最大值。在这样的条件下,可以实现单纵模即单频率振荡。

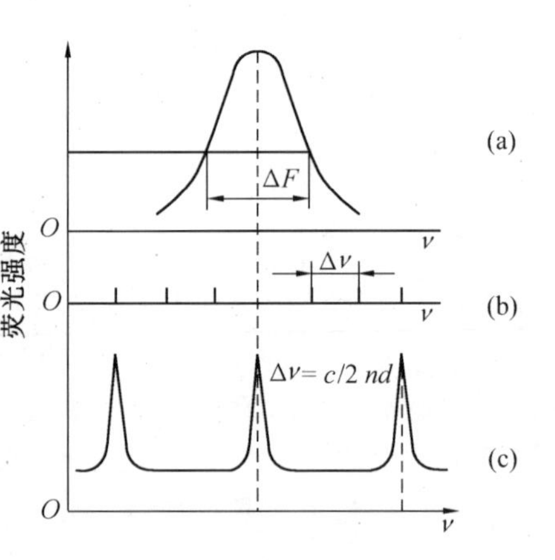

图 7.69　谐振腔的增益曲线

这种选模方法的优点是,平行平面板可以做得很薄,d 值很小,$\Delta\nu_m$ 较大,因此,对于增益曲线线宽较大的情况也是适用的。特别是同时采用几个厚度不同的平行平面板,效果更好。

3.短腔法

在第三章中知道,激光振荡纵模数主要由工作物质荧光线宽度 $\Delta\nu_F$ 和谐振腔的两个纵模间的频率间隔 $\Delta\nu_q$ 确定。而纵模的频率间隔 $\Delta\nu_q = c/2\eta L$ 与腔长 L 成反比。因此可通过缩短谐振腔腔长 L 增大相邻纵模频率间隔 $\Delta\nu_q$,使得在荧光谱线宽度 $\Delta\nu_F$ 内,只存在一个纵模振荡,从而实现单纵模振荡。

短腔法只适用于增益线宽较窄的激光器,原因是腔长缩短,必然影响激光输出功率,因此在需要大功率单纵模输出的场合,此方法是不适用的。

7.8　稳 频 技 术

激光器经过选模,实现了单模输出,维持频率稳定就显得很重要。单模特性最好的是气体激光器,因此稳频的主要对象是气体激光器。虽然激光线宽要比其他单色光的线宽窄得多,但是毕竟还有一定的频率宽度。若对激光器输出激光的频率进行测量,把测量的时间 t 分成很多小段 $\Delta t_1,\Delta t_2,\cdots\Delta t_n$。那么在时间 Δt_i 和 Δt_{i+j} 内所测量出来的数值并不相同。同样,选取时间间隔 Δt_i 的大小不同,测量的结果也会有差别。

在测量时间 t 内,激光频率的稳定度 $S_\nu(t)$ 定义为

$$S_{\nu}(t) = \frac{1}{t}\int_0^t \frac{\nu(t)\mathrm{d}t}{\nu_{\max} - \nu_{\min}} = \frac{\bar{\nu}}{\Delta\nu(t)} \tag{7.176}$$

式中　$\nu_{\max}, \nu_{\min}$——在 t 时间内测得的频率 ν 的极大值和极小值。

$\nu_{\max}$与 $\nu_{\min}$的差 $\Delta\nu(t)$是在时间 t 内频率起伏的数值。$\bar{\nu} = \frac{1}{t}\int_0^t \nu(t)\mathrm{d}t$ 表示在同一时间内频率的平均值。故频率稳定度的定义为在测量时间内频率 ν 的平均值与它的起伏值之比。

显然，$\Delta\nu(t)$越小，则 $S_{\nu}(t)$越大，表示频率的稳定性越好。习惯上，通常把 $S_{\nu}(t)$的倒数作为稳定度的量度，即式(7.176)改写为

$$\frac{1}{S_{\nu}(t)} = \frac{\Delta\nu(t)}{\bar{\nu}} \tag{7.177}$$

例如，常说稳定度 10^{-8}，10^{-9}，10^{-10}等，就是这个意思。下面简要介绍几种稳频方法.

一、影响激光频率稳定性的因素

在激光器工作时，由于受环境温度的起伏，激光管发热、机械振动、磁场的影响等都会引起谐振腔几何长度、工作介质折射率的改变等不利因素。在不考虑原子跃迁谱线微小变化的情况下，激光振荡频率主要由谐振腔的谐振频率决定，即

$$\nu_q = \frac{qc}{2\eta L} \tag{7.178}$$

从上式中可以看出，若腔长 L 或腔内介质折射率 η 发生变化，则激光振荡频率也将发生变化，即

$$\Delta\nu = -qc\left(\frac{\Delta L}{2\eta L^2} + \frac{\Delta\eta}{2\eta^2 L}\right) = -\nu_q\left(\frac{\Delta L}{L} + \frac{\Delta\eta}{\eta}\right) \tag{7.179}$$

按照式(7.177)，通常定义频率稳定性$\frac{\Delta\nu}{\nu}$来描述激光器的频率稳定特性，它表示在某一测量时间间隔内频率的漂移量$|\Delta\nu|$与频率的平均值之比，那么式(7.179)可写成

$$\left|\frac{\Delta\nu}{\bar{\nu}}\right| = \left|\frac{\Delta L}{L}\right| + \left|\frac{\Delta\eta}{\eta}\right| \tag{7.180}$$

从上式中可以看出，激光频率的稳定问题，可以归结为如何设法保持腔长 L 和折射率 η 稳定的问题。例如

①由于环境温度的起伏或硬质玻璃的内腔式 He－Ne 激光管工作时发热，都会使腔长随着温度的改变而伸缩，导致频率的漂移为

$$\Delta\nu = \nu a \Delta T$$

式中，a 为谐振腔材料的线膨胀系数。

如一般玻璃的 $a = 10^{-5}/℃$，石英玻璃的 $a = 6\times10^{-7}/℃$，殷钢的 $a = 9\times10^{-7}/℃$。如玻璃管壳的 He－Ne 激光器，当温度改变量 $\Delta T = 1℃$时，频率漂移量 $\Delta\nu$ 为 10^8 Hz。

②机械振动也是导致光学谐振腔谐振频率变化的重要因素，如对于腔长 $L = 100$ cm 的谐

振腔，当机械振动引起 $\Delta L=10^{-6}$ cm(腔长的改变量)，$\frac{\Delta\nu}{\nu}=10^{-8}$ Hz 的变化等。

二、激光器的稳频方法

1. 兰姆凹陷法稳频

(1) 兰姆凹陷

第二章中曾介绍过多普勒加宽线型增益曲线的烧孔效应，一个振荡频率在其增益曲线上能烧两个孔(对称于中心频率 ν_0)。当激光频率 ν 向中心频率 ν_0 靠近时，两孔的面积正比于每一个纵模所消耗的反转集居数，所以各纵模的功率正比于烧孔面积，总功率正比于各个烧孔面积的总和。当激光振荡频率 ν 位于谱线中心频率 ν_0 时，则两烧孔重合。烧孔重合(相连)的条件是，纵模频率间隔小于烧孔宽度，即

$$\frac{c}{2L}<\Delta\nu_{\mathrm{H}}\sqrt{1+\frac{I_\nu}{I_{\mathrm{s}}}} \tag{7.181}$$

式中 L——腔长；

I_ν——频率为 ν 的光强；

I_{s}——饱和光强。

如 He-Ne 激光器，工作气压 $P=266.6$ Pa，$\Delta\nu_{\mathrm{H}}\approx\Delta\nu_{\mathrm{L}}=200$ MHz，若取 $I_\nu/I_{\mathrm{s}}=3$，则当腔长 L 大于 38 cm 时烧孔相连。当两烧孔相连时，在中心频率 ν_0 处出现凹陷，称做兰姆凹陷，这一特性在稳频技术中有重要应用。图 7.70 所示的是在多普勒加宽的单纵模气体激光器中，输出功率 P 和单纵模的频率 ν 之间的关系。

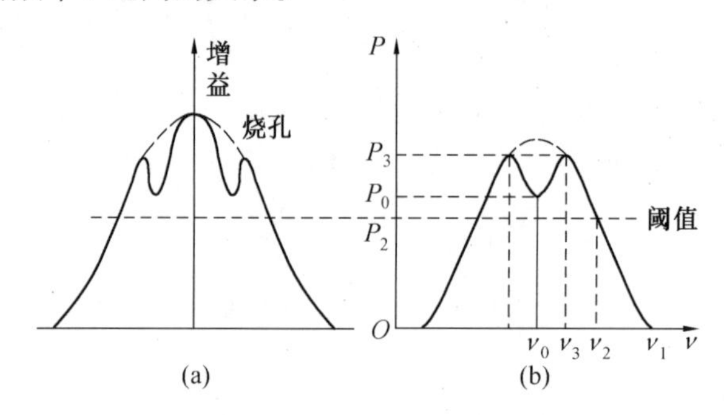

图 7.70 (a) 增益曲线的烧孔效应
(b) 兰姆凹陷

兰姆凹陷的深度和宽度与激光器的工作条件有关，例如小信号的增益越大，腔损失越小，兰姆凹陷就越深越窄。从图 7.70 中可以看出，当单纵模频率 $\nu=\nu_1$ 时，输出功率 $P=0$，当 $\nu=\nu_2$ 时，输出功率为 P_2，当 $\nu=\nu_3$ 时，输出功率为 P_3，当 $\nu=\nu_0$ 时(两个烧孔完全重合)，输出功率为 P_0，所以在 ν_0 处出现凹陷。另外，当激光管的工作气压增高时，由于碰撞线宽 $\Delta\nu_{\mathrm{L}}$ 增加，

使得兰姆凹陷变宽、变浅。当工作气压很高时，谱线加宽以均匀加宽为主，这时兰姆凹陷也就消失了。图 7.71 表示不同工作气压($P_3 > P_2 > P_1$)下的兰姆凹陷形状。

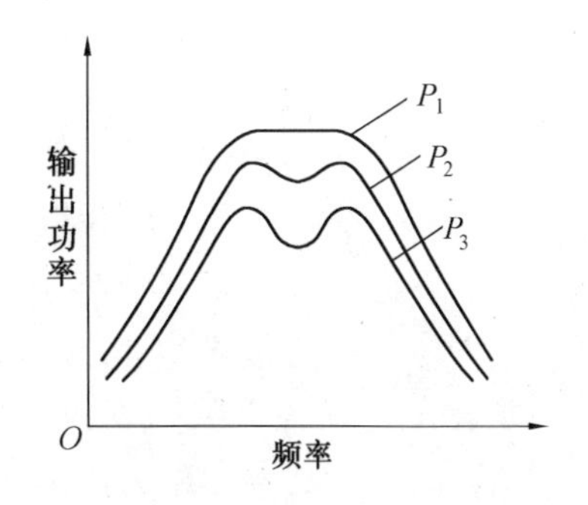

图 7.71　不同气压下的兰姆凹陷

(2) 兰姆凹陷法稳频

兰姆凹陷稳频装置见图 7.72。兰姆凹陷法是以增益曲线中心频率 ν_0 作为参考频率，通过电子伺服系统驱动压电陶瓷环来控制激光器的腔长，它可使频率稳定于 ν_0 处。激光管是采用热膨胀系数很小的石英管，谐振腔的两块反射镜安装在殷钢或石英制成的间隔器上，其中一块反射镜贴在压电陶瓷环上(通常陶瓷环的长度约为几厘米，环的内外表面安置两个电极)，当压电陶瓷外表面加正电压，内表面加负电压时压电陶瓷伸长，反之则缩短，因而可利用压电陶瓷的伸缩来控制腔长。光电接受器一般采用硅光电三极管，它能将光信号转变成相应的电信号。交流放大通常采用选频放大器，选频放大器只是对某一特定频率 f 信号进行有选择地放大与输出。相敏检波器的作用是将选频放大后的信号电压和参考信号电压进行相位比较。例如，当选频放大信号为零时，相敏检波器输出为零，当选频放大信号和参考信号同相位时，相敏检波器输出的直流电压为正，反之则为负。音频振荡器除供给相敏检波器以参考信号电压外，还给出一个频率为 f 的正弦调制信号电压(通常在 0～1 V)，加到压电陶瓷环上对腔长进行调制。

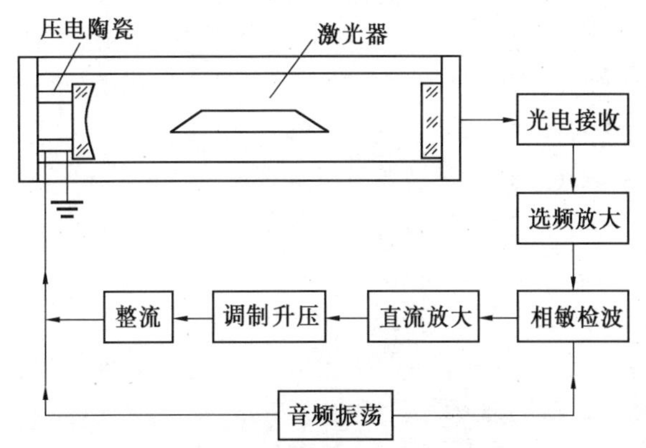

图 7.72　兰姆凹隐稳频装置示意图

下面简要介绍图 7.72 中兰姆凹陷稳频工作的基本原理。若在压电陶瓷上加有两种电压，一个是直流电压，用来控制激光工作频率 ν，另一个是以频率为 f 的音频调制电压用来对腔长 L 即激光振荡频率 ν 进行调制(低频调制)。当激光振荡频率 $\nu = \nu_0$ 时，则调制电压使激光频率在 ν_0 附近变化，因而激光输出功率将以 $2f$ 的频率周期性变化，如图 7.73 中的 C 点处，这时工作频率为 f 的选频放大器输出为零，设有附加的电压输送到压电陶瓷上，因而激光器继续工作

于 $\boldsymbol{\nu}_0$。如果激光器受到外界的扰动,使激光振荡频率偏离了 ν_0,例如激光频率 ν 大于 ν_0(图 7.73 中 D 点处),激光输出功率将按频率 f 变化(图 7.73 中 f_D),其相位与调制信号电压相同。于是光电接受器输出一频率为 f 的信号,经选频放大器放大后送入相敏检波器。相敏检波器输出一负的直流电压,经放大后加在压电陶瓷上的外表面,它将使压电陶瓷缩短、腔长伸长,于是激光振荡频率 ν 被拉回到 ν_0。同样,如果激光频率 ν 小于 ν_0(图 7.73 中 B 点处),则激光输出功率仍按频率 f 变化(图 7.73 中的 f_B),但输出功率的调制相位与调制电压相位相差 π,从相敏检波器输出一正的直流电压,它将使电压陶瓷伸长,腔长缩短,因而激光振荡频率 ν 又自动回到 ν_0 处。

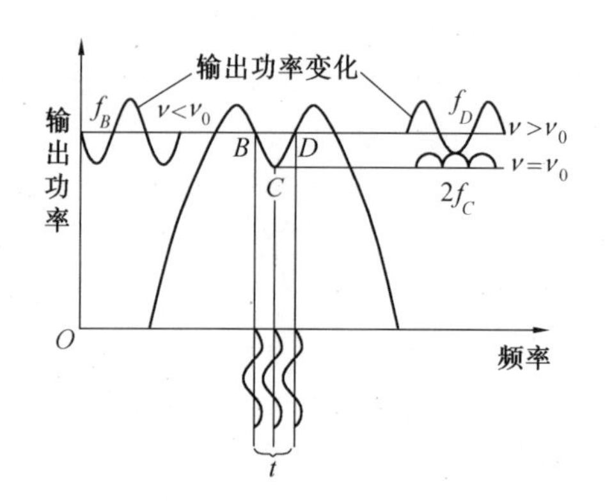

图 7.73 兰姆凹陷稳频原理

综上所述,兰姆凹隐稳频的基本方法是以增益曲线中心频率 ν_0 为参考标准频率,当激光频率 ν 偏离 ν_0 时,电子伺服系统通过压电陶瓷控制腔长,使激光振荡频率自动地锁定在兰姆凹陷中心处。兰姆凹陷法可获得优于 10^{-9}的频率稳定性。

2. 塞曼效应稳频

当一个发光原子系统置于具有一定高斯量的磁场中,其原子的谱线在磁场的作用下会发生分裂,这种现象称为塞曼效应。例如,He – Ne 激光器,将激光器中的放电管置于磁场中,磁场的方向沿着谐振腔的轴线,由于塞曼效应,Ne 原子波长为 0.632 8 μm 的谱线会分裂为两条:一条是左旋圆偏振光,它的频率比原来不加磁场时的频率高。另一条是右旋圆偏振光,它的频率比原来不加磁场的频率低。利用塞曼效应可实现激光器的稳频,其稳频的方法可分为三种,即纵向塞曼效应稳频(磁场方向与谐振腔轴线平行)、横向塞曼稳频和塞曼吸收稳频。本节主要介绍纵向塞曼稳频的 He – Ne 双频激光器基本工作原理。

双频激光器稳频结构见图 7.74。在图中,双频激光管是一个利用压电陶瓷控制腔长的内腔管,管壳用石英玻璃制成,腔镜由平 – 凹腔组成,其中平面镜与压电陶瓷环粘接在一起,在其放电区加上纵向磁场(一般磁场强度为 0.03 T 左右)。在未加磁场时,工作物质的增益曲线和色散曲线见图 7.75[23]。在图中,假定谐振腔长很短,满足只有频率为 $\nu_q=\nu_0$ 时的纵模振荡条件,则频率牵引为零(频率牵引是指在有源腔中,由于增益物质的色散,使纵模频率比无源腔纵模频率更靠近中心频率),此时若设折射率 $\eta(\nu_0)=1$,则 $\nu_q=qc/2L$,当施加纵向磁场后,光谱线由于塞曼效应分裂为位于中心频率 ν_0 两侧的(等间距)的谱线,即右旋圆偏振光和左旋圆偏振光,见图 7.76。

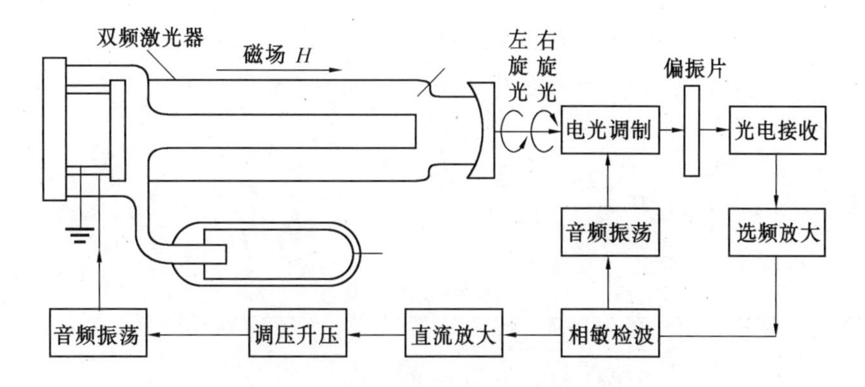

图 7.74　双频激光器稳频系统示意图

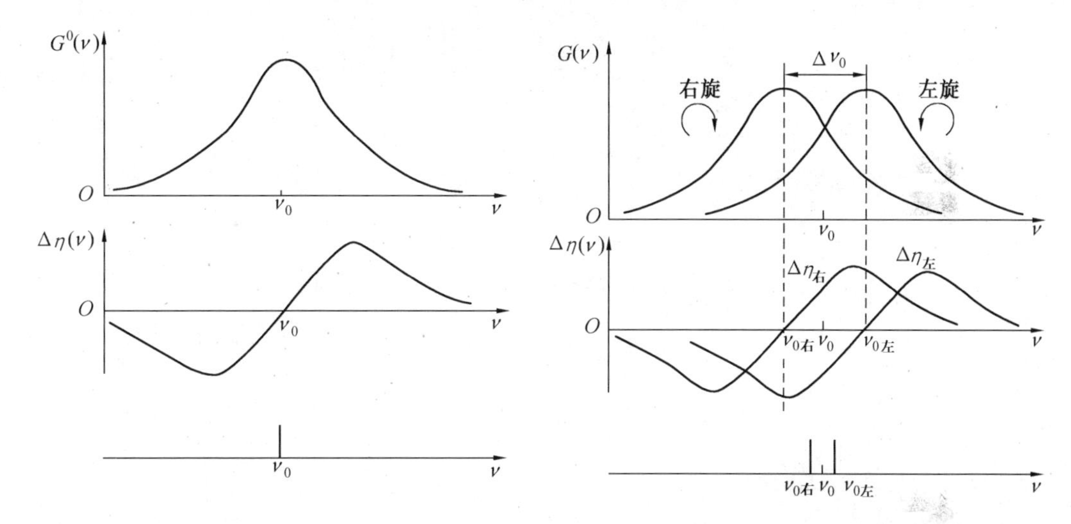

图 7.75　双频激光管的增益、色散曲线及振荡模谱(未加磁场时)

图 7.76　双频激光管的增益、色散曲线及振荡模谱(加纵向磁场)

其中左旋圆偏振光 $\nu_{0左} > \nu_0$(未加磁场时),右旋圆偏振光 $\nu_{0右} < \nu_0$,其偏离量为

$$\nu_0 - \nu_{0左} = \nu_0 - \nu_{0右} = b\frac{\mu_D H}{h} \tag{7.182}$$

那么二圆偏振光的频率差为

$$\Delta\nu_0 = \nu_{0左} - \nu_{0右} = 2b\frac{\mu_D H}{h} \tag{7.183}$$

式中　μ_D——玻尔磁子,$\mu_D = 9.27\times 10^{-24}$ J/T;

b——兰德因子(对 He - Ne 激光器的 Ne 谱线 $b\approx 1.3$);

h——普朗克常数。

若磁场强度 $H = 0.03$ T,则 $\Delta\nu_0 \approx 1.1\times 10^9$ Hz。

由于光谱线的分离(左旋和右旋偏振光),增益曲线和色散曲线也分裂为两条,见图7.76。由于 ν_q 偏离了 ν_{0L} 和 ν_{0R},所以 q 纵模发生频率牵引,这时左旋圆偏振光的频率 ν_{qL} 为

$$\nu_{qL} = \frac{cq}{2L\eta_{左}(\nu_{qL})} > \nu_q$$

则右旋圆偏振光的频率 ν_{qR} 为

$$\nu_{qR} = \frac{cq}{2L\eta_{右}(\nu_{qR})} < \nu_q$$

根据在非均匀加宽激光器中的频率牵引参量关系式[25],可得到关系有

$$\frac{\nu_{qL} - \nu_q}{\nu_{qL} - \nu_{0L}} = -2\sqrt{\frac{\ln 2}{\pi}}\frac{\Delta\nu_C}{\Delta\nu_D}\sqrt{1 + \frac{I}{I_s}}$$

$$\frac{\nu_{qR} - \nu_q}{\nu_{qR} - \nu_{0R}} = -2\sqrt{\frac{\ln 2}{\pi}}\frac{\Delta\nu_C}{\Delta\nu_D}\sqrt{1 + \frac{I}{I_s}}$$

式中　$\Delta\nu_C$——无源腔线宽,$\Delta\nu_C = \dfrac{c\delta}{4\pi\eta^0 L}$;

　　δ——光在腔内往返损耗率。

因此

$$\Delta\nu = \nu_{qL} - \nu_{qR} = 2\sqrt{\frac{\ln 2}{\pi}}\frac{\Delta\nu_C}{\Delta\nu_D}\sqrt{1 + \frac{I}{I_s}}\left[(\nu_{0L} - \nu_{0R}) - (\nu_{qL} - \nu_{qR})\right]$$

由于 $\nu_{qL} - \nu_{qR} \ll \nu_{0L} - \nu_{0R}$,所以上式可近似写成

$$\Delta\nu = 2\sqrt{\frac{\ln 2}{\pi}}\frac{\Delta\nu_D}{\Delta\nu_D}\sqrt{1 + \frac{I}{I_s}}\Delta\nu_0 \tag{7.184}$$

式中　$\Delta\nu_D$——多普勒线宽;

　　I——腔内光强;

　　I_s——饱和光强。

综上所述,当激光管施加了纵向磁场后,由于塞曼效应,光谱线发生塞曼分裂,即原来单一振荡频率的激光将分裂为两个不同频率的激光,一个是频率较高的左旋圆偏振光,另一个是频率较低的右旋圆偏振光,所以这种激光器称为双频激光器,两个圆偏振光的频率差由式(7.184)表示。

在图7.72中,双频激光器输出的左旋和右旋圆偏振光进入电光调制器,当电光调制器加有频率为 f 交替变化的 $U_{\lambda/4}$ 电压时,即变成两个相互垂直的线偏振光。在电光调制器件后面恰当地设置一个偏振片,其偏振片偏振方位满足右旋圆偏振光经过电光调制器后正好能通过偏振片,而左旋光则正好通不过偏振片。也就是说当 $U_{\lambda/4}$ 电压为正半周时,右旋光能通过偏振片,左旋光不能通过偏振片。当电压变为负半周时($-U_{\lambda/4}$),左旋和右旋偏振光通过偏振片后与所加 $U_{\lambda/4}$ 电压情况相反,即左旋光能通过,右旋光不能通过。因此,在偏振片后面的光电接

受器就能交替地接受到左旋和右旋圆偏振光的光强信号，其变化频率为 $\boldsymbol{f}$，右旋圆偏振光的光强 $\boldsymbol{I}_{\nu R}$ 与调制电压同位相，左旋光的光强 $I_{\nu L}$ 与调制电压的位相相差 π，由于右旋光的增益大于左旋光的增益，所以右旋光强 $I_{\nu R}$ 大于左旋光强 $I_{\nu L}$。如果当左旋光强 $I_{\nu L}$ 大于右旋光强时，光电接受器输出信号相位与调制电压反相。如果当右旋圆偏振光的光强与左旋圆偏振光的光强相等，即 $I_{\nu R}=I_{\nu L}$，光电接受器输出为一直流电压，选频放大器输出为零，频率保持不变，其工作原理见图 7.77。双频稳频激光器的频率稳定度可达 $10^{-11}\sim10^{-10}$，频率复现性为 $10^{-8}\sim10^{-7}$，因此可用于工业中的精密测量。

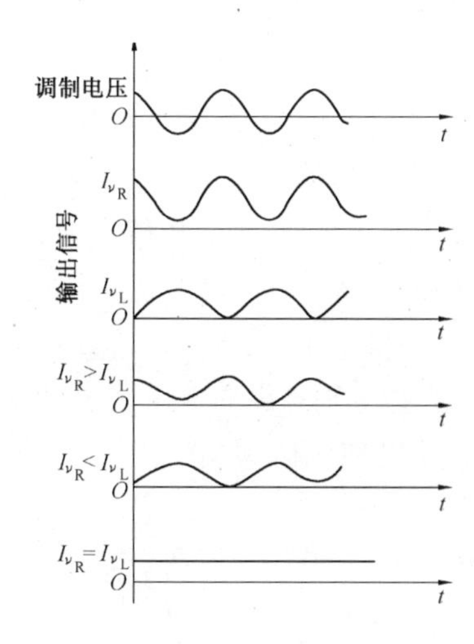

图 7.77　电光调制器鉴频原理示意图

3. 饱和吸收法稳频

从兰姆凹陷稳频和塞曼效应稳频（双频激光器稳频）方法中知道，提高激光输出的频率稳定性和复现性的关键是选择一个稳定的和尽可能窄的参考频率。在前两种方法中，都是以增益曲线中心频率 ν_0 作为参考标准频率，但 ν_0 容易受放电条件等影响而发生变化，所以频率的稳定性和复现性差。为了提高稳频的精度，通常采用外界参考频率标准进行稳频，例如分子饱和吸收稳频法。

饱和吸收稳频装置见图 7.78。这个方法是在外腔激光器的腔内放置一个吸收管，吸收管内充的气体在激光振荡频率处有强吸收峰。对 He－Ne 激光（波长为 0.632 8 μm），吸收管内充的气体为 Ne 或 I_2，气压一般在 0.13～1.3 Pa，低压气体吸收峰的频率很稳定，因此频率复现性好。吸收管的气体在吸收线的中心处产生吸收凹陷的机理和兰姆凹陷相类似。

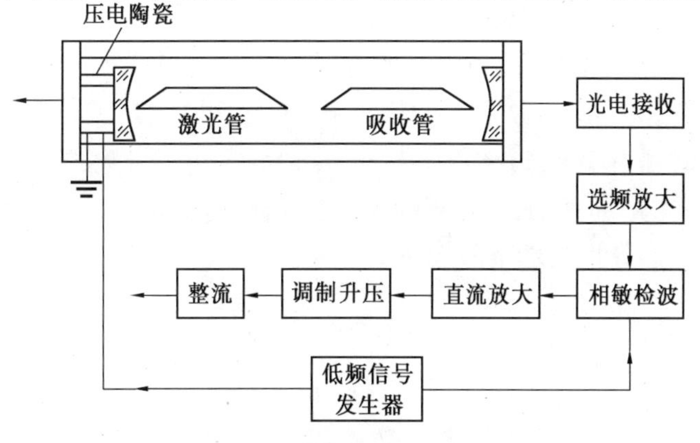

图 7.78　饱和吸收稳频装置

当入射光进入吸收管内时,吸收管内物质的吸收系数为 $\beta(\nu)$,$\beta(\nu)$将随入射光强增加而减少。当入射光强足够强时,就要出现吸收饱和现象。吸收饱和现象与第二章中讨论的增益饱和现象是完全类似的。如果在谐振腔放置一个吸收管,并且腔内有一频率为 ν 的模式振荡(由于吸收管内气压很低,吸收谱线主要是多普勒加宽),若 $\nu=\nu_0$ 时,则正向传播的行波(光强为 I_+)和反向传播的行波(光强为 I_-)的两列行波光强均被速度 $v_z=0$ 的分子所吸收,即两列光强作用于同一群分子上,则吸收容易达到饱和。而对于 $\nu\neq\nu_0$ 的光,则正向传播的 I_+ 和反向传播的 I_- 光强分别被纵向速度为 v_z 及 $-v_z$ 的两群分子所吸收,所以吸收不易达到饱和,在吸收线的 $\boldsymbol{\nu}_0$ 处出现凹陷,见图 7.79(b)。凹陷的宽度 $\delta\nu'$ 为

$$\delta\nu' = \sqrt{1+\frac{2I_+}{I_s}}\Delta\nu_H{}'$$

由于吸收管放在谐振腔中,则谐振腔的单程损耗 $\delta'(\nu)$ 为

$$\delta'(\nu) = \delta + \beta(\nu)L'$$

式中 δ——谐振腔内没有放置吸收管时的单程损耗;

L'——吸收管的长度;

$\beta(\nu)$——吸收管内物质的吸收系数。

由于 $\beta(\nu)\sim\nu$ 曲线的尖锐凹陷,意味着吸收最小,则激光器输出光强(功率)在 ν_0 处出现一个尖峰,通常称为反兰姆凹陷,见图 7.79(c)。反兰姆凹陷可以作为一个很好的稳频参考点。其稳频工作程序与兰姆凹陷稳频相似,在此不予重复。

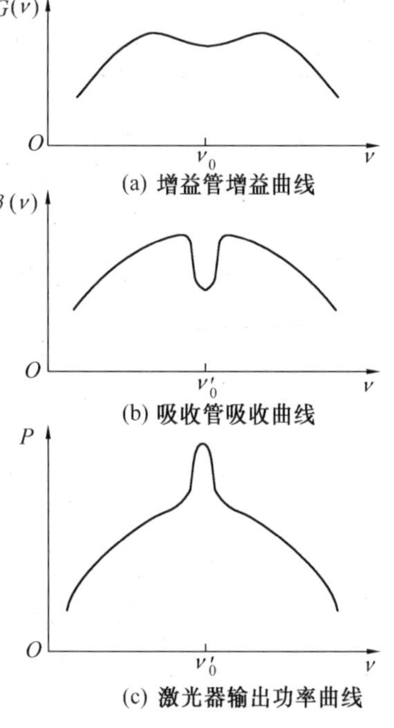

图 7.79 说明反兰姆凹陷形成图

利用腔内饱和吸收法稳频的激光器,其结构简单紧凑,已被广泛采用。例如波长 $\lambda=3.39\ \mu$m 的 He-Ne 激光器采用甲烷吸收管,其气压为数个 Pa,其 $\Delta\nu'_L\approx 37\times10^3$ Hz,反兰姆凹陷的宽度 $\delta\nu'$ 大约在 $(100\sim300)\times10^3$ Hz,激光器的频率稳定性可达 $10^{-13}\sim10^{-12}$,频率的复现性可达 $10^{-12}\sim10^{-11}$。对于 $\lambda=0.632\ 8\ \mu$m 的 He-Ne 激光器可利用碘同位素蒸气分子的饱和吸收来稳频,其频率稳定性可达 $10^{-12}\sim10^{-11}$,频率的复现性可达 10^{-11}。

习题与思考题

1. $LiNbO_3$ 晶体在 $\lambda=0.55\ \mu$m 时,$\eta_o=2.29$,电光系数 $\gamma_{22}=3.4\times10^{-12}$ m/V,试讨论其沿 x_2 方向外加电压,光沿 x_3 方向传播时的电光延迟和相应的半波电压。

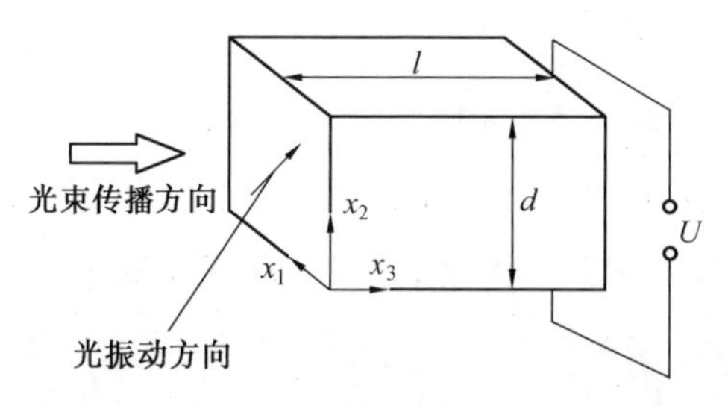

题图 7.1

2．由 KDP 晶体制成的双楔形棱镜偏转器，$l=D=h=1$ cm，电光系数 $\gamma_{63}=10.6\times10^{-12}$ m/V，$n_o=1.51$，当 $U=1$ kV 时，偏转角 θ 为多少？为了增大偏转角度，可采用如图所示的多级棱镜偏转器，当 $m=12$ 时，偏转角为多大？

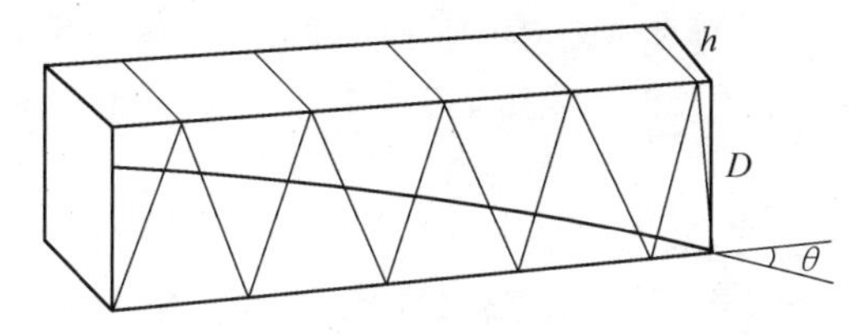

题图 7.2

3．一钼酸铅（$PbMoO_4$）声光调制器对 He－Ne 激光器调制，已知声功率 $P_s=1$ W，$H\times L=1$ mm×1 mm，钼酸铅的声光优值 $M_2=35.8\times10^{-15}$（MSK 单位），求其布拉格衍射效率。

4．对波长为 0.589 3 μm 的钠黄光，石英旋光率为 21.7°/mm。若将一石英片垂直于其光轴切割，置于两平行偏振片之间，问石英多厚时，无光透过第二个偏振片。

5．一个长 10 cm 的磷冕玻璃放在磁感应强度为 0.1 T 的磁场中，一束线偏振光通过时，偏振面旋转多少度？若要使偏振面转过 45°，外加磁场应该多大？为了减小磁光工作物质的尺寸或者磁场强度，可采取何种措施？

6．一 KDP 晶体，$l=3$ cm，$d=1$ cm。在 $\lambda=0.5$ μm 时，$\eta_o=1.51$，$\eta_e=1.47$，$\gamma_{63}=10.5\times10^{-12}$ m·V^{-1}，试比较该晶体分别纵向运用和横向运用，相位延迟为 $\phi=\pi/2$ 时，外加电压的大小。

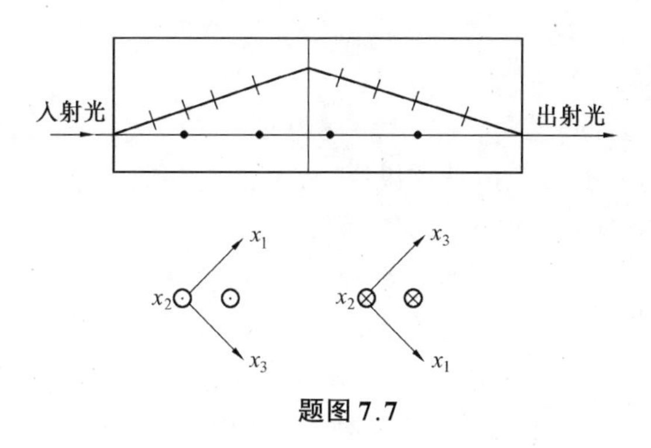

题图 7.7

7. 如图为横向运用 KDP 晶体的 γ_{41}组合调制器,求光线通过该组合调制器后的相位延迟。

8. 在声光介质中,超声波频率 500 MHz,声速为 3×10^5 cm/s ,求波长为 0.5 μm 的光波的布拉格入射角。

9. 设粒子数反转比$\dfrac{N_i}{N_t}=1.649$,试用数值算法求激光的脉冲宽度。

10. 激光的锁模与调 Q 技术的原理及方法有何不同? 试定量举例说明。

11. 有一锁模 He-Ne 激光器振荡频带宽度为 6.0×10^8 Hz,输出谱线的形状近似于高斯函数,试计算其相应的脉冲宽度。

12. 有一脉冲激光器,其振荡纵模数是 1 000 个,其中激光谐振腔长 $L=150$ cm,输出激光的平均功率为 1 W,并且各纵模振幅相等。

(1) 若在锁模情况下,试计算激光脉冲的周期、脉冲宽度和峰值功率各是多少?

(2) 采用声光损耗调制器锁模时,调制器上加电压 $V(t)=V_m\cos(\nu_m t)$,试问电压的频率是多少?

13. 一台锁模的氩离子激光器,其腔长为 1 m,多普勒线宽度为 6.0×10^9 Hz,没有锁模时的平均输出功率为 3 W,试估算锁模后的激光器输出的脉冲峰值功率、脉冲宽度及脉冲间隔时间各为多少?

14. Nd^{3+}-YAG 激光器,其中腔长为 0.5 m,增益介质的自发发射的荧光线宽度 $\Delta\nu_F=2.0\times10^{11}$ Hz,试计算激光器的有关参量。

(1) 纵模的频率间隔和 $\Delta\nu_F$ 内可容纳的纵模数目。

(2) 假定各纵模振幅相等,计算锁模后激光脉冲宽度及脉冲峰值功率。

15. 有一台 He-Ne 激光器,谐振腔结构采用平凹腔,腔长为 1 m,凹面反射镜的曲率半径为 3 m,现欲用小孔光阑选基横模(TEM_{00}模),试求光阑放置于紧靠平面反射镜和紧靠凹面反射镜处两种情况下小孔光阑直径各为多少?(对于 He-Ne 激光器,当小孔光阑的直径约等于基模半径的 3.3 倍左右时,可选出 TEM_{00}模)

16. 在聚焦法选横模方法中,小孔光阑直径与透镜焦距 f 有何关系? 试定量举例说明。

17. 激光工作物质是钕玻璃,其增益介质的荧光线宽度 $\Delta\nu_F=7.5\times10^{12}$ Hz,折射率 $\eta=1.50$,能用短腔选纵模吗?

18. 有一台 Nd^{3+}-YAG 激光器,其腔长 $L=850$ mm,其荧光线宽度 $\Delta\nu_F=2\times10^{11}$ Hz,若在腔内插入法布里-珀罗标准具(F-P)选单纵模,标准具内介质折射率 $\eta=1$,试求标准具的厚度及平行平板反射率 γ(揭示标准具的精细精度 $F=35$)。

19. 兰姆凹陷稳频和反兰姆凹陷稳频方法有何不同? 试举例说明。

20. 在 He-Ne 激光器中,Ne 原子的谱线宽度 $\Delta\nu_D=1.5\times10^9$ Hz,其中心频率 $\nu_0=4.7\times10^{14}$ Hz,如不采用稳频措施,这种激光器的频率稳定度为多少? 如采用稳频,使其频率稳定度达到 10^{-12}左右,用何方法,且给出稳频装置简易图,并说明其稳频工作程序。

参考文献

1　沈柯．激光原理．北京:北京工业出版社,1986
2　董孝义.光波电子学.天津:南开大学出版社,1987
3　徐介平．声光器件的原理、设计和应用．北京:科学出版社,1982
4　黄德修．半导体激光器及其应用．北京:国防工业出版社,1999
5　蓝信钜．激光技术．北京:科学出版社,2000
6　蔡伯荣等．激光器件．长沙:湖南科学技术出版社,1981
7　范安辅、徐天华．激光技术物理．成都:四川大学出版社,1992
8　徐荣甫．激光器件与技术教程．北京:北京工业学院出版社,1986
9　徐荣甫．激光器件与技术教程．北京:北京理工大学出版社,1995
10　周炳琨．激光原理．北京:国防工业出版社,1980
11　吕百达．激光光学．成都:四川大学出版社,1981
12　杨臣华等．激光与红外技术手册．北京:国防工业出版社,1990
13　王竹溪.特殊函数概论．北京:科学出版社,1979
14　方洪烈．光学谐振腔理论．北京:科学出版社,1981
15　刘颂豪．光纤激光器新进展．光电子技术与信息,2003,1(16):1
16　Russell D. An Introduction to the Development of Semiconductor Laser. IEEE J. Quantum Electron., 1987, 23(6): 651 ~ 657
17　黄德修．半导体光电子学．成都:成都电子科技大学出版社,1994
18　黄德修．前景美好的半导体激光器．激光与红外,1992,22(6):6 ~ 8
19　刘德明．光纤技术及其应用．成都:成都电子科技大学出版社,1994
20　I C Chang. Acousto-optic Devices and Applications. IEEE Trans, 1976: 2 ~ 22
21　J T Verdegen. Laser Electronics, New Jersey, 1981
22　蓝信钜等编著.激光技术.北京:科学出版社,2001
23　周炳昆,高以智,周偶嵘,陈家骅编著.激光原理.北京:国防工业出版社,2000

第八章　光电技术器件的设计及参数选用原则

8.1　激光偏转器

激光束的偏转技术在激光技术应用中有着广泛的应用,如激光大屏幕显示、激光图像传真、激光雷达的搜索和跟踪、激光印刷排版等都涉及偏转技术。

根据激光束特性及应用目的,激光偏转技术可分为模拟式偏转,即光的偏转角是连续变化的;数字式偏转,即光的偏转不连续,是在选定空间的某些特定位置上才有光的离散。前者主要用于各种显示技术;后者主要用于光存贮。

衡量激光偏转器的主要技术指标有两个:第一,可分辨点数 n(它决定偏转器的信息容量),其定义为总的偏转 θ_p 与光束本身的发射角 θ 之比,即 $n=\theta_p/\theta$;第二,扫描速度。不同的应用要求有不同的扫描速度,不同的方法对应不同的扫描速度,因此要根据应用目的,合理地选用偏转技术。目前可供选择的偏转技术有机械偏转法、电光偏转法和声光偏转法。

一、光的机械偏转

用多面体反射镜旋转的方法可以获得很大的偏转角 θ_p,其结构见图 8.1,若用多面体反射镜绕垂直轴转动,则可获得水平扫描线。反之,若绕水平轴旋转,则可获得垂直方向的扫描线。如果两者结合,且选择合理的转速比,则可获得矩形的扫描图形。

这种多面体反射镜偏转器用于扫描时,其频率为 $\nu=x\omega$,其中,ω 为转速,x 为旋转多面体的反射镜数。由于它是一种机械转动,且多面体反射镜的质量大,因此扫描速度慢,但结构简单、光损耗小、扫描角度大、可分辨的点数多,通常可达 $10^3\sim10^4$ 个。

光的机械偏转还可以采用振动镜,利用信号控制压电晶体的振动,压电晶体又通过石英丝带动反射镜运动,使入射的调制激光束,经反射后在 A 处做圆锥扫描(沿圆周运动的光束),见图 8.2,再经光纤扫描变换器的转换,在 B 处得到一直线扫描(光束沿水平方向的运动),从而获得一定规律的扫描。该方法具有可以获得较大的偏转角 θ_p 和受温度影响小等优点,目前主要在各种显示技术中应用。

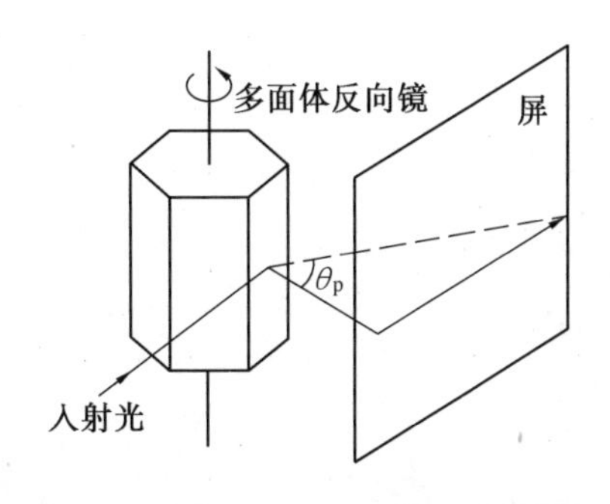

图 8.1　多面体反射镜偏转器的结构示意图

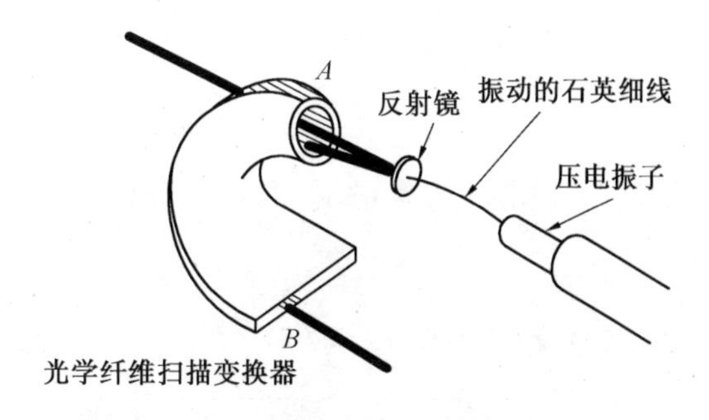

图 8.2　利用光纤的机械偏转装置

二、电光偏转器

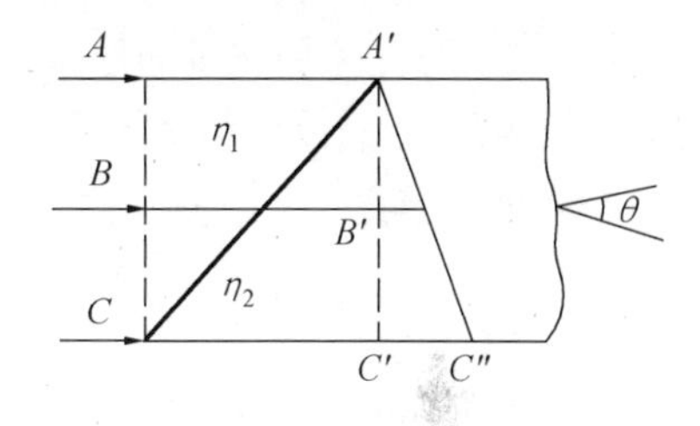

图 8.3　电光偏转原理

1.电光模拟偏转器

电光晶体在外电场的作用下,可以改变某些方向上的折射率,使晶体中的光束传播方向发生偏转,其偏转原理见图 8.3。有两块折射率分别为 η_1 和 η_2 的楔形棱镜组成,在 $A'C$ 处结合,形成两个光楔 $AA'C$ 和 $A'CC'$,设 $\eta_1 > \eta_2$,其中晶体的高度 $h = AC$,L 为晶体中楔块的底边长度,$L = AA'$,θ 为波法线的偏转角。若有一束光垂直入射到楔平面 ABC,当 ABC 面上光束行进到 $A'B'C'$ 面上时,均有不同的光程,其中 AA' 的光程为 $\eta_1 L$,CC' 的光程为 $\eta_2 L$,则相邻两种介质的折射率之差为 $\Delta\eta = \eta_1 - \eta_2$。由于 $\eta_1 > \eta_2$,然而光在晶体中传播速率 $v_1(\eta_1) < v_2(\eta_2)$,因此,对于波阵面上的两点 A 和 C,当 A 点光振动传到 A' 时,C 点的光振动实际上已行进到 C'' 点,这时波阵面为 $A'C''$,波的传播方向发生了偏转,波法线的偏转角 θ 为

$$\theta = \arctan \frac{\Delta\eta L}{h} \tag{8.1}$$

当 θ 甚小时,则有

$$\theta_{\mathrm{p}} = \frac{\Delta\eta L}{h} \tag{8.2}$$

式中　θ_{p}——电光光束偏转角。

下面举例说明:

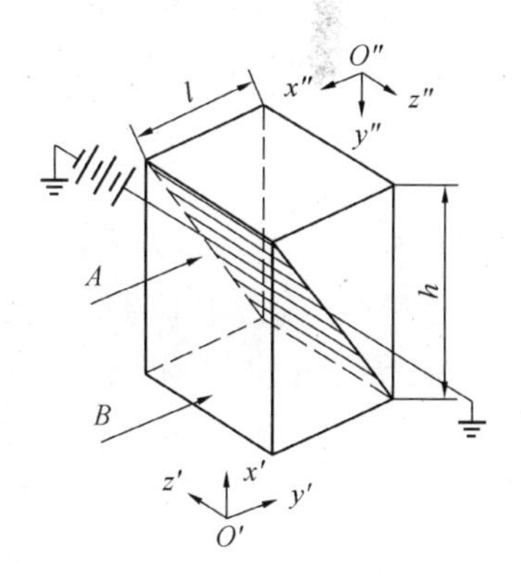

图 8.4　电光晶体偏转器的组成

用两块 KDP 楔形棱镜组成一个电光偏转器,见图 8.4,棱镜各边分别沿 x'、y' 和 z' 轴,且两个棱镜(左棱镜和右棱镜)的光轴 z 方向相反。若沿 z 轴方向加一电场,则左面棱镜的快轴方向 x' 和右面棱镜的慢轴方向 y'' 相重合,当沿 x' 方向振动的偏振光入射时,光束将沿 y' 方向传播,这时光束在左边棱

镜中传播的折射率 $\eta_{x'}$ 为

$$\eta_{x'} = \eta_0 - \frac{1}{2}\eta_0^3\gamma_{63}E_z$$

右边棱镜的光振动方向沿 y'',其折射率 $\eta_{y''}$ 为

$$\eta_{y''} = \eta_0 + \frac{1}{2}\eta_0^3\gamma_{63}E_z$$

则两者的折射率之差 $\Delta\eta$ 为

$$\Delta\eta = \eta_{y''} - \eta_{x'} = \eta_0^3\gamma_{63}E_z = \eta_0^3\gamma_{63}\frac{U}{d} \tag{8.3}$$

式中 U——晶体两端所加电压;

d——晶体加压方向厚度;

γ_{63}——晶体材料电光系数。

将式(8.3)代入式(8.2),得到

$$\theta_p = \left(\frac{L}{hd}\right)\eta_0^5\gamma_{63}U \tag{8.4}$$

从上式中可以看出,光束的偏转角与所加电压 U 成线性关系,当外加电压变化时,偏转角就成比例地随着变化,从而可以控制光线的行进方向。

例如,对于 KDP 电光偏转器,在式(8.4)中,若 $L = h = d = 1$ cm, $n_0 = 1.51$, $\gamma_{63} = 1.05 \times 10^{-9}$ cm/V, $U = 1\ 000$ V,经计算得到

$$\theta_p = 3.5 \times 10^{-6}\ \text{rad}$$

从中看出 θ_p 是一个很小的数值,因此用一对光楔做光束的扫描偏转很难达到实际应用。

为了使光束偏转角 θ_p 增大,而且偏转电压 U 不能太高,常采用 m 对晶体光楔在光路上串联起来,棱镜的厚度方向与晶体的 z 轴平行,且使相邻两个棱镜的 z 轴方向相反,电场沿 z 轴方向,这样就构成了长为 mL,宽为 d,高为 h 的电光偏转器,见图 8.5,若偏振方向为 x' 的光束正交入射,沿 y' 方向传播,各棱镜的折射率交替地为 $\eta_0 - \Delta\eta$ 和 $\eta_0 + \Delta\eta$,则光束通过偏转器后,总的偏转角 $\theta_{总}$ 为每个单元(一对棱镜)偏转角的 m 倍,则

$$\theta_{总} = m\theta_p = m\left(\frac{L\eta_0^3\gamma_{63}U}{hd}\right) \tag{8.5}$$

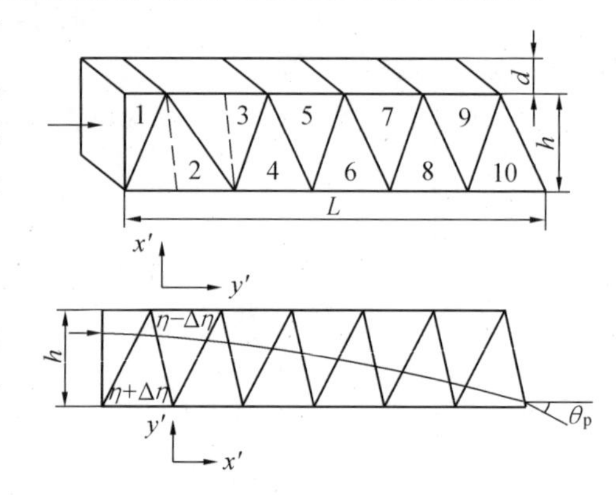

图 8.5 m 对棱镜偏转器

从上式和 $n = \dfrac{m\,\theta_p}{\theta}$ 中可以看出,m 越大,总的偏转角 $\theta_{总}$ 和可分辨的点数越多,但由于激光束发散角 θ 有一定极限,而且晶体的高度 h 的大小有限,光束的偏转值不能大于 h,否则光束将

偏折出 h 之外,所以总的偏转角 $\theta_{总}$ 将受到激光束发散角 θ 和棱镜尺寸的限制,所以 m 取值不能太多,一般 m 取 4 ~ 10,偏转角 $\theta_{总}$ 为几分。

2.数字电光偏转器

现代光存储器可以用一种数字式偏转器,它是由电光晶体开关(普克尔盒)和双折射晶体组成,就构成了一个级数字偏转器,见图 8.6。普克尔盒 P 的 x 轴(或 y 轴)应平行于双折射晶体 B 的光轴与晶面法线所组成的平面。若一束偏振光入射到普克尔盒上,由于在普克尔盒上加有半波电压,因此出射光偏振面将相对于入射光的偏振面旋转 90°,如果入射光是 o 光,则出射光为 e 光,反之入射光是 e 光,出射光就为 o 光。若普克尔盒出射的 e 光进入双折射晶体 B,此时通过双折射晶体 B 的 e 光相对于入射方向就偏折了一个 ε 角,从双折射晶体 B 出射的 e 光与 o 光相距为 b。由物理光学已知,当 η_o 和 η_e 确定后,对应最大的偏折角(离散角)ε_{max}为

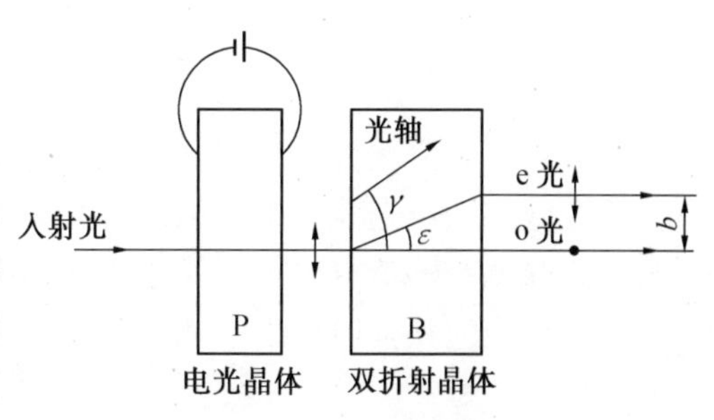

图 8.6　数字式偏转原理

$$\varepsilon_{max} = \arctan\left(\frac{\eta_e^2 - \eta_o^2}{2\eta_o\eta_e}\right) \tag{8.6}$$

从上分析可以看出,只要控制普克尔盒 P 上电压的通断,也就说入射线偏振光在普克尔盒上加和不加半波电压时分别占据两个"地址",分别代表"0"和"1"两个状态,这相当于数字技术中的两个状态,图 8.6 就构成了一个一级数字偏转器,若把几个一级数字偏转器组合起来,就成为 n 级数字偏转器,相对应地有 2^n 个出射点位置。如图 8.7 所示为一个三级数字式偏转器原理示意图,图中 P_1、P_2、P_3 为电光晶体开关(普克尔盒),B_1、B_2、B_3 为双折射晶体,最后出射的光束"1"表示某电光晶体加了电压,"0"表示电光晶体没有加电压。

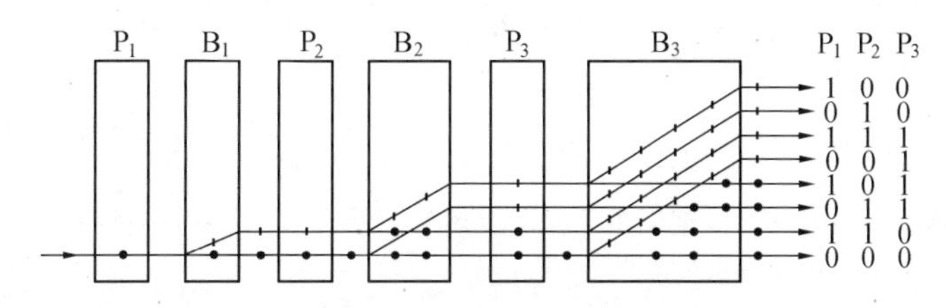

图 8.7　三级数字式偏转器

设计数字偏转器要考虑电光晶体开关质量,如电光晶体材料的选择,要选择光学性能好(吸收、散射损耗小、折射变化范围小等)、电光系数大、电光晶体半波电压低的材料,还要求晶体有较好的物理化学性能(晶体硬度,光强度,破坏阈值,温度影响和潮解等)。双折射晶体的尺寸选择必须要做到逐级放大,即在晶体的长度方向,后一级要求比前一级要大二倍(图8.7中 B_1、B_2、B_3),若考虑光束的发散角,其值还应增大,从中看出,要求偏转器串联的级数越多,则后

面的晶体尺寸需要越大，但从目前来看，要制造大尺寸的双折射晶体还有一定困难，所以使用时级数不宜过多。

三、声光偏转器

声波是一种弹性波，当声波作用于介质时，会引起弹光效应，通常把声波引起的弹光效应称为声光效应。声光效应作用除了用于对光束调制之外，还可用于声光偏转器，声光偏转器的结构与声光调制器基本相同，所不同之处是声光调制器是改变衍射光的强度，而声光偏转器则是利用改变声波频率的方法，用该方法来改变使工作于布喇格条件的衍射光的方向，使其发生偏转。

由声光布喇格衍射理论可知，布喇格衍射条件为

$$2k\sin\theta_B = k_s$$

或

$$2\lambda_s\sin\theta_B = \frac{\lambda}{\eta} \tag{8.7}$$

在通常应用的声频范围内，布喇格角 θ_B 一般很小，则可将式(8.7)近似写成

$$\theta_B = \frac{\lambda}{2\eta\lambda_s} = \frac{f_s\lambda}{2\eta v_s} \tag{8.8}$$

式中　η——声光介质折射率；

λ——入射波波长；

λ_s——声波波长；

v_s——声速；

f_s——声波的频率。

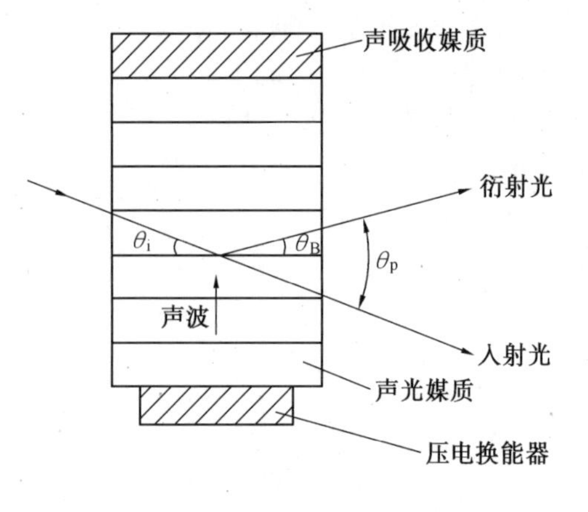

图 8.8　声光器件结构示意图

从式(8.8)中可以看出，布喇格角 θ_B 与声波频率 f_s 成简单的线性关系。当 f_s 随时间变化时，θ_B 也发生变化，利用此原理的布喇格衍射装置可以构成声光偏转器，见图 8.8，声光偏转器偏转角 θ_p 为衍射光与入射光间的夹角（等于布喇角 θ_B 的 2 倍），则

$$\theta_p = 2\theta_B = \frac{\lambda f_s}{\eta v_s} \tag{8.9}$$

从式(8.9)中可看出，只要改变声波频率 f_s 就可以改变其偏转角 θ_p，从而达到控制光束的传播方向目的。

若声波频率改变 Δf_s，偏转角 $\Delta\theta_p$ 的变化为

$$\Delta\theta_p = \frac{\lambda}{\eta v_s}\Delta f_s \tag{8.10}$$

如前面所述，对于一个声光偏转器来说，不仅要看偏转角 θ_p 的大小，还要分析声光偏转器的可分辨数 n，则

$$n = \frac{\Delta\theta_p}{\theta} \tag{8.11}$$

若 $\theta = \frac{\lambda}{\pi W_0}$为高斯光束远场半发散角，则

$$n = \frac{\Delta\theta_p}{\theta} = \frac{\Delta f_s W_0}{\eta V_s} = \tau\frac{\Delta f_s}{\eta}$$

或

$$n \cdot \frac{1}{\tau} = \frac{\Delta f_s}{\eta} \tag{8.12}$$

式中，τ 为声波穿过光束直径 $2W_0$ 的渡越时间，$\tau = \frac{W_0}{v_s}$。

由式(8.12)表明，$n\frac{1}{\tau}$称为声光偏转器的容量－速度积，它表征单位时间内光束可以指向的可分辨位置的数目，它仅取决于工作带宽 Δf_s，而与介质的性质无关。因而当光束宽度和声速决定后，参数 τ 就确定了。只有增加 Δf_s 才能提高偏转器的分辨率。例如采用重火石玻璃制作的声光偏转器，其声波频率可以从 80 MHz 变化到 120 MHz，已知光束的直径 $2W_0 = 1$ cm，$v_s = 3.1\times10^5$ cm/s，由式(8.12)可计算得 $n = \tau\Delta f_s/\eta \approx 130$，可见声光偏转器具有较高的分辨点数。

四、偏转器的应用

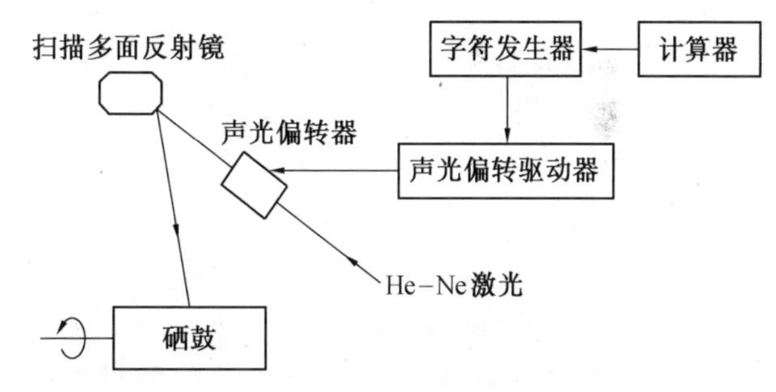

图 8.9　激光宽行打字机原理图

声光偏转器的一种应用实例是激光宽行打字机，其原理方框见图 8.9。由计算机将所需要打印的字符输至字符发生器，使字符变为相应的脉冲信号，经声光偏转驱动器后，驱动声光介质产生超声波。He－Ne 激光通过声光偏转晶体时，在垂直于纸面的平面内产生偏转扫描运动，多面反射镜在纸面内扫描，这样就构成了二维扫描。经硒鼓静电感应记录下字形，纸在硒鼓上滚动时，印上字形，经过显影、定影，完成打字的全过程。如果偏转驱动器输出的是多种高频信号，则声光偏转器将产生不同角度的偏转，实现一次扫描同时可打印出多个字形。激光打字的优点是速度快，每分钟可打印两千个以上汉字，非接触式打

印,无噪声。目前这种打字机广泛应用于激光电脑印刷排版系统。

8.2 光隔离器

根据前述,利用法拉第磁光效应可以制造光调制器,也可以利用磁光效应制成所谓法拉第隔离器(称为光隔离器)。所谓光学隔离器,其目的是在使光束通过它时在单方向的传播损失很小,但光束在相反方向行进时则大大减弱。在光学情况下,这种不可逆的元件是用法拉第磁光效应来实现的。

一、磁光非互易特性

当线偏振光通过磁光介质时,在外磁场作用下,出射的线偏振光的偏振面相对于入射光的偏振面要发生旋转,旋转角度 θ 的大小与磁感应强度 B 成正比,即

$$\theta = VLB$$

费尔德常数 V 与波长及媒质的温度有关,大多数物质 V 很小,而且大多数物质 V 为正,旋转角 θ 方向与磁场方向有关。当入射光传播方向与磁场方向一致时(同方向),正的费尔德常数 V 相应于左旋,当入射光的传播方向与磁场方向相反时,表现为右旋。因此,在外磁场方向不变的情况下,当入射光束往返通过旋光媒质时,旋转角按一个方向增大。这种特性称为磁光非互易特性,亦即对相反方向传播的光波有着不同的响应特性。

二、光学隔离器

磁光非互易特性表明磁致旋光效应是一个不可逆的光学过程,因而可利用磁光非互易特性来制作光学隔离器或单通光闸等器件,它使光波沿一个方向以很小的损耗通过,而沿相反方向时损耗很大,以致可以视为没有反方向传输的光。其原理装置见图 8.10。它是由两个偏振器 P_1、P_2、磁光介质、螺旋管构成。偏振器 P_1,P_2 的偏振面互成 45°交角。当磁光材料及长度 L 确定后,通过调整螺旋管中的电流,改变外加磁场,使旋转角 $\theta = 45°$。当入射光从左向右穿过 P_1 时,沿 P_1 偏振轴振动的线偏振光,在经过磁光介质后,其偏振面旋转 45°,恰与 P_2 的偏振轴一致,因此,光线可以通过 P_2 出射。反之,当光线从右向左通过 P_2 时,由于其偏振轴与 P_1 偏振轴成 45°交角,所以当通过 P_2 后的振光在磁光介质中又旋转 45°。这样,经过磁光介质后偏振面与 P_1 的偏振轴垂直,从右向左的偏振光无法通过 P_1 出射,实现了光的单方向传输。

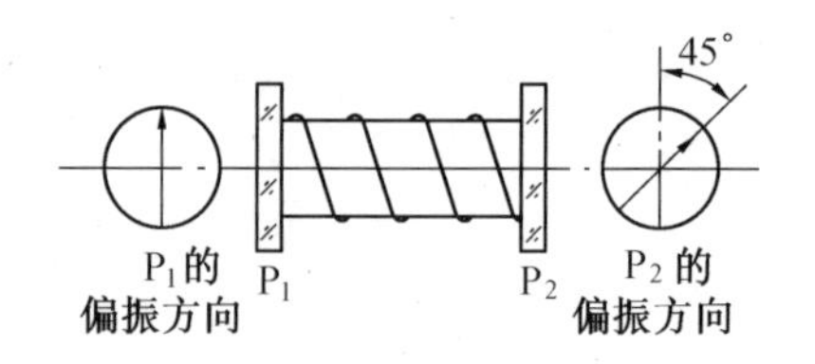

图 8.10 光学隔离器的原理装置图

激光放大器中的行波放大器,是光学隔离器的一个应用实例。下面阐述其原理及放大中的若干技术。

运用激光放大技术可以较好地解决输出激光束质量和输出能量之间的矛盾。采用振荡-放大系统,可以由振荡器获得高质量的激光束,由放大器对激光束的能量进行放大。其装置原理见图8.11。图中左边是激光振荡级,右边是激光放大级,中间是光学隔离器。从激光振荡

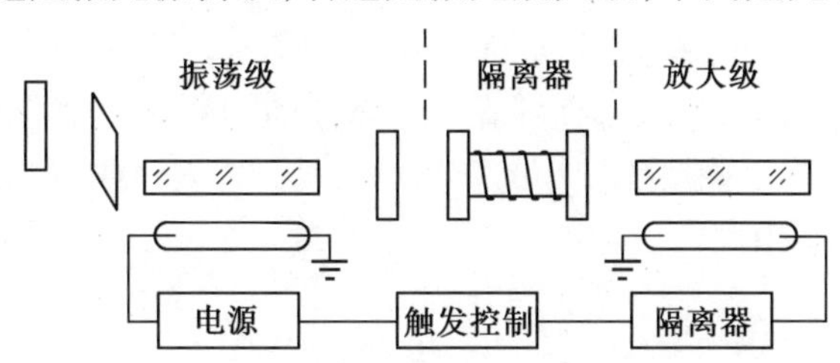

图8.11　激光放大器

级和放大级的结构来看,其主要区别在于放大级中没有光学谐振腔装置,这是因为放大级只是起放大激光能量的作用,而本身不需要形成光振荡。它们的工作机理都是基于受激辐射光放大原理,即当放大级工作物质在光泵的作用下处于粒子数反转分布状态,当有外来的光信号通过时,激光激发态上的粒子将产生强烈的受激辐射。如果,光在通过增益介质时,获得增益大于放大级的内部损耗,则外来光信号得到放大,并叠加在入射光信号上,形成放大级的激光输出。由此可见,放大级与振荡级两者在光泵结构、工作机理上都是相同的。但是放大级在使用中还必须考虑以下几个问题:

1.振荡级与放大级之间的去耦

为避免因放大级与振荡级之间(多级放大)的耦合,即放大后的能量反馈到前级,使得前级形成自激振荡(这不仅会使工作物质受到破坏,而且还会降低放大器的增益和影响振荡级工作的稳定),在振荡级与放大级或放大级本身之间要进行光学隔离,这样就可以避免后级的能量反馈到前级,达到放大的光信号单向通行的目的。

隔离器的种类很多,有利用染料的可饱和吸收特性做成的染料隔离器、利用晶体的电光效应的电光隔离器和利用磁光效应的法拉第光学隔离器。染料隔离器结构简单,但是当器件的光辐射很强时,染料盒可能失去隔离作用,因此它仅适用于前几级放大级之间的隔离。对电光隔离器,由于在多级放大器中后级往往需要大尺寸的电光晶体,以及考虑到高压供电较复杂,因此这种隔离器也只适用于前几级。法拉第光学隔离器具有良好的隔离作用,是利用较广的隔离元件。

除了用隔离器作为级间的隔离元件外,还可采用调整前后级的光轴的方法,使之有一小交角(1°~3°),亦可实现简单的隔离,但这种隔离是以降低效率为代价的。

2.泵浦时间的匹配

介质的增益是与粒子数反转值成正比的,为了使振荡级输出的激光在进入放大级时,放大器的增益介质具有最佳的粒子数反转值,就必须严格控制振荡级与放大级的泵浦时间,使之达到最佳的配合。由于放大级的氙灯内阻及储能电容均较振荡级大,放电时间常数大,泵浦效率

低,因此振荡级的触发点燃时间要略延迟于放大级的触发点燃时间。有时为简单起见,可采用同步点燃。

3.放大器介质端面的反馈的消除

介质端面具有一定的反射率,放大级的能量有一部分要反馈到介质中,可能产生自激振荡,破坏放大器工作的稳定性,严重时有可能导致晶体的损坏。为消除这种反馈,通常采用放大介质端面镀增透膜,或将端面磨成较小的斜角(一般为2°~3°)或布儒斯特角,但后者会影响光束的方向性,且调整亦较困难。

8.3 光电探测器

激光技术的许多应用,诸如激光通讯、激光测距、激光雷达、激光制导以及激光的基础研究——激光脉冲特性、激光输出特性,激光输出能量测定等都需要有激光接收系统。激光接收系统首先遇到的是光电探测器,光电探测器作用是将光信号变换为相应电信号的器件。

目前激光的探测方法有直接探测、非相干探测和外差探测、相干探测。只要激光波长与探测器的响应波长相匹配,探测器原则上是通用的。

按机理的不同,激光探测器可分为热电探测器和光电探测器两大类。每类又可按物理效应细分。热电探测器分为温差电效应、热敏电阻、热释电效应。光电探测器分为光电发射型、光电压型、光电导型、光电磁效应等。

一、几种常用的光电探测器

1.光电发射型

光照射到某些金属或它们的氧化物上,当光子的能量 $h\nu$ 足够大时,能够使金属或金属氧化物的表面发射电子,这种现象称为光电子发射或外光电效应。利用光电子发射可以制成光电发射型探测器。常用的光电管、光电倍增管都属于此类型。

2.光电压型

这是一种半导体器件,光照射到其PN结时,使结区中的电子、空穴对发生反向移动,产生附加电势,称为光生电动势。现在常用的固体光电探测器,如PN结光电二极管、PIN光电二极管、雪崩光电二极管都属于此类型。

3.光电导型

这也是一种半导体器件,光照射时电导率增加、电阻降低、导电性能改变,它是内光电效应之一。光敏电阻和光导管属于此类,但是在激光技术中较少应用。

二、光电探测器的特性及要求

由于光电探测器种类很多,它们的特性及对它们的要求是不同的。但是作为光电探测器

用于探测光信号并把它变换为相应的电信号，则有如下特性和要求。

1.探测灵敏度

灵敏度是用来描述探测器对光辐射的敏感程度，定义为光探测器的输出变化与入射光的单位光功率之比，在评价器件的灵敏度时，其输出、输入量均用有效值（即均方根值）表示，并说明辐射源的性质。灵敏度可用符号 $S(\lambda)$ 或 $S(T,\lambda,f)$ 表示，其中 λ 表示工作波长，T 为辐射源的室温，f 为调制频率。

2.响应度

在实际应用中，探测器的光电转换能力或探测器对光功率的响应能力用电压响应度和电流灵敏度表示。

(1) 电压响应度 R

R 定义为探测器输出量 V_s（用伏特表示）与所给定波长的入射单位光功率 P（或入射光通量）之比，则

$$R/(\mathrm{V\cdot W^{-1}}) = \frac{V_s}{P} \tag{8.13}$$

(2) 电流灵敏度 S

S 定义为探测中所产生的信号电流 I_s 与入射的单位光功率（或入射光通量）之比（表示探测器的灵敏度），则

$$S/(\mathrm{A\cdot W^{-1}}) = \frac{I_s}{P} \tag{8.14}$$

3.噪声等效功率 NEP

NEP（noise equivalent power）广泛用于表征光电探测器探测能力的重要参数，它定义为：噪声归一化至单位带宽时，提供比值为 1 的信噪比所需的最小的辐射功率 P（或辐射通量），或者说使探测器的输出信号电压正好等于输出噪声电压（即 $V_s/V_n=1$）时的入射光功率。NEP 量纲通常用 $\mathrm{W\cdot Hz^{-\frac{1}{2}}}$（瓦·赫兹$^{-\frac{1}{2}}$）表示，对于规定带宽（大于 1 Hz）也可以用 W 表示。

在式(8.13)中，令最小的辐射功率 $P=NEP$，$V_s=V_n$，则有

$$NEP = \frac{V_n}{R} = \frac{P}{V_s/V_n} \tag{8.15}$$

4.探测度 D 及归一化探测度 D^*

D 的定义为 NEP 的倒数，即

$$D = \frac{1}{NEP} = \frac{V_s/V_n}{P} \tag{8.16}$$

D 的单位为 $\mathrm{W^{-1}}$，从式(8.16)中可以看出，NEP 表示探测器的最小可探测的功率，其值越小越好。而 D 则表示探测器的能力，其值越大越好。

在许多实际应用中，D 值或 NEP 值与具体测量条件以及探测器的面积 A 和测量带宽 Δf

等许多因素有关。由于不同探测器的 A 和 Δf 有所不同,不便比较 D 值的大小和优劣,因此要引入一个归一化探测度或称可比探测度 D^* 来表征,其定义为

$$D^* = D\sqrt{A \cdot \Delta f} \tag{8.17}$$

D^* 单位为 $\mathrm{cm \cdot Hz^{\frac{1}{2}} \cdot W^{-1}}$(厘米·赫兹$^{\frac{1}{2}}$·瓦$^{-1}$),且与测量条件有关。

5.频率响应和响应时间

频率响应是指在入射光波长一定的条件下,探测器的灵敏度随入射光信号的调制频率的变化而变化的特性。若探测器的响应速度跟不上调制信号频率的变化时,则灵敏度下降,波形变坏。探测器的频率响应 $S(\nu)$ 可以表示为

$$S(\nu) = \frac{S(0)}{\sqrt{1 + (2\pi\nu\tau)^2}} \tag{8.18}$$

式中 $S(0)$——调制频率为0时的灵敏度;

τ——探测器的时间常数。

响应频率定义为 $S(\nu) = S(0)/\sqrt{2}$ 时的调制频率 ν_τ,$\nu_\tau = 1/2\pi\tau$。可见要求频率响应越高,则时间常数 τ 应越小。τ 由探测器的材料、结构及外电路决定,$\tau = R_e C_e$,其中,R_e、C_e 为探测器的等效电阻和电容。

如果探测的是脉冲调制的光信号,则常采用响应时间来衡量探测器响应速度的快慢。通常用探测器输出端测得的脉冲上升时间 τ_r 作为探测器的响应时间,即 $\tau_r = 2.2R_e C_e$。与 τ_r 相应的响应频率 $\nu_r = 0.35/\tau_r = 1/2\pi R_e C_e$。若响应速度快,则表示脉冲上升时间短,即响应时间 τ_r 小。由上述可知,响应频率和响应时间都是表征探测器响应速度的量,只是使用于不同的场合。

6.量子效率

对光电探测器来说,吸收光子产生光电子,光电子形成光电流。在一定的入射光子数下产生的光电子越多效率越高。这常用量子效率 η_q 表示,其定义为单位时间内被光子激励产生的光电子数与同一时间内入射到探测器表面的光子数之比。若入射一个光子产生一个光电子,则 $\eta_q = 1$,一般的情况下 $\eta_q < 1$。显然 η_q 越高越好。

三、光电倍增管

1.光电倍增管工作原理

光电倍增管利用真空电子管的二次电子发射的原理,它由半透明的阴极(光电发射极),倍增极和阳极组成,见图8.11。当入射光子照射到半透明的光电阴极K上时,将发射出光电子,被第一倍增极 D_1 与阴极K之间的电场所聚焦并加速后,与倍增极 D_1 碰撞。一个光电子从 D_1 撞击出3个以上的新电子,这种新电子称为二次电子发射,这些二次发射电子又被 E_2(D_1—D_2 之间的电场)加速并聚焦到 D_2 上,并从 D_2 上撞击出更多的二次发射电子,如此下去,使电子流

迅速倍增,最后被阳极 a 收集。收集的阳极电子流比阴极发射的电子流一般大 $10^5 \sim 10^8$ 倍。这就是真空光电倍增管的电子内部倍增原理。在实际工作中,一般倍增极做成 9 ~ 14 级(图 8.11中只画出四级),各倍增极间的电压要求满足 $U_1 < U_2 < U_3 < \cdots < U_n$。

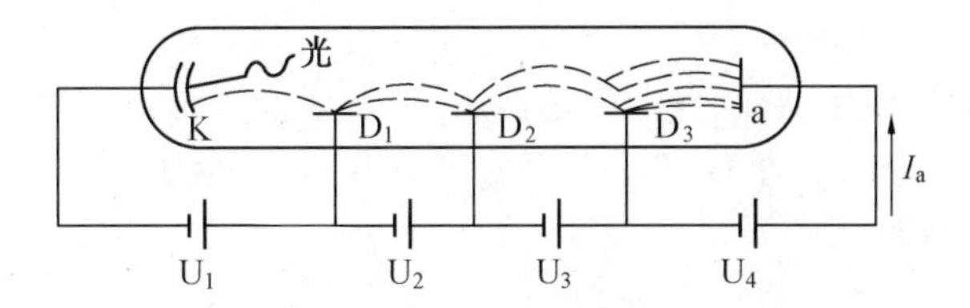

图 8.11　光电倍增管

由于电子的内倍增作用,光电倍增管具有噪声低、响应快等特点,这对探测微弱的快速脉冲信号是有利的。

2.光电倍增管的基本供电电路

光电倍增管的工作特性与供电电路密切相关,例如供电的电源电压的波动将会引起光电倍增管的电流增益波动等不利因素,因此光电倍增管的正确使用首先是正确设计其供电电路,确保倍增管的供电系统必须稳定,常用的基本供电电路见图 8.12,它适用于高速光脉冲或强

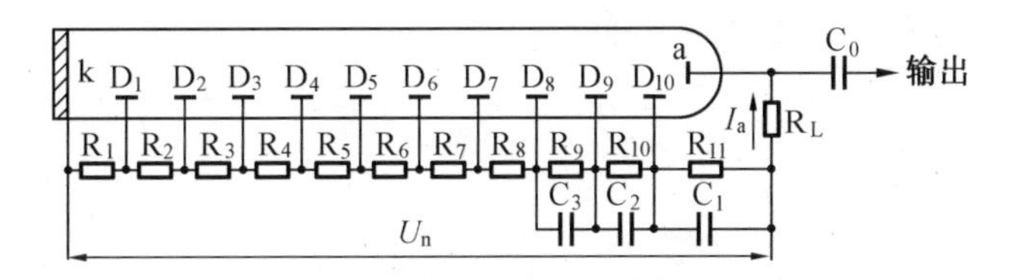

图 8.12　光电倍增管供电电路

度调制的激光信号的探测。若为平稳的连续光信号探测,图中的 C_1,C_2,C_3(是稳压电容)可以不用。光电倍增管各级电压由串联分压电阻链 $R_1 \sim R_n$ 提供,如图 8.12 中 $R_1 \sim R_{11}$,R_L 是负载电阻,提供输出电压。光电倍增管的供电电路设计,必须保证光电倍增管工作的直线性,即要保持输出电流 I_a(阳极电流)对入射光通量的线性变化,见图 8.13。

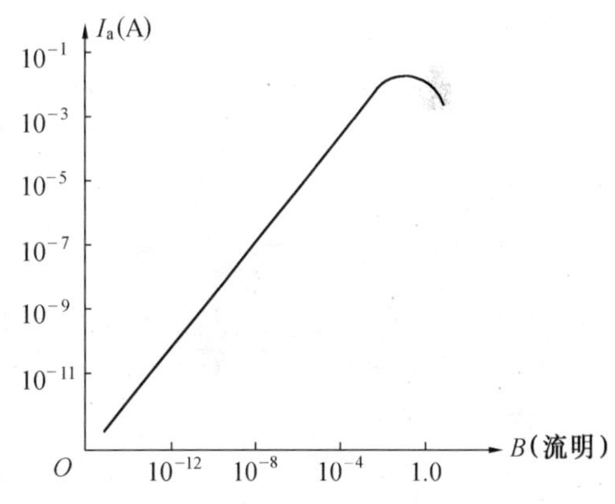

图 8.13　光电流与入射光通量关系

为了保证光电倍增管工作直线性,考虑到动态情况下各电极的反馈电流会使 $U_n = I_R R_n$ 降低,则必须使 I_R 充分地大于阳极电流 I_a,通常取 $I_R \geqslant 10 I_a$。

若考虑到电子从阴极 K 发射出来时速度较低,以至于第一倍增极的收集效率较低,其结

果对阳极电流影响很大。为了提高第一倍增极的收集效率，通常采用加大分压电阻 R_1，使其极间电压比其他倍增极的极间电压要高一些，一般 R_1 取值范围为 $R_1=(1.5\sim2)R_n$，R_n 取值范围为 100 ~ 500 kΩ。

另外，在脉冲信号或高频技术应用中，由于阳极电流的变化很快，电流值也很大，因而使得后几级倍增极间的电压产生变化，使阳极电流下降，造成倍增管的放大倍数不稳。为了防止这种有害效应，通常采用稳压电容 C_1、C_2、C_3 来防止这几级极间的电压突然下降。一般情况下，C_1、C_2、C_3 的取值范围为

$$\left.\begin{aligned} C_1 &\geqslant \frac{70nI_{am}\tau}{EU_n} \\ C_2 &\geqslant \frac{70nI_{am}\tau}{EU_n}\left(1-\frac{1}{\delta_m}\right) \\ C_3 &\geqslant \frac{70nI_{am}\tau}{EU_n}\frac{1}{\delta_m}\left(1-\frac{1}{\delta_m}\right) \end{aligned}\right\} \tag{8.19}$$

式中　n——倍增极数目；

I_{am}——阳极峰值电流；

τ——是信号脉冲宽度(最大脉冲持续时间)；

U_n——极间电压；

δ_m——倍增极的倍增系数。

$$E=\frac{\Delta G}{G}\times100\%$$

例如 GDB－23 型光电倍增管，其倍增极数 $n=11$，极间电压 $U_n=100$ V，阳极峰值电流 $I_{am}=150$ μA，信号脉冲宽度 $\tau=1$ μs，倍增极的倍增系数 $\delta_m=3$，要求增益稳定度 $E=\frac{\Delta G}{G}\times100\%=190$，根据式(8.19)并经计算得到 $C_1\geqslant1\ 155$ pF，取 $C_1=1\ 300$ pF；$C_2\geqslant770$ pF，取 $C_2=810$ pF；$C_3\geqslant256$ pF，取 $C_3=270$ pF。

3. 光电倍增管的主要性能及参数

(1) 灵敏度

灵敏度是衡量光电倍增管的一个主要参数。灵敏度一般分为辐照灵敏度和光照灵敏度，辐照灵敏度定义为

$$S_{辐}/(\mathrm{A\cdot W^{-1}})=\frac{光电管输出光电流}{入射辐射功率}=\frac{I_a}{W} \tag{8.20}$$

光照灵敏度定义为

$$S/(\mathrm{A\cdot lm})=\frac{I_a}{入射光通量}=\frac{I_a}{B} \tag{8.21}$$

光电管阴极和阳极的灵敏度一般用光照灵敏度表示，如国产 GDB－23 型光电管阴极灵敏度 $S_K = 60 \times 10^{-3}\ A \cdot lm^{-1}$，阳极灵敏度 $S_a = 100\ A \cdot lm^{-1}$。

（2）电流放大倍数

电流放大倍数表征光电倍增管的内增益特性。如果光电倍增管倍增的级数为 n，且各级性能相同，考虑到电子损失，则总的增益为

$$G = \eta_a(\eta_b\sigma)^n = \frac{I_a}{I_K} \tag{8.22}$$

式中　η_a——第一倍增极对阴极光电子的收集效率；

η_b——倍增极的电子传递效率；

σ——每一个入射电子所产生的二次电子的数目，也就是每个倍增极的电流增益，其值主要取决于倍增极材料和极间电压。

如果光电倍增管在一定电压下的电流放大倍数（增益）可以根据式（8.17），直接测量出阳极电流 I_a 与阴极电流 I_K 后计算出来，或者简单地用测量阳极光照灵敏度 S_a 和阴极光照灵敏度 S_K 计算出来，则

$$G = \frac{S_a}{S_K} \tag{8.23}$$

（3）暗电流和噪声

光电倍增管的暗电流定义为无光照时所产生的电流，暗电流产生的原因很多，如欧姆漏电（指光电倍增管的管心和沿管壁玻璃表面上的电阻漏电），热发射（由于光电阴极具有较低的逸出功，即使在一定室温下，也有一定的热电子发射，它与阴极光电子一样被倍增），还有残余气体电离等因素，各暗电流分量随极间电压增加而增大。

光电倍增管的噪声主要由散粒噪声和阳极电阻的热噪声等组成。在选用倍增管时，要尽量使负载电阻上的热噪声比散粒噪声小得多，以便忽略热噪声的影响。在一般情况下，取阳极电阻都在几十万欧姆以上，可以不考虑热噪声。背景噪声可采用滤光镜和小孔光阑加以限制，但在实际使用时设法减小暗电流是重要的，对于热发射产生的暗电流，在长时间工作时，一定要考虑降温措施控制暗电流的增长。另外，工作电压对暗电流也有影响，要注意选择最佳工作电压，在具有 9～12 级倍增极的光电倍增管中，选取 500～800 V 较为适宜。

光电倍增管如果用于可见光波段，调制频率为数百兆赫时，它的“量子效率”很高，噪声也很低，灵敏度很高。信号频率达到中、远红外波段时，它的量子效率很低，以致不能使用了，必须由新的探测器来代替，如光电二极管和雪崩光电二极管。

4. 光电二极管

光电二极管和雪崩光电二极管均属于光伏型的光探测器，图 8.14 为光电二极管原理图。

图中，PN 结是光电二极管的核心。当 PN 结被光照射时，就产生了电子、空穴对，它们是光生载流子。在结区两侧一个扩散长度内的光生载流子扩散到结区时，受到结区的空间电场（又

称为自建场或垫能垒)的作用,电子被拉到 N 区,空穴被拉到 P 区。同时在结区内的光生载流子也受到势垒区电场的作用,电子和空穴分别被拉到 N 区和 P 区。于是,在 P 区有过剩的空穴(正电荷)积累,在 N 区有过剩的电子(负电荷)积累。因此,在 PN 结两边产生了一个光生电动势,极性见图 8.14(a),这个现象就叫做光电压效应。利用这个效应制成的光电探测器就属于光电压型。当接收到光信号时,PN 结两边产生正比于信号光强的电压,这时若如图 8.14(a)接通外电路,则有电流 I_s,从而完成了由光信号到电信号的变换。

光电二极管的实用电路见图 8.14(b)。在 PN 结加负偏压,外电路串接负载电阻 R_L。没有光信号照射 PN 结时,外电路的电流几乎为零,R_L 上压降为零。电源电动势几乎全部降落在光电二极管上。当 PN 结接收到光信号时,外电路有电流流通,在 R_L 有压降为

$$U_L = R_L I_0 \tag{8.24}$$

这就是输出的电信号。通常 U_L 很小,在其输出端还要加信号处理电路。

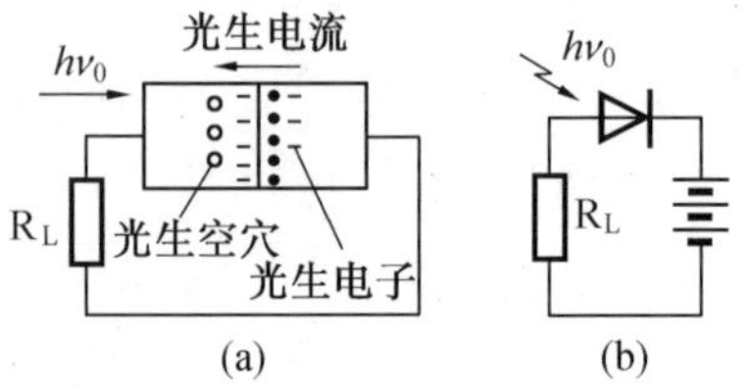

图 8.14 光电二极管原理图

在使用光电二极管作为探测器时必须注意光谱响应和频率响应。

(1) 光谱响应

光电二极管的 PN 结都是采用硅或锗半导体材料制成的,称为硅或锗光电二极管。硅较锗具有小得多的暗电流及低的温度系数,所以硅光电二极管使用比较广泛。

不同的半导体材料具有不同的光谱响应范围。例如,硅光电二极管对 0.5 ~ 1.5 μm 波长的光波都有响应,但其峰值波长(具有最大灵敏度的波长)在 0.85 ~ 0.9 μm。锗光电二极管的工作波长在 1.0 ~ 1.5 μm,砷钾铟的工作波长为 1 ~ 3.8 μm;采用锂漂移技术的 PIN 硅光电二极管(2DUL 型号)其峰响应波长在 1.04 ~ 1.06 μm,广泛用于 1.06 μm 激光波长的探测。

(2) 频率响应

若在光电二极管上加有足够的反偏压,则在一定的反偏压下输出的光电流 I_L 与入射光强 I 成正比,见图 8.15。这是对入射光强不加调制或调制频率不高时而言的。如果入射光是被调制的光信号,则输出的光电流将随调制频率而变。当调制频率很高时,输出电流将下降。影响频率响应的主要因素是光电二极管的结电容和负载电阻决定的时间常数 τ_c。因此光电二极管在使用时必须合适地选择负载电阻 R_L,使其满足 $R_L > \frac{2kT}{e} \cdot \frac{1}{I_x + I_d + I_b}$,其中 I_x、I_d、I_b 分别为信号电流、暗电流及背景电流的平均值;k 为玻尔兹曼常数;T 为绝对温度;e 为电子电荷。

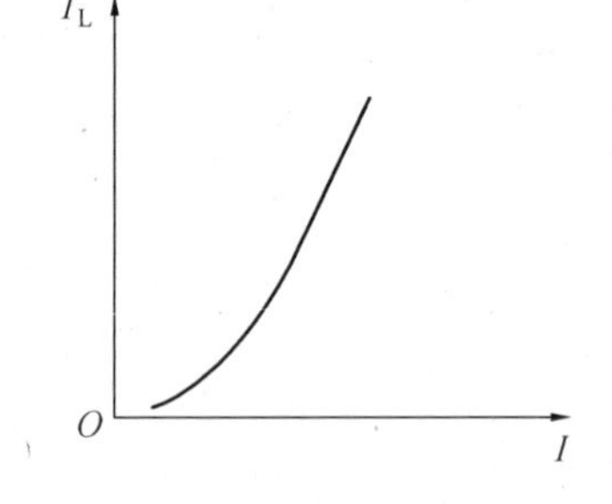

图 8.15 输出的光电流与入射光强的关系

影响光电二极管频率响应的除了 τ_c 之外,还有光生载流子的扩散和漂移时间。由于一般

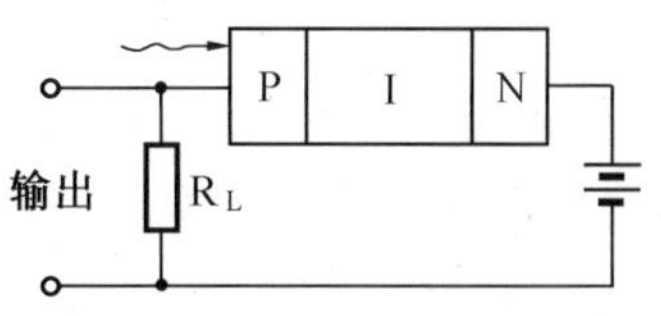

图 8.16　PIN 光电二极管

的光电二极管的结构工艺使 PN 结区很窄，光生载流子通过 PN 结的时间很短，但在 P 区和 N 区的扩散运动时间很长，所以，这种光电二极管的响应速度不快，只能探测调制频率较低的光信号。为了提高光电二极管的响应速度，必须减小光生载流子在 P 区和 N 区扩散运动的时间，即减小其厚度。锂漂移 PIN 光电二极管就属于这种类型的光电二极管，见图 8.16。以厚度 70～100 μm 的本征硅材料做成基片，在其两边用外延或扩散工艺分别形成很薄的 P 区和 N 区，厚度只有几个微米。本征硅材料的基片叫做 I 层，夹在 PN 结中间。PIN 光电二极管也是在反向偏压下工作，当接收光信号时 PIN 结被激发的电子、空穴对就形成了光电流。由于 P 层和 N 层都很薄，载流子在其中扩散运动时间很短。虽然 I 层比较厚，但是它处于一个强的反向电场作用下，载流子在其中漂移速度很快。总之，载流子通过 PIN 结的时间短，响应速度快，可以探测高调制频率的光信号。现已达到兆赫数量级的指标。PIN 光电二极管有硅 PIN 光电二极管，工作波长为 0.4～1.2 μm；锗 PIN 光电二极管，工作波长为 1～1.6 μm，响应时间约为 ns 量级。

5.雪崩光电二极管

在制作雪崩光电二极管的 PN 结时，N 区或 P 区大量掺杂。若对 N 区的掺杂量很大，则 N 区的电子浓度就大。同样对 P 区的掺杂量很大，P 区的空穴浓度就大。以 N 区掺杂量大为例，在高的负偏压时使用，光信号入射到 PN 结激励出电子、空穴对。其中电子将在强电场的作用下，以极快的漂移速度通过 PN 结，并在途中撞击半导体材料晶格上的原子，使其电离，产生新的电子空穴对。这种新的电子空穴对又在强电场的作用下获得加速度并与原子发生碰撞，又产生出大量的电子空穴对。这种过程不断地重复，在 PN 区内电流急剧增大，很快出现“雪崩”现象，得到很高的光电流。利用“雪崩”现象制成的光电二极管叫做雪崩光电二极管。它有很高的灵敏度，噪声比较大。作为光电探测器使用时，一般都工作于接近雪崩的状态，即所加的反偏压略小于雪崩电压。实验表明，在接近雪崩状态下使用，噪声较小、灵敏度较高。加负偏压时，不允许超过击穿电压，否则管子会因雪崩而被击穿。

雪崩管的主要特点是具有电流内增益，其倍增因子可达 10^3；其探测能力通常高于光电二极管，而低于光电倍增管；其响应速度与 PIN 光电二极管差不多；对于光谱响应，硅雪崩管工作波长为 0.4～0.9 μm，锗雪崩管为 1～1.5 μm。

6.金属半导体光电二极管

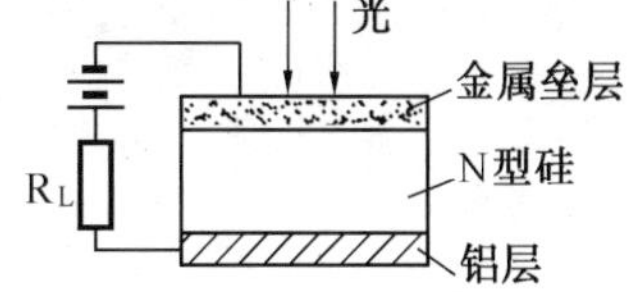

图 8.17　金属半导体光电二极管的结构图

金属半导体光电二极管的结构见图 8.17。它是在 N 型硅片上表面形成厚约0.030 0 μm的 SiO_2 薄膜，再在 SiO_2 薄膜上蒸镀一层厚约 0.007 0 μm 左右的薄金层（保证有良好的透光性能），这样在金属与半导体接触处形成的阻挡层作为势垒区，这称为肖特基势垒。这种器件的特点，一是光谱响应范围极宽

(0.2～1.1 μm)，在0.4～0.6 μm的灵敏度较硅光二极管高；二是光敏面可做得很大，且均匀性好，动态范围大，适于做四象限管；三是响应速度快，可探测5～10 ns的光脉冲信号。

7.各种探测器的比较

(1)光电倍增管

光电倍增管具有内部电流增益、灵敏度高、稳定性好、响应速度快、噪声小的优点，但结构复杂、体积大、工作电压高、且要求供电电压稳定。

(2)光电二极管

光电二极管量子效率高、噪声低、响应速度快、线性工作范围大、体积小，因而获得广泛应用。

(3)热电类

热电类光谱响应宽，室温工作，除热释电响应速度快外，其他响应速度慢。

具体性能指标见表8.1、表8.2及表8.3。

表8.1 国产光电增管特性

型　号	峰值波长/μm	响应波长范围/μm	倍增级数	最高工作电压/V	灵敏度(阴极)/($mA \cdot Lm^{-1}$)	灵敏度(阳极)/($A \cdot Lm^{-1}$)	暗电流/A
GPL－511	0.440 0	0.350 0～0.650 0	11	1 500		1	8×10^{-8}
GDB－19A			11	1 500		1 000	$< 10^{-6}$
GDB－22	0.480 0	0.300 0～0.750 0	11	250 0	20	1	10^{-7}
GDB－23	0.400 0	0.300 0～0.850 0	11	1 500	60	100	4×10^{-7}
GDB－28	0.800 0	0.400 0～1.200 0	11	1 800	21		5×10^{-7}

表8.2 雪崩光电二极管特性

类　别	波长范围/μm	灵敏面积/cm^2	暗电流/A	雪崩击穿电压/V	最大增益
硅 N^+P	0.4～1	2×10^{-5}	5×10^{-2}(－10 V)	23	10*
硅 N^+IP	0.5～1.1			200～2 000	
硅化铂·N硅	0.35～0.6	4×10^{-5}	10^{-6}(－10 V)	50	400
铂－砷化镓	0.4～0.88			60	>100
锗 N^+P	0.4～1.55	2×10^{-5}	2×10^{-8}(－16 V)	16.8	
锗 N^+P	<1.54			150	
砷化镓	0.5～3.5				
锑化铟	0.5～5.5			10	

注：锑化铟工作在77 K

表 8.3 光电二极管特性

类 别	波长范围/μm	灵敏面积/cm^2	响应时间/s	工作温度/K	暗电流/A
					$<10^{-9}(-40\ V)$
硅 PIN	0.632 8	2×10^{-3}	10^{-10}	300	$2\times10^{-5}(-30\ V)$
硅 PIN	0.4~1.2	5×10^{-2}	7×10^{-9}	300	$2\times10^{-2}(6\ V)$
金属 PIN 硅	0.38~0.8	3×10^{-2}	10^{-9}	300	2×10^{-8}
锗 N^+P	0.4~1.55	2×10^{-5}	1.2×10^{-10}	300	
锗 PIN	1~1.65	2.5×10^{-5}	2.5×10^{-10}	77	
砷化铟 PN	0.5~3.5	3.2×10^{-4}	$<10^{-6}$	77	
锑化铟 PN	0.4~5.5	5×10^{-4}	5×10^{-6}	77	
$Pb_{1-x}Sn_xS_e$	11.4	78×10^{-3}	10^{-9}	77	
$x=0.064$					
$Pb_{1-x}Sn_xSe$	9.5	4×10^{-3}	10^{-9}	77	
$x=0.16$					
$Hg_{1-x}Cd_xT_e$	15	4×10^{-4}	$<3\times10^{-9}$	77	
$x=0.17$					

8.如何选择光电探测器

选择光电探测器的主要依据是工作波长,然后才考虑其灵敏度、噪声和带宽。

对于可见光和红外光,可以选用光电倍增管。例如氦氖激光,中心波长为 $\lambda=0.632\ 8\ \mu m$,可选用光电倍增管,能够获得较高的灵敏度和较小的噪声。固体器件硅 PIN 光电二极管对 0.632 8 μm波长的光也有较好的探测能力,也可以选用。

光波长为 0.8~0.95 μm 的砷化镓(GaAs)激光器,可以用 Ga-As-CS_2O 光电倍增管响应较高频率的调制信号,在响应速度为 10 ns 时,量子效率可达到 90%。在这个波长也可以选择适当的光电二极管和雪崩光电二极管等固体探测器。

激光器采用钕玻璃或 YAG 晶体等工作物质,波长 $\lambda=1.06\ \mu m$。这时就不能选用光电倍增管了,而需用硅光电二极管或硅雪崩光电二极管。因为这时的光电倍增管的光电极量子效率下降到只有 0.8%,而硅光电二极管和硅雪崩光电二极管却有较高的灵敏度。现在固体探测器在可见光和近红外波段获得了广泛的应用,它除具有高的响应速度(响应时间为 ns 数量级)、大的工作带宽(千兆赫数量级)、高的量子效率和低的噪声外,还有体积小、质量轻,抗震能力强等优点。但是固体探测器一般多用硅或锗制成,其工作状态受环境温度的影响较大,温度升高会导致灵敏度降低和噪声增大,在特殊情况下可以采取一定的冷却措施。

有一些激光器,工作在远红外波段,如 CO_2 激光器 $\lambda=10.6\ \mu m$,可以使用碲镉汞(HgCdTe)

探测器,它可响应 10 MHz 以上的调制频率。

随着科学技术、生产工艺的不断发展,新的光电探测器不断出现,只要掌握选择探测器的原则结合新探测器的特性就能够选用合适的光电探测器。

8.4 光 纤 维

激光在大气中传输的衰减是严重的,为了解决这个问题,要研究将激光束封闭在固定的线路中进行传输的方法,即波导传输。波导传输的原理和器材很多,光纤维就是其中一种波导传输,全名为光学纤维波导,简称为光纤。

现在被广泛应用的光纤传感器是利用激光在光纤中传播特性的变化来检测、量度它所受到的环境变化的。通过被测量的变化来调制波导中的光波,使光纤中的光波参量随测量的变化而变化,从而求得被测信号的大小。

光纤传感器与传统的各类传感器相比较,具有灵敏度高、不受电磁干扰、结构简单、体积小等优点,因此在激光技术中获得了广泛应用。

目前所用的光纤有单模光纤和多模光纤两种类型。单模光纤的纤心直径通常为 2 ~ 12 μm,很细的纤心半经接近于光源波长的长度,仅能维持一种模式传播,一般相位调制型和偏振调制型的光纤传感器采用单模光纤,而光强度调制型或传光型光纤传感器多采用多模光纤。

光纤是一种能够传送光频电磁波的介质波导,那么光学纤维按组成材料分为纤维、石英纤维、塑料纤维、液心纤维等;按其构造形式分为包层式纤维和自聚焦式纤维等。本节仅从结构说明其基本原理和介绍几种光纤传感器应用技术。

一、包层式光纤

典型结构见图 8.18,左边是它的结构示意图,右边是光在光纤维中传播的光路图。包层式光学纤维的核心是纤心和包层,最外面为保护层,仅仅起保护作用,对光的传输没有影响。心的折射率为 η_1,包层的折射率为 η_2,使 $\eta_1 > \eta_2$。在制造时使心和包层之间有良好的光学接触,形成良好的光学界面。通常包层外径约为 100 ~ 200 μm,心的直径约为 50 ~ 75 μm,保护层的外径约在 1 mm 左右。

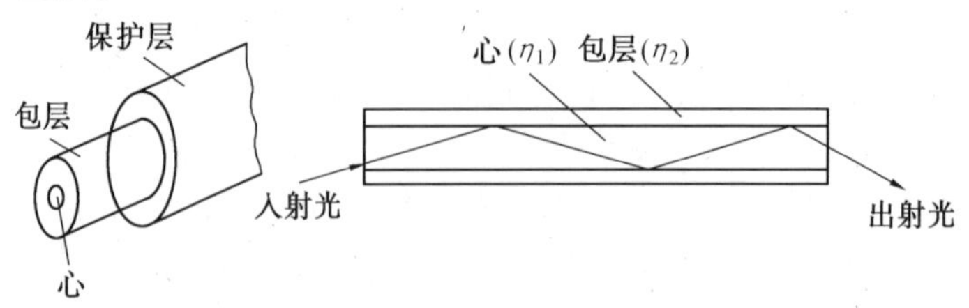

图 8.18 包层式光纤维示意图

若光纤维是准直的，当光线垂直光纤维端面入射时，光线和光纤的轴线平行或重合。光线就穿过光纤的心沿直线传播，见图 8.19(a)。由于 $\eta_1 > \eta_2$ 当光线以某一角度射入光纤的端面上时，光线以折射的方向在心线中传播到达包层和心的界面。若光线在界面上的入射角大于由 η_1 和 η_2 决定的临界角时，就产生全反射，即光线全部投射回到心内，如此经过若干次全内反射，把光从光纤维的一端传输至另一端。设光纤维端面之外的介质折射率为 η_0，光线 2 的入射角 θ_0 恰好满足全内反射的条件，见图 8.19(b)，则 θ_0 的大小可确定为

$$\begin{cases} \eta_1 \sin\left(\dfrac{\pi}{2} - \theta_1\right) = \eta_2 \qquad \left(\theta_m = \dfrac{\pi}{2} - \theta_1\right) \\ \eta_1 \sin\theta_1 = \eta_0 \sin\theta_0 \end{cases}$$

解这个方程组得

$$\theta_0 = \arcsin \frac{1}{\eta_0} \sqrt{\eta_1^2 - \eta_2^2} \tag{8.25}$$

式中，θ_0 为与全内反射临界角相对应的入射角。

当光线的入射角 $\theta < \theta_0$，折射角 $\theta_1' < \theta_1$，光线在包层和心的界面上的入射角$\left(\dfrac{\pi}{2} - \theta_1'\right)$大于临界角 θ_m，满足全内反射条件，入射光将在纤维内不断产生全反射，向另一端传输。

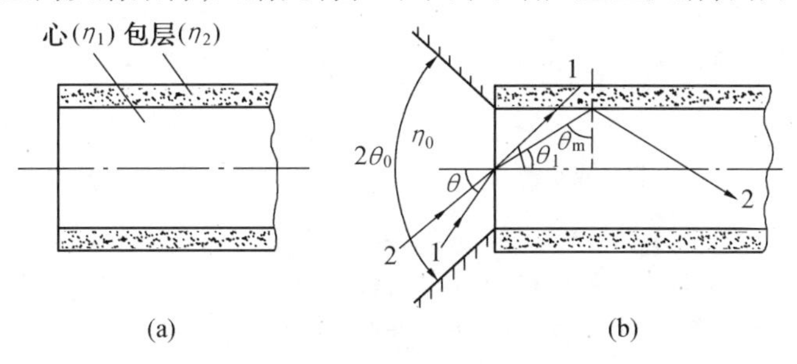

图 8.19 包层式光纤维原理图

若光线的入射角 $\theta > \theta_0$，如图 8.19(b)中的光线 1，折射角 $\theta_1'' > \theta_1$，则$\dfrac{\pi}{2} - \theta_1'' < \theta_n$，不满足全反射条件，入射光透过界面，形成损耗，经多次透射，损耗值极大，入射光只有很少一点能够传输到光纤维的另一端。入射角 θ 愈大，则损耗愈大，光在光纤维中传输的可能性愈小。为此，把 θ_0 称为光纤维的孔径角。由图 8.19(b)可见，$2\theta_0$ 的大小表示光纤维对入射光线可接收的范围，$2\theta_0$ 越大，光纤维入射端截面上接收光的范围越大，射入光纤维的光越多。而在 $2\theta_0$ 角以外的入射光线都会透过包层和心的界面形成损耗。因此孔径角是包层式光纤维的一个重要参数。通常把孔径角的正弦乘以光纤维入射端面外介质折射率 η_0 称为光纤维的数值孔径，并以 $N.A.$表示

$$N.A. = \eta_0 \sin\theta_0 = \sqrt{\eta_1^2 - \eta_2^2} \tag{8.26}$$

包层式光纤维的数值孔径表示它能传送怎样入射的光束。

若用比值$\frac{\eta_1-\eta_2}{\eta_1}=\Delta$表示光纤维的相对折射率差，当$\eta_1$和$\eta_2$的值很接近时，有

$$N.A.=\sqrt{\eta_1^2-\eta_2^2}=\sqrt{(\eta_1+\eta_2)(\eta_1-\eta_2)}\doteq\sqrt{2\Delta} \tag{8.27}$$

由此可见，若包层式光纤维的心和包层的折射率差大，即Δ大，则数值孔径大。从光源与光纤维的耦合方便的角度来考虑，希望Δ大一些。在有一些只传输光能量而对模式没有要求的场合，是希望Δ大一些，也就是$N.A.$尽量大一些；但数值孔径大会使光在光纤维中传输时激起高次模，因此对模式有一定要求的场合是不利的，所以$N.A.$要选取合适的值。作为激光传输用的光纤波导，Δ值通常在1% ~5%之间，如果$\eta_0=1$(空气)，$N.A.$恒小于1。

二、自聚焦式光纤

自聚焦式光纤的结构和包层式光纤的结构不同，包层式是一种阶跃折射率光纤，传输光的原理也不同。图8.20给出了包层式光纤和自聚焦式光纤的折射率随半径变化的情况。包层式光纤是由两种具有不同折射率的玻璃拉制而成的，包层和心的折射率分布有明显的界面。

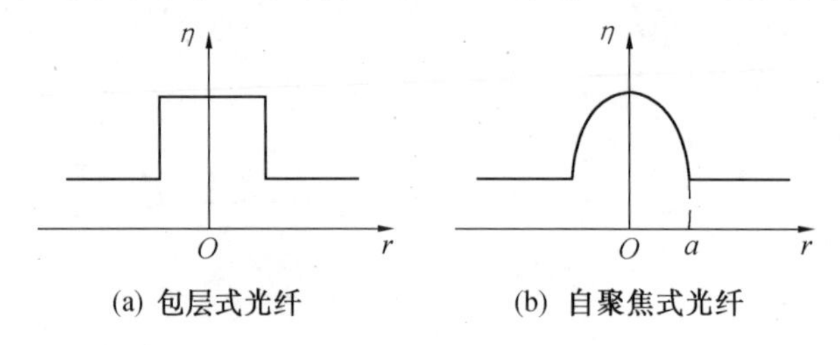

图8.20 包层式光纤维和自聚焦式光纤维的径向折射率

光纤就在此界面上产生全反射，光在其中以锯齿形折线传播。而自聚焦式光纤维则不同，在它的横截面上，折射率从轴心沿半径以近似抛物线的规律连续减小，见图8.20(b)。以轴心为原点，折射率和半径的相互关系是

$$\eta=\eta_1\left(1-\Delta\frac{r^2}{a^2}\right) \tag{8.28}$$

其中r是在心的半径方向上任一点的坐标，a为心的半径值。

由于光纤维内的折射率有上述的分布规律，光在其中的传播方向就要改变，见图8.21。当光线偏离光纤维的轴线方向时，因为心的折射率的连续变小，光线的行进方向也就连续向光纤维轴线偏转，形成一个近似于正弦曲线的传播路径。相当于无数个聚焦透镜使光束不断聚焦。理想的情况是平行入射的光线，都能聚焦在1,2,3,…，形成自聚焦现象。自聚焦式光纤维的光透过率比包层式光纤维的光透过率要高得多，这是它优于包层式光纤维之处。但是控制自聚焦式光纤维的工艺要复杂得多，成本比较高。

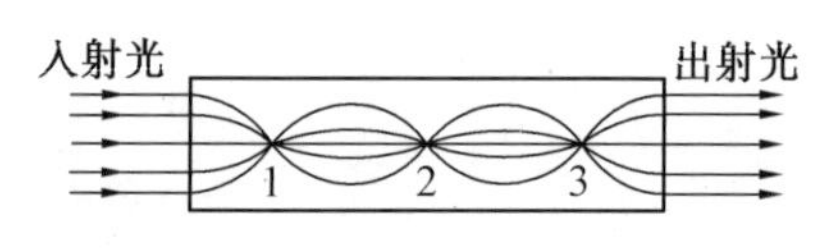

图8.21 自聚焦式光纤维原理

上述光纤维工作原理都是在光纤维"直"的情况下讨论的，如果光纤维不直，且弯曲得很厉害，就会有一些光线透过内壁漏掉，造成损耗，以致传输的光能量减小。这表明光纤维在实际使用时，它拐弯处的曲率半径不能太小，应有一个容许的最小值。曲率半径大于这个容许值时，光纤维弯曲造成的损耗可以忽略不计；小于这个值时，损耗就变得明显了。这个最小容许曲率半径为

$$R_{\min} = \frac{2}{\alpha \cdot r} \tag{8.29}$$

式中　α——纤心的材料折射率分布给出的常数；

r——光纤维的半径。

例如，当 $r = 50\ \mu\text{m}$，$\alpha = 0.5\ \text{cm}^{-2}$时，$R_{\min} = 80\ \text{mm}$。

由此可见，光纤维弯曲的最小容许曲率半径只有厘米的量级。这是一个可贵的特性，表明在铺设传输光信号的线路时，不需要维持光纤平直，施工十分方便。这样小的曲率半径，在实验室使用时也无需特别注意。

当光从光纤维的一端射入，传输到另一端时，光强会减弱，也就是光在传输时受到损耗。这损耗有光纤维心料的吸收和散射、界面上的不完全全反射等。只要这些损耗低于20 dB/km，光纤维就可以用于传输光能或光信号。目前的生产水平制成的光纤维在传输某些特定波长光束时，损耗可低于 10 dB/km。目前光纤维已经在光通讯和某些实验中得到了广泛的应用。随着科学技术的发展，损耗进一步降低，光纤维的应用将会更加广泛。

三、光纤维的连接

生产光纤维的长度是有限的，要组成长的传输光路，就要将光纤维连接起来。为此，必须解决两根光纤维之间的连接问题。光纤维的连接不仅要求连接面精确对准，而且要求光学接触，由于光纤维的心很细，两根光纤维对准很困难。特别是目前光纤维的损耗已可达10 dB/km以下，因此，连接点的损耗必须大大小于整个线路的损耗，如 0.1 dB 以下。通常的连接有两种，一是永久性连接，另一种是活动连接。

永久性连接有多种。一种是把两根光纤维对准、夹固进行电热熔接。这种连接对于多模光纤维的结点损耗可以做到 0.1 dB 以下。另外还有两种固定连接，见图 8.22。其中，图 8.22

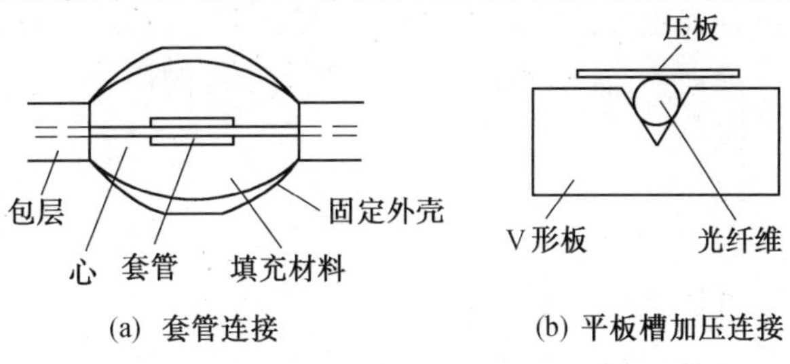

图 8.22　光纤维的固定连接结构

(a)是套管连接,图 8.22(b)是平板槽加压连接。

活动连接的方法也很多,图 8.23 为其中的一种。光纤维被固定在两个连接螺纹的轴心线上,以保证连接时两根光纤维的端面对准。为了使光纤维的端面成为高精度的镜面,需要将其研磨抛光。单根光纤维不便于研磨抛光,需要将光纤维和连接螺纹固定之后一起进行研磨抛光。然后将螺纹对准拧紧,就可以使光纤维连接起来。为改善两光纤维连接间隙的透光性能,应在两端面之间填充一种透光性能好的、折射率和心料折射率相近的硅油。目前这种活动接头的损耗已经可以做到 0.4 dB 以下。

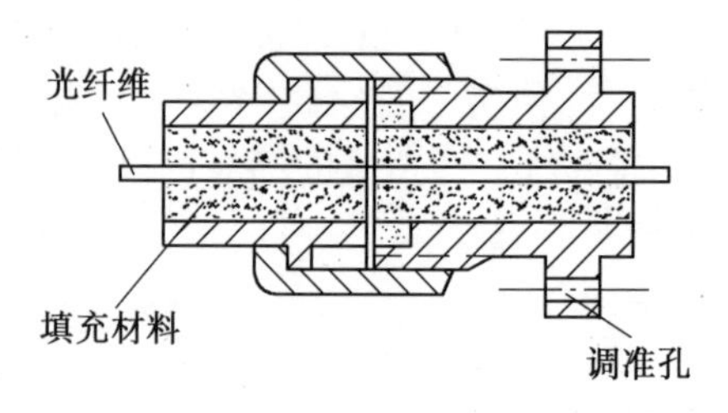

图 8.23　光纤维的活动连接结构

四、光纤和光源之间的耦合

一般情况下,激光器和光纤直接耦合,其耦合效率只有 15% ~ 20% 左右。在激光器和光纤维之间用聚焦透镜耦合可以使耦合效率提高到 50%,若采用辅助透镜和聚焦透镜组合起来耦合(图 8.24),则可以将耦合效率提高到 80% 左右。图中所示的辅助透镜是将激光器输出的光束变为圆锥形光束。例如,在激光通信中辅助透镜的作用就是利用它的特殊的折射率分布将半导体激光器输出的椭圆光束聚焦成圆锥光束(图 8.24(a))。聚焦透镜把圆锥形光束再一次聚焦成更细的光束耦合到光纤的入射端。

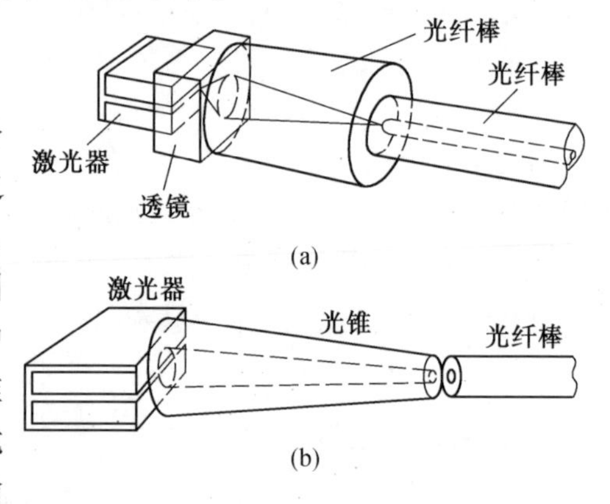

图 8.24　光纤维的耦合

在图 8.24(b)中给出了用光锥棒耦合的原理。光锥棒本身的折射率具有自聚焦分布,把它插入光源与光纤维之间就可以实现光源与光纤维之间的耦合。

在上述的各种耦合方式中,光源、透镜(光锥棒)以及光纤都要加以固定。为了减少界面接触不良的损耗,还需要在各界面的间隙填充适当的硅油或其他介质。至于光纤和接收器件之间的耦合,由于接收器件(如光电探测器)的受光面积较大,对准耦合比较容易。只要把光纤的耦合器对准接收器件的受光面,并加以固定,就可以得到很好的耦合了。

五、其他光纤

1. 单材料光纤

单材料光纤维是采用低损耗单一材料制成任意截面形状的光纤的心,再用支架将心架空在套管内,心、支架和套管都是用同一种材料制成。心和套管之间有空气层。若心料的折射率为 η_1,空气的折射率为 η_0,那么只要 $\eta_1 > \eta_0$ 就可以满足全内反射条件,从而使光线在心内向

前传播。由于这种光纤维避免了在心的外面制造不同材料包层时产生的污染，所以可以用高纯度的材料做成低损耗光纤维。现在一般可达到每千米损耗在 5 dB 以下。这种低损耗光纤维的结构见图 8.25。

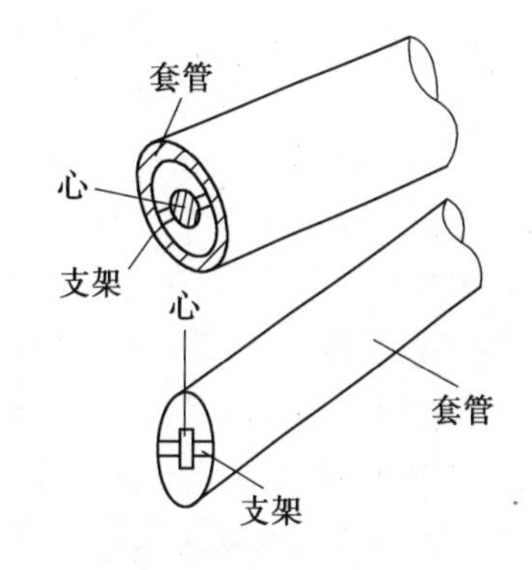

图 8.25　单材料光纤维示意图

2.塑料光纤

由于塑料的柔软性能好、耐弯曲、质量轻、成本低，并有一定的防放射性辐射的能力，所以正在研究用一种高度透明的塑料来代替玻璃、熔融石英来制造光纤。现在还有许多问题需要解决，例如塑料对温度变化的适应性差，温度升高时其长度会缩短。有一种塑料光纤维，在 80 ℃的温度下放置 24 h，长度缩短 31.5%。若铺设 1 km 线路，就要缩短 15 m，这是不容许的。另外，塑料光纤维的损耗太大，每公里约数百分贝。因此，目前还只是研究阶段。但是随着光学塑料的迅速发展，塑料光纤维有可能取代玻璃光纤。

3.激活光纤

激活光纤是一种新型的光纤，其心内有激活离子，它可以在高能粒子、紫外辐射、电场、磁场或辅助光源的泵浦下产生光辐射，同时传输出去。其传输光的原理与包层式光纤维一样是利用全内反射。

六、光纤传感器应用举例

光纤传感器在激光技术中应用广泛，如激光干涉仪技术，激光通信技术，激光大气传输技术，激光水下探测技术等。在本节中阐述光纤干涉仪的应用。

在普通光学元件组成的激光干涉仪中，相干光在空气中传播时，由于空气扰动及声波的干扰，导致空气光程的变化，致使干涉仪工作不能稳定。如果利用单模光纤作为干涉仪的光路，就可以排除这些影响，且光纤干涉仪信号处理简单、测量范围大、精度高。光纤干涉仪基本结构可以分为以下四种。

1.迈克尔逊光纤干涉仪

迈克尔逊(Michelson)光纤干涉仪结构见图 8.26，它是基于传统的迈克尔逊干涉仪原理，利用光纤 3 dB 的 2×2 耦合器取代分束器，光纤光程取代空气光程。3 dB 耦合器作用是将入射光波分成两束光，并分为参考光纤和测量光纤(或者说两束光能相等，并将每一部分光能耦合进一个单独的光波导中去)，并由光纤另一端反射面返回到耦合器相遇干涉，输出到探测器，外界被测物理量作用于测量臂，使其光程差变化，由探测器探测其待测物理量的大小

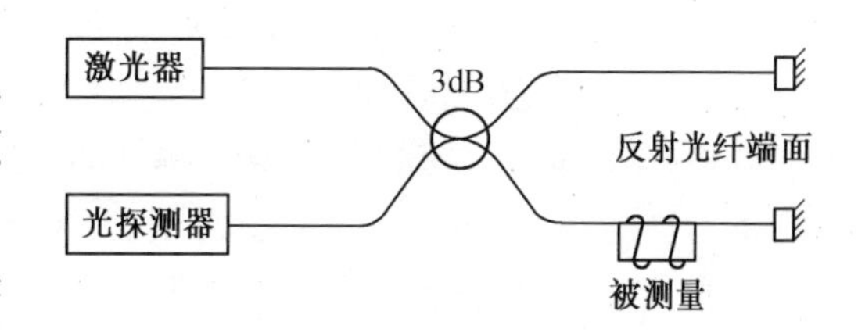

图 8.26　迈克尔逊光纤干涉仪

及位置。

3 dB 耦合器结构和加工方法见图 8.27,其加工程序是先把光纤胶粘在开槽的平板上,且将表面研磨、抛光,使其光纤包层磨掉一部分,并使光纤纤心也要磨出一个平面,然后把这样的两块平板的抛光平面合成一起,并调节两光纤重叠或对准的程度,以获得期望的耦合比。

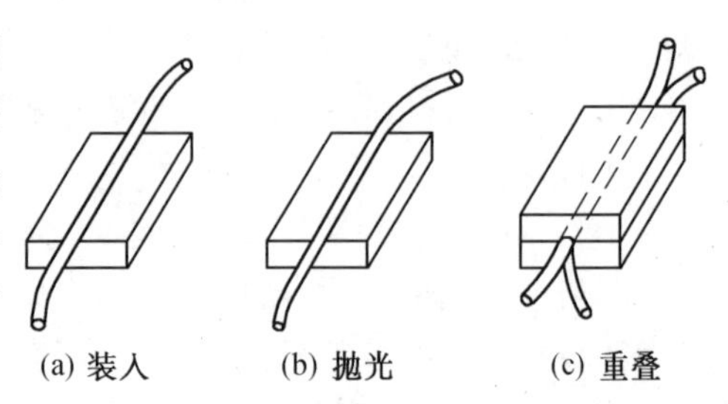

图 8.27　光纤 3 dB 耦合器结构

这种迈克尔逊光纤干涉仪很适合于点的测量,如测量振动、位移、应变、温度等。但由于光纤干涉仪结构能导致光反馈,要求激光源具有高度的稳定性。

2. 马赫 - 译德光纤干涉仪

马赫 - 译德(Mach - Zehnder)光纤干涉仪结构见图 8.28。该光纤干涉仪结构由激光源、两个 3 dB 耦合器、两个探测器和信号处理器等组成。激光器发出的相干光通过第一个 3 dB 耦合器分成两个强度相等的光束,一束为测量光(信号臂),另一束为参考光(参考臂),被测物理量作用于测量光束使其发生改变。第二个 3 dB 耦合器的使用是把两束光再耦合(两束光相遇并发生干涉),然后再分成两束并经两根光纤送到两个探测器,它将被测物理量引起的位相变化通过干涉条纹转换光强变化。马赫 - 译德光纤干涉仪结构可用于测量温度、压力、位移等。其结构特点是在干涉仪工作时,它只有少量或没有光直接返回激光器,因而不会影响光源的稳定性,而且干涉仪输出两路干涉信号反相,这非常便于后续电路做辨向、细分等处理,从而使得它成为光纤干涉仪中应用最多的结构。

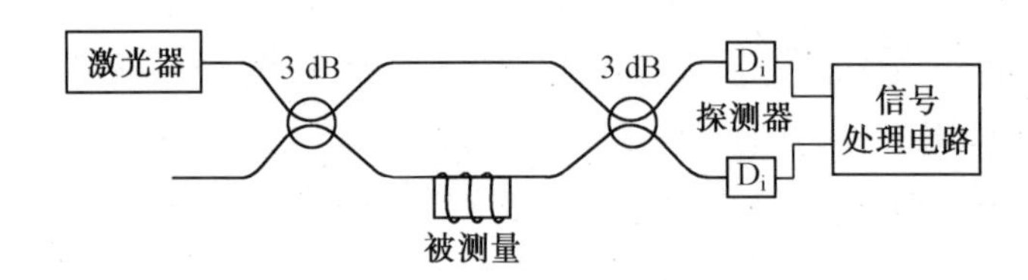

图 8.28　Mach - Zehnder 光纤干涉仪

3. 萨格奈克光纤干涉仪

萨格奈克(Sagnac)光纤干涉仪结构见图8.29。激光器发出相干光由 3 dB 耦合器分成比例相等的两束光,耦合进入一个多匝单模光纤圈的两端,光纤两端的光反向传输再回到 3 dB 耦合器,再经 3 dB 耦合器送到光电探测器。当闭合光纤圈静止时,两束光传播路径相同。当光纤圈相对惯性空

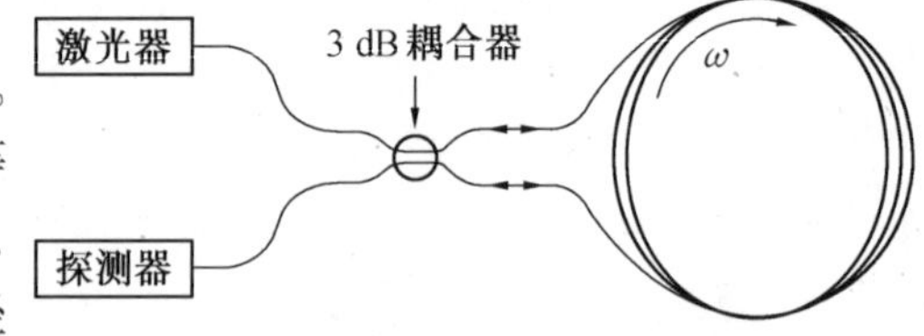

图 8.29　Sagnac 光纤干涉仪结构

间以转速 Ω 转动时，则两路光产生非互易性光程差，其干涉图样可反映出光程差和位相变化。其光程差 Δ 和位相 φ 变化分别为

$$\left.\begin{aligned}\Delta &= \frac{4\pi N r^2 \Omega}{C} = \frac{2\Omega r L}{C} \\ \varphi &= \frac{8\pi^2 N \Omega r^2}{C\lambda} = \frac{4\pi \Omega r L}{C\lambda}\end{aligned}\right\} \tag{8.30}$$

式中　N——光纤的圈数；

r——光纤圈的半径；

L——光纤的总长度；

Ω——角转速；

C——光速；

λ——激光源波长。

该光纤干涉仪最典型的应用是光纤陀螺仪，它具有灵敏度高、体积小、成本低等特点。目前光纤陀螺仪已实际用于航空、航天等一些导航系统中。

4.法布里－珀罗光纤干涉仪

法布里－珀罗（Fabry－Perot）光纤干涉仪结构见图 8.30。它属于一种多光束干涉类型。用激光光源经多模光纤并通过聚焦透镜进入两端镀有高反射膜的平行平面腔体（F－P腔）；使光束在两个平面反射镜间产生多次反射形成多光束干涉，其透射光直接进入探测器探测，由F－P腔受被测物理量调制产生的干涉图样，得到被测量的量。该光纤干涉仪可用来测量温度、应力、位移等。

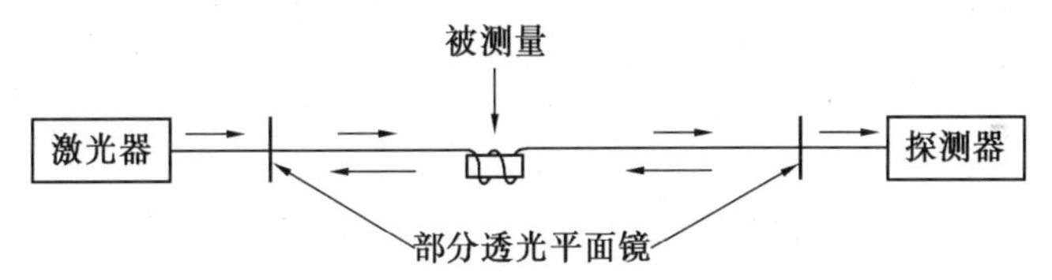

图 8.30　F－P光纤干涉仪结构类型

8.5　光学天线

激光技术的许多应用中，光信号或光能量都是在空间传输的，例如激光通讯、激光测距、激光雷达、激光武器等。因此必须要有光学天线，其作用是发射、接收光信号。光学天线分为发射天线和接收天线。

发射天线的任务是将激光束的发散角压缩到容许范围内并将发射光束对准接收天线或目标。接收天线的任务是尽可能多地接收发射来的或从目标散射回来的光能量，并把接收的光能聚焦到探测器的光敏面上。光束在大气中传输，发散角大，单位面积上的光能量随距离的增

加而减小。对发射天线的主要要求就是它发出的光束发散角要小。但是发散角过小又会造成发射机难以对准接收机或目标,因而发散角又不宜太小。接收光束的能量和接收天线的面积大小有关。面积大,接收的光能量就大,对接收天线的主要要求是接收面积。在接收天线视场内的非信号光辐射,也就是背景噪声,会同时进入接收天线。因此,接收天线的接收面积和它的视场角有一定要求,过大则背影噪声大,干扰严重;过小会使有用光信息减小。所以天线设计要综合加以考虑。

通过发射天线发射的激光束,其发散角是由光束通过天线出口时的衍射及光束本身的发散角造成的,天线的衍射角的大小为

$$\theta = 1.22\frac{\lambda}{D} \tag{8.31}$$

式中　λ——光波长;

D——天线的口径。

由此可见,天线的口径愈大,光束的衍射角愈小。在天线设计时应取最大的容许发散角,这样可以得到最小的天线尺寸。一般来说,对于常用的几种激光波长,发射天线的口径大约不会超过 40~50 cm。

已经投入使用的光学天线的结构有以下几种。

一、折射式发射天线

折射式发射天线实际上是由透镜组成的光学望远系统,见图 8.31。光源发出的光束经目镜 L_1 和物镜 L_2 后准直成平行光射出。其作用就是把激光器输出的横截面较小而发散角较大的光束,变成为横截面较大而发散角较小的光束。

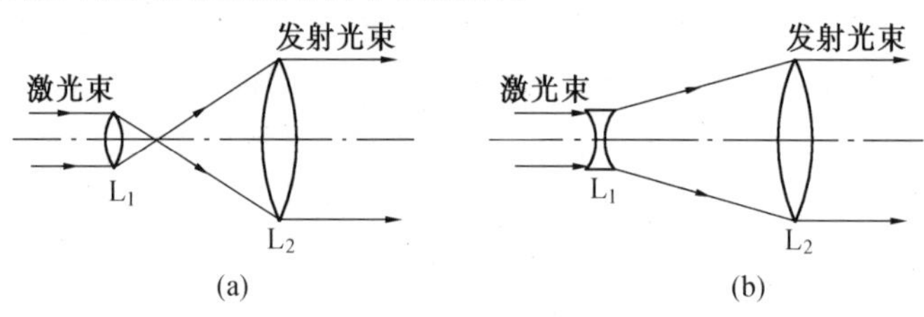

图 8.31　折射式发射天线

二、反射式天线

反射式天线通常分为卡塞格伦型和牛顿型两种,可以用做发射天线,也可以用做接收天线。卡塞格伦型天线见图 8.32。它包括一个抛物面形主反射镜和一个双曲面形副反射镜。副反射镜放在主反射镜的焦点上。副反射镜的固定可胶合在透光性能良好的玻璃上,然后再和主反射镜一起固定。牛顿型天线见图 8.33。它和卡塞格伦型天线不同之处是入射光和出射光的轴线互相垂直。因此,在某些整机结构中,可以充分利用空间。

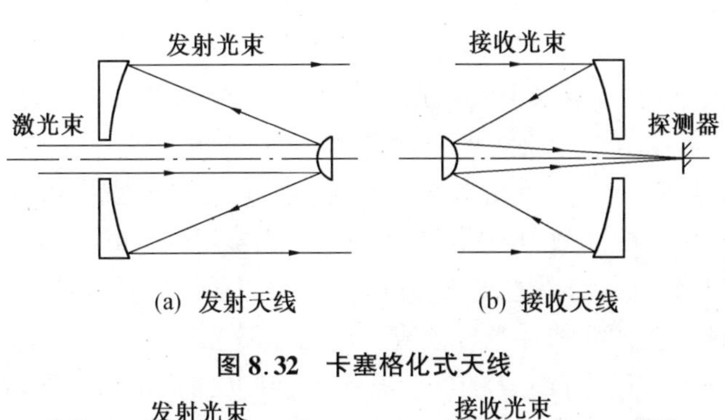

图 8.32 卡塞格化式天线

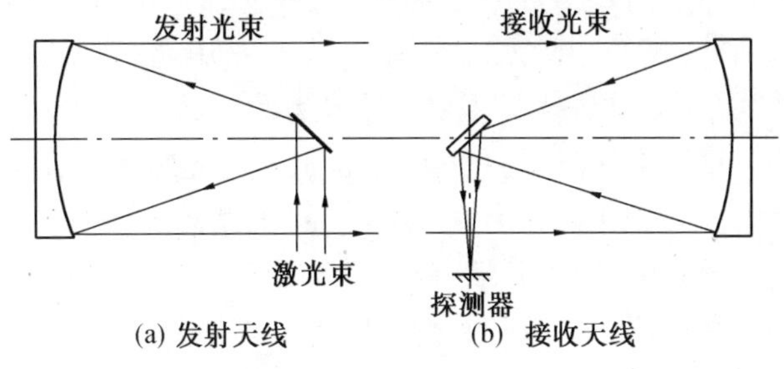

图 8.33 牛顿式天线

三、会聚式天线

由单凸透镜组成的天线,结构简单、制作方便,见图 8.34。

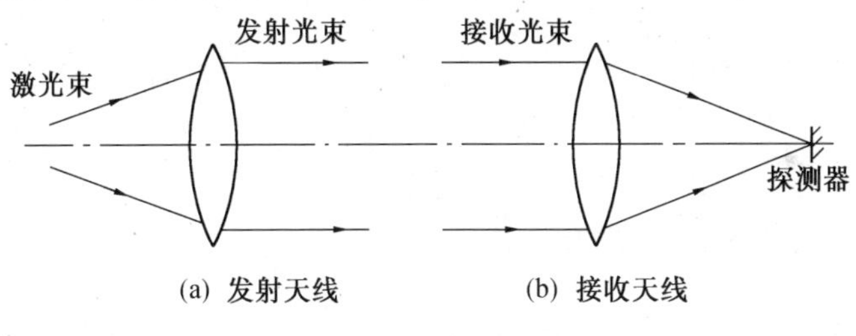

图 8.34 会聚式天线

8.6 激光倍频及光参量放大

一、非线性光学效应

电场作用于介质,在介质内部产生电偶极矩,使介质极化。光波也是电磁波,是变化的电磁场。当光作用于介质时,也会引起介质的极化,产生振荡电偶极矩。通常以单位体积中的电偶极矩即极化强度 p 来度量极化的程度。当光强不很强时,极化强度 p 与光波电场强度的一

次方成正比，即两者呈线性关系。与介质因光作用而出现的这种线性极化相联系产生的光学现象，如折射、双折射、散射等都属于线性光学范畴。这时，介质的折射率、吸收系数等均与光强无关，为一常数。当作用于介质的光强很强时，介质的极化就不仅与光波电场的一次方有关，而且还与它的二次方、三次方等高次方有关，这时，称介质出现了非线性极化。非线性极化强度 $p(E)$ 是电场强度 E 的函数，与此相关联的一些光学现象，如光倍频、光差频、光参量振荡等称为非线性光学现象，属于非线性光学范畴。因此，非线性光学就是研究介质在强光作用下出现的非线性极化所产生的非线性光学效应。例如在激光出现以后，我们能够获得高度集中的光能，用一个好的透镜可以将调 Q 的红宝石激光器发出的 200 MW 的光脉冲高度集中到直径为 25 μm 的目标上，所能得到的电场强度约为 10^{10} V/m，用现代技术甚至还可以获得更强的电场（10^{12} V/m），这就为研究非线性光学提供了强有力的工具。在 1961 年，夫兰肯（Franken）等人，将红宝石激光器发出的约为 3 kW 的 0.694 3 μm 波长的光脉冲，用透镜聚焦到石英晶体上，再进行摄谱，结果在紫外端发现了波长为 0.347 15 μm 的紫外光，它的频率正好是红宝石激光频率的二倍。以这个激光倍频实验为开端，许多实验证实了非线性效应能引起不同频率的光场之间交换，而呈现多种新的光学现象和新的光学效应。诸如激光倍频、激光混频（和频和差频）、激光参量放大、受激散射、多光子吸收、光学双稳态等，这些均具有很大的实用价值和科学意义。本节着重讨论倍频效应（二次光学谐波效应）、光参量放大等内容。

二、激光倍频效应

1. 倍频光

当光波电场作用于介质时，介质产生极化。在光强不太强时，其极化强度 p 与电场 E 之间的关系为

$$p = \varepsilon_0 \chi E \tag{8.32}$$

式中　χ——介质的线性极化率，只与介质的特性有关；

ε_0——空气的介电常数。

极化强度与光波电场强度呈线性关系。如果光波频率为 ν_0，光波电场 $E = E_0\cos 2\pi\nu_0 t$，则

$$p = \varepsilon_0 \chi E_0 \cos 2\pi\nu_0 t$$

因此 p 亦是以频率 ν_0 做振动，形成极化波辐射，其频率亦是 ν_0。

如果作用于介质的光强足够强，则介质的极化强度除了具有式（8.32）所表示的线性部分外，还有与电场强度 E 成二次、三次方等高次方项，即

$$p = \varepsilon_0(\chi_1 E + \chi_2 E^2 + \chi_3 E^3 + \cdots) \tag{8.33}$$

其中 χ_1 为线性极化率，χ_2 为二次极化率，…，这时 p 与 E 成非线性关系，故称非线性极化。在一般的情况下，三次方以后的项很小，可忽略。通常指的非线性极化就是指二次项 $\chi_2 E^2$ 的极化。目前存在的非线性光学效应（如倍频、参量等）均来源于此项。

在式(8.33)中,我们只考虑二次非线性项,用 $P^{(2)}$ 表示。它与场强 E 的关系为

$$P^{(2)} = \varepsilon_0 \chi_2 E^2 \tag{8.34}$$

若有角频率为 ω 的单色光入射到非线性介质上,则场强 E 为

$$E = E_0 \cos\omega t \tag{8.35}$$

将上式代入式(8.34)并经数学整理得到

$$P^{(2)} = \varepsilon_0 \chi_2 E_0^2 \cos^2 \omega t = \frac{\varepsilon_0}{2} \chi_2 E_0^2 (1 + \cos 2\omega t) \tag{8.36}$$

上式中第一项$\left(\frac{\varepsilon_0}{2}\chi_2 E_0^2\right)$是不随时间变化的强度,它说明在介质的两表面分别出现正的与负的面电荷,形成与 E_0^2 亦即与入射光强成正比的恒定的电势差。第二项$\left(\frac{\varepsilon_0}{2}\chi_2 E_0^2 \cos 2\omega t\right)$代表频率等于基频 ω 两倍的电偶极矩,它将辐射二次谐波(倍频光),这个效应称为光学倍频。

许多晶体具有非线性效应。中心对称的晶体不存在二次效应,这是因为晶体中心对称,$+E$应产生$+p$,$-E$应产生$-p$。根据 $p = \varepsilon_0 \chi_2 E^2$,$-E$ 亦产生$+p$,这种矛盾只能以 χ_2 为零来解释,亦即中心对称的晶体不具有二次效应。

应注意,上面的讨论仅适用于各向同性的晶体,这时介质的极化率 χ 是一个与方向无关的常数,故 p 与 E 方向一致。然而,对于各向异性的介质,极化率 χ 与外加电场 E 的方向有关。这时极化强度 p 与 E 不再一致,亦即某一方向的光电场不仅引起该方向的极化,而且也引起其余二个方向的极化,χ 不再是一个常数。这时矢量 p 与矢量 E 之间的关系应以张量的形式表示。对于由电场引起的二阶极化强度 $P^{(2)}$的大小,式(8.34)中的 χ_2 理解为二阶有效极化率 χ_e,有

$$P^{(2)} = \varepsilon_0 \chi_e E^2 \tag{8.37}$$

上式中 χ_e 不仅随晶体而异,也随光在晶体内的传播方向改变。

倍频技术是一种频率转换技术,与参量振荡相反,它是由较低频率的激光转换成较高频率的激光,是目前最成熟和最常用的一种频率转换技术。这种转换技术在 1961 年被发现,但当时的转换效率很低,只有 10^{-3}。其原因就在于没有实现相位匹配。

2. 相位区配及倍频转换效率

考虑一片厚度为 d 的非线性晶体(图 8.35),正入射的基频光波在晶体内任一点的电场强度为

$$E = E_0 \cos(\omega t - \boldsymbol{k}_1 x)$$

式中　$\boldsymbol{k}_1$——基频光的波矢,$\boldsymbol{k}_1 = \frac{2\pi \eta_1}{\lambda_1}$;

λ_1——基频光在真空中的波长;

η_1——晶体对基频光的折射率。

基频光在晶体中感应产生倍频的电偶极矩振荡,辐射出倍频光波,其相位应是相同位置的

基频光波相位的两倍。在 x 到 $x+\mathrm{d}x$ 处厚度为 $\mathrm{d}x$ 的一小段晶体内感应的二次偶极矩为

$$P^{(2)} \propto \frac{\varepsilon_0}{2}\chi_e E_0^2(2\omega t - 2\boldsymbol{k}_1 x)\mathrm{d}x \qquad (8.38)$$

由上式可看出，二阶非线性极化强度 $P_{2\omega}$ 的频率是 2ω，能够发射频率为 2ω 的倍频波，而其空间变化是由二倍的基波传播常数 $2\boldsymbol{k}_1$ 决定。倍频光的初位相跟 $P^{(2)}$ 相同，它到达出射面时产生的电场为

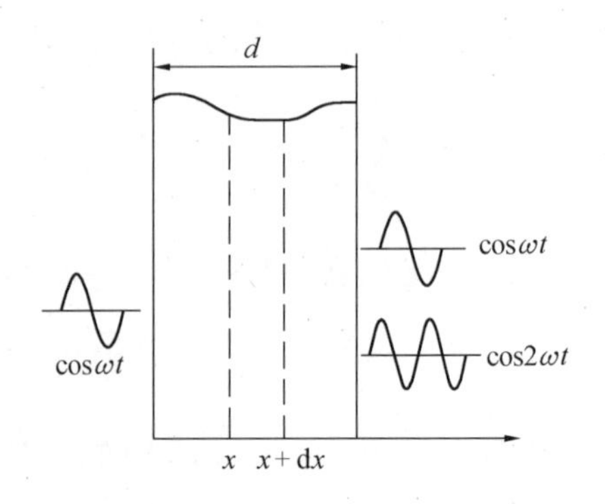

图 8.35　晶体的非线性效应

$$\mathrm{d}E_{2w} \propto \frac{\varepsilon_0}{2}\chi_e E_0^2\cos[2\omega t - 2\boldsymbol{k}_1 x - \boldsymbol{k}_2(d - x)]\mathrm{d}x \qquad (8.39)$$

也就是说，当这部分倍频光波传播到出射面时，相位就变成

$$2\omega t - 2\boldsymbol{k}_1 x - \boldsymbol{k}_2(d - x) = 2\omega t - \boldsymbol{k}_2 d - (2\boldsymbol{k}_1 - \boldsymbol{k}_2)x$$

式中　$\boldsymbol{k}_2$——倍频光波的波矢，$\boldsymbol{k}_2 = \frac{2\pi\eta_2}{\lambda_2}$；

λ_2——倍频光在真空中的波长；

η_2——晶体对倍频光的折射率。

令

$$\Delta\boldsymbol{k} = \boldsymbol{k}_2 - 2\boldsymbol{k}_1 = \frac{4\pi}{\lambda_1}(\eta_2 - \eta_1) \qquad (8.40)$$

$$\mathrm{d}E_{2w} \propto \frac{\varepsilon_0}{2}\chi_e E_0^2\cos(2\omega t - \boldsymbol{k}_2 d + \Delta\boldsymbol{k}x)\mathrm{d}x \qquad (8.41)$$

在出射时倍频光的电矢量 $E^{(2)}$ 为晶体内各点产生倍频光的叠加，即

$$E_{2\omega} = \int_0^d \mathrm{d}E_{2\omega} \qquad (8.42)$$

将式(8.41)代入式(8.42)，经数学计算得到

$$E_{2w} = \frac{\varepsilon_0}{2}\chi_e E_0^2 \mathrm{d}\left[\frac{\sin(d\Delta\boldsymbol{k}/2)}{d\Delta\boldsymbol{k}/2}\right]\cos\left(2\omega t - \boldsymbol{k}_2 d + \frac{d\Delta\boldsymbol{k}}{2}\right)$$

在折射率为 η 的晶体介质中，由于光强与电矢量的振幅的平方成正比，所以倍频光的强度为

$$I_{2w} = \frac{2w^2\chi_e^2 d^2 I_w^2}{\varepsilon_0\eta_1^2\eta_2^2 C^3}\left[\frac{\sin(d\Delta\boldsymbol{k}/2)}{d\Delta\boldsymbol{k}/2}\right]$$

或

$$I_{2w} = \frac{8\pi^2\chi_e^2 d^2 I_w^2}{\eta_1^2\eta_2\lambda_1^2 C\varepsilon_0}\left[\frac{\sin(d\Delta\boldsymbol{k}/2)}{d\Delta\boldsymbol{k}/2}\right] \qquad (8.43)$$

若 $\eta_1 = \eta_2$，有

$$\boldsymbol{k}^2 = \frac{8\pi^2\chi_e^2 I_w}{\varepsilon_0\eta^3 C^3\lambda_1^2} \qquad (8.44)$$

那么式(8.43)可写成

$$I_{2w} = \boldsymbol{k}^2 d^2 I_w \left[\frac{\sin(d\Delta \boldsymbol{k}/2)}{d\Delta \boldsymbol{k}/2} \right] \tag{8.45}$$

用倍频光强 I_{2w}与基频光强 I_w 之比表征转换效率 M_s,称为倍频效率,则

$$M_s = \frac{I_{2w}}{I_w} = \boldsymbol{k}^2 d^2 \left[\frac{\sin(d\Delta \boldsymbol{k}/2)}{d\Delta \boldsymbol{k}/2} \right] \tag{8.46}$$

从式(8.43)、(8.44)、(8.45)和(8.46)可以看出,若相关因子$\left[\frac{\sin d(\Delta \boldsymbol{k}/2)}{d\Delta \boldsymbol{k}/2} \right] = 1$,则光波混频所产生的新频率的光功率(或倍频光功率)与基波功率的平方成正比,当基波功率(输入光功率)一定时,则与非线性介质的长度 d^2 成正比。当 $\Delta \boldsymbol{k} = 0$ 时,相位因子才能等于1,称为相位匹配条件。只有在相位匹配条件下,才能获得最高的转换效率。否则 $\Delta \boldsymbol{k} \neq 0$,相位因子小于1,称为相位失配。

3.相位匹配的方法

所谓实现相位匹配就是使 $\Delta \boldsymbol{k} = 0$,即倍频光和基频光具有相同的折射率,即 $\eta_1 = \eta_2$,或者说它们在晶体内具有相同的传播速度。对于正常色散的材料,倍频光的折射率 η_2 总是大于基频光的折射率 η_1。所以不可能实现相位匹配。对于双折射晶体,o光的折射率 η_o 和 e光的折射率 η_e 不同,因此可以利用两束光的折射率不同来补偿色散效应,从而实现位相匹配,由于目前用的非线性晶体大多为负单轴晶体,它对基频光和倍频光的折射率可以用图8.36中的折射率面来表示。折射率面的定义是,折射率面上每根矢经的长度(从原点到曲面的距离),表示沿该矢径传播的光波的折射率,实线表示倍频光的折射率面,虚线表示基频光的折射率面。若基频光为o光,倍频光为e光,那么从图8.36中看出,o光的折射率面是球面,e光的折射面是椭球。当光波面沿着与光轴成 θ_m 的方向传播时,二者折射率相等($\eta_e^{2w}(\theta_m) = \eta_o^w$),传播速度相同,实现了位相匹配。$\theta_m$ 称为匹配角,它由下式给出

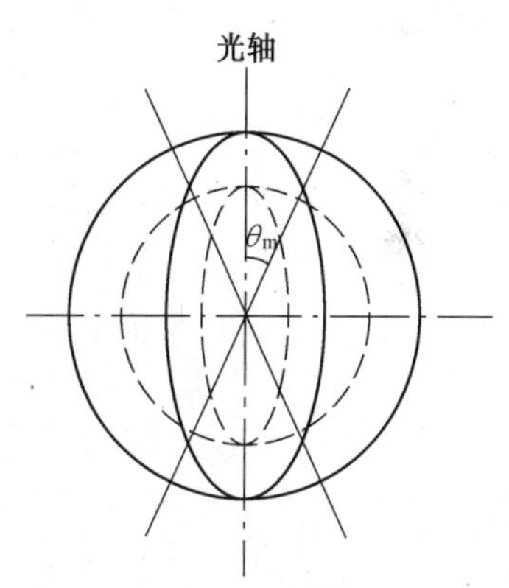

图8.36　负单轴晶体的折射率面

$$\theta_m = \arcsin\left[\left(\frac{\eta_e^{2w}}{\eta_o^w} \right) \frac{(\eta_o^{2w})^2 - (\eta_o^w)^2}{(\eta_o^{2w})^2 - (\eta_e^{2w})^2} \right]^{1/2} \tag{8.47}$$

式中　η_o^w——基频光的折射率(o光);

η_e^{2w}——倍频光的e折射率;

η_o^{2w}——倍频光的o折射率。

知道了晶体的这些数据,可以算出匹配角。

例如,负单轴晶体铌酸锂($LiNbO_3$)作为倍频晶体(基频光的波长 $\lambda_1 = 1.06\ \mu m$,倍频光的波

长为 0.53 μm)，已知 $\eta_o^w = 2.231$，$\eta_o^{2w} = 2.320$，$\eta_e^{2w} = 2.230$，$\eta_e^w = 2.152$，可计算出 $\theta_m \approx 68°$。

从上看出，位相匹配角 θ_m 不是 90°，根据晶体光学的理论可以知道，这时倍频光(e 光)与基频光(o 光)波面的传播方向虽然相同，但光线(能量)的传播方向却不同，相互错开一定角度，这样会使转换效率下降。这种因波法线方向与光线方向不同引起倍频效率下降的现象，称为光孔效应，其偏斜的角度 ε 称为离散角，见图 8.37。由晶体光学算得，在位相匹配时的离散角 ε 为

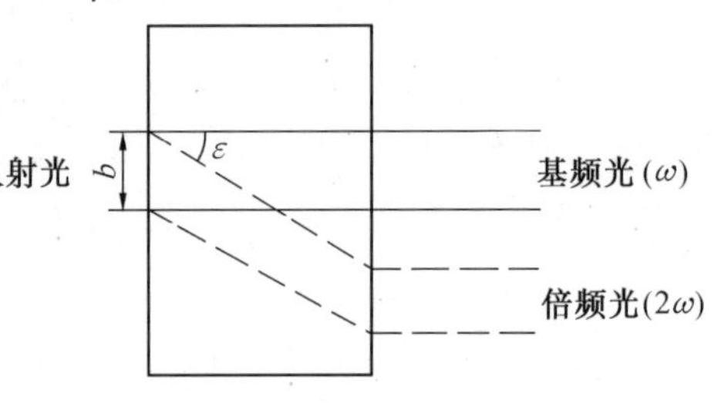

图 8.37　光孔效应示意图

$$\tan\varepsilon = \frac{1}{2}(\eta_o^w)^{-2}[(\eta_e^{2w})^{-2} - (\eta_e^{2w})^{-2}]\sin 2\theta_m \tag{8.48}$$

当晶体厚度 $d \geqslant d_e$ 时，离散效应的相干长度 d_e 满足

$$d_e = \frac{b}{\tan\varepsilon}$$

式中，b 为入射基频光束的直径。

这时倍频光束和基频光束在出射面处将完全错开，不能互相叠加产生加强干涉。这样再增加晶体的厚度，也不能有效地提高频率，所以一般取 $d \leqslant d_e$。

从式(8.48)中看出，当 $\theta_m = 90°$时，$\varepsilon = 0°$，这时可避免光孔效应，但在实际情况中，一般负单轴晶体不可能做到既避免光孔效应又满足位相匹配条件，例如 KDP 晶体对 1.06 μm 倍频的离散角 $\varepsilon = 1.8°$，ADP 晶体对 1.6 μm 倍频的 $\varepsilon = 1.9°$等。但对某些晶体可以通过改变晶体的温度实现相位匹配，因为当温度变化时，η_o^w 和 η_e^{2w} 随之变化，其变化速率也不同，但在一定温度 T_m 时，其匹配角 $\theta_m = 90°$，这种匹配称为 90°位相匹配，又称温度匹配。T_m 称为 90°位相匹配温度，具体使用时，可查阅非线性晶体的相位匹配数据。

综上所述，要得到倍频光最强，转换效率最高，一般要注意以下几个问题：

① 入射基频光强要大。

② 入射光按匹配角 θ_m 进入晶体，使基频光和倍频光达到位相匹配(通常将倍频晶体的通光面磨成与光轴有一定的夹角，如负单轴晶体，通光面法线与光轴成 θ_m 角)。

③ 使用 90°位相匹配温度，消除光孔效应。

4. 倍频激光器结构

目前常用的倍频晶体有 KDP、KD*、$LiNbO_3$ 等，基频光源一般根据倍频要求可采用脉冲式或调 Q 的红宝石激光器、Nd^{3+} − YAG 激光器等，以产生脉冲倍频输出，另外也可以采用连续或准连续的固体激光器或者气体激光器作为基频光源，以产生连续倍频激光输出。

倍频装置按晶体装置的不同分为腔外倍频和腔内倍频两种，它们的结构见图 8.38。

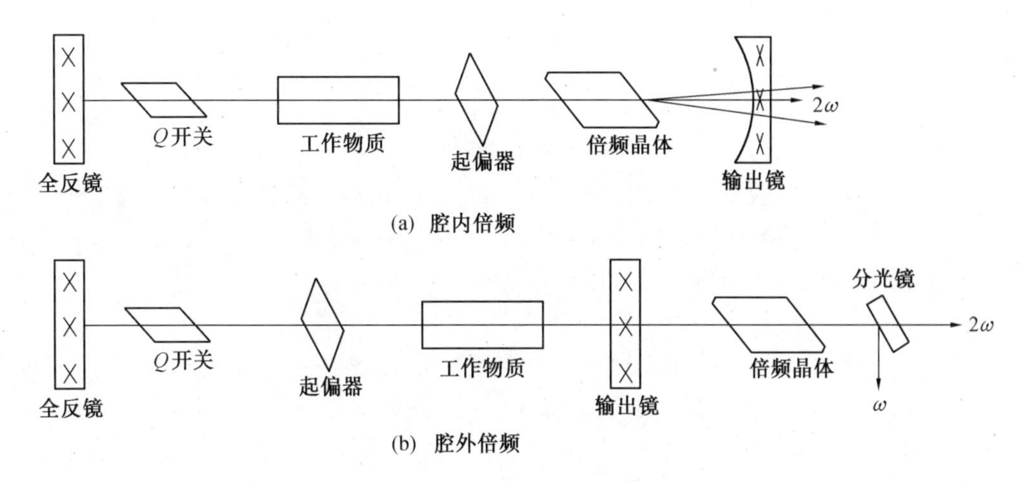

图 8.38　脉冲倍频激光器结构

图 8.38(a)为腔内倍频，图 8.38(b)为腔外倍频，图中起偏器是为了获得满足相位匹配所需偏振态的基频光而设置的。腔外倍频结构简单、易于调整。腔内倍频效率高，但是对倍频晶体的光学质量要求高，且晶体插入腔内对激光振荡模会产生有害的干扰。一般应用腔外倍频较多。

三、光参量放大和光参量振荡

1. 光学混频效应

假如有两束频率分别为 ω_1 和 ω_2 的单色光同时入射到非线性介质，则有

$$E(t) = E_1\cos\omega_1 t + E_2\cos\omega_2 t$$

式中，E_1、E_2 分别为圆频率 ω_1 和 ω_2 的光的振幅。

将上方程代入式(8.37)即电场引起的二阶极化强度 $P^{(2)} = \varepsilon_0\chi_e E^2$ 中，有

$$\begin{aligned}P^{(2)} &= \varepsilon_0\chi_e(E_1^2\cos^2\omega_1 t + 2E_1E_2\cos\omega_1 t\cos\omega_2 t + E_2^2\cos^2\omega_2 t) = \\ &\frac{\varepsilon_0}{2}\chi_e E_1^2(1+\cos2\omega_1 t) + \frac{\varepsilon_0}{2}\chi_e E_2^2(1+\cos2\omega_2 t) + \\ &\varepsilon_0\chi_e E_1^2E_2^2\cos(\omega_1+\omega_2)t + \varepsilon_0\chi_e E_1^2E_2^2\cos(\omega_1-\omega_2)t \end{aligned} \tag{8.49}$$

上式意味着两种不同频率的光波在非线性介质内可能激发起一些不同频率的谐波，除了 ω_1 和 ω_2 各自的倍频 $2\omega_1$ 和 $2\omega_2$ 外，还可能产生 $(\omega_1+\omega_2)$ 和 $(\omega_1-\omega_2)$ 等频率，它们将辐射出相应频率的光。通常将 $(\omega_1+\omega_2)$ 称为光学和频效应，$(\omega_1-\omega_2)$ 称为光学差频效应，上面讲过的倍频可以看做 $\omega_1=\omega_2$ 时的特殊情况。

例如，目前在多种晶体内实现了光学和频效应 $(\omega_1+\omega_2)$，如红宝石激光器输出的 0.694 3 μm激光与 $CaWO_4-Nd^{3+}$ 激光器输出的 1.06 μm 激光在 KDP、ADP 等晶体内的光学和频

等。

2. 光学参量放大及振荡原理

光参量放大和光参量振荡技术统称为参量技术。就原理而言,它是微波参量技术在光频段的一种推广。光参量放大过程是一种特殊的非线性光混频放大过程。

设有一束频率为 ω_s 的微弱信号光与频率为 ω_p 的强信号光同时入射到非线性光学介质中,由于二次非线性极化的作用,根据式(8.49),在光学非线性介质中发生混频效应,那么在一定条件下弱信号光也会得到放大,同时它们的差频为 ω_i,即

$$\omega_i = \omega_p - \omega_s$$

则产生另一束光(频率为 ω_i),我们把这束光称为闲频光,而把那束信号强的光称为泵浦光(频率为 ω_p,且 $\omega_p > \omega_s$)。如果采取一定的技术措施只使差频 ω_i 存在,且其振幅正比于泵浦光和信号光的振幅之积,当泵浦光满足一定的位相关系,则所产生的 ω_i 与 ω_p 会进一步发生差频过程,辐射出新的差频效应,即辐射出频率 ω_s(信号光),$\omega_s = \omega_p - \omega_i$,其振幅正比于泵浦光和闲频光(前一次的差频光)的振幅之积,显然这时信号已有所放大。若泵浦光足够强,上述非线性混频过程将继续下去,使泵浦光的能量不断转化为信号光和闲频光,从而使信号得到放大。这种放大过程称为光学参量放大。总之,光学参量放大过程有两个特点,一是能量由高频的泵浦光流向低频光波,二是伴随参量过程必有闲频光产生。

为了有效地产生光学参量放大作用,其转换过程必然满足能量守恒和动量守恒,由能量守恒条件获得光学参量放大的频率条件,即

$$h\omega_p = h\omega_s + h\omega_i$$

$$\omega_p = \omega_s + \omega_i \tag{8.50}$$

由动量守恒条件获得波矢条件,有

$$hk_p = hk_s + hk_i$$

$$k_p = k_s + k_i \tag{8.51}$$

式中 k_p——泵浦光的波数;
k_s——信号光的波数;
k_i——闲频光的波数。

光学参量振荡器是在光学参量放大器的基础上加入光学反馈装置,光学谐振腔的作用恰为一个理想的光学反馈系统,将一个非线性介质置于谐振腔中,其结构见图 8.39。在频率为 ω_p 的泵浦光作用下,从非线性介质内部自发辐射机制产生的噪声辐射中总可以找到一对满足式(8.50)和

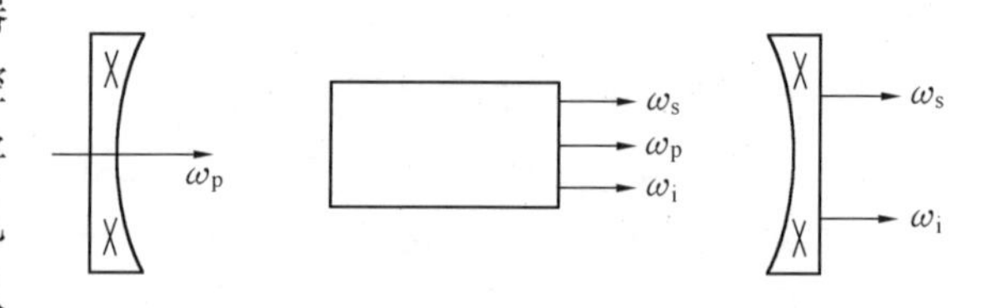

图 8.39 光参量振荡器的简单结构形式

(8.51)条件的频率作为 ω_s 和 ω_p,则光参量放大过程就会在谐振腔内往返进行。当泵浦光强足够大,光参量放大的增益等于或大于腔内损耗(光参量放大的增益大于或等于信号光和闲频光在腔内的损耗和耦合输出损耗)时,就可以在腔的输出端获得信号光(ω_s)和闲频光(ω_i)输出。或者说分别在信号光频率和闲频光频率处得到持续的相干光振荡输出,这就是光学参量振荡器的基本工作原理。实际上,作为光参量振荡器,并不要求有信号光输入才能产生振荡,因为非线性介质中存在着自发辐射机制产生的噪声辐射,只要外界入射的泵浦光强度达到或超过阈值,满足频率条件和位相匹配条件的自发噪声辐射就会自动地在腔内形成光参量振荡,也就是仅入射强泵浦光,自发噪声辐射就可以自动在腔内形成光参量振荡。

光参量放大及光参量振荡的实验装置见图 8.40 和图 8.41。

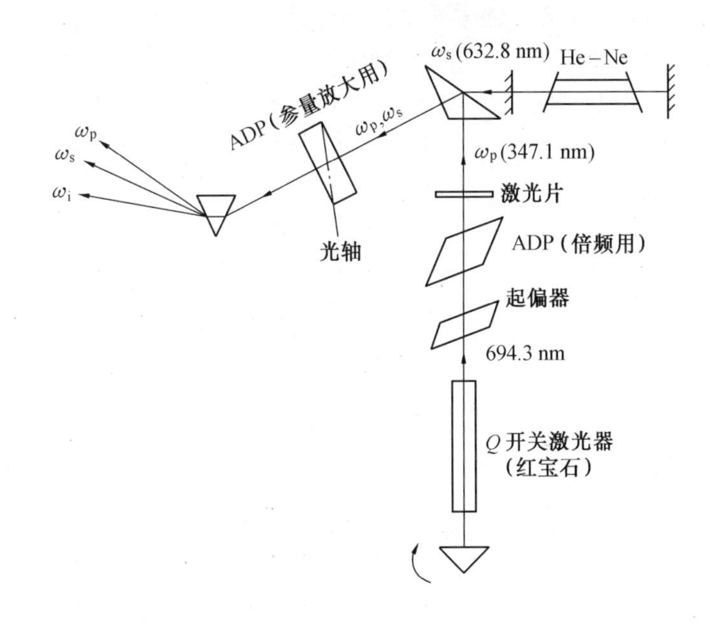

图 8.40 光学参量放大实验装置示意图

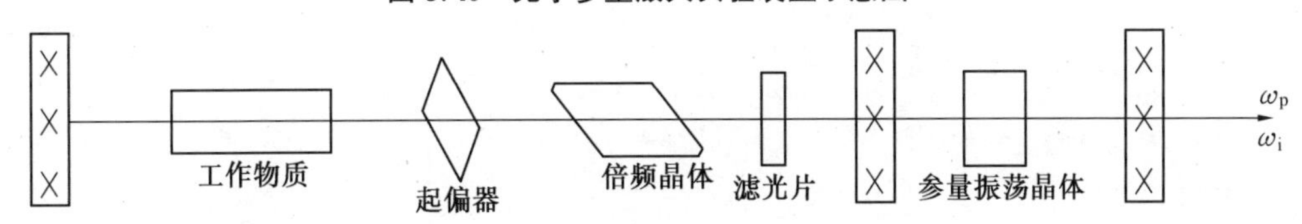

图 8.41 光参量振荡实验装简图

由图 8.40 和图 8.41 可知,光参量放大与参量振荡主要由以下几部分组成。

(1) 非线性晶体

对非线性晶体的要求是,它应是不具有对称中心的各向异性晶体并对 ν_p、ν_s、ν_i 呈光学透明。对参量振荡晶体来说还需使折射率对外界条件的变化敏感,以利于实现频率调谐。

(2) 泵浦光

泵浦光需采用波长短、功率强的激光辐射,用 Q 突变的激光器或其倍频光输出。为实现在参量放大中的相位匹配,需在泵浦光源后设置起偏器。

(3) 光学谐振腔

在参量振荡中还需加入光学谐振腔,以实现光学的正反馈,组成谐振腔的两块反射镜在参量振荡频率范围内有尽可能高的反射率。

例如图 8.40(a)为光学参量放大的实验结构装置。在图中利用非线性介质(ADP 晶体)作为参量放大介质,以红宝石激光器的倍频光(0.347 1 μm 波长)作为泵浦光束,以 He - Ne 激光器(波长为 0.632 8 μm)作为信号光束。为了实现相位匹配,泵浦光以 e 光方式,而信号光以 o 光方式,e 光和 o 光都沿着与晶体光轴成 51°的方向入射,实验测得信号光束通过晶体后增益为 1 dB,同时还输出波长为 0.767 6 μm 的闲频光。

下表 8.4、8.5 列出几种晶体作为参量放大和参量振荡的一些实验数据。

表 8.4 几种晶体的参量放大实验数据

晶体名称	泵浦光波长 λ_p/μm	信号光波长 λ_n/μm	泵浦光功率/W	晶体长度(l)/cm	参量增益/dB
ADP	0.348	0.633	2×10^6	8	0.87
KDP	0.530	1.06	1×10^8	3	0.4
AD*P	0.347	0.194	5×10^6	3	9×10^{-3}
$LiNbO_3$	0.515	1.15	6×10^{-3}	0.84	9×10^{-7}
$LiNbO_3$	0.530	1.15	5×10^4	1	0.12

表 8.5 几种晶体的参量振荡实验数据

晶体名称	泵浦光波长/μm	参振光波长		调谐方式	输出功率/W	效率/%
		λ_δ/μm	λ_i/μm			
$LiNbO_3$	1.064	1.95 ~ 2.13	2.35 ~ 2.13	温度调谐	170(高重复脉冲)	8.5
$LiNbO_3$	0.53	0.73 ~ 0.85 2	2.0 ~ 1.5	温度调谐	10^3(脉冲)	1
$LiNbO_3$	0.694 3	1 ~ 1.08	2.27 ~ 1.95	角度调谐	3.8×10^4	1
$LiNbO_3$	0.694 3	1.05 ~ 1.20	1.64 ~ 2.05 (k_p 与 k_i 夹角 3° ~ 5°)	角度调谐	2.5×10^5	45

综上,参量振荡器可以由较高频率 ω_p 的激光获得较低频率($\omega_s \sim \omega_i$)的激光辐射($\omega_p > \omega_s, \omega_p > \omega_i$),其输出可以是信号光频率 ω_s,也可以是闲频光频率,亦可同时获得两者。实际应用意义在于,通过改变非线性介质的折射率可以使信号光频率和闲频光频率在很宽的范围内

连续调谐。

8.7　光学元件的损伤

激光材料和系统元件的光致损伤通常是高功率激光器的性能参数设计的重要依据,因此,了解引起光学元件的辐射损伤机理并掌握有关激光材料的损伤阈值,对设计激光系统及激光技术的应用来说是非常重要的。本节简要介绍光学元件和激光材料损伤的基本机理及损伤阈值,需要深入了解请阅读有关参考文献[8]。

一、光学材料表面破坏基本原理

光学元件的破坏通常分为两个部分,即表面破坏和体破坏,一般情况下表面破坏阈值要比体破坏阈值低。原因是光学材料表面容易受到灰尘、油类及有机物质的污染,形成吸热的中心。再加之光学材料表面加工时的微小缺陷(如不光滑,形成条纹和凹痕等)使其表面受的分子间力减小,容易造成破坏等。另外,造成光学材料表面破坏还有一个外部的原因,就是照射在光学材料表面的激光束的空间分布不均匀,不均匀性引起了表面局部场强很强,由此形成了光学元件表面的局部破坏。

光学材料表面破坏的实质及其基本原理可以归纳为,其表面原子和分子在激光照射下融化、蒸发、升华,原子间价键断裂,表面等离子体发生一系列过程,包括热过程和电磁力过程。这种过程的详细机理在这里不做介绍,需要深入了解请阅读有关参考文献。但在一般情况下,利用脉冲时间间隔长的激光脉冲照射表面,其结果是热过程占优势,而用脉冲时间间隔短的激光脉冲照射则主要为电磁力过程。但需要说明的是这两个过程没有明确的界限,例如长激光脉冲照射表面时也存在短脉冲激光的成分,而用短脉冲激光照射表面时也存在长脉冲激光的成分,在一定情况下,也存在热过程。根据有关文献报道[9],在短脉冲情况下,用高功率激光照射光学材料表面(主要考虑电磁力的作用)时,在两种介质的边界处,分成反射和折射成分的光。这时光子动量发生改变,激光束照射在光学材料样品表面的激光压力 P_L 由动量守恒定律决定。在垂直入射情况下 P_L 为

$$P_L = \left[\frac{I_R + I_i}{C} - \frac{I_T}{C_n}\right] f(\gamma, t) = \left[(1+\gamma_L)\frac{I_i}{C} - (1+\gamma_L)\frac{I_i}{C_n}\right] f(\gamma, t) \tag{8.52}$$

式中　I_R——反射光的峰值强度;

I_i——入射光的峰值强度;

I_T——透射光的峰值强度;

C——激光在入射介质中的光速;

C_n——激光在出射介质中的光速;

γ_L——材料表面的反射系数;

$f(\gamma,t)$——激光脉冲的空间和时间形状。

下面做简要分析：

①若光学材料样品的折射率为 η，则入射面所受激光压力 P_{L1} 为

$$P_{L1}=-\frac{2(\eta-1)}{\eta+1}\frac{I_i}{C}f(r,t) \tag{8.53}$$

根据材料力学原理，样品所受激光压力为负，而拉力为正。而在输出面所受的拉力 P_{L2} 为

$$P_{L2}=\frac{8\eta^2(\eta-1)}{(\eta+1)^3}\frac{I_i}{C}f(r,t) \tag{8.54}$$

那么光学材料样品的输出面和输入面所受力之比（忽略负号），即式(8.54)与式(8.53)之比为

$$\frac{P_{L2}}{P_{L1}}=\frac{4\eta^2}{(\eta+1)^2} \tag{8.55}$$

在上式中，若样品为 K8 光学玻璃，则 $\eta=1.513\ 2$，$P_{L2}/P_{L1}\approx1.45$，说明了输出面所受激光压力比输入面大 1.45 倍，也就是说输出面破坏阈值比输入面低 1.45 倍。如果入射激光为会聚光，则输出面更容易破坏。

②如果在光学材料样品输入面镀增透膜，假如输入面反射系数 $\gamma_L\to0$，则

$$P_{L1}^{\gamma_L\to0}=(1-\eta)\frac{I_i}{C}f(\gamma,t) \tag{8.56}$$

式(8.56)与式(8.53)之比（忽略负号）为

$$P_{L1}^{\gamma_L\to0}/P_{L1}=\frac{\eta+1}{2} \tag{8.57}$$

若 $\eta=1.513\ 2$ 则 $P_{L1}^{\gamma_L\to0}/P_{L1}=1.256\ 6$，说明这时增透膜所受激光压力稍许增加，即破坏阈值稍许下降。

③如果在光学材料样品输入面镀全反膜，并满足 $\gamma_L\to1$ 的条件时，则

$$P_{L1}^{\gamma_L\to1}=2I_if(t)/C \tag{8.58}$$

式(8.58)与式(8.53)之比（忽略负号）为

$$\frac{P_{L1}^{\gamma_L\to1}}{P_{L1}}=\frac{\eta+1}{\eta-1} \tag{8.59}$$

若 $\eta=1.513\ 2$，则 $P_{L1}^{\gamma_L\to1}/P_{L1}\approx5$，说明了激光束照射在镀全反膜的光学材料样品上比没有镀全反膜的样品上其破坏阈值几乎下降 5 倍。

二、光学材料的元件损伤

光学材料的元件损伤类型有两种，一种类型是发生在元件的内部，其损伤是由材料的粒子包裹物、微小不均匀性、光吸收或自聚焦引起的。另一种类型是发生在光学元件的表面，其表面的损伤则主要是由透明介质表面的污染或不平整等所引起的。在这两种损伤中，表面损伤

更为严重，这是因为能引起表面损伤的光束能量比较起来更低，下面以光学元件表面拉伤为例做简要介绍。

光学元件的表面损伤阈值参数对良好的激光器设计的影响比较大。在实验中发现，块状光学材料的表面或经过彻底清洁处理材料的表面，其损伤阈值也要比体积损伤阈值低。例如，用脉宽为 30 ns 的激光束对 LG55 等光学玻璃照射，在 1 ~ 1.3 GW/cm^2 间峰值功率密度下发现玻璃表面发生损伤，低于此阈值时，没有观察到任何损伤。而脉宽为 40 ns，能量密度为 10 J/cm^{2}的激光束用长焦距透镜聚焦到光学玻璃样品上，观察到丝状损伤发生在 2.5 ~ 3 GW/cm^{2}之间。因此表面损伤阈值和体积损伤阈值之比约为 1:2 和 1:3 左右。其主要原因是，由于光学玻璃表面虽然经过清洁处理和抛光，但表面上依然留有划痕、缺陷和疵点。当激光束照射在这些点上时，光波的电场大大加强，以致紧靠表面内侧的有效场强远大于平均场强，因此表面击穿或损伤就首先出现在某一疵点的附近。另外在光学玻璃上抛光时，由于抛光材料的微小颗粒或其他杂质也会留在光学元件的表面，这些杂质吸收能力很强(如常用的钻石抛光膏)，从而形成产生损伤的中心。引起表面损伤阈值降低的其他因素还有空气中的尘埃、手指印或其他杂质的吸收等造成的表面污染。

光学材料表面损伤的物理机理研究有许多报道，不做详细介绍，需要深入了解请阅读有关参考文献。本节仅对上面介绍的表面产生损伤的现象做简单归纳。光学材料表面损伤由极微小的包裹物吸收所引起，(各孤立包裹物就紧贴表面下发生微小爆炸)，或因介质中电子雪崩击穿在表面上形成等离子体引起，强激光束产生的电场高得足以使介质材料在光场作用下击穿，这种击穿在许多方面与熟知的固体直流击穿现象相同。在所加光电场的作用下，自由电子被加速到其能量超过价导带间的能隙宽度，紧接着发生的晶格电离和截流子倍增雪崩造成对激光能量的吸收迅速增加。

对于典型的光学材料表面损伤呈凹痕形状，有些资料报道认为，玻璃表面凹痕的形成是接近表面处形成驻波的结果。这种驻波形成是由等离子体与玻璃边界的反射产生的。等离子体产生之后，邻近表面处存在几个波长厚的等离子体层。这种等离子体在其形成处，即靠近表面处浓度最大。驻波波腹上的电场可达入射光束电场的两倍，第一个波腹在离玻璃表面 $\lambda/4$ 波长处，波腹的强电场造成玻璃表面或紧贴表面处出现凹痕。

三、光学材料的损伤阈值定义分析

光学材料的损伤阈值的定义比较复杂，至今还存在一些争议。原因是损伤阈值与大量的激光参数，如激光的波长、能量、脉冲宽度、振荡模式结构、光束尺寸、高斯光束束腰位置等有关。因此从激光器件系统设计和激光器件应用等不同角度考虑，理解损伤阈值的含义是不一样的。由于确定被观察到的损坏中心与激光特性变坏之间的关系极为困难，所以通常将损伤阈值定义为，被测试光学元件中观察到外观变化所需的能量密度或功率密度，或者说使光学元件样品出现肉眼可见的明显损伤的最低功率密度。但是应该指出，损伤是高度随机的，在任何功率水平下，损伤概率都不为零，并随光强的增大而增大。通常引用的损伤阈值数值都是指单次照射导致损伤的功率水平。随着激光功率的降低，光损伤概率相应降低，当降到某一功率水平后，光学材料能够承受千万次照射而不损伤，这一功率水平就代表一个系统长期工作而部件不致损伤的最高功率水平。

下面根据有关报道资料，介绍一些在实验研究中确定的光学材料损伤阈值，以便了解一些光学材料损伤阈值并进一步理解损伤阈值概念。

1.典型激光材料的损伤阈值

(1) 钕玻璃

LG55、LG56、LG36 钕玻璃在脉宽(脉冲持续时间)为 30 ns 时，其损伤阈值为 30 ~ 40 J/cm^2。

MG915 钕玻璃：(a)损伤阈值(表面损伤)在脉宽 30 ns 时，其损伤阈值为 25 ~ 30 J/cm^2；(b)在脉宽 2 ~ 4 ns 时，损伤阈值为 17 J/cm^2；(c)在脉宽为 2 ns 时和脉冲功率为 5 GW/cm^2 情况下，在长的钕玻璃样品中观察到丝状损伤，而对于短的钕玻璃样品(15 mm 和 4 mm)，其丝状损伤阈值分别为 7 GW/cm^2 和 28 GW/cm^2。

(2) 红宝石棒

确定红宝石棒能量损伤阈值的通常做法是，激光第一次照射下，激光材料内部是否出现气泡。红宝石棒内部损伤的能量阈值与脉冲宽度的关系见图 8.42。

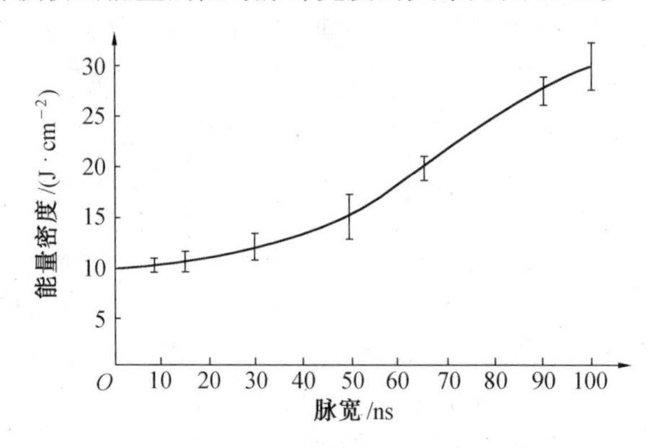

图 8.42　红宝石激光棒内部损伤的能量阈值与脉宽的关系

从图中可以看出，当脉宽低于 30 ns 时，红宝石的损伤阈值与能量密度关系很大，而与功率密度关系较小。当脉宽在 30 ns 以上时，情况则相反。当脉宽小于 30 ns 时，损伤阈值在 10 J/cm^2左右，而在较长脉宽的情况下，损伤阈值在 300 MW/cm^2 左右。

(3) Nd^{3+} – YAG 棒

Nd^{3+} – YAG 棒由于尺寸小、储能能力低，一般不适合在很高功率或很高能量激光系统中使用，因此 Nd^{3+} – YAG 晶体还没有任何出现表面损伤或内部损伤问题的报道。例如最高峰值功率输出的锁模 Nd^{3+} – YAG 激光器(采用两级放大器结构)，采用直径为 6 mm × 75 mm 的 Nd^{3+} – YAG 棒的第二放大级输出，在 100 ps 脉宽下为 100 mJ 或者 3 GW/cm^2 左右等。

2.光学玻璃的损伤阈值

从大量光学玻璃和滤色玻璃损伤阈值研究结果来看,发现光学玻璃表面损伤(其能量低于内部损伤能量)与玻璃牌号和表面抛光情况有很大关系。例如,把激光束聚焦到光学玻璃样品上,所得实验数据如下:①钡冕牌玻璃在脉宽为 25 ns 情况下,其损伤阈值为 28 J/cm^2,②SF－4 光学玻璃,在 Q 开关脉冲下,其损伤阈值在 20 J/cm^2 左右,在脉宽为 100 μs 的长脉冲情况下,其损伤阈值为 100 J/cm^2。从上例看来,冕牌玻璃比燧石玻璃(SF－4 玻璃)更耐用。

通过测量滤色(滤光)玻璃的损伤阈值,获得了表征滤光片的吸收与损伤阈值关系的经验公式,发现吸收越高,损伤阈值越低。对于激光波长为 1.06 μm 和脉宽为 700 μs 的长脉冲,求得最佳拟合公式为

$$E_{th} = \frac{185}{k^{0.74}} \tag{8.60}$$

式中　E_{th}——损伤阈值能量;

k——吸收常数(cm^{-1})。

参数 k 与玻璃样品厚度 d 和内部透过率 T 的关系为

$$k = \frac{1}{d}\ln\frac{1}{T} \tag{8.61}$$

当 k 值在 10^{-2} ~ 50 cm^{-1}之间时,经验公式成立。

3.典型的非线性材料损伤

非线性材料的损伤来源大致有两个方面,一个通常与介质材料起作用的损伤机构类似,另一个还存在由于非线性特性带来的损伤。

在 Nd^{3+}－YAG 激光倍频中,往往可以通过实验观察到,倍频晶体在有谐波存在时的损伤阈值远低于仅有基波时的损伤阈值。例如,铌酸钡钠晶体仅被 1.06 μm 波长的光照射时,在 3 MW/cm^2 下才观察到晶体表面损伤,而在 0.53 μm(绿色光)谐波时,损伤阈值为 10 KW/cm^2 便发生损伤。类似损伤阈值的降低情况在其他倍频晶体材料也能看到,这种现象可能是由于存在三次谐波的强吸收,但是其真实的起因还在不断完善中。下面给出几种非线性晶体的损伤阈值:

(1)KDP 和 ADP 非线性晶体

在所报道的所有非线性材料中,这些磷酸盐的损伤阈值最高,在 Q 开关激光器输出多模光束情况下,其损伤阈值高于 400 MW/cm^2。

(2)$LiNbO_3$ 非线性晶体

(a)在脉宽为 10ns,激光单模光束输出情况下,铌酸锂表面损伤的功率密度为 180 MW/cm^2;(b)激光输出为多模光束,观察到的晶体表面损伤阈值的功率为:脉宽为 10 ns 时,损伤阈值为 30 MW/cm^2,而脉宽为 200 ns 时的损伤阈值为 10 MW/cm^2。

(3)$LiIO_3$ 非线性晶体

(a)脉宽为 10 ns 时,碘酸锂的表面损伤阈值为 400 MW/cm^2;(b)在激光倍频工作时,对于高斯光束,体积损伤阈值为 30 MW/cm^2(1.06 μm 波长时)和 15 MW/cm^2(0.53 μm 波长时);(c)在激光多模光束输出,0.53 μm 波长时的损伤阈值为 2 MW/cm^2。

习题与思考题

1. 电光偏转器总的偏转角 $\theta_总$ 受到激光发散角 θ 和棱镜尺寸的限制,因此用 m 对晶体光楔在光路上串联起来,若 $m=10$,KDP 晶体尺寸取值 $L=d=h=1$ cm,在晶体上所加半波电压为 $V=V_{\frac{\lambda}{2}}=\dfrac{\lambda}{2\pi_0^3\gamma_{63}}$,那么激光束远场半发散角 θ 控制在多大范围。(已知高斯光束束腰光斑尺寸 $\omega_s=1$ mm)。

2. 在固体 Nd^{3+} - YAG 激光器中要设计一个电光偏转器,要求总的偏转角 $\theta_总$ 达到 2.8×10^{-5} rad。

(1) 试给出偏转器采用何种晶体及用多少对棱镜在光路中串接起来。

(2) 确定棱镜两端工作电压和激光束发散角。

(3) 画出偏转器结构示意图。

3. 对于一个声光偏转器,不仅要看偏转角 θ_p 大小,还要看其可分辨点数 n,若已知激光束直径 $\omega=1$ cm,声速 $v_s=7.4\times10^5$ cm/s,折射率 $\eta=2.25$。

(1) 计算声波穿过激光束直径的渡越时间 τ。

(2) 若要求可分点数 $n=200$ 时,计算声波频率改变量 Δf_s 为多少?

4. 设计一个声光偏转器,采用钼酸铅声光材料,已知 $v_s=3.75\times10^5$ cm/s,折射率 $\eta=2.30$,若要求可分辨点数 $n=150$

(1) 试给出偏转角 θ_p 和激光发散角 θ 范围。

(2) 画出声光偏转器结构示意图。

5. 光电倍增管倍增级数设置多少取决于哪些因素? 在弱信号测量时,为什么必须要考虑光电倍增管的噪声?

6. 在实际工作中,选用光电倍增管时,应注意确定哪几个主要特性参数,试举例说明。

7. 光电二极管和雪崩光电二极管其主要特性差异是什么? 试举例说明在激光探测应用中,如何选择光电二极管、雪崩光电二极管,并给出主要特性参数。

8. 讨论光纤与探测器耦合时应考虑什么问题? 如何实现有效耦合。

9. 光纤干涉仪与传统干涉仪主要差异是什么? 设计一种光纤干涉仪,用于测量某一物体温度场,试给出测试原理方案,并画出测试装置结构示意图。

10. 试证明:在负单晶轴晶体中,匹配角 θ_m 满足

$$\theta_m = \arcsin\left[\left(\frac{\eta_e^{2w}}{\eta_o^{w}}\right)\frac{(\eta_o^{2w})^2-(\eta_o^{w})^2}{(\eta_o^{2w})^2-(\eta_e^{2w})}\right]^{\frac{1}{2}}$$

提示:由晶体光学可知,负单轴晶体的 η_e 与方向的关系是

$$\frac{1}{\eta_e^2(\theta)} = \frac{\cos^2\theta}{\eta_o^2} + \frac{\sin^2\theta}{\eta_e^2}$$

11.激光倍频、混频和光学参量振荡对非线性光学材料一般有哪些共同要求。

12.倍频晶体的有效厚度(离散效应相干长度)$d_e = \frac{b}{\tan\varepsilon}$,若激光束直径 $b = 1$ cm,入射光(1.06 μm)的强度为 $I_\omega = 150$ MW/cm²。

(1)计算 KDP 晶体的有效厚度为多少?

提示:$\eta_o^w = 1.49$, $\eta_e^w = 1.46$, $\eta_o^{2w} = 1.51$, $\eta_e^{2w} = 1.48$。

(2) 当满足 90°位相匹配条件时,倍频光强度 I_{2w}为多少?

(3) 倍频光的转换效率为多少?

13.设计一台 Nd^{3+} – YAG 倍频激光器,倍频晶体采用 $LiNbO_3$

(1) 给出有关主要设计参数,如晶体匹配角 θ_m 为 90°位相匹配、晶体厚度 d_e、倍频转换效率等,入射光强度(I_ω)根据实际应用自己选择。

(2) 画出 Nd^{3+} – YAG 激光倍频结构示意图。

14.光学材料元件损伤与哪些因素有关,试举例说明。

15.为什么说光学元件表面损伤阈值比体积损伤阈值低?

参考文献

1　蓝信钜等编著.激光技术.北京:科学出版社,2001

2　金篆芷,王明时主编.现代传感技术.北京:电子工业出版社,1995

3　孙宁,李相银,施振邦编著.简明激光工程.北京:兵器工业出版社,1992

4　孙长库,叶声华编著.激光测量技术.天津:天津大学出版社,2001

5　潘笃武,贾玉润,陈善华编著.光学(上册).上海:复旦大学出版社,1997

6　梁铨廷主编.物理光学.北京:机械工业出版社,1980

7　王喜山编.激光原理基础.济南:山东科学技术出版社,1979

8　W·克希奈尔著.固体激光工程.华光译.北京:科学出版社,1983

9　孟绍贤,王笑琴,管富义,薛志玲,徐晓言等.激光引起玻璃表面的破坏.光学学报,1995(10):1428~1431

第九章 激光器件及激光技术实验

本章旨在讲解主要的激光器件及激光技术实验，这将涉及激光原理，用精密仪器测量激光参数，如：能量、发散角、波长、谱线宽度，以及对测量结果进行数据处理等多方面的知识和技能。

9.1 激光能量测量

激光与其他物质相互作用的本质就是电磁波能量的传播、吸收和转换的过程。当激光束的能量被一些固体、液体或气体吸收后，可以由光能形式转变成热能、电能、机械能或者化学能等形式，从而为各种激光测量和应用奠定了广泛的基础。激光输出能量的形式有脉冲式的也有连续式的，前者常用输出能量（焦耳）或峰值功率（瓦）来表示，后者则以输出的平均功率来表示。

测量激光输出能量（或功率）主要是利用上述能量形式互相转换并同已知量进行比较的原理，而目前比较普遍使用的是光热法和光电法，因为它们很适于脉冲的和连续的中小能量（或功率）激光的测量。还有一种光压法，适用于大能量的脉冲激光的测量。

一、光热法测量激光能量

光热法，是利用光的热效应使激光照射某种物质的吸收体，当该物质受热后温度升高，再通过热电元件将温度变化转为电信号，即可直接显示出激光输出的能量值。光热法广泛用于脉冲激光能量或连续激光功率的测量中，已经发展了多种光热法测量仪（卡计），例如量热计、平面盘状卡计、鼠笼式热敏电阻能量计、液体量热器等。

1.量热计

测量能量的量热法，是基于将激光的输出能量转换成量热器的热能并使其吸收体的温度发生变化。吸收体温度的变化可以直接记录或者间接地根据吸收体的体积、压力或其他参数的变化进行测量。量热器应当具有可逆性，其含意是，当吸收体重新处于热平衡状态时，不应当发生不可逆的变化。因此，在测量结束之后，量热器应能恢复到最初的状态。

吸收体和温度传感器是量热计的主要元件。吸收体可以是固体，也可以是液体。温度传感器则采用导线型电阻或热电堆。导线型电阻传感器的灵敏度为 10^{-2}℃，其时间常数大于 0.1 s；热电维灵敏度为 5×10^{-3}℃，时间常数为 10^{-3} s。测量温度变化的极限度不超过 0.001

℃,相当于最大误差为1%。

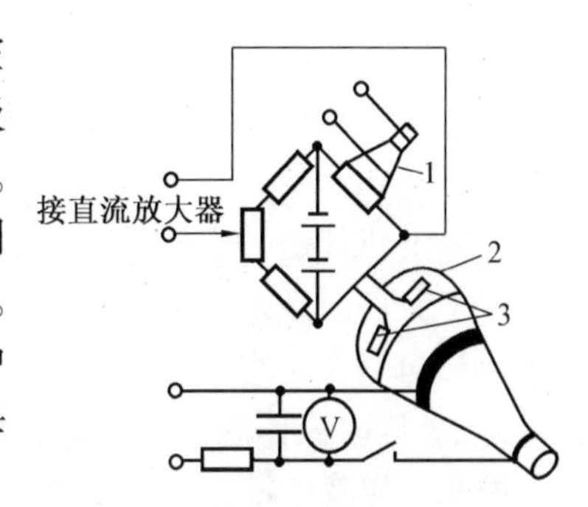

图9.1　固体吸收量热计的原理图
1—平衡圆锥体;2—测量圆锥体;
3—热电堆

固体吸收体热量计(碳斗)(图9.1)的吸收体为石墨空心锥体,其质量为0.33 g,被测量激光在锥体内表面被吸收。用热电堆3测量锥体的温升,热电堆接入桥式电路里。为了减少环境温度变化的影响,在桥式电路里接入平衡圆锥体1,用电容通过测量锥体表面放电的方法校定量热器。锥体上耗散的能量可根据电容器两端的电压和放电回路中的电阻进行计算。为了防止对流造成的热量损失,用云母把圆锥体的开口封闭。

开始测量前,$T(0)=0$,在恒定功率 P 作用下,吸收体温度的变化遵守

$$T(t)=\frac{P}{\alpha S}(1-e^{-\frac{t}{\tau}}) \tag{9.1}$$

式中　α——与外部介质间的热交换系数;

S——吸收体外表面积;

τ——热量计的时间常数,$\tau=mc_{\tau}/\alpha S$;

m——吸收体的质量;

c_{τ}——吸收体的比热。

在矩形脉冲激光作用下(脉冲功率为 P_H),若脉宽比量热计时间常数 τ 小很多时,则

$$T_{max}=\frac{P_H}{\alpha S}(1-e^{-\frac{t_H}{\tau}}) \tag{9.2}$$

因为 $t_H \leqslant \tau$,我们可以得到近似的等式,即

$$T_{max}=\frac{P_H t_H}{\alpha S}=\frac{W}{\alpha S} \tag{9.3}$$

在连续激光的作用下,有

$$T=\frac{P}{\alpha S} \tag{9.4}$$

激光能量量热计的校定曲线近似于为直线。特性曲线上某些非线性关系是由于热电堆的非线性特性造成的。热量计的灵敏度为50 mV/J;能量的测量范围为 $10^{-2}\sim10^{-1}$ J。

为了记录能量小于 10^{-3} J的激光脉冲,采用真空微量热计,其吸收体是由铜箔做成的小型圆锥体,质量只有100 mg。被测量的激光束借助于短焦距的透镜投射到吸收体上,利用差接的铜－康铜热电偶来记录吸收体温度的变化。热电偶的热端固定在圆锥体的顶端上,冷端与经过管脚伸向外部的臂相连接。

液体量热计中的能量吸收过程发生在整个液体容积内,因而,不会出现因光辐射而局部变

热所引起的误差。正确地选择液体的路程长度和吸收光能的能力,便可以利用对流来通过介质达到整个量热计上温度的均衡。只是应当注意,被测光功率不要超出使液体沸腾的界限数值,以免在量热计中由于液体的沸腾出现能量的附加耗散。用桥式电路精密热电堆测量温度,精度可达 0.01 ℃。

液体量热计是一个杜瓦瓶,其中盛满加有染料的蒸馏水。杜瓦瓶前端有一平面玻璃窗口,经过这个窗口激光束入射到吸收液体上。光脉冲射入之后经过 30 s 测量入射光的能量。30 s 的等待时间是建立均匀温度分布的对流过程所需的时间。液体量热计可以测量的能量范围为 1 ~ 500 J。这时液体温度的变化为 0.02 ~ 2 ℃。

图 9.2 为液体量热计的一种结构。这种量热计可用以测量脉冲红宝石激光器的输出能量。直径 27.5 mm、腔壁厚 3 mm 的吸收箱 4 是热量计的主要部件,其后壁及周壁由镀金的银制成。箱内装满了 $CuSO_4$ 或 $CuCl_2$ 的水溶液,而且要按照使激光在 6 mm 路程中被吸收 99.9% 的条件来配制溶液的浓度。入射的激光束经过石英窗 1 射入。

吸收箱放置在质量很大的黄铜部件 5 之中,保证热稳定性。黄铜部件 5 则放置在铝制外壳 3 中,并用泡沫塑料把它们隔开。用经过校准的热电偶测量吸收箱相对黄铜部件的温升。最大可测能量等于 30 J,相当于峰值功率密度为 200 MW/cm^2。为测量远红外区激光辐射的平均功率,采用流动液体量热计。这种量热计乃是一具有厚度为 0.75 mm 的聚乙烯窗的有机玻璃瓶。工作室的体积为 0.77 cm^3。输入窗口直径为 25.4 mm。吸收液体选用酒精,因为酒精能很好地吸收激光并有很少的热容量。在酒精流动速度为 0.75 cm^3/min 时,量热计的灵敏度为 1.71 μV/mW。测量的结果表明,有大约 95% 的入射光被液体吸收,测量误差不超过 10% 。

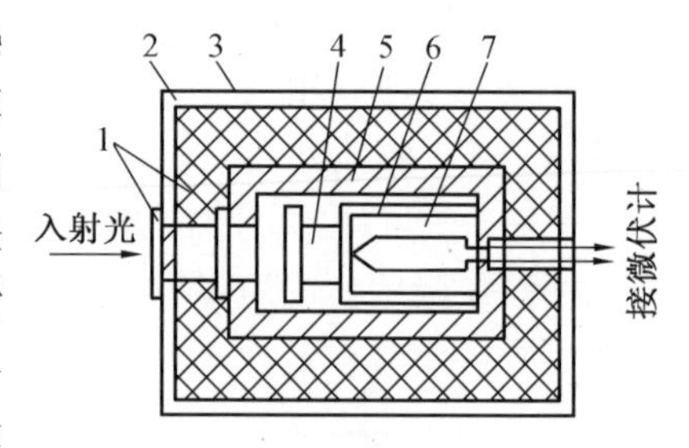

图 9.2 液体量热计结构原理图

1—石英窗;2—泡沫塑料;3—铅制外壳;4—吸收箱;5—黄铜部件;6—玻璃纤维;7—经过标定的热电偶

2. 平面盘状卡计

平面盘状卡计的典型结构见图 9.3。它主要由吸收器、热电转换元件及显示器三部分组成。

当一束脉冲激光入射到吸收器上后,入射光能被转化为热能,设入射激光的能量为 E,吸收器转换所得的热量为 ΔQ,设转换效率为 η,则有

$$\Delta Q = 0.24\eta E \qquad (9.5)$$

式中,E 为入射激光能量,J。

ΔQ 的单位为焦耳。热量 ΔQ 中的绝大部分(设

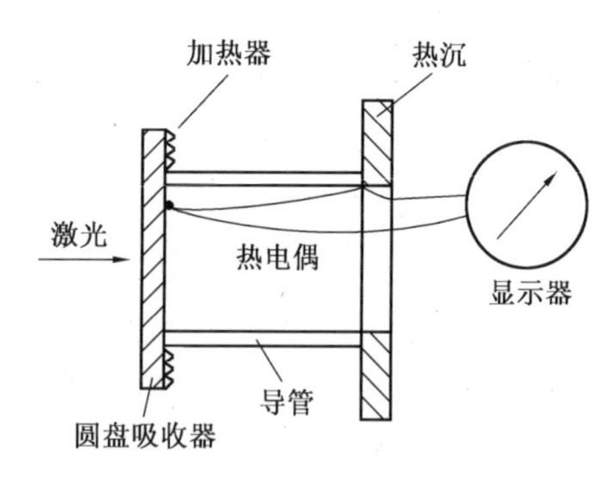

图 9.3 平面盘状卡计的典型结构

为 ΔQ_1)将促使吸收器本身产生温升,另有很小一部分能量(ΔQ_2)则因辐射、对流和传导等原因耗散掉,因此有关系式

$$\Delta Q = \Delta Q_1 + \Delta Q_2 \tag{9.6}$$

吸收器的温升 $\Delta T = T - T_0$。根据热力学定律求得

$$\Delta T = \frac{\Delta Q_1}{c \cdot m} \tag{9.7}$$

式中　T_0——吸收体的初始温度;

m——吸收体的质量;

c——吸收体材料的比热容。

如果用热电转换元件将 ΔT 转化为相应的电信号,并用灵敏的显示器将电信号指示出来,便可获得电信号指示值与激光能量(或功率)之间的对应关系。

由以上三式,我们可以导出卡计的平衡方程式,有

$$P = \frac{c \cdot m}{0.24\eta} \frac{\mathrm{d}(T - T_0)}{\mathrm{d}t} + g(T - T_0) \tag{9.8}$$

式中　P——单位时间内射入卡计的光能$\left(\frac{\mathrm{d}E}{\mathrm{d}t}\right)$,即光功率。

g——卡计导管的热传导系数。

在这里,我们忽略了卡计中因辐射、对流产生的微弱热损耗,而认为热量 ΔQ_2 均是由导管热传导耗散掉的。

一台平盘状卡计既可用来测量脉冲激光能量,也可用来测量脉冲激光的平均功率或连续输出激光的功率。

对于脉冲激光能量计,主要技术要求是:灵敏度高和测量速度快。欲提高测量的灵敏度,对于吸收器而言,就是要求它产生的温升 ΔT 高。由式(9.7)易见:一方面应尽可能减少热传导的损耗,使 $\Delta Q_1 \approx \Delta Q$;另一方面应选择比热容 c 小的材料来制作吸收器,并力求吸收器的体积小,即平盘的厚度要做得很薄,以利于降低吸收器的质量 m。图 9.4 便是根据这一指导思想制作的激光能量计的示意图。为了减小热传导损耗,在盘形吸收器与壳体之间垫以绝热套。吸收器用薄铝板制成,表面镀黑(金黑)以增强吸光本领。

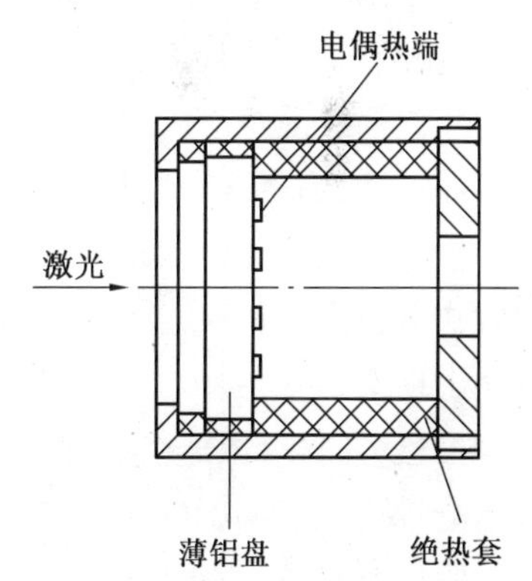

图 9.4　平盘形激光能量计示意图

欲提高测量速度,就要求能量计的热平衡速度要快,即一次测量后,吸收盘应迅速回到环境温度 T_0。由式(9.8)可见,一个光脉冲过后,$P = 0$,则有

$$\frac{\mathrm{d}(T - T_0)}{\mathrm{d}t} = -\frac{0.24\eta g}{c \cdot m}(T - T_0)$$

解此微分方程,可得

$$T - T_0 = e^{-\frac{t}{\tau}} \tag{9.9}$$

式中,τ 为温度衰减的时间常数,并有

$$\tau = \frac{c \cdot m}{0.24\eta g} \tag{9.10}$$

由此可见,欲使热平衡迅速,应选择 $c \cdot m$ 小的吸收体,此点要求与提高测量灵敏度的要求是一致的。与之不同的是,若要求衰减时间常数 τ 小,应尽量提高热传导系数 g,即吸收器应通过导管与热沉(良散热器)相联结(图 9.3)。

当 g 值增大时,能量计的灵敏度会有所下降,但当被测光脉冲宽度很窄时(例如 ns 量级),由于在光脉冲短暂作用期间,热传导损失的热量很小,吸收体吸收的热量将绝大部分用于温升,因而仍能使系统保持有足够高的灵敏度。故在测量持续时间很短的激光脉冲时,欲提高测量速度,仍可采用 g 值较大的系统。

由式(9.8)可见,由于光脉冲作用时间极短,温升很快,因而$\frac{d(T - T_0)}{dt}$值很大。若 $g(T - T_0)$与$\frac{c \cdot m}{0.24\eta}\frac{d(T - T_0)}{dt}$项相比很小而可忽略时,式(9.8)可写成

$$P\Delta t = E = c \cdot m(T - T_0) \tag{9.11}$$

即入射激光能量 E 与吸收器的温升 $\Delta T = T - T_0$ 之间存在线性关系,这就是量热计(卡计)作为能量计使用的情况。

3. 鼠笼式热敏电阻能量计

这种能量计是基于导线电阻受激光照射之后电阻值变化的原理。鼠笼式能量计是一种很细的漆包铜线乱绕而成的线团,将其放置在内表面镀银的空腔中,其形状犹如鼠窝,故称做鼠笼式能量计,为了减少空气的对流,空腔的入射孔用平面玻璃封口。

鼠笼式能量计包括两个结构参数相同的鼠笼(一个为测量鼠笼,另一个为补偿鼠笼),并接入桥式电路中。当激光射入测量鼠笼时,鼠笼内铜丝的温度升高,其电阻发生变化。因此桥式电路出现不平衡,并由灵敏检流计进行示读。

虽然金属丝(鼠笼)激光能量计不能算作理想的能量计,但是可以用它来测量脉宽 10^{-3} s、输出能量从 0.1 ~ 10 J 的光脉冲。此种能量计的时间常数为 10^{-4} s。

假设金属丝的直径在整个长度上处处相同,电阻温度系数和金属丝的比热与温度无关,则鼠笼内金属丝电阻值的变化量 ΔR 与入射激光能量 W 成正比,即

$$\Delta R = k\frac{\alpha R_0}{mc_\tau}W \tag{9.12}$$

式中 k——比例系数;

α——电阻的温度系数；

m——金属丝的质量；

R_0——起始电阻。

因此，对于长300 m，直径为0.08 mm的漆包金属丝无序地、松散地填入带玻璃窗口的容器内，容器的体积为50 mL，内表面镀银，则 $\Delta R = 0.42$ W。

为了测量能量范围从 $10^{-3} \sim 10^{-1}$ J的激光脉冲，采用无骨架的单层锥形线圈，线圈由漆包线绕成，铜丝的直径为0.06 mm，线圈的总电阻为100 Ω。在入射孔径为14 mm时，圆锥体的张角为15°。测量线圈接在桥路的一个臂上。另一个臂上接入补偿（或平衡）线圈，以补偿周围介质温度的起伏所造成的 ΔR 变化。测量时，入射激光可以不用聚焦透镜而直接入射到测量线圈的内部。

4. 液体量热器

液体量热器能承受较强的激光能量。这是因为它有能将固态吸收体表面加温到几百度的辐射能量。在液态吸收体中，整个液体物质的温度仅升高几度。只要正确地选择介质的吸收特性及液层厚度，那么温度在吸收液体中的均衡是很容易由对流来实现的。

液体量热器的原理结构见图9.5。它是利用液体体积受热膨胀的原理制成的。吸收体是容器内的液体，一般选择对入射激光波长吸收系数大的溶液，例如对 $\lambda = 1.06$ nm的激光，采用硫酸铜溶液。液体的厚度 d 可根据光的吸收定律求出，有

$$I = I_0 \exp(-2\alpha d) \tag{9.13}$$

式中　I_0——入射激光光强；

α——液体对激光的吸收系数；

I——光经液体双程吸收后，在出射面（与入射面重合）处的透射光强。

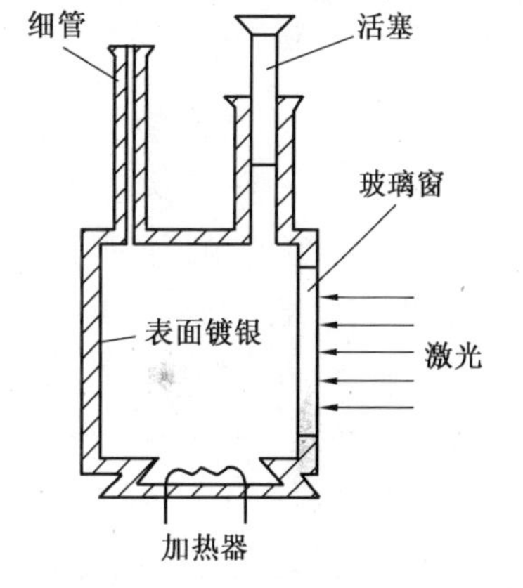

图9.5　液体量热器原理结构

若令 $I/I_0 = 0.01$，则可求得所需的液层厚度，即

$$d = -\frac{1}{2\alpha} \ln \frac{I}{I_0} \tag{9.14}$$

液体在吸收了入射光能后体积将膨胀，膨胀后的体积 V 为

$$V = V_0(1 + \beta \Delta T) \tag{9.15}$$

式中　V_0——液体原来的体积；

β——液体的体膨胀系数。

若设图中细管的面积为 S，细管上液面变化的高度为 h，则液体体积的增量 ΔV 为

$$\Delta V = Sh \tag{9.16}$$

而 $\Delta T/(c \cdot m)=0.24E\eta_1$，于是

$$V - \bar{V}_0 = \Delta V = Sh = V\beta \frac{0.24E\eta_1}{c \cdot m}$$

$$E = \frac{4.2c \cdot mS}{\eta_1 \beta V_0} h \tag{9.17}$$

或测得 h，利用此式便可求得入射的激光能量 E。

图中量热器上附加的活塞，是用来控制由于周围环境温度的变化而引起细管初始液面波动的，即作为零点调节器。

图中位于液体量热器下部的加热丝是用以标定激光能量的。当电流通过加热丝时，加热的热量 $Q=0.24I^2Rt$，给定不同的 Q 值，可以得到与之对应的 h 值。测量时便可根据测得的 h 值直接由标定的 Q 值求得入射激光能量为 $E(E = 4.2Q/\eta_1)$。以液体为吸收体测量激光能量时，必然使液体温度分布均衡后才能读数。可用流动的水等液体来测量连续输出的高激光功率。使水流过内表面镀黑的锥体，当入射激光被锥壁吸收后，流经锥体的水温将升高，从而在出入口之间产生温差 ΔT，测出 ΔT 后便可计算出入射激光功率。

二、光电法测量激光能量

光电法不存在让吸收体变热，热再转换成电信号的过程，而是利用某些物质能够直接将照射的光能（或光强）变成电流或电动势这一效应来实现对激光功率或能量的测量。这些光电转换元件灵敏度高，响应时间极快（$10^{-8} \sim 10^{-9}$ s），因而很适于能量为 10^{-2} J 以下的脉冲激光测量（此时需要配以积分电路）和对连续输出的瞬时功率值进行测量。对大脉冲能量和高连续功率的测量，前方需加相应的衰减器。这种测量装置主要就是光电转换元件和显示仪表。常用的光电转换元件有光电二极管、光电倍增管、光电池、光敏电阻和热释电元件等。

光电法测激光能量的原理见图 9.6，对光电管响应激光脉冲功率的电信号进行积分，便可获得脉冲能量值。由于光电探测器的灵敏度很高，不能直接接收强激光，因此需用衰减器（或散射器）将入射光强变为弱而均匀的光后再照射到探测器上去。

常用电容器来完成积分的工作，见图 9.7。在测量前，先将开关闭合，由于光电二极管在未受光照前，反向电阻极大，这时电容器 C 能被充电至电源电压。然后将开关 K 打开，使之处于待测状态。当光脉冲照射到光电二极管上时，二极管的反向电阻减小，在二极管回路里便产生一个电流脉冲，这时电容器就放出电量 Q。设回路内产生的光电流为 i，则 Q 应是 i 在光脉冲持续期 $\mathrm{d}t$ 内的积分，且 Q 正比于被测光脉冲的能量，即

$$Q = \int i\mathrm{d}t \propto E = \int I\mathrm{d}t \tag{9.18}$$

式中，I 为光强。

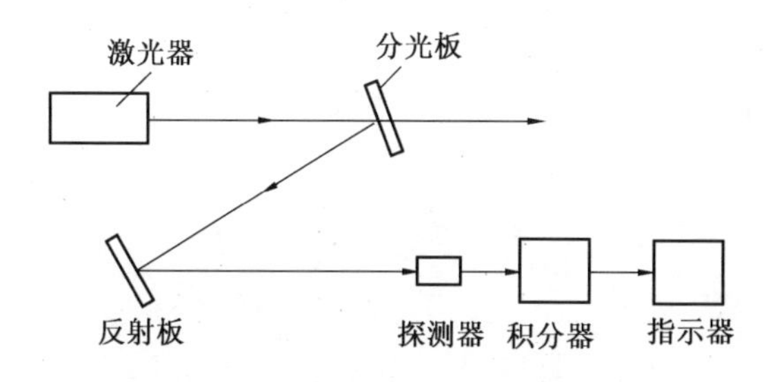

图 9.6　光电法测激光能量

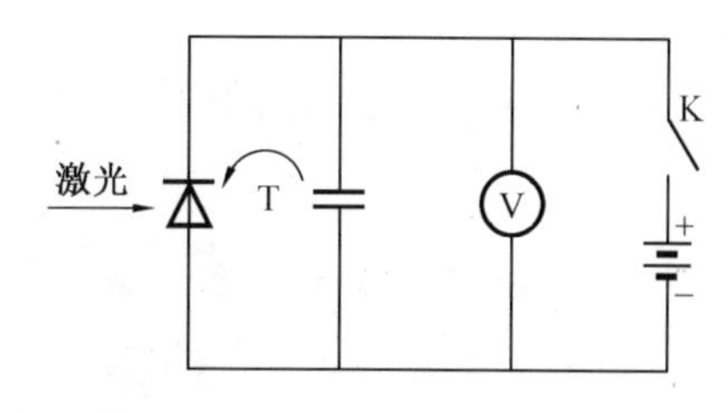

图 9.7　电容积分法测激光能量

电容器放出的电量 Q 还可表示成

$$Q = C\Delta V \tag{9.19}$$

式中　C——电容器的容量；

ΔV——电容器电压的变化量。

当光电元件在其线性区域范围内工作时，光电流 i 与辐射光强成正比，即

$$i = s_{\lambda} I \tag{9.20}$$

式中，s_{λ} 为光电二极管在测量波长上的光谱灵敏度值。

于是，我们便得到光脉冲的能量 E 正比于 ΔV，即

$$E = \int I \mathrm{d}t = \frac{1}{s_{\lambda}}\int i \mathrm{d}t = \frac{C\Delta V}{s_{\lambda}} \tag{9.21}$$

对于所选定的光电二极管，可查得或测出 s_{λ} 值，于是只要测出 ΔV，便可由上式求得入射激光能量 E。测量 ΔV 时应防止电容器漏电，只能用内阻很大的电压表和静电电压表。另外，也可采取恒流源系统，通过补偿积分电容器上的电荷来测量 ΔV。

当探测器采用热释电器件时，由于热释电探测器是容性器件，适当地选择测量的时间常数，探测器本身便能完成对脉冲的积分作用。

三、光压法测量激光能量

当激光辐射投射到一块不透明物质的表面时，就能给此表面施加一个压力。因此，我们可以建立激光能量与机械压力之间的函数关系。例如将激光打在由很细的石英丝悬挂的全反射镜上时，可以使此小镜旋转，于是，若能精确测量出小镜旋转的角度，便可算出对小镜的光压，继之可求得入射激光的能量。这种测量方法适于测量大能量的激光。

光压能量计的作用原理是利用光压进行测量脉冲或连续输出的激光功率和能量。原则上说，可测的最大功率或能量是不受限制的。

图 9.8 为扭秤能量计的原理图。在很细的石英悬丝上固定着一个石英杆，石英杆安装着示读转动系统旋转角度的反射镜和两块反射面。被测光束投射到两个反射面中的一个，在被

测光束的作用下,转动系统旋转某一角度 α。在测量连续激光功率 P 时的旋转角 α 和测量脉冲能量 W 时的最大冲击角 α_{max} 为

$$\alpha = \frac{(1+r)l\cos\gamma}{\tau c k_H} \tag{9.22}$$

$$\alpha_{max} = \frac{(1+r)l\cos\gamma}{\tau c\sqrt{k_H l}} W e^{-\xi\omega_0\tau_{max}} \tag{9.23}$$

式中 r——激光辐照表面的反射系数;

γ——入射角(这个角很小,可以认为 $\cos\gamma \approx 1$);

τ——激光所通过的窗口的透射系数;

c—光速;

t_{max}——衰减时间,$t_{max} = \frac{1}{\omega_0\sqrt{1-\beta^2}}\arctan\sqrt{\frac{1-\xi^2}{\xi^2}}$;

ξ——系统的衰减系数,$\xi = \frac{m}{2\sqrt{k_H l}}$;

m——环境介质的单位质量阻力矩;

$\omega_0\sqrt{k_H/I}$——系统的本征振荡频率;

I——系统的惯性力矩;

k_H——石英丝的刚度。

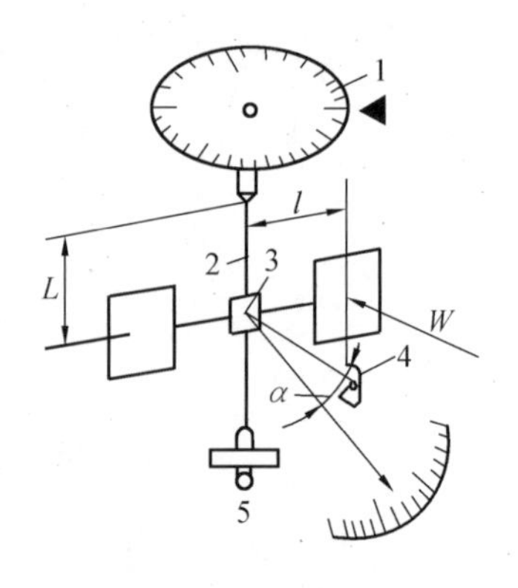

图 9.8 扭秤能量计原理图

1—刻度盘;2—石英丝;3—反射镜;4—照明灯;5—重物挂钩

根据运动系统的本征振荡可以确定最后的两个物理量 I、k,为此用悬挂附加重物的方法改变系统的惯性力矩并测量系统的振荡周期,最后计算出 k。为了减少反射面温度差造成不均等辐射的影响,整个系统放置在真空室内,真空室留有激光入射窗口,这样就使装置的工艺复杂化,并使其对冲击和振荡更加敏感,这是因为系统中产生的任何微小振荡要在真空环境下衰减,需要很长的时间。

采用细悬丝的系统对冲击和振动特别敏感。为了能够在保持小惯性的条件下提高系统框架的稳定程度,采用负反馈措施;采用直径为 19 mm、厚为 0.4 mm 的蓝宝石圆盘作为功率计的接收反射镜;可动系统放置在质量很大的铜制壳体内,壳体上装有激光入射和出射的蓝宝石窗。扭秤转动部分的转角利用原理类似光点检流计的装置进行测量,测量装置由照明灯泡、指示反射镜以及两个光敏电阻组成光敏电阻接入桥式电路,桥式电路带有不平衡指示器。开始测量前,两个光敏电阻被均匀照明,电桥处于平衡状态,当激光入射到接收反射镜上时,可动系统发生旋转,光敏电阻上的照明发生变化,因而在桥路的对角线上出现了电流,并由指示器显示出来。不平衡电流的一部分作为负反馈信号。功率测量范围为 3、10、30、100 和 300 W,能量测量范围为 10、30、100、300 J。被测激光的波长范围为 0.4 ~ 4 mm;入射窗的直径为 15 mm。

9.2　激光发散角测量

虽然激光的方向性要比普通光源好得多,但是事实上最好的激光器也不能发出绝对平行的光束来。发射方向上,激光光束将展开成为一束具有一定张角的近于锥形的光束,我们常用这个张角的大小来衡量光束的发散程度,并把它叫做发散角(图 9.9)。

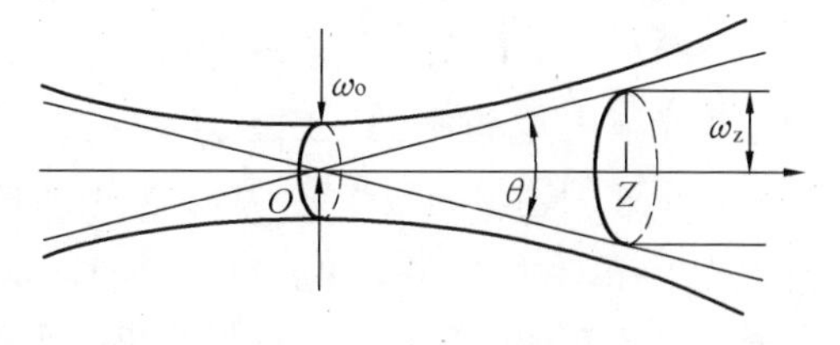

图 9.9　激光束的发散角

激光束发散角的大小是判断光束方向性优劣的一个重要参数。测量激光发散角的主要方法有以下三种:

一、焦面法(也称焦斑法)

按照几何光学原理,严格的平行光束在消像差透镜 L 的像平面上将形成一无穷小的像点;然而具有发散角 θ' 的光束在透镜像平面上则形成一圆形光斑,其焦面光斑尺寸原理见图 9.10,相应光斑的直径 D 为

$$D = f'(2\theta') \qquad (9.22)$$

式中　f'——正透镜的像方焦距。

由此式可知,只要能测定已知焦距 f' 的透镜焦平面上的光斑尺寸便可求得激光束的远场发散角。由光斑尺寸的定义可知,如在焦平面上测得的是激光功率分布,则应取 P_m/e^2 间的尺寸作为 ω_f。

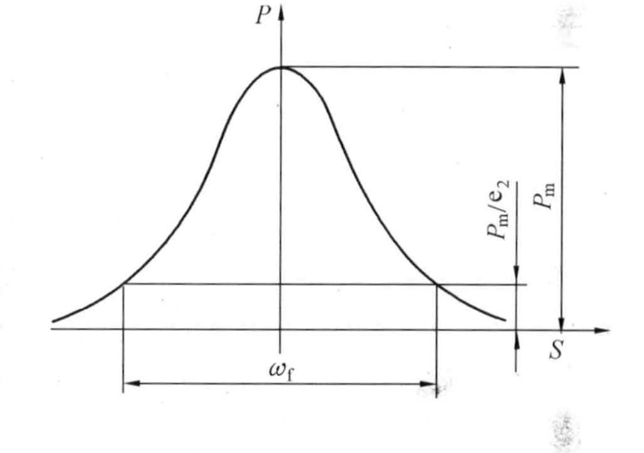

图 9.10　焦面光斑尺寸

焦面法测激光发散角的装置原理见图 9.11。

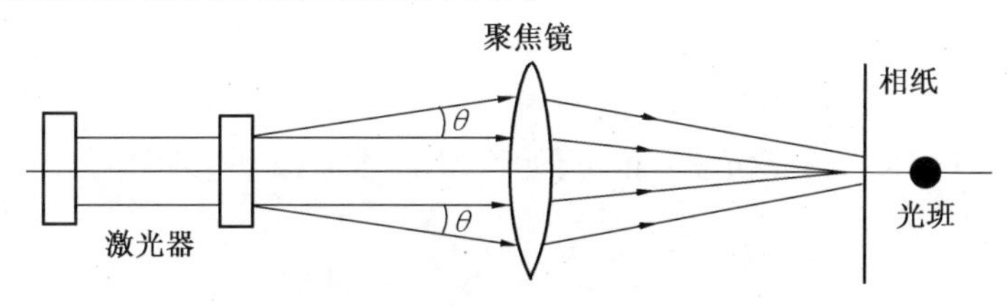

图 9.11　焦面法测发散角原理

置已感过光的像纸于焦面上,激光巨脉冲经透镜聚焦后在像纸上烧蚀一个光斑。用工具显微镜测出烧蚀光斑的轮廓尺寸 ω_b 后,便可根据 $\theta = \arctan\omega_b/f' \approx \omega_b/f'$ 算得 θ 角。显然,透镜焦距 f' 越长,光斑尺寸越大,则测量精度越高。由于烧蚀光斑的周边轮廓分界线不够清晰,因此光斑尺寸测量的近似程度很低,这种测量方法仅能作为一种估测,但优点是方法简便,对

于不要求很精确测量发散角的场合常采用这种测量方法。

二、光点法

直接测量 ω_f 确定光束发散角时,只测出了光功率沿束散角的总分布,未能获知光功率在空间分布细节的信息。而了解光功率的空间分布状况有助于我们更全面了解激光束的质量,判定激光输出是单横模(TEM_{00})还是多横模情况。

对于连续输出的激光束,常在透镜焦平面上设置一小孔或狭缝作为孔径光阑,在光阑后面放置光电探测器,在焦平面的水平方向或垂直方向移动(扫描)光阑,可以获得在该方向各点的激光光强分布的信息。从而可描绘出水平方向的光强分布图,使光阑旋转 90°,又可描绘出光斑在垂直方向的光强分布图。若中心光强为 P_{max},则 P_{max}/e^2 点至中心的间距 ω_f 可从光强分布图上获得,根据 $\theta = \omega_f/f'$ 可算出激光远场发散角,并且从光强分布图中了解到激光横模的阶数。也可用旋转的多孔圆筒代替一维小孔扫描,以一维的旋转运动实现二维扫描。

对于脉冲输出的激光束,目前较先进的测量光斑的方法是应用 CCD 光电列阵探测器,CCD 是电荷耦合器件(Charge - Coupled Device)的简称。它是一种理想的固体成像器件,CCD 用于摄像方面又可以分为线摄像和面摄像两种,线摄像是把电荷耦合器件做成电极数目相当多的一个线列,所以又叫一维阵列成像,面摄像是用许多线列的电荷耦合器件排列成方阵(如 400 × 400 元列阵),它同时可以接收一个画面的光信号,所以又叫二维列阵成像。

CCD 的突出特点是它具有自扫描能力,当经透镜成像在焦面上的光斑照射在 CCD 上时,CCD 探测器把光信号转换成电信号,CCD 表面上各点光强的变化转换为相应的电荷多少的变化。由于各点电荷能顺次随时间转移到视频输出端,因此视频信号随时间的变化,完全反应着 CCD 表面从右到左的光照度变化(类似于扫描)。经过转换后的视频信号就可以在荧光屏上显示出可见图像,或将 CCD 输出的视频信号输入计算机处理,然后将结果打印出来或将各点光强分布图描绘出来。

三、光阑法

运行于基横摸的 He - Ne 激光器,垂直于它的传播方向(z 轴)的截面上光强分布为

$$I(r,z) = I_0(z)\exp\left[-\frac{2r^2}{\omega^2(z)}\right] \tag{9.23}$$

这是高斯型的强度分布,对应的光束称为高斯光束。上式 $\omega(z)$是光强为极大值的 $1/e^2$ 的点离光束中心点的距离,$\omega(z)$称为光斑半径,满足

$$\frac{\omega^2(z)}{\omega_0^2} - z^2\left[\frac{\pi\omega_0^2}{\lambda}\right]^2 = 1 \tag{9.24}$$

式中　λ——激光的波长;

ω_0——$z=0$ 时的光斑半径,称为束腰,是描述高斯光束的一个特征参量。

光斑半径的轨迹是一个旋转双曲面,在包含 z 轴的一个平面内是双曲线,见图 9.12。

虽然激光具有良好的方向性,但仍有一定的发散性。激光的发散程度一般用发散角来描述,根据图 9.12 的双曲线渐近线,只要满足 $z \geqslant 7\dfrac{\pi\omega_0^2}{\lambda}$,由几何关系可以求出发散角为

$$\theta = \frac{\omega(z)}{z} \tag{9.25}$$

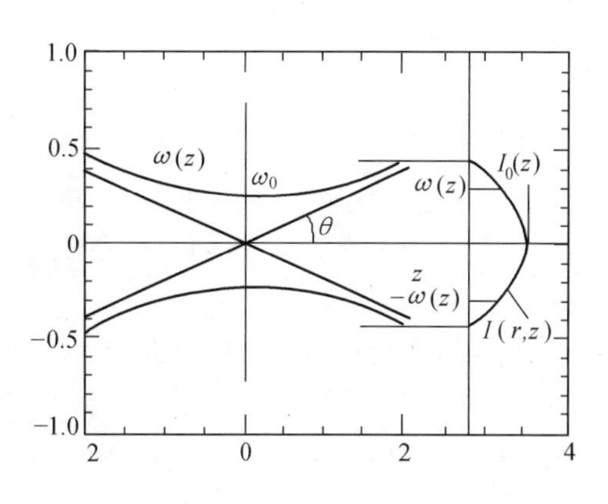

图 9.12　调节光束

因此只要从实验中测量出 $\omega(z)$和 z,就可以求出 θ。

由式(9.23)知,垂直通过半径为 r_1 的光的激光功率为

$$P_1 = \int_0^{r_1} I(r,z)2\pi r\mathrm{d}r. \tag{9.26}$$

激光束的总功率为

$$P_0 = \int_0^{\infty} I(r,z)2\pi r\mathrm{d}r. \tag{9.27}$$

联解上面两式,并令 $\phi = 2r_1$,就可以得到

$$\omega(z) = \phi\left[2\ln\left(\frac{P_0}{P_0 - P_1}\right)\right]^{-\frac{1}{2}} \tag{9.28}$$

式中,ϕ 为光阑直径。

9.3　激光波长的测量

现在,还没有任何一种光电探测器,其响应时间小到足以反应光波的振荡频率。甚至最好的光电倍增管其频率响应特性达到 10^{12} Hz 时,光学频段的频率都在 10^{14} Hz 数量级。因而对光谱范围的绝对频率 ν 的测量都是通过测量波长 λ,然后可换算成频率或波数 k,即

$$\nu = \frac{c}{\lambda} \qquad k = \frac{1}{\lambda} = \frac{\nu}{c}$$

式中,c 为光速。

波长的测量仪器主要有以下四种。

一、棱镜光谱仪

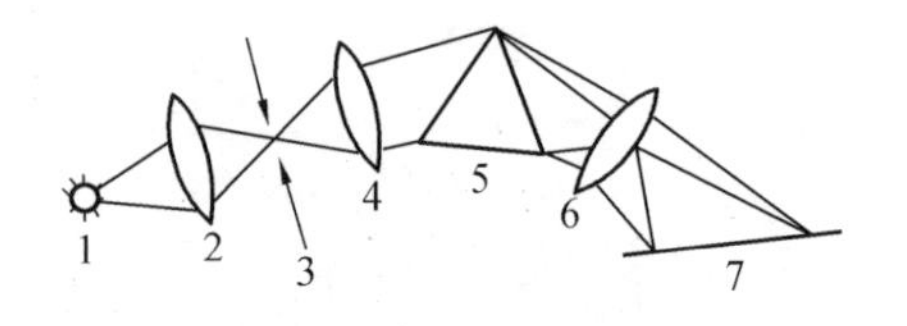

图 9.13　棱镜摄谱仪光路

1—光源；2—照明透镜；3—狭缝；4—准光镜；5—棱镜；6—暗箱物镜；7—感光板。

棱镜光谱仪由照明系统、光准直系统、色散系统及投影系统四部分组成。光路见图 9.13。摄谱仪的光学特性一般从线色散率、光谱分辨率和集光本领三方面考虑。

线色散率指把不同波长分散开的能力，它反映了光谱仪器整体的色散特性。当波长由 λ 变至 $\lambda + d\lambda$ 时，在焦面上的相应距离由 l 变至 $l + dl$，由几何光学可导出线色散率的表示式为

$$\frac{dl}{d\lambda} = \frac{f}{\sin\theta} \cdot \frac{d\delta}{d\lambda} \tag{9.29}$$

式中　f——暗箱物镜焦距；

θ——焦面与光轴间夹角；

$\frac{d\delta}{d\lambda}$——角色散率。

但在实际工作中以 1 mm 长的光谱面中所包括的波长范围表示为 Å/mm(1Å = 0.1 nm)，每毫米包括的波长范围越少，则表示线色散越大。

光谱分辨率指光谱仪的光学系统能够正确分辨出紧邻两条谱线的能力。根据棱镜产生的衍射和理论分辨率的定义可以导出理论分辨率的表示式，即

$$R = mb\frac{dn}{d\lambda} \tag{9.30}$$

式中　m——棱镜的数目；

b——棱镜的底边长度；

$dn/d\lambda$——棱镜材料的色散率。

在实际工作中，常用每毫米感光板上所能分辨开的谱线条数来表示，或直接用感光板上恰能分辨出来的两条谱线之间的距离来表示。

集光本领指光谱仪的光学系统传递辐射能的能力，常用当入射到狭缝的光源亮度 B 为一个单位时，在感光板上所得到的照度 E 来表示。当准直镜与暗箱物镜的有效孔径相等时，即 $d_1 = d_2$，就可以用光度学中的概念导出集光本领 L 的表示式，即

$$L = \frac{E}{B} = \frac{\pi}{4}\tau\sin\theta\left(\frac{d_2}{f_2}\right)^2 \tag{9.31}$$

式中　d_2/f_2——暗箱物镜的相对孔径；

τ——入射光的辐射通量与经过一系列棱镜、透镜后的透射光辐射通量之比，即透射比。

二、光栅光谱仪

由于光栅光谱仪的分辨本领高于棱镜光谱仪一个数量级，因此广泛使用光栅光谱仪来测量激光波长。

光栅摄谱仪也是由照明系统、准直光学系统、色散系统和投影系统四部分组成。常用垂直对称式的光栅装置，光路见图 9.14。

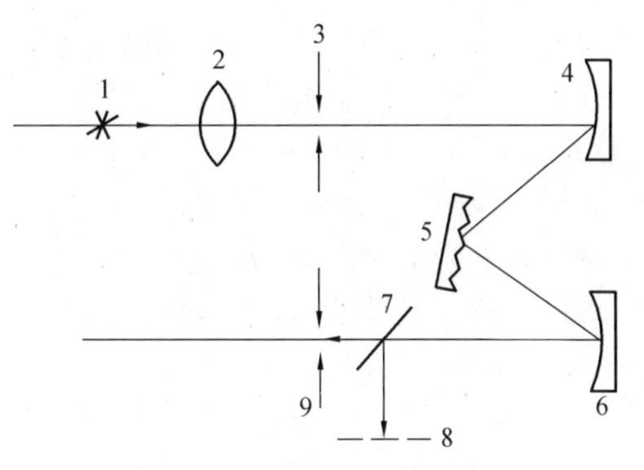

图 9.14　光栅摄谱仪光路

1—光源；2—照明透镜；3—狭缝；4—准光镜；5—光栅；6—暗箱物镜；7—平面反射镜；8—感光板；9—出射狭缝

光栅光谱仪的光学特性一般从线色散率、分辨率及闪耀特性等三个方面考虑。

光栅光谱仪的线色散率可用几何光学导出的下式表示，即

$$\frac{\mathrm{d}l}{\mathrm{d}\lambda} = \frac{mf}{a\cos\beta} \tag{9.32}$$

式中　m——光谱级次；

f——暗箱物镜的焦距；

a——光栅常数；

β——衍射角。

由上式可知，光栅摄谱仪的线色散率与每毫米光栅刻线数、衍射级次、暗箱物镜的焦距成正比。同时，光栅摄谱仪的线色散率几乎是不随波长变化的常数，这是因为光束的衍射角 β 很小，$\cos\beta \approx 1$。

对于光栅的理论分辨率，可由瑞利准则所导出的理论分辨率公式与光栅角色散率公式推导出如下表达式，即

$$R = \frac{W}{\lambda}(\sin\alpha + \sin\beta) \tag{9.33}$$

式中　W——光栅的总宽度；

λ——衍射波长；

α——入射角；

β——衍射角。

所以，要想获得高分辨率就要采用大块光栅，用大的入射角和衍射角。闪耀特性是指将光栅刻线成三角槽形，与理想平面成一 ε 夹角（闪耀角），使衍射光的能量集中到所要求的波长范围。改变刻线三角槽形的角度 ε，可使衍射光强度集中到某一波长。在自准条件（$\alpha = \beta$）下，使 $\alpha = \beta = \varepsilon$ 时，闪耀角与闪耀波长之间的关系为

$$m\lambda\beta = 2a\sin\beta \tag{9.34}$$

三、法布里 - 珀罗(Fabry - perot)干涉仪和标准具

法布里 - 珀罗干涉仪(标准具)是测量激光波长中应用最广的仪器。

由于法布里 - 珀罗标准具有很高的分辨本领和聚光本领,它所生成的干涉条纹十分细锐且使用简便,因而适于测量具有超精细结构的光谱以及由于各种原因引起的微小频移。

法布里 - 珀罗标准具是由两块平行放置的平面反射镜组成的,镜面上镀有高反射系数的金属薄膜或多层介质膜,同时要求镀膜的平面与理想几何平面的偏差不超过 1/50 ~ 1/20 波长。为了避免两平板相背的平面间的干涉与镀膜的两平面所产生的干涉相重叠,每块板都不加工成平行平面板,而是使板的两面成一很小的夹角。两平面的间距用热膨胀系数很小的材料(如殷钢、熔石英等)制成的环固定。设标准具的两反射面间的距离为 d,两反射面间的介质折射率为 η,平行光束的入射角为 i,则对于波长为 λ 的光波,产生干涉极大的条件为

$$2\eta d\cos i = m\lambda \tag{9.35}$$

测量装置见图 9.15,由标准光源经单色仪分光所得的波长是已知的,调色单色仪可以得到不同的已知波长。将待测的激光和已知波长的光波经分束器会合后同时入射至标准具,标准具前的透镜 L_1 将入射光线会聚,标准波长和待测波长的激光在标准具内均发生多光束干涉,透镜 L_2 将形成的两个系列的等倾干涉环成像在照相底板上,见图 9.16。

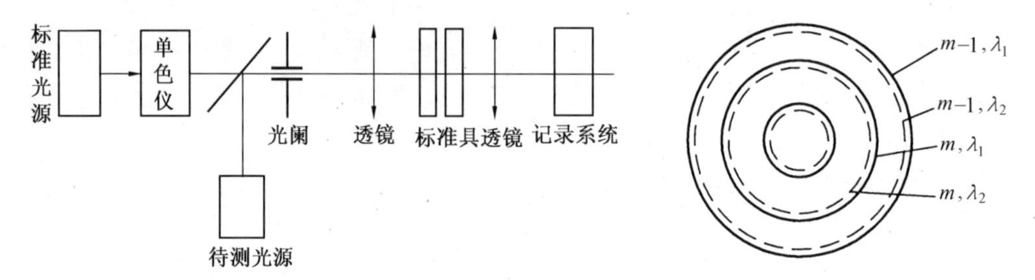

图 9.15 用标准具测激光波长的示意图

图 9.16 等倾干涉环

当入射角 i 很小时,$\cos i \approx 1 - i^2/2$,而干涉环的直径 D 可近似写作

$$D = 2f\,i$$

于是可得

$$D^2 = \left(1 - \frac{m\lambda}{2\eta d}\right)8f^2 \tag{9.36}$$

式中,f 为聚焦透镜的焦距。

因此,测得 D 值和级次 m 时,便可根据式(9.36)算出波长 λ,或根据已知波长的干涉环,对比待测波长的干涉环,便可获知待测激光的波长。

四、迈克尔逊干涉仪

用迈克耳逊干涉仪测量激光波长的典型实验装置见图9.17。两台迈克耳逊干涉仪 M_1、M_2 共用一个角锥棱镜(后向反射棱镜)P,两台干涉仪中光程差 Δl 变化的量值相等。探测器 D_1 测量参考波长为 λ_R 的干涉强度 I_1,D_2 测量待测波长为 λ_x 的强度 I_2,由于相干的关系,强度 I 是光程差 $\Delta l = l - l'$ 的函数,$\Delta l = m\lambda$ 时,干涉相长,I 达到极大。棱镜 P 移动距离 Δx 时,设电子计数器分别测得 M_1 及 M_2 的光强 I 达到极值的数目(干涉条纹数)为 n_1 和 n_2。因为 $\Delta x = 2n_1\lambda_R$,及 $\Delta x = 2(n_2 + \delta)\lambda_x$,于是待测波长为

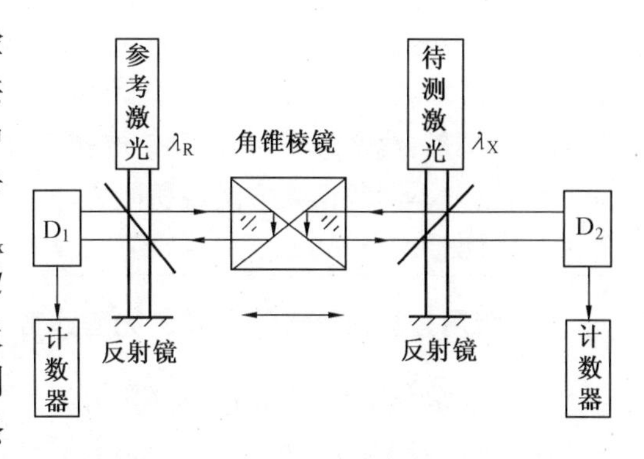

图9.17　迈克耳逊干涉仪测波长原理图

$$\lambda_x = \frac{\lambda_R n_1}{n_2 + \delta} \tag{9.37}$$

式中,δ 为小于1的正数。

在激光光谱学中,迈克耳逊干涉仪测量法常用于波长的快速测量技术中。

还有一种测量激光波长的方法,即利用有增益介质的干涉仪进行测量,这种干涉仪实际上是由三个反射镜组成谐振腔的激光器。这种方法的实质如下:固定的与可动的反射镜与连续输出的激光光轴垂直放置(图9.18)。在可动反射镜移动时,激光器负载特性也随之改变,激光输出(幅度或强度)相应于反射镜的移动速度以 $\lambda_x/2$ 为周期被调制。

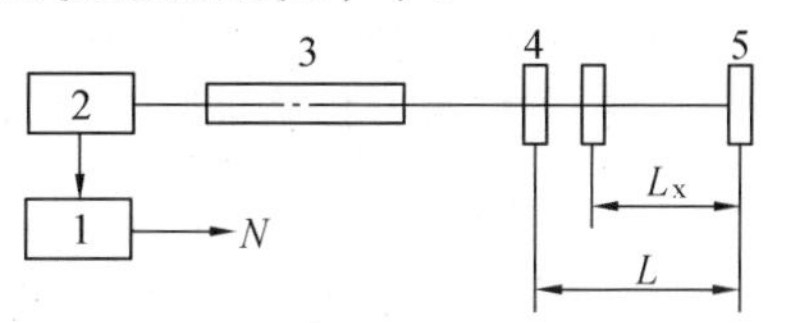

图9.18　用有增益介质的干涉仪测量激光波长原理图

1—电子计数器;2—光辐射探测器及放大器;3—激光器;4—干涉仪的固定反射镜;5—干涉仪的可动反射镜

以 n 表示激光的强度调制周期数,η 表示空气的折射率、L_x 表示可动反射镜移动的距离,则应有 $\lambda_x = 2L_x^{\eta}/n$。用上述方法测量激光波长 λ_x,主要是移动可动反射镜和调制周期的计数。调制周期的计数,由具有放大器的光辐射探测器和电子计数器来实现。可动反射镜安置在一个滑动支架上并利用同步电动机移动约200 mm的距离,利用变速齿轮可以使位移速度从5 mm/min变化到100 mm/min。用这种方法测量激光波长的误差约为几个微米数量级。

9.4　激光谱线宽度测量

激光器输出的光束具有高亮度、高方向性和高相干性的特点。正是由于它的高相干性,使之在测量、全息等技术中得到了广泛的应用。但是,虽然激光的单色性很好,它仍无可避免地

存在着一定的线宽。

激光线宽是表征激光特性的重要参数,它反映激光辐射的单色性和时间相干性。由于应用上的需要,测量激光线宽成了激光参数测量中的重要课题,由于各种激光器的输出特性和线宽数量级各不相同,因而可采取不同的线宽测量方法:当线宽较宽时,可直接用高分辨力的光栅单色仪测量;线宽较窄时,利用多光束干涉法测量,并根据激光输出谱线的波长及是否为脉冲输出,采取不同的记录方法或探测方法;对于数量级在兆赫以下的谱线宽度,可利用拍频和外差技术测量。

一、利用多光束干涉法测量激光谱线宽度

其原理是利用 F-P 标准具作为分光元件,测出激光器的线宽。为此,有必要了解一些有关 F-P 标准具的性能指标,推导出测试所依据的公式。

常见的 F-P 标准具实际上是一块两面磨成严格相互平行的玻璃板,并且两平行面上镀有多层高反射膜。当扩展光源照在 F-P 标准具上时,将产生等倾干涉。由物理光学知:光通过标准具后出现亮条纹(相干加强)的条件是

$$2\eta d\cos\theta = m\lambda \tag{9.38}$$

式中 η——F-P 标准具的折射率;

d——F-P 标准具的间隔;

θ——在两镀膜平面间反射光与平面法线的夹角;

m——干涉级次。

如果光源是由两条谱线 λ_0 和 $\lambda_0+\Delta\lambda$ 组成的,则经透镜成像后,将在屏上呈现出如图 9.19 所示的两套同心圆环。

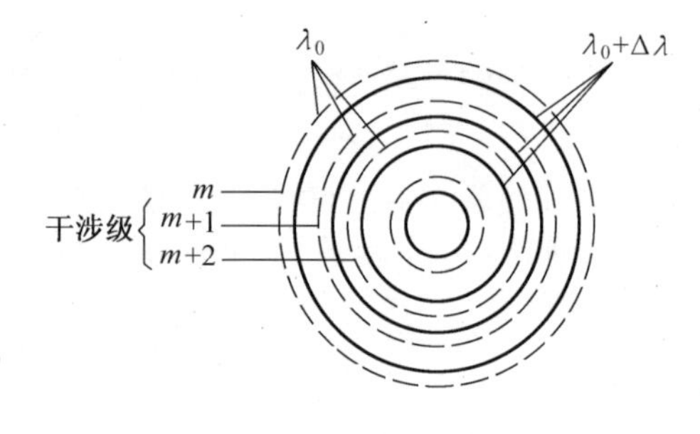

图 9.19 F-P 标准具产生的两套干涉环

由式(9.38)可以看出,当 $\Delta\lambda$ 满足

$$(m+1)\lambda_0 = m(\lambda_0+\Delta\lambda)$$

即

$$\Delta\lambda = \frac{\lambda_0}{m} = \frac{\lambda^2}{2\eta d} \tag{9.39}$$

时两条谱线将发生相邻级次重叠而无法区分开来。此时的 $\Delta\lambda$ 称为 F-P 标准具的自由光谱范围。

此外,虽然 F-P 标准具由于多光束干涉产生的条纹很窄,但仍有一定的宽度,因此,入射光束之波长差 $\Delta\lambda$ 太小时,两套干涉环就会彼此重叠而无法区分,F-P 标准具能分开的最小波长差称为仪器的分辨本领。其值为[14]

$$\Delta\lambda = \frac{\lambda_0^2}{2\pi\eta d}\cdot\frac{1-\gamma_F}{\sqrt{\gamma}} \tag{9.40}$$

式中，γ_F 为 F－P 标准具两镀膜表面的反射率。

由此可以看出，对于一块参数确定的 F－P 标准具，它所能分辨开的波长差是有一个确定范围的。因此，对于不同线宽数量级的激光器，应采用不同参数的 F－P 标准具来测量其线宽。

由式(9.38)可以看出：在同一干涉级次，不同的 λ，就对应于不同的 θ 角，因此，当入射光具有线宽 $\Delta\lambda$ 时，对同一级干涉环，θ 有一个变化范围 $\Delta\theta$；从而在观察屏上得到的干涉环直径也有一变化范围 Δr。

对式(9.38)两边微分，得

$$-2\eta d\sin\theta\mathrm{d}\theta = m\mathrm{d}\lambda$$

$$\mathrm{d}\lambda = -\frac{2\eta d\sin\theta}{m}\cdot\mathrm{d}\theta = \frac{-\lambda\sin\theta}{\cos\theta}\mathrm{d}\theta = -\lambda\tan\theta\mathrm{d}\theta$$

即

$$\Delta\lambda = \lambda\tan\theta\Delta\theta \tag{9.41}$$

同级干涉同心环的角度 θ 与圆环直径 r 的关系见图 9.20，r_1 和 r_2 分别为圆环的内径和外径，f 为透镜焦距。在近中心处，有

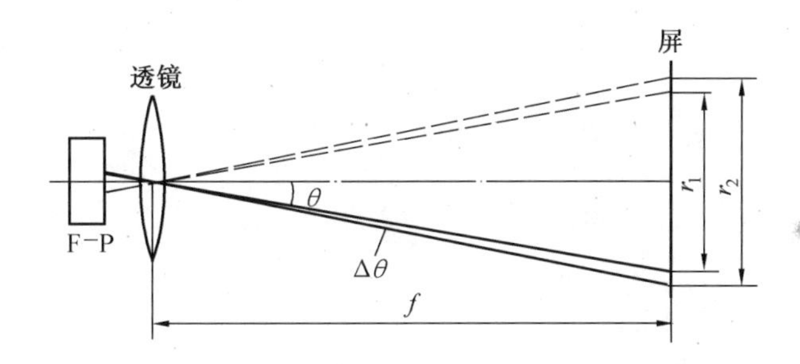

图 9.20　第 m 级干涉同心环的角度 θ 与圆环直径 r 的关系示意图

$$\frac{r_1}{2} \ll f$$

则

$$\Delta\theta = \frac{\frac{r_2-r_1}{2}}{\sqrt{\left(\frac{r_1}{2}\right)^2+f^2}} \approx \frac{r_2-r_1}{2f} \tag{9.42}$$

$$\tan\theta = \frac{r_1/2}{f} = \frac{r_1}{2f} \tag{9.43}$$

将式(9.42)、式(9.43)代入式(9.41)得

$$\Delta\lambda = \lambda \cdot \frac{r_1}{2f} \cdot \frac{r_2 - r_1}{2f} \approx \lambda \frac{(r_1 + r_2) \cdot (r_2 - r_1)}{8f^2} = \lambda \cdot \frac{r_2^2 - r_1^2}{8f^2} \tag{9.44}$$

根据式(9.44),测出近中心条纹的同级干涉环内外直径 r_1、r_2,并根据会聚透镜的焦距 f 就可计算出激光的线宽。

二、用扫描标准具测量激光线宽

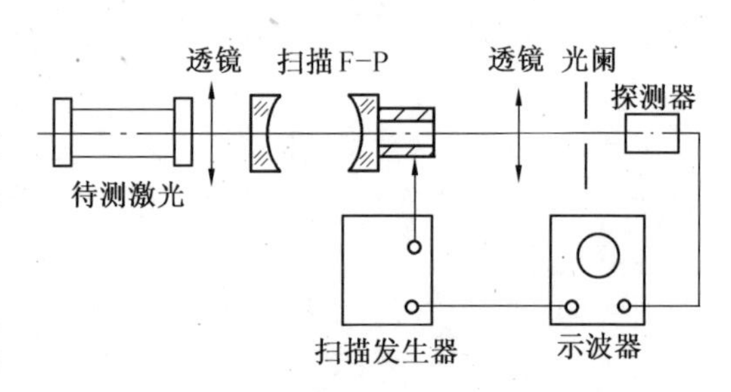

图 9.21　扫描共焦球面干涉仪测线宽示意图

常用扫描法布里－珀罗标准具或共焦球面干涉仪来测量连续输出的激光线宽,由于共焦球面干涉仪的分辨本领高于扫描法布里－珀罗标准具,所以获得了更广泛的应用。若取两球面间距为 500 mm,球面反射率为 99% 的共焦球面干涉仪,则在 1 μm 波长处光谱的分辨本领可达 3×10^8,相当于具有 1 MHz 的最小可分辨的带宽。此种测量装置的实验原理见图 9.21,待测激光经透镜 L_1 准直,由透镜 L_2 将干涉环成像于小孔光阑处,光电探测器输出的信号经放大后用示波器显示。可在示波器上看到 TEM_{00}模的纵模 ν_{00q} 和 $\nu_{00(q+1)}$ 的扫描图样。假设 d 表示两纵模的间距,Δw 表示半峰值点间的宽度,由于示波器上量得的尺寸 d 代表纵模间隔 $\Delta\nu = \nu_{00(q+1)} = c/2\eta L$,式中的 L 为激光谱振腔的腔长。则 Δw 所代表的线宽应为

$$\Delta\nu = \frac{\Delta\nu}{d}\Delta w = \frac{c}{2\eta L} \cdot \frac{\Delta w}{d} \tag{9.45}$$

三、用双光子吸收测量超短激光脉冲宽度

物质的原子吸收一个光子的能量,将会从一种能态变为另一种能态(激发态)。当原子由激发态重新恢复到低能态时,就以光的形式释放能量,即发出荧光,此为单光子吸收。双光子吸收则是低能态的原子同时吸收两个光子的能量,成为激发态,当原子从激发态回到低能态时,就放出荧光,此就是双光子荧光。由于双光子吸收的几率比较小,只有在强光作用下才出现这种现象。双光子吸收也是一种非线性光学现象,其荧光强度与入射光强度的平方成正比。利用双光子吸收所产生的荧光可测量超短激光脉冲宽度。

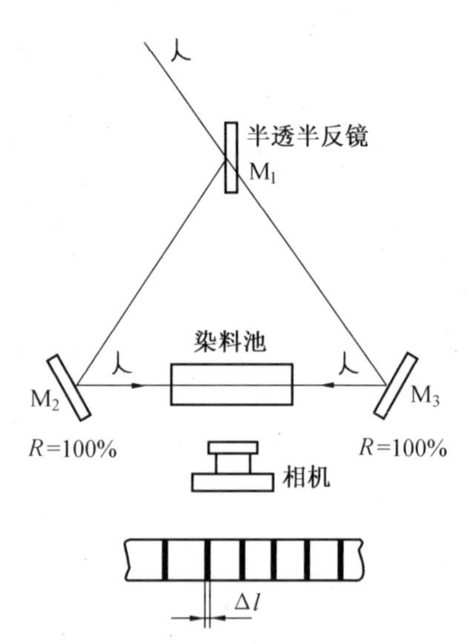

图 9.22　测量超短脉冲宽度的装置示意图

图 9.22 是测量超短脉冲宽度的示意装置。在染料池中放有溶于丙酮的若丹明 6G 染料溶液,它能吸收 1.06 μm激光脉冲的两个光子,发射一个波长为 0.55 μm

的荧光光子。由锁模激光器发出的 1.06 μm 的超短脉冲，经分光镜 M_1 分为两束，又各自被反射镜 M_2、M_3 全反后会合于染料池，染料因双光子吸收而发出荧光。由于荧光强度与入射光强的平方成正比，因此在染料池中相向传播的光脉冲重合处，染料发出的双光子荧光最强，出现亮带。测定亮带的长度 ΔL，就可算得激光脉冲的宽度 $\Delta\tau = \frac{\Delta L}{c/\eta}$，其中，$\eta$ 为染料溶液对 1.06 μm 波长激光的折射率，c 为真空中的光束。用双光子吸收测量超短脉冲宽度，分辨率低，胶片感光度的非线性会增加测量误差。

显然，在高强度激光作用下，介质还会发生多光子吸收，激发态自然就更高，以致于使气体的分子和原子发生电离。被电离而产生的电子和离子复合时出现电火花径迹，这称为光致电击穿现象。例如，调 Q Nd^{+3} – YAG 激光器输出聚焦后，只要功率密度超过 10 MW/cm²，就能使空气出现击穿现象，此种现象常用来作为显示高功率激光器的一种表演。

9.5　激光声光调 Q 技术实验

声光调 Q 技术是以声光相互作用所形成的衍射损耗的突变得以实现的。它是一项重要的激光技术，与自由运转的激光输出相比它可以大大压缩光脉冲宽度，从而使输出峰功率提高 2~4 个量级。尤其是连续 YAG 激光器的声光调 Q 技术应用更加广泛，是获得稳定的高重复率（一到几十千赫）、高峰值功率（几到几百千瓦）、短脉冲（几十到几百纳秒）的重要手段。

一、实验目的

1. 观察声光相互作用现象——布拉格衍射。
2. 熟悉、掌握连续 YAG 激光器的声光调 Q 技术及调试方法。
3. 测试声光调 Q 激光器的输出特性，加深理解激光调 Q 技术的原理。
4. 掌握一般的激光短脉冲观察方法。

二、实验原理

声光调 Q 是利用光的衍射效应实现调 Q 的。利用光的衍射现象，使光束偏离，达到声光调 Q 的目的。

当一束光通过一个小圆孔时，就会产生衍射现象，使光束在孔后的屏上出现衍射环。而当一束光通过一狭缝时，就会出现明暗相间的条纹。如果增多狭缝时，就组成一衍射光栅，这时衍射光的中心为零级极大值，两边对称分布着正负第一级极大值，正负第二级极大值……极大值满足条件

$$d\sin\phi = 0, \lambda, 2\lambda, \cdots, n\lambda \tag{9.46}$$

式中　d——光栅周期，它等于缝宽与间隔之和；

ϕ——衍射角。

如果每毫米刻划 400 条以上的条纹时，衍射光主要集中在零级和一级内。上面讲的光栅是人工刻划在玻璃或金属表面上的。一旦制造好后，将无法实现人为控制。人们在研究声与光相互作用时，发现超声波通过某种介质时，在声波前进的方向上引起介质折射率周期变化，折射率的变化周期与超声波的周期相同。这实质上是超声波的压缩使介质材料密度发生了变化，或使介质材料原子间距发生了变化，这两种变化都引起介质的介电常数发生变化，即折射率发生变化。这样，在超声场的作用下，介质中就形成了一个等效的相位光栅，光栅周期等于超声波波长。例如超声频率为 100 MHz；$v = 1\ 000$ m/s，那么声波波长 $\lambda_s = 10\ \mu$m。即等效相位光栅的周期为 10 μm。而这样一个相位光栅是受超声场的控制的，因此是一个声控光衍射器。一束光通过由声控的相位光栅时，就会发生衍射，这就是声光效应。在激光器的光学谐振腔中，放入一个声光调制器，当有超声场作用在调制器上时，由于声光效应，激光束就会发生衍射，偏离谐振腔，从而使激光停止振荡。当超声波消失后，损耗消失，谐振腔内重新形成振荡，产生巨脉冲输出，完成超声调 Q 作用。

声光相互作用产生的衍射可分为喇曼－奈斯衍射与布拉格衍射两种。它们是根据超声波波长 λ_s、光波长 λ 以及声光相互作用距离 L 的不同而区分的。当 $L\lambda \ll \lambda_s^2$ 时，即当相互作用距离短、超声频率低，入射光与超声传播方向垂直(正入射)时，产生喇曼－奈斯衍射，此时衍射光对称地分布在零级光的两侧，通常有若干级。若超声频率提高，声光相互作用距离增加，即 $L\lambda \gg \lambda_s^2$，且光束以偏离正入射一小角度入射并满足布拉格条件时，为布拉格衍射。这时只产生位于零级光一侧的一级衍射，见图 9.23。

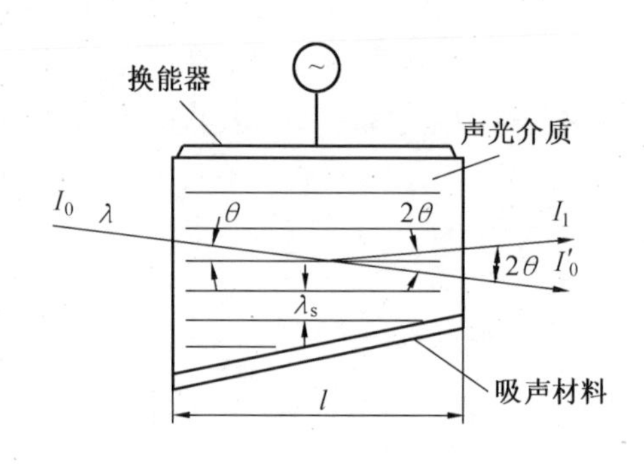

图 9.23　产生布拉格衍射的声光器件

实际的声光调 Q 器件都使用布拉格衍射，因为它具有较高的衍射效率。

关于声光衍射的基本原理请参阅本书 7.3 节。

三、实验装置

声光调 Q 中的调制元件是一个布拉格衍射型的声光调制器；图 9.24 是调制盒的结构示意图。

调制盒共有四部分组成：第一部分是高频驱动源；第二部分是超声波换能器，在这里将电讯号变为超声波；第三部分是声光介质，声场与光场在这里发生相互作用；第四部分是吸声器，其作用是消除声光介质内声波的反射，以保持声光介质内声波为行波。

图 9.25 是声光调 Q 装置图，在连续 YAG 激光器的光学谐振腔内放有声光调制盒和光阑，

光阑的通光孔径为 $\phi2\sim\phi3$ mm 可调,其作用是限制多横模,且使光束全部通过声光作用区。光学谐振腔一端为全反镜,另一端是透过率 T 为 5% 左右的输出镜。低透过率是为了使激光器有低的阈值。激光晶体选用 $\phi5\times70$ mm 的 YAG 晶体。要求激光晶体有低的阈值,高的转换效率,晶体棒的两端要修磨成几个负光圈,减少热效应引起的输出功率下降。聚光腔采用单椭圆镀金金属腔。泵浦灯采用 $\phi5\times60$ mm 的高压氪灯。

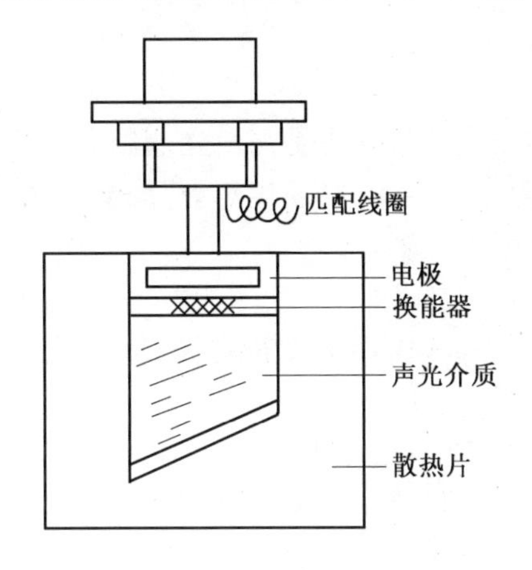

图 9.24　声光调 Q 盒结构图

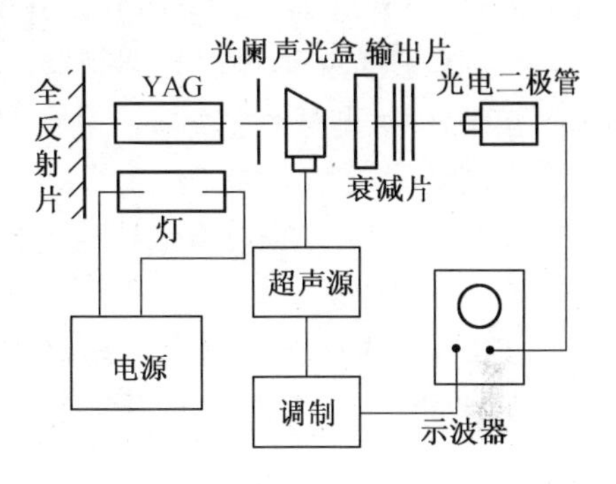

图 9.25　声光调 Q 装置光路图

声光换能器用厚为 $v/2f$ 的石英片,f 为声波频率。在本实验中,采用的超声频率为 40 MHz,因而厚度 $C=0.075$ mm。整个换能器尺寸为$(50\times5\times0.075)$ mm^3。

声光介质选用石英,其特征长度 L_0 选为 18.3,由布拉格条件,$L\geqslant2L_0$,则选 $L=48$ mm,H 选为 5 mm,布拉格角 $\theta_B=0.14°$,声光介质结构及尺寸见图 9.26。

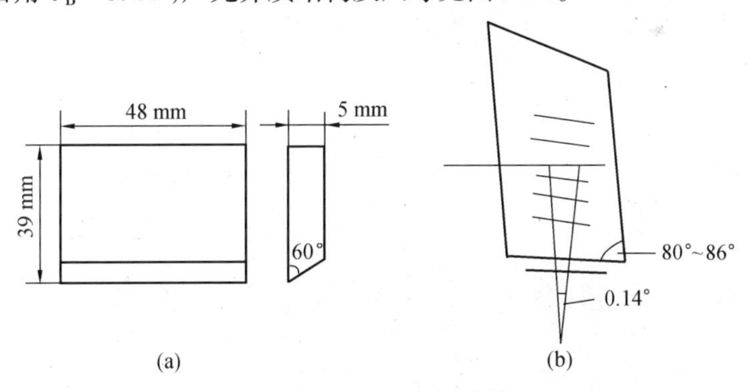

图 9.26　声光介质结构及尺寸图

超声源采用输出功率约为 20 W,频率为 40 MHz,而调制频率为 1 ~ 5 kHz 内变化的电子管高频信号发生器。

He - Ne 激光器及供电电源是用来调整 YAG 激光器的光路。He - Ne 激光器输出功率为

1 mW,且用小孔限制其光斑。

Nd^{3+} - YAG 的供电电源采用输出电流可从 10 ~ 40 A 范围内连续可调的直流稳流电源。

测试仪器有较快响应速度的硅光电接受器及供电电源 1 台、带宽为 100 MHz 的脉冲双踪示波器 1 台、激光功率计 1 台、可调焦平行光管 1 台。

四、实验内容

①用可调焦平行光管调整激光器光路。

②用 He - Ne 激光器的光束调节检查衍射光斑的强度,方法是在声光调制盒上注入高频功率,让 He - Ne 激光束通过声光调制器,这时就会使 He - Ne 光发生衍射,调节高频功率,使 He - Ne 光束的衍射光斑最强。

③激光器的调试。

(a) 利用 He - Ne 光束准直谐振腔内各元件,使所有相关的通光面在光阑屏上的反射像重合在光阑屏的小孔上。

(b) 启动连续 YAG 激光器氪灯电源,调节氪灯电流,使激光器有输出。进一步调腔镜,使激光输出在相同的氪灯泵浦功率下最强。改变灯电流,可以从功率计上观察到输出功率的变化。

④启动 Nd^{3+} - YAG 激光器电源,点燃 Kr 灯,调节输入电流,使激光器连续输出功率为 5 W 左右,用激光功率计测出输出功率,用光电接收器和示波器观察静态输出激光的特性。

⑤打开声光调 Q 高频源,但不加调制信号。这时激光器将没有输出,示波器上观察不到信号。

⑥在光电接收器前加上适当衰减,把调制信号源打开,这时激光器就会输出调 Q 脉冲,把功率和波形分别测出来。与此同时把调制信号送到示波器上,就会观察到激光出现的时间与调制信号的位相关系,并记录下来。

⑦改变激光电源的注入功率,观察激光脉冲的幅值和位置有什么变化。

⑧改变调制频率,由 1 ~ 5 kHz 变化,看激光脉冲幅值、形状、位置有什么变化。并测出不同频率下的激光平均输出功率。

9.6 激光电光调 Q 技术实验

利用某些晶体的电光效应可以做成电光 Q 开关器件。电光调 Q 具有开关时间短(约 10^{-9} s)、效率高、调 Q 时刻可以精确控制、输出脉冲宽度窄(10 ~ 20 ns)、峰值功率高(几十 MW 以上)等优点,所以是目前应用比较广泛的一种调 Q 技术。

一、实验目的

1. 了解利用晶体线性电光效应实现激光调 Q 的原理。
2. 熟悉双 45° $LiNbO_3$ 晶体电光调 Q 激光器的结构，并掌握其调试技术。
3. 了解双 45° $LiNbO_3$ 电光晶体的开关效率和延迟特性。
4. 掌握调 Q 激光器输出能量、脉冲宽度的测量方法。

二、实验原理

1. 电光调 Q 装置见图 9.27。

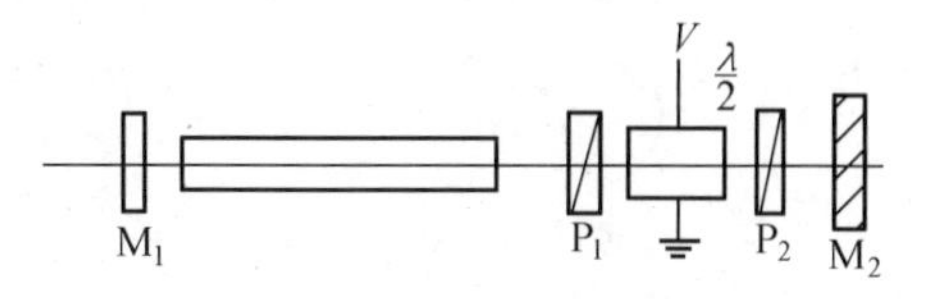

图 9.27　电光调 Q 装置

图中，P_1、P_2 为一对偏振片，Q 开关晶体光轴 Z 与晶体中的电场方向垂直，因此它是横向运用。入射光经过偏振片 P_1 后，形成线偏振光（起偏）。经过调 Q 晶体后，由于在晶体上加有半波电压，因而使得晶体的出射光的偏振面相对于入射光的偏振面旋转 90°。这时如果 P_2（检偏）的偏振轴与 P_1 的偏振轴正交，则该 Q 开关的损耗为零，Q 值最高，能形成激光振荡。这种 Q 开关是在加压下接通谐振腔的，因此称之为横向加压式运用。显然，如果 P_1 与 P_2 互相平行，则为横向退压式运用。这种电光调 Q 装置需要一对偏振镜作为起偏器和检偏器，增加了结构的复杂性。目前大多采用电光晶体的双折射现象来产生线偏振光，这样起偏、调制（偏振面的旋转）、检偏都可在单块晶体内完成。这种单块晶体可以是单 45°形式，也可是双 45°形式。完成这种 Q 开关作用的激光器示意图见图 9.28 和图 9.29。

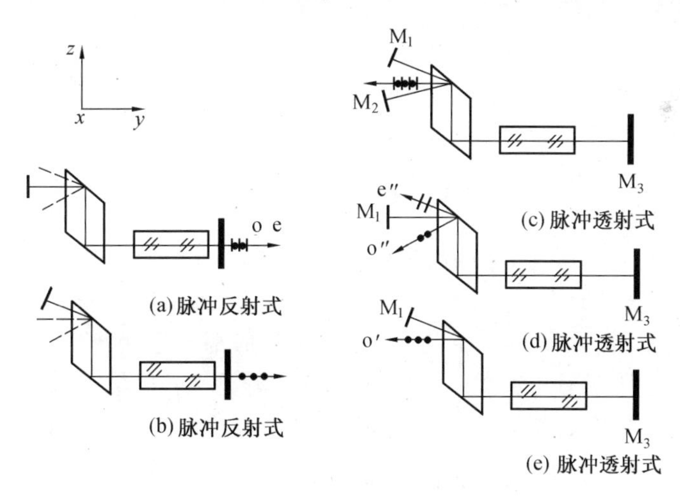

图 9.28　单块双 45° Q 开关激光器

（M_1、M_2、M_3 的反射率约为 100%）

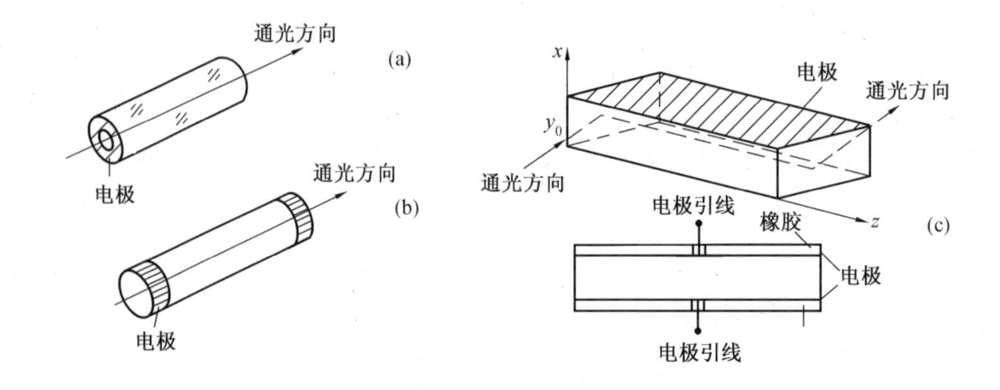

图 9.29　Q 开关晶体的电极结构

在这几种结构中通常采用由铌酸锂(LN)晶体制成的横向运用的单块双 45°反射式 Q 开关,见图 9.28 中的(a)或(b)。

其电光调 Q 基本原理参见本书 7.5 节。

2. 电光 Q 开关使用中的几个问题

(1) 电极与电路

电极的结构和安装直接影响晶体内电场的均匀性和晶体内初应力的大小,从而影响 Q 开关的效果。KDP 类晶体大多是纵向运用,要求电场方向与通光方向相同,见图 9.29(a)、(b)。要获得安全均匀的电场的电极结构是困难的。在通光口径相同的情况下,结构(b)的尺寸小。LN 晶体常采用横向运用,这种应用容易获得均匀电场,电极结构是,先在晶体 X 面镀金,然后用平整的铜板与其紧贴作为电极引线,在铜板上加橡胶,再在上、下加以固定,见图 9.32。加橡胶层的目的是防止在安装时因受力而在晶体内产生初应力,造成折射率变化。这种变化严重时就会影响 Q 开关的作用。

电光晶体 Q 开关的电压一般都要几千伏,要求电压变化的前沿(加压式)或后沿(退压式)要陡。特别是在退压式 Q 开关中,电压撤除后,晶体的光弹效应使激光器在建立第一个光脉冲输出后,并不能立即呈关闭状态。这样,就容易形成后置多脉冲。为此,通常要加负高压,以使晶体在反向高压的作用下晶体的反压电效应和光弹效应都发生反向变化,从而使开关能获得快速的关闭。这种电路见图 9.30(a)。电路的工作过程是:C_1、C_2 在 E 的作用下充电,电压为 $U_{C_1} = U_{\frac{\lambda}{2}}$、$U_{C_2} > U_{\frac{\lambda}{2}}$,极性如图示。晶体两端加有半波电压 U_{C_1},当闸流管导通后,晶体两端的电压由 U_{C_1} 转换为 $-U_{C_2}$,极性相反。这样使晶体在获得快速退压的同时克服一反压电效应和光弹效应对开关关闭的弛豫。

LN 晶体 Q 开关的反压电效应和光弹效应要比 KDP 类晶体严重,因此不采用退压式而采用加压式工作,电路见图 9.30(b)。其工作过程是,电容 C_1 充有电压 $+E$,当可控硅导通时,在

脉冲变压器的副方感应有高压,使晶体两端获得瞬间加压,以实现 Q 突变。为获得快速、前沿陡的脉冲,必须精心设计脉冲变压器。目前对于尺寸为 $8\times8\times20$ mm 的双 45°LN 晶体而言,脉冲变压器参数为 Mx－2000,$\phi31\times18\times7$ 的磁环,原方匝数为 4,副方匝数为 40～50,线圈采用高压线绕制。这种电路的优点是结构简单,利用脉冲变压器副方的反向电压可使 LN 晶体加速关闭。

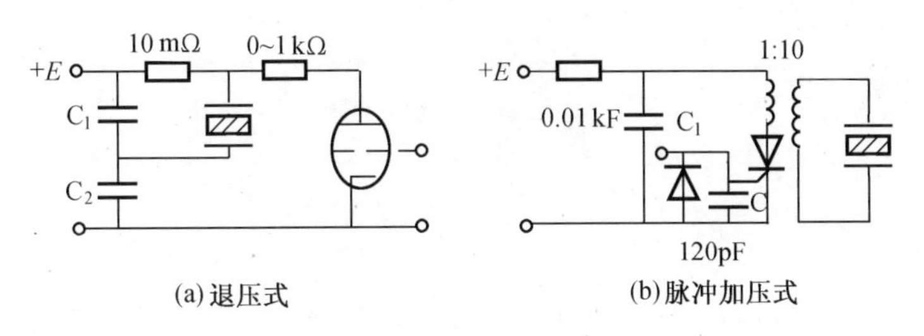

图 9.30　晶体 Q 开关电路图

(2) 预偏置

上述通光沿 y 方向,即入射光束垂直于 Y 面的这种工作方式并不是最佳的工作方式。因为 LN 在横向运用时,根据式(8.26),半波电压与晶体的尺寸有关。当在第一个 45°面的 B 点反射后,o 光与 e 光所走过的路程 $BC\neq BD$,因此晶体上所加的电压对 o 光和 e 光来说,不可能均满足半波电压的要求。在传播 BC,BD 距离之后,偏振面不可能都旋转了 90°,即 e 光不会完全变为 o′光,o 光不会完全变为 e′光,这样就降低了调 Q 效果。光预偏置就是使入射光与 y 方向预先偏斜一个特定的角度,使 o 光和 e 光分别在光轴和感应主轴组成的平面上传播,并且与光轴有相同的小交角,从而使它们在两个 45°反射面之间所经过的路程相等,使偏振面都转过 90°,获得最佳的调 Q 效果。

三、实验装置

1.激光器系统

双 45°$LiNbO_3$ 晶体电光调 Q 激光器实验装置见图 9.31。它包括激光晶体 YAG、聚光腔(图中未画出)、谐振腔反射镜、双 45°$LiNbO_3$ 开关及激光电源。

激光电源提供 YAG 所需的激励功率以及电光 Q 开关的控制电压,本实验采用加压方式。

由于在晶体上施加电压应在反转粒子数达到最大的瞬间,才会获得最佳的调 Q 效果,这就是说从触发氙灯放电到晶体上施加电压有一个延迟时间。激光电源中有一延迟电位器,以便准确地调节延迟时间为最佳值。

为了便于调整光路,在实验装置中配置了 He－Ne 激光器(632.8 nm)、小孔光阑、偏振片、毛玻璃片和观察屏。

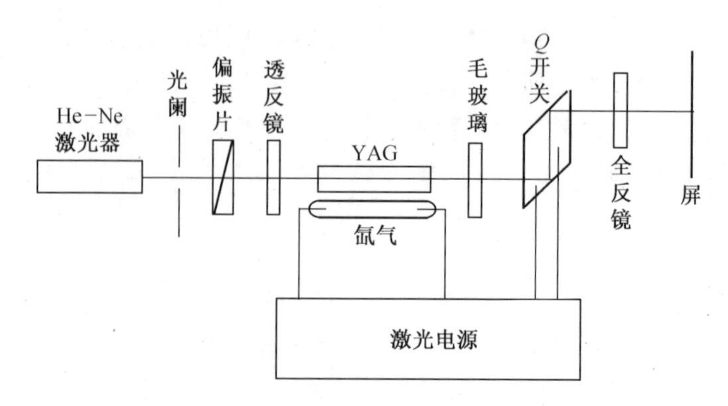

图 9.31　实验装置

2.实验仪器

能量计一台，用以测量激光器输出光脉冲能量。

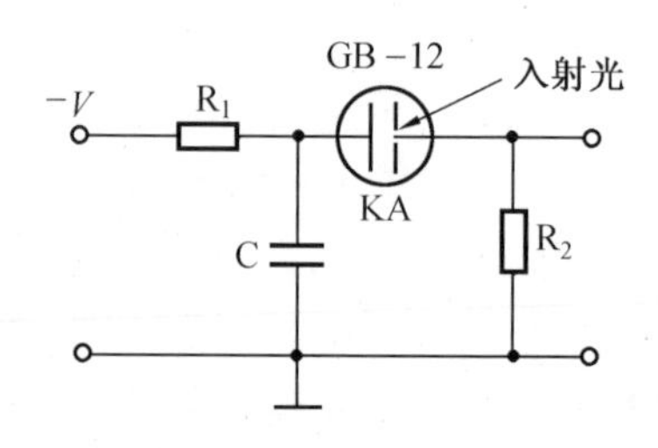

图 9.32　脉冲波形测量电路图

强流管或快速半导体光电二极管和带宽大于 200 MHz 的模拟或数字存储（如韩国 6502 型示波器）用以观测激光脉冲波形，从波形上读出脉宽。测量电路见图 9.32。图中 GB－12 为强流管；K 是光电阴极；A 为阳极。负高压（约 800 V）电源通过 R_1 对电容 C 充电，当入射激光脉冲到来时，C 通过 GB－12 和 R_2 放电，在 R_2 上得到与入射激光脉冲成比例的电信号，将它传输到韩国 6502 型示波器，即可显示出激光脉冲的波形。

四、实验内容

①观察 45°$LiNbO_3$ 晶体电光 Q 开关结构，确定其光轴方向，所加电场方向和通光方向。测量晶体光轴方向的长度 l，验算 l 是否满足预偏置要求的最佳长度，或预偏置的 m 数。

②调整 He－Ne 激光束与 YAG 晶体同轴，然后分别将全反镜和输出镜放到导轨上，并调反射镜，使处于成腔的位置。

启动激光电源，在相纸上打出激光光斑，如光斑不圆，则细调反射镜至较满意为止。这时，测量激光能量并且观测激光波形，测量出脉冲宽度和峰功率。

注意：用强流管接收激光脉冲时，应加衰减片，以免打坏强流管阴极！

③取下全反镜和输出镜，加上 $LiNbO_3$ 电光 Q 开关装置，然后调整 $LiNbO_3$ 晶体的方位和俯仰，使处于对称斜入射位置。具体方法是：

(a) 调整 $LiNbO_3$ 晶体，使 He－Ne 光沿 $LiNbO_3$ 晶体 y 向垂直正入射。放入偏振片，在观察屏上可观察到三个光点。在屏上记下中间光点位置，作为光束正入射 $LiNbO_3$ 晶体时的标记点。

(b) 放入毛玻璃片，在光屏上可观察到锥光干涉图。当偏振光使 o 光入射 $LiNbO_3$ 晶体时，

观察屏出现两个光干涉图,下面一个有亮十字,上面一个有暗十字,见图 9.33。

转动偏振片,使 e 光入射晶体,则下面一个锥光干涉图有暗十字,上面一个有亮十字。

固定偏振片,使 o 光入射,调整 $LiNbO_3$ 晶体使干涉图亮十字中心位于屏上已记下的标记点上。

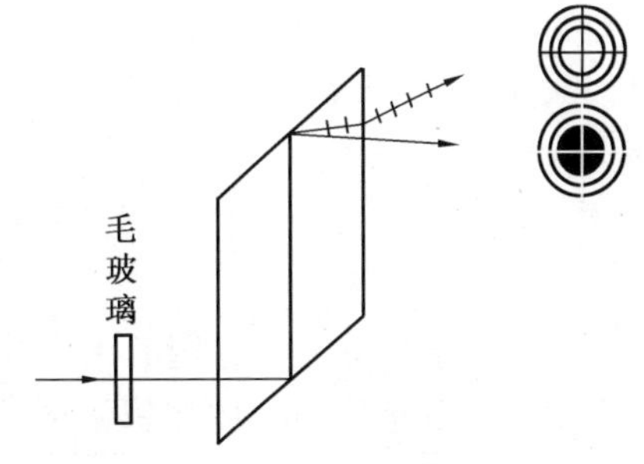

图 9.33　o 光入射的锥光干涉图

(c) 取下偏振片,这时在锥光干涉图中,同时出现三个光点。调整 $LiNbO_3$ 晶体的方位和俯仰,使三个光点移到前面所确定的干涉环上,使两侧的光点对称地分居于两个干涉图的同一级干涉环上,这时的 $LiNbO_3$ 晶体就处于对称斜入射位置。

④取下毛玻璃片,将全反镜对中间光点准直,再将输出镜放到导轨上对光路准直,这样电光调 Q 激光器的整个光路已调整就绪。

启动激光电源,用相纸观察激光光斑,微调反射镜和 $LiNbO_3$ 晶体,使得到满意的光斑。测量激光能量,观察激光脉冲波形,测量出脉宽和峰功率并观察谐振腔处于低 Q 值下的激光输出。

⑤调节电光开关延迟时间,观察激光能量的变化。

9.7　激光倍频技术实验

激光倍频技术是非线性光学中的一种频率转换技术,与参量振荡相反,它是由较低频率的激光转换成较高频率的激光,是目前最成熟和最常用的一种频率转换技术。利用该技术可以产生新的激光波长,因此是开拓激光波段的重要方法之一。

一、实验目的

①掌握激光倍频技术的基本原理。

②了解影响激光倍频转换效率的主要因素。

二、实验原理

激光倍频技术是将频率为 ω 的光,通过晶体中的非线性作用,变换为频率为 2ω 的技术。有时也叫做二次谐波产生技术。

激光倍频技术原理请参阅本书 8.6 节。

目前最常用的倍频晶体有 KDP、KD^*P、ADP、LN 及最新研制成功的 CD^*A(CsD_2AsO_4 砷酸二氘铯),偏硼酸钡($\beta-BaB_2O_4$),KTP($KTiOPO_4$ - 磷酸钛氧钾)等。

基频光源一般根据倍频要求可采用脉冲式或 Q 突变式红宝石、Nd^{3+} - YAG 和钕玻璃等激

光器的输出作为基频光源,以产生脉冲倍频输出;也可以采用连续固体或气体激光器作为基频光源,以产生连续倍频输出。为了提高基频光源的功率密度,提高倍频输出和倍频转换效率,可以加进聚焦系统。

相位匹配部分根据采用的相位匹配方式而定。

倍频装置按倍频晶体放置不同分为腔外倍频和腔内倍频两种。它们的结构示意图见图 9.34。图 9.34(a)、(b)为腔外倍频。(a)图采用角度相位匹配,(b)图采用 90°相位匹配。起偏器是为了获得满足相位匹配所需偏振态的基频光而设置的。(c)图为腔内倍频装置。它是一种双向倍频器件,由于插入了对腔轴斜置的耦合元件,使来回两次通过倍频晶体产生的倍频光均沿同一方向,且保持同相位的传播,并且通过耦合元件将倍频光全部耦合至腔外。这种装置称为双向倍频装置。它的主要特点可使倍频光输出大大增强。腔外倍频结构简单、易于调整。腔内倍频效率高,但是对倍频晶体的光学质量要求高,且晶体插入腔内对激光振荡模会产生有害的干扰,一般应用腔外倍频较多。

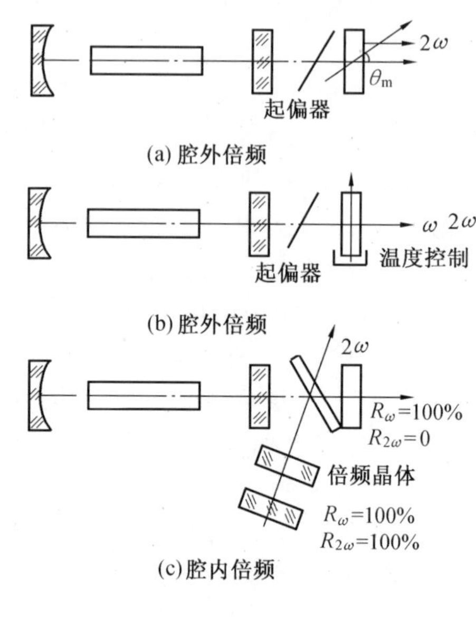

图 9.34　倍频装置

三、实验装置

图 9.35 是激光倍频实验装置简图。本实验利用 Nd - YAG 染料调 Q 激光器作为基频光光源,调 Q 染料是 BDN 染料盒(或染料片),输出激光是 1.064 5 μm 的红外线偏振光。倍频晶体为 $LiNbO_3$,其晶体设计应满足相位匹配和倍频转换效率最大的要求。晶体调整支架应采用五维调整支架,以保证晶体与光路准直、绕光路轴旋转和绕垂直轴旋转。

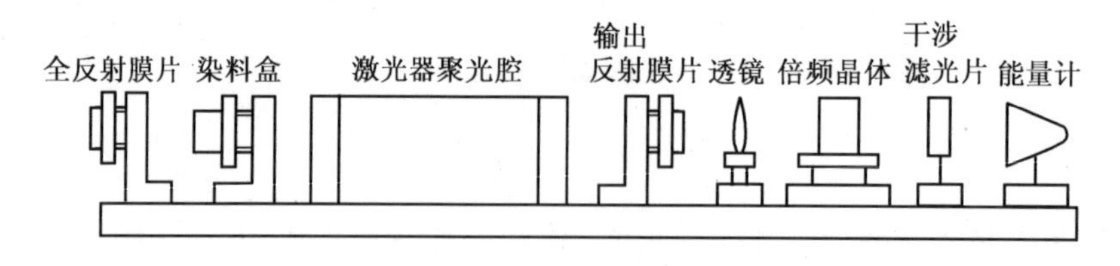

图 9.35　实验装置简图

实验设备还包括:内调焦望远镜;激光能量计;强流管;100 MHz 示波器(或 ns 脉冲存储器)。

四、实验内容

(1)调整 Nd - YAP 染料调 Q 激光器最佳工作状态

①取掉染料盒(片),利用内调焦望远镜调准激光器,使其处于(静态)最佳工作状态。

②将染料盒(片)放入激光腔内,使其动态工作。适当地改变激励电压,通过能量计、强流管、100 MHz 示波器(或 ns 脉冲存储器)进行监测,使调 Q 激光器处于单脉冲工作状态。

(2)进行倍频实验

①如图 9.35,将晶体放在透镜焦点处,旋转调整支架,使晶体与光路准直,基频光在晶体内呈 o 光传播。

②利用干涉滤光片将倍频光从输出光中分离出来。按照加聚焦透镜和不加聚焦透镜两种情况,测量倍频转换效率。

③测量倍频转换效率对于传播方向与光轴间夹角 θ 的关系曲线。

9.8　TEA - CO_2 激光器实验

TEA - CO_2 激光器是横向激励大气压二氧化碳激光器。其工作波长为 10.6 μm,脉冲工作频率 1 ~ 2 Hz,脉宽 50 ns,峰值功率为兆瓦级。由于与波长为 1.06 μm 的 YAG 激光器相比波长较长,在烟雾、尘埃、阴霾天气下穿透能力强、衰减小、全天候运转好,是地战测距、雷达的理想光源;在激光医学、指纹鉴别等应用方面也有较强的优势。

一、实验目的

①了解横向激励 TEA - CO_2 激光器的工作原理及典型结构。

②掌握 TEA - CO_2 激光器的调试方法。

③分析气体成分、充电电压对 TEA - CO_2 激光器的输出特性影响。观察、测量输出脉冲宽度。

二、实验原理

CO_2 气体能产生激光的条件是在激光上能级 00^01 与下能级 10^00(或 02^00)之间实现粒子数反转,见图 9.36 能级结构。为此必须对基态(00^00)CO_2 气体分子激发,使其跃迁到(00^01)能级,同时还必须使下能级(10^00)迅速排空,前者是依靠预电离,使 CO_2 气体电离产生的电子与 CO_2 气体分子发生非弹性碰撞,从而使其激发到激光的上能级,这种过程的反应式为

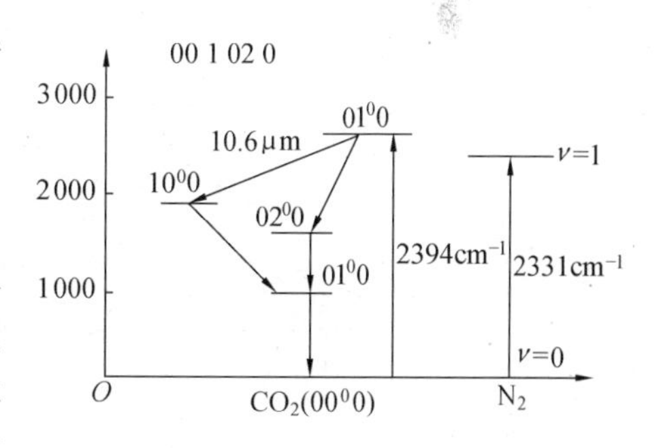

图 9.36　能级结构

$$CO_2(00^00) + e \to CO_2^*(00^0\nu_3) + e$$

* 号表示激发态。处于激发态$(00\nu_3)$的 CO_2 气体若与基态的 CO_2 分子发生碰撞,其本身转移到下一能级$(00\nu_3-1)$上去,失去的能量转移给基态 CO_2 分子,使其跃迁到 00^01 能级,这种过程的反应式为

$$CO_2^*(00^0\nu_3) + CO_2(00^00) \to CO_2^*(00^0\nu_3-1) + CO_2^*(00^01)$$

处于激发态的分子$(00\nu_3-1)$又可不断地与基态的 CO_2 分子发生碰撞而转移到$(00\nu_3-2)$、$(00\nu_3-3)$…,直至都转移到(00^01)能级为止,这种过程称为串级跃迁。这时,激光上能级就积聚了大量的激发态 CO_2 分子。除此之外,在 CO_2 激光器中,还需要按一定的比例充入 N_2。N_2 分子被电子碰撞激发至激发态的 N_2^*,这些激发态的分子与基态 CO_2 分子发生碰撞,通过分子间的能量共振转移使 $CO_2(00^00)$激发至 $CO_2(00^01)$。因此加入 N_2 对增加粒子数反转密度,提高输出功率是十分有利的。但是,应值得注意的是 $CO_2^*(00^01)$与 N_2 分子发生碰撞时,会因能量转移,使(00^01)能级上的 CO_2 分子转移到其他的振动能级,这对提高粒子数反转密度是不利的。此外,在激光器中,因 CO_2 分子离解出的氧原子与 N_2 发生化学反应,生成 N_2O 和 NO,它们对(00^01)能级上的 CO_2 分子有较强的消激发作用。因此要合理地控制 CO_2 和 N_2 的气压比。一般来说,CO_2 和 N_2 有最佳比例关系,在 TEA－CO_2 激光器中,CO_2 和 N_2 的气体比采用 1∶1,在这种情况下,总气压有一最佳值。随着总气压的升高,激发态的粒子数密度增加,从而使输出功率增加。总气压超过最佳值后,出现不易着火和局部区域出现弧光放电现象,使输出功率下降。

在总气压一定的情况下,工作电压有一个最佳值。因为工作电压一方面影响输入能量,另一方面又影响 E/P 值,这时电压太低或太高均易产生弧光,CO_2 分子极易分解成 CO 和 O_2 原子,进而生成 N_2O 和 NO,因此输出功率都会降低。图 9.37 表示输出能量与总气压、工作电压的关系曲线。

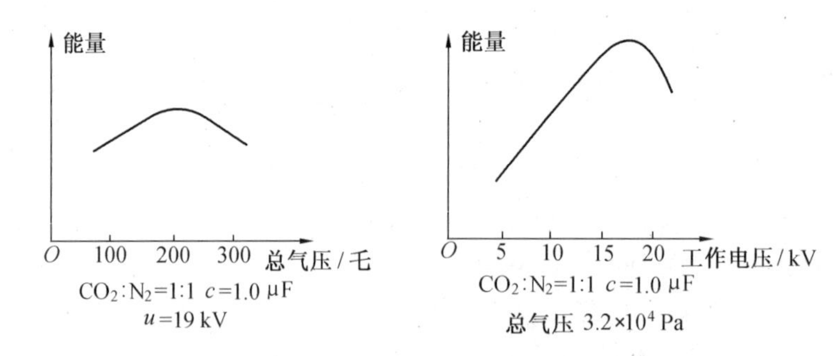

图 9.37　输出能量与总气压、工作电压的关系曲线

横向激励 CO_2 激光器的关键是要解决均匀放电问题。在给定的放电体积内,要缩短放电电极间距,必须增大放电面积。实现高气压大面积均匀放电的主要方法有:电阻针放电结构、

双放电结构，电子束预电离和紫外光预电离等。

本实验采用双放电预电离结构。即在阴极附近加第三个电极（预电离电极），在主放电开始之前，预电离电极和主放电的阴极之间先加上高电压，使它们之间发生电晕放电，在电极附近形成均匀的电离层，从而保证放电的均匀。

三、实验装置

TEA - CO_2 激光器实验由激光管、供电电源和配气系统三个部分组成。

1.激光管

如图 9.38 所示，A、K 均由铝加工而成。阳极 A 做成平板型边缘用光滑的圆弧过渡，阴极做成凹槽型，槽内放置用玻璃管做绝缘的预电离电极 P，K、A 组装成整体后置于激光管体中。M_1 为曲率半径为 3 m 的镀金凹面镜做的全反镜，M_2 为 N 型半导体锗平面镜做的输出镜，M_1、M_2 均置于有机玻璃加工成的端盖下，并通过密封圈与激光管壳体相连。

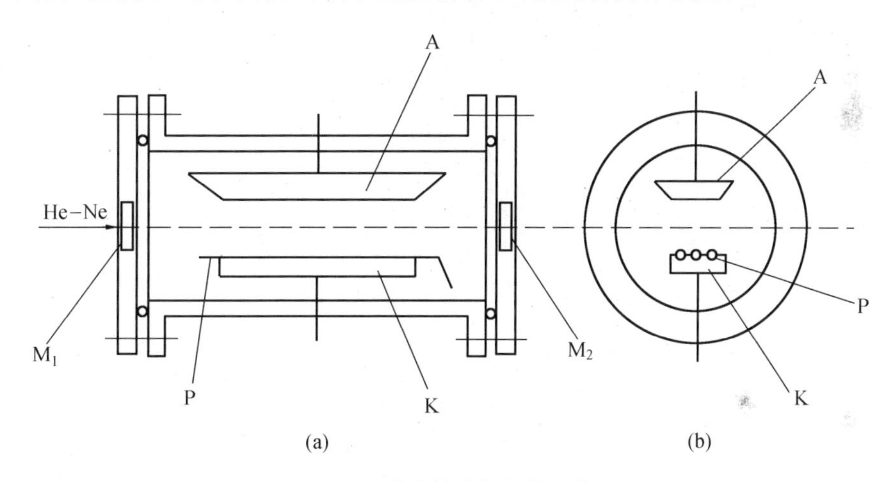

图 9.38　激光管内部结构示意图

2.供电电源

交流 50 ~ 220 V 电压经调压器变压加到升压变压器，升压后的电压最高可达 20 kV。升压后的交流电压经半波整流后对电容 C_1 充电，极性见图 9.39。这时器件两端电压为零。当火花隙 G 获得触发脉冲时，G 导通，C_1 通过 G 快速放电，并使 C_1 反向充电。此电压与 C_2 上的电压叠加后，经延迟网络 L、C_3 后加到器件两端。改变 C_1、C_2、C_3，可控制预电离放电与主电极放电之间的时间间隔，使 $CO_2(00^01)$ 粒子数反转达到最大值，恰好主放电电压也达到最大值，以期得到最佳的工作状态。R_2 值对器件的工作亦有影响，工作中需做调整。本实验装置所用的参数为 $C_1 = 0.1\ \mu F$, $C_2 = 0.022\ \mu F$, $R_2 = 25\ \Omega$, $C_3 = 1\ 000\ pF$, $L = 6\ \mu F$。由于 $C_3 \gg C_4$，因此预电离电极上的电压要比主电极（A，K）上的电压先到达放电所需的数值，从而实现了预电离，接着，主放电电极之间产生辉光放电，完成了直流电源向工作物质注入能量的过程。器件工作电压的大小由调压变压器调节。对 TEA - CO_2 激光器,主放电与预电离的时间延迟约为 2 s 左右。

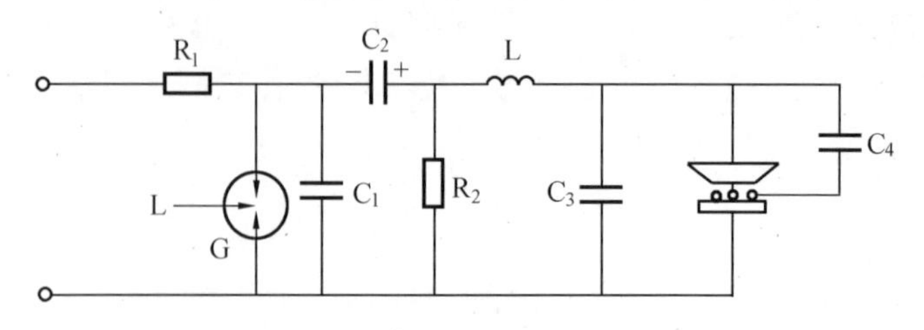

图 9.39 供电电源

3.配气系统

配气系统示意图见图 9.40。

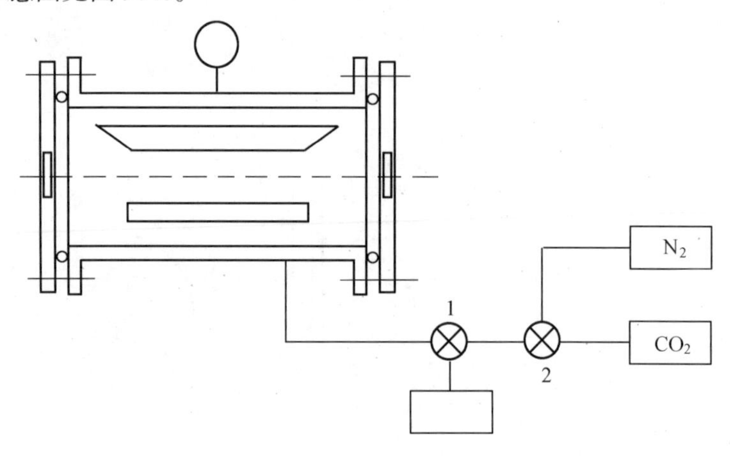

图 9.40 配气系统

操作顺序为:

① 开启真空机械泵。

② 将阀门 2、1 置于排气位置。这时器件抽真空,真空表指针逆时针方向旋转至 - 0.1,表示器件已被抽成真空。

③ 将阀门 1 置于加气位置,表示器件处于待加气状态。

④ 将阀门 2 置于 CO_2 的位置,打开 CO_2 气瓶的阀门(特别注意在打开气瓶阀门之前必须置减压阀的操作杆于松开的位置(反时针方向转动))然后立即关闭气瓶阀门。顺时针转动减压阀的操作杆,将 CO_2 气体加入到器件内。转动操作杆时必须注意器件上的真空表,当指针到达所需位置时,立即放松操作杆。

⑤ 将阀门置于 N_2 位置,按步骤④的操作方法加 N_2。

⑥ 气体按一定的配比加入器件后,将阀门 1、2 置于“关”的位置。

⑦ 若要更换器件内的气体可重复② ~ ⑥的操作程序。

⑧ 实验过程中，若要打开器件端盖重新检查、调节反射镜的位置，应将阀门 1 置“排气”，阀门 3 置“器件大气”。完毕后仍按以上步骤重新抽真空和加气。

⑨ 实验结束，请将器件置于大气状态，操作可按⑧，并关闭机械泵。

四、实验内容及要求

① 观察 TEA－CO_2 激光器的内部结构，判断哪是阴极、阳极及预电离电极。属于哪种预电离方式，绘制激光器的结构草图，标明各部的名称。

② 调整激光腔(图 9.41)。采用 He－Ne 激光准直法进行调试：

(a) 卸下 TEA－CO_2 激光器的输出镜，调准 He－Ne 激光器的光束，使其正好通过 TEA－CO_2 激光器的中心轴，并观察阳极 A 及阴极 K 所在平面是否与 He－Ne 光束平行。见图 9.41(a)。

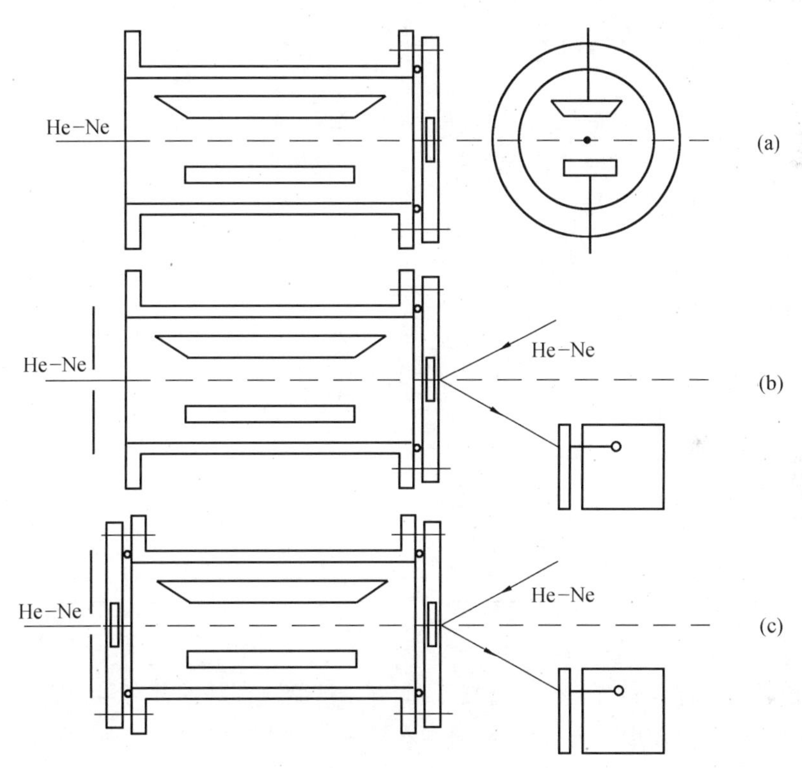

图 9.41　器件调试示意图

(b) 调节全反镜的位置，使 He－Ne 光在全反镜上的反射像恰好与小孔光阑重合。同时，在全反镜一端加装一台 He－Ne 激光器，使其按一定的入射角射在全反镜上，在适当远处的屏上记下反射像的位置，见图 9.41(b)。当记下反射像的位置后，装置的所有部分以及屏的位置

均不得再移动。

(c) 装上输出镜,并调整其位置,使其反射像亦与光阑小孔重合,见图 9.41(c)。

③打开机械泵,将系统抽至真空。

④操作充气系统,向激光器内先充入 1~2 Pa 的 CO_2 气,再充入同样多的 N_2 气,使总气压在 3~4 Pa 左右。检查两端反射镜的反射光是否仍然返回各自原来的位置。如果偏离,则重新调节。

⑤开启 TEA - CO_2 激光器的供电电源,调节升压变压器前级的自耦调压变压器,当充电电压达 20 kV 时,按动触发开关,应有脉冲激光输出,可用热敏纸接收。

⑥改变充电电压,测量其输出能量的变化。

⑦在 CO_2 和 N_2 的气压比为 1∶1 的条件下,改变总气压,测量在相同的充电电压条件下,输出能量的变化。总气压可在 2~4 Pa 之间任取几组。

⑧在总气压为 3 Pa,充电电压为 20 kV 的条件下,改变 CO_2 和 N_2 的气压比,测量其输出能量变化。

⑨将 P 型锗光子牵引器脉冲激光信号接入宽带脉冲示波器,显示其激光脉冲波形,测量激光脉冲半功率点的宽度,并观察不同充电电压下脉冲宽度的变化。

⑩实验完毕,将机械泵关掉,并将活塞置于大气相通的位置,关掉电源。整理实验所获数据并绘制相应曲线。

五、数据表格

条件:$C = 1.0\ \mu F$　　　　　　$P_{CO_2} : P_{N_2} = 1:1$

充电电压/kV						
输入能量						
输出能量						
转换效率/%						

• 注意事项:

①本激光器工作时需要数万伏直流高压,实验中严禁人体任何部分触及高压部分。

②气瓶内的气压为几十个大气压,故必须在教师指导下充气,以免器件及配件系统损坏。

习题与思考题

1.用什么方法可以减小高斯激光束的发散角?

2.高斯光束和由点光源、光学系统形成的近似平行的光束有什么区别?

3.什么叫激光束的半宽度?为什么直接从光强分布 $I - x$ 曲线上确定半宽度不是十分严

格的?

4.怎样才能证明光强分布是遵从高斯分布的?

5.如何才能改善激光束的发散角?

6.高斯光束和由点光源光学系统形成的近似平行光束有什么区别?

7.声光调 Q 与电光调 Q 有什么不同?

8.为什么提高注入功率时,调 Q 脉冲提前出现?

9.在什么条件下出现双调 Q 脉冲?

10.声光调 Q 有什么应用,举例说明。

11.当高频信号频率偏离 40 MHz 时会出现什么现象?

12.分析电光调 Q 激光器的输出特性。

13.将电光调 Q 的测量结果与其他调 Q 方式的结果做比较。

14.从调 Q 要求出发,整理出设计双 45°$LiNbO_3$ 电光 Q 开关装置时,应考虑哪些方面的问题?如何解决这些问题?

15.了解 Nd – YAP 晶体的偏振特性。试考虑在实验中如何监测入射光在倍频晶体内呈 o 光传播?统筹整个实验内容,激光器的输出光偏振方向应选择在哪个方向上,才能使得实验装置最易调整?此时,YAP 晶体棒应怎样放置?

16.试考虑除了采用干涉滤光片将倍频光从输出光中分离出来之外,还可以采用哪些有效分离方法?如果采用分光棱镜方法,为了保证测量精度、减少传输损耗,该分光棱镜应怎样设计?其光路如何安排?是否可以利用基频光与倍频光的偏振特性将其分离?此时应采用什么样的器件?如何设计?

17.腔外倍频方式的倍频转换效率 η 与基频光强成正比,所以倍频晶体放在激光腔内,在腔内进行倍频,其转换效率会大大提高。试考虑在采用腔内倍频时,对激光腔的元件参数有什么特殊的要求?对倍频晶体有无特殊要求?

18.TEA – CO_2 激光器输出能量的大小与放电条件中哪些因素有关?

19.克服 TEA – CO_2 激光器弧光放电有哪些办法?为什么出现弧光发电时输出能量会降低?

参考文献

1　Walter Koechner. 固体激光工程. 华光译. 北京:科学出版社,1983

2　兰信矩等. 激光技术. 长沙:湖南科学技术出版社,1979

3　固体激光导论编写组. 固体激光导论. 上海:上海人民出版社,1974

4　梁铨庭. 物理光学. 北京:国防工业出版社,1980

5　张国成编著. 激光光谱学原理与技术. 北京:北京理工大学出版社,1989

6 李相银．激光原理及应用．南京:南京理工大学,2002

7 周炳琨．激光原理．北京:国防工业出版社,2000

8 黄植文．激光实验．北京:北京大学出版社,1996

9 王启华．激光实用测量．北京:中国铁道出版社,1989

10 蓝信矩．激光技术．武汉:华中理工大学,1995

11 刘忠达．激光应用与安全防护．沈阳:辽宁科学技术出版社,1985

12 尚惠春译．激光技术手册．北京:机械工业出版社,1986

13 高以智．激光实验选编．北京:电子工业出版社,1988

14 屠钦澧．激光实验原理和方法．北京:北京工业学院,1988

15 刘忠达．激光及其应用．沈阳:辽宁人民出版社,1979

16 阿雷克,舒尔茨－杜波依斯"激光手册"翻译组．激光的技术应用．北京:科学出版社,1983

17 范安辅等．激光技术物理．成都:四川大学出版社,1992

18 吕满宝．激光光电检测．北京:国防科技大学出版社,2000

19 李荫远,杨顺华．非线性光学．北京:北京科学出版社,1984

20 董孝义．物理实验．长春:东北师范大学出版社,1983

21 Neal B Abraham et al. Physics of New Laser Sources. Proceedings of a NATO Advanced Study Institute on Physics of New Laser Sources, July 11 ~ 21, 1984

22 A H Zewail. Advances in Laser Chemistry. Springer Series in Chemical Physics, 1978, 1(3)

23 C B Moore. Chemical and Biological Applications of Lasers. New York: Academic Press, 1974 ~ 1979

24 R N Zore. Laser Separation of Isotopes. Sci. Am., 1977

第十章　激光技术在国防科技领域中的应用

10.1　激光目标的反射及散射特性

对于任何激光探测技术、激光检测技术、激光制导及识别技术等，都是通过目标反射、散射、偏振后获取信号，将信号提取采样后经编码、解码等手段达到研究和应用的目的。因此，激光目标表面后向反射、散射、偏振等特性研究受到各学科领域广泛重视，许多学者从理论及实践出发对各种物体及材料的反射分布及散射、偏振能量光谱分析等进行了研究，其研究成果广泛地应用于工业、农业、生物、商业、国防等科技领域。

一、激光雷达截面概念

激光目标探测系统方程是描述探测系统能接收到的目标激光回波信号大小的基本方程，若激光器发射功率为 P_i，当激光束照射到距离为 Z 的目标上，光束在目标上反射后探测器接受到的功率密度为 P_r，当仅考虑目标后向散射时，该方程可写为

$$P_r = \left(\frac{P_i}{Z^2\Omega_i}\right)(r_n A_i)\left(\frac{A_r}{Z^2\Omega_r}\right) \tag{10.1}$$

式中　Ω_i——照明光束的立体角；

r_n——目标的半球反射率；

A_i——目标在垂直于照明方向的平面上的投影面积；

A_r——探测系统接受孔径的面积；

Ω_r——散射光束的立体角。

从式(10.1)中可以看出，第一括号内的量表示发射功率 P_i 在目标处的通量密度；第二个括号内的量表示目标的有效反射面积；第三个括号内的量表示探测器的功率截获因子。为了讨论方便，将式(10.1)改写成

$$\frac{4\pi Z^2 P_r}{P_i} = \left(\frac{\Omega_d}{\Omega_r}\right)\left(\frac{\pi r_n A_r}{\Omega_i}\right) \tag{10.2}$$

式中，Ω_d 为探测立体角，$\Omega_d = \frac{A_r}{Z^2}$。

当 $Z\to\infty$ 时，式(10.2)左边的极限定义为目标的激光雷达截面，用 σ 表示，则

$$\sigma = \lim_{Z\to\infty} 4\pi Z^2 \frac{P_r}{P_i} \tag{10.3}$$

从上式可以看出，激光雷达截面和无线电雷达截面积定义一样，同样是以无损耗的各向同性镜面球为标准，它是描述目标的激光散射特性的重要参数。激光雷达截面 σ 由目标本身的特性所决定，它与目标的形状、尺寸、反射系数以及激光照射目标的方向等因素有关，它具有面积量纲，如果我们已知目标的反射截面在各个方向上的分布，则可选取 σ 大的方向照射，可提高信噪比，增加作用距离。下面列举几种典型的几何体的激光雷达截面。

设目标反射率系数为 r，激光照射到目标面积 $\mathrm{d}A$ 上的功率密度为 P_i，$\mathrm{d}A$ 上拦截的功率密度为 $P_i\cos\theta\mathrm{d}A$，在 θ 方向（法线方向与反射方向成 θ 角）单位立体角的反射因子为 $\cos\theta/\pi$，单位面积所对的立体角为 $\frac{1}{Z^2}$（Z 为目标到探测器间的距离），则探测器所接受到的功率密度为 P_r，其表达式为

$$P_r = \iint_A rP_i \frac{\cos^2\theta}{4\pi Z^2}\mathrm{d}A \tag{10.4}$$

在小目标情况下（指目标的横向线度远小于目标处的光束半径），P_i 可视为常数，因此

$$P_r = \frac{P_i}{4\pi Z^2}\iint_A r\cos^2\theta\mathrm{d}A \tag{10.5}$$

根据式(10.3)，可得到

$$\sigma = 4\pi Z^2 \frac{P_r}{P_i} = \iint_A r\cos^2\theta\mathrm{d}A \tag{10.6}$$

在上式中，一般可将 r 视为常数，那么根据式(10.6)，计算出几种典型几何目标的激光雷达截面。

① 对于目标面积为 A 的朗伯平板（漫反射板），有

$$\sigma = 4rA\cos^2\theta \tag{10.7}$$

② 对于半径为 ω 的漫反射球的目标，有

$$\sigma = \frac{8\pi}{3}r\omega^2 \tag{10.8}$$

③ 对于理想的漫反射圆柱目标，有

$$\sigma = \pi rA_i \tag{10.9}$$

式中，A_i 为圆柱轴线垂直于入射方向对照射面的投影面积。

在大目标情况下（目标的横向尺寸大于目标处光束的直径，以及目标被照射部分的纵向尺寸远小于目标到光源的距离），目标处的激光束的光功率密度分布不再是均匀的，而光功率密度分布仍为高斯分布，因此在计算 σ 时，不能将 P_i 视为常数，在这种情况下，精确的激光雷达截面 σ 的表达式非常繁杂，在这里不做详细讨论，如需深入了解，可阅读参考读物[1]。

二、双向反射分布函数

随着激光目标探测系统在月球测距，卫星跟踪、制导、大气遥感等方面的应用有了迅速发展，各种目标及环境表面的双向反射分布函数的研究越来越受到重视。自 1960 年由 D. K. Edwards 等人在漫射体反射测量中第一次提出反射分布函数的概念后，1965 年 F. E. Nicademus 又用双向反射分布函数来描述漫射体的方向反射特性。由此，基于实测目标材料表面的双向反射分布函数成为一个非常重要的物理参数，已成为工程上对复杂目标激光散射特性研究的一种有效的途径。

1. 双向反射分布函数定义

双向反射分布函数用来描述漫射体的方向反射特性，其定义为：一均匀并各向同性的散射表面 dA(元面积)，受到均匀照明，在空间任一方向(θ_r,ψ_r)上的反射亮度 d$L_r(\theta_r,\psi_r)$与入射到 dA 面上的辐照度 d$E_i(\theta_i,\psi_i)$之比值 $f_r(\theta_i,\psi_i,\theta_r,\psi_r)$，其单位为球面度$^{-1}$($\delta r^{-1}$)，其数学表达式为

$$f_r(\theta_i,\psi_i,\theta_r,\psi_r) = \frac{\mathrm{d}L_r(\theta_i,\psi_i,\theta_r,\psi_r,E_i)}{\mathrm{d}E_i(\theta_i,\psi_i)} \tag{10.10}$$

见图 10.1，双向反射分布函数 $f_r(\theta_i,\psi_i,\theta_r,\psi_r)$描述沿($\theta_r,\psi_r$)方向出射的辐射亮度 d$L_r$ 与沿(θ_i,ψ_i)方向入射到被测表面的辐射度 dE_i 之比。其中(θ_i,ψ_i)表示入射方向的入射角或称天顶角，(θ_r,ψ_r)表示反射方向的反射角或称方位角。

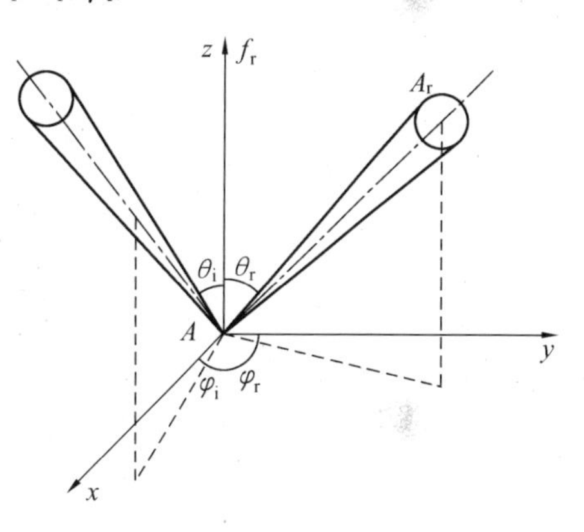

图 10.1　双向反射分布函数几何关系

从上看出，双向反射分布函数描述了元面积 dA 的激光散射分布，它受 dA 表面的粗糙度、材料特性和光偏振特性等因素的影响，因此，它是一个比较复杂的分布函数。如果我们所测的物理参数是光谱双向反射分布函数，则 $f_r(\theta_i,\psi_i,\theta_r,\psi_r)$也是波长 λ 的函数。

2. 双向反射比

利用双向反射分布函数计算入射光通量与反射光通量的比值，用符号 dM 表示，根据入射和反射位置不同，dM 是不一样的。为了讨论方便，设所研究的漫射体是均匀分布的，也就是说目标材料表面没有明显的纹理，因此在分析 $f_r(\theta_i,\psi_i,\theta_r,\psi_r)$时，可以认为它与方位角 ψ 是无关的，则

$$f_r(\theta_i,\psi_i,\theta_r,\psi_r) = f_r(\theta_i,\theta_r) \tag{10.11}$$

下面列举几种情况下的反射比。

① 光在被测表面定向入射和定向反射情况下，被测元表面 dA 的反射光通量 d$\phi_r(\theta_r)$与入

射光通量 $d\phi_i(\theta_i)$之比值 dM 为

$$dM(\theta_i,\theta_r) = \frac{d\phi_r(\theta_r)}{d\phi_i(\theta_i)} \tag{10.12}$$

其中

$$\left.\begin{aligned} d\phi_r(\theta_r) &= dL_r(\theta_r)dAd\Omega_r\cos\theta_r \\ d\phi_i(\theta_i) &= L_i(\theta_i)dAd\Omega_i\cos\theta_i \end{aligned}\right\} \tag{10.13}$$

式中　$d\Omega_r$——沿反射方向的单位立体角；

$d\Omega_i$——入射方向的单位立体角。

将式(10.13)代入式(8.12)，则

$$dM = \frac{dL_r(\theta_r)dAd\Omega_r\cos\theta_r}{L_i(\theta_i)dAd\Omega_i\cos\theta_i} = \frac{dL_r(\theta_r)d\Omega_r\cos\theta_r}{L_i(\theta_i)d\Omega_i\cos\theta_i} \tag{10.14}$$

根据式(10.10)，辐照度 dE_i 为

$$dE_i(\theta_i) = L_i(\theta_i)d\Omega_i\cos\theta_i \tag{10.15}$$

将式(10.15)代入式(10.14)，有

$$dM = \frac{dL_r(\theta_r)d\Omega_r\cos\theta_r}{dE_i(\theta_i)} = f_r(\theta_i,\theta_r)d\Omega_r\cos\theta_r \tag{10.16}$$

从上式中可以看出，双向反射比 dM 等于$f_r(\theta_i,\theta_r)$与该反射方向探测器接收面所对应的投影立体角 $d\omega_r=d\Omega_r\cos\theta_r$，$d\omega_r$ 越小，方向性越强，但不会是无限小。另外，$f_r(\theta_i,\theta_r)$一经测出，那么 $d\omega_r$ 可以直接求出。当反射辐射方向一经确定后，$d\omega_r$ 就是一个常数，则

$$d\omega_r = d\Omega_r\cos\theta_r = \frac{s_1}{d_1^2}\cos\theta_r \tag{10.17}$$

式中　S_1——入射光源的面积；

d_1——被测表面中心 S_1 之间距离。

② 光在被测表面定向入射和半球空间反射情况下，半球反射可看做是由半球空间内的所有定向反射叠加而成，根据式(10.16)及利用 $d\omega_r=d\Omega_r\cos\theta_r$ 关系，当 $\omega_r=2\pi$ 球面度时，定向入射和半球空间反射时，双向反射比 $M(\theta_i,2\pi)$为

$$M(\theta_i,2\pi) = \int_{2\pi} dM(\theta_i,\theta_r) = \int_{2\pi} f_r(\theta_i,\theta_r)d\omega_r \tag{10.18}$$

③ 光在被测表面定向入射和锥角反射情况下，锥角反射可看做是由锥角内的所有定向反射叠加而成，根据式(10.18)，其双向反射比 $M(\theta_i,\Omega_r)$为

$$M(\theta_i,\Omega_r) = \int_{\Omega_r} dM(\theta_i,\theta_r) = \int_{\Omega_r} f_r(\theta_i,\theta_r)d\omega_r \tag{10.19}$$

对于其他类型的入射和反射位置的双向反射比，由读者自己证明，需要深入研究的可阅读参考读物[3]。

三、双向反射分布函数与激光雷达截面关系

在实际工作中，为了比较方便地估算激光雷达截面，对一些简单形状的被测目标，若满足漫反射平板或漫反射球的条件，常把 σ 和 $f_r(\theta_i,\theta_r)$ 联系起来讨论，对于 $f_r(\theta_i,\theta_r)$ 可通过实验获得或根据粗糙表面电磁散射理论，由单位截面激光雷达截面积 σ 计算获得。

根据式(10.13)，我们知道 σ 的表达式为

$$\sigma = \lim_{Z\to\infty} 4\pi Z^2 \frac{P_r}{P_i}$$

在光学原理中，习惯上把单位时间内垂直通过单位面积的能量叫做光强，而光强正比于功率，当目标探测系统的接受面积为 A_r 时，将接受的散射功率 P_r 与入射功率 P_i 之比代入激光雷达截面 σ，则

$$\sigma = \lim_{Z\to\infty} \frac{4\pi Z^2}{A_r} \times \frac{P_r}{P_i}\cos\theta_i \tag{10.20}$$

若用沿被测目标辐射方向的探测立体角 $d\Omega_r = \lim_{Z\to\infty}\frac{A_r}{Z^2}$ 关系代入式(10.20)，则有

$$\sigma = (4\pi\cos\theta_i)\frac{P_r}{P_i d\Omega_r} \tag{10.21}$$

根据式(10.10)，利用式(10.11)条件，则双向反射分布函数可写成

$$f_r(\theta_i,\theta_r) = \frac{dL_r(\theta_i,\theta_r)}{dE_i(\theta_i)} \tag{10.22}$$

辐射照度 $dE_i(\theta_i)$ 可看做照射到单位元面积 dA 上的辐射光能量 $d\phi_i$，则

$$dE_i = \frac{d\phi_i}{dA} = P_i \tag{10.23}$$

对于被测目标表面沿辐射方向的单位面积，单位立体角的辐射光通量为

$$dL_r = \frac{d\psi_r}{d\Omega_r dA\cos\theta_r} = \frac{P_r}{d\Omega_r\cos\theta_r} \tag{10.24}$$

将式(10.23)和(10.24)代入式(10.22)，则

$$f_r(\theta_i,\theta_r) = \frac{P_r}{P_i d\Omega_r\cos\theta_r} \tag{10.25}$$

将式(10.25)代入式(10.21)，则

$$\sigma = 4\pi f_r(\theta_i,\theta_r)\cos\theta_i\cos\theta_r \tag{10.26}$$

上式表明了被测目标表面的 $f_r(\theta_i,\theta_r)$ 与 σ 之间的关系，因此在目标表面散射测量中，一般有两种形式，一种是测量 $f_r(\theta_i,\theta_r)$，测量中要求待测目标被照射面积不随入射角改变而变化，另一种是测量单位面积的 σ，σ 正比于目标表面的散射功率。

在实际情况中，被测目标的表面粗糙度、几何形状等往往都比较复杂，它们的反射辐射光

通量在空间的分布特性也不相同,因此在测量目标反射特性时,显得比较复杂,在这里不做详细讨论,需要进一步深入了解可参阅有关文献。

10.2 激光测距与激光雷达技术

一、激光测距

激光测距仪是利用激光作为测距仪的光源,使测距量程大大提高,还克服了普通光源测距仪受到测量环境限制等缺点。由于激光的单色性和方向性好,有利于提高测量距离准确度及缩小光学系统孔径,从而减小和减轻测量仪器的体积和质量。

基于不同结构及特性,激光器制成的激光测距仪种类很多,例如短程激光测距仪,其测距量程一般在 5×10^3 m 左右,适用于各种工程技术中的测量;中长程激光测距仪,其测距量程可达到 10^5 m 量级,适用于大地控制测量及其他技术中应用;远程激光测距仪,可用于测量人造卫星、导弹、月球等空间目标距离。

激光测距的基本原理是利用光在待测距离上往返传播的时间换算出距离 L,其方程为

$$L = \frac{1}{2}ct \tag{10.27}$$

式中 c——激光在大气中的传播速度;

t——激光在待测距离上的往返传播时间。

按照不同检测时间 t 的方法,激光测距又分为相位测距和脉冲激光测距。

1.脉冲激光测距

脉冲激光测距利用激光测距仪发射一个光脉冲射向目标,经目标反射,再由激光测距仪接收反射脉冲,用电子系统测得这两个脉冲先后的时间差 t,就可求出目标到测距仪的距离 L。所以脉冲激光测距是直接测量激光在待测距离上的往返时间来求得距离的。它的精度受到时间测量精度的限制,目前,大约都在米的量级,适用于军事行动和工程测量中绝对误差要求不高的场合。对月球、人造卫星、远程火箭的跟踪测距都用脉冲激光测距,在相应的距离上,米级的测量精度已经很高了。

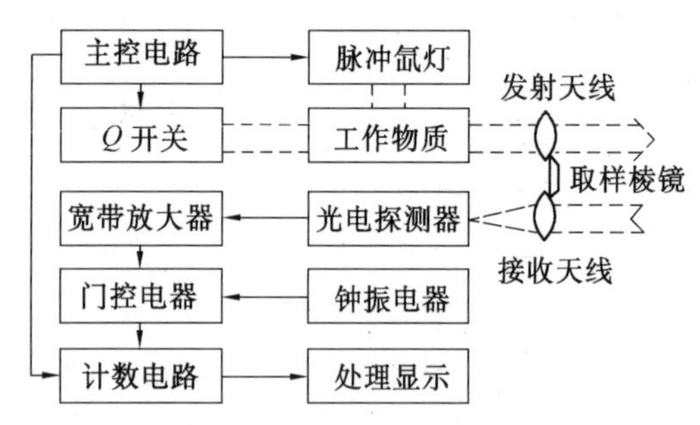

图 10.2 脉冲激光测距原理图

脉冲激光测距的原理见图 10.2,其中只给出信号传递程序,电信号以实线表示,光信号以虚线表示,工作过程如下。

脉冲氙灯、激光工作物质和 Q 开关的作用在于产生一个宽度很窄的激光脉冲,峰值功率很高,经发射天线发射出去,射向目标。脉冲氙灯和 Q

开关供电压为直流 800～1 000 V。若采用铌酸锂电光晶体 Q 开关，可以和氙灯共用电源。为避免氙灯放电对 Q 开关供电的影响，可在对 Q 开关供电回路中加一个隔离二极管。考虑到电光晶体的半波电压较高，应设脉冲变压器升压。

在激光脉冲发射的同时，取样棱镜将一小部分激光反射到接收天线，经光电探测器变换为电信号，再放大整形为窄脉冲送入门控电路作为开门信号。在测距仪启动时，钟振电路即按晶体频率振荡，产生标准时间脉冲输入门控电路。当开门信号将门控电路打开时，时间脉冲即通过门控电路输入计数电路。计数电路开始对时间脉冲计数。当接收天线收到激光脉冲在目标上反射的回波时，经光电变换放大整形后又输入到门控电路作为关门信号，使门控电路关闭，时间脉冲不再通过，计数电路停止计数。计数电路计取的通过门电路的时间脉冲个数乘以每一个脉冲的周期便是光脉冲在待测距离上的往返时间 t。经过简单的程序处理就得到距离 L，由显示系统给出 L 的数值。在 JG－E5 型激光测距仪中，L 由数码管给出，可以直接读出 L 值。计数计时脉冲波形和逻辑关系见图 10.3。

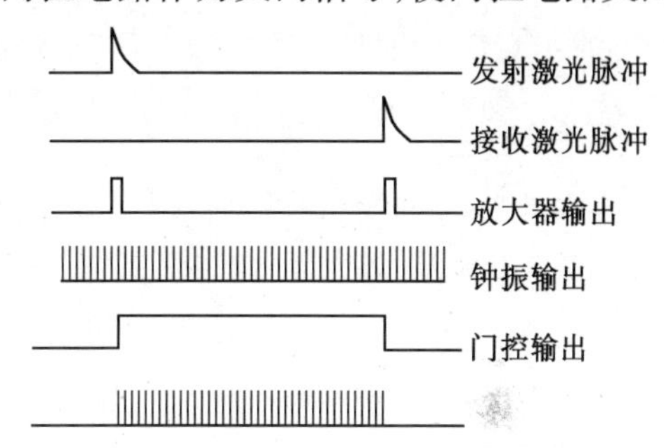

图 10.3 计数器计时脉冲波形和逻辑关系

与此同时，为了使计数器在计时过程中得到的脉冲计数和距离 L 值相对应，还应选择适当的时钟振荡频率，例如当待测距离 $L=1.5\times10^3$ m 时，光脉冲在距离 L 上的往返时间 t 为

$$t/\mu\text{s} = \frac{2L}{C} = 10$$

为了在 10 μs 的时间间隔内填充的时钟脉冲数与距离数字相对应，可以选择时钟振荡频率 $f_c=150$ MHz，这样在 10 μs 时间间隔内，计数器可以计入 $f_c\cdot t=150\ \text{MHz}\times10\ \mu\text{s}=1.5\times10^3$ 个脉冲，这和 $L=1.5\times10^3$ m 相对应，这样每个脉冲代表 1 m。

由上述过程可见，采用晶体振荡器，时间脉冲周期 τ 是准确的，时间 t 的误差主要来自门控电路开关过程中多通过和少通过一个时间脉冲。光速 c 是不变的，所以测距误差取决于时间脉冲周期 τ。现在的石英振荡器大多选择 15 MHz、30 MHz、60 MHz 和 150 MHz，测距误差分别为 ±10 m、±5 m、±2.5 m 和 ±1 m。

主控电路的作用是触发氙灯点燃、导通 Q 开关的电压脉冲电路和使计数电路复零。

激光测距的测程与激光脉冲的功率、激光束的发散角、目标的反射特性以及接收系统灵敏度有关。如果选定了光电探测器和宽带放大器，则要求接收功率有足够的数值。通常把激光测距仪的接收功率和各种有关参数的关系式叫做测距方程。

设激光脉冲的总功率为 P_i，探测器接收到的光功率为 P_r，发射天线的透射率为 T_1，接收天线透射率为 T_2，目标的反射率为 γ，激光束发散角为 θ_i，激光束在大气中传输时，其功率按指数规律衰减，其衰减系数为 β。

由发射天线发射(激光发射系统)的激光束传播 L 距离后的光斑直径近似为 $\omega = L \cdot \theta_i$,则光斑面积为

$$S_i = \frac{1}{4}\pi L^2 \theta_i^2 \tag{10.28}$$

见图 10.4,那么 S_i 面积内单位面积上的光能 P_S 为

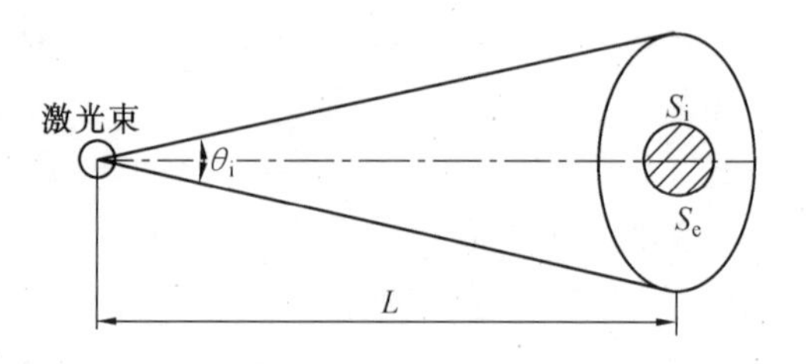

图 10.4　激光束传输 L 距离后光斑面积示意图

$$P_S = P_i T_1 S_i^{-1} e^{-\beta L}$$

在实际情况中,一般目标反射器的面积 S_e 总是比 S_i 面积小,所以 S_e 只能截获的光能为 P_e,有

$$P_e = P_S \cdot S_e = P_i T_1 (\frac{1}{4}\pi L^2 \theta_i^2)^{-1} e^{-\beta L} S_e \tag{10.29}$$

当目标反射器上的光束反射后,以 θ_r 的发射角反射,若接受天线(探测系统)的接受等效面积为 S_D,目标的反射率为 γ,则接受系统接受到的光功率为 P_r,表达式为

$$P_r = S_D P_e r e^{-\beta L} S_r^{-1} T_2 \tag{10.30}$$

式中,S_r 为接受系统处反射光斑面积,

S_r 的表达式为

$$S_r = \frac{1}{4}\pi L^2 \theta_r^2 \tag{10.31}$$

将式(10.29),式(10.31)代入式(10.30),经运算得到

$$P_r = \frac{16 P_i e^{-2\beta L}}{\pi^2 L^4 \theta_i^2 \theta_r^2} T_1 T_2 \gamma S_e S_D \tag{10.32}$$

上式称为激光测距仪的测距方程。

从上式中可以看出,发射系统透射率 T_1 和接受系统的透射率 T_2 力求增大,现在的镀膜技术能够达到 98% 左右,目标的反射系数 γ,大气中传输衰减系数 β,目标反射器的面积 S_e 和目标的反射角 θ_r 决定于待测目标的性能及大气传输环境,只能预计。而激光器发射功率 P_i、探测器等效接受面积 S_D、激光束的发射角 θ_i 等参数,从实际工作中来看,其影响大的参数是 θ_i,因此压缩激光的发散角 θ_i 对提高测距量程 L 的意义较大。另外,在结构允许范围内接收天线的口径应尽可能大。

激光测距仪还应当考虑光噪声和电噪声影响,尽量提高信噪比。光噪声指杂散光进入测距仪的接收天线,在测距仪正对太阳时更加严重。为此应在探测器的前面加上光栏和干涉滤光片。电噪声主要来自光电探测器和电子线路,其幅度值正比于接收系统带宽。选择接收系统带宽要适当,兼顾波形失真和噪声两个方面,根据经验在 60 ~ 100 MHz。为了提高放大系统的信噪比,前置放大器应选用中等放大倍数的低噪声器件。

例如军用 Nd^{3+} – YAG 脉冲激光测距仪的一些主要技术指标及范围,测距波长 $\lambda = 1.06$

μm,光脉冲能量 $E=(0.01\sim0.1)$ J,光脉冲宽度 $\tau=(5\sim20)$ ns,激光束发散角 $\theta=(0.5\sim1)\times10^{-3}$ rad,探测器类型为硅雪崩光电二极管,最小可探测功率 $P_{\min}=10^{-8}$ W,接受天线接收孔径 $a=38\sim70$ mm,测距量程 $L=0.2\sim20$ km。

需要深入了解请阅读有关参考读物[12]。

2. 相位激光测距

(1) 相位测距原理

相位激光测距是测量连续调制光波在待测距离上往返传播所发生的相位变化,这种方法测距精确度高,在大地测量和工程技术上应用广泛。设有一光束在待测距离上往返传播,见图 10.5,图中 b 为一个由反射棱镜组成的反射器(测量靶标),其相位变化 φ 与时间 t 的关系是

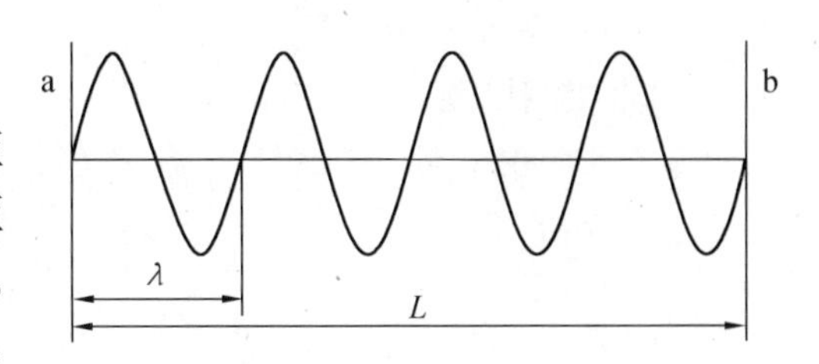

图 10.5 相位测距原理示意图

$$\varphi=\omega t=2\pi\nu t \tag{10.33}$$

将式(10.33)代入式(10.26),则

$$2L=\frac{c\varphi}{2\pi\nu}=\frac{\lambda\varphi}{2\pi}=\lambda(n+\Delta n) \tag{10.34}$$

式中,λ 为调制光波的波长。

从上式中可以看出,只要测出光波相位 φ 中 2π 的整数倍 n 和余数 $\Delta n=\frac{\Delta\varphi}{2\pi}$,就可以确定待测距离 L,所以调制光波可以被看做一把"光尺",其波长 λ 就是相位测距仪的"测尺"长度。通常把式(10.34)称为激光相位测距公式。

在式(10.34)中,设 $L_S=\frac{\lambda}{2}$,则

$$L=\frac{\lambda}{2}\left(n+\frac{\Delta\varphi}{2\pi}\right)=\frac{\lambda}{2}(n+\Delta n)=L_S(n+\Delta n) \tag{10.35}$$

式中,L_S 为测尺长度(量度距离的光尺)。

但在实际中,任何测量交变信号相位的方法都不能确定出相位的整周期倍数 n(相位变化中 2π 的整倍数 n),而只能测量出周期不足 2π 的相位尾数 $\Delta\varphi$,即 $\Delta n=\Delta\varphi/2\pi$。因此,当被测距离 L 较大,满足 $L>L_S$ 时,用一把光尺是无法测定距离 L 的。若当 $L<L_S$ 时,根据式(10.35),$n=0$ 时,可确定距离 L 为

$$L=\frac{\lambda}{2}\frac{\Delta\varphi}{2\pi} \tag{10.36}$$

但是,由于仪器的测相系统存在测相误差,它会造成测距误差,并且选用的测尺长度 L_S 越大(通过降低调制频率,使得 $L_S>L$),测距误差越大。例如仪器的测相误差为 0.01,若 $L_S=10$ m 时,会引起 10 cm 的误差,若当 $L_S=1\ 000$ m 时,所引起的误差可达到 10 m。

为了实现长距离和高精确度的相位测量,可同时使用 L_S 不同的几把光尺(类似于钟表的时、分、秒三个指针配合使用,精确地确定时间),在这组测尺中,最短的测尺保证必要的测距精度,而较长的测尺用于保证相位测距的量程。目前,在相位激光测距中,采用的测距技术选定方式有两种,它们分别是直接测尺频率和间接测尺频率。

(2) 相位测距技术

(a)直接测尺频率

为了取得相位测距的高精确度,应当采用一组调制信号频率 ν_s(或称测尺频率),它与测尺长度 L_s 的关系是

$$\nu_s = \frac{c}{2L_s} \tag{10.37}$$

在上式中,选用两把测尺,即 $L_{s1} = 10$ m, $L_{s2} = 10^3$ m,分别代入式(10.37),得到 ν_{s1},ν_{s2}为

$$\left.\begin{aligned} \nu_{s1}/\text{Hz} &= \frac{c}{2L_{s1}} = 1.5 \times 10^7 \\ \nu_{s2}/\text{Hz} &= \frac{c}{2L_{s2}} = 1.5 \times 10^5 \end{aligned}\right\} \tag{10.38}$$

从上式中看出,这种方式选定的 ν_s 是直接和 L_s 相对应的,即测尺长度 L_s 直接由测尺频率 ν_s 所决定,这种方式称为直接测尺频率方式。

若相位测距的测程更长,且测相和测距精确度要求一定的情况下,必须要增加测尺数目,因而测尺频率个数也要相应增加。例如 $L = 100$ km,要求精确度为 0.01 m,相位测量精度为 1%,则需要多把光尺,即 $L_{s1} = 10$ m, $L_{s2} = 10^3$ m, $L_{s3} = 10^5$ m,根据式(10.37),相应的各个调制频率为

$$\nu_{s1}/\text{Hz} = \frac{c}{2L_{s1}} = \frac{3 \times 10^8}{2 \times 10} = 1.5 \times 10^7$$

$$\nu_{s2}/\text{Hz} = \frac{c}{2L_{s2}} = \frac{3 \times 10^8}{2 \times 10^3} = 1.5 \times 10^5$$

$$\nu_{s3}/\text{Hz} = \frac{c}{2L_{s3}} = \frac{3 \times 10^8}{2 \times 10^5} = 1.5 \times 10^3$$

从上例可看出,各测尺频率相差较大,如 ν_{s1}和 ν_{s3}之间竟相差 10^4 倍,显然,要求相位测量系统在这么宽的频带内都保证 0.01 的测量精确度很难做到。所以,直接测尺频率不能适用长距离测距,一般只能用于短程测距,如 GaAs 半导体激光短程相位测距仪。

(b) 间接测尺频率

在实际测量中,由于测程要求较大,一般都采用间接测尺频率方式,该方式是采用一组数值接近的调制频率间接获得各个测尺的一种方法。

若用两个调制频率分别为 ν_{s1}、ν_{s2}的光波,分别测量同一距离 L,根据式(10.35),可得

$$\left.\begin{aligned} L &= L_{s1}(n_1 + \Delta n_1) \\ L &= L_{s2}(n_2 + \Delta n_2) \end{aligned}\right\} \tag{10.39}$$

或写成

$$\frac{L}{L_{s1}} = n_1 + \Delta n_1 \tag{10.40}$$

$$\frac{L}{L_{s2}} = n_2 + \Delta n_2 \tag{10.41}$$

将式(10.40)减去式(10.41),经数学运算可得到

$$L = L_s(n + \Delta n) \tag{10.42}$$

其中

$$L_s = \frac{L_{s1} \cdot L_{s2}}{L_{s2} - L_{s2}} = \frac{c}{2(\nu_{s1} - \nu_{s2})} = \frac{c}{2\nu_s} \tag{10.43}$$

$$n = n_1 - n_2, \qquad \Delta n = \Delta n_1 - \Delta n_2, \qquad \nu_s = \nu_{s1} - \nu_{s2}$$

由于相位尾数 $\Delta n_1 = \dfrac{\Delta\psi_1}{2\pi}$　　$\Delta n_2 = \dfrac{\Delta\psi_2}{2\pi}$

所以 $\Delta n = \dfrac{\Delta\psi}{2\pi}$　　$\Delta\psi = \Delta\psi_1 - \Delta\psi_2$

从上几式中可以看出,L_s 是新的测尺频率 $\nu_s = \nu_{s1} - \nu_{s2}$所对应的一个新的测尺长度。不难看出,用 ν_{s1}和 ν_{s2}分别测量某一距离时,所得到的相位尾数 $\Delta\psi_1$ 和 $\Delta\psi_2$ 的差值 $\Delta\psi = \Delta\psi_1 - \Delta\psi_2$ 与用差频 $\nu_s = \nu_{s1} - \nu_{s2}$测量该距离时的相位尾数 $\Delta\psi$ 相等,这就是间接测尺频率方法的基本原理。例如,用 $\nu_{s1} = 1.2 \times 10^7$ Hz 和 $\nu_{s2} = 1.0 \times 10^7$ Hz 的调制光波测量同一距离得到的相位尾数差值 $\Delta\psi$ 与用差频 $\nu_s = \nu_{s1} - \nu_{s2} = 2 \times 10^3$Hz 的调制光波测量该距离所得相位尾数值相同。通常把 ν_{s1}和 ν_{s2}称为间接测尺频率,而把差频 $\nu_s = \nu_{s1} - \nu_{s2}$称为相当测尺频率。表 10.1 列出了一组间接测尺频率 ν_{s1}和 ν_{s2}、相当测尺频率 ν_s 相对应的测尺长度 L_s 及测距精度 Δ 值的关系。

从表 10.1 中可以看出,这种测距方式的各间接测尺频率值非常接近,最高频率和最低频率之差仅为 1.5×10^6 Hz,五个间接测尺频率都集中在较窄的频率范围内,故间接测尺频率又可称为集中测尺频率。采用集中测尺频率有许多优点,如放大器和调制器能够获得相近的增益和相位稳定性,而且各相对应的石英晶体振荡器也可统一。

表 10.1　ν_{s1},ν_{s2},ν_s,L_s 及 Δ 值关系

	间接测尺频率	ν_s/Hz	L_s/m	Δ/m
ν_{s1}	$\nu = 1.5 \times 10^7$	1.5×10^7	10	0.01
ν_{s2}	$\nu_1 = 0.9\ V$	1.5×10^6	100	0.1
	$\nu_2 = 0.99\ V$	1.5×10^5	1 000	1
	$\nu_3 = 0.999\ V$	1.5×10^4	10×10^3	10
	$\nu_4 = 0.999\ 9\ V$	1.5×10^3	10×10^4	100

相位测距仪已经成为光学、激光技术、精密仪器制造、电子技术、计算技术及光电子等多种技术的综合应用,它既能保证大的测程范围,又能保证较高的绝对测量精度 Δ,因此在国防、工业、测量等技术领域得到了广泛的应用。相位测距仪的测量精度 Δ 要受到大气温度、气压、湿度等方面的影响。

二、激光雷达

雷达用于目标的跟踪和定位,在军事、航天、航空等许多技术领域有着重要的应用。随着激光技术的发展,人们将无线电波段向短波段和红外扩展,并发展了光学定位系统。

光学定位系统是用来发现、搜索目标并由被反射的光信号得到目标的信息,通过分析反射信号的参数,可以测出坐标、角速度和线速度,确定目标的大小、形状、在空间的取向以及目标表面的反射特性等。激光出现以后,其极佳的指向性使产生脉宽极窄的单脉冲振荡成为可能,于是有人提出通过测量光脉冲到目标的往返时间进行测距的方案。测距方面的研究与激光加工方面的研究并驾齐驱,在所有激光应用各部门中算是较早的,向实现实用化的目标迈进。激光雷达就是在重复着这样的测距的同时,以细激光束对空间扫描,把从探测方向返回来的反射光强的时间变化加以记录的仪器。它的特点是分辨率比无线电雷达好,而且抗干扰能力强。

雷达又叫无线电定位仪,用无线电波束确定目标的存在并给出其距离、方位和速度。激光雷达以激光束取代无线电波束,功能是一样的。距离测量和激光测距完全一样。

1. 速度测量

由多普勒效应可得到多普勒频率 ν_D,它和两个惯性坐标系的相对运动速度成正比

$$\nu_D = \frac{v}{c}\nu\cos\theta \tag{10.44}$$

式中 c——激光雷达发射的激光光速;

ν——激光雷达发射的激光频率;

v——两个惯性坐标系的相对运动速度;

θ——相对运动的方向与激光束方向间的夹角。

若运动目标作为一个惯性系,激光雷达作为另一个惯性系,目标和雷达之间便有相对运动。由于激光束射向目标又反射回到激光雷达接收天线,因而测得的多普勒频率应当是式(10.44)的 2 倍,即

$$\nu_D = \frac{2v}{c}\nu\cos\theta \tag{10.45}$$

式中的光速 c、激光频率 ν 是定量,θ 是可测量,v 就是 ν_D 的单值函数,测定频率 ν_D 的方法很多,可参阅无线电书籍。

由于激光频率 ν 极高,很小的相对运动速度便能产生明显的多普勒频率,因此激光雷达测速能达到很高的精度,其最小测量速度已达到 0.003 cm/s,这是目前微波雷达无法比拟的。

2. 方位测量和自动跟踪

激光束发散角很小，为毫弧度量级，张开的空间立体角很小。当光束击中目标时，可把光束指向作为目标的方位。从激光雷达的经纬度盘上给出目标的方向角和俯仰角，连同距离即可用三维极坐标系给出目标的空间位置。激光雷达的测距精度和激光测距仪一样可达到米的量级，测角精度也很高，可达到分的量级。若光束发散角为10′，测角误差不大于1′。

同理，激光雷达有极高的角分辨率，能够分辨靠得很近的目标和测量大目标的详细结构。例如机载激光雷达，光束发散角为1×10^{-3} rad，飞行高度1 500 m，地面光斑直径只有1.5 m，两个分开1.5 m的目标便可以分别测定。而同样的微波雷达，在地面30 m以内的目标就无法分辨了。

由于激光束的空间立体角很小，瞄准跟踪难度大，激光雷达的自动跟踪现在还是一个研究的热点，可望在不久得到解决。现在采用的有析像管法、四棱台法，更新的有电视跟踪法。下面以四棱台法介绍自动跟踪的过程、原理。

四棱台跟踪系统见图10.6，左边是信号传递示意图，右边是四棱台和探测器相对位置图。四棱台是一个侧面分成四个对称面的圆台，四个对称面用四条棱分开并且表面对激光的工作波长全反射。底面上小下大，中央开孔，孔的轴线正对接收天线的光轴。孔的正后方是测距、测速系统。若光轴正指向目标，反射回来的光信号恰好通过四棱台的孔达到雷达的测距、测速系统，在四个对称侧面对应的光电探测器或者接收不到光信号，或者接收到的光信号完全相同，这样在信号处理系统中没有相应的误差信号，也就没有指令输出，控制伺服系统不工作。若光轴偏离目标，反射光束就偏离中心，四棱台侧面上的入射光强不相等，由四个光电探测器输入到信号处理系统的电信号不等，产生了误差信号，输出指令，控制伺服系统按指令修正光轴和目标之间的偏差。譬如，光轴指向目标下方，相当于入射光信号和光轴之间有一个向上偏转的角度，在四棱台第三个侧面上入射光增强，第一个侧面上减弱。于是第三个和第一个光电探测器上输出的电信号不同，产生误差信号，由误差信号的极性和数值给出指令，让控制伺服系统即时修正俯仰角。同理在2、4侧面的信号可以修正方向角。由上述讨论可见，激光雷达

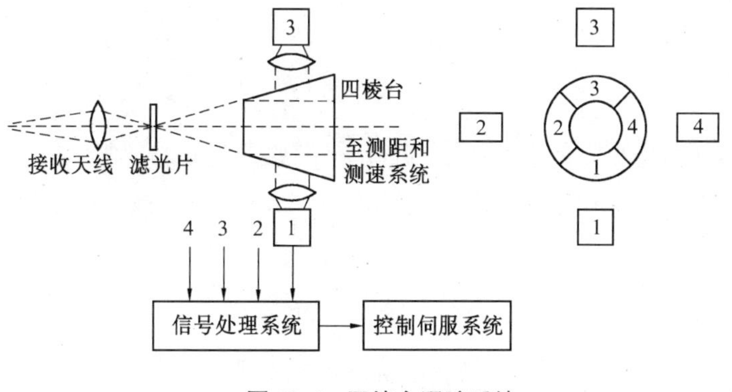

图10.6　四棱台跟踪系统

发射光束的光斑不能脱离目标。一旦脱离目标,雷达没有回波信号,所有系统均无法运转。激光束的空间立体角小,极易产生上述情况。再加上整个系统的惯性,更增加了自动跟踪的难度。所以激光雷达的自动跟踪仍然是目前研究的课题。

四象限光电探测器已有商品,用它代替四棱台机构,工作原理相同,激光雷达结构简单多了。

3.激光雷达基本光路

激光雷达就是对所需要的全部视场进行如上面所述的脉冲测距,显示各方向反射光强度的时间变化即随着距离变化的仪器。前面已经说过,激光雷达的特点是分辨率比电磁波雷达还高,可以探测那些用电磁波所不能探测的雾、烟尘等对象。这是因为微粒对光有大散射截面积的缘故。因此,为气象或上层大气的观察提供了新的手段。激光雷达基本光路见图 10.7。

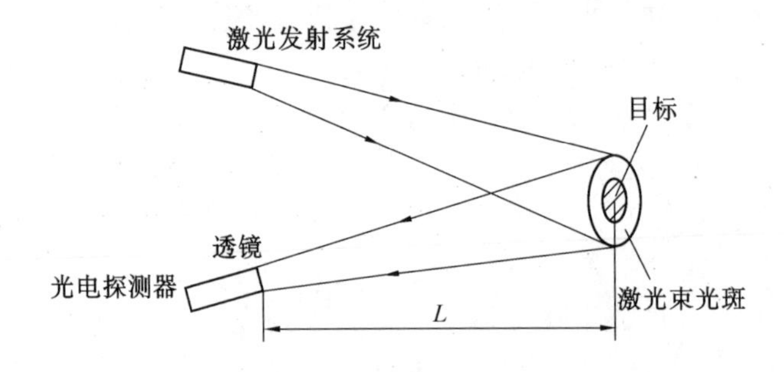

图 10.7　激光雷达的基本光路

在图中,假定激光发射天线透过率为 K_t,峰值功率为 P_0(W),激光束发散半角为 θ(rad);被测物体的距离为 L(m),物体截面积为 A(m^2),物体有效反射率为 ρ,激光接收天线的孔径为 D(m),接收透过率为 K_r,接收视场也为 2θ(rad)。T_a 为到目标物体的光路的透过率,它与光路衰减常数 k(m^{-1})的关系有

$$T_a = \exp(-kL) \tag{10.46}$$

则光检出器接收到的信号 S(W)为

$$S = \frac{\pi}{4} K_t K_r P_0 D^2 T_a^2 \left(\frac{\rho A}{A_b} \right) L^{-2} \tag{10.47}$$

式中　A_b——物体处的激光束截面积,$A_b = \pi(\theta L)^2$(但如果 $A > A_b$,则令 $\rho A / A_b = \rho$)。

当 $A > A_b$ 时,S 与 L^{-2}成正比;$A < A_b$ 时,S 与 L^{-4}成正比。与此相对,进入光检测器的背景噪声光 N(W)为

$$N = \frac{\pi^2}{4} K_r D^2 \theta^2 T_a B_\lambda \Delta\lambda \tag{10.48}$$

式中　$\Delta\lambda$——被干涉滤光片变窄了的接收系统的灵敏度带宽度,μm;

B_λ——激光波长的背景辐射亮度。

故光检测器接收信号的信噪比为

$$\frac{S}{N}=\frac{K_{\mathrm{t}}P_{0}T_{\mathrm{a}}}{\pi\theta^{2}B_{\lambda}\Delta\lambda}\left(\frac{\rho A}{A_{\mathrm{b}}}\right)L^{-2} \tag{10.49}$$

接收系统所需的 S/N 给定时,由关系式可以推算装置的最大探测距离 $L_{\max}$。

多数激光雷达都采用发射波长为 10.6 μm 的 CO_2 激光器,原因是在该激光波长处在良好的大气窗口,例如陶瓷结构 CO_2 波导激光器给测距或速度测量提供了一种非常小型、牢固而又可靠的信号源。根据有关文献报道,简要介绍用于激光雷达中的激光器的参数。

(1) 闭循环 TEA 脉冲 CO_2 激光器

该激光器具有直接探测和外差探测的功能优点,重复频率可在 1 ~ 300 Hz 之间调节、激光工作频率稳定性好等优点。具体参数是,工作波长 10.6 μm,脉冲宽度 130 ~ 200 ns,输出能量 200 ~ 400 mJ/脉冲,峰值功率 1 MW 左右,光束发散角$(2 \sim 2.3)10^{-3}$ rad,光斑尺寸 8 ~ 9 mm,输出模式为单模,工作寿命 1 000 h 等。

(2)WGN40 型射频激励波导连续波 CO_2 激光器

激光器具有结构紧凑、坚固和输出功率高的特点。激光管采用陶瓷波导,全部硬封结构,光学系统预先准直固定,用直接调制的射频电源激励,具有电磁屏蔽等优点。具体参数是,工作波长 10.6 μm,输出功率 25 ~ 30 W,光束发散角 6.5×10^{-3} rad 左右,调制频率 10 KHz 左右,工作寿命不小于 1 000 h 等。

图 10.8 为相干雷达系统中 TEA – CO_2 激光测距仪方框图。在图中,TEA – CO_2 激光器通过锉模提供了相干探测需要的单纵模输出,峰值功率为 50 kW,脉宽为 250 ns,扩束器产生的发射光束的发射角为 0.7×10^{-3} rad。

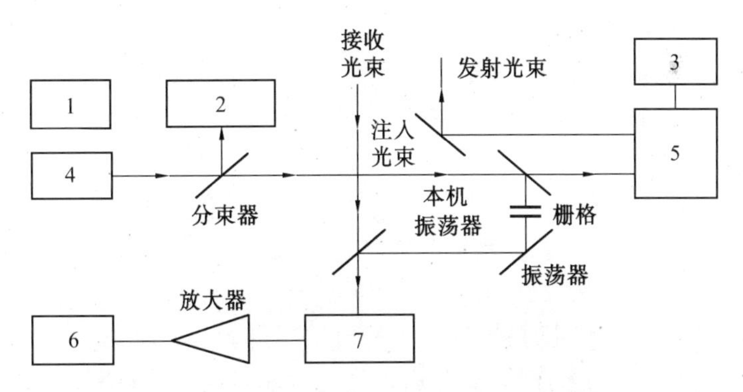

图 10.8　相干检测 TEA – CO_2 激光测距仪结构方框图

1—程长控制器;2—谱线选择光学元件;3—程长控制器;4—连续波激光器;5—TEA 激光器;6—存储示波器 ;7—HgCdTe 探测器

图 10.9 是利用重复率为每秒 100 次的激光雷达基本结构方框图。激光测距仪加上扫描或搜索机构,配上相应的信息处理单元就构成激光雷达。扫描方式可以是利用机械带动装置带

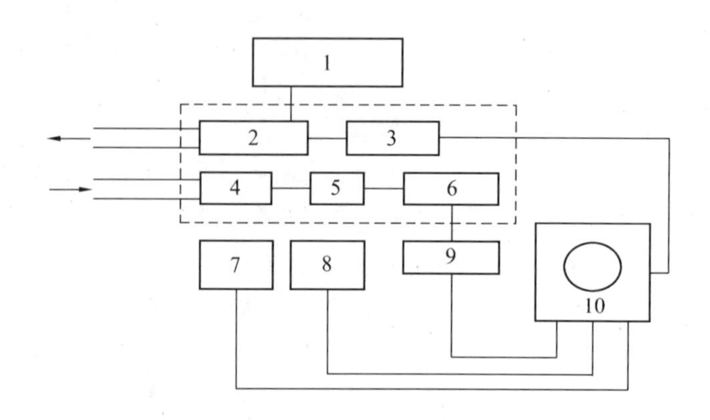

图 10.9　激光雷达构造方框图

1—激光电源;2—Q 开关激光器;3—光探测器;4—接受透镜;
5—干涉滤光片;6—光探测器;7—垂直扫描器;8—水平扫描器;
9—放大器;10—双向示波器

动激光器和接收系统的整个底台。对目标信号进行二维快速扫描测距,对回波信号进行高速信息处理。由于每个目标点的距离、仰角和方位角都已知,则以测距仪为坐标原点,目标的三维坐标就可以确定下来,所以脉冲激光雷达是三维雷达。用于脉冲激光雷达的激光器需要有较高的脉冲重复频率,才能保证有足够的帧频和空间分辨率,从测量范围来讲,又需要激光器有较高的光功率,这在技术上是较难的。目前射频激励 CO_2 激光器可达到 2×10^5 Hz 以上,平均功率可达 100 W,是较理想的一种用于脉冲激光雷达的激光器。

4. 激光雷达的应用

激光雷达的检测对象可以分为测量距离、跟踪及观测环境状态两大类。前者就是应用激光雷达系统对地面、飞机、舰船和空间平台上人们感兴趣的目标进行测距和跟踪。后者则是以远距离测量环境状态为目的,对大气、水域、陆地的各种状态进行测量。在大气检测方面,以公害物质、游离离子和气象因素作为被测对象;水域检测方面,测量水中的浮游生物、透明度、水温和油污染为特征的海洋污染;陆地检测主要供植物存活率的研究以及地形勘察;空中交通管制是应用激光雷达的极好领域,激光雷达与数字计算机相结合应用于空中交通管制,将会大大提高分辨率和数据率,显著改善机场的技术工作;激光雷达也可用于港口的交通管制。扫描激光雷达可以描绘出港口和船只来往的高分辨率图像,提供显示和观测,可以把海面航道叠加在显示器上,从而显示出船只的来往情况,并通告哪一只船已偏航,可能发生碰撞。激光雷达系统在测绘和大地测量中也非常有用,应用激光雷达能精密测量角度和距离,并能以很高的精度确定垂线和局部垂线。通过激光雷达观测现有轨道卫星上的后向反射器,可以监视与地质结构漂移有关的地球物理运动,进而预报地震。激光雷达可以用做机载地面测平仪,从飞机上连续测量飞机至地面的距离,提供难以接近的山脉和峡谷的高度和轮廓数据。

10.3　激光测距在炸高测量中的应用

空炸引爆装置是近代森林消防、节日施礼和战争中经常使用的技术，其特点是要求在一定的高度起爆，炸高是重要的技术参数。本节讨论测量炸高的一种新方法。

一、原理

将爆炸瞬间的炸高拍摄下来，又在同样的条件下拍摄标准高度，用精密长度检测的方法去读取炸高和标准高度的像进行比较。假设空中炸点 A 在地面的投影是 A'，炸高 $H=\overline{AA'}$。在 A' 附近设置标准高度板 C，其高为 h，宽为 b（图 10.10）。离开空中炸点 A 较远处 B 点设置高

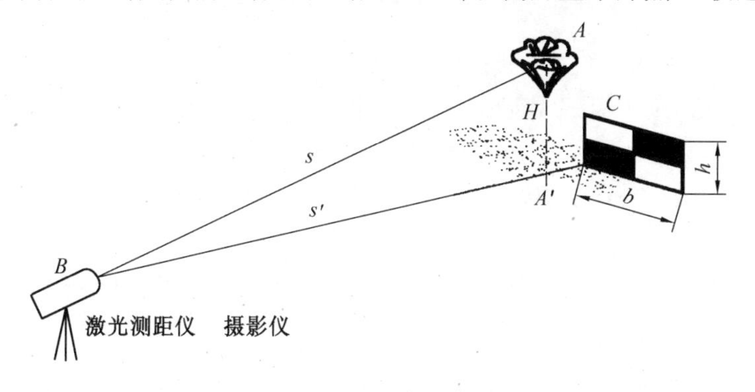

图 10.10　测高示意图

速摄影仪和激光测距仪。前者拍摄空中炸点区域的平面照片，后者测量高速摄影仪到空中炸点的距离 s（高低角为 α）和到标高板中心的距离 s'（高低角为 β）。若在爆炸之前启动高速摄影仪，在见到爆烟之后关闭，则拍摄了爆炸过程的若干张照片。在这些照片中必有一张反映了图 10.11 所示的情形，即空中有炸点，爆炸产生的破片在地面形成了一个散布椭圆，但是尘土尚未扬起，椭圆的轮廓清晰可辨、标高板在照片上。从照片上可以读出标高板的高度 h'，炸高 aa'。aa' 的读取应先确定破片散布椭圆的长轴 E，炸点中心 a 到长轴 E 的中点 a' 距离，即炸高 aa'，根据 A、B、C 的相对位置不同，用比例关系可以由 aa'、h' 和 h 来求得炸高 H。

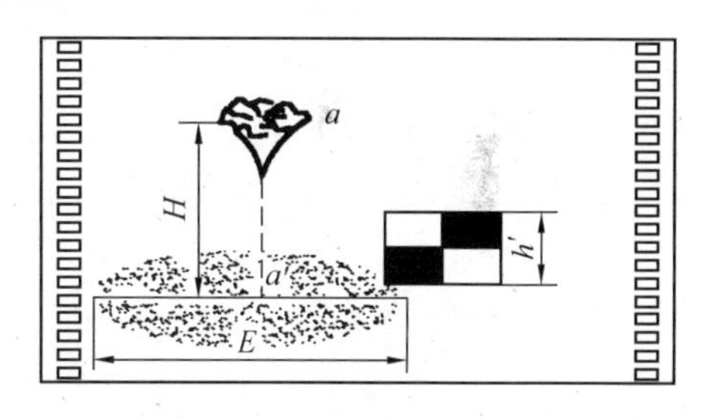

图 10.11　空中爆点区瞬间照片

（1）当 $s=s'$，$\alpha=\beta$ 时，炸高为

$$H=\frac{h}{h'}\cdot aa' \tag{10.50}$$

(2) 当 $s \neq s'$, $\alpha = \beta$ 时,考虑到 s 和 s' 的影响,炸高为

$$H = \frac{s}{s'} \frac{h}{h'} \cdot aa' \tag{10.51}$$

(3) 当 $s \neq s'$, $\alpha \neq \beta$ 时,(实际情况大多属于这一种),激光测距仪和高速摄影仪通常设置在距离炸点区 1.5 km 处的高处,得到的炸高公式为

$$H = \frac{sh\cos\alpha}{s'h'\cos\beta} aa' \tag{10.52}$$

其中,s、s'、α 和 β 四个参数由激光测距仪给出,h 和 h' 两个参数由实测和在照相底片或照片上读出,故炸高 H 就完全确定了。

二、误差分析

激光测距仪的测距误差约 2‰,测角误差为 0.1°,在 α 和 β 角都不大的条件下,误差也都小于 1%,aa' 和 h' 的判读可用读数显微镜进行,读数精度为 10^{-3} mm。h 的实际长度为数米,测量误差不超过 1%,所以在做误差分析时可以用全微分来处理。先对式(10.52)取对数,有

$$\ln H = \ln s + \ln h - \ln h' - \ln s' + \ln aa' + \ln\cos\alpha - \ln\cos\beta$$

求微分,有

$$\frac{\mathrm{d}H}{H} = \frac{\mathrm{d}s}{s} + \frac{\mathrm{d}h}{h} - \frac{\mathrm{d}h'}{h'} - \frac{\mathrm{d}s'}{s'} + \frac{\mathrm{d}aa'}{aa'} + \frac{\mathrm{d}\cos\alpha}{\cos\alpha} - \frac{\mathrm{d}\cos\beta}{\cos\beta}$$

相对误差为$\frac{\Delta H}{H}$,故总的相对误差是

$$E = \frac{\Delta s}{s} + \frac{\Delta h}{h} + \frac{\Delta h'}{h'} + \frac{\Delta s'}{s'} + \frac{\Delta aa'}{aa'} + \tan\alpha \cdot \Delta\alpha + \tan\beta \cdot \Delta\beta \tag{10.53}$$

所有各项中误差最大的是测距误差,采用脉冲激光测距,关键是不可能测得如图 10.11 所对应的 s。往往是在爆炸过后发现炸点,测得的 s 不是炸点,而是扩散开来的爆烟。假设爆烟每秒扩散直径为 50 m,则 Δs 大约为 25 m。若 s 为 1.5 km,$\Delta s/s$ 小于 2%。$\Delta s'$ 可以测得较准,用 60 MHz 钟振的测距仪 $\Delta s' = \pm 2.5$ m,$\Delta s'/s'$ 小于 2%。这样,最终的相对误差不大于 3%,即

$$E = \sum_{i=1}^{T} E_i < 3\%$$

若炸高为 10 m,测得的误差为 $10 \times 3\% = 0.3$ m,即 30 cm,可见用这种方法测得的炸高,可以达到很高的精度。

10.4 激光遥感技术

激光遥感属于主动遥感技术,是八十年代发展起来的一门新兴技术领域,其基础是激光辐射与大气中的原子、分子以及气溶胶粒子之间相互作用所产生的各种物理过程。激光遥感技

术不仅因其光谱分辩率比微波遥感要高几个数量级,而且能根据物质的光谱响应,准确测定衡量物质的原子或分子的组分和结构。因此该项技术在军事、地球物理、大气污染检测等领域得到广泛的应用。下面简要介绍差分吸收和喇曼激光雷达的基本原理和技术。

一、差分吸收激光雷达的工作原理

分辨大气成分的激光雷达主要的应用是基于吸收机理的所谓差分吸收技术,其原理是利用可调谐激光的两个波长上的信号,一个信号波长与待测成分的强吸收线中心重合(称为信号波长),而另一信号波长则偏离吸收线中心(称为离线波长),比较这两个回波信号便能推算出吸收物质的浓度,另由吸收线中心频率还可以知道吸收物质成分等参数,这是一种灵敏度很高的探测方法,同时应用吸收线附近的两个波长进行测量,可以消除大气吸收与散结造成的影响。

差分吸收光雷达的测量可以利用海面和地面对激光脉冲能量的后向散射,通过后向散射数据统计以及探测目标特征,获取相关的测量数据。图 10.12 介绍了一种脉冲 CO_2 差分吸收激光雷达实验装置[1]。

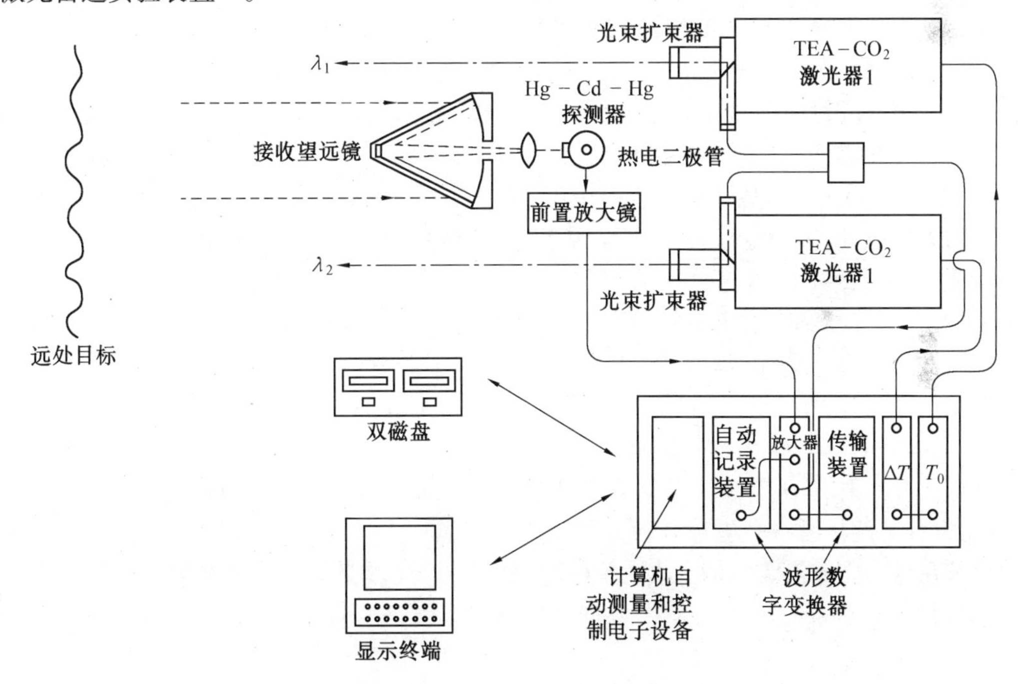

图 10.12　机载脉冲 CO_2 光雷达系统

该实验装置是利用计算机控制光栅的双通道脉冲横向激励大气压(TEA)CO_2 差分吸收雷达系统。激光发射系统由两台 TEA - CO_2 激光器组成,在 9 ~ 11 μm 波长区间其脉冲宽度为

100 μs,脉冲输出能量为 100 mJ,激光器输出的重复率达到每秒 10 次。在工作中,利用光栅把每台激光器调谐到差分吸收测量所需要的波长,两台激光器输出的脉冲时间间隔为 20 ~ 50 μs,也就是说第一台激光器被触发 25 ~ 50 μs 之后,另一台激光器再触发,以便提供 μs 量级时间间隔的双波长测量。探测系统仅需要一个探测器和一组放大器以及数字交换电子设备,热电型能量计监视激光器输出能量,并用两个光束扩展望远镜(望远镜的直径约为 180 mm)将激光束发散角压缩到 1×10^{-3} rad,探测器采用光导型的 HgCdTe(碲隔汞),其光敏面为 $1(\text{mm})^2$,探测率约为 5×10^{10} cm·Hz$^{1/2}$/W,在探测器前面放一个焦距为 25 mm 的透镜,其接受视场约为 3.7×10^{-3} rad。

将脉冲 TEA - CO_2 差分吸收光雷达安装在飞机上,可以遥测海洋表面和陆地表面两类目标的后向散射特性,还可以检测大气中的气溶胶、气溶胶层及云层结构中差分吸收情况等。

二、喇曼激光雷达的工作原理

所有的激光雷达都有激光器和发射接收天线,差别在于接收到回波信号后如何处理,并按处理方式不同分成各种类型的激光雷达。最简单的激光雷达接收的是米氏散射和瑞利散射,并将其会聚到光电探测器上。检测信号作为时间的函数输入数据处理系统,得到在不同距离上大气成分的数据。喇曼激光雷达的接收信号处理系统采用分光镜和干涉滤光片,探测器接收特定分子的喇曼散射频率 ν_i。对于大气中的特定分子,ν_i 是一定的,喇曼散射谱线强度 I_i 正比于散射分子的浓度。因此将喇曼散射的频率 ν_i、强度 I_i 作为时间函数即可以检测在各种距离上的大气成分,实现定性(ν_i)、定量(I_i)和定位检测。喇曼激光雷达的原理示意图见图 10.13。其中激光器和发射天线将准直的激光脉冲定向发射出去,送到需要检测的大气区域。接收光学系统采用大口径的反射或折射接收天线,最大限度地搜集大气中各种分子的散射光。滤光片的作用在于减少杂散光的干扰,其通带以激光波长为中心包括各种分子喇曼散射波长在内。光谱仪实际是多通道单色镜,使每一个喇曼散射频率的光射向指定的光电探测器,得到和 ν_i 对应的光强 I_i,输入数据处理器,然后或输出或显示或记录或作为其他用途。

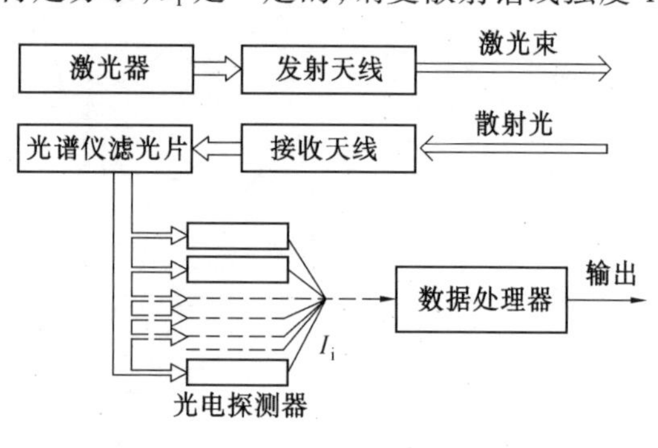

图 10.13 喇曼激光雷达原理图

三、喇曼激光雷达的应用

喇曼激光雷达是最先用于大气监测的激光雷达,最早用它来测量 2 km 范围内大气中 N_2、O_2 和 H_2O。后来逐步扩展到对多种有害物质的分子都可以检测,如 CO、HCl、NO、NO_2、N_2O、

SO_2、H_2S、NH_3、CH_4、C_2H_4、C_6H_6、NO_2、SF_6、CCl_4、C_3H_8、C_3H_6、C_6H_6、C_2H_5OH 以及有机磷化合物等。探测范围也不断提高,目前脉冲红宝石激光器($\lambda = 0.694\ 3\ \mu m$)配上 16 m^2 反射式接收天线探测距离可达到 40 km。为便于参考,表 10.2 给出若干有害物质分子的喇曼散射频率。

由于喇曼谱线的强度很弱,对于喇曼激光雷达要求采用大功率激光器和大口径接收天线,从而限制了它的应用。对于浓度很低的稀薄污染成分,用喇曼激光雷达就不行了。可以用共振喇曼激光雷达或示差激光雷达。共振喇曼激光雷达的检测灵敏度可以提高三个量级,示差激光雷达的灵敏度可以提高四个量级。

表 10.2　若干有害物质分子的喇曼散射频率

分子式	CCl_4	SO_2	NO_2	SF_6	C_3H_8
$\bar{\nu}_i(cm^{-1})$	459	519.115 1	750.132 0	775	867.145 1 2 890
分子式	C_3H_6	C_6H_6	C_2H_6	N_2O	CO_2
$\bar{\nu}_i(cm^{-1})$	920.129 7	992.306 2	993	1 285.2 224	1 286.138 8
分子式	CCl_4	SO_2	NO_2	SF_6	C_3H_8
分子式	C_2H_6	N_2O_4	NO	CO	NO_3
$\bar{\nu}_i(cm^{-1})$	1 342.162 3 3 020	1 360	1 877	2 145	2 420
分子式	HBr	H_2S	HCl	CH_3OH	CH_4
$\bar{\nu}_i(cm^{-1})$	2 560	2 611	2 886	2 846.295 5	2 914.302 0
分子式	C_2H_5OH	NH_3	H_2O	N_2	O_2
$\bar{\nu}_i(cm^{-1})$	2 943	3 334	3 652	2 331	1 556

10.5　激光通信技术

激光通信与无线电通信相比具有巨大的优越性,这表现在激光通信中,各个通信系统不会互相干扰,这就可以解决空间频率拥挤的问题。由于激光的频率很高,在 $10^{13} \sim 10^{15}$ Hz 之间,比微波频率要高 1 000 倍,如果每个话路频率带宽度为 4 000 Hz,则可容纳 100 亿个话路,如果每个彩色电视的频带宽度为 10 MHz,则可同时播送 1 000 万套电视节目而互不干扰,这是任何通信系统所不能达到的巨大通信容量,这种大容量的通信系统若能实现,将使通信技术焕然一新。

激光通信的原理与无线电通信原理基本相似,所不同的是传递信息的运载工具,是用激光而不是用一般的无线电波。本节简要介绍激光通信的一般原理及光纤通信技术。

通信是指将信息从一方传至另一方,传输距离可以从近距离(例如校园范围内)到远距离

(从地球的一端传至地球的另一端),这种传输信息可以是语言的波形、电视信号或从计算机输出的二进制数据等。激光通信技术包括发射、传输、接受等过程,其通信系统的原理示意图见图 10.14。

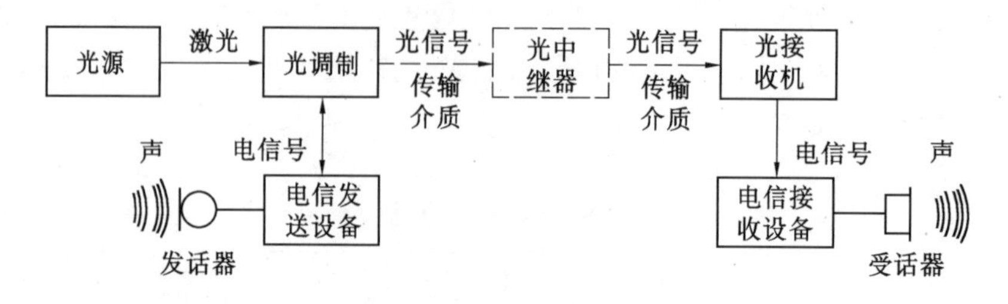

图 10.14　激光通信示意方框图

一、发射系统

从通信系统发射这一方面考虑,首先必须把信息施加于光束,使光束携带着被传输的信息,这个过程叫做调制,类似于无线电广播时,必须经过调制,使载波携带广播员说话的波形信息一样。

光通讯中常用的调制方法有调幅和调频两种;调幅是指光束的振幅(功率)按一定的规律变化,通过振幅的变化来携带信息,调频就是让激光的频率按一定规律变化,使频率改变量与信号成线性关系。下面介绍一种调幅的方法。

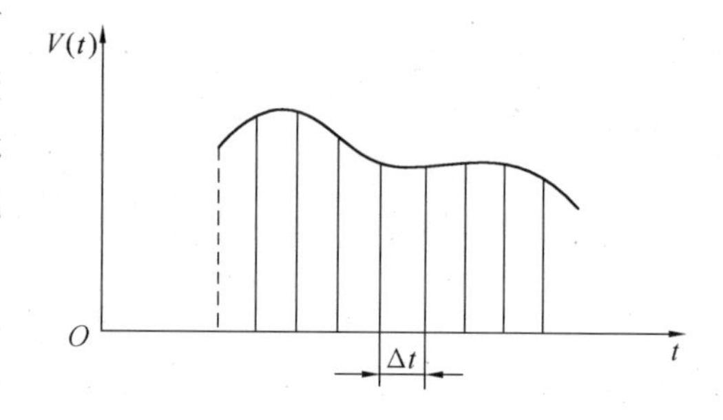

图 10.15　信号及取样

该方法见图 10.15。在图中,$V(t)$为信号波形,并选取每隔一定时间间隔 Δt 测出信号值(实际上不需要把每时每刻的信号值传输出去),若在某 Δt 时间间隔得到取样信号为 $V_s(t)$。根据通信理论中的取样定理,如果信号 $V(t)$所包含的最大频率是 ν_{max},那么只要取样时间间隔$\Delta t \leqslant 1/2\nu_{max}$,就可以从取样信号 $V_s(t)$中完全地复原出信号 $V(t)$,不会产生失真。例如,若 $V(t)$是声音的信息波形,它的最高频率就不超过 4 000 Hz,那么只要取 $\Delta t = \frac{1}{8\ 000}$ s 就能满足条件。得到取样信号后,再把信号大小分成若干档,用一个二进制数来表示信号大小,这个过程叫做脉冲编码。所谓编码就是用一组等幅度等宽度的脉冲作为“码元”,用有“脉冲”或“无脉冲”的不同排列来代表各个抽样脉冲的幅度。用脉冲的“有”和“无”编成的码组,实际上就是二进制数(其中以有脉冲表示“1”,无脉冲表示“0”)。

在脉冲编码通信中,把取样脉冲可能具有的最大幅度分为若干级、每级用一组二进制脉冲来表示,代表 1 比特的信息量。若每秒传送 1 个这样的脉冲,传送信息的速率就是每秒 1 比

特,可写成 1 比特/秒或 1 B/s。码位越多,所分的级数越多,各级的差别就越小,代表的脉冲幅值就越精确。若把信号分成 256 档,用八位二进制码就可以编出 2^8 即 256 种不同的码组。在得到取样编码电脉冲信号以后,再对光源进行调幅。调幅的方法很多,例如,可以利用电信号来控制抽运功率,使激光输出功率随之改变;也可以利用电光晶体调制器或电光开关等。所用激光器件的类型,要根据用途选择。目前用得比较多的是半导体二极管激光器(InGaAsP),其波长为 1.05 μm 左右,在近距离通信时,也可以用发光二极管来代替半导体激光器等。

综上所述,激光通信中的发射过程可以归结为图 10.16 所示的那样。发射流程可以归结为首先把声音波形变成电信号,进行取样、编码,得到电脉冲,再利用电脉冲调制光源,使光源发射光脉冲系列。使光源每隔 $\Delta t \leqslant 1/2V_{\max}$ s 发出一组取样信号值的脉冲,这样就能把信号传输出去了。

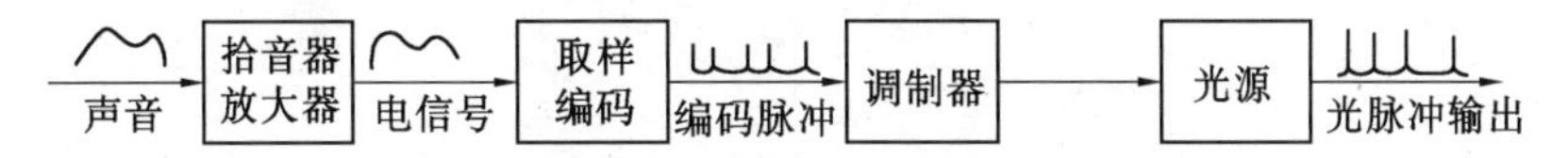

图 10.16　激光通信中发射流程图

二、信号传输

光通信技术中信号传输的方式有两种,直接传输和光纤传输(有时称为无线通信和有线通信)。由于在大气中直接传输(无线通信)最为简便,再加上激光具有高度方向性,这种传输方式最适合于在远离大气层的太空中使用,它可以从地球的一端把载有信息的载波送入低轨道的卫星,也可以从卫星(从地面搜集到的情报)上载有信息的载波送入低轨道的卫星等通信。

另一种传输方式是光纤传输(光纤通信或有线通信)。光纤通信具有许多独特的优点,如光纤通信不受电磁干扰、保密性好、能节约大量有色金属,而且质量轻、柔软可弯,便于运输和施工、通信容量大等。

光纤通信系统和大气传输的(直接传输)光通信系统不同之处是它用光纤来传送光信号,而其他主要组成部分和大气传播光通信系统大致相同,只是多了用做传送媒质的光学纤维以及与光学纤维相匹的一些元部件,其原理示意图如图 10.17。

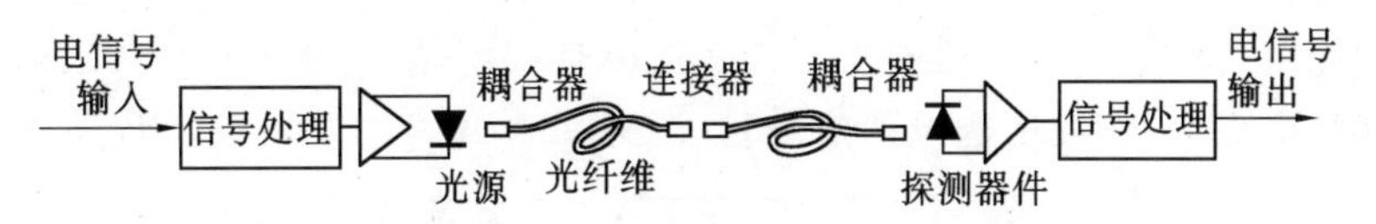

图 10.17　光纤维通信系统示意图

光纤通信系统和其他通信系统一样,需要进行长距离的信号传输,但在光纤中传输的信号会由于光纤的色散、吸收等使信号衰减、变形,因此在每隔几十公里就需要有一个中继机(信号波长为 1.3 μm 的标准中继距离为 40 km,信号波长为 1.5 μm,在长距离时中继距离为 80 km,利用光放大技术,中继距离可延长至 100 ~ 300 km)。

在光纤通信中的中继机作用是把减弱、畸变的光信号复原，送入光纤继续传播。光纤通信中的中继机，通常可分为直接光中继机和间接光中继机两种。直接光中继机就是光放大器（光放大器是指激光器工作于没有反馈，或反馈不足以引起振荡状态），它的作用是直接将光信号放大，以补偿光纤维引起的损耗，它也可以称为光－光中继机，例如像砷镓铝双异质结激光器在减低端面反射系数、采取一定的措施之后，即可做成光放大器，见图 10.18。光放大作用发生在 P 型砷化镓有源区矩形截面的介质波导上。光输入和输出都用矩形截面的光纤耦合，以增加耦合效率。这种放大器可在谐振、放大或行波状态下工作，且体积小（$0.1\times0.1\times0.2\ \text{mm}^3$ 左右）；只需几百毫安电流，效率高达 10% 左右，放大倍数可高达 100 倍以上。

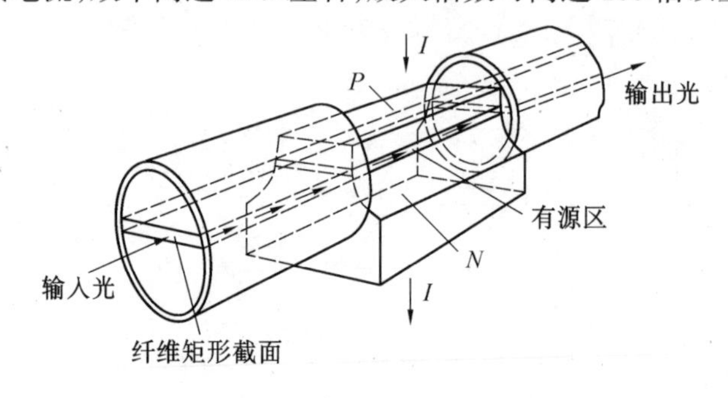

图 10.18　光放大器的结构图

间接中继机的作用是将光信号先解调成电信号，经电子放大或再生后，再调制到光源上去，因此也称为光－电－光中继机。图 10.18 是一个数字光纤传输系统中继器原理图。在图中，经过光纤传送后的光脉冲信号，经过光电探测器转换成电脉冲信号，该信号经放大器放大到再生电路要求的幅度，再生电路的作用是对畸变的脉冲进行鉴别，重新发出一列与输入脉冲完全相同的信号（完全消除了噪声和畸变的影响）。图 10.19 中的定时信号恢复电路的作用是为再生电路提供时间标准，其作用是与再生电路一起，对不规整的脉冲进行整形，原因是从光电探测器得到的电脉冲信号与理想的矩形脉冲有很大的差别（由于传输的畸变，脉冲的形状产生了严重的畸变），另外由于噪声的随机性，各个脉冲的波形也不完全相同。因此定时信号恢复电路作用以保证再生脉冲出现的时间是正确的。再生后的信号送到驱动电路，使光源发出光脉冲。数字光纤传输系统中继机的主要性能指标是误码率，它表示在一个中继机中引起码脉冲错误可能性的大小，例如传送电话信号时，误码率为 10^{-6}时质量就比较满意，这相当于传

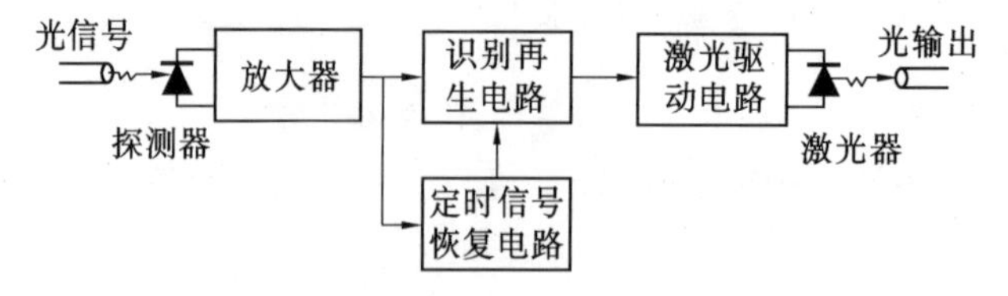

图 10.19　数字中继器原理图

送一百万个码脉冲有一个发生错误。

近些年来，光纤通信技术取得了新的突破，尤其是用掺铒(Er)离子的石英光纤做有源介质的铒光纤放大器的研制成功。用它代替中继机是光纤通信技术的一项重大进展。掺铒光纤放大器(EDFA)具有高增益、高饱和输出功率及低噪声等特点，其性能指标比电子放大器和半导体光放大器优越得多，使之非常适合用做陆地光纤干线系统，海底光纤通信系统等以及未来全光网络中的中继放大器，成为解决光纤通信中长距离、大容量传输难题的关键性器件。例如掺铒光纤放大器频带很宽，约 60 nm (8 000 GHz)，因此它可以同时放大不同波长的载波所载的信号，即能同时放大多个光信道，而且能够用于不同的调制方式，如调幅、调频或调相等。另外掺铒光纤放大器的放大倍数受温度影响很小，是一个非常理想的光中继机，目前已获得码速 2.4 GB/s，传输距离 2.1×10^4 km，误码率为 10^{-9} 的性能指标。

掺铒光纤放大器的基本结构见图 10.20。它主要由有源介质(几米到一百多米长的一段掺铒石英光纤)、光耦合器和泵浦光源等组成。在图中，首先观察信号光与泵浦光在光纤内的传播方向，见图 10.21，其中泵浦源用激光二极管(LD)。

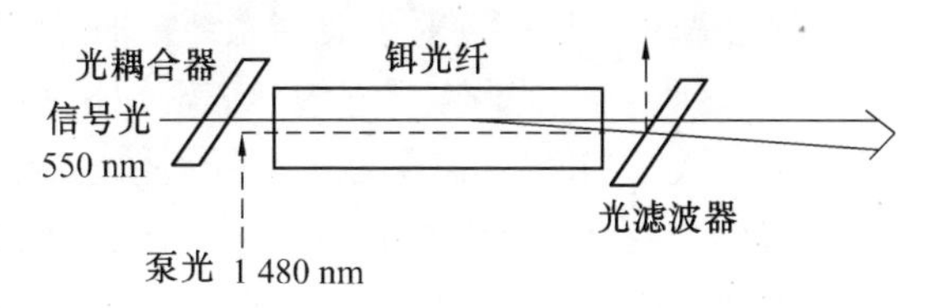

图 10.20　掺铒光纤放大器基本结构

① 如果信号光与泵浦光在光纤内传播沿同一方向，称为同向泵浦，可获得低的噪声系数。

② 若信号光与泵浦光在光纤内传播方向相反，称为反向泵浦，可获得高的输出功率。

③ 信号光与泵浦光在光纤内传播也可以有两个方向，称为双向浦泵。

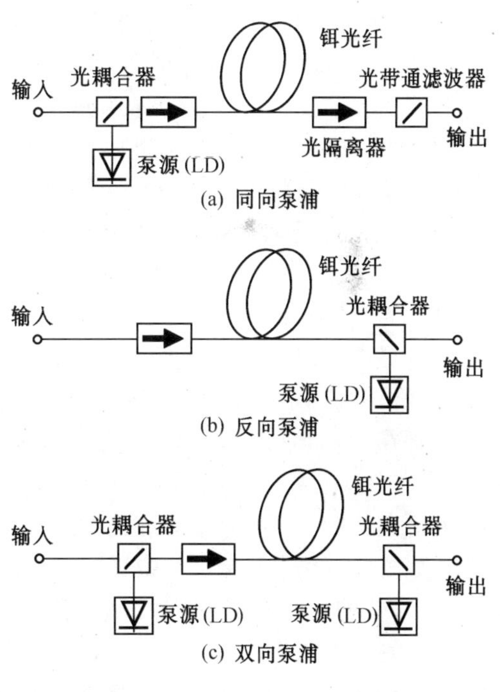

图 10.21　铒光纤放大器泵浦方式

若信号光波长为 1.55 μm 左右，泵浦光波长为 1.48 μm(或 0.8 μm，0.98 μm 等其他波长)时，当这两个波长的光同时注入铒光纤时，铒离子在强泵浦光作用下被激发到高能级并很快无辐射跃迁到亚稳态能级上，在信号光作用下回到基态时便能辐射出对应于信号光的光子，使信号得到放大。图 10.22 为其放大的辐射增益谱。从图中可见信号带宽很大，而且有两个峰值，分别在 1.53 μm 和 1.55 μm 附近。因此掺铒光纤放大器的主要优点是泵浦效率

高、增益高、饱和输出功率大、频带宽、噪声低等。在这方面需要深入了解,可阅读有关参考读物。

三、光接收机

光接收器的作用是把发送端通过光纤传来的微弱光信号转换成电信号,并利用具有自动增益控制的放大器进行放大,送入电接收机进行解码和重建,使之恢复成原来的信号。

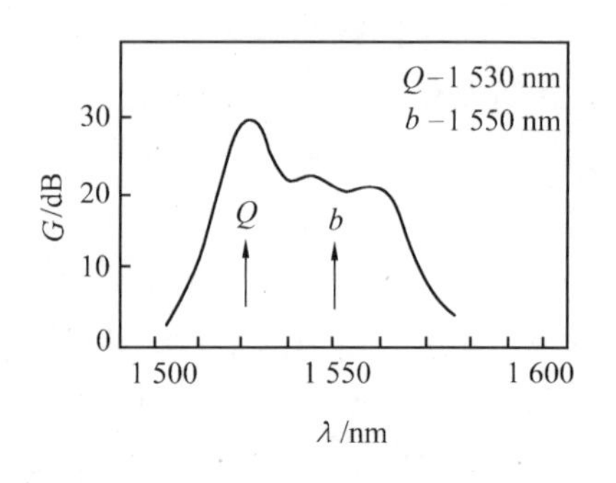

图 10.22 放大器的辐射增益谱

光接收机必须有足够的频带宽度以保证对输入光信号脉冲做正确反应。对于数字光纤传输系统,光接收机的主要技术指标是误码率和接收灵敏度,而接收机的误码率与它的噪声密切相关,噪声主要来源是光接收机的输入信号是经光纤传输来的微弱光信号,它是处于光纤通信系统中信号电平最低的位置。因此数字光纤通信系统的信噪比主要取决于光电探测器及其前置放大器。光接收机的接收灵敏度与采用光电探测器类型、暗电流和输入光信号的消光比有关。

在数字光纤通信系统中对光电探测器基本参数的主要要求为:响应度要高、响应速度快、噪声小、灵敏度高,随外界环境温度变化要小等。目前在数字光纤通信中,在工作波长为0.8 ~ 0.9 μm 波段,常采用的光电探测器为雪崩光电二极管和本征光电二极管,工作波长为 1.3 ~ 1.6 μm波段,一般采用光电探测器为 InGaAs 和 InGaAsP。

光通信要向长距离、大容量及互联网化方向发展,对通信系统组件性能除要求有优质的光源、高灵敏度、高质量的光电探测器等外,对光纤的性能及参数要求愈来愈高,例如要求光脉冲在光纤中传输时损耗要小和减小光脉冲展宽。光脉冲的损耗是由光纤材料的吸收、散射以及光纤结构不完善(弯曲、微弯等)引起的,而在光纤传输中的光脉冲展宽的原因则是因光纤的色散所致。

降低光纤损耗和减小脉冲展宽的基本途径是:对长距离通信系统可采用单模光纤为妥,其次要选择最佳工作波长,使光纤的损耗和色散都具有最低值。20 世纪 70 年代以来,已能生产并用于通信系统中的短波长光纤的损耗降低至 2 dB/km 左右,材料色散为零的 1.3 μm 长波长光纤损耗在 0.5 dB/km 左右,适用于长波长的 1.55 μm 光纤的损耗可降低至 0.2 dB/km 左右等。

光纤通信的另一个重要进展是光孤子通信。光孤子通信是一种新的光纤通信技术,该项技术可以摆脱其信号传输过程中受到光纤色散的限制。因为在通常讨论的线性光纤通信系统中(光纤是一种线性传输介质),限制信号传输速率及距离的主要因素是光纤的损耗与色散。随着光纤制造工艺及技术的提高,光纤的损耗已大幅度降低,例如工作波长在 1.55 μm 波段的光纤损耗已降低至 0.2 dB/km 左右,但该值已接近 0.1 dB/km 的理论极限值,从而色散就成为提高信号传输速率、延长中继距离的主要限制。利用光孤子通信系统可以把传输速率提高一

个数量级以上，成为新一代超长距离、超高码速的光纤传输系统，将对光纤通信的发展产生深远的影响。

10.6　激光与光纤陀螺

对于在惯性空间运行的载体如火箭、舰船、导弹等，需要对其进行控制和导引，从而使它能够精确地到达目的地。在这个过程中，载体姿态的改变是瞬时的。因此，实时地测量其在各个方位的角位移、角速度是精确控制和导引的关键。对这些量的测量仪器是陀螺仪。在各种类型的陀螺仪中，激光和光纤陀螺仪具有结构简单、不需要高速旋转的机械转子，同时具有精确和可靠性高等优点。

一、激光陀螺

环形激光陀螺（RLG）属于无高速旋转转子的第一代光学陀螺，它是由反射镜、合光棱镜和双向出光的气体激光器构成的环形激光陀螺。结构见图 10.23。

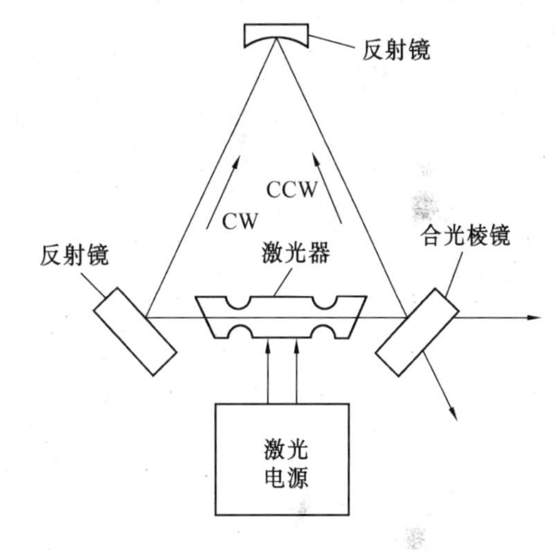

图 10.23　环形激光陀螺

基本原理是沿相反方向传播的光束谐振频率因谐振腔转动而不同，在环形腔内形成了拍频，使得输出光波的拍频频率（或相位差）与转速有关。具体分析如下。

在单模对运转的环形激光腔中，根据纵模的选择原则，顺、逆时针方向振荡光波的频率 ν_{CW}、ν_{CCW} 与闭合腔长 L_{CW}、L_{CCW} 的关系是

$$\nu_{CW} = q\frac{c}{L_{CW}} \qquad \nu_{CCW} = q\frac{c}{L_{CCW}} \tag{10.54}$$

式中　q——激光的模序数；

c——光速。

根据萨格奈克（Sagnac）效应，当环形腔在惯性空间绕其腔平面的垂直方向以角速度 Ω 转动时，腔内顺、逆两束激光的闭合谐振腔长差为

$$\Delta L = L_{CW} - L_{CCW} = \frac{4A}{c}\Omega \tag{10.55}$$

式中，A 为环形腔的面积。

由于在腔内运转的光波必须满足驻波条件，腔长的改变导致了沿顺、逆两个方向的谐振频

率的移动。这种不同频率光波的叠加将产生拍频,其频率差为

$$\Delta\nu = \nu_{CW} - \nu_{CCW} = \frac{qc\Delta L}{L_{CW} \cdot L_{CCW}} \approx \left(\frac{c}{\lambda L}\right)\Delta L \tag{10.56}$$

式中 L——环形腔静止时的腔长;

λ——环形腔静止时输出光波的波长,$\lambda = L/q$。

由式(10.55)和(10.56)得

$$\Delta\nu = \frac{4A}{\lambda L}\Omega \tag{10.57}$$

由式(10.57)可见,频差与角速度成正比。因此,环形激光器可作为转速陀螺。在一个调制周期内,对应的角度值(称为角增量)为

$$\theta_{inc} = \Omega/\Delta\nu = \frac{\lambda L}{4A} \tag{10.58}$$

这说明环形激光器还可以进行角位移的测量。

当两束光经过合光棱镜后输出光波的强度应为

$$I = 2I_0[1 + \cos(2\pi\Delta\nu t)] \tag{10.59}$$

其波形见图 10.24,用光电探测器接收这个光强,并把它输入到计算机,就可实时得到载体在各个方向上的角位移和角速度。

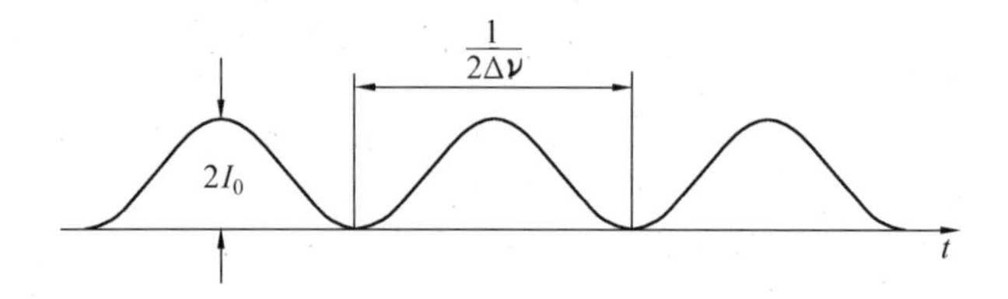

图 10.24 环形器输出的光的强度

以上是对激光陀螺的原理进行分析,在实际应用中,当转速 Ω 小于阈值时,沿顺、逆时针的两束光波在频率上有一些微弱的耦合,造成了彼此锁定并在相同的频率下工作,它们合成的驻波就会驻留在环形腔内。这样,光电探测器将探测不到光强的变化。因此,闭锁效应限制了激光陀螺分辨率的提高。在解锁中常用的方案是频率偏置方案,具体的解锁方法原理如下。

在环形腔中加入调制器,使得人为引入的顺、逆行波之间的频率差 $\Delta\nu_b$ 等效于给陀螺仪预置一个初始角速率 Ω_0,使其静态工作点(零角速率工作点)从零偏移至 Ω_0。频率的偏置方案分直流偏置和交流偏置两种类型,见图 10.25。直流频偏方案引入的频偏值 $\Delta\nu_b$ 为常数,使 Ω_0 为远大于闭锁阈值的恒定值,即 $\Omega_0 = \frac{\lambda L}{4A}\Delta\nu_b$。交流频偏方案所引入的频率偏值 $\Delta\nu_b$ 为函数,使静态工作点处于交变状态。

二、光纤陀螺

激光陀螺测的是单一封闭光路的萨格奈克效应,而光纤陀螺测的是具有多匝光纤线圈的萨格奈克效应。它不仅使正反光束光程差扩大了 N(光纤匝数)倍,而且还消除了闭锁效应,提高了检测的灵敏度和分辨率。光纤陀螺是第二代光学陀螺。它的种类很多,目前技术上比较成熟,正在实用化的光纤陀螺是干涉型光纤陀螺(I－FOG),处在实验室向实用化发展的是谐振型光纤陀螺(R－FOG),处在理论研究阶段的是布里渊型光纤陀螺(B－FOG)。

1.干涉型光纤陀螺(I－FOG)

图 10.26 是干涉型光纤陀螺示意图,主要由宽带光源、光纤环、分光和合光器件、起偏器、相位调制器、光电探测器以及信号检测处理系统组成。其中,多功能集成光学器件(MIOC)替代分立的起偏器、光纤定向耦合器及相位调制器。其基本原理是当转速为 Ω 时,顺、逆时针的两束光因传播距离不同产生相位差与转速成正比,从而光强也与转速有关。具体分析如下。

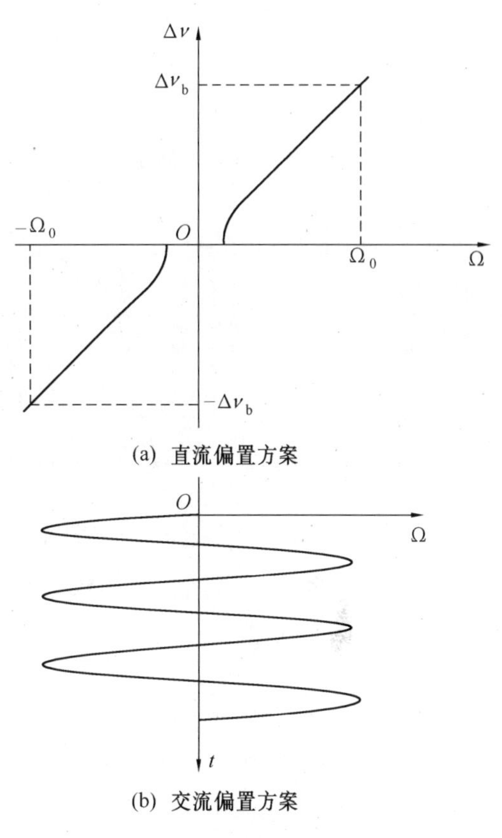

(a) 直流偏置方案

(b) 交流偏置方案

图 10.25　频率偏置方案

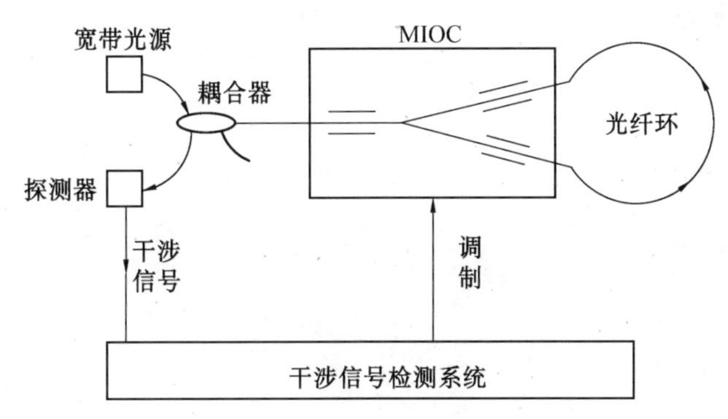

图 10.26　干涉型光纤陀螺示意图

由萨格奈克效应可知,对于线圈直径为 D,光纤长度为 $L = N\pi D$(N 为光纤的匝数)的光纤陀螺,当转速为 Ω 时,顺、逆时针光束产生的相位差为

$$\Delta\varphi = \frac{2\pi LD}{\lambda c} \cdot \Omega \tag{10.60}$$

式中,λ 为真空中的波长。

在此相位差下,到达探测器的光强为

$$I = I_0(1 + \cos\Delta\varphi) \tag{10.61}$$

式(10.61)存在一个以零为中心的 $\pm\pi$ rad 的单调相位测量区间,测量的转速必须落在该区间,否则就会因为一个光强值对应几个转速值而无法确定其转速。因此,当光纤的长度和线圈的直径以及光源的波长确定后,其工作区间就确定了,即

$$|\Omega| \leqslant \Omega_\pi = \frac{\lambda c}{2LD} \tag{10.62}$$

譬如,线圈长度为 1 km,直径为 10 cm 的高灵敏光纤陀螺,工作波长为 850 nm 时,转速最高为:$\Omega_\pi = 70°/\mathrm{s}$。

由于光纤环形干涉仪具有的特性与真空中的干涉仪一样,在宽谱条件下没有任何色散效应。因此可以利用宽带光源,这样就会因为其弱时间相干性而大大地减少许多寄生效应。相应的输出光的光强就为

$$I = I_0[1 + \gamma(\Delta\varphi)\cos\Delta\varphi] \tag{10.63}$$

式中,$\gamma(\Delta\varphi)$为光源的相干函数。

2. 谐振型光纤陀螺(R－FOG)

R－FOG 原理见图 10.27。从激光器发出的相干光通过光纤定向耦合器 C_4 分成两种,分别经耦合器 C_2、C_3 传输至谐振腔耦合器 C_1,从两端注入光纤环形谐振腔,在光纤环形腔中形成两相向传播的相干光束。当谐振腔满足谐振条件并达到稳态时,环形腔中的光强达到最大,即谐振状态。顺、逆时针两光束的谐振频率见式(10.54)。

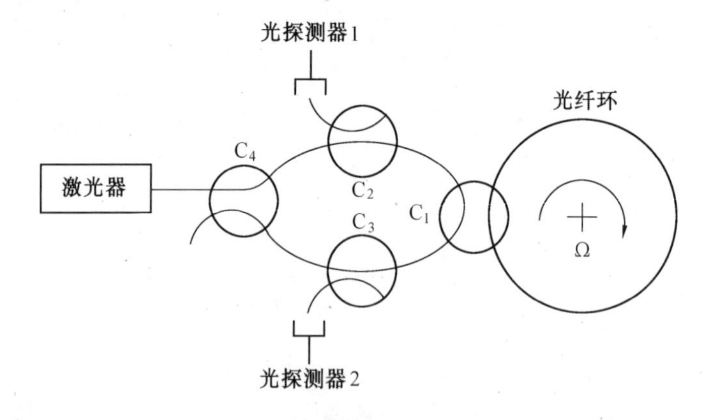

图 10.27 谐振型光纤陀螺

当系统谐振时，应同时满足

$$\beta L = q \cdot 2\pi \tag{10.64}$$

和

$$K_r = 1 - (1 - \gamma_0^2)(1 - \alpha_0)e^{-2\alpha L} \tag{10.65}$$

式中　β——环形腔光纤中光波的传播常数；

L——光纤环形谐振腔长；

K_r——谐振腔耦合器 C_1 的最佳耦合比；

γ_0——耦合器的插入损耗；

α_0——光纤环形谐振腔的接头损耗；

α——环形腔光纤的损耗系数。

当谐振腔处于静止状态（$\Omega = 0$）时，系统的非互易量为零，顺时针光和逆时针光具有相同的谐振频率，形成谐振简并。当环形腔以一定角速度 Ω 旋转时，两束相向传播光均因萨格奈克效应产生非互易相位移，导致两种相向光的谐振频率分裂，产生频差 $\Delta\nu$ 见式（10.57）。谐振型光纤陀螺利用光在环形腔中的谐振来增强萨格奈克效应，提高了灵敏度，但是，由于其利用光在环形腔中的多光束干涉（类似法布里-珀罗干涉）效应，因而对光源的相干性要求比较高。

3. 布里渊型光纤陀螺（B-FOG）

布里渊型光纤陀螺（B-FOG），又称光纤环形激光陀螺（F-RLG），或受激布里渊散射光纤环形激光陀螺（B-FRLG），其原理系统见图 10.28。

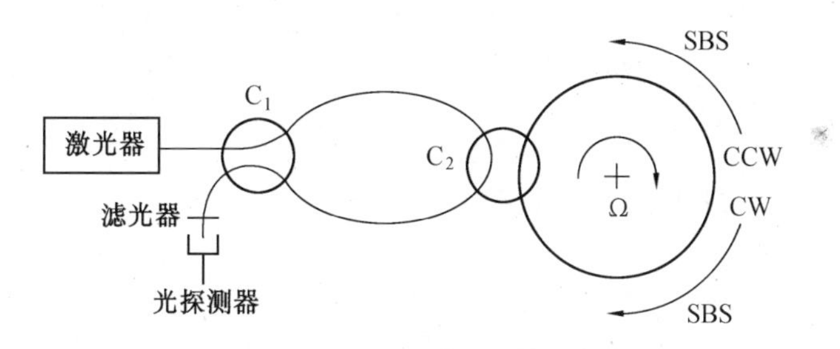

图 10.28　布里渊型光纤陀螺示意图

B-FOG 用光纤环形腔取代传统的激光环形腔，用高输出功率激光器作为光源，经耦合器 C_1 分支后，再经耦合器 C_2 分别从光纤环形腔的两端注入，当在光纤环中传输的光强高到一定程度时，就会在光纤谐振腔中引起受激布里渊散射（SBS），形成光纤激光器。顺、逆时针的两束布里渊散射光的频差与旋转角度 Ω 成正比。B-FOG 与传统的环形激光陀螺（RLG）相比较，所不同的是，传统的环形激光陀螺是用直流高压激励产生激光谐振，而 B-FOG 是利用较强的高功率激光二极管泵浦激光源耦合入光纤环形腔中，使其产生受激布里渊散射光谐振。B-FOG 实质上也是有源谐振腔，在原理上依然存在闭锁效应，但它不用直流高压激励源，去掉了传统的真空封装谐振腔,结构大大简化,体积大大缩小,而且可实现固体化,采用抑制闭锁效应的措施也比传统环形激光陀螺容易,特别适合于捷联式惯导系统的需要。因此,B-FOG 也是一种有希望替代传统环形激光陀螺的新型光纤陀螺,目前尚处于原理性基础研究阶段。

随着科技的不断进步,各种高精度陀螺仪不断由理论研究进入实验阶段并由此发展成熟,这必将带来导航和制导技术的革命。从这种意义上说,对布里渊型光纤陀螺仪(B-FOG)的研究具有非常重要的应用价值,一旦研制成功,将引起科技界和军界的极大关注。

10.7 激光制导技术

激光制导技术是现代精确制导武器的重要手段之一。用激光制导武器与非激光制导武器相比,它所对付的目标有很高的直接命中概率。激光制导武器所对付的目标可以是多种多样的,例如空中目标、地面目标、海上目标等,而且各种目标性质也不相同,目标所处的环境也是非常复杂的,这样对激光制导系统提出了非常苛刻的要求,要求激光制导系统性能必须要具备能够抑制背景、识别目标、截获目标、高精度地跟踪目标等功能。

激光制导技术的类型很多,如激光寻的制导、激光驾束制导等。无论采用何方式,一个完整的激光制导都要涉及光源、大气环境、测量,数据处理、传输和显示等,其系统基本结构概念见图 10.29。

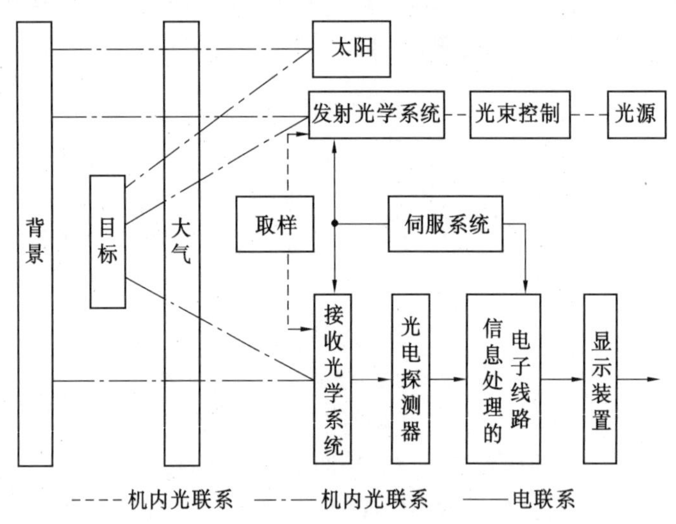

图 10.29　光制导系统框图

本节简要介绍激光制导技术中的一些基本原理及工作方式。需要深入了解请阅读有关文献[19]。

一、激光半主动寻的制导

激光寻的制导系统中(激光制导炮弹或导弹),激光源可以设置在弹外,也可以在弹上,当激光束照射在寻的目标上,目标上辐射的漫反射信息在大气中传输,经过被装在弹丸(导弹或炮弹)中的激光寻的器采集和取样等,就实现了对目标的跟踪和对弹丸的控制。它是使弹丸飞向目标的一种制导方式。

在激光寻的制导中,按照激光器所在位置的不同,可分为激光主动寻的制导和激光半主动寻的制导。下面简要介绍已处于实际应用的激光半主动寻的制导。

激光半主动寻的制导的特点是制导精度高(命中概率在90%以上)、抗干扰能力强、结构比较简单、成本较低等。该制导系统主要由两部分组成,一部分是装有激光寻的器的弹体(导弹或炮弹),另一部分是弹外的激光目标指示器。

1.半主动激光寻的器

半主动激光寻的器依据制导对象(航空炸弹、导弹、炮弹等)有多种寻的方式,如追逐式导引规律的风标寻的器、陀螺稳定式寻的器等。

早期的航空制导炸弹都采用了风标式激光寻的器,但后来在实际应用中都趋向于陀螺稳定式寻的器。下面简要介绍风标式激光寻的器光学系统基本结构,见图10.30。从图中可见,寻的器基本结构由球罩(1)、滤光片(2)、厚透镜(3)、探测器(4)、风标(5)(为了风标稳定,在风标上装有力矩马达)等组成,当激光束照射在目标上,来自目标反射的激光能量透过球罩后通过光学滤光片进入厚透镜。厚透镜的后表面将激光会聚并反射到厚透镜的前表面上。厚透镜的前后表面中心部分分别镀有反射膜和增透膜,它将激光再次反射到厚透镜后面的光电探测器上。

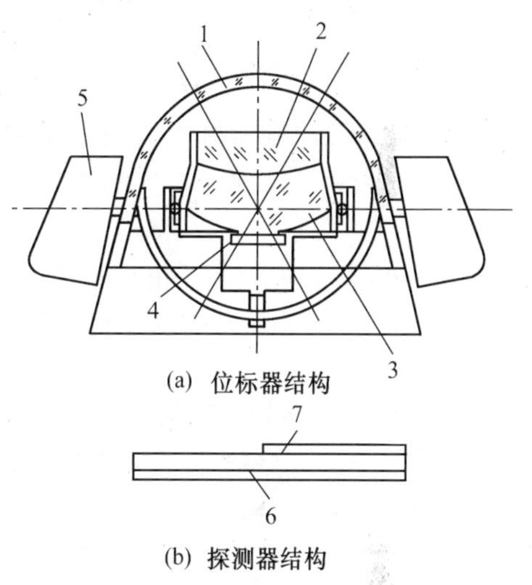

图10.30　风标稳定寻的器基本结构

1—球罩;2—滤光片;3—厚透镜;4—探测器
5—风标;6—滚转探测器;7—俯仰探测器

探测要用多元探测器(结构有滚转探测器、俯仰探测器等),其主要目的是避免激光落在探测器中心元附近而引起的滚转混乱,将光轴设置在俯仰、滚转共有区的平均位置上,因而使跟踪视场轴与搜索视场轴间有一定的夹角,形成寻的器的下视角。不管寻的目标在探测器的哪个位置,设计的自动控制仪将控制弹体使其在规定的脉冲个数及时间内转入跟踪目标。例如,激光脉冲频率时间为每秒发射5个脉冲,则最坏情况下在0.5 s内完成这一转换(转入跟踪目标)。对于多元探测器的输出信号的信息处理等可参阅有关参考读物。

图10.31为制导炮弹用的陀螺－光学耦合式激光寻的器基本结构。在光学寻的器中往往

以视线为基准(为了实现一定导引规律需要有一个基准,以便进行测量,同时要用测得的信号去改变视线、弹轴或速度向量的方向),给出视线转动的角速度信号,以便实现导引。这就要求将视线稳定,同时又能控制视线角运动,这一过程通常用陀螺系统来完成,这一陀螺系统称为寻的器的陀螺传动装置。

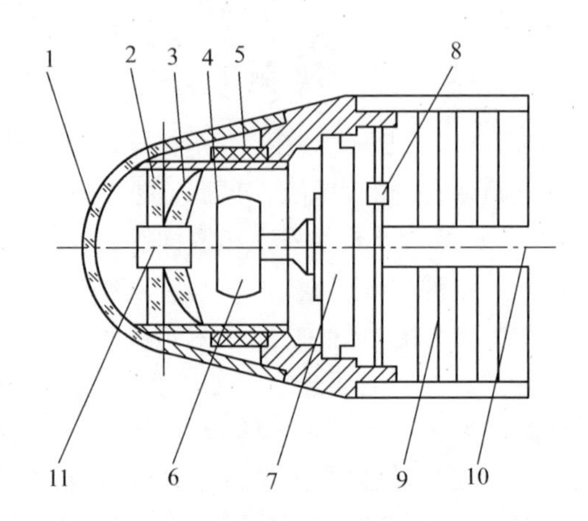

图 10.31　陀螺-光学耦合式激光寻的器基本结构

1—整流罩;2—滤光片;3—透镜;4—平面反射镜;5—壳体线圈;6—陀螺转子;7—启动弹簧;8—横滚速率传感器;9—电路板;10—射流通道;11—探测器及前置放大器组合

假设光学寻的器的测量系统与陀螺转子同轴,陀螺转子是以一个以高速度 ω 旋转的物体(陀螺转子可以采用电动机、磁场、流体、机械以体弹体旋转等),具有转动惯量 J,则陀螺的动量矩 $M/(\mathrm{kg \cdot m^2 \cdot s^{-1}}) = J\omega$。将此高速旋转的物体安装在一个由内环、外环构成的万向支架上,见图 10.32。万向支架基本结构由支架、内环、外环,凸肩轴承等组成。内环的外部通过轴承与杯形转子连接起来,陀螺转子及光学系统、大磁铁等其他构件安装在杯形转子上。内环相对于外环可以转动,那么外环相对于支架可以转动,因而内环相对于支架有两个自由度。另外杯形转子相对于内环可以转动,所以杯形转子相对于支架有三个自由度。那么内环相对于支架转的最大角度称为定向范围(为了使陀螺转子获得任意方向性,必须有定向范围足够大的万向支架,从制导规律要求和结构的可能性出发来考虑,一般最大定向范围在 ± 30°左右),有时将定向范围也可称为“框架角”,由万向支架的结构所限定。

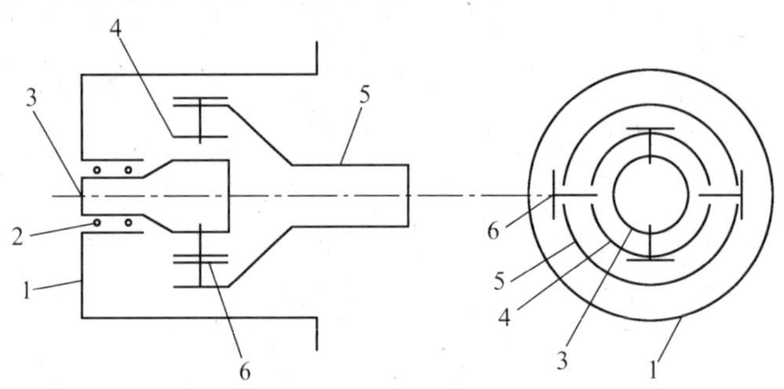

图 10.32　寻的器万向支架基本结构

1—杯形转子;2—轴承;3—内环;4—外环;5—支架;6—凸肩轴承

这种万向支架结构有一个明显不足,其结构构件会使弹体的战斗部射流的效率降低(一般降低在 15%左右)。为了做到既能承受高过载,又不影响射流效率,解决的办法是取消由内、外环结构构成的万向支架,而改用气浮轴承,其基本结构见图 10.33。在图中,有一个球面体

装在基座上，球体的外面有一个相吻合的转子（两者之间有气隙），且在转子内壁衬有抗摩擦的塑料（如环氧树脂薄层）。在弹体（如导弹、炮弹等）发射时高过载的冲击由定子与转子间的球面所承受，由于承受的面积大，不会引起破坏。通过管道的高压气体使球轴承内充满气体，构成气浮轴承，这种气浮轴承可以使转子获得±20°的定向角。

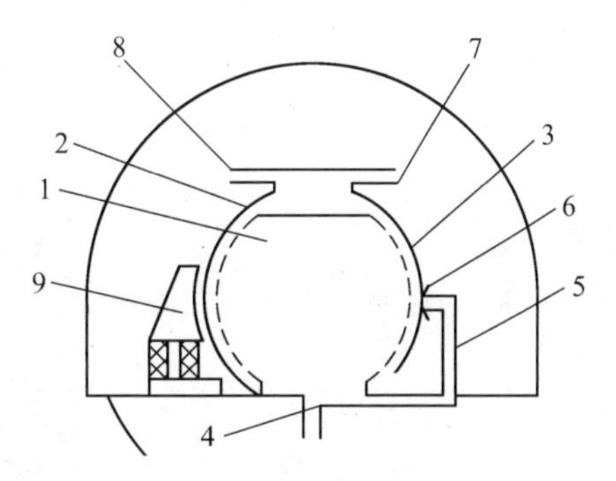

图 10.33　气浮轴承基本结构

1—球体；2—转子；3—环氧树脂薄层；4、5—管道；6—戽斗；7、8—排气管；9—转矩产生器

在图 10.31 中，当激光束照射在寻的器目标上，目标反射的激光脉冲能量经整流罩后通过窄带光学滤光片，并经透镜会聚后由装在陀螺上的反射镜反射后落在透镜后主焦点附近（稍离焦点）的四象限（测定目标相对于光轴的偏移量大小和偏移量方位）探测器上。从原理结构上可以看出，虽然这种结构的光轴是不稳定的，但垂直于反射镜并通过探测器中心的测量轴线却是稳定的。由于这种结构只要稳定反射镜，所以陀螺的结构简单、体积质量小。

在寻的器的壳体上有四组线，即旋转线圈、进动线圈、电锁线圈、补偿线圈。旋转线圈和进动线圈配合转子上的环形磁铁，使陀螺旋转和进动，跟踪目标。电锁线圈和补偿线圈用于输出电锁信号和框架角信号。为了使寻的器陀螺快速启动，在寻的器的后部装有弹簧启动器（激光寻的器是在弹体飞行主弹道最高点滚转控制开始后才开始工作的，此时刻弹体由旋转变为不旋转）。

在寻的器的电子舱内装有 8 块饼形的电路板，共用一条电缆线连接起来。电子舱的前壁上还固定有“超喷流”横滚速率传感器，电路板中央留有弹体战斗部射流通道。另外还采用了重力补偿技术（为了承受弹体发射的高过载，采用负载转移结构）等。需要深入了解，可阅读有关参考文献[19]。

2.激光目标指示器

在激光半主动寻的制导系统中，激光目标指示器的主要作用是为激光制导的弹体（导弹、炸弹、炮弹等）指示目标。例如，为了攻击某一个目标，由装在飞行器（飞机、直升机、遥控飞行器或者车辆、三脚架上等）等上的激光目标指示器向目标发射激光，目标漫反射回来的激光被装有半主动激光寻的器的弹体所接受，弹体的飞行路线受制于制导系统的指示信号，从而把弹体引向目标。另外指示器还可以为装有激光跟踪器的飞机导引航向。

激光目标指示器的基本结构见图 10.34[19]。在图中，来自被攻击目标区的光学图像信号由窗口进入可控稳定反射镜，再经过可调反射镜和分束器后进入光学系统（透镜、中性密吸收衰减光片、棱镜），并在电视摄像机（图中光导摄像管、摄影机）上成像。控制系统操作者可根据显示器上的图像选择目标，控制陀螺，并使可控稳定反射镜转动，用显示器上的跟踪窗锁住目标，使其保持在自动跟踪状态。控制系统操作者在搜目标时，一般用电视摄像机的宽视场，而在跟踪目标时用电视摄像机的窄视场，这时可把光学系统中的透镜（图中 10）从光路中分离（拨开）。为了保证电视摄像机有良好的图像对比度，在光学系统中设置了被控制的中性密度滤光片。当选定目标后即可向目标发射激光，激光指示器发射的激光束经过分束镜，可调反射镜、陀螺及可控稳定反射，经窗口射向目标，来自目标漫反射激光信号沿着激光发射相反的通道进入激光测距机，操作者可在显示器上读出距离。

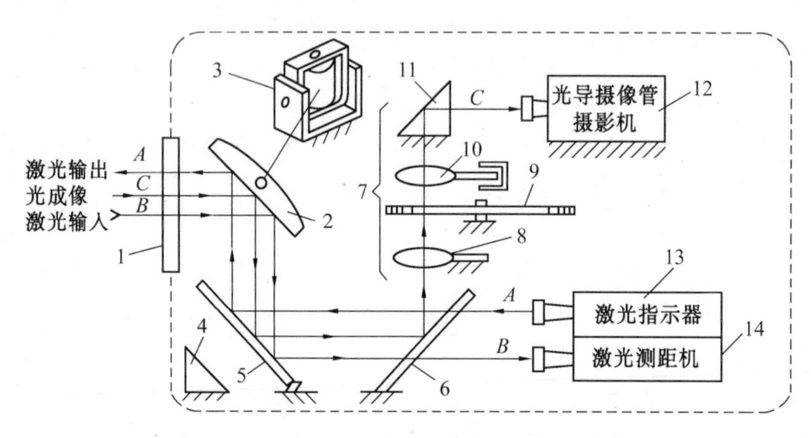

图 10.34 一种激光目标指示器基本结构

1—窗；2—可控稳定反射镜；3—陀螺；4—角隅棱镜；5—可调反射镜；6—分束镜；7—光学系统；8、10—透镜；9—中性密度滤光片；11—棱镜；12—电视摄像机；13—激光指示器发射器；14—激光测距机

在系统工作时，为了随时检查激光发射、接受和电视摄像机各光轴之间的相对位置是否正确，系统内设置有视线调核装置（角隅棱镜）。当陀螺及可控稳定反射镜转向角隅棱镜时，激光可按原光路返回，并在电视摄像机显示屏上得到一个应当与瞄准点重合的图像。若有偏差可通过调整荧光屏上跟踪窗口的位置给予修正。

激光目标指示器的核心部件是激光器，激光束参数选择是设计目标指示器的主要依据。通常目标指示器采用的激光源是用电光调 Q 的 Nd^{3+} – YAG 以重复频率（脉冲编码）运转的巨脉冲激光器。根据有关文献报道（从实验结果和工作经验提出指标），激光器的主要参数是激光波长（1.06 μm）、脉冲能量（50 ~ 300 mJ，视不同性质激光目标指示器而确定）、脉冲宽度（10 ~ 30 ns）、重复频率（每秒 10 ~ 20 个脉冲，可脉冲编码）、激光束发散角（$(0.1 \sim 0.5) \times 10^{-3}$ rad）。

激光脉冲重复频率适当地提高（对于静态目标在每秒 5 个脉冲左右，对动态目标在每秒 10 ~ 20 个脉冲），以便使激光寻的器有足够的采集数据率。激光重复频率脉冲在激光目标指示器内要实行脉冲编码，在激光寻的器内进行解码，这是激光半主动寻的制导系统中的一个重要问题，目的是在作战时不致引起混乱和对抗敌方的光干扰，在有多目标的情况下，按照各自编码，弹体只攻击与其对应编码之指示器指示的目标。激光脉冲编码有多种形式，在这里不做

具体介绍，需要深入了解可阅读有关参考文献。

二、激光驾束制导

1.基本原理和方法

激光驾束制导系统与激光半主动寻的制导系统一样主要由二大部分组成，一部分是用来瞄准、跟踪目标以及对弹体（导弹）进行制导的激光照明器，另一部分是装在弹体尾部的接收系统。

激光驾束制导的基本概念见图 10.35。在图中，地面操作人员首先通过光学瞄准镜对准目标，一旦目标被瞄准，导弹就被发射，与此同时激光照明器（由激光器光束调制编码器，激光发射系统等组成）发射含有方位信息的光束（制导波束，常用四象限光束），并以光束中心指向要攻击的目标。装有接收系统（含有光学接收镜头，光电探测器、解码器和信息处理电路等）的弹体沿发射站和目标之间的瞄准线发射（瞄准镜、激光照明器、导弹发射器三者是经过定标的，它们的指向一致，因此发射的导弹就自然地落在激光波束之内）并进入一宽光束，该光束经调制形成特定的空间花样。在弹体外形圆周上装有对称设置的四象限接收组件（用四个光电探测器组成的象限灵敏接收器），对激光束空间花样非常敏感，根据四象限接收组件被花样光束照明的时间长短不同，可得到不同脉宽的信息，由水平和垂直两组探测器得出的和差信号就是弹体轴线与瞄准轴的偏差量，经处理后控制弹体舵翼而改变弹体飞行方向，使弹体按光束瞄准前进，击中目标。

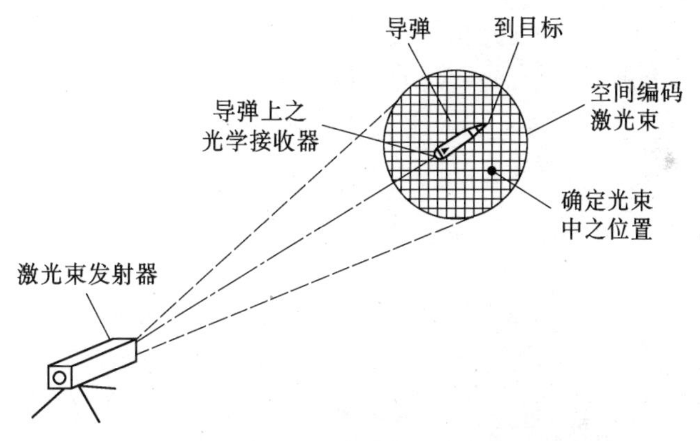

图 10.35　一般采用的空间编码激光驾束的导弹制方案

2.激光照明器

激光驾束制导系统中核心部件是激光照明器。激光照明器由激光器、光束调制编码器等组成，下面对激光器及光束调制编码器做简要介绍。

激光照明器中采用什么波长和工作类型的激光器是至关重要的，从有关资料报道来看，早期的或射程短的弹体（导弹）大多采用波长为 0.9 μm 左右的半导体激光器，其特点是小、轻、可

靠但大气传输性能较差。前些年又采用波长为 1.06 μm 的 Nd^{3+} – YAG 激光器,波长为 10.6 μm的脉冲 CO_2 激光器等激光源。尤其波长为 10.6 μm 的脉冲 CO_2 激光器具有显著特点,其波长正好处于大气传输窗口,对烟、尘土、雾等情况下传输性能好。

激光束设计参数视制导作用的距离、脉冲编码方案、工作环境等因素确定。例如根据有关文献报道,脉冲驾束制导弹的激光束设计参数为:波长为 1.06 μm 的激光的峰值功率为 1.25×10^6 W 左右,脉冲宽度为 20 ns 左右,重复频率为每秒 80 个脉冲,弹体上激光束宽度为 6 m 左右等参数。

光束调制编码器是激光驾束制导的核心,是形成制导波束中给弹体方位信息的重要手段。光束调制编码器类型有多种方式,如脉冲重复频率编码、脉冲间隔编码、偏振编码等。实现空间编码的具体手段可以是电光调制、声光调制、斯塔克效应调制等。

例如,电光空间偏振编码的基本方法是利用普克尔盒楔实现空间偏振编码,见图 10.36。如采用波长 1.06 μm 的 Nd^{3+} – YAG 激光器,则普克尔盒材料可采用铌酸锂晶体;采用波长为 10.6 μm 的 CO_2 激光器,则可采用硫化镉等晶体材料。空间偏振编码的原理是通过激光束截面上可变的光相位变化形成远场光束截面上的偏振梯度。实现过程是,当激光束通过两对隔开的光偶合普克尔楔产生垂直偏振和水平偏振图形,用电压脉冲(与激光器输出同步)交替加在两对普克尔楔上,以改变通过普克尔楔的局部激光的光相位,使输出脉冲激光束的截面上产生交替的偏振图形,再经历 1/4 波片使光相位变化,使得一对普克尔盒楔最上方呈现右旋圆偏振状态,而最下方光经历相位变化并呈现出左旋圆偏振。激光束的中间部分不产生相位变化(因两普克尔盒楔产生正负相等的光相位变化,即正负 1/4 波长光相位变化),并且从一对普克尔盒楔输出的光束其偏振状态与输入时相同,即是一垂直的平面偏振光,而激光束的其余部分视光相位变化的不同程度呈现为右旋或左旋椭圆偏振光,并由通过普克尔盒的光程决定。

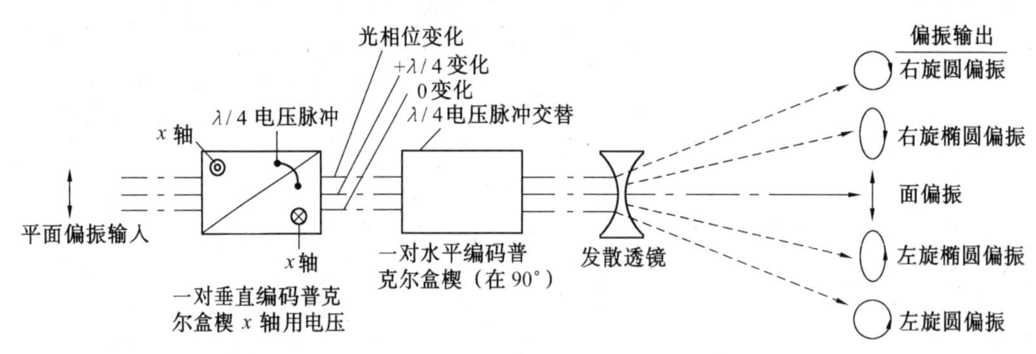

图 10.36 电 – 光空间偏振光编码方案(表示的为垂直梯度图形)

测定弹体在光束的垂直和水平位置,需采用不同的光束偏振图形。偏振编码总体方案是利用右旋和左旋圆偏振梯度,而不是改变平面偏振光角度,以使弹体的光学接收器的偏振解码系统不受弹体横滚方向的影响。该偏振编码方案在实践中的应用正在进一步完善之中。

3.激光驾束制导系统

激光驾束制导系统的基本结构具有显著特点,如只需要一个信息传输通道,结构简单而且操作也比较简便,接收系统装在弹体尾部,背向目标具有一定抗干扰性能,有较高的制导精度及作用距离远等。但也存在不足之处,如要求发射点与目标之间有通视条件,要求在摧毁目标时一直向目标投影激光束,一般要求照明器与弹体在同一操作地点。

对于不同方式设计的光束调制编码器对应着不同性能的驾束制导系统。下面简要介绍条束扫描的激光照明器和带信标的激光驾束制导系统,以便更好地了解激光驾束制导系统的概念。

(1) 条束扫描的激光照明器

条束扫描的激光照明器的基本结构见图 10.37。在图中,来自目标的影像信息(与图中 1

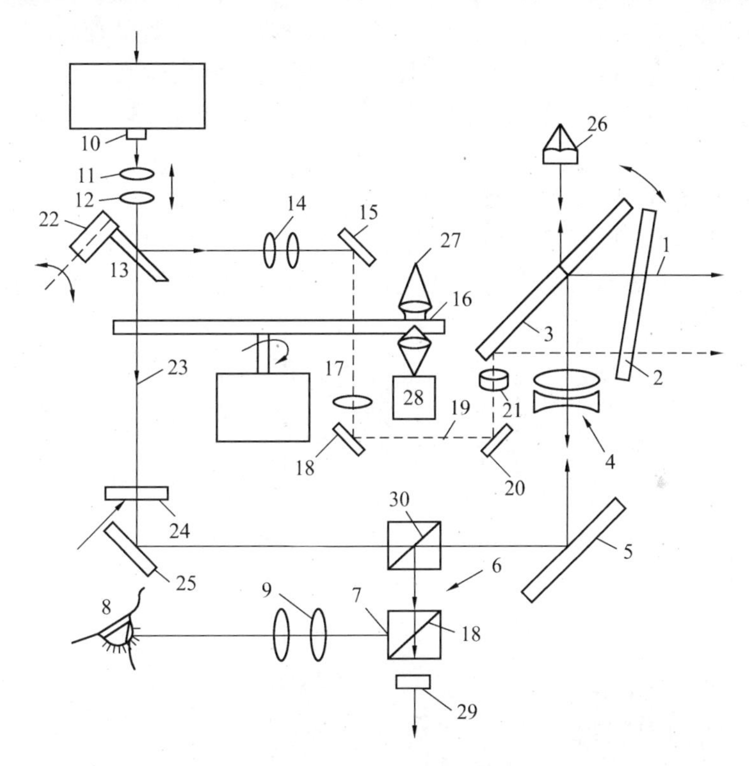

图 10.37 条束光束投射器

1—目标影像;2—窗;3—陀螺稳定反射镜;4—物镜;—反射镜;6—棱镜;
7—分划板;8—射手;9—目镜;10—光源;11、12—透镜;13—可动反射镜;
14—透镜;15—反射镜;16—码盘;17—透镜;18—反射镜;19—像点;
20—反射镜;21—透镜;22—开关;23—像点;24—校准片;25—反射镜;
26—角陆棱镜;27—光源;28—接收器;29—探测器;30—分光膜

箭头反向)进入传输窗口2,通过陀螺稳定反射镜3反射后经过光学系统(物镜4、反射镜5、棱镜6)成像在分划板7上。操作者(射手8)可通过目镜9观察和瞄准目标图像。激光器(光源10)发射的光束由透镜组(图中透镜11、12组成,透镜组可调焦用以改变射出激光发散角)准直后传至可转动反射镜13,再经过透镜14和反射镜15后传输至编码盘16,编码后的光束经透镜17和反射镜18成像于像点19,再由反射镜20和透镜21将像点19经陀螺稳定反射镜3,传输窗口2投向空间。当弹体偏离激光发射器时,通过调谐透镜11向激光源靠近(这种准调焦作用不会影响视轴瞄准),这样一方面有利于减小激光发散角,另一方面有利于会聚激光束能量。若弹体发射至几百米远时,光路中设置的开关22将可转动反射镜13从光路中转开,这时激光源10发射激光束被光束调制编码盘16的另一边编码后成像于像点23,再经校准片24和反射镜25后进入瞄准的光学系统形成一窄光束。窄光束经分光膜(分束反射镜)30、反射镜5、透镜4、反射镜3和传输窗口2射向空间。校准片24在分划板7相应处的探测器29接收角隅棱镜26返回的信号控制,实现射出光束的俯仰校准。方位校准则由激光源10等来实现。系统的同步信号由光源27产生,被编码盘16调制后的信号由接收器28接收并经处理后加到控制电路和光源上去。

(2) 带信标的激光驾束制导系统

图10.38为带信标的激光驾束制导系统基本结构方框图。在图中其基本结构由两大部分组成:一部分是弹体外的地面系统,它由激光发射系统、可调焦透镜、空间编码器、热像仪等组

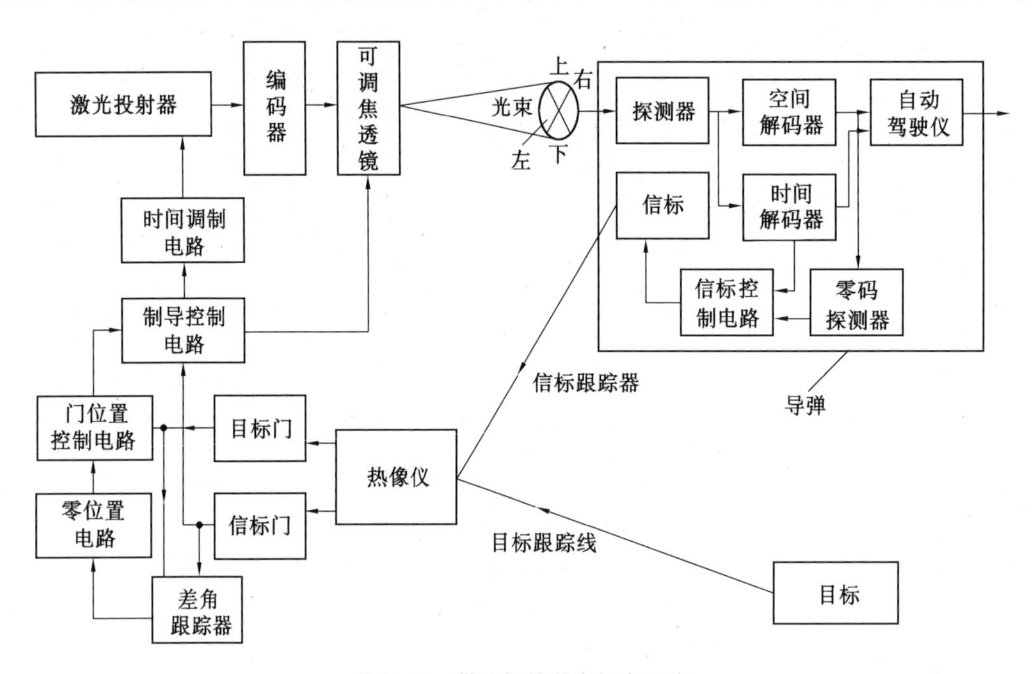

图10.38　带信标的激光驾束系统

成;另一部分是装在弹体上的系统(图中大方框内)。

地面系统设置的空间光束编码器,允许在编码光束中心或零码区确定弹体的相对位置,这样弹体接收系统可接收编码光束上下左右的信号。因此在弹体尾部装有光电测器,通过空间光束解码器和时间解码器与弹体的自动驾驶仪相连。空间解码器给自动驾驶仪适当的校正信号,使自动驾驶仪能调整弹体的飞行路线,时间解码器的作用是在弹体通过零码区域时去打开弹体的信标,起到系统校准作用。

弹体上的信标有一个信标控制电路,它与时间解码器和零码探测器相连,当弹体位于编码光束中心之外时,时间解码器给出一个信息到信标控制电路,使信标停止工作。当弹体位于编码的光束中心,零码探测器给出一个信息,使信标控制电路引起信标发出信号。当信号工作时,它的信号被地面系统(地面站)热像仪所接收(为了使弹体与目标位置一致,跟踪仪包括一个热像仪,沿目标跟踪线来接收来自目标的热辐射),以便从热像仪上找出弹体所在的位置。为了区别来自背景辐射的目标,热像仪与一个目标门相连;为了从背景辐射中区别弹体和它的信标,热像仪与一个信标门相连;为了确定目标跟踪线和信标跟踪线之间的角偏差,目标门和信标门的信号输出送到角差跟踪器、角差跟踪器输出送到零偏置电路,以调整零码中心与视轴间的夹角、零偏置电路的信号输出再送到门位置控制电路,由它给出校正信号,使弹体沿编码光束的中心飞行。制导控制电路用门位置控制电路的输出调节可调节透镜的焦距,并通过时间调制电路去激励激光发射器。

10.8　激光隐身技术

隐身及屏蔽技术是一项很复杂的综合性技术,毫微米波段的电磁波的隐身及屏蔽技术已处于应用阶段。电磁波隐身技术常采用的方式有:外形隐身(隐身目标外形尺寸及材料、结构等优化设计,以减少雷达反射截面)、吸波隐身(强吸波材料用于隐身目标表面涂层,增加隐身目标的吸收率,降低反射率)、各种技术的综合利用隐身(有源和无源的加载技术,有源和无源的电子干扰技术等)等方式。本节简要介绍光波段范围的纳米隐身及屏蔽技术的基本原理与方法。

一、纳米微粒的结构与物理特性

1.纳米微粒的结构与形貌

纳米微粒是指颗粒尺寸为纳米量级的超细微粒,一般在 1~100 nm 之间,故有人称它为超微粒子。纳米微粒一般为球形或类球形,除了球形外,纳米微粒还具有各种其他形状,出现这些形状与制备方法密切相关,镁的纳米微粒呈六角条状或六角等轴形,银的纳米微粒具有五边形 10 面体形状等。

2.纳米微粒的基本物理特性

当小粒子尺寸为纳米量级(1~100 nm)时,纳米微粒具有大的比表面积,表面原子数、表面张力和表面能随粒径的下降而急剧增加,小尺寸效应、表面与界面效应、量子尺寸效应、宏观量子隧道效应等效应导致纳米微粒的热、磁、光、敏感特性和表面稳定性等不同于常规粒子,这就使得它具有广阔的应用前景。

(1) 热学性能

纳米微粒的熔点、开始烧结温度和晶化温度均比常规粉体低得多。

(2) 磁学性能

纳米微粒的小尺寸效应、量子尺寸效应、表面与界面效应等使得它具有常规粗晶粒材料所不具备的磁特性。纳米微粒的主要磁特性可以归纳如下四个方面:A.超顺磁性;B.高矫顽力;C.较低的居里温度;D.高磁化率。此外,纳米磁性微粒还具有许多其他的磁特性,这里不一一列举。

(3) 光学性能

纳米粒子的一个最重要的标志是尺寸与物理的特征量相差不多,例如,当纳米粒子的粒径与超导相干波长、玻尔半径以及电子德布罗意波长相当时,小颗粒的量子尺寸效应十分显著,与此同时,大的比表面使处于表面态的原子、电子与处于小颗粒内部的原子、电子的行为有很大的差别,这种表面效应和量子尺寸效应对纳米颗粒的光学特性有很大的影响,甚至使纳米微粒具有同样材质的宏观大块物体所不具备的新的光学特性,主要表现为如下几方面。

① 宽频带强吸收。大块金属具有不同颜色的光泽,这表明它们对可见光范围各种颜色(波长)的反射和吸收能力不同,而当尺寸减小到纳米级时各种金属纳米微粒几乎都呈黑色。它们对可见光的反射率极低,例如铂金纳米粒子的反射率为1%,金纳米粒子的反射率小于10%,这种对可见光低反射率、强吸收率导致粒子变黑。

纳米 Si_3N_4、SiC 及 Al_2O_3 粉体对红外有一个宽频带强吸收谱,这是由于纳米粒子大的比表面积导致了平均配位数下降,从而存在一个较宽的键振动模的分布。在红外光场作用下,它们对红外吸收的频率也就存在一个较宽的分布,从而导致了纳米粒子红外吸收带的宽化。

许多纳米微粒,例如 ZnO、Fe_2O_3 和 TiO_2 等,对紫外光有强吸收作用,而亚微米级的 TiO_2 对紫外光几乎不吸收。

② 蓝移和红移现象。与大块材料相比,纳米微粒的吸收带普遍存在"蓝移"现象,即吸收带移向短波方向,例如,纳米 SiC 颗粒和大块 SiC 固体的峰值红外吸收波数分别是 814 cm^{-1}和794 cm^{-1},纳米 SiC 颗粒的红外吸收波数比大块固体蓝移了 20 cm^{-1},纳米 Si_3N_4 颗粒和大块 Si_3N_4 固体的峰值红外吸收波数分别是 949 cm^{-1}和 935 cm^{-1},纳米氮化硅颗粒的红外吸收波数比大块固体蓝移了 14 cm^{-1}。

在一些情况下,粒径减小至纳米级时,可以观察到光吸收带相对粗晶材料呈现"红移"现象,即吸收带移向长波方向,例如,在200~1 400 nm 波长范围,单晶 NiO 呈现八个光吸收带,纳

米 NiO(粒径在 54 ~ 84 nm 范围)不呈现 3.52 eV 的吸收带,其他 7 个带的峰位分别为 3.30、2.93、2.78、2.25、1.92、1.72 和1.07 eV,很明显,前 4 个光吸收带相对单晶的吸收带发生蓝移,后 3 个光吸收带发生红移,这是因为光吸收带的位置是由影响峰位的蓝移因素和红移因素共同作用的结果,如果前者的影响大于后者,吸收带蓝移,反之,红移。蓝移和红移的机理在此不具体介绍,有兴趣者可参考相关资料。

③ 量子限域效应。半导体纳米微粒的粒径 r 小于 a_B(a_B 为激子玻尔半径)时,电子的平均自由程受粘粒径的限制,局限在很小的范围,空穴很容易与它形成激子,引起电子和空穴波函数的重叠,这就很容易产生激子吸收带,而激子带的吸收系数随粒径下降而增加,即出现激子增强吸收并蓝移,这就称做量子限域效应,纳米半导体微粒增强的量子限域效应使它的光学性能不同于常规半导体。

④ 纳米微粒的发光。当纳米微粒的尺寸小到一定值时可在一定波长的光激发下发光。

⑤ 纳米微粒分散物系的光学性质。纳米微粒分散于分散介质中形成分散物系(溶胶),纳米微粒在这里又称做胶体粒子或分散相。在溶胶中胶体的高分散性和不均匀性使得分散物系具有特殊的光学特征。当分散粒子的直径大于投射光波波长时,光投射到粒子上就被反射,如果粒子直径小于入射光波的波长,光波可以绕过粒子而向各方向传播,发生散射,散射出来的光,即所谓乳光。由于纳米微粒直径比可见光的波长要小得多,则纳米微粒分散系应以散射的作用为主。

除了以上所述的几项特性外,纳米微粒还具有很多的大块材料所不具备的特性,这里不一一列举,有兴趣者可参考相关资料。

二、纳米固体材料的吸波特性

由于纳米固体中纳米微粒小尺寸效应、量子尺寸效应、表面效应以及大量缺陷的存在,从而导致其光吸收呈现粗晶材料不具备的特性,而这些吸波特性将在激光隐身材料中发挥重要作用。下面分别介绍紫外 - 可见光和红外吸收。

1.紫外 - 可见光吸收

纳米固体的光吸收具有常规粗晶不具备的一些新特点。例如,金属纳米固体等离子共振吸收峰变得很弱,甚至消失;半导体纳米固体中粒子半径小于或等于 a_B(激子玻尔半径)时,会出现激子(Wannier 激子)光吸收带(例如,粒径为 4.5 nm 的 $CdSe_xS_{1-x}$在波长约 450 nm 处呈现一光吸收带);相对常规粗晶材料,纳米固体的光吸收带往往会出现蓝移或红移(例如,纳米 NiO 块体的 4 个光吸收带(3.30、2.99、2.78、2.25 eV)发生蓝移,三个光吸收带(1.92、1.72、1.03 eV)发生红移),这些特征与纳米粉体的相类似。对于每个光吸收带的峰位则由蓝移和红移因素共同作用来确定,蓝移因素大于红移因素时会导致光吸收带蓝移,反之,红移。

纳米固体除了上述紫外 - 可见光的光吸收特征外,有时,纳米固体会呈现一些比常规粗晶

强的，甚至新的光吸收带。纳米 Al_2O_3 块体就是一个典型的例子，经 1 100 ℃热处理的纳米 Al_2O_3 具有 α 相结构，粒径为 80 nm，在波长为 200 ~ 850 nm 波长范围内，光漫反射谱上出现六个光吸收带，其中 5 个吸收带的峰位分别为 6.0、5.3、4.8、3.75 和 3.05 eV，另一个是非常弱的吸收带，分布在 2.25 ~ 2.50 eV 范围内，这种光吸收现象与 Al_2O_3 晶体（粗晶）有很大的差别，而未经辐照的 Al_2O_3 晶体只有两个光吸收带，它们的峰位为 5.45 eV 和 4.84 eV。但在核反应堆中经辐照后，观察到 7 个光吸收带出现在 Al_2O_3 晶体中，这些带的峰位分别为 6.02、5.34、4.84、4.21、3.74、2.64 和 2.00 eV，与上述纳米 Al_2O_3 块体的光吸收结果相比较可以看出，只有经辐照损伤的 Al_2O_3 晶体才会呈现多条与纳米 Al_2O_3 相同的光吸收带。纳米 Al_2O_3 固体未经辐照就呈现许多与经辐照的 Al_2O_3 晶本相同的光吸收带，这是由于庞大界面中的大量氧空位和空穴转化成色心所致。

2.红外吸收

对纳米固体红外吸收的研究，近年来比较活跃，主要集中在纳米氧化物、纳米氮化物和纳米半导体材料上，下面简单介绍这方面工作进展。在对纳米 Al_2O_3 块体的红外吸收研究中观察到，在 400 ~ 1 000 cm^{-1} 波数范围内有一宽而平的吸收带，当热处理温度从 837 K 上升到 1 473 K时，这个红外吸收带保持不变，颗粒尺寸从 15 nm 增至 80 nm，纳米 Al_2O_3 的结构发生了变化（$\eta-Al_2O_3 \xrightarrow{1\ 273\ K} \gamma+\alpha-Al_2O_3 \xrightarrow{\geq 1\ 273\ K} \alpha-Al_2O_3$），对这个宽而平的红外吸收带没有影响，与单晶红宝石（加 Cr 的 $\alpha-Al_2O_3$ 单晶）相比较，纳米 Al_2O_3 块体红外吸收现象有明显的宽化，单晶红宝石在 400 ~ 1 000 cm^{-1}的波数范围内红外吸收带不是一个“平台”，而是出现了许多精细结构（许多红外吸收带），而在纳米结构块体中这种精细结构消失，值得注意的是，在不同相结构的纳米 Al_2O_3 粉体中观察到了红外吸收的反常现象，即在常规 $\alpha-Al_2O_3$ 中应该出现的一些红外活性模，在纳米 Al_2O_3 粉体中（$\alpha+\gamma$ 和 $\alpha-Al_2O_3$）却消失了，然而常规 $\alpha-Al_2O_3$ 粉体被禁阻的振动模在纳米态出现了，对于单晶和粗晶多晶 $\alpha-Al_2O_3$ 应为红外禁阻的 448 ~ 598 cm^{-1}振动模在纳米态下出现了，且这两个振动模的强度与其他活性模相当，而常规 $\alpha-Al_2O_3$ 的 568 cm^{-1}的活性模在纳米态已经不出现了，在纳米 Al_2O_3 粉体中即便出现了与红宝石和蓝宝石相同的活性模，它们对应的波数位置出现了一些差异，其中对应红宝石和蓝宝石的 637 cm^{-1}和 442 cm^{-1}的活性模，在纳米 Al_2O_3 粉体中却“蓝移”到 639.7 cm^{-1}和 442.5 cm^{-1}。

在纳米晶粒构成的 Si 模的红外吸收研究中，观察到红外吸收带随沉积温度增加出现频移的现象。沉积温度增加到约 623 K 时，红外吸收峰出现红移，进一步增加沉积温度至 673 K，红外吸收又移向短波方向（蓝移）。

在非晶纳米氮化硅块体的红外吸收谱研究中，也观察到了频移和吸收带的宽化。纳米非晶氮化硅块体的红外吸收带强烈地依赖于退火温度，在低于 873 K 退火，红外吸收带呈宽而平的形状，退火温度升到 1 133 K，红外吸收带开始变尖并有精细结构出现，随退火温度升至 1 273 K，精细结构依然存在，而未退火的粉体红外吸收带呈窄而尖形状。

关于纳米结构材料红外吸收谱的特征及蓝移和宽化现象已有一些初步的解释,它们是小尺寸效应、量子尺寸效应、晶场效应、尺寸分布效应、界面效应等综合作用的结果。总之,关于纳米结构材料红外吸收的微观机制研究还有待深入,实验现象也尚需进一步系统化。

三、激光隐身技术

军事激光技术在战场上的广泛应用,对战场目标的生存构成了严重威胁。随着激光技术的发展,激光探测、制导器材的性能必定会越来越高。这就给隐身技术提出了越来越高的要求。世界各国在重视激光隐身技术研究的同时,越来越注重多波段隐身原理和技术的研究,使战场目标能够对付多波段、多频谱的探测和制导威胁,力图提高战场目标的生存能力,而在这一方面,纳米材料(特别是纳米复合材料)的宽频带强吸收等特殊光学性能正好满足了这一要求。

从激光测距机的最大作用距离方程可以看出,除了激光测距机本身的性能参数外,直接影响激光测距机性能的因素主要有目标表面的反射特性、大气的透明度、目标的方位取向和目标的有效面积(小目标)。这些参数都是可以人为改变的。我们可以控制这些参数,降低激光装备器材的性能,以满足激光隐身的要求。这就是激光隐身的基本技术途径。

激光隐身的主要对象是受到激光探测、跟踪或测距的一些兵器,如飞机、坦克、舰艇、导弹及地面重点目标等。例如,激光雷达发出波长为 10.6~1.06 μm 的红外激光束,通过接收和处理回波信号来探测和识别目标,这是一种主动式探测手段。激光隐身通常采用与雷达隐身相类似的原理,主要出发点应是降低目标反射率与目标面积,通常有以下几种手段:

1.采取外形技术

所谓外形隐身技术,就是改进目标的外形设计。即利用计算机辅助设计等现代设计手段,对装备及外形进行优化设计,在保持一定性能的前提下,使其雷达反射截面和激光反射截面达到最小。

2.采用材料技术

激光隐身材料是对激光雷达具有隐身效果的材料,激光隐身涂料可以降低目标表面的反射系数、减小激光装备的回波功率、降低激光装备的性能,是对抗激光探测、制导的有效手段。它至少有三大优点:应用广、使用方便、经济,可涂敷在静态目标或动态目标上;可以制成各种迷彩色,从而达到隐身的目的;也可以涂在织物等上面,制成特殊的隐身服、隐身罩等,是很有前途的自身防护手段之一。激光隐身涂料最主要的要求是在激光工作波长范围内的低反射率,另外,还要求有良好的物理化学性能,如耐一定范围的温度变化、耐风雨侵蚀、耐剧烈震动和具有强的附着力等。目前国内已研制出使近红外激光回波功率衰减的激光隐身涂料。世界各国都在积极研制激光隐身涂料,并对此极其保密。值得注意的是,根据平衡态辐射理论,激光隐身涂料所要求的低反射率必然导致高的红外发射率,不利于红外隐身,因此有必要进行激光与红外复合隐身涂料的研究。

(1) 采用吸波材料

吸波材料主要用于吸收照射在目标上的光波,其吸收能力取决于材料的磁导率和介电常数,吸收波长取决于材料厚度。吸波材料从工作机制上可分为两类,即谐振(干涉)型与非谐振(吸收)型。谐振型材料中有吸收激光的物质,其厚度为吸收波长的1/4,使表层反射波与底层反射波进一步相消。非谐振型材料是一种介电常数、磁导率随厚度无级或逐级变化的介质,最外层介质的磁导率接近于空气,最内层的磁导率接近于金属,由此使材料内部较少寄生反射。吸收材料从使用方法上可分为涂料与结构型两大类。涂料可以涂覆或贴在目标表面,但在高速气流作用下易脱落,且工作频带窄;结构型是将一些非金属基质材料制成蜂窝状、波纹状、层状、积锥状或泡沫状,然后涂吸波物质或将吸波组织补合到这些结构中去。

(2) 采用透射材料

采用透射材料是指让光透射而无反射。从原理上讲,透光材料后面应有一光束终止介质,否则仍会有反射或散射光存在。

(3) 采用导光材料

采用导光材料可使入射到目标表面的激光能够通过某些渠道传输到另外一些方面或方向上去,以减少直接反射回波。

3.其他激光隐身技术

施放激光烟幕既能使敌方难以捕获目标,又能散射和吸收激光能量,从而降低对战场目标威胁的危险性。激光隐身烟幕对激光传输的影响有两个方面:一方面由于大气中所包含的分子和悬浮粒子的吸收和散射作用,使大气的透明度下降;另一方面,由于大气中所包含的分子和悬浮粒子的后向散射作用将形成一定的气幕亮度。激光隐身烟幕使目标的信噪比下降,降低激光装备的性能;激光装备不能分辨同一波束内的真假目标,因此假目标可以起到保护真目标的作用。因此,要达到激光隐身的目的是完全可能的。

当然,激光隐身的方法还有很多,如利用地形地物和植被隐蔽目标等。

四、纳米复合隐身材料

由于探测技术的飞速发展和综合多种探测器作用的发挥,使得隐身材料也必须朝着多功能化、宽频带方向发展,以往单质,如金属、陶瓷、半导体、高分子隐身材料,很难适应这一要求。因此,纳米复合隐身材料的发展就显得格外重要。

隐身材料的基本原理是:降低目标自身发出的或反射外来的信号强度;减小目标与环境的信号反差,使其低于探测器的门槛值;使目标与环境反差规律混乱,造成目标几何形状识别上的困难。

隐身材料按照电磁波吸收剂的使用可分为涂料型和结构型两类。它们都是以树脂为基体的复合材料。结构型隐身复合材料由于涂料隐身材料存在质量、厚度、粘结力等问题,在使用范围上受到了一定限制。涂料型复合材料是能使被涂目标与它所处背景有尽可能接近的反

射、透过、吸收电磁波和光波特性的一类无机涂层，又称为伪装层。

隐身涂层多采用涂料涂覆工艺。涂料由粘结剂、填料、改性剂和稀释剂等组成。粘结剂可以是有机树脂，也可以是无机胶粘剂。填料是调节涂层与电磁波、声波相互作用特性的关键性粉末状原料，可选择金属、半导体、陶瓷等不同类型的粉末作为填料，由于它们在能带结构上的差别，可针对不同的探测装置进行隐身。由于探测技术不断提高，隐身涂层也向具有多功能的多层涂层及多层复合膜方向发展。

随着红外和光电探测及制导系统的迅速发展，不但要求飞行器具有雷达波隐身的能力，同时也必须具有红外隐身效果。研制红外、微波兼容的多功能隐身材料，必须从材料本体结构以及复合工艺等多方面予以综合考虑。业已知道，许多半导体材料及导电材料都具有良好的微波吸收特性，若将这些材料与红外隐身涂料合理地进行复合，就能获得宽频兼容的雷达波、红外多功能隐身材料。

红外吸收材料在日常生活和国际上都有重要的应用前景，一些经济比较发达的国家已经开始用具有红外吸收功能的纤维制成军服装备部队，这种纤维对人体释放的红外线有很好的屏蔽作用。众所周知，人体释放的红外线大致在 4 ~ 16 μm 的中红外频段，如果不对这个频段的红外线进行屏蔽，很容易被非常灵敏的中红外探测器所发现，尤其是在夜间人身安全将受到威胁。从这个意义上来说，研制具有对人体红外线进行屏蔽的衣服是很必要的。而纳米粒子很小，容易填充到纤维中，在拉纤维时不会堵喷头，而且某些纳米粒子具有很强的吸收中红外频段 ν 的特性。纳米 Al_2O_3、钠米 TiO_2、纳米 SiO_2 和纳米 Fe_2O_3 的复合粉就具有这种功能。用纳米粒子填充的纤维还有一个特性，就是对人体红外线有强吸收作用，这就可以增加保暖作用，减轻衣服的质量。有人估计使用填充具有红外吸收作用的纳米粉的纤维做成的衣服，其质量可以减轻 30%。

其实人们对隐身(形)材料感受最深的就是海湾战争中美国多次出动的 F－117A 型隐形战斗机。为什么它能够达到隐身的目的？据分析，F－117A 型飞机的外表面所涂覆的隐身材料中含有多种(复合)超细粒子，它们对不同波段的电磁波有强烈的吸收能力。为什么超细粒子，特别是纳米粒子对红外和电磁波有隐身作用呢？有专家认为主要原因有两点：一方面由于纳米粒子尺寸远小于红外及雷达波波长，因此纳米粒子材料对这种波的透过率比常规材料要强得多，这大大减少了波的反射率，使得红外探测器和雷达接收到的反射信号变得很微弱，从而达到隐身的作用；另一方面，纳米粒子材料的比表面积比常规粗粉大 3 ~ 4 个数量级，对红外光和电磁波的吸收率也比常规材料大得多，这就使得红外探测器及雷达得到的反射信号强度大大降低，因此很难被探测器发现，起到了隐身作用。

目前隐身材料虽在很多方面都有广阔的应用前景，但当前真正发挥作用的隐身材料大多使用在航空航天及与军事有密切关系的部件上。对于上天的材料有一个要求是质量轻，在这方面纳米材料是占优势的，特别是由轻元素组成的纳米材料在航空隐身材料方面应用十分广泛。有几种纳米粒子很可能在隐身材料上发挥作用，例如纳米 Al_2O_3、纳米 SiO_2、纳米 TiO_2 的复

合粉体与高分子纤维结合对中红外波段有很强的吸收性能，这种复合体对这个波段的红外探测器有很好的屏蔽作用。纳米磁性材料，特别是类似铁氧体的纳米磁性材料放入涂料中，既有优良的吸波特性，又有良好的吸收和耗散红外线的性能，加之密度小，在隐身方面的应用上有明显的优越性。另外，这种材料还可以与驾驶舱内信号控制装置相配合，通过开关发出干扰，改变雷达波的反射信号，使波形畸变，或者使波形变化不定，能有效地干扰、迷惑雷达操纵员从而达到隐身目的。纳米级的硼化物、碳化物，包括纳米纤维及纳米碳管，在隐身材料方面的应用也将大有作为。

需要深入了解纳米材料的光学特性及其在激光隐身和电磁屏蔽中应用的原理及方法者，可阅读有关读物。

习题与思考题

1. 试证光在被测目标表面为半球情况下，入射和在定向反射情况下反射的反射比为 $\mathrm{d}M(2\pi,\theta_r) = \mathrm{d}\Omega_r\left[\pi\int_{2\pi}\int_{\omega_r} f_r(\theta_i,\theta_r)\mathrm{d}\Omega_r\mathrm{d}\Omega_i\right]^{-1}$。

2. 比较 $\sigma = \lim\limits_{Z\to\infty}4\pi Z^2\dfrac{P_r}{P_i}$ 与 $\sigma = 4\pi f_r(\theta_i,\theta_r)\cos\theta_i\cos\theta_r$ 两个方程之间的关系，说明其物理意义。

3. 试证明对于全反射漫射体，其双向反射分布函数是一恒值，在数值上等于 $\dfrac{1}{\pi}(S_r^{-1})$。

4. 何谓脉冲激光测距和相位激光测距？

5. 在相位激光测距技术中，试举例说明直接测尺频率和间接测尺频率这两种方式的设计思想。

6. 激光测距和雷达有何差别，试举例说明。

7. 试简要说明差分吸收激光雷达和喇曼激光雷达的工作原理。

8. 在光通信系统中，为什么说通频带越宽，就能允许越多的电话同时通话，亦即通信容量越大。

9. 光纤通信系统中，中继机作用是什么？

10. 试说明掺铒光纤放大器工作原理。

11. 简要说明激光半主动寻的制导系统工作原理。

12. 根据本书中图10.34已知的激光寻的器基本结构，说明其工作流程。

13. 从系统基本结构分析，激光目标指示器可由哪几部分组成？简要说明各部分工作原理。

14. 总结在激光半主动寻的制导系统中，影响制导精度有哪些主要因素。

15. 试说明驾束制导的基本工作原理及特点。

16. 根据空间光束编码器的原理及作用，自己设计一个光束编码器，给出相应的基本结构

图,并说明其工作方式。

17.激光隐身技术的物理实质是什么?

18.纳米微粒吸收带产生蓝移和红移的原因是什么?

参考文献

1 王少川.激光的目标反射特性.兵器激光,1981(6):9~15

2 刘佳,徐根兴,姚连兴,分维礼.大型目标模型激光散射特性的研究.红外与激光技术,1988(2):35~42

3 黄润.表征漫射体反射特性的一个重要物理参数——双向反射分布函数.光学机械,1988(1):17~22

4 郑小兵,魏庆农,谢品华,王亚萍,江荣熙,夏宇兴. 复杂形体目标激光散射特征测量系统的研制. 应用激光,1997(2):14~16

5 吴振森,韩香娥,张向东,江荣熙,魏庆农,徐竹. 不同表面激光反射分布函数的实验研究. 光学学报,1996(3):262~268

6 李铁,闫炜,吴振森.双向反射分布函数模型参数的优化及计算.光学学报,2002(7):769~773

7 吴振森,谢东辉,谢品华,魏庆农.粗糙表面激光散射设计建模的遗传算法.光学学报,2002(8):897~901

8 Kimes D S. Dynamics of directional reflectance factor distributions for vegetation canopies. Appl. Opt., 1983(9): 1364~1372

9 Tomiyasuk. Relationship between and measurement of differential Scattering coeffient(σ°) and bidirectional reflectance distribution function (BRDF). IEEE. 1998, GE(5):660~665

10 方启万.激光测距机测程指标的拟定.激光技术,1990,14(2):28~34

11 谭显裕.脉冲激光测距仪测距方程和测距性能分析. 激光与光电子学进展,1998(3):22~28

12 高林奎,宋玮编.激光测距.北京:人民铁道出版社,1979

13 Guch S. Laser rangefinders find new applications. Laser Focus World, 1990(7):130~135

14 孙长库,叶声华编著.激光测量技术.天津:天津大学出版社,2001

15 徐国财,张立德编著.纳米复合材料. 北京:化学工业出版社,2002

16 黄德欢著.纳米技术及应用.上海:中国纺织大学出版社,2001

17 D K 凯林格,A 穆拉迪编.光和激光遥感.廖品霖等译.乐时晓审校.成都:成都电讯工程学院出版社,1987

18 宋正方编著.应用大气光学基础.北京:气象出版社,1990

19 邓仁亮编著.光学制导技术.北京:国防工业出版社,1992

第十一章　激光技术在工业及其他方面的应用

11.1　激光三维传感技术

光学三维传感技术作为一种高新技术，已广泛应用于航空航天、工业自动检测、生物医疗、目标识别等领域。根据照明方式的不同，光学三维传感可分为被动和主动两种方式。前者采用非结构光照明，常用于对三维目标的识别；后者采用结构光照明，具有较高的测量精度。因此，三维尺寸测量通常采用主动式光学三维传感。激光以其高亮度、好的方向性和单色性等优点，常被用于主动三维传感中产生各种结构光。本节简要介绍激光三维传感技术的原理、应用，并对影响测量精度的各种因素进行了分析，需深入了解者请阅读有关参考文献[2,3]。

一、激光三维传感基本方法及原理

总的说来，激光三维传感方法根据物体对结构光场的调制方式不同主要有两种：传播时间法（时间调制）和三角测量法（空间调制）。

1. 传播时间法

传播时间法的原理非常简单，其基本原理见图 11.1。激光器发出一束频率已知的激光，经过待测距离 L 后射在被测目标上，经物体表面反射后由光电探测器接收。根据发射信号与反射信号之间的时间差 Δt 就可以确定待测目标的距离，即

$$L = \frac{1}{2} c \Delta t \tag{11.1}$$

式中，c 为激光传播速度。

应用传播时间法得到物体三维尺寸信息，必须使信号光束对整个物体扫描。

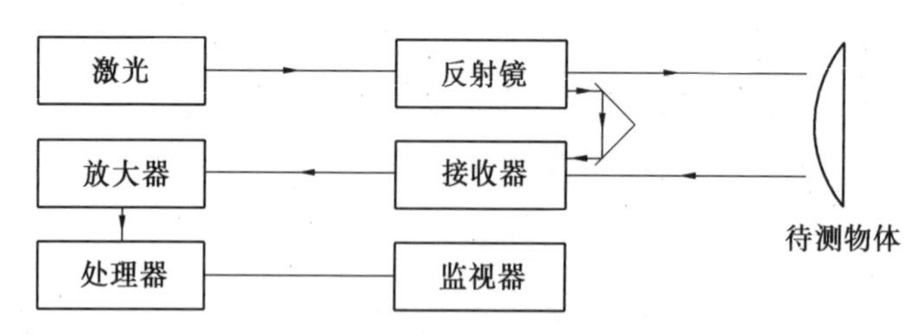

图 11.1　传播时间法测量原理方框图

传播时间法可以分为三类：

(1)脉冲检测法

测距仪发出光脉冲,经被测目标反射后,光脉冲回到测距仪的接收系统。测量其发射和接收光脉冲的时间间隔 Δt,其工作过程大致如下:当测距仪对准目标后,就发出光脉冲,其中光脉冲的一小部分光由两块反射镜反射进入接收望远镜,它作为发射的参考信号,用来标定激光的发出时间,此时开始计时,其余的光脉冲经目标反射后进入接收望远镜,用作计时停止信号,从而得到时间 t。由于定时精度的限制,脉冲法测距精度不是很高,它适用于军事工程测量中精度不太高的项目或用于远距离空间测量。若用它来测量地球和月球间的距离,其测量精度很高。

(2)线性调频法

线性调频法即是在发射期间使信号频率呈线性变化,使得信号时间带宽积大于 1,从而提高信噪比和测量精度。

(3)位相检测法

位相检测法是通过测量连续调制的光波在待测距离上往返距离传播所发生的相位变化来间接测得时间参数 t 的。光束经调制后一部分直接接收作为基准信号,另一部分投射到被测目标,再经滤波后与基准信号比较,然后从相位变化中计算出距离的变化。这种测量方法测量精度较高,在大地和工程测量中得到了广泛的应用。

2. 三角法

近年来高分辨阵列型探测器和扫描技术的发展,使得基于位置检测的三角测量技术迅速发展,成为三维面形测量技术的一个主要发展方向。三角测量的基本原理是:由于待测物体表面对结构照明光束产生的空间调制,改变了成像光束的角度,即改变了成像光点在检测器阵列上的位置,通过对成像光点位置的确定和系统光路的几何参数,计算出距离。三角测量有直射式和斜射式两种结构。

(1) 直射式结构

图 11.2 为直射式三角测量原理图。在图中,半导体激光器发射光束经透射镜会聚到待测物体上,经物体表面反射(散射)后通过接收透镜成像在光电探测器(PSD 或 CCD)敏感面上。待测物体移动或表面变形使得入射光点沿入射光轴移动,从而导致成像面上的光点发生位移 x',按下式可求出被测面的位移量(或变形量)x。

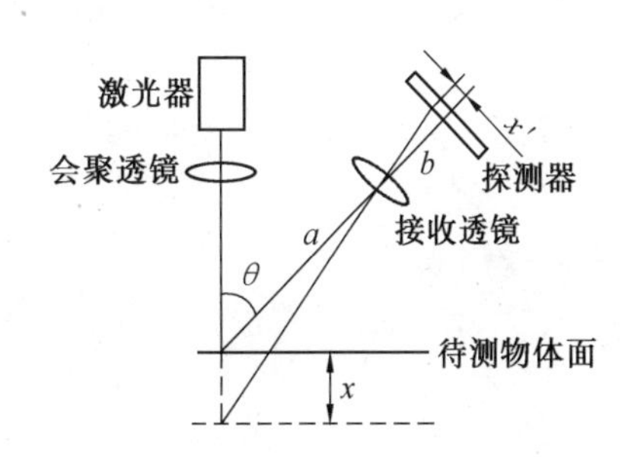

图 11.2　直射式结构测量原理图

$$x = \frac{ax'}{b\sin\theta - x'\cos\theta} \tag{11.2}$$

(2) 斜射式结构

图 11.3 为斜射式三角测量原理图。在图中,半导体激光器发射光轴与待测物体表面法线

成一定角度入射到被测物体表面上,被测面上的后向反射光或散射光通过接收透镜成像在光电探测器敏感面上。当被测物体发生移动或表面变形时,可根据成像面上光点的位移 x' 按下式求出被测面的位移量 x,即

$$x = \frac{ax'\cos\theta_1}{b\sin(\theta_1 + \theta_2) - x'\cos(\theta_1 + \theta_2)} \tag{11.3}$$

式中 θ_1——激光束光轴和被测面法线的夹角;

θ_2——成像透镜光轴和被测面法线的夹角。

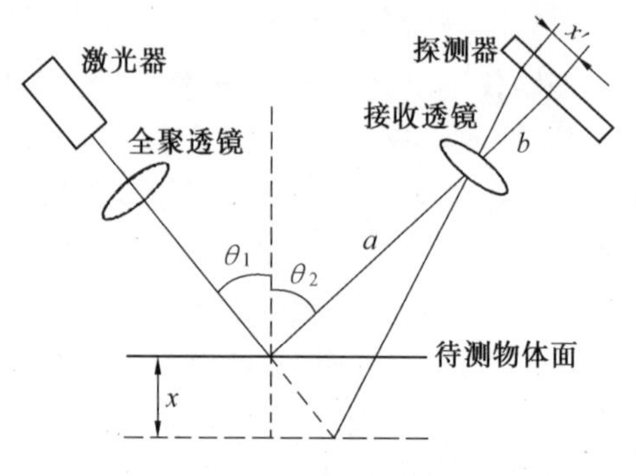

图 11.3 斜射式测量原理图

上面介绍的两种测量结构,从实际应用来看各有利弊:(a) 当物体表面发生位移或形变时,直射式可精确计算物体某点的位移情况;而斜射式却不能,因为物体表面位置发生变化时入射光点照射在物体不同的点上。(b) 直射式接收散射光,宜于测量具有好的散射性的物体表面,当被测物体为镜面时,可能会由于散射光过弱而导致光电探测器输出信号太小,使测量无法进行,而斜射式由于可以接收来自被测物体的镜面反射光,不存在这样的问题。(c) 对斜射式而言,直射式具有较大的测量范围和小的体积,但分辨率较低。

二、激光视觉传感器的基本原理

基于三角测量原理的结构光三维传感技术根据激光所生成的不同结构光场,有三种方式:点结构光投影、线结构光投影、多线(面)结构光投影,见图 11.4。下面分别加以介绍。

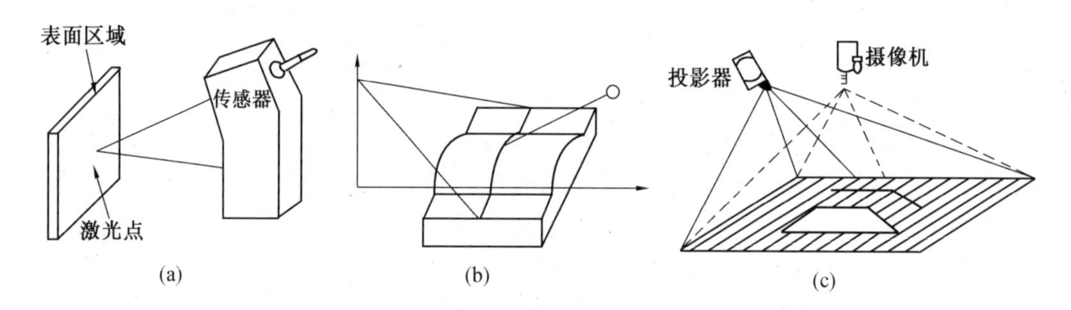

图 11.4 三种结构光投影

1.点结构光三维传感

最简单的结构光系统是单点式测量,半导体激光器产生的光束直接照射被测物体,经表面散射(或反射)后,用面阵 CCD 摄像机接收,光点在 CCD 敏感面上的位置将反映出物体表面法线方向上的变化。为了得到完整的三维面形信息,必须进行二维扫描。

2.线结构光三维传感

半导体激光器发出的激光经柱面镜变成一片状光束,投射到被测物体表面上与之相交形成一剖面线,从与投影方向不同的另一个方向观察该线,由于受到物体高度的调制,该亮线发生形变,通过对像面上亮线像坐标的计算可以得到物面上一个剖面的高度数据,如果再加上一维扫描就可以得到三维面形分布。

3.多线(面)结构光三维传感

半导体激光器发出的激光扩束后照射到光栅上,便产生多条线结构光,投射到被测表面上形成多条亮带,每次测量可以得到多个剖面的高度数据。另外,除了可以根据其模型测出所有在光带上的物点以外,还可以用各种插值方法或拟合方法测量出不在光带上的物点,从而实现对待测物体表面的三维连续坐标测量。可见,采用多线结构光三维传感技术,当光条密度足够大时不需要附加扫描装置就可得到整个物体表面的三维信息。

在结构光三维视觉检测应用中,建立合理的视觉检测模型和采用有效的模型参数标定方法是重要的研究内容,所建模型越接近测量实际且模型参数能较准确地标定出来,获得的测量精度越高。目前常规建模方法主要有两种:简化的三角几何法和在广义坐标系下运用透视投影变换进行建模。

①几何三角法就是完全利用投影变换理论,通过无任何物理意义的中间参数,将图像坐标系与测量参考坐标系联系起来,得到测量公式[1]。对此类模型的标定过程就是计算中间参数的过程,且对这类参数无任何约束,只要它们结合在一起能正确地完成三维测量就可以。

②透视投影变换法,是通过具有明确物理意义的几何结构参数,如光学中心、焦距、位置及方向等,建立图像坐标系与测量参考坐标系之间的关系。例如可从摄像机模型出发,得到三种结构光传感器的数学测量模型[2]。这类方法的模型参数一般包括摄像机内部参数和传感器结构参数两部分,前者指摄像机内部的几何和光学特性,后者指图像坐标系相对于参考坐标系的位置参数。该模型直观,可根据使用场合及要求达到的精度不同,建立不同复杂程度的数学模型,因此在视觉检测技术中被广泛应用。

三、精度影响因素分析及改善措施[4]

1. 精度影响分析

(1)物与像对应关系的影响

三维物体表面点的位置和像平面上反映该点的坐标之间的映射关系是非线性的,而且当需要从像点坐标求物点坐标时,反透视变换不能惟一地确定物点,只能确定投影线方程。但当光平面垂直入射物体表面时,摄像机在与光平面垂直的平面内,与光平面成一定角度摄取光条图像,这时光条上的物点与像点一一对应,不存在透视点的重叠问题。对于物点到像点非线性关系的标定技术是获取物体三维坐标的关键,这一问题已被广泛地进行讨论。由于对光学系

统进行了许多理想情况的假设,因而采用三角几何关系的标定技术,会带来一些很复杂的非线性系统误差,对测量精度造成较大的影响;实际的应用系统中,物与像的对应关系标定技术,多是采用对物体范围坐标与图像坐标,以及物体深度坐标与图像坐标分析进行拟合标定,这种方法实际上是对一系列已知的物点与像点对应关系做曲线拟合,最后通过查表的方法进行测量,该方法对精度的提高有明显的改善。但是由于曲线拟合的方法不能完全消除系统误差的影响,特别是在线扫描的测量中,因而仍存在一定的系统误差。

(2) 激光散斑对测量精度的影响

当采用激光扫描三角法对物体进行测量时,激光束扫描投射到被测物面形成漫反射光条作为传感信号,但是被测物表面的情况是千差万别的,不同颜色、材料、粗糙度、光学性质以及表面面型等用同一光源入射时,物体表面对光的反射和吸收程度是不同的,特别是物体表面的粗糙度及折射率等因素严重影响着物体表面的光散射,这将会使通过透镜成像原理得到的光条图像像质差别较大。由于激光三角法的测量精度直接受像点位置测量精度的影响,故而粗糙表面造成的散斑必然影响测量精度。

(3) 光学系统像差的影响

对光学系统的研究,是将透镜假设为一理想的薄透镜,以便从物体通过光学中心到像平面画一直线去找到一个物点的图像,但实际上,透镜既不是理想的,也不是很薄的,这就意味着空间的所有点并不是通过同一个光学中心。当透镜很大(相对像距和物距而言)或者物体离透镜很远时,单透镜的初级像差是相当严重的。尤其是像的畸变会严重影响测量的精度。在理想光学系统中,在一对共轭的物像平面上,放大率是常数,但对于实际光学系统,只有视场较小时才具有这一性质,当视场较大时,像的放大率就要随视场而异,这样就会使像相对于物体失去相似性。畸变仅引起像变形,而对像的清晰度并无影响。因此,在激光扫描的三角法中,在设计摄像机的镜头时必须要考虑消除初级像差的影响,这是因为对一般的光学系统而言,当其结构形式一定时,高级像差随结构参数改变的影响甚小,这样,改变结构参数时,实际像差的变化量基本上等同于初级像差的变化量,通常要求计算仪器中物镜的畸变量小于万分之几,因而其镜头都比较复杂。

(4) 其他因素的影响

在激光扫描的三角法中,影响测量精度的因素除以上介绍的几项之外,还有其他较为严重的影响因素,主要有摄像机分辨率的影响、系统中结构因素的影响及光学系统近似因素的影响。

2.提高精度的新方法

(1) 双三角测量法

双三角测量法即是用两个成像系统从不同角度接受物体表面反射光,通过比较探测器上像点的位置差异而实现距离测量。它不仅可以实时得到物体的坐标位置,而且可以同时得到

物体表面的倾斜角度，因而可对物体表面面型引起的误差加以补偿，这种方法可明显提高测量的精度。

(2) 三维拟合标定的测量法

所谓多维拟合标定的方法，就是将已知的物体表面坐标位置和对应的一个或两个摄像机的像平面坐标位置，在整个测量区域内均匀布点标定，将标定的对应值进行多维非线性拟合处理，从而得到一个像与物的输入与输出对应关系。这种关系拟合标定的前提是物点与像点为一一对应关系。对于这种多维的非线性拟合，采用计算的方法是很难获得准确解的，而神经网络技术可以有效解决此类非线性问题。采用双摄像机的多维拟合标定技术可大大提高测量的精度。

(3) 对测量结果进行最小二乘拟合处理

采用激光扫描三角法的这种线结构光的方法时，实际上每次得到一条曲线上若干个点的像素坐标值，由于 CCD 摄像机是靠像素矩阵来测量像的位置坐标，只能取整数，所以分辨率低。可对这些像素点做最小二乘的拟合逼近处理，便可得到一条光滑的曲线，从而提高测量精度。

四、激光三维传感技术的应用

1. 脚型三维曲面测量[5]

本例介绍了结构光法脚型三维曲面测量系统。一般情况下，在光学三角法中，需预先制作一个高度映射表，把光电探测器接收到的物面上的像点位置信息转换成实际高度信息。通常的光学三角测量法只能逐点测量和逐点转换，需对被测物进行逐点扫描。因此，在要求测得被测物的 360°三维轮廓数据时，必须实现这种相对旋转。而在进行人脚三维测量时，由于空间限制，难以实现这种相对旋转。本例利用光切法，用三个 CCD 摄像机对截面光带成像，可依次获得脚的某一个截面的二维轮廓信息，再沿光带的垂直方向步进测量，就可以得到脚的整个三维曲面信息。三台 CCD 与被测脚的相对位置见图 11.5。图中上方是该系统的正视图，下方为其俯视图。CCD1、CCD2 用于获取脚上光带的左右轮廓图像，CCD3 用于摄取脚底光带的轮廓图像，三台 CCD 摄像机所摄图像各有部分信息重合，从而保证了摄取的光切面轮廓信息的完整性，图 11.6 为所拍摄的脚某一截面的二维轮廓。由于严格保证了 3 台 CCD 摄像机的光敏面与光切面有确定的空间投影关

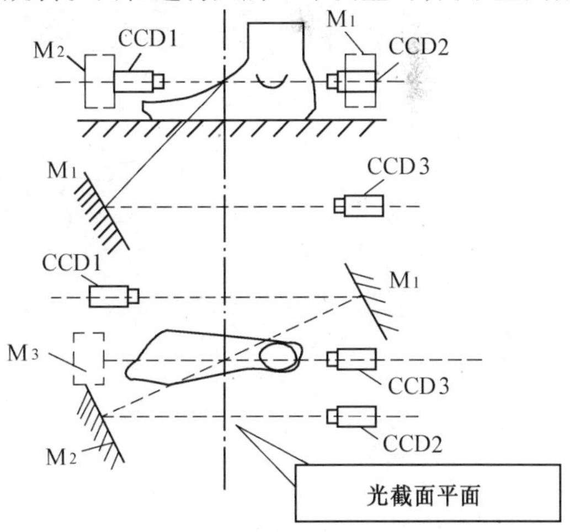

图 11.5　三个 CCD 与脚之间的空间位置关系

系,可以通过空间几何变换,将光敏面上的光带影像转换成实际坐标,得到脚的三维尺寸信息。

2. 轿车车身激光三维传感

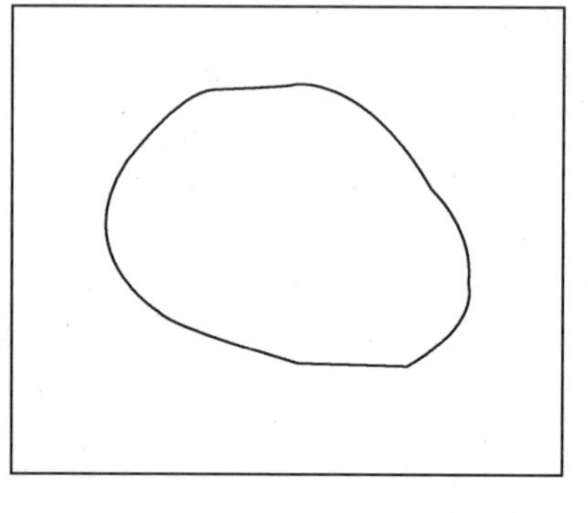

图 11.6　脚某一截面的二维轮廓

在汽车制造中,为提高生产效率,保证装配质量,实现产品功能与造型视觉效果的高度统一,必须对组件的几何完整性即综合三维几何误差指标(如轿车白车身)加以严格限制。车身几个主要零部件的几何参数测量方法有传统的测量(夹具)样架、三坐标测量机(Coordinate Measuring Machine,CMM)、光学坐标测量(光学工具法)及近年来基于激光的三维传感技术。传统的大型三坐标机及现场测量夹具由于抽样率比较低,只能进行小样本检测,对高频次的故障容易漏检;而且不能进行现场测量,因而不便于误差跟踪诊断和质量控制。自 1988 年起,美国密西根大学汽车车体制造及车体尺寸质量研究中心使用三维激光视觉在线测量系统,对美国通用、福特及克莱斯勒三家汽车公司的多条汽车生产线进行车体质量的百分之百在线测量及控制,结果大大提高了汽车车体的生产质量。目前,三维激光视觉在线车辆系统已在国外的汽车公司中得到了广泛应用,使用范围主要包括车体前部结构、底部结构、车体框架等大型构件的控制过程。典型的汽车白车身三维测量系统见图 11.7[2],它是由多个视觉传感器对车身进行检测,各视觉传感器通过现场网络总线连接到计算机上,计算机对每一个传感器的测量过程进行控制,实现自动测量。

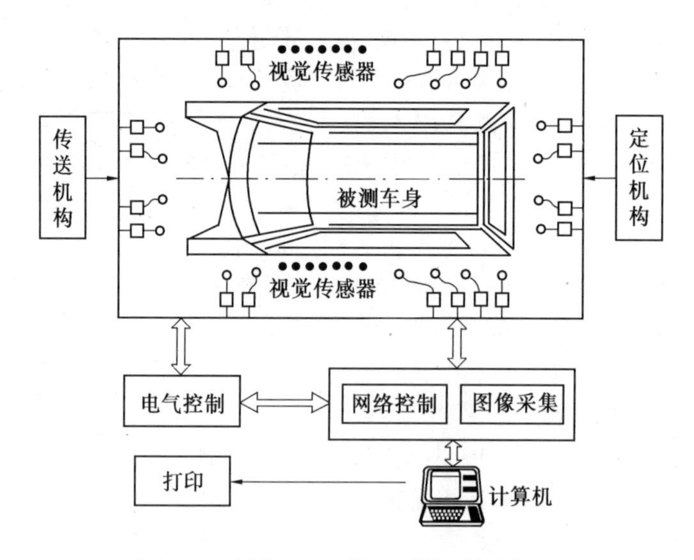

图 11.7　轿车白车身视觉测量系统方框图

11.2　激光在线测径

激光在线测径的方法可以有多种,有散射法、扫描法等。本节介绍扫描法的工作原理和理论误差。

一、工作原理

激光在线测径扫描法是以匀速扫描的激光束由上而下地扫过待测件,见图 11.8,另一边的探测器收集激光束。在激光束被待测件阻挡的时间内探测器接收不到激光,探测器的输出

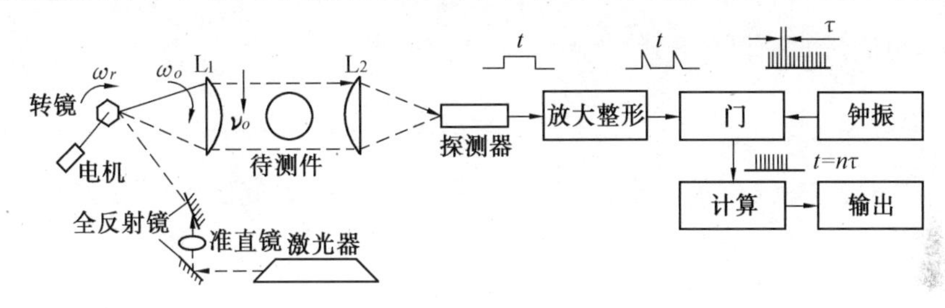

图 11.8　扫描法的工作原理

是一个矩形脉冲,宽度为 t。设激光束(光路以虚线表示)从上而下的扫描速度为 v_0,则待测件的直径 D 为

$$D = v_0 t \tag{11.4}$$

这个宽度为 t 的矩形脉冲送入放大整形电路(电信号的传递以实线表示),得到间隔为 t 的两个尖脉冲,送到门电路,前一个作为开门信号,后一个作为关门信号,同时输入门电路的还有钟振电路来的时间脉冲,它们是间隔周期为 τ 的振荡,在门电路被开门信号打开到关门信号关闭的这一段 t 时间内,通过 m 个脉冲,显然

$$t = m\tau = \frac{m}{\nu} \tag{11.5}$$

式中,ν 为钟振电路的频率。

只要计数电路给出 $m\tau$ 或 m/ν,待测件直径 D 就可以由式(11.4)解出。

问题是如何得到平行移动匀速扫描的激光束。为了得到平行移动扫描的激光束,光路应恰当地设置,激光器应采用光束很细、发散角小的 He－Ne 气体激光器,用两只全反射镜引导光束射向转镜。在两只全反射镜之间放上准直镜改善光束质量,转镜是由电机带动的六角棱镜,侧面是一块转动的全反射镜,它的转动使反射光束以角速度 ω_0 实现扫描。只要激光束在转镜侧面的入射点和透镜 L_1 的焦点基本重合,而且透镜 L_1 的通光孔径 d 和焦距 f 的比值较小,比如 $d:f<1:5$,即经过转镜侧面反射的激光束射向透镜 L_1 时能够看做近轴光线,那么由

透镜 L_1 出射的激光束便是平行移动扫描的。

设电机带动的转镜角速度为 ω_T,电机转速为 v,则

$$\omega_T = 2\pi v$$

$$\omega_0 = 2\omega_T = 4\pi v \tag{11.6}$$

激光束自上而下的扫描速度 v_0 为

$$v_0 = \omega_0 F = 4\pi v F \tag{11.7}$$

显然,电机能够稳定地匀速转动,激光束便可实现匀速扫描。将式(11.7)和式(11.5)代入式(11.4)便得到

$$D = 4\pi v F m\tau \tag{11.8}$$

上式右边都是可测量的量和常数,故待测直径 D 便可测量。

二、理论误差

分析式(11.8),带来误差的有电机转速 v、透镜焦距 F、时间脉冲个数 m 和它的周期 τ。总的相对误差是

$$E = \frac{\Delta v}{v} + \frac{\Delta F}{F} + \frac{\Delta m}{m} + \frac{\Delta \tau}{\tau} \tag{11.9}$$

式(11.9)的右端包括了四个技术环节的相对误差,但是没有考虑激光束粗细带来的误差。下面分别予以讨论:

①现代电机转速的稳定措施很多,可以达到很高的稳定度。相对误差 $\Delta v/v$ 取 0.1% 是可以实现的。

②在光学工艺上,焦距 F 的精度能够做得很精确。在 $\Delta F/F$ 中主要是转镜侧面的转动造成镜面上的入射点偏离焦点。若转镜是圆的正多边形棱柱,那么 ΔF 的最大值应等于多边形的一边到圆周的最大距离。令转镜的边数为 K,由几何关系可得

$$\Delta F = \frac{a\left(1 - \cos\frac{\pi}{2K}\right)}{2\sin\frac{\pi}{2K}}$$

式中,a 为正多边形的边长。

显然,为减小 ΔF,希望 a 小和 K 大,即正多边形的边长小一些,边数多一些。取 $K = 12$,$a = 4$ mm,可得 $\Delta F = 0.13$ mm。若焦距 F 取 200 mm,则 $\frac{\Delta F}{F} = 0.000\,6$,达到万分之六。

③采用 30 MHz 晶体振荡 $\Delta m/m$ 和 $\Delta t/t$ 的综合影响可以看成在开门和关门的时间内多一个或少一个时间脉冲,Δt 的数值为 0.03 μs。总的时间 t 决定于电机转速和直径 D,可取几十到一百微秒。这样,时间的总相对误差约为万分之几。

④光束直径为 d,在待测件挡住激光束的时间上会造成误差。由于激光束以匀速扫描,这

个相对误差可以用光束直径 d 和待测件直径 D 之比来表示。为了减小这个误差,要求激光束越细越好,而且这种方法测量直径较大的光束比较有利。这个误差的影响较大,消除的办法还可以用标准件预先对仪器进行校准,做比较测量。

11.3　激光在线测厚

热轧金属板材的在线测量是提高产品质量和企业效益的要求,也是国内外研究的重要课题,随着技术的进步,在 CCD 器件出现后,这个课题得以解决。

一、激光在线测厚仪的工作原理

测量的光路见图 11.9,当一束激光经分光和全反射后分别以 45°角入射到参考面 M 点,在透镜 L_1、L_2 的焦平面上的 CCD 器件 1、2 得到基准点 F_1 和 F_2,在透镜 L_3 的焦平面上的 CCD 器件 3 有一个参考点 F_3。参考面和 M 点是虚设的,可以在调试仪器时安置,工作过程中完全不

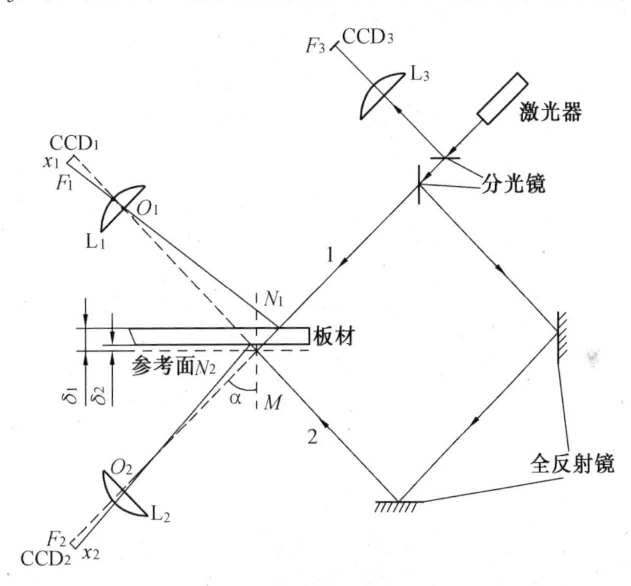

图 11.9　测厚仪光路图

用它。关键在于得到两个基准点 F_1 和 F_2 以及参考点 F_3。插金属板材,其厚度为 d,光束的上下两个入射点分别为 N_1 和 N_2。N_1 和 N_2 经透镜 L_1 和 L_2 使原来的光点移动了 x_1 和 x_2,由于板材厚度 d 比光程小得多,光束对于透镜而言可以作为近轴光线。那么按光线光学的几何关系可得到一组公式

$$\left.\begin{aligned} \delta_1 &= MN_1\cos\alpha \\ \delta_2 &= MN_2\cos\alpha \end{aligned}\right\} \tag{11.10}$$

$$\left.\begin{aligned} x_1/MN_1 &= O_1F_1/O_1N_1 \\ x_2/MN_2 &= O_2F_2/O_2N_2 \end{aligned}\right\} \tag{11.11}$$

$$\delta_1 = \frac{x_1}{O_1F_1}O_1N_1\cos\alpha \tag{11.12}$$

$$\delta_2 = \frac{x_2}{O_2F_2}O_2N_2\cos\alpha \tag{11.13}$$

若设计时取 $O_1F_1 = O_2F_2 = F$(像距,这里取为焦距),使 $O_1N_1 = O_2N_2 = L$(物距),并用式(11.12)减去式(11.13),得到板材厚度为

$$d = \frac{L}{F}(x_1 - x_2)\cos\alpha \tag{11.14}$$

可见,用 CCD 器件判读 x_1 和 x_2,就可以测得厚度 d。

二、误差分析

由于 x_1 和 x_2 是独立测量值,误差应是两个独立测量误差的总和。由误差理论,可以分别给出它们的绝对误差

$$\begin{aligned} \Delta\delta_1 &= \frac{x_1}{F}\Delta L\cos\alpha + \frac{L}{F^2}x_1\Delta F\cos\alpha + \frac{L}{F}\Delta x_1\cos\alpha + \frac{L}{F}x_1\Delta\alpha\sin\alpha \\ \Delta\delta_2 &= \frac{x_2}{F}\Delta L\cos\alpha + \frac{L}{F^2}x_2\Delta F\cos\alpha + \frac{L}{F}\Delta x_2\cos\alpha + \frac{L}{F}x_2\Delta\alpha\sin\alpha \end{aligned} \tag{11.15}$$

总的绝对误差 Δd 是这两项误差之和

$$\Delta d = \Delta\delta_1 + \Delta\delta_2 \tag{11.16}$$

作为例子,这里对测量 5 ~ 30 mm 厚的板材进行误差估算。在式(11.15)中第一项是装配误差,第二项是工艺误差,第三项是测量误差,第四项是综合误差。由现场工作条件看,L 取 1 000 mm,d 的最大值为 30 mm,CCD 器件允许 x 的最大移动是 24 mm,F 的数值为

$$F/\text{mm} = \frac{Lx}{\text{d}}\cos\alpha = \frac{1\,000\times 20}{30}\cos 45^\circ = 471$$

在取 $L = 1$ m、$F = 0.47$ m 的条件下,分别讨论各项误差:

①装配误差来自物距 L,它是在仪器装配中产生的,在现有条件下,可取 $\Delta L = 0.05$ mm。

②工艺误差是透镜加工中产生的聚焦偏差,可取 $\Delta F = 0.05$ mm。

③测量误差主要来自 CCD 器件,目前 CCD 器件相邻两个像素的距离为 0.012 mm,即 $\Delta x = 0.012$ mm。

④综合误差 $\Delta\alpha$ 是激光束入射角和反射角的偏差,和激光器、透镜以及参考面的选择有

关。若调试仪器时用测角仪，可取 $\Delta\alpha = 1' = 3.0 \times 10^{-4}$ rad。

将上述数据代入式(11.15)和式(11.16)，可做测量结果误差计算。对现在生产中板的轧钢厂，厚度 d 一般为 5 ~ 30 mm。取 $d = 30$ mm 和 $d = 5$ mm 两种情况分别计算，其他情形则介于这二者之间。由图 11.9 可见，实际测量时可以使板材的下表面和所取的参考面取齐，即 $x_1 \to 0$，在 $\Delta\delta_2$ 中的第一、二、四项均趋近于零，只计算第三项就可以了。

当 $d = 30$ mm 时，按给定的数据计算 $\Delta\delta_1$ 中第一项为 0.000 8 mm，第二项为 0.002 mm，第三项为 0.036 mm，第四项为 0.009 mm，故 $\Delta\delta_1$ 为 0.048 mm；$\Delta\delta_2$ 只取第三项，为 0.036 mm；总的 $\Delta d = 0.084$ mm。

当 $d = 5$ mm 时，$\Delta\delta_1$ 中的一、二、三、四项分别为 0.000 1 mm、0.000 3 mm、0.036 mm 和 0.001 5 mm；$\Delta\delta_1$ 为 0.038 mm；$\Delta\delta_2$ 为 0.036 mm；总的 $\Delta d = 0.072$ mm。

由此可见，误差主要来自 CCD 器件，板材越厚误差越大；在 5 ~ 30 mm 的厚度范围内，总误差为 0.072 ~ 0.084 mm，不超过 0.1 mm，测量精度较高。

11.4　环境对激光工业检测的影响

生产车间的温度、粉尘、振动等，给激光在线检测带来了不利影响，会增大测量误差，甚至使测量无法进行，为此，在线检测必须考虑工程设计上的一些问题。

一、温度场的影响

热轧钢和热轧铝板都是在高温条件下工作的，在板材周围温度场变化剧烈，会引起激光束的抖动。若按传统的光在大气中的传输理论来解释这个问题并进行计算，由此带来的误差是很小的。譬如，温度变化不计，只考虑温度场的温度梯度产生的大气折射率的变化，则可用计算式

$$\eta - 1 = 79 \times 10^{-6} \frac{p}{T} \tag{11.17}$$

式中　η——大气折射率；

p——压强；

T——绝对温度。

对式(11.17)的全微分，就是折射率梯度

$$\frac{\mathrm{d}\eta}{\mathrm{d}Z} = \frac{79 \times 10^{-6}}{T} \cdot \frac{\mathrm{d}p}{\mathrm{d}Z} + \frac{79 \times 10^{-6}}{T^2} p \cdot \frac{\mathrm{d}T}{\mathrm{d}Z} \tag{11.18}$$

式中，Z 为温度场方向。

折射率梯度引起的激光束在板材上的光斑位移为

$$\bar{x} = \frac{D^2}{2\eta} \cdot \frac{\mathrm{d}\eta}{\mathrm{d}Z} \tag{11.19}$$

代入数值计算,$\bar{x}$ 的大小为 10^{-5} mm 的量级,影响很小。但是究竟影响多大,尚需进一步实验验证。

高温环境产生的可见光区和红外区杂散光辐射很强。为提高信噪比,应在仪器接收光路中设置窄带滤光片。

二、粉尘的影响

生产现场粉尘污染对光的传输影响是十分严重的,为了保证正常工作,设计时应做两方面的考虑。一方面,所有的光学镜片的四周加上吹风孔,由压缩空气提供一定的空气喷流,不断地吹拂镜面。另一方面,待测板材的表面,在测量过程中应由压缩空气不断地吹拂上、下两面,待测线材则应吹拂测试段。这样既可以防止粉尘对激光传输的影响,也可减低温度场的影响。

三、振动

振动会造成整个测量系统和被测件之间相对位置的不稳定,使读数不稳定。这可采取下述方法解决。

①瞬态测量。使激光发射为脉冲式,而且脉冲时间宽度很窄,在这很短的时间内,可以认为测量系统和被测件双方都是稳定的。这样就需要有重复率脉冲激光光源,或者采用脉冲激光器,或者用斩光器使连续激光器脉冲输出。目前工作检测中多选用 He - Ne 气体激光器,因为它具有输出稳定、模式好、成本低等特点,加上一个转盘式斩光器便可以脉冲方式输出。

②光源、光学零件、CCD 器件的支架都采用隔振措施,它们之间都有良好的刚性连接。例如光源、光学零件和 CCD 器件都装在一个 U 形框架上,框架应有良好的刚性,框架和基座之间有隔振设备,这样振动的影响就很小了。

四、冷却

整个生产环境的温度较高,而测量系统又相当靠近热源,因此要求冷却。可以采用风冷或水冷两种。风冷比较简单,但效果差一些。水冷比较复杂,冷却效果较好。此外,还应将高温条件下工作的仪器外壳用绝热材料被覆,减少热辐射的作用。

11.5　激光在化学中的应用

激光化学是将一个或多个光子引入化学样品,使之起化学反应。在激光的照射下,参与反应的样品吸收了一个或者多个光子,形成受激反应,并赋予激光化学的名称。本节简要介绍激光在化学中的应用。

一、激光光致电离

激光光致电离多用紫外激光。紫外激光的主要优点是直接诱导电子跃迁，导致选择性电离。这是物质的分子或原子吸收光子导致电离的过程。选择性电离是指对某一种分子或原子只有在某一频率激光照射时才电离为一定的离子，激光的频率不同，反应过程和生成物不同。甲醛(H_2CO)的电离过程的化学方程式

$$H_2CO(A_2) + h\nu(0.337\ 1\ \mu m) \longrightarrow H_2CO^*(A_2)$$

$$H_2CO^*(A_2) + h\nu(0.160\ 0\ \mu m) \longrightarrow H_2CO^+ + e^-$$

其中*表示激发态，A_2以及下述的B、C等都是分子的电子态；$h\nu$表示光子，数字为波长。

这两个反应方程式叙述了甲醛的两步光致电离，同时注明了它的选择性。第一步在$\lambda = 0.337\ 1\ \mu m$紫外激光照射下$H_2CO$由$A_2$基态被激发到$A_2$激发态；第二步在$\lambda = 0.160\ 0\ \mu m$紫外激光照射下，激发态$H_2CO^*(A_2)$被电离。

二、激光光致分解

激光光致分解是激光化学合成和激光同位素分离中许多重要化学反应的最初一步。其实质是，物质的分子在激光照射下引进了特定波长的光子后分解为自由基、原子或原子团。分解生成物则依赖于激光输出波长。以甲醛为例，当激光波长大于0.325 μm时，反应生成物是稳定的H_2和CO分子，而激光波长小于0.325 0 μm时，反应生成物则是活性很强的自由基HCO和H，即

$$H_2CO + h\nu(\lambda > 0.325\ 0\ \mu m) \longrightarrow H_2 + CO$$

$$H_2CO + h\nu(\lambda < 0.325\ 0\ \mu m) \longrightarrow HCO + H$$

可见，在分解反应中，反应生成物依赖于激光输出的波长。

从去除杂质的角度来说，硅烷SiH_4提纯过程是一种激光光致分解。SiH_4是生产半导体的原料，要求的纯度很高。而在SiH_2中往往掺有杂质——砷化三氢(AsH_3)、磷化氢(PH_3)和硼乙烷(B_2H_6)。其中，B_2H_6的热学性质很不稳定，在硅烷的生产过程中会汽化掉，AsH_3、PH_3都不能。现在采用激光提纯硅烷，可以达到很高的纯度。用波长$\lambda = 0.193\ 0\ \mu m$的ArF激光脉冲照射掺$AsH_3$(体积分数为0.005%)的硅烷后发现，用激光脉冲照射500次，杂质体积分数降到0.000 05%以下；用激光脉冲照射500次和2 000次以后，PH_3的体积分数从0.005%分别下降到0.000 2%和0.000 05%。这种提纯硅烷的过程就是将杂质AsH_3和PH_3在$\lambda = 0.193\ 0\ \mu m$紫外激光照射下分解为固体多种化合物，而$SiH_4$对0.193 0 μm激光是稳定的，所以，最后剩下的仅是纯化的SiH_4气体。

三、激光合成反应

经典的化学合成反应需要在相当长的时间内对进料进行高压加热，这种技术仅得到有限

的化学反应通道,效率很低。激光合成反应有非热反应及 HCl 和 K 的置换反应。

激光非热反应能在低温和室温下进行,且在很短的时间内获得可供检测的反应生成物。通过选择适当的原料和激光器,几乎可以产生所有的自由基,合成反应通道不受限制。因此,激光化学合成反应技术几乎可以合成任何分子。

SF_5NF_2 的制备较困难,典型工艺是将 S_2F_{10}和 N_2F_4 在一定压力下,加温到 425 K,持续几个小时。现用 CO_2 或 ArF 激光很容易生产可检测的 SF_5NF_2,其反应通道是

$$S_2F_{10} + h\nu \longrightarrow 2SF_5^*$$

$$N_2F_4 + h\nu \longrightarrow 2NF_2^*$$

$$SF_5^* + NF_2^* \longrightarrow SF_5NF_2$$

过去在 B(硼)的化合物 B_2H_6 的热反应中,对 B_2H_6 加压加热从未合成过 $B_{20}H_{16}$。现在 CO_2 激光照射的非热反应中,B_2H_6 可以合成 $B_{20}B_{16}$。

HCl 和 K 之间的置换反应是在由 HCl 脉冲激光器所产生的激光脉冲照射下,将 HCl 分子泵浦到 $\nu = 1$ 振动态,得到

$$H═HCl(\nu = 1) \longrightarrow HCl + H$$

上述激光合成反应都是“选择性”的,即对于一定的化学样品,只有在特定波长的激光照射下,才能得到预期的反应生成物。

四、连续波 CO_2 激光器引起的反应

早期的利用 CO_2 激光器发射的红外激光诱导化学反应,多是通过观测可见光、紫外光或红外荧光谱线追踪反应过程。下面列举几种实验现象,了解用连续波 CO_2 激光照射物质而产生反应过程的概念,需要深入了解者,请阅读相关的参考文献。

用 Q 开关连续波 CO_2 激光照射 BCl_3,观察其可见和红外荧光谱线。实验结果是,若 BCl_3 气体的压力是 2.0×10^4 Pa,则荧光谱线的强度 I 与 CO_2 激光照射的功率 P 之间的关系是 $I \propto P$,而 BCl_3 的压力是 9.0×10^4 Pa 时,则变成了 $I \propto P^2$ 的关系。

用功率为 50 W 的连续 CO_2 激光对 N_2F_4(1.33×10^4Pa)和 NO(1.33×10^4Pa)的混合物进行短时间的照射,发现会生成 FNO、N_2、F_2 等与热反应完全不同的产物。

用连续波 CO_2 激光照射 HBr 同 $B(CH_3)_3$ 或 $B(CH_3)_2Br$ 的混合物,当激光波长为 10.3 μm,混合气体的温度为 150 ℃时,这个反应过程为

$$B(CH_3)_3 + HBr \longrightarrow B(CH_3)_2Br + CH_4 \tag{11.20}$$

当激光波长为 9.6 μm,混合气体的温度大于 250℃时,反应过程为

$$B(CH_3)_2Br + HBr \longrightarrow BCH_3Br_2 + CH_4 \tag{11.21}$$

当激光波长为 10.3 μm,9.6 μm,混合气体的温度大于 450℃时,反应过程为

$$BCH_3Br_2 + HBr \longrightarrow BBr_3 + CH_4 \tag{11.22}$$

在上述基础上，现将 BCH_3Br_2（1.33×10^4 Pa）、BHr（2.66×10^4 Pa）、$B(CH_3)_2Br$（2.66×10^3 Pa）混合，用波长为 10.3 μm，输出功率为 4.5 W 的连续波 CO_2 激光对混合物照射 60 min，反应按式(11.22)进行，生成 BBr_3。很明显，由于这时 $B(CH_3)_2Br$ 未起变化，且这个混合气体的温度低于 250 ℃，所以激光所引发的反应式(11.22)是在低于 250 ℃的温度下进行的。若由热引起这个反应，气体的温度必须要达到 450 ℃以上，所以红外激光所引起的这个反应显然是非热反应。

用连续波 CO_2 激光照射 H_3BPF_3 和 D_3BPF_3 的分解反应实验研究中，虽然生成了 B_2H_6 或 B_2D_6 和 PF_3，但这个实验结果表明，在 D 取代物中对 ^{10}B、^{11}B 实现同位素分离是可能的。

用波长 10.8 μm 和 9.5 μm 的连续波 CO_2 激光照射 CF_2CL，实验结果表明，CF_2Cl 在10.8 μm 和 9.5 μm 波段具有大致相等的吸收，但是用 10.8 μm 的红外激光比用 9.5 μm 的激光其反应速度要快 100 倍以上。

若用输出功率 100 W 的连续波 CO_2 激光照射 BCl_3，照射的时间为 4 s，则由于 BCl_3 的敏化反应使杂质 $COCl_2$ 大体完全分解。这是激光引起化学反应的有趣的应用例证。

五、TEA－CO_2 激光引起的化学反应

1．TEA－CO_2 激光引起的反应特性

TEA－CO_2 研制成功后，由于其输出功率大（自行制作亦容易得到 10 MW/cm^2）、结构简单、便于自行制作等特点，于是将其用于很多红外引发化学反应的实验，结果出现了与很多热反应不同的实验现象。但是必须注意，根据气体（CO_2、He、N_2）的组分不同，会得到两种类型的脉冲波形，一种是脉冲宽度为 100 μs 的主峰（约为主峰值 1/10）连接有另一种脉宽为 2 μs 左右的属随脉冲波形。

在很多实验中，是将激光用透镜聚焦后照射在试样上，引起化学反应。因为激光功率很大，容易在气体中引起感应击穿，而感应击穿发生的反应与大多数电子和离子有关，所以它的性质和放电所引起的化学反应相类似。为了不造成感应击穿，即为了尽可能进行纯粹的红外多光子过程引起的化学反应，通常要求工作气体必须在低气压下进行反应。

用输出能量为 100 mJ 的 CO_2 激光照射 N_2F_4，用紫外吸收定量分析其生成物 NF_2，发现比热分解的量多得多。因此得出结论：红外激光分解不是由热引起的反应。同时发现，SF_6 或 N_2F_4 与 H_2 的混合物用 TEA－CO_2 激光照射会引起激烈的反应。这时可观察到可见光、紫外和红外光，特别是观察到了 HF 红外激光的发射。发现在 SF_6 和 H_2 的混合气体中 HF 激光的增益很大，它的振荡发生在 TEACO_2 激光照射的初期，爆发的反应引起了激光振荡。从这个实验事实可以得出结论：由激光照射 SF_6 而产生的 F 原子不是热分解的产物。

另外，CH_3F 和 Cl_2 的混合气体由 CO_2 激光所引起的反应，其生成物随 Cl_2 的增加而变为 CH_2FCl、$CHFCl_2$ 和 $CFCl_3$。$CClF_3$ 通过对 1 090 cm^{-1}的红外多光子吸收而生成 C_2F_6、CF_4、CCl_2F_2 等产物，可是若与 H_2 混合则生成 CHF_3 和微量的 C_2F_4、C_2H_2 等。另外，还可用 TEA－CO_2 激光

照射环氟丁烷 C_4F_8 生成 C_2F_4。

2.简单有机化合物的红外引发化学反应

表 11.1 列出了我们照射乙烯及其 Cl 衍生物和乙烷 Cl 衍生物所得的结果。生成物是由测定红外吸收光谱而鉴定的。

表 11.1 CO_2 激光引起的简单有机化合物化学反应

化合物(压力/Pa)	生成物(分压/Pa)	照射条件
C_2H_4(2 666)	C_2H_2(239.94)	10.6 μm P 支,3 000 Pa
C_2H_3Cl(2 932.6)	C_2H_2(203.26)	10.6 μm P 支,3 000 Pa
$CCl_2=CH_2$(1 333)	C_2HCl (199.95) C_2H_2(66.65)	9.6 μm P 支 + R 支,1 500 Pa
C_2HCl_3(2 399.4)	C_2Cl_2(666.5) C_2HCl(66.65)	10.6 μm P 支,3 000 Pa
C_2HCl_3(2 666) + H_2(2 666)	C_2H_2(359.91) $CCl_2=CH_2$(93.31) C_2HCl (13.33)	10.6 μm P 支,3 000 Pa
C_2H_5Cl (2 666)	C_2H_4(666.5) C_2H_2(133.3)	10.6 μm P 支,3 000 Pa
$CHCl_2-CH_3$(1 333)	C_2H_3Cl (226.61) C_2H_2(133.3)	10.6 μm P 支,1 500 Pa

C_2H_4 的 ν_7 波带对 10.4 μm 有很强的吸收,由 CO_2 激光引起反应的主要生成物是 C_2H_2,实验测出还有微量的 C_5H_8。但是实验是化合物 C_2H_4 在 93.3 Pa 的压力下进行的。已知热分解的反应是 $3C_2H_4 \longrightarrow 2CH_4 + 2C_2H_2$,所以红外激光反应是脱 H_2 反应,其实验结果与热反应明显是不同的结果。由于 C_2H_3Cl 在很宽的 CO_2 激光光谱区域内都有吸收,所以不论用 10.4 μm P 支或 R 支的哪一条谱线,都会激励分子引起分解反应。反应产物是 C_2H_2,这个反应是脱 HCl 的反应而没有引起脱 H_2。但 10.4 μm R 支的反应量比 9.4 μm P 支所产生的反应量多 2.7 倍。我们认为这个结果是由于对红外吸收强度的不同所引起的。已知在 500 ~ 600℃下的热反应会生成氯丙烯,这和红外激光反应完全不同。

对于 $ClHC=CCl_2$,除主要生成 C_2Cl_2 外,通过红外吸收光谱仪还能观测到有 C_2HCl 和 HCl 生成。已知该化合物的热反应生成 HCl 和固体 C_6Cl_6,这种分子热反应和红外激光反应的不同点似乎对反应的特性给出了某种启示。在热反应中生成 C_2Cl_2,并完全聚合而生成 C_6Cl_6,所以在热反应生成物中不存在 C_2Cl_2。其理由是首先在红外激光反应中,生成的 C_2Cl_2 大部分依然存在,如果推测一下,可认为在红外激光引起的反应中,由多次振荡激发虽然也生成 C_2Cl_2,但其平动温度不够高,所以不能聚合。其次在热反应中 C_2Cl_2 的平动温度也足够高,因

而发生了聚合。已得知 $ClHC=CCl_2$ 和 H_2 混合气体的红外激光反应中不生成 C_2Cl_2，而最大量地生成 C_2H_2、$Cl_2C=CH_2$ 和微量的 C_2HCl。这说明红外激光引起的化学反应不是单纯的脱 HCl 反应。

C_2H_5Cl 的红外激光引起的反应中，以(10:3)~(2:1)的比例生成 C_2H_4 和 C_2H_2。由于 C_2H_4 也可以由 10.4 μm 激光照射变化为 C_2H_2，如果 C_2H_2 是由 10.4 μm 激光从 C_2H_5Cl 所生成的 C_2H_4 进一步吸收同样的激光而生成的，则 C_2H_2 的生成量必须是我们所观测的 1/10 以下，因而可以认为大部分 C_2H_2 和 C_2H_4 几乎同时产生。但是，也可部分地考虑为在第一阶段反应中形成激发态的 C_2H_4，这个分子再吸收红外激光而变为 C_2H_2 的过程。已知在热反应中生成 C_2H_4，而 C_2H_2 几乎不产生。

$H_3C—CHCl_2$ 在 CO_2 激光的整个振荡区域都有吸收，但生成 C_2H_3Cl 和 C_2H_2 时都用哪种激光线呢？表 11.2 列出了生成量随所用激光波长的变化。由于这个反应的主要生成物 C_2H_3Cl 不吸收 9.4 μm R 支线，所以可以认为用 9.4 μm R 支激光分解 $H_3C—CHCl_2$ 时所生成的 C_2H_2 与 C_2H_3Cl 几乎同时生成。若把由 10.4 μm R 支和 9.4 μm P 支的激光所生成的 C_2H_2 看做是由 $H_3C—CHCl_2 \longrightarrow H_2C=CHCl \rightarrow C_2H_2$ 两阶段生成物与直接一阶段生成物的和，就能很好地说明生成物的定量关系。已知由 $H_3C—CHCl_2$ 热分解所生成的 C_2H_2 按体积是主要生成物分子 C_2H_3Cl 的 3%。这些实验说明了由红外激光引起的反应与热反应的微妙不同。

表 11.2　$H_3C—CHCl_2$ 的红外激光反应生成物产量与激光波长的关系

激　光	10.4 μm R 支	9.4 μm P 支	9.4 μm R 支
反应的相对产量	0.48	1.00	0.22
生成物中 C_2H_2 的质量分数/%	45	28	20

3.CO_2 激光在 C_2F_3Cl 中引起反应

C_2F_3Cl 对 CO_2 激光的 9.4 μm 区域有很强的吸收。振动谱线波数在 1 058 cm^{-1}和 1 080 cm^{-1}的吸收峰被分别归属于 ν_4 和 $2\nu_{10}$。因而用 9.4 μm TEA - CO_2 激光激励很容易分解。通过实验结果证明，在一定程度上明确了这个分子的红外激光引起反应的过程。

C_2F_3Cl 用红外激光很容易引起反应，用比较低输出的 TEA - CO_2 激光即 30 mJ 的激光照射，就会产生出大致等量的 C_2F_4 和 $ClFC=CFCl$(反式)。这个结果和表 11.3 所示的热反应以及闪光光解的结果全然不同。300 ~ 500℃的热反应生成 C_2F_3Cl 的二聚体，即反式和顺式的 1,2 - 二氯六氟代环丁烷。在这个温度以上，除生成该化合物外也得知可生成比 C_2F_3Cl 相对分子质量大的 C_3 和 C_4 的化合物。一方面，在闪光光解中生成 CF_2 和 CFCl 自由基，在 C_2F_3Cl 和 H_2 的混合气体中生成 H_2CFCl。另一方面，用 2 kJ 的 Xe 闪光分解 C_2F_3Cl，用红外吸收检查其生成物时，发现生成了 CF_3Cl 和 CF_4。

通过上述例子认为，根据只生成反式而不生成顺式 $C_2F_2Cl_2$ 这一点，以及下述 C_2F_3Cl 和 H_2

气体由 9.4 μm 红外激光引起的反应不生成 Cl 化合物这一事实看来，和闪光光解一样生成 CF_2、CFCl 自由基，自由基再进一步结合而生成 C_2F_4 和反式 $C_2F_2Cl_2$ 的过程也可以忽略。C_2F_3Cl 和 H_2 混合(4∶6)气体的 9.4 μm 激光反应的生成物由质量分析求得，生成物中 C_2HF_3 最多。由红外吸收光谱的结果，确认生成了 C_2HF_3、C_2F_4、C_2H_2、$H_2C=CF_2$ 和 HCl。根据这些结果，可以推断 C_2F_3Cl 的红外激光引发反应的初期过程是

$$C_2F_3Cl \longrightarrow C_2F_3 + Cl \tag{11.23}$$

C_2F_3Cl 和丙烯混合气体由 9.4 μm 激光引发的反应中，仅生成 C_2F_4 而不产生 ClFC ═CFCl(反式)。若丙烯起到 Cl 捕捉剂的作用，那么不产生 ClFC ═CFCl 的原因就可以理解了。

表 11.3　C_3F_3Cl 的闪光光解、红外激光反应、热分解反应的产物

反　　应	生 成 物
闪光光解	CF_2，CFCl
CO_2 激光引起的反应	C_2F_4，ClFC ═CFCl(反式)
热反应	C_3 和 C_4 化合物

C_2F_2Cl 和 O_2 的混合(4∶6)气体由 9.4 μm 激光引起的反应其速度极快，生成 CF_2ClCOF、COF_2 和微量的 COFCl。对该混合物由闪光光解所引起的反应进行研究，发现其生成物是 COF_2 和 COFCl，而不生成 CF_2ClCOF。但进行 C_2F_3Cl 的自然氧化实验，或者边照射波长 300 μm 以上的光，边使 C_2F_3Cl 氧化，发现这个反应的速度极其缓慢。已确认，这个反应会由于极微量的 Cl 原子而变得极快。这个结果也说明，C_2F_3Cl 中红外激光引起反应的初期过程是脱 Cl 反应。认为各种碳氧化合物 F 和 Cl 的取代物由于 TEA - CO_2 激光引起的反应的初期历程是由 Cl 原子的脱离而开始的这样一种假定，已经得到了实验的支持。

六、激光分离同位素

激光分离同位素的依据是同位素光谱的位移效应。每一种原子、分子的能级和光谱都是特有的。同位素是核电荷相同而中子数不同的同一种元素，它的核电荷以及核外电子数相同。由于中子数的不同，同位素的核质量不同，核的形状和电荷分布也不同。因而，同位素的分子或原子的能级有差别。这种差别的外在表现之一是其光谱的差异。这种现象叫做同位素光谱位移。原子光谱的位移见图 11.10。分子光谱的位移

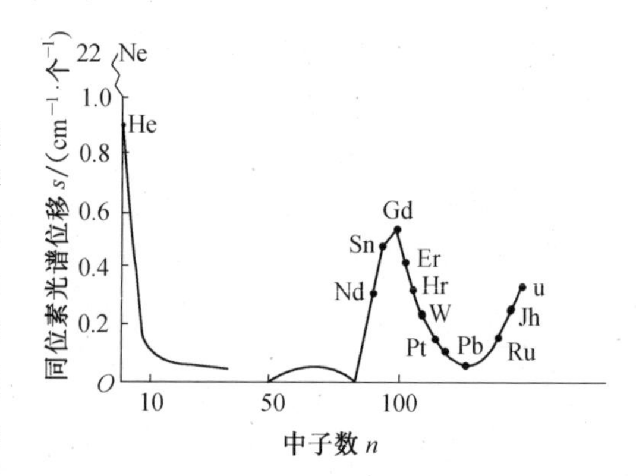

图 11.10　同位素原子光谱位移与中子数的关系

复杂一些，主要考虑振动谱带，分子振动谱带位移由分子折合质量的不同造成。以 CS_2 分子光

谱为例，$^{12}CS_2$ 的一条吸收谱线在 0.193 0 μm 处，$^{11}CS_2$ 的吸收谱线就差别很大。表 11.4 给出了 SF_6 分子同位素光谱位移。

激光分离同位素基于同位素在原子光谱或分子光谱中的同位素光谱位移，利用激光所具有的高度单色性和高亮度的特性，选择性地泵浦同位素中的某一种同位素，而不泵浦其他的同位素，造成同位素分子或原子在物理(荷电与否)和化学性质(反应速度快慢)上的差别。鉴于这种物理和化学性质上的差别，采用适当的物理和化学的方法，把它们分离开。

表 11.4　SF_6 分子同位素光谱位移

SF_6 同位素分子	基本振动频率/Hz					
	ν_1	ν_2	ν_3	ν_4	ν_5	ν_6
$^{88}SF_6$	769	639	947	615	522	344
$^{84}SF_6$	775	644	930	612	524	363
$^{86}SF_6$			914			

图 11.11 表示激光分离同位素的一般原理和过程。同位素原子 A 和 A_i 的基态能级同是 E_0，它们的激发态分别是 E_1 和 E_2，$\Delta E = E_1 - E_2$ 表现为同位素光谱位移。当用 $h\nu_1 = E_1 - E_0$ 的激光照射同位素时，则同位素 A 被泵浦，跃迁到激发态，成为激发态原子 A^*，A_i 原子不受泵浦，仍然为基态。激发态原子 A^* 表现出物理、化学性质的变化：化学活性增强、电离能和分解能降低及其他化学样品的反应速度增快等。这时，如果选择第二个激光，令 $h\nu_2$ 在 $E_3 - E_0$ 和 $E_3 - E_1$ 之间，即 $E_3 - E_1 < h\nu_2 < E_3 - E_0$（$\nu_2$ 是激光频率，E_3 为同位素的电离能），就使得 A 被电离，成为荷电粒子 A^+，而 A_i 未被电离。以静电或磁的方法予以捕集，A 和 A_i 即被分离。若选择适合的捕集剂 R，令 A^* 和 R 反应生成 RA 予以捕集，这就是化学捕集。

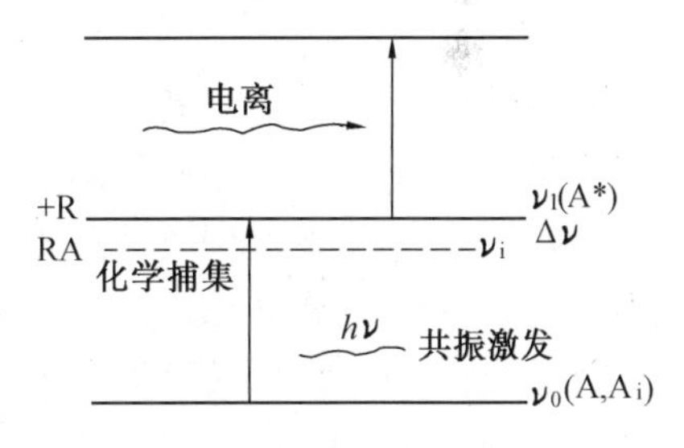

图 11.11　激光分离同位素原理示意图

利用同位素分子光谱位移，激光分离同位素的例子是$^{12}CS_2$ 同位素，它的吸收谱线在 0.193 0 μm处，在 0.193 0 μm 两边的相当宽的波段内$^{13}CS_2$ 没有吸收谱线，用 ArF 激光(波长 0.193 0 μm)照射 CS_2 同位素分子，当激光强度足够大时，$^{12}CS_2$ 分子分解成一般的碳和硫，$^{13}CS_2$ 分子不变，从而把 CS_2 同位素分离开来，反应式是

$$^{12}CS_2 + h\nu(0.193\,0\ \mu m) \longrightarrow {}^{12}C + S_2$$

图 11.12 是 ArF 的荧光光谱通过$^{12}CS_2$ 的吸收光谱和通过$^{13}CS_2$ 的吸收光谱。

铀同位素 U^{235}和 U^{238}的同位素光谱位移 $\Delta\nu = -0.280\ cm^{-1}$。先用频率为 ν_1 的激光选择泵

浦 U^{235},使 U^{235}成为激发态原子$^{235}U^{+}$,U^{238}仍处于基态;再用第二个强激光 $h\nu_2$(其能量大于$^{235}U^{+}$的电离能、小于基态 U^{238}的电离能)泵浦$^{235}U^{+}$,使之电离,得到$^{235}U^{+}$。然后用电场或磁场捕集$^{235}U^{+}$,铀同位素即分离了。

激光分离同位素和传统的分离同位素相比,具有效率高、速度快、设备简单、成本低的优点,受到了广泛的重视。

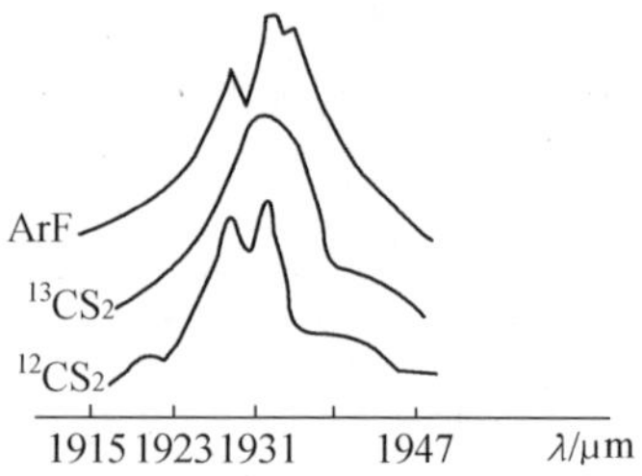

图 11.12 ArF 的荧光光谱

七、激光化学对激光技术的要求

激光化学对激光的频带要求很苛刻,既要求特定的频率,又要求很高的单色性。

激光化学的本质是选择泵浦物质分子或原子,分子或原子能级之间的跃迁、吸收能量是极其严格的。所以,用激光照射的方法得到粒子的激发态,激光的频率一定要符合光子能量等于跃迁能级之间能量差的要求。要得到各种预期的化学反应,激光的谱线必须很宽,能够随意调整。激光化学的要求导致了新的激光器出现,染料激光器的问世对促进激光化学的发展有重大的意义。

在各种化学反应中,尤其是分离同位素,由于各种分子或原子能级靠得比较近,激光不可能做到绝对单色,总是在中心频率附近有一个波段。若两个分子或原子的吸收谱线落在这个波段之内,则两种分子就同时被泵浦,这显然不行。因此激光化学对激光技术的第二个要求是激光的频带宽度(即带宽或线宽)必须很窄,也就是中心波长两边的波段越小越好。例如分离 U 同位素 U^{235}和 U^{238}的同位素光谱位移,每厘米只有 0.28 个波数,那么激光带宽(或线宽)必须小于每厘米 0.5 个波数。否则,在泵浦 U^{235}的同时会泵浦 U^{238},反之在泵浦 U^{238}时会泵浦 U^{235},这样就无法分离同位素。激光技术中,选纵模是压缩激光线宽的有效方法。

为了得到充分的化学反应,要求有足够的能量源,或者在某些分子的一步电离反应中,要求其能量很高,为此激光化学对激光技术的第三个要求是激光应有足够的强度。

11.6　激光技术在生物医学中的应用

生物组织光学是一个新兴学科分支,是激光技术与生命科学相互交叉、相互渗透的一个边缘学科,是关于激光辐射与生物组织相互作用的问题,其原理及技术内涵丰富,如激光在生物组织中的运动学(如传播)和动力学(如探测)等问题是研究的主要内容,其研究成果将直接服务于人类健康。因此激光技术在生物医学中的应用越来越广泛,如激光显微术、激光生物传感、激光医疗诊断、激光手术刀、DNA 分析、细胞分析、生物诊断成像、激光光镊效应等。目前对这方面的应用及研究、报道的信息及资料很多,有兴趣或需深入了解者,的读者可阅读有关方面的参考文献。根据有关的资料报道,本节简要介绍激光在生物医学中应用的一些基本原

理及探测方法。

一、激光在生物中传输过程的分析方法

研究激光在生物组织中传输过程的方法可分为宏观和微观两种。宏观方法主要是用漫射理论分析能量的传输,目前已经研究得比较深入,微观方法主要是用蒙特卡罗方法研究光子的迁移,在这方面目前已经做了大量研究工作。现代最常用的激光在生物组织中传播模型有漫射近似模型、蒙特卡罗模型等。下面对这两种模型做简要介绍。

1.漫射近似模型

生物组织(如人体组织)对红外波段的激光有很好的透过性,照射到人体的红外光线,除少量被皮肤反射损耗外,相当多的部分都能穿过皮肤进入皮下组织,因此在医学应用中,常选用红外或近红外波段以达到深层治疗和探测目的。在红外波段,软组织的散射远远大于吸收,因此激光在生物组织中的光学特性一般由三个特征参数表征,即吸收系数 u_a、散射系数 u_s 和散射各向异性因子 g。在同一波长下,不同的生物组织有不同的光学特征参数,它们影响着组织上激光的相互作用过程,散射与吸收量的多少分别与组织的散射系数和吸收系数有关。组织对光的吸收主要是由于还原和氧化状态的血红蛋白、细胞色素以及黑色素和胆红素等载色体的存在,一般它由组织自身和外部注入到组织中(用于治疗)两部分组成[10、11]。据有关资料报道,在 600 ~ 1 300 nm 的光学窗口中,组织的吸收系数为 $10^{-2} \sim 10^{3}\ \mathrm{cm}^{-1}$,各向异性因子 g 大约在 0.7 ~ 0.95[12]。

激光在软组织中传输时将多次发生散射,形成了漫射现象。在漫射理论中,在无限大均匀散射介质和短脉冲点光源条件下,漫射方程为[13]

$$\frac{1}{C}\frac{\partial}{\partial t}\varphi(r,t) - D\nabla^2\varphi(r,t) + u_a\varphi(r,t) = S(r,t) \tag{11.24}$$

其方程的解为[13]

$$\varphi(r,t) = C(4\pi Dct)^{-3/2}\exp[-r^2/(4Dct) - u_a ct)] \tag{11.25}$$

式中 $\varphi(r,t)$——漫射光通量;

c——光在组织中传播速度;

r——探测点距光源的距离;

D——光子漫射系数。

则

$$D = \{3[u_a + (1-g)u_s]\}^{-1} \tag{11.26}$$

式中 u_a——吸收系数;

g——各向异性因子;

u_s——散射系数。

漫射方程是输运方程在漫射近似的条件下得到的,它所适用的条件是 $u_a \ll u_s$。在软组织中,激光波长在650~1 300 nm的范围内,基本上都符合这个条件。

漫射理论的优点是在某些特定情况下可快速给出解析解,但不足的是它不适用于研究光源附近及生物组织边缘区域的光的传输与分布。而在许多实际应用中,了解这些区域的光分布情况是很重要的。

2.蒙特卡罗模型

蒙特卡罗模型是一种统计模拟随机抽样的方法,即通过相应的概率模型和随机发生器产生的随机数,来模拟单个光子在软组织介质中的随机行走过程,包括随机步长和随机行走方向。当光子入射到软组织介质后,光子在每一个随机位置会发生散射和吸收作用,这由光子的权重来决定。光子的权重将由于每一个散射点的吸收而减少,直到耗尽为止。通过对大量光子的追踪得到光子在组织中传输行为的统计结果,从而可以计算出表面漫反射和漫透射及组织吸收等物理参数。

总体上说,利用蒙特卡罗模型模拟光在生物组织中的输运过程,实际上是记录每个光子在组织中的行迹。概括起来有以下四个步骤:①根据入射条件确定起始跟踪点;②确定光子行进的方向和下一次碰撞的位置;③确定在碰撞位置处该光子是发生了散射还是吸收,若发生散射,则需选取适当的散射相位函数来确定散射后光子的新的运动方向;④返回第二步,如此循环计算,直到光子的权重小于某一设定值或者光子逸出组织上下表面时就结束对该光子的跟踪,然后返回第一步记录另一光子,直到所设定的光子数全部被跟踪完毕为止。

在考虑蒙特卡罗方法中光子模型时,应注意:①不考虑光子衍射影响;②每次作用中光子的吸收概率由 u_a/u_t(u_a 为吸收系数,u_t 为衰减系数,$u_t=u_a+u_s$)决定,光子的生存概率由 $\frac{u_s}{u_t}$(u_s 为散射系数)决定;③光子散射的方向性与散射相分布函数的余弦平均值有关;④必须考虑大量光子的统计行为。

蒙特卡罗方法中具体数学模型在这里不做详细介绍,如有兴趣的读者可阅读有关参考文献。

蒙特卡罗方法的优点是可以模拟层状组织的光子传输特性(如人体组织中的表皮、真皮、皮下脂肪、肌肉组织层),目前计算机的速度和容量对蒙特卡罗方法已经不再是一个问题,例如模拟中跟踪一百万个光子,网格分得也很细,所用时间约为0.5~0.7 h。由于该方法的灵活性,可以知道每个光子在组织中的行走路径,结合软组织模型,可以用它分析组织的吸收特性、表面的漫射特性和透射特性以及时间特性等。

二、生物组织光学特性测试方法

激光成像系统诊断与以往的放射技术相比具有许多优势,如激光成像诊断不会对病人造成伤害、有利于区分软组织,因为软组织对于近红外光具有不同的散射和吸收,可以获得生物组织体的功能信息等。

当窄激光脉冲进入高散射软组织介质时(简称介质),透过介质的光大致可以分为三部分[9],见图 11.13。

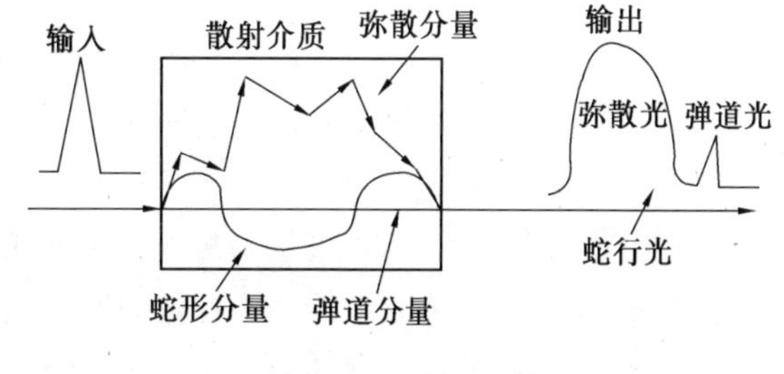

图 11.13　短脉冲进入高散射介质后的散射

(1) 弹道分量(相干分量)

弹道光是指作用于介质时没有经过散射,沿入射光方向直线透过散射介质的光。

(2) 蛇行分量(部分相干分量)

蛇行光作用于介质时是经过较少的散射的光。

(3) 弥散分量(非相干分量)

弥散光作用于介质时是经过严重散射的光。

1. 直接成像法

直接成像法实验思想是指若有一窄近红外激光脉冲通过取样的软组织介质,假定在介质中近似直接传播的光有弹道光和蛇行光,把近似直线传播的光称为早期到达光(没有经过散射和经过较少散射的光),由于在介质中近似直线传播,因此它携带了较好的空间分辨率和对比度的信息,利用空间滤波法和超快门法技术把早期到达光与大多数多重散射光区分开来,这样就可以利用已经发展成熟的 X 射线 CT 技术中的算法对图像进行重建,可以获得软组织介质功能的信息。

直接成像法以探测早期到达光的特点为出发点,因此又可分为空间法、相干门限法和超快门法,下面做简要介绍。

(1)空间法(准直探测法)

空间法是准直的入射光通过样品中的介质(要求介质对光的散射不是太大),经过同轴探测可有效地分离出非散射光子。但这种方法得到的空间分辨率很差,原因是由于样品介质内部处处发生散射,沿原路散射回来的光妨碍了准直探测法空间分辨率的提高。该方法对人体软组织可探测的极限深度只有几毫米。

(2)相干门限法

相干门限法需要通过散射介质的光束和参考光束在时间和空间上进行相干,因此又可分为全息门法、外差测量法等。

① 全息门法。用短相干长度的激光脉冲光经分束器分成两束光,一束为物光(通过样品介质),另一束为参考光。将早期到达光与同一光源发出的参考光结合,干涉形成全息图,而后续到达的光在时间上没有与参考光相遇,不能形成干涉条纹。记录下来的早期光与参考光的干涉全息图像反映了与介质表面和深度有关的二维轮廓,相干长度越短深度分辨越深。

② 外差测量法。将一束激光通过样品介质的传输光的相干部分分离出来的另一种变化形式是外差测量。这种方法是让光束在空间及时间上与一频率调制的参考光相结合产生拍

频,因为只有光束中的相干部分才能与参考光相互作用,因此分离出的拍频的幅度正比于相干光的强度,并用计算机系统得到软组织介质的横截面图像。外差测量法已广泛地应用在光学相干成像中,成为非散射组织体成像的有效工具。

(3)超快速门

当入射光进入样品介质时,从大量的传输光束中分离出早期到达光所需要的时间是亚纳秒,如果用一般的机械快门显然是不行的,那么可以利用非线性光学现象来实现快门及进行取样。取样的过程是对通过介质的光强度进行调制,还可利用光学双折射的克尔效应对不需要的光进行衰减,对需要的信号光还可以进行非线性放大等。

根据测量性质及方法需要,超快速门法又可分为克尔门、受激喇曼散射(作为时间门)、扫描相机法等,在这里不做详细介绍,需深入了解者,请阅读有关参考文献。

直接成像法比较简单、直观,但由于它建立在早期到达光测量基础上,因此分辨率受散射程度的限制,对于一般的人体软组织体,在安全曝光下可探测的厚度只有几毫米。另外,由于生物组织体对近红外光来说是高散射体介质,对于厚几厘米以上的软组织介质,早期到达光的比例是极少的,因此直接法成像受到了限制,由此提出了间接成像法。

2.间接成像法

近年来,间接成像法的研究越来越受到重视,相关研究的文章发表很多。由于间接成像法是利用全部可探测光能,因此是有望实现临床光学医学成像的方法。由于该种方法还处于探索性研究阶段,因此这里只能简要介绍一些基本思路及实验方法。

(1)间接成像法的基本原理

间接成像法的基本原理是,假定给出一个对象表面的一对点的传输光测量数据,就存在着一个特定的三维内部吸收体和散射体与其对应,因此成像技术演变为利用适当的光子传输模型解逆问题,其基本思想见图 11.14。

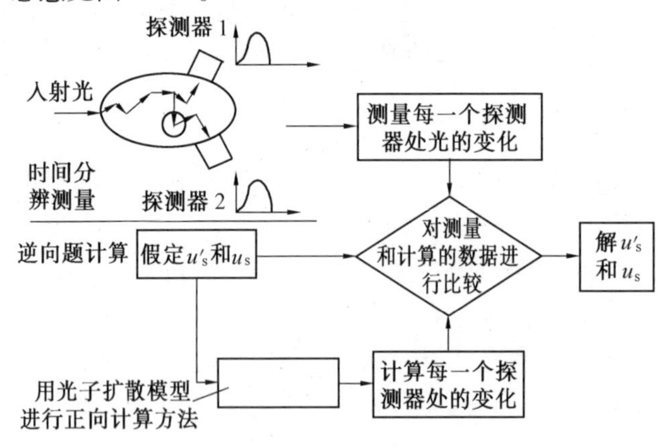

图 11.14　间接法实现的光学 CT 框图

在间接成像法中探测器沿组织体圆周安放，测量源沿着同样的圆周连续运动，见图 11.15，测量源光纤在每一点时探测光纤处的时间点扩展函数（皮秒量级短光脉冲通过高散射介质后得到的光子瞬时分布称为时间点扩展函数）。

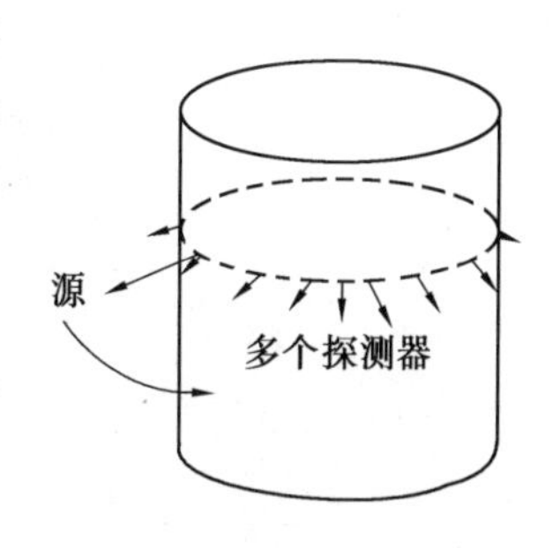

图 11.15 间接成像法

（2）实验研究方法

对于厚度为几厘米以上的软组织介质，时间点扩展函数将扩展到纳秒，其时间分辨的测量方法主要有：扫描示波器法，同步扫描相机法等，下面做简要介绍。

① 扫描示波器法。该方法的实验装置见图 11.16：由氩离子激光器泵浦的钛宝石激光器发生的，波长为 730 nm 的近红外激光通过透镜入射到源光纤（光纤的直径为 0.5 mm，光纤的另一头直接触到要探测的样品）。探测光纤的直径为 0.25 mm，共 19 根，光纤的一端沿待测样品介质的表面圆周均匀安置（约每隔 18°安放一根），探测光纤的另一端聚成束送到扫描示波器的探测阵列上。扫描示波器的时间分辨率为 10 ps，探测频率为2 MHz。探测时分别测量源光纤位于 0°、90°、180°、270°时各探测光纤的信号，即各点的时间点扩展函数，所有得到的信息通过计算机处理得到样品软组织介质内的结构。

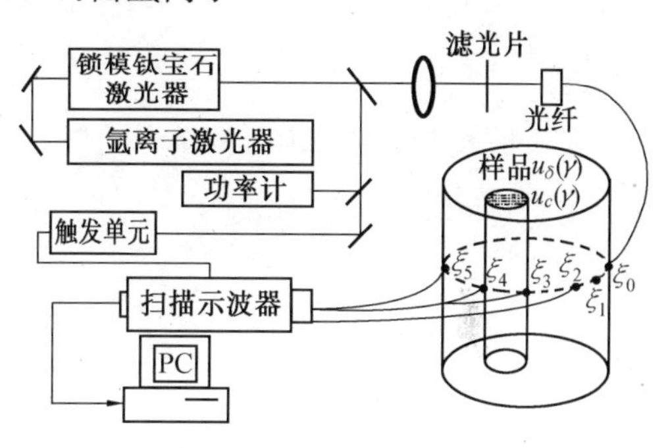

图 10.16 扫描示波器法

② 同步扫描相机法。用变像管同步扫描相机作为探测器的时间扫描测量方法见图 11.17。

激光源采用波长为 730 nm，脉宽宽度为 100 fs，重复频率为 80 MHz 的钛宝石激光器（氩离子激光器为泵浦源）。激光源经分束器分为两束，一束触发扫描相机，另一束通过透镜聚到源光纤的一头，光纤的另一头紧触到待测样品软组织介质表面。通过模拟软组织体的散射光（时间点扩展函数），由探测光纤送到扫描相机的狭缝（垂直方向）上，光纤在狭缝上按顺序排列。同步扫描相机对微弱的散射信号进行重复扫描、多次曝光、增强，经 CCD 采集，由计算机对图像进行重建，获取软组织体结构功能信息。

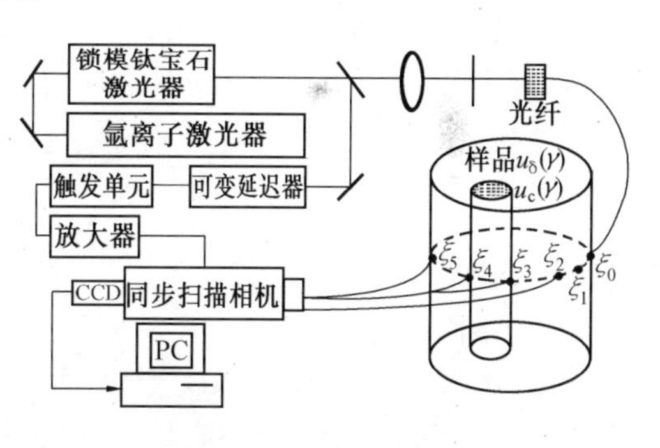

图 11.17 同步扫描相机法

（3）激光光镊效应

激光光镊技术在生物医学应用中发展迅猛，实现了光辐射压力（光梯度力）对粒子的捕获

与操纵，最终引入了应用高聚焦近红外激光进行细胞、细菌的捕获并进行显微分析的生物物理技术。下面简要介绍光镊基本原理及应用。

根据相对论的能量和动量关系，有

$$E^2 = P^2c^2 + m_0^2c^4$$

式中 E——粒子能量；

m_0——静质量；

P——粒子动量；

c——光速。

对于光子，$m_0 = 0$，所以光子的动量为

$$P = \frac{E}{c} = \frac{h\nu}{c} = \frac{h}{\lambda}$$

若有波长为 λ(频率 ν)的单色光波，光场单位体积内光子数为 N，则单位体积内能量(能量密度)$\varepsilon = Nh\nu$，单位体积内光子动量(动量密度)$P_{\mathrm{E}} = \frac{Nh}{\lambda}$，于是

$$P_{\mathrm{E}} = \frac{\varepsilon}{c} \tag{11.27}$$

或者写成

$$P_{\mathrm{E}} = \frac{S}{c^2} \tag{11.28}$$

式中，S 为能流密度，即单位时间内通过垂直于传播方向的单位面积的能量，$S = c\,\varepsilon$。

当光波入射到物体表面并被物体吸收时，不仅有能量的交换，也有动量传递。光与物质相互作用时的动量交换产生作用力，因此光波被物体吸收时会产生压力。在光波被物体表面完全吸收的情况下，光波作用于物体表面的压力等于单位时间内的动量变化，而且光波的动量全部传递给物体，由式(11.28)，单位时间内垂直传递于物体单位面积的动量为

$$F_{\mathrm{P}} = cP_{\mathrm{E}} = \frac{S}{c} \tag{11.29}$$

式中，F_{P} 为压强。

下面举例说明。

例题 有一台 Nd^{3+} – YAG 激光器发射线偏振、高斯分布的脉冲光束，高斯光束束腰光斑尺寸 ω_0 为 1 mm，每个光脉冲能量 ε 为 1 J，持续时间 τ 为 100 μs。求光束中心轴处辐照度和光被完全吸收条件下的压强。

求解 ① 脉冲光束的功率

$$W/\mathrm{W} = \frac{\varepsilon}{\tau} = \frac{1}{100 \times 10^{-6}} = 10^4$$

② 光束中心轴上的辐照度 $I_0 = \frac{W}{\pi W_0^2}$，则

$$I_0/(\mathrm{W\cdot m^{-2}}) = \frac{W}{\pi W_0^2} = \frac{10^4}{\pi\times(1\times10^{-3})^2} = 3.18\times10^9$$

③ 光被完全吸收时光束中心产生的压强为

$$F_P/(\mathrm{N\cdot m^{-2}}) = \frac{S}{c} = \frac{3.18\times10^9}{3\times10^8} = 10.6$$

上例给出了一个脉冲激光的功率和压缩数量级的概念。我们再观察一个光悬浮实验，说明激光压力的作用。

实验装置见图 11.18，有一在相互垂直方向上聚焦的激光束照射到样品室中的一个球形的微粒上，微粒不仅受到沿光束方向的力，还受到一个横向分力，它使得微粒进入光密度最大区。当激光对微粒的向上辐射压力与微粒的重力达到平衡时，将微粒抬离玻璃盘，并稳定地悬浮于样品室中(空气中或真空中)。

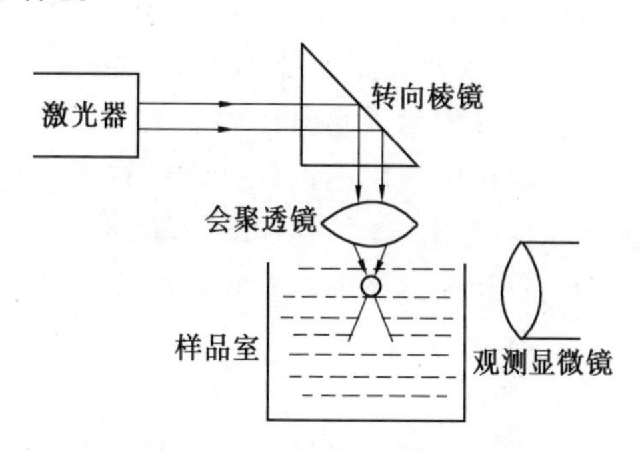

图 11.18　单光束粒子悬浮

可以看出，当激光作用于物体时，物体便受到光压力的作用。由于激光辐射压力，可用以“抓住”微粒，并“拖住”微粒随光线而运动。这里，激光的功能就像是一把精细的“镊子”，所以将这种技术称为“光镊”。

激光光镊技术的主要特点简要归结为：

①激光光镊是一单光束梯度力光阱，由一束高度会聚的激光形成的三维势阱，它可以捕获和操纵微小粒子(亚微米到数十微米大小)。由于它是用“无形”的光束来实现对微粒非机械接触的捕获，不会对样品产生机械损伤，也不会干扰粒子的周围环境，再加之生物微粒对光的穿透性等特点，因此激光光镊技术特别适合于对活体生物微粒，诸如细胞、细胞器以及大生物分子的操控。

②利用激光光镊技术可以实现生物细胞的空间定向，利用相对传播的二束激光实现双光束光阱，即用双光束粒子捕获方法，见图 11.19。在图中，采用功率、高斯光束束腰半径均相同，光传播方向相对的两束水平激光束。这样，在垂直方向上，当重力作用使小球偏离光轴时，横向分力使小球回到光轴。在水平方向上，左右两力抵消，从而达到平衡。也就是说球形微粒周围是一个稳定的光学势阱，使得微粒陷于其中，不能逃脱，实现粒子捕获。另外，利用两束激光，还可以用一束镊住微粒，另一束根据需要来改变微粒的方向。

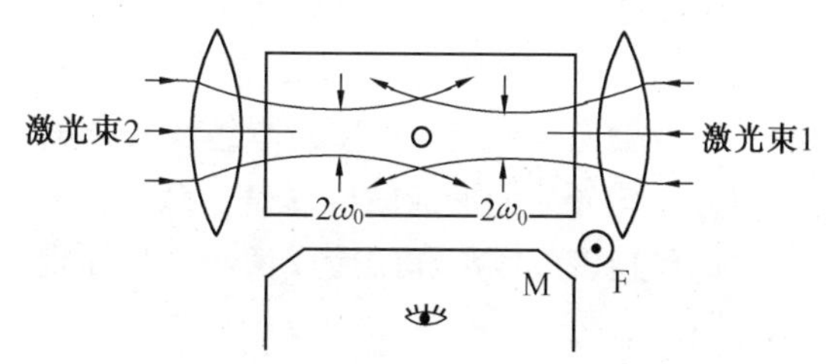

图 11.19　双光束粒子捕获略图

③光镊技术从1986年问世以来,短短的十余年,它的操作和探测已从微米精度发展到纳米精度,成为研究单个生物大分子在生命过程中的行为的有效工具,通常把它称为纳米光镊技术。基本的纳米光镊装置包括三大部分:

(a) 光阱形成,显微观察及光学耦合的光路系统。

(b) 纳米粗度操控系统。

(c) 纳米精度位移与微小力测量系统。

由于纳米量级光镊技术是一项正在发展中的新兴技术,其实验装置复杂、技术要求高,但在生物学中的应用不仅具有重要的理论及实践意义,而且具有广泛的应用价值,例如研究生物大分子的静态力学特性和动力学特性,对生物大分子进行精细操作,分子水平上的特异性识别和生命过程的调控等。有兴趣的读者可阅读有关参考读物。

习题与思考题

1. 激光三角法测量的原理及依据是什么?点结构、线结构和多线结构传感器有何差别?试举例说明。

2. 激光在线动态测径实验原理中,若激光束以匀速扫描,测量的误差为什么能够用光束直径 d 和待测物体直径 D 之比来表示?为了减小测量误差,要求激光束直径越小越好,为什么?

3. 若在线动态测量细丝直径为0.01~0.05 mm,测量精度要求在1 μm,要求:

① 给出测量系统原理示意图。

② 根据原理示意图,说明其测量思路及方法。

③ 根据测量精度要求,给出相应的误差计算依据。

4. 激光在线动态测厚的原理是什么?测量过程中影响测量精度的因素有哪些?

5. 设计在线动态测量金属薄带厚度(1 mm以下)的原理示意图,并简要说明其测量思路及方法。

6. 何谓激光化学?为什么说激光合成反应都是选择性的,即对于一定的化学样品只有在特定波长的激光照射下,才能得到预期的反应生成物。

7. 当窄激光脉冲进入高散射软组织介质时,透过软组织介质的光可以分为哪几部分?简要说明这几部分的光形成的机理是什么?

8. 比较直接成像法和间接成像法工作原理的主要差别是什么?

9. 何谓激光光镊技术?

10. 试举例说明激光光镊技术在生物学中应用。

① 给出光镊系统的原理示意图。

② 根据示意图,说明其思路及方法。

参考文献

1 苏显渝,李继陶.信息光学.北京:科学出版社,1999

2 孙长库,叶声华.激光测量技术.天津:天津大学出版社,2001

3 Frank Chen,Gordon M Brown,Mumin Song. 光学方法测量三维形状综述.激光技术,2002,34(2):36~47

4 周利民,胡德洲,卢秉恒.激光扫描三角法测量精度因素的分析与研究.计量学报,1998,19(2):130~135

5 罗晓晖,居琰,王希,陈雍乐.脚型三曲面测量技术. 激光技术,2001,25(4):308~311.

6 贺忠海,王宝光.线结构光传感器的模型和成像公式. 光学精密工程,2001,9(3): 269~272

7 周志革,武一民,董正身,黄文振.汽车车身三维几何误差的测量方法.河北工业大学学报,2001,30(2)

8 孙宁,李相银,施振邦编著.简明激光工程.北京:兵器工业出版社,1992

9 赵会娟,高峰,牛憨笨. 光学医学成像实验技术综述.激光与光电子学进展,1999 (10): 1~10

10 应金品,包正康,陆祖康.生物组织传播的时域特征分析. 光学学报,1997(12):167~175

11 张西芹,刘迎,导世宁. 生物组织中光子迁移的统计性质分析. 光学学报,2000(2):224

12 朱建东,丁海曙,王培勇等. 人体脂肪近红外无损检测方法. 北京生物医学工程,1996(1):1~5

13 M S Patterson,B Chance,B C Wilson. Time rosolved reflectance and transmittance for the noninvasive measurement of tissue optical properties. Appl. Opt., 1989(12):2 331~2 336

14 薛玲玲,张春平,张建东,李加,张光寅. 生物组织光学及其进展. 激光与光电子学进展,1999(7):36~41

15 田兆斌,夏道莲.光镊及其在生物医学中的应用. 国外激光,1993,12: 1~4

16 张光寅,严向军,张春平. 激光光镊效应. 应用激光,1991,12:241~243

17 李银妹,楼立人. 纳米光镊技术. 激光与光电子学进展,2003,1: 1~5

18 L Wang,P P Ho,C Liu et al.Time resolved fourier spectrum and imaging in highly scattering media. Appl. Opt., 1993(32):5 043

19 M R Hee,J A Lzatt. Femtosecond transillumination tomography in thick tissuce. Opt. Lett.,1993 (18): 1107

20 L Wang,P P Ho,C Liu et al. Ballistic 2-D imaging in diffuse media with ultrafast degenerate optical Kerr gate. Science, 1991,253: 769

21 J C Hebdon,K S Wang.Time resolved optical tomography. Appl. Opt.,1993 (32): 372

22 A Ashkin,J M Dziedic,J E Bjorkholm et al. Observation of a Single-beam gradient force optical trap for dielectric Particles. Opt. Lett.,1986,11(5):288~290

23 Y arai,R Yasnda,K I Akashi et al. Tying a moolecular knot with optical tweezers. Nature,1999,399:446~448

24 C Veigel,L M Colnccico et al. The motor protein myosin-I produces its working stroke in two steps. Nature,1999, 396:530~533

25 陈泽民主编. 近代物理与高新技术物理基础. 北京:清华大学出版社,2002

26 杨浚明,张明德,孙小菡编著.光纤通信设计. 天津:天津科学技术出版社,1995

27 R J Mears et al. Low Noise Erbium-doped Fiber amplifer operating at 1.54um.Electron. Lett., 1987,10(23):262~828.

28 M Nakazawa et al. Dynamic optical Soliton Communication. IEEE J of Quantum Electronics, 1990(26): 2095